LS

LAMBACHER SCH

Gesamtband Oberstufe mit CAS

Lösungsheft

Mathematisches Unterrichtswerk
für das Gymnasium
Ausgabe B

erarbeitet von
Gerhard Bitsch
Dieter Brandt
Hans Freudigmann
Günther Reinelt
Jörg Stark
Ingo Weidig
Peter Zimmermann
Manfred Zinser

Ernst Klett Verlag
Stuttgart · Leipzig

1. Auflage 1 5 4 3 | 2011 2010 2009 2008

Alle Drucke dieser Auflage können im Unterricht nebeneinander benutzt werden, sie sind untereinander unverändert. Die letzte Zahl bezeichnet das Jahr dieses Druckes.

Internetadresse: http://www.klett.de

Zeichnungen: H. Günthner, Stuttgart; R. Wartmann, Nürtingen.
Bildkonzept Umschlag: SoldanKommunikation, Stuttgart.
Titelbild: Getty Images Deutschland.
DTP-Satz: SMP Oehler, Remseck.
Druck: Ludwig Auer GmbH, Donauwörth. Printed in Germany.

ISBN 978-3-12-733123-3

I Funktionen

II Einführung in die Differenzialrechnung

III Untersuchung von Funktionen

*IV Folgen und Grenzwerte von Funktionen

V Weiterführung der Differenzialrechnung

VI Integralrechnung

VII Exponentialfunktionen und Wachstum

VIII Gebrochenrationale und trigonometrische Funktionen

IX Ergänzungen zur Integralrechnung

X Vektoren und Punkte im Raum

XI Geraden und Ebenen – Messungen

XII Kreise und Kugeln

XIII Geometrische Abbildungen und Matrizen

XIV Prozesse und Matrizen

XV Von der Pfadregel zur Binomialverteilung

XVI Weiterführung der Stochastik – Testen

I Funktionen

1 Abhängigkeiten darstellen und interpretieren

S. 12 **1** a)

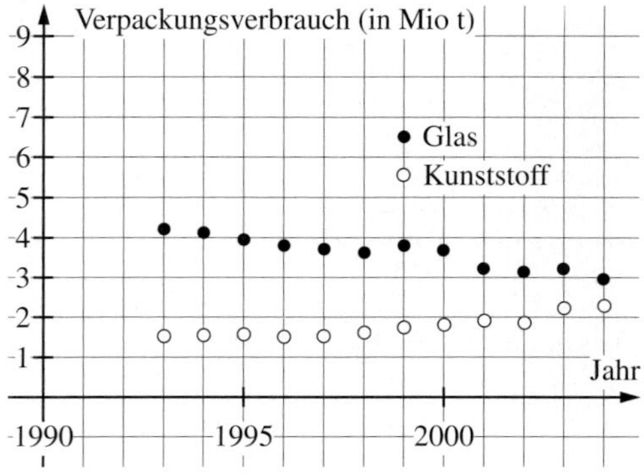

b) Während der Verbrauch von Glas abnimmt, nimmt der von Kunststoff leicht zu. Dies ist z. B. durch den Ersatz von Glasflaschen durch PET-Flaschen zu erklären.

S. 13 **2** a) 250 m   b) ca. 810 m   c) Gefälle 11,1 %, Steigungswinkel ≈ 6,3°
d) Der Graph ist ein Stück weit achsensymmetrisch zu der Parallelen zur Hochachse im Abstand 19. Länge der Sackgasse: 3 km (einfach).
e) Weitere Sackgasse zwischen Streckenkilometer 4 und 7,5.

3 a) im 2. Gang bei $12\,\frac{\text{km}}{\text{h}}$ und bei $37\,\frac{\text{km}}{\text{h}}$
im 3. Gang bei $84\,\frac{\text{km}}{\text{h}}$
im 4. Gang bei $112\,\frac{\text{km}}{\text{h}}$
b) bei $\approx 46\,\frac{\text{km}}{\text{h}}$ ist der Verbrauch ca. 5,5 *l*/100 km
c) um ca. 2 *l*/100 km

S. 14 **4** a) In den Jahren 1963 bis 1965 ist eine Zu-, in den Jahren 1990 bis 1994 eine Abnahme der Weiten festzustellen. Mögliche Gründe: Einsatz von Dopingmitteln bzw. Kontrolle von Dopingmitteln.
b) rund 23,1 m; aufgestellt im Jahre 1990
c) Diskussion über die Aberkennung des Weltrekordes, da er möglicherweise unter Einsatz von Dopingmitteln erzielt wurde.

5 a) 6 h 15 min   b) nein (20 min Überschreitung)   c) ca. $105\,\frac{\text{km}}{\text{h}}$
d) hohe, fast konstante Geschwindigkeit; ohne Halt
e) Höchstgeschwindigkeit ist $50\,\frac{\text{km}}{\text{h}}$; 3 Stopps; d. h. vermutlich Stadtfahrt mit 3 roten Ampeln
f) ca. 60 km.

S. 14 **6** a)

x	0	2	4	6	8	10	12	14	16	18	20	22
K(x)	0	9,76	15,68	18,72	19,84	20	20,16	21,28	24,32	30,24	40,00	54,56

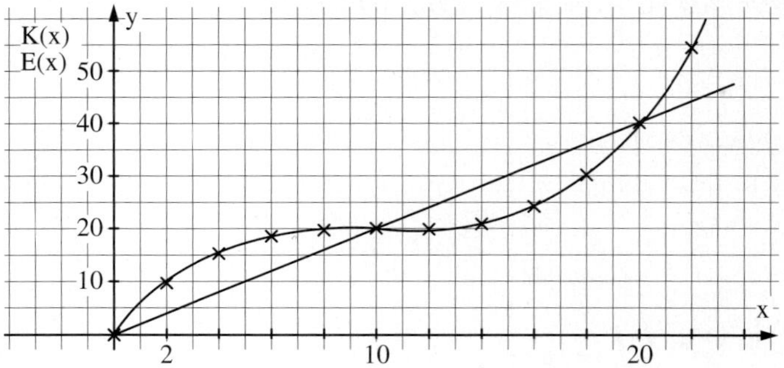

b) $E(x) = 2x$

c) Gewinn für $10 < x < 20$; größter Gewinn bei $x = 16$

7 a) $b(x) = 10 - x$

b) $A(x) = x \cdot (10 - x) = 10x - x^2$

c) $d(x) = \sqrt{2x^2 - 20x + 100}$

d) $A_{Kr.} = \frac{\pi}{4} \cdot (x^2 - 10x + 50)$

2 *Der Begriff der Funktion*

S. 15 **1** a) Die Tiefe nach unten abzutragen, entspricht den Gegebenheiten und ist somit anschaulich.

b)

Tiefe (in m)	1	2	3	4
Temperatur (in °C)	8,5	7,9	9,3	10,1

c) Die Zuordnung ist nicht eindeutig.

d) Ab rund 4,5 m Tiefe unterscheiden sich die Temperaturen im Sommer und im Winter nur wenig.

S. 16 **2**

	a)	b)	c)	d)	e)	f)	g)	h)
Funktion	nein	ja	ja	nein	ja	nein	ja	nein

S. 17 **3** a) $f(3) = 10$ b) $g(5) = 12$ c) $3 \notin D_f$

d) $f(4) > f(5)$ e) $f(2) = g(2)$ f) $W_g \subseteq \mathbb{R}^+$

S. 17 **4** a) Falsch; bei einer Parallelen zur x-Achse wird jeder reellen Zahl genau eine reelle Zahl zugeordnet; es handelt sich also um den Graphen einer Funktion.
b) Richtig; bei einer Parallelen zur y-Achse werden einem x-Wert unendlich viele y-Werte zugeordnet; die Parallele kann also nicht Graph einer Funktion sein.
c) Falsch; die Parallele zur x-Achse mit der Gleichung $y = 2$ hat z. B. mit dem Graphen der Funktion f mit $f(x) = x^2$ zwei Punkte gemeinsam.
d) Richtig; eine beliebige Funktion ordnet jedem x-Wert aus der Definitionsmenge genau einen y-Wert zu; jeder dieser y-Werte kommt auch bei der zugehörigen Parallelen zur y-Achse vor.

5 a) $D = \mathbb{R}$; $W = \mathbb{R}$
b) $D = \mathbb{R}$; $W = \{y \mid y \geqq 1\}$
c) $D = \mathbb{R}$; $W = \mathbb{R}^+$
d) $D = \mathbb{R} \setminus \{0\}$; $W = \mathbb{R} \setminus \{0\}$
e) $D = \mathbb{R} \setminus \{3\}$; $W = \mathbb{R} \setminus \{0\}$
f) $D = \mathbb{R}$; $W = \{y \mid -1 \leqq y \leqq 1\}$
g) $D = \{x \mid x \geqq 3\}$; $W = \mathbb{R}_0^+$
h) $D = \{x \mid x > 3\}$; $W = \mathbb{R}^+$

6 a) gleich
b) verschieden
c) gleich
d) gleich
e) gleich
f) verschieden (da $D_f \neq D_g$)

7 a) Ja; zu jedem Zeitpunkt gibt es einen Blutdruckwert.
b) normale Ernährung: $D = [0; 7]$; $W = [128; 131]$
obstreiche Diät: $D = [0; 7]$; $W = [127; 131{,}3]$
viel Obst, wenig Fett: $D = [0; 7]$; $W = [124; 131]$
c) Die Veränderungen wären kaum sichtbar.
d) ca. 5,3 %

8 a)

n	0	1	2	3	4	5	6	7	8	9	10
h(n)	0	0	1	2	2	3	3	4	4	4	4

n	11	12	13	14	15	16	17	18	19	20
h(n)	5	5	6	6	6	6	7	7	8	8

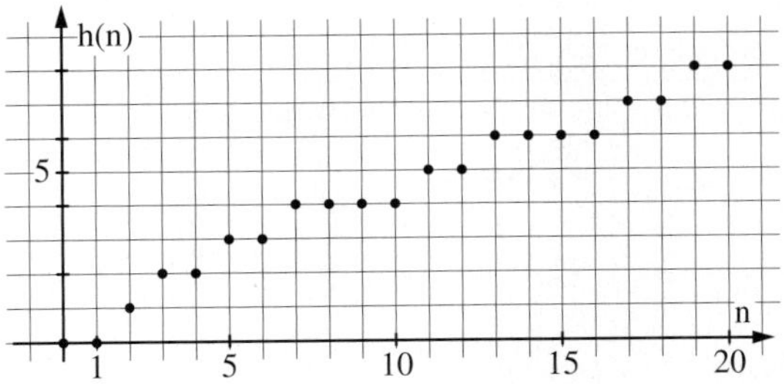

b) $h(n) = 11$ für $n = 31; 32; 33; 34; 35; 36$

9 a) $f(1) = 2 \cdot f(0) = 2$; $f(2) = 2 \cdot f(1) = 2 \cdot 2 = 4$; $f(3) = 8$; $f(4) = 16$; $f(5) = 32$
b) $f\colon n \mapsto 2^n$

3 Darstellung von Funktionen mit dem CAS-Rechner

S. 18 **1** $-4 \leqq X \leqq 4$;
Xscl = 1;
$-1{,}5 \leqq Y \leqq 2$;
Yscl = 1

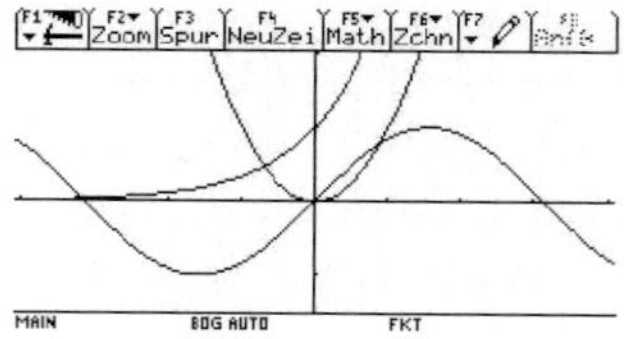

S. 19 **2** a) $-2 \leqq X \leqq 4$;
Xscl = 1;
$-9 \leqq Y \leqq 2$;
Yscl = 1

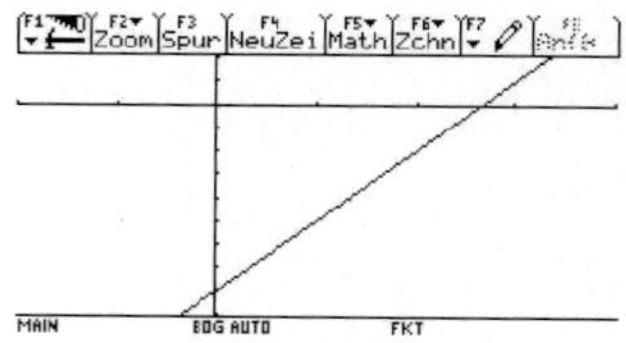

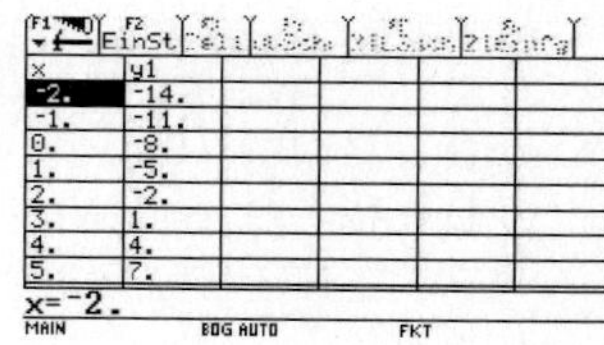

x	y1
-2.	-14.
-1.	-11.
0.	-8.
1.	-5.
2.	-2.
3.	1.
4.	4.
5.	7.

b) $-2 \leqq X \leqq 4$;
Xscl = 1;
$0 \leqq Y \leqq 8$;
Yscl = 1

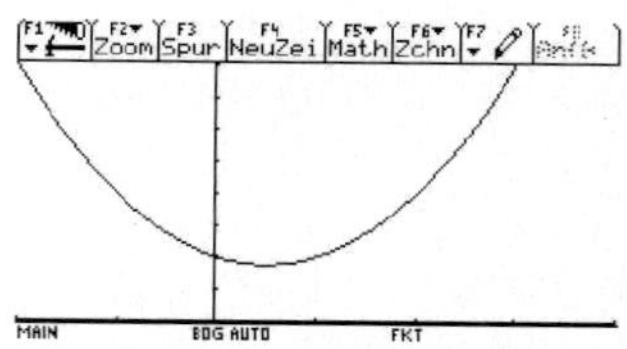

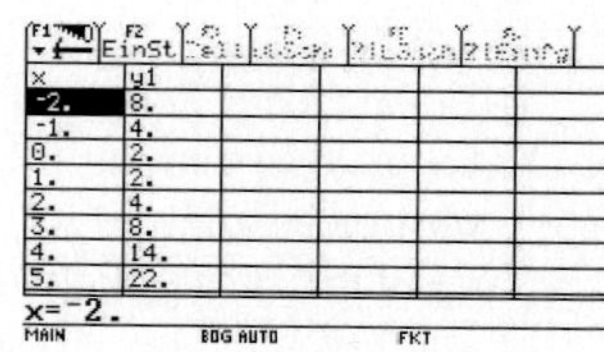

x	y1
-2.	8.
-1.	4.
0.	2.
1.	2.
2.	4.
3.	8.
4.	14.
5.	22.

c) $-3 \leqq X \leqq 3$;
Xscl = 1;
$-8 \leqq Y \leqq 8$;
Yscl = 1

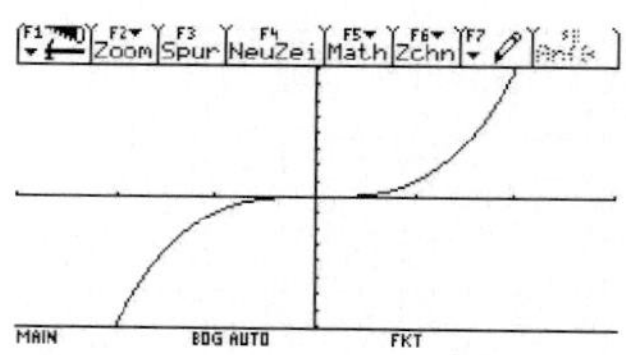

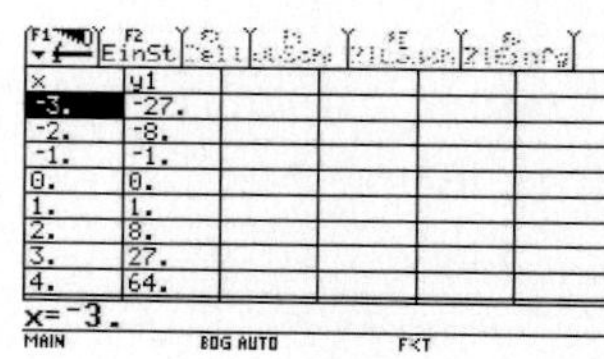

x	y1
-3.	-27.
-2.	-8.
-1.	-1.
0.	0.
1.	1.
2.	8.
3.	27.
4.	64.

d) $-3 \leqq X \leqq 3$;
Xscl = 1;
$-8 \leqq Y \leqq 8$;
Yscl = 1

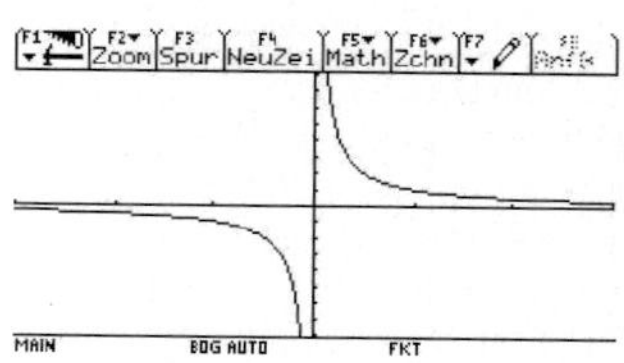

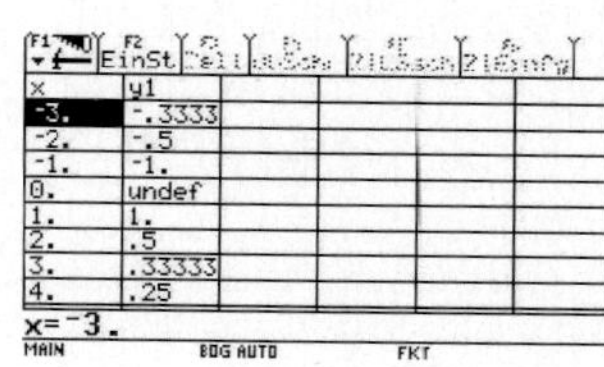

x	y1
-3.	-.3333
-2.	-.5
-1.	-1.
0.	undef
1.	1.
2.	.5
3.	.33333
4.	.25

e) $-3 \leqq X \leqq 3$;
Xscl = 1;
$-1 \leqq Y \leqq 8$;
Yscl = 1

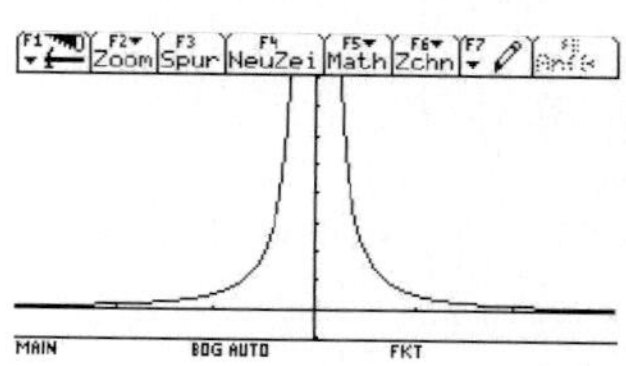

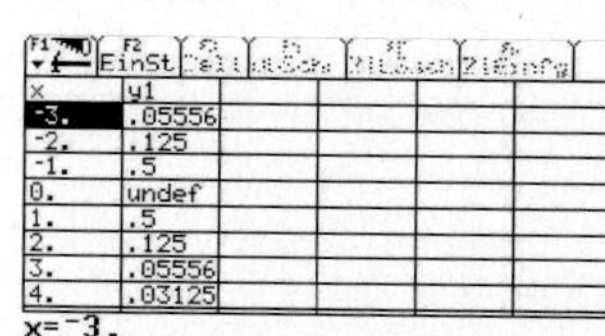

x	y1
-3.	.05556
-2.	.125
-1.	.5
0.	undef
1.	.5
2.	.125
3.	.05556
4.	.03125

S. 19 **2** f) $-3 \leqq X \leqq 3$; Xscl = 1; $-1 \leqq Y \leqq 8$; Yscl = 1

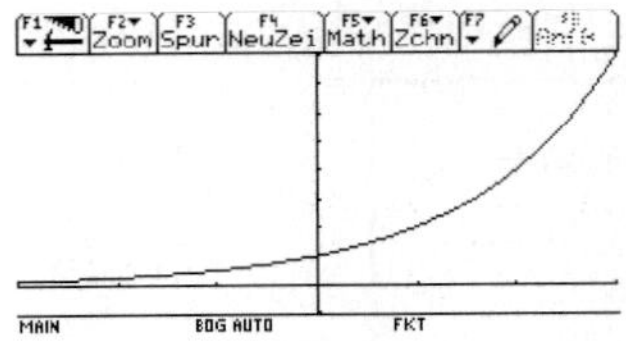

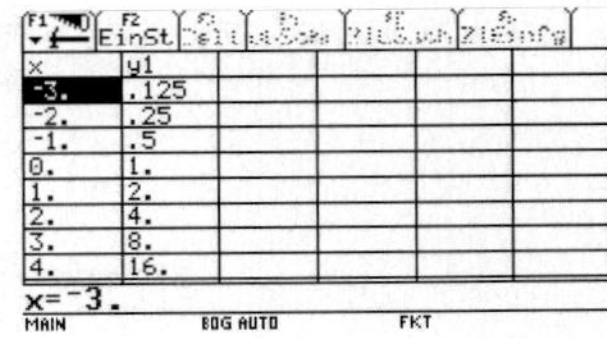

g) $-3 \leqq X \leqq 3$; Xscl = 1; $-1 \leqq Y \leqq 8$; Yscl = 1

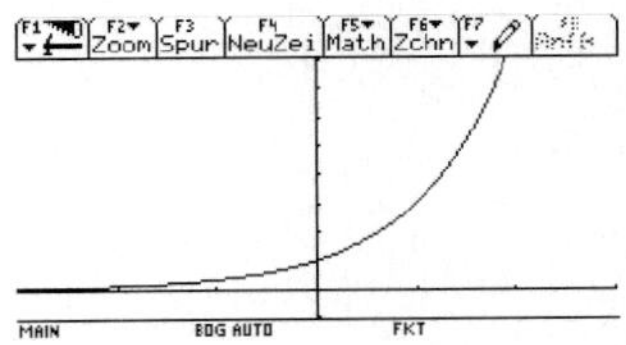

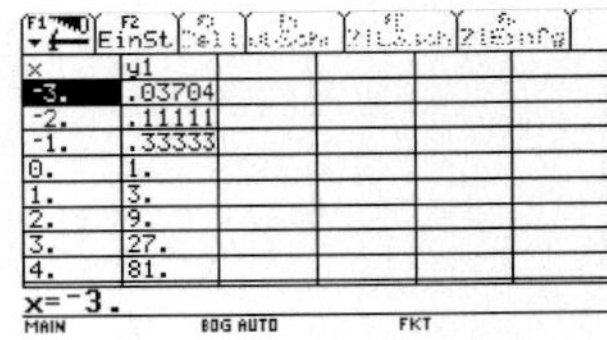

h) $-3 \leqq X \leqq 3$; Xscl = 1; $-1 \leqq Y \leqq 8$; Yscl = 1

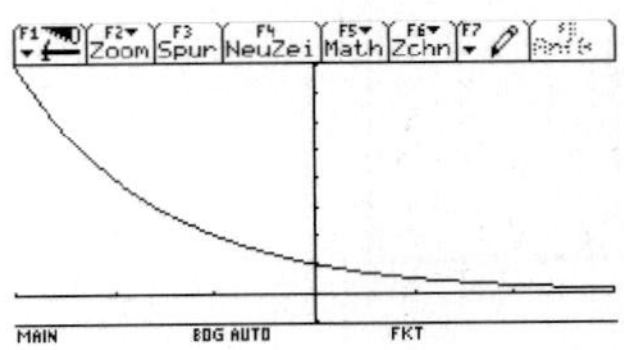

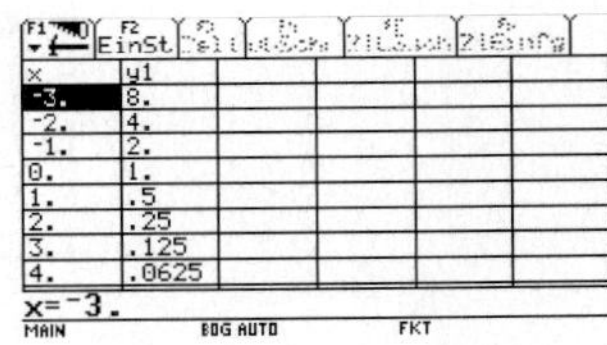

3 a)

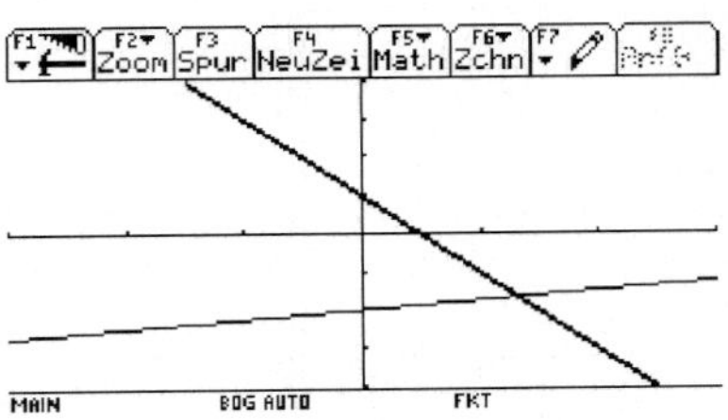

$-3 \leqq X \leqq 3$; Xscl = 1
$-4 \leqq Y \leqq 4$; Yscl = 1

b)

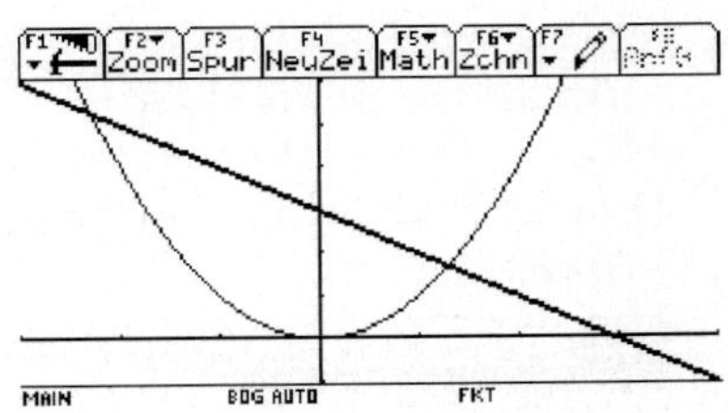

$-3 \leqq X \leqq 4$; Xscl = 1
$-1 \leqq Y \leqq 6$; Yscl = 1

c)

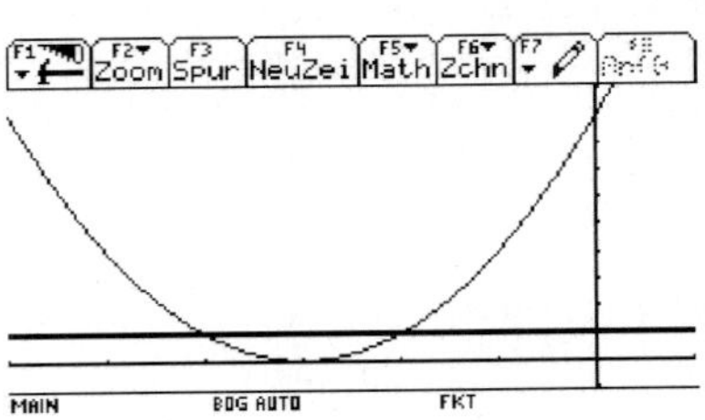

$-6 \leqq X \leqq 1$; Xscl = 1
$-1 \leqq Y \leqq 10$; Yscl = 1

d)

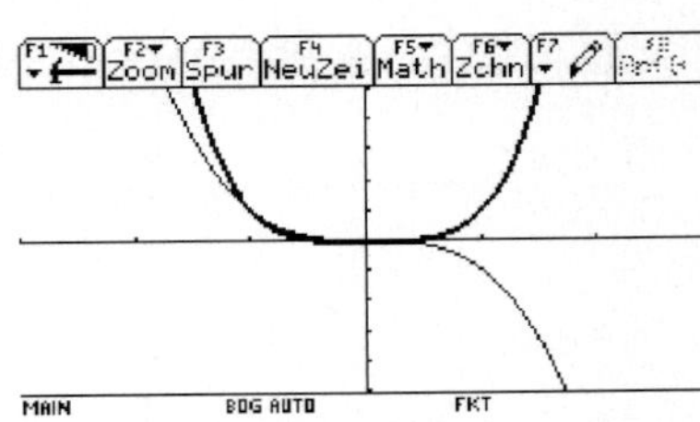

$-3 \leqq X \leqq 3$; Xscl = 1
$-5 \leqq Y \leqq 5$; Yscl = 1

S. 20 **4** a)

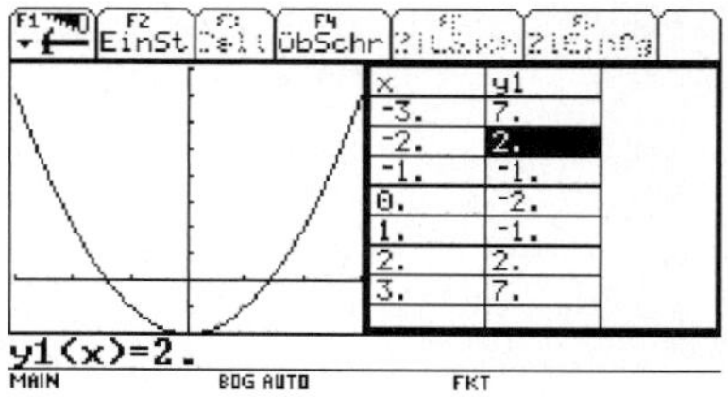

$-3 \leqq X \leqq 3$; Xscl = 1
$-3 \leqq Y \leqq 8$; Yscl = 1
TblStart = –3; ΔTbl = 1

b)

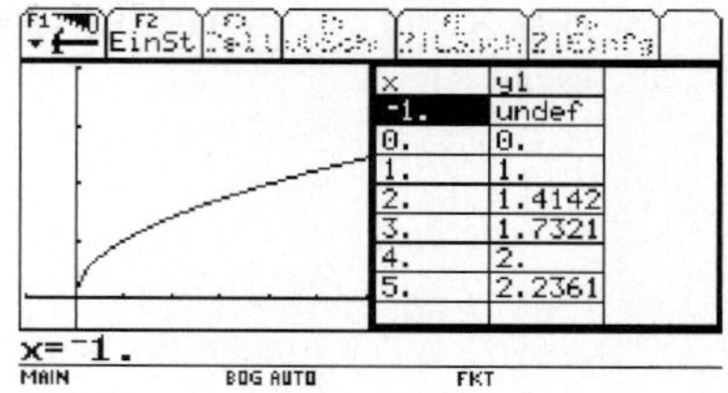

$-1 \leqq X \leqq 6$; Xscl = 1
$-1 \leqq Y \leqq 4$; Yscl = 1
TblStart = 0; ΔTbl = 1

c)

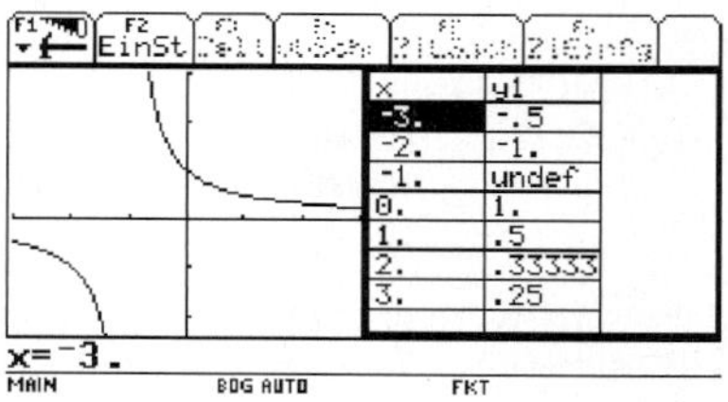

$-3 \leqq X \leqq 3$; Xscl = 1
$-3 \leqq Y \leqq 3$; Yscl = 1
TblStart = –3; ΔTbl = 1

d)

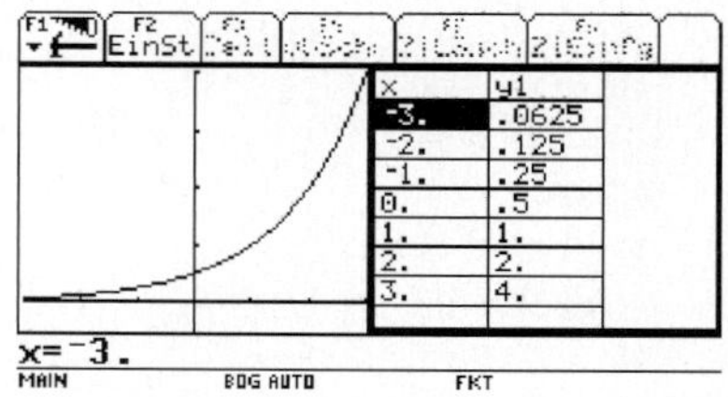

$-3 \leqq X \leqq 3$; Xscl = 1
$-1 \leqq Y \leqq 4$; Yscl = 1
TblStart = –3; ΔTbl = 1

5 Die unterschiedlichen Einstellungen erhält man im Grafikfenster mit der Taste [F1] und 9:Format…

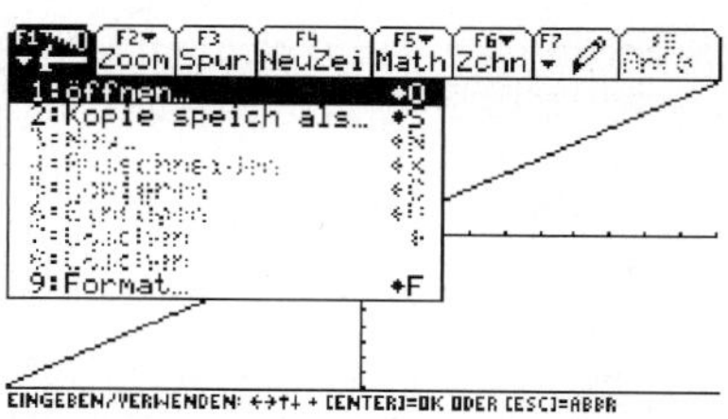

a)

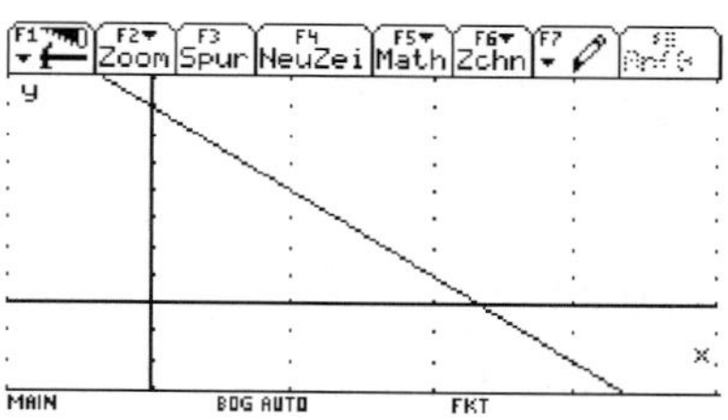

$-1 \leqq X \leqq 4$; Xscl = 1
$-3 \leqq Y \leqq 8$; Yscl = 1

b)

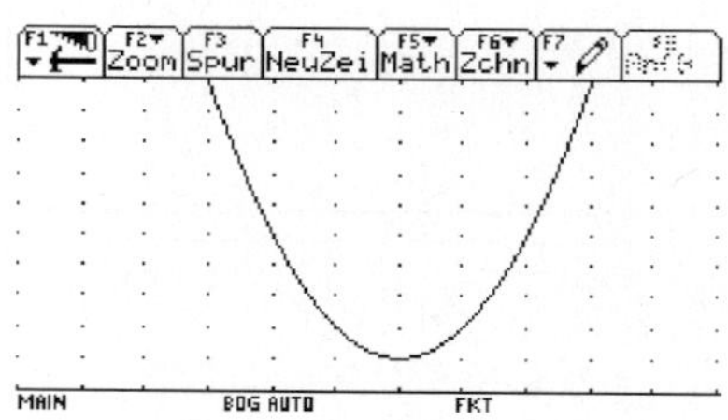

$-1 \leqq X \leqq 10$; Xscl = 1
$0 \leqq Y \leqq 10$; Yscl = 1

S. 20 **5** c)

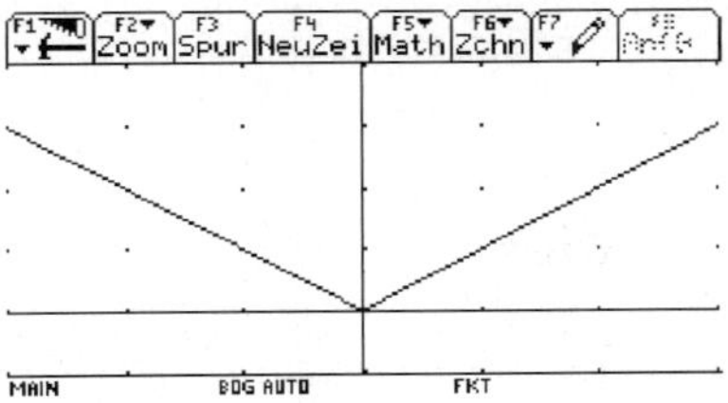

$-3 \leqq X \leqq 3$; Xscl = 1
$-1 \leqq Y \leqq 4$; Yscl = 1

d)

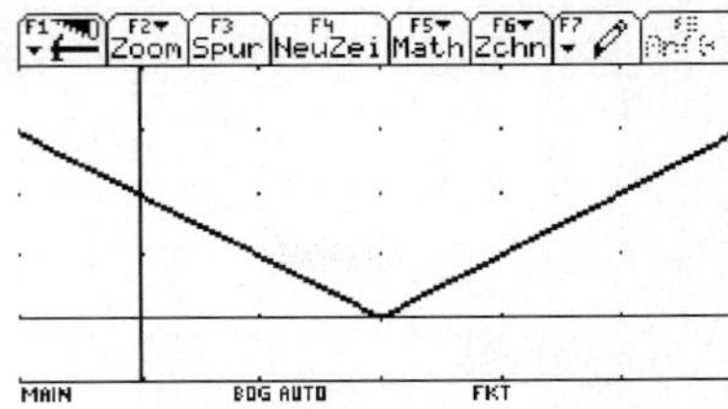

$-1 \leqq X \leqq 5$; Xscl = 1
$-1 \leqq Y \leqq 4$; Yscl = 1

6 a)

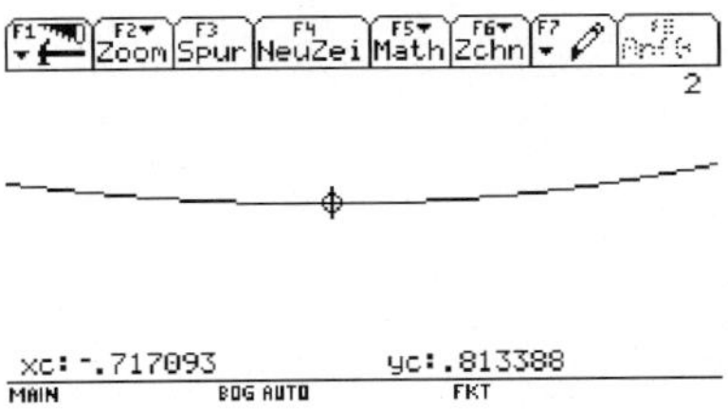

T(–0,717|0,813)

b)

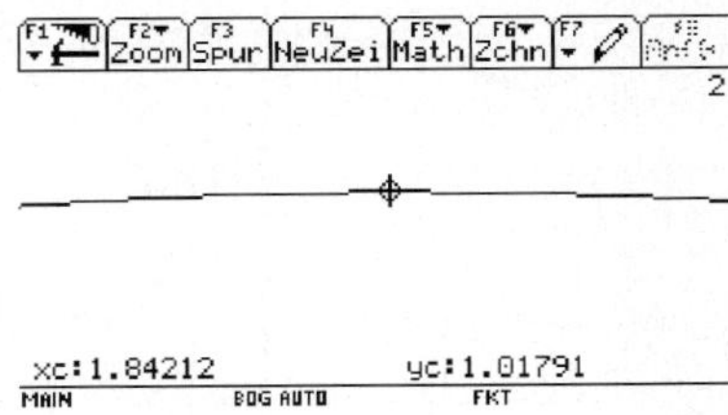

H(1,842|1,018)

c)

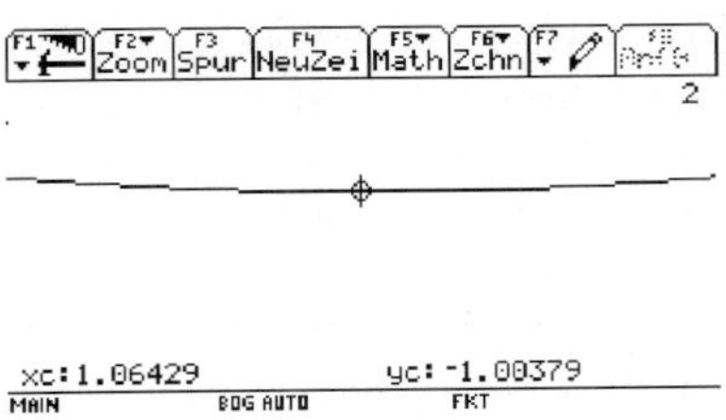

T(1,064|–1,004)

d)

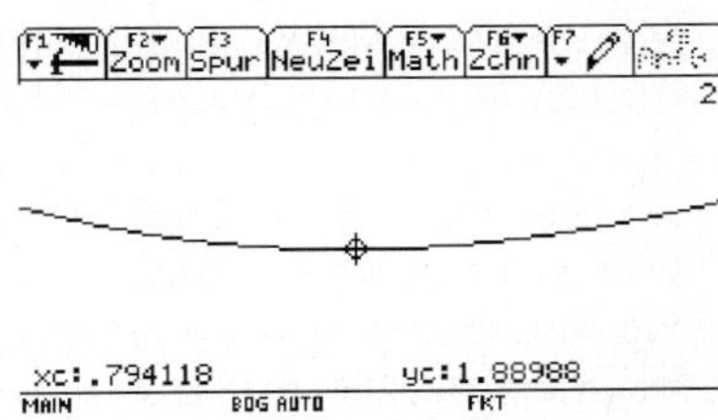

T(0,794|1,890)

7 a)

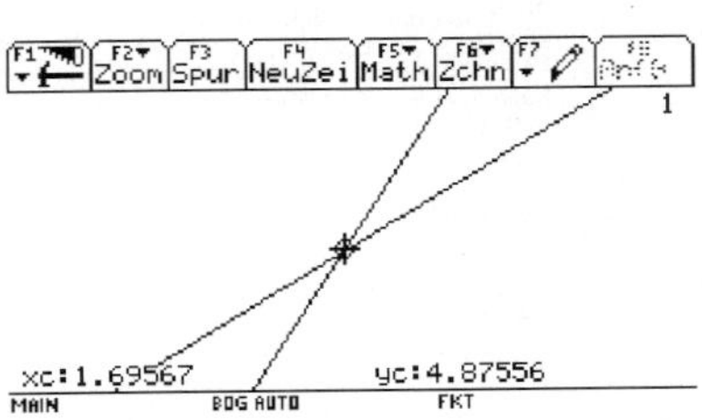

S(1,696|4,876)

b)

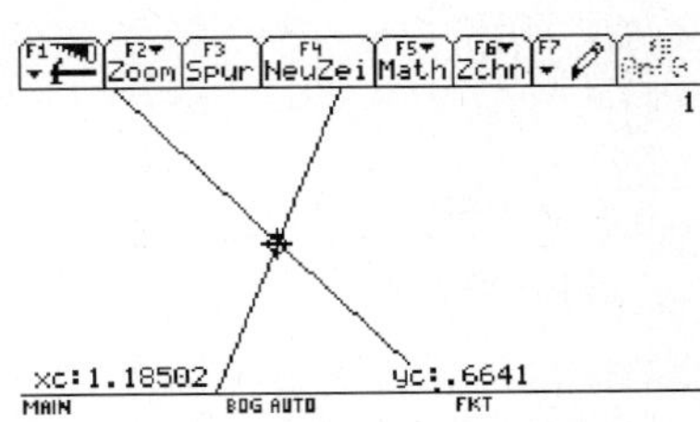

S(1,185|0,664)

S. 20 **7** c)

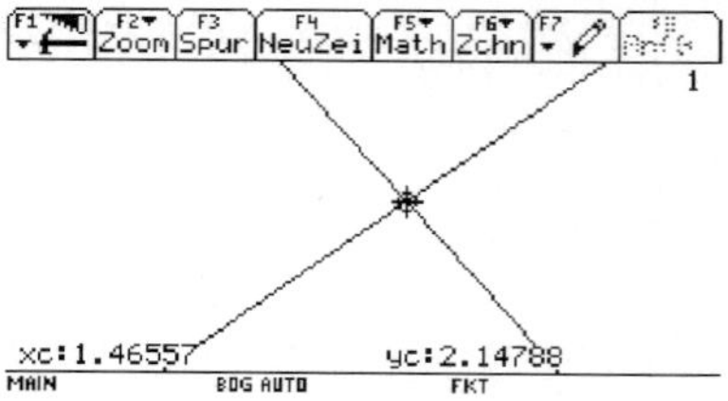

S(1,466|2,148)

d)

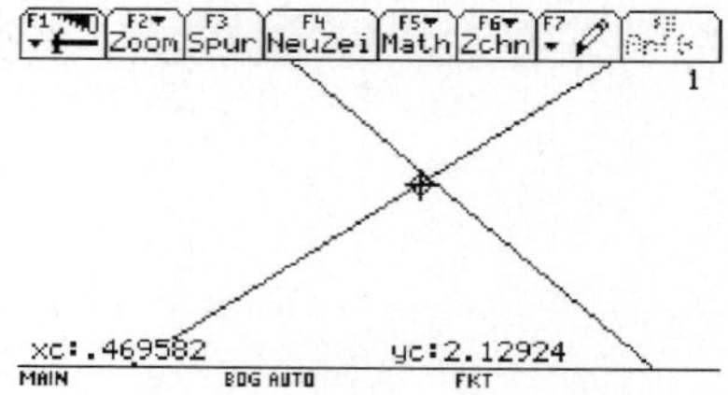

S(0,469|2,129)

8

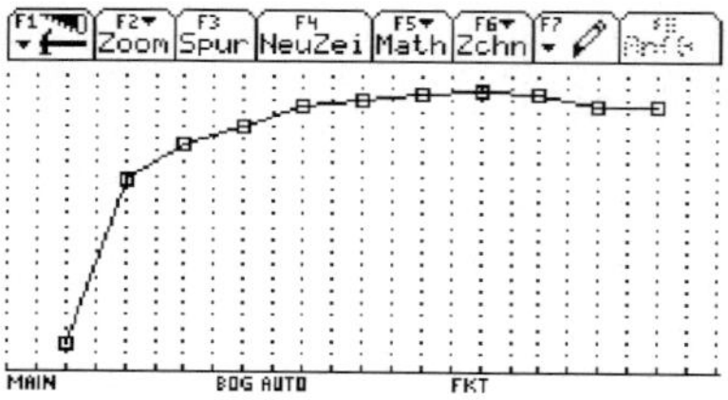

9 a) Man öffnet das Stat./Listen-Fenster, gibt [F1] 8:Editor löschen ein und gibt dann die Werte für jahr und anzahl ein (Fig. 1). Nach Eingabe von [F2] wird 1:Grafik einstellen aufgerufen (Fig. 2), wodurch sich das Fenster von Fig. 3 öffnet. Durch Drücken von [F1] wird das Fenster von Fig. 4 geöffnet und die entsprechenden Eingaben wie Streudiagramm, Markierung der Punkte, Eingaben für x- und y-Achse gemacht. Nach Bestätigung erscheint Fig. 5. Nach Drücken von [F5] erscheint die Darstellung (Fig. 6).
Gibt man statt Streudiagramm x-y-Polygonzug ein (Fig. 7), so erhält man entsprechend Fig. 8. Etwas anders sieht die Ausgabe eines Histogramms aus (Fig. 9). Hier ist darauf zu achten, dass bei Häuf.&Kategorien auf „ja" eingestellt wird und unter Häuf. die anzahl eingegeben wird. Fig. 10 zeigt das erzeugte Histogramm.

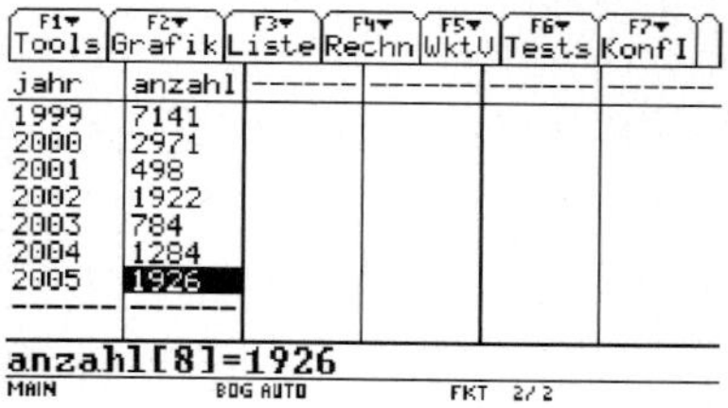

Fig. 1

Fig. 2

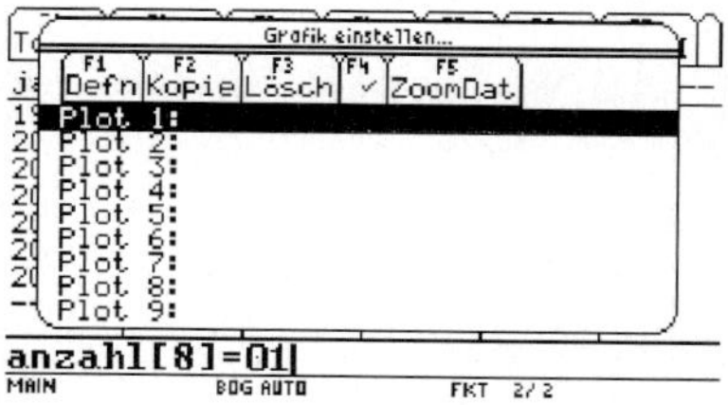

Fig. 3

Fig. 4

S. 20 **9**

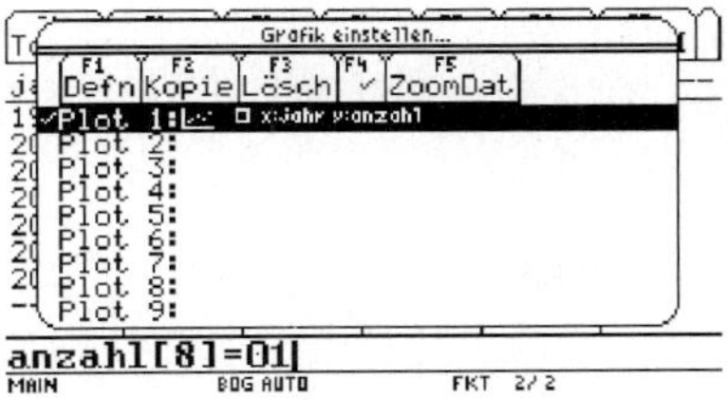

Fig. 5

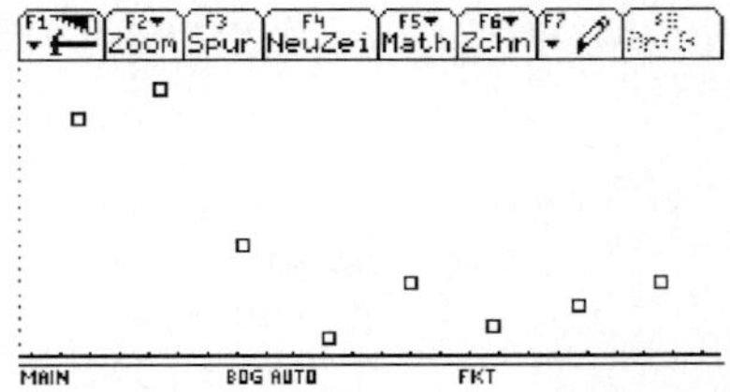

Fig. 6

Fig. 7

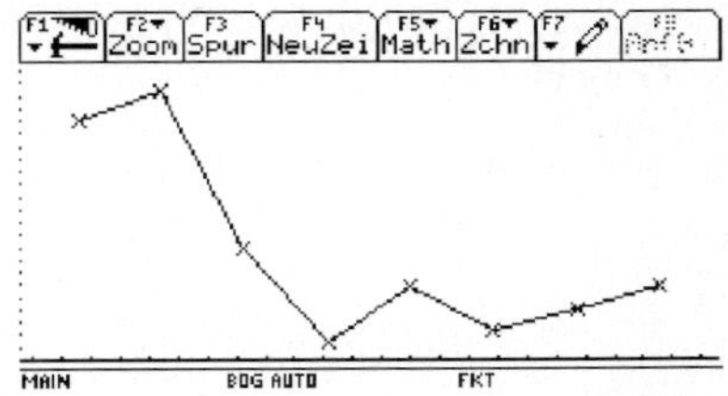

Fig. 8

Fig. 9

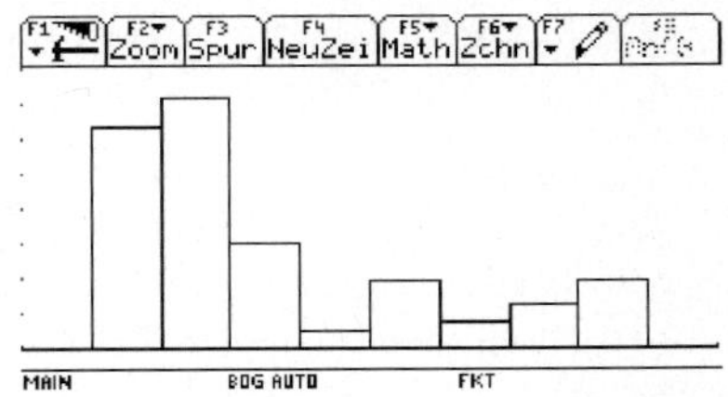

Fig. 10

b) In den Jahren von 1999 bis 2001 fallen die weltweiten Polio-Erkrankungen stark ab, danach steigen sie wieder stark im folgenden Jahr. Seit 2003 nehmen sie wieder kontinuierlich zu.

10 a) Gewicht von Mädchen (□) und Jungen (+)

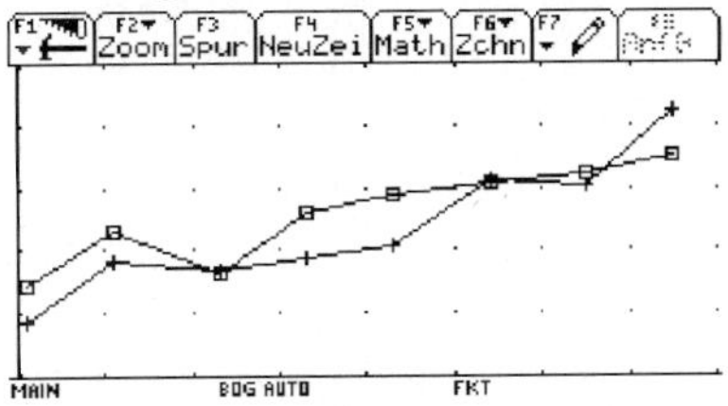

$-1 \leqq X \leqq 80$; Xscl = 10
$30 \leqq Y \leqq 55$; Yscl = 5

b) Gewicht von Mädchen (□) und Jungen (+)

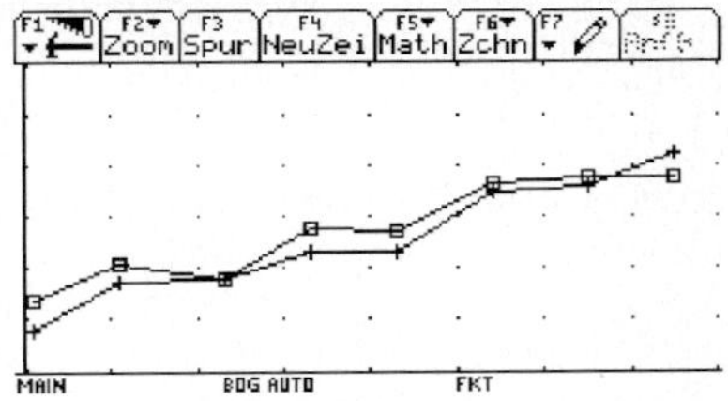

$-1 \leqq X \leqq 80$; Xscl = 10
$140 \leqq Y \leqq 170$; Yscl = 5

b) Im Jahre 1921 hatten 13-jährige Mädchen ein größeres Gewicht und eine größere Körpergröße als 13-jährige Jungen; im Jahre 1995 war es umgekehrt. Während des 2. Weltkrieges war die Verringerung von Gewicht und Größe bei den Mädchen deutlicher als bei den Jungen.

4 *Lineare Funktionen; Geraden*

S. 21 **1** a) Energieverbrauch E(s); E(s) in kWh, s in km

Flugzeug: $E_F(180) = 169$

Auto: $E_A(180) = 144$

Bahn: $E_B(180) = 16{,}2$

b) f: $s \mapsto 95{,}2 + 0{,}41 \cdot s$

a: $s \mapsto 0{,}80 \cdot s$

Graphen:

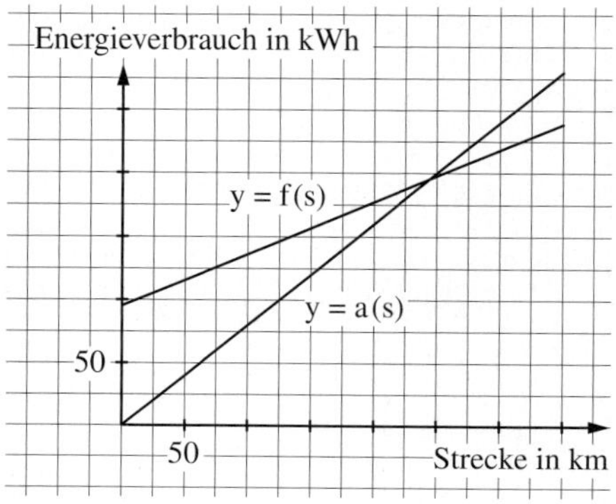

c) Reisestrecke $s^* > 244$

2 Autoinsassen: $a(s) = 0{,}4 \cdot s$

Wenn im Auto zwei Personen sitzen, hat es immer eine günstigere Energiebilanz als das Flugzeug bei mittlerer Auslastung.

S. 24 **2** a)

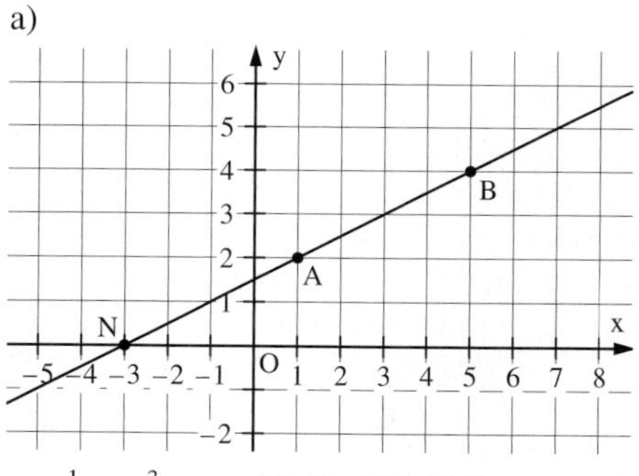

$y = \frac{1}{2}x + \frac{3}{2}$; $\alpha \approx 26{,}6°$; $N(-3|0)$

b)

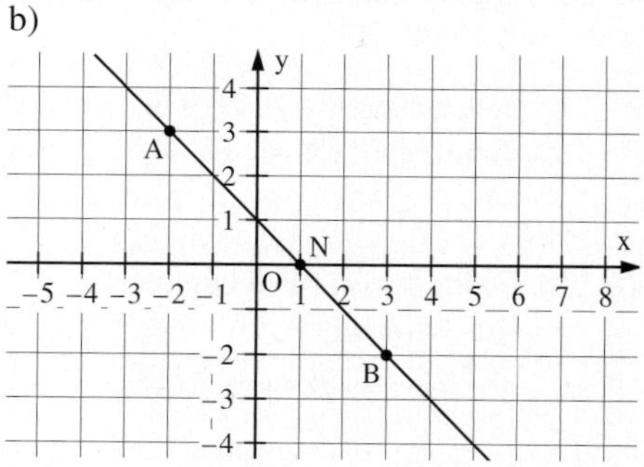

$y = -x + 1$; $\alpha = 135°$; $N(1|0)$

c)

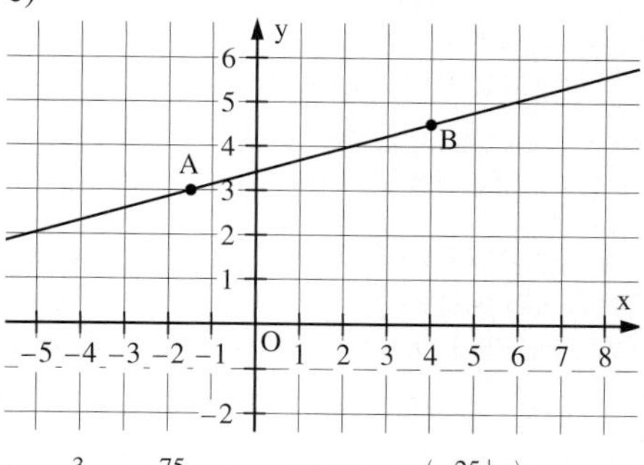

$y = \frac{3}{11}x + \frac{75}{22}$; $\alpha \approx 15{,}3°$; $N\left(-\frac{25}{2}\middle|0\right)$

d)

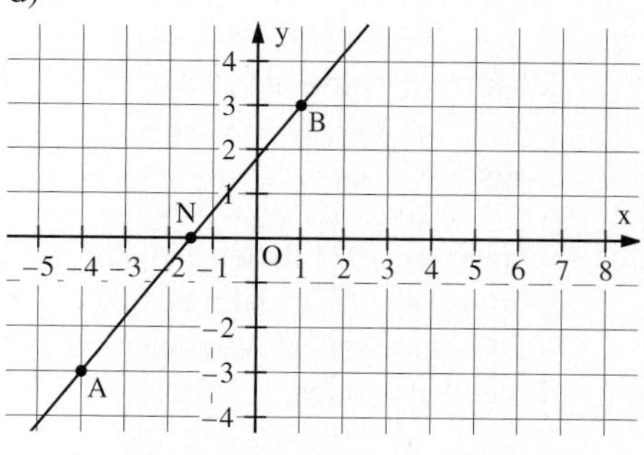

$y = \frac{6}{5}x + \frac{9}{5}$; $\alpha \approx 50{,}2°$; $N\left(-\frac{3}{2}\middle|0\right)$

S. 24 **3** a) $m = -\frac{2}{3}$ b) $m = 5$ c) $m = \frac{1}{5}$
d) $m = -\frac{8}{35} \approx -0{,}23$ e) $m = -\frac{8}{15}$ f) $m = \frac{31}{12} \approx 2{,}58$

4 a) g durch A und B: g: $y = \frac{3}{7}x + \frac{8}{7}$; C liegt nicht auf g.
b) g durch A und B: g: $y = -\frac{1}{4}x - 1{,}5$; C liegt auf g.
c) g durch A und B: g: $y = -x + 11$; C liegt auf g.
d) g durch A und B: g: $y = \frac{10}{13}x + \frac{3}{13}$; C liegt nicht auf g.

5 g: $y = \frac{1}{2}x$; h: $y = \frac{1}{3}x + 1$; i: $y = \frac{5}{2}x - 1$; j: $y = -\frac{1}{4}x + \frac{1}{2}$; k: $x = -\frac{3}{2}$; l: $y = -1$

6 g: $y = \frac{2}{5}x + \frac{1}{2}$; h: $y = -\frac{5}{2}x + 3$; i: $y = \frac{2}{5}x - 1$; j: $y = -\frac{5}{2}x + 6{,}25$

7 a) Gerade g durch O und Q: g: $y = \frac{4}{5}x$. P liegt nicht auf g.
b) Orthogonale h zu $y = 7x - 21$ durch $P(0|3)$: h: $y = -\frac{1}{7}x + 3$. Q liegt auf h.
c) $-x + 4y - 6 = 0$ in Hauptform g: $y = \frac{1}{4}x + 1{,}5$. g ist nicht parallel zu $y = -0{,}25x$.

S. 25 Rand: Das untere Schild steht falsch.

8

a)	b)	c)	d)
$m_{AB} = -2{,}5$	$m_{AB} = -\frac{2}{7}$	$m_{AB} = \frac{1}{3}$	$m_{AB} = -\frac{1}{6}$
$m_{BC} = 0{,}4$	$m_{BC} = -3$	$m_{BC} = -3$	$m_{BC} = 1$
$m_{CD} = -2{,}5$	$m_{CD} = -\frac{1}{4}$	$m_{CD} = \frac{1}{3}$	$m_{CD} = -\frac{1}{6}$
$m_{AD} = 0{,}4$	$m_{AD} = -\frac{3}{2}$	$m_{AD} = -3$	$m_{AD} = \frac{1}{8}$
Parallelogramm	kein Trapez	Parallelogramm	Trapez

9 15 % Steigung bedeutet: $\tan(\alpha) = 0{,}15$. $\alpha \approx 8{,}53°$.

10 a) g durch A und B: g: $y = \frac{1}{5}x - \frac{4}{5}$
h durch B und C: h: $y = -1{,}5x + 6$
i durch A und C: i: $y = \frac{4}{3}x + \frac{1}{3}$
b) Keine zwei der Geraden sind orthogonal. Das Dreieck ist nicht rechtwinklig.
c) $\overline{AB} = \sqrt{26}$; $\overline{BC} = \sqrt{13}$; $\overline{AC} = 5$
d) Jede Seitenhalbierende halbiert die Fläche eines Dreiecks;
Seitenhalbierende durch A: $y = \frac{5}{8}x - \frac{3}{8}$.

11 a) $y = -2$ b) $x = 4$ oder $x = -4$ c) $y = x + 3$ d) $y = 0{,}5x + 0{,}5$

12 g durch P und Q: g: $y = -\frac{1}{2}x + \frac{3}{2}$
a) $P(2|0{,}5)$ b) $P(-1|2)$ c) $P(3|0)$ d) $P\left(0\middle|\frac{3}{2}\right)$

13 a) $m_{BC} = -1$ b) $m_{CA} = \frac{5}{3}$ c) $m_{AB} = \frac{1}{3}$
$y = -x + 6$ $y = \frac{5}{3}x + 6$ $y = \frac{1}{3}x - 2$

S. 25 **14** a) $y = 0{,}5\,x + 1;\ c = 1$ b) $y = -\frac{6}{5}x + \frac{32}{5};\ m = -\frac{6}{5};\ c = \frac{32}{5}$

15 a) $\alpha = 10°;\ m \approx 0{,}18$
$\alpha = 20°;\ m \approx 0{,}36$
$\alpha = 40°;\ m \approx 0{,}84$
$\alpha = 80°;\ m \approx 5{,}67$
b) $\alpha = 170°;\ m \approx -0{,}18$
$\alpha = 160°;\ m \approx -0{,}36$
$\alpha = 140°;\ m \approx -0{,}84$
$\alpha = 100°;\ m \approx -5{,}67$

Steigungswinkel α und Steigung m sind nicht proportional zueinander.

16 Gegeben: Gerade g durch O und ein Punkt $P(a|b)$ auf g. Also ist $m_g = \frac{b}{a}$. Aus $m_g \cdot m_h = -1$ folgt: $m_h = -\frac{a}{b}$. Also liegt $Q(-b|a)$ auf h. Nach dem Kongruenzsatz sws sind die schraffierten Dreiecke kongruent (und rechtwinklig). Da $\alpha + \beta = 90°$, folgt: $\delta = 90°$. Da sich die Steigung einer Geraden bei einer Verschiebung nicht ändert, gilt diese Überlegung für beliebige Geraden (sofern sie nicht parallel zur y-Achse sind).

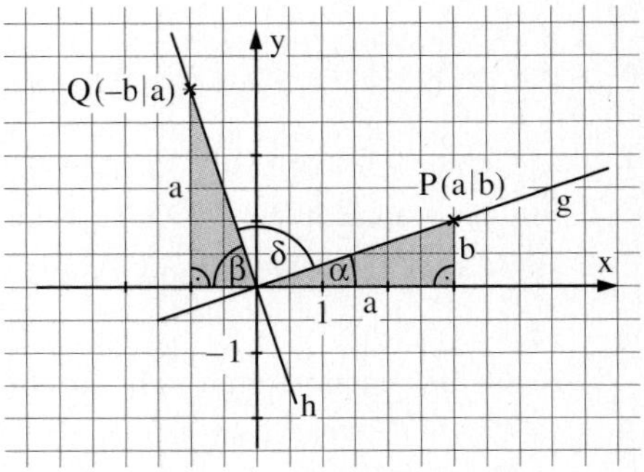

17 a) $M_{AB}(0{,}5|0{,}5);\ s_C = 3{,}5$
$M_{BC}(1{,}25|2{,}5);\ s_A \approx 3{,}36$
$M_{AC}(-0{,}25|2);\ s_B \approx 2{,}46$

b) $M_{AB}(-0{,}375|-0{,}5);\ s_C \approx 6{,}55$
$M_{BC}(3|-0{,}5);\ s_A \approx 4{,}04$
$M_{AC}(2{,}625|1);\ s_B \approx 3{,}99$

18 a) Mit Punkt A: $d = \sqrt{(-8-0)^2 + (6-0)^2} = 10;$

mit Punkt B: $d = \sqrt{(5 \cdot \sqrt{3} - 0)^2 + (5-0)^2} = 10.$

Alle Punkte mit dem Abstand 10 liegen auf der Kreislinie um den Ursprung mit dem Radius 10.
b) $x^2 + y^2 = 10$

19 a) Ja
b) $\overline{MQ} = \sqrt{90};\ \overline{MR} = \sqrt{88{,}25}$.
Es gibt keinen Kreis um $M(3|1)$, auf dem die Punkte Q und R liegen.

5 *Anwendungen zur linearen Funktion; lineare Regression*

S. 26 **1** Bei einem Ratenkauf wird der Kaufpreis in Teilzahlungen entrichtet. Für ein Notebook zum Barpreis von 1399€ müssen z.B. 65,40€ pro Monat bei einer Laufzeit von 24 Monaten gezahlt werden.

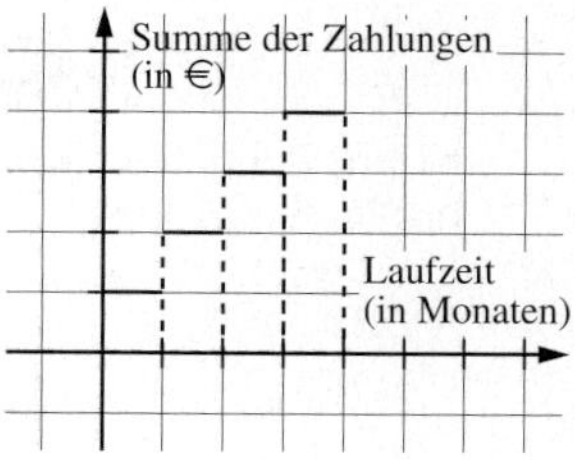

2 Laufzeit: 7 Jahre;
monatliche Sparrate: 200€;
Zinssatz: 3,65%;
Zinszahlung jährlich nachträglich;
gutgeschriebene Zinsen werden mitverzinst.

S. 28 **3** a) 0,79 b) 142,20€

4 6590

5 a) 1,8°F b) $T_F = 1{,}8 \cdot T_C + 32$ c) 105,8°F

S. 29 **6** a) $f(t) = 150 \cdot t + 1200$
Graph rechts
b) Es waren noch 1200 Liter Öl im Tank. Es dauert 32 Minuten, bis der Tank voll ist.

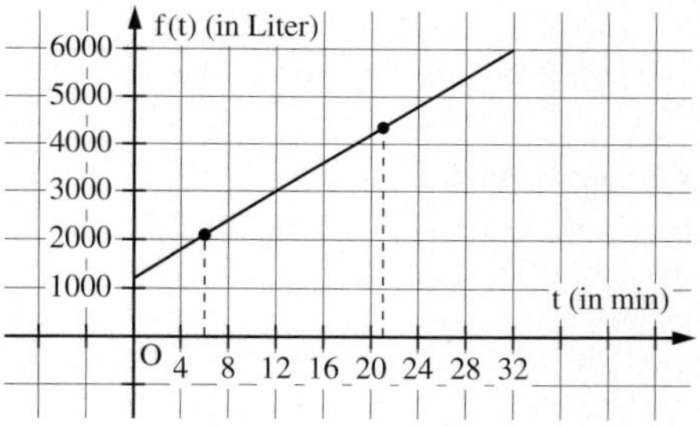

7 a) 90 Liter pro m^2
b) 189 Minuten

8 a) $0{,}6\,\frac{m}{s} = 0{,}6 \cdot 3{,}6\,\frac{km}{h} = 2{,}16\,\frac{km}{h}$
b) $s(t) = 0{,}6 \cdot t - 0{,}2$, Graph rechts
c) $S\left(\frac{1}{3}\middle|0\right)$; es wäre zu erwarten, dass der Körper zum Zeitpunkt $t = 0$ vom Startpunkt 0m entfernt ist, die Gerade also durch den Ursprung geht; bei Anwendungen ist dies oft nicht der Fall.

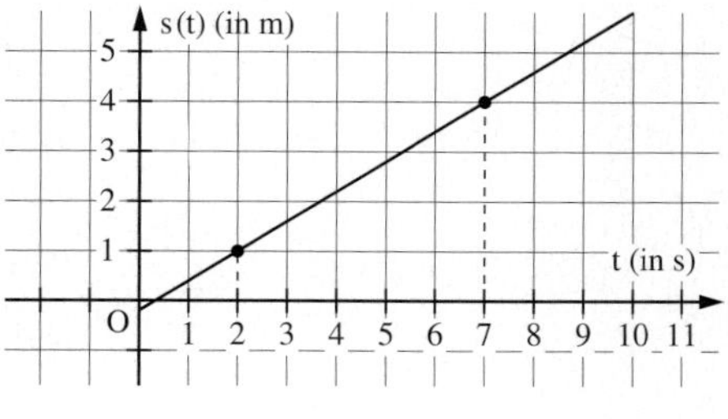

9 a) $y = ax + b$; $a = 4{,}887$; $b = -33{,}93$
Das lineare Modell ist nur für hinreichend große Pflanzen brauchbar.
b) Eine Sonnenblume wächst ab einer gewissen Größe rund 4,9cm pro Tag.

10 a) $y = ax + b$; $a = 0{,}04$; $b = -0{,}79$
b) Die Temperatur steigt um rund 4°C pro 100m Tiefe.

S. 29 **11** a) $y = ax + b$; $a = 0{,}03$; $b = 3{,}31$
Die gesprungene Höhe wächst alle 4 Jahre durchschnittlich um 12 cm.
b) Seit 1996 sind die Zuwächse an Höhe geringer.

12 a) $y = ax + b$; $a = 0{,}85$; $b = -77{,}87$
b) Pro Zentimeter Körpergröße ist mit einer Gewichtszunahme von durchschnittlich 0,85 kg zu rechnen.

6 *Abschnittsweise lineare Funktionen; Funktionenscharen*

S. 30 **1** Strecke von Stuttgart nach Mannheim:
$214\,\frac{\text{km}}{\text{h}}$

Strecke von Mannheim nach Mainz:
$106{,}5\,\frac{\text{km}}{\text{h}}$

Graph rechts

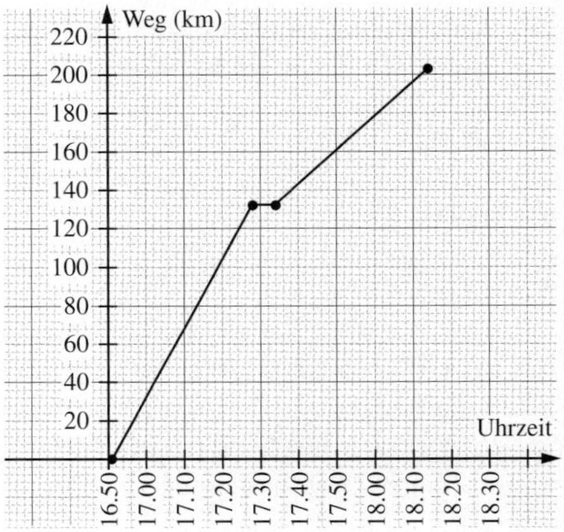

2 a) $L = \{4; 10\}$ b) $L = \{-15; -5\}$
c) $L = \{-12{,}5; -3{,}5\}$ d) $L = \{-4{,}8; 3{,}2\}$

S. 32 **3** a) $f(x) = \begin{cases} -\frac{1}{2}x & \text{für } -4 \leqq x \leqq 0 \\ \frac{1}{2}x & \text{für } 0 \leqq x \leqq 2 \\ 3x - 5 & \text{für } 2 \leqq x \leqq 4 \end{cases}$

b) $f(x) = \begin{cases} x & \text{für } -4 \leqq x \leqq -1 \\ 4x + 3 & \text{für } -1 \leqq x \leqq 0{,}5 \\ -x + 5{,}5 & \text{für } 0{,}5 \leqq x \leqq 4 \end{cases}$

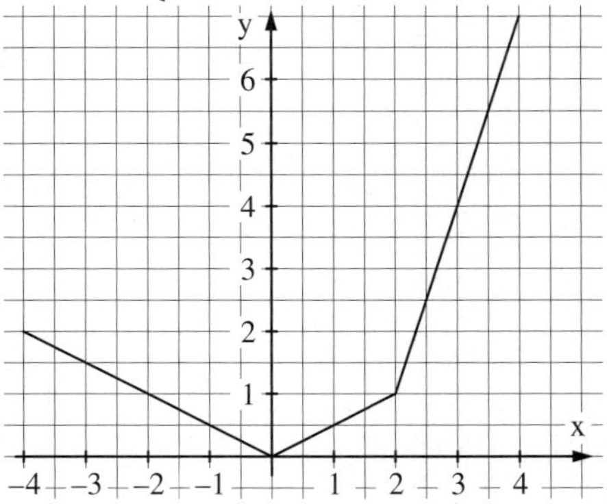

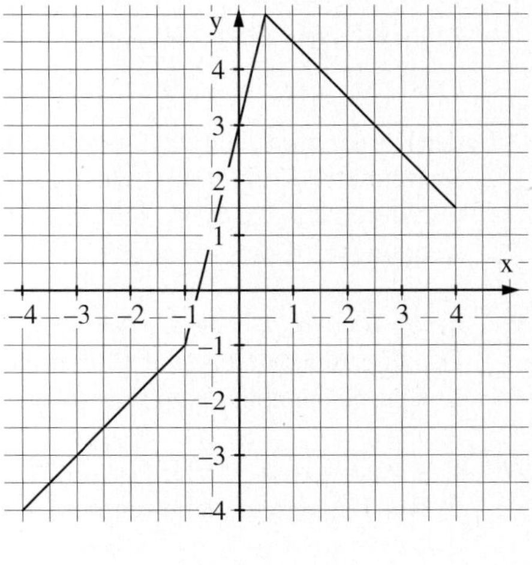

S. 32 **4** $f(x) = \begin{cases} 3x + 9 & \text{für } -4 \leqq x \leqq 3 \\ -2{,}5x - 7{,}5 & \text{für } -3 \leqq x \leqq 1 \\ 3x - 2 & \text{für } -1 \leqq x \leqq 3 \\ -3x + 16 & \text{für } 3 \leqq x \leqq 5 \end{cases}$

x	−4	−3	−2	−1	0	1	2	3	4	5
f(x)	−3	0	−2,5	−5	−2	1	4	7	4	1

Graph rechts.

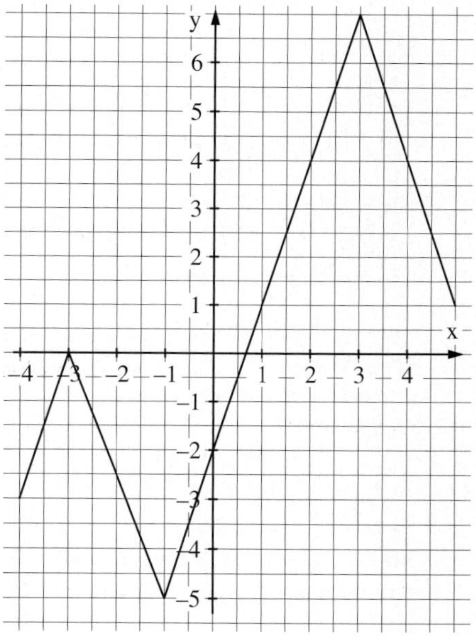

5 FONCOM: $f(x) = 3{,}5x$

TELEMAX: $f(x) = \begin{cases} 5x & \text{für } 0 \leqq x \leqq 5 \\ 2x - 15 & \text{für } 5 < x \end{cases}$

Bis 10 Minuten ist FONCOM billiger, danach TELEMAX.

Graph unten

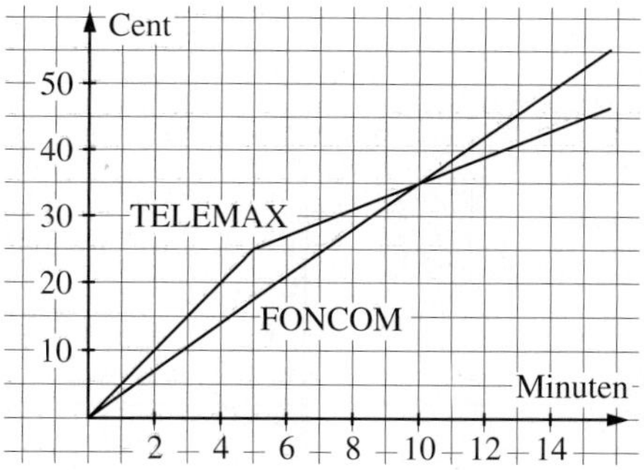

6 a) Anfangs $(4380\,l - 1800\,l) : 30 = 86\,l$; dann $43\,l$

Tankinhalt am Anfang: $1800\,l - 4 \cdot 86\,l = 1456\,l$

Fülldauer in min: $4 + 30 + (4950 - 4380) : 43 \approx 47{,}26$

b) $f(t) = \begin{cases} 86t + 1456 & \text{für } 0 \leqq t \leqq 34 \\ 43t + 2918 & \text{für } 34 < t \leqq 47{,}26 \end{cases}$

c)

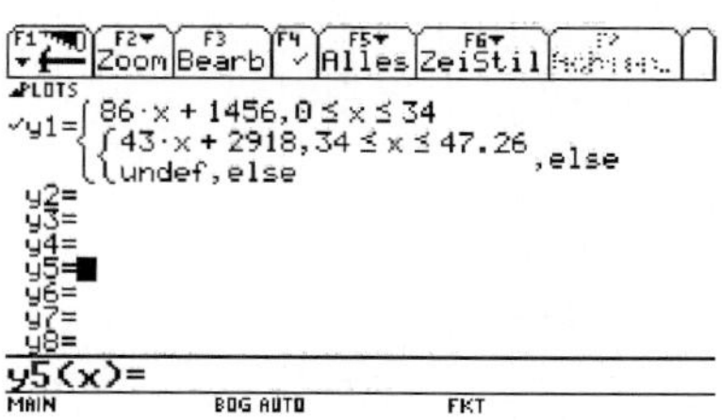

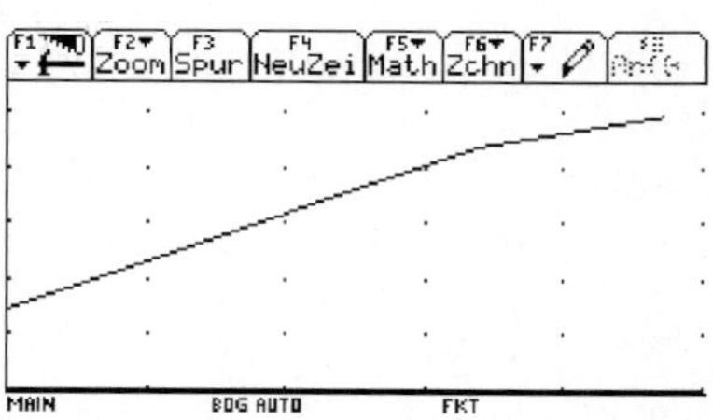

$0 \leqq X \leqq 50$; Xscl = 10

$0 \leqq Y \leqq 5500$; Yscl = 1000

S. 32 **7** a)

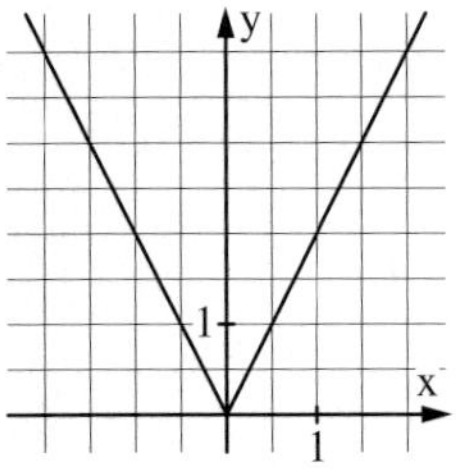

$f(x) = \begin{cases} 2x; & x \geqq 0 \\ -2x; & x < 0 \end{cases}$

b)

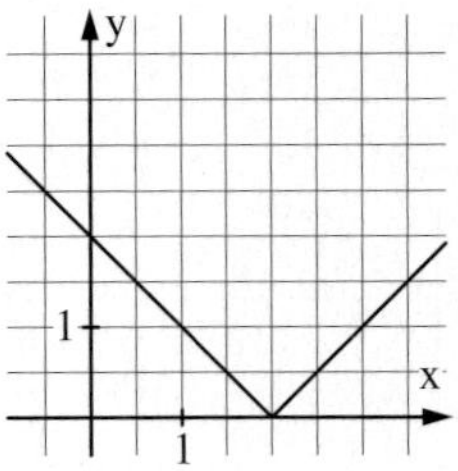

$f(x) = \begin{cases} x - 2; & x \geqq 2 \\ 2 - x; & x < 2 \end{cases}$

c)

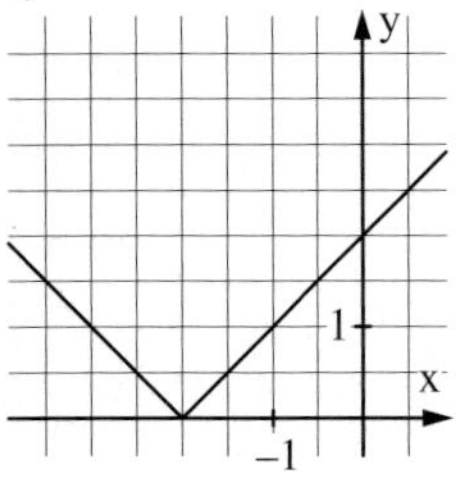

$f(x) = \begin{cases} x + 2; & x \geqq -2 \\ -x - 2; & x < -2 \end{cases}$

d)

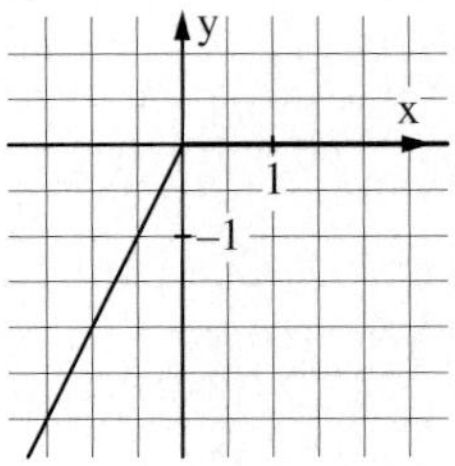

$f(x) = \begin{cases} 0; & x \geqq 0 \\ 2x; & x < 0 \end{cases}$

8 a) $f_0(x) = 0;$
$f_2(2) = -2x + 2;$
$f_{-2}(x) = 2x - 2;$
$f_{0,5}(x) = -0{,}5x + 0{,}5;$
$f_{-0,5}(x) = 0{,}5x - 0{,}5$

b) $t_1 \neq t_2$; Bedingung $f_{t_1}(x) = f_{t_2}(x)$ liefert $x_1 = 1$; $f_t(1) = 0$, also $Q(1|0)$.
Alternative: Aus der Zeichnung entnimmt man $Q(1|0)$. Vermutung wird durch Punktprobe bestätigt.

c) Punktprobe für P liefert: $t = 3$;
$f_3(x) = -3x + 3$

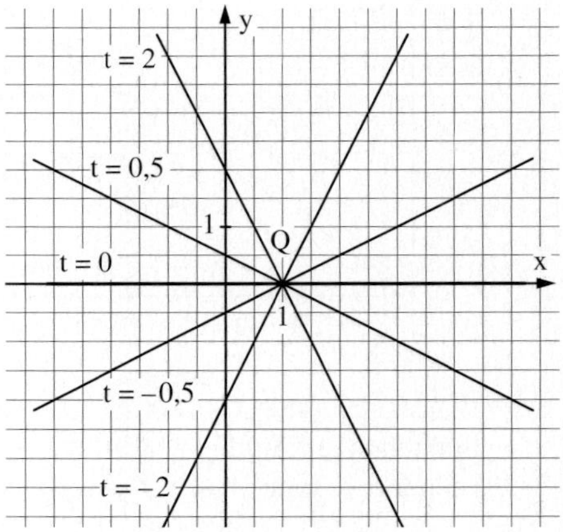

9 $f_t(x) = 0{,}5x + t$; $x \in \mathbb{R}$; $t \in \mathbb{R}$
Aus $2 = 0{,}5 \cdot 2 + t$ folgt $t = 1$.

10 a) Graph rechts

b) Um g(x) angeben zu können, müssen zuerst die x-Koordinaten der Schnittpunkte der Graphen berechnet werden:
f_1 und f_2: $x = 1$; f_2 und f_3: $x = 3$.

$$g(x) = \begin{cases} 2x & \text{für } 0 \leqq x \leqq 1 \\ x + 1 & \text{für } 1 < x \leqq 3 \\ \frac{2}{3}x + 2 & \text{für } 3 < x \leqq 10 \end{cases}$$

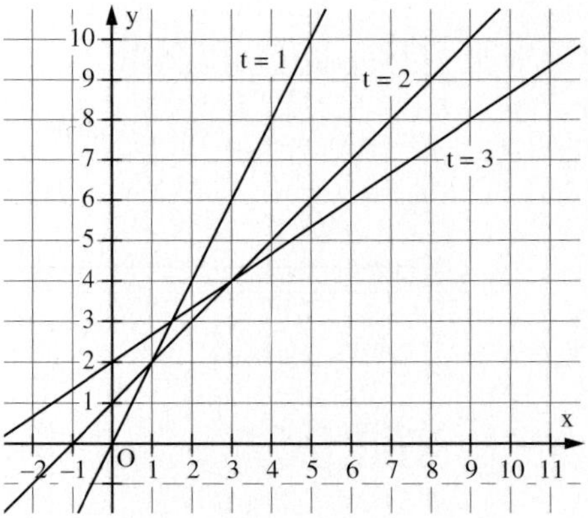

7 *Potenzfunktionen*

S. 33 **1** $V(r) = \frac{4}{3}\pi r^3$; $O(r) = 4\pi r^2$

$r^* = 2r$: $V(r^*) = 8V(r)$ $r^* = 2r$: $O(r^*) = 4O(r)$

$r^* = \frac{1}{2}r$: $V(r^*) = \frac{1}{8}V(r)$ $r^* = \frac{1}{2}r$: $O(r^*) = \frac{1}{4}O(r)$

S. 35 **2** a) $n = 2$ b) $n = 3$ c) $n = 3$ d) $n = 5$ e) $n = 4$

3

	a)	b)	c)	d)
a	2	$\frac{1}{2}$	$-\frac{1}{8}$	$-\frac{1}{10}$
n	2	3	4	5

4 a) Die beiden ersten Wertepaare liefern $f(x) = 3 \cdot 10^{-5} \cdot x^3$.
Punktprobe mit den restlichen Wertepaaren zeigt, dass f die gesuchte Potenzfunktion ist.
b) Die beiden ersten Wertepaare liefern näherungsweise $f(x) = 0{,}07 \cdot x^5$.
Punktprobe mit den restlichen Wertepaaren zeigt, dass f näherungsweise die gegebene Wertetabelle hat.

5 Flächeninhalt des Kreises $A(r) = \pi r^2$

$r^* = 2r$: $A(r^*) = 4 \cdot A(r)$

$r^* = \frac{1}{3}r$: $A(r^*) = \frac{1}{9} \cdot A(r)$

Umfang des Kreises $U(r) = 2\pi r$

$r^* = 2r$: $U(r^*) = 2U(r)$

$r^* = \frac{1}{3}r$: $U(r^*) = \frac{1}{3}U(r)$

6 a) Kantenlänge a (a in m)
Gesamtkantenlänge $l = 12a$ (l in m), also $a = \frac{1}{12}l$
Oberflächeninhalt des Würfels: $O: l \mapsto \frac{1}{24}l^2$, $O(l)$ in m^2
Rauminhalt des Würfels: $V: l \mapsto \left(\frac{l}{12}\right)^3$ oder $V: l \mapsto \frac{1}{1728}l^3$, $V(l)$ in m^3
b) $O(2{,}5) = \frac{25}{96}$. Der Oberflächeninhalt beträgt näherungsweise $0{,}26\,m^2$.
$V(2{,}5) = \frac{125}{13824}$. Das Volumen beträgt näherungsweise $9\,dm^3$.
Zur k-fachen Gesamtlänge erhält man den k^2-fachen Oberflächeninhalt bzw. das k^3-fache Volumen.

7 a) Volumengleichheit liefert $L: l \mapsto 4 \cdot 10^4 l$, l in m, $L(l)$ in m
b) Verdopplung der Stablänge bewirkt eine Verdopplung der Faserlänge.
c) Volumengleichheit liefert $L: d \mapsto 10^8 d^2$, d in m, $L(d)$ in m
d) Verdopplung der Stabdicke bewirkt eine Vervierfachung der Faserlänge.

8 Der Graph von g verläuft in den Intervallen $(-\infty; 0)$ und $(10; \infty)$ oberhalb des Graphen von f.
Vermutung: Für jedes $a > 0$ ist $a \cdot x^4 > x^3$ im Intervall $(\frac{1}{a}; \infty)$.
Nachweis: Für $a > 0$ und $x > 0$ sind die Ungleichungen $a \cdot x^4 > x^3$ und $x > \frac{1}{a}$ äquivalent. Analog gilt für $a < 0$, dass im Intervall $(\frac{1}{a}; 0)$ $a \cdot x^4 > x^3$ ist.

S. 35 **9** Gerade negative Hochzahlen und $a > 0$:
1. Für alle $x \neq 0$ ist $f(x) > 0$. Der Graph verläuft „oberhalb" der x-Achse.
2. Für jede Zahl $x \neq 0$ gilt: $f(-x) = f(x)$. Der Graph ist symmetrisch zur y-Achse.
3. Die Funktion f ist für $x < 0$ streng monoton steigend.
4. Die Funktion f ist für $x > 0$ streng monoton fallend.

Ungerade negative Hochzahl und $a > 0$:
1. Für alle $x < 0$ ist $f(x) < 0$, und für alle $x > 0$ ist $f(x) > 0$.
2. Für jede Zahl $x \neq 0$ gilt: $f(-x) = -f(x)$. Der Graph ist punktsymmetrisch zu $O(0|0)$.
3. Die Funktion f ist für $x < 0$ streng monoton fallend.
4. Die Funktion f ist für $x > 0$ streng monoton fallend.

10 $f(x) = a \cdot x^3$; $h \neq 0$

$$\frac{f(x_0 + h) - f(x_0)}{x_0 + h - x_0} = \frac{a(x_0 + h)^3 - a x_0^3}{h} = \frac{a(x_0^3 + 3x_0^2 \cdot h + 3x_0 \cdot h^2 + h^3) - a x_0^3}{h} = \frac{a \cdot h \cdot (3x_0^2 + 3x_0 h + h^2)}{h}$$

$= a(3x_0^2 + 3x_0 h + h^2)$

$x_0 = 2$:

h	$a(12 + 6h + h^2)$
1	19 a
0,5	15,25 a
0,1	12,61 a
0,01	12,0601 a
0,001	12,006001 a

8 *Zusammensetzen von Funktionen; ganzrationale Funktionen*

S. 36 **1** Umfang des Stadions: $U = 2\pi r + 2a$
Aus der Bedingung $U = 400$ (in m) ergibt sich $a = 200 - \pi \cdot r$ (in m).
Flächeninhalt des Spielfelds $A(r) = 2r(200 - \pi r)$ (in m^2)
$A(r) = 400r - 2\pi r^2$

2 $f(1) = 2$; $f(10) = 1010$; $f(100) = 1\,000\,100$
$g(1) = 1$; $g(10) = 1000$; $g(100) = 1\,000\,000$
Abweichungen 50 %; 0,99 %; 0,01 %

S. 38 **3** a) $f(x) = x^2 + x$

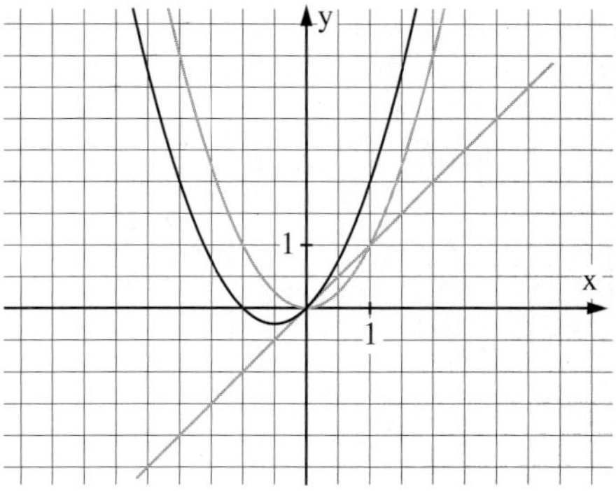

b) $f(x) = x^2 - 0{,}5\,x$

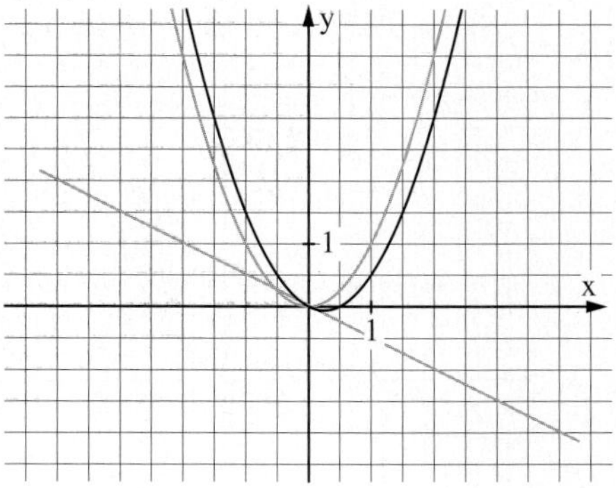

c) $f(x) = x^3 - x$

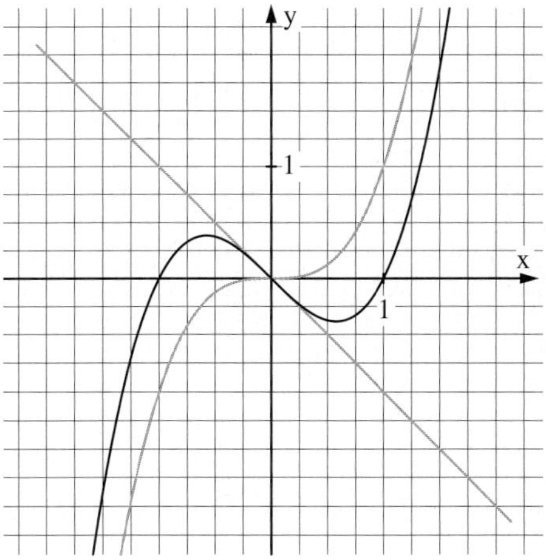

d) $f(x) = x^3 - x + 1$

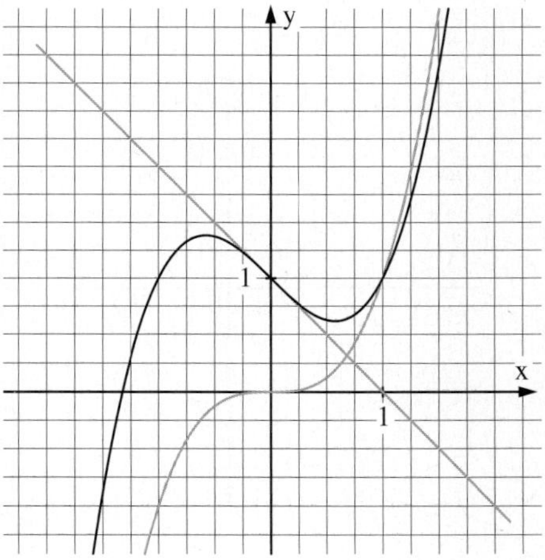

e) $f(x) = x + |x|$

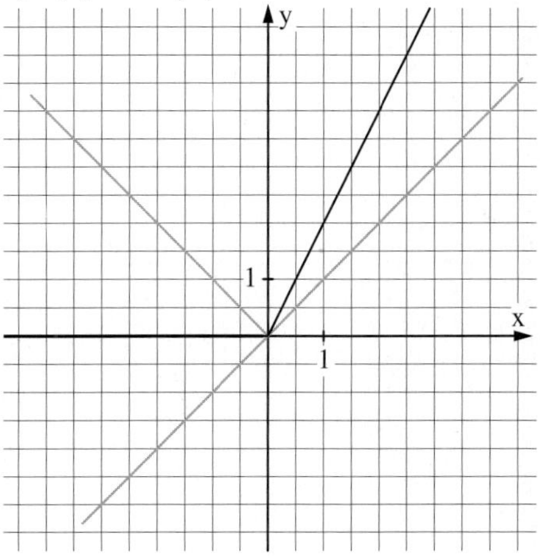

f) $f(x) = -x + |x|$

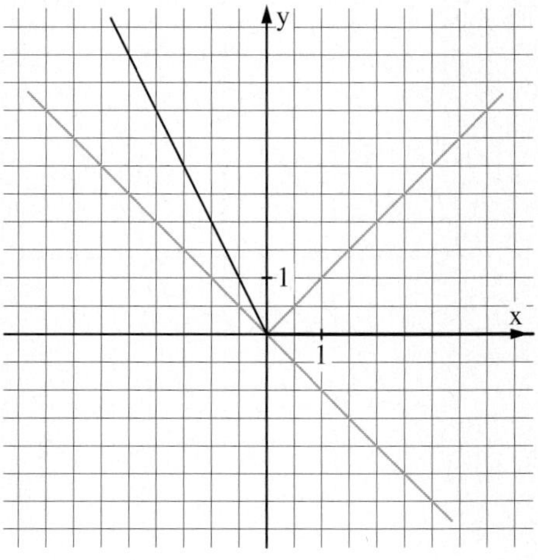

S. 38 **3** g) $f(x) = 2^x - 1$

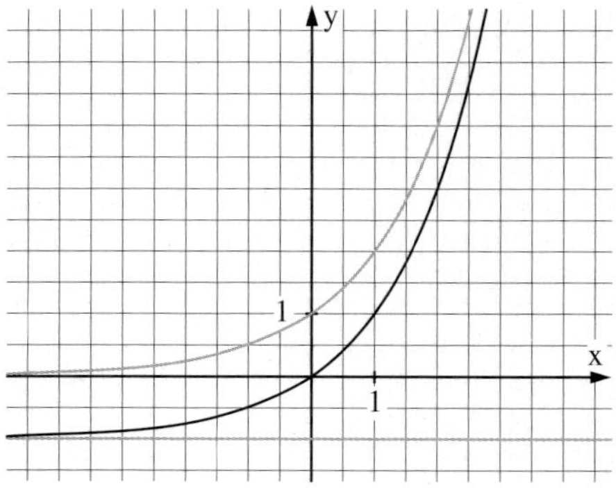

h) $f(x) = 2^x + 2^{-x}$

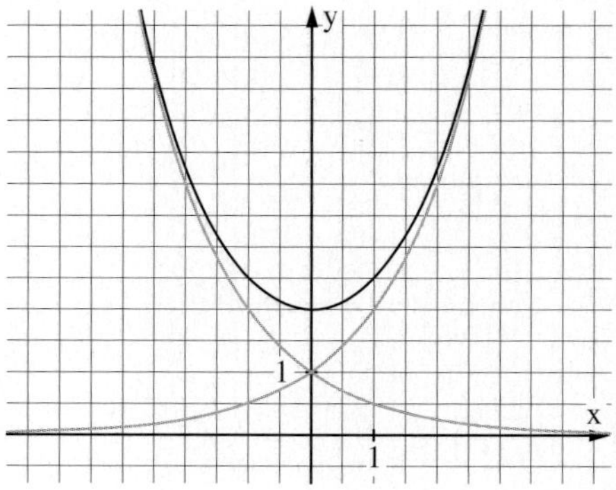

4 a) $f(x) = \frac{1-x}{x} = \frac{1}{x} - 1 = g(x) + h(x)$

$D_g = \mathbb{R} \setminus \{0\}$; $D_h = \mathbb{R}$; $D_f = \mathbb{R} \setminus \{0\}$

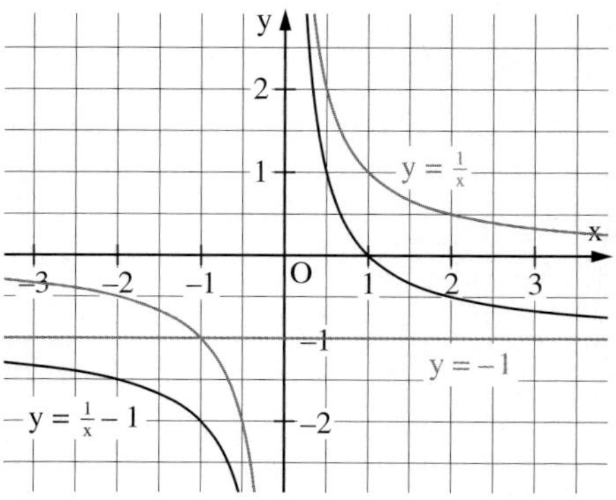

b) $f(x) = \frac{x^2+1}{x} = x + \frac{1}{x} = g(x) + h(x)$

$D_g = \mathbb{R}$; $D_h = \mathbb{R} \setminus \{0\}$; $D_f = \mathbb{R} \setminus \{0\}$

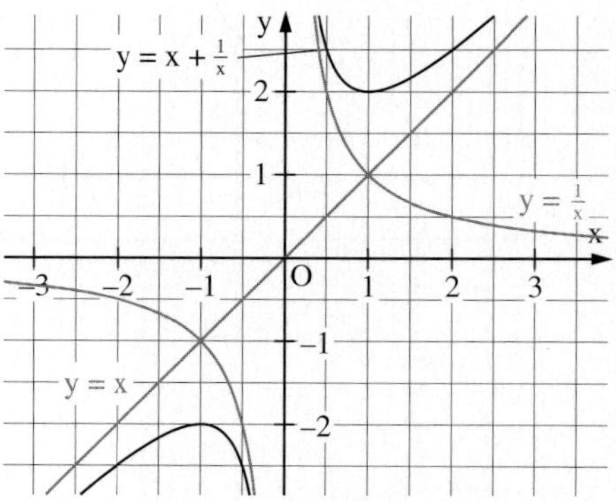

c) $f(x) = \frac{x^2-1}{x} = x - \frac{1}{x} = g(x) + h(x)$

$D_g = \mathbb{R}$; $D_h = \mathbb{R} \setminus \{0\}$; $D_f = \mathbb{R} \setminus \{0\}$

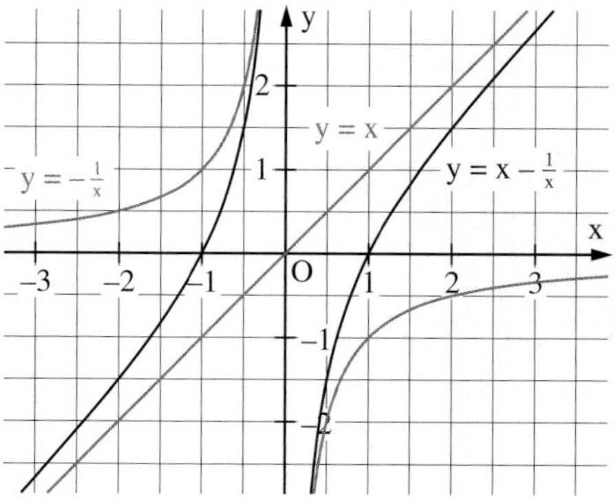

d) $f(x) = \frac{x^3-1}{x^2} = x - \frac{1}{x^2} = g(x) + h(x)$

$D_g = \mathbb{R}$; $D_h = \mathbb{R} \setminus \{0\}$; $D_f = \mathbb{R} \setminus \{0\}$

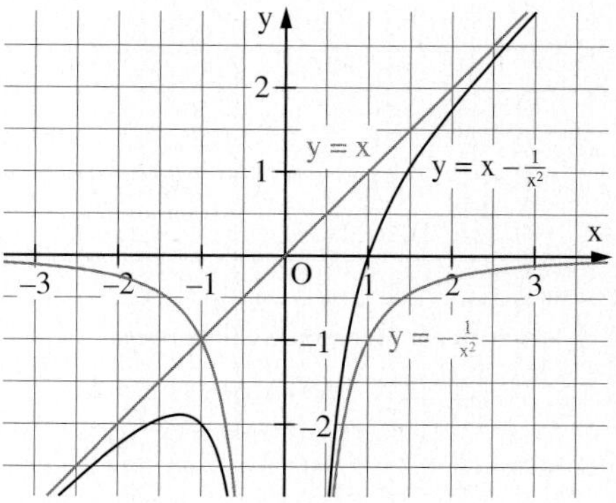

S. 38 **5** a)

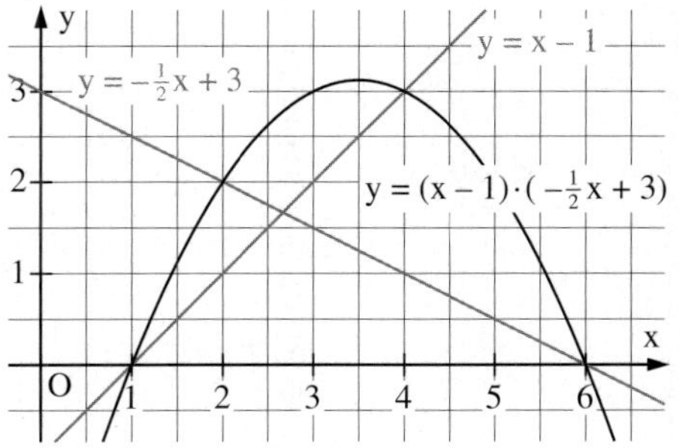

b)

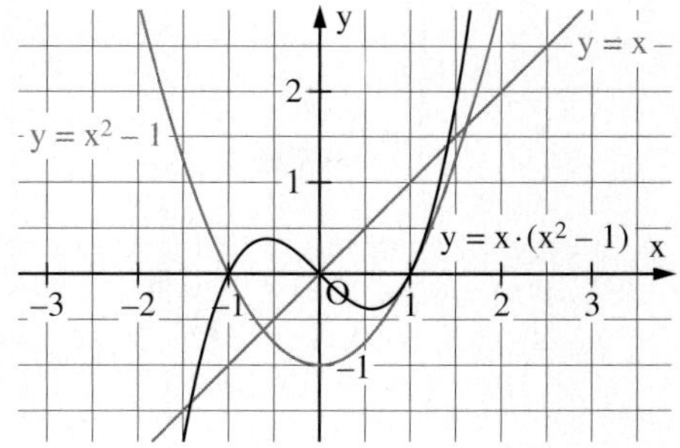

c)

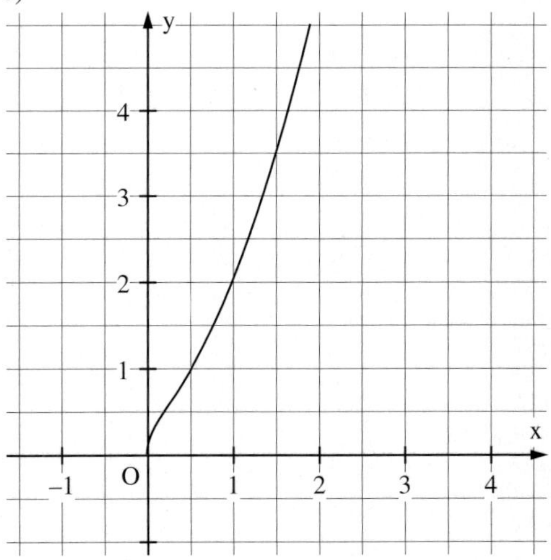

6 a) f ist ganzrational mit $a_0 = 1$, $a_1 = \sqrt{2}$ und hat den Grad 1.
b) f ist nicht ganzrational.
c) $f(x) = x^3 - 9x^2 + 15x - 7$; f ist ganzrational mit $a_0 = -7$, $a_1 = 15$, $a_2 = -9$, $a_3 = 1$ und hat den Grad 3.
d) f ist nicht ganzrational.
e) f ist ganzrational mit $a_0 = 0$, $a_1 = -\frac{1}{3}$, $a_2 = 1$ und hat den Grad 2.
f) f ist nicht ganzrational.

7 a) $g: x \mapsto -x^5$ b) $f(x) = -2x^3 + 2x^2 + 2x - 2$, $g: x \mapsto -2x^3$
c) $f(x) = -5x^3 + 8x^2 - x + 4$, $g: x \mapsto -5x^3$

S. 38 **8** a)

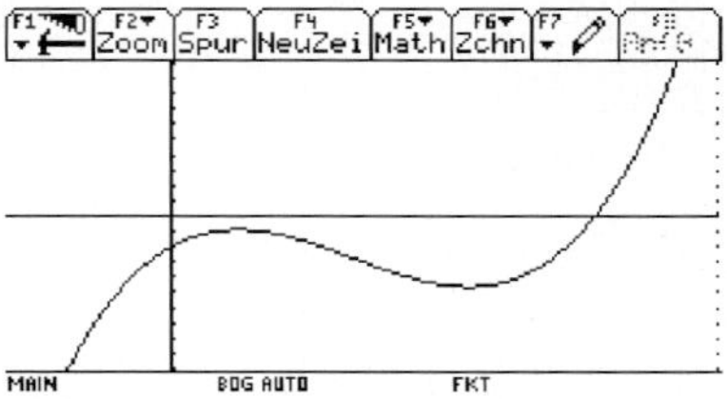

$f(x) = 0{,}1\,x^3 - x^2 + 2\,x - 2$
$-3 \leqq X \leqq 10$; Xscl = 1
$-10 \leqq Y \leqq 10$; Yscl = 1

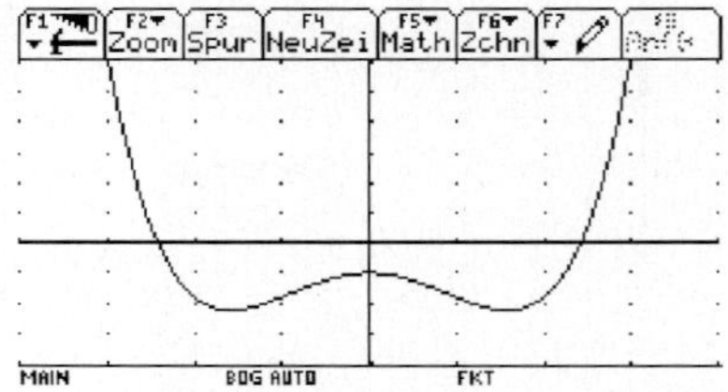

$g(x) = 0{,}2\,x^4 - x^2 - 1$
$-4 \leqq X \leqq 4$; Xscl = 1
$-4 \leqq Y \leqq 6$; Yscl = 1

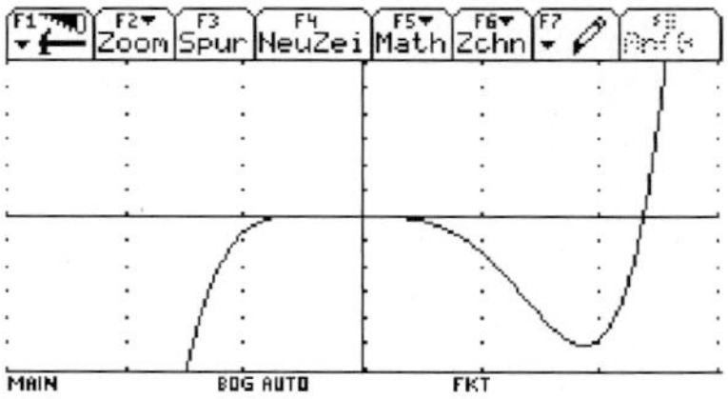

$h(x) = 0{,}6\,x^5 - x^4 - x^3$
$-3 \leqq X \leqq 3$; Xscl = 1
$-6 \leqq Y \leqq 6$; Yscl = 1

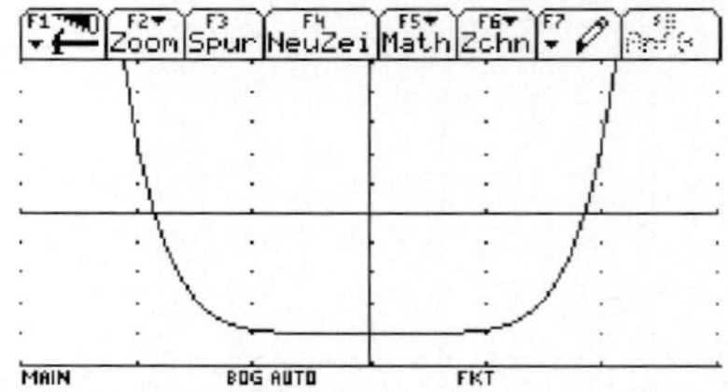

$k(x) = 0{,}1\,x^6 - 4$
$-3 \leqq X \leqq 3$; Xscl = 1
$-5 \leqq Y \leqq 5$; Yscl = 1

b)

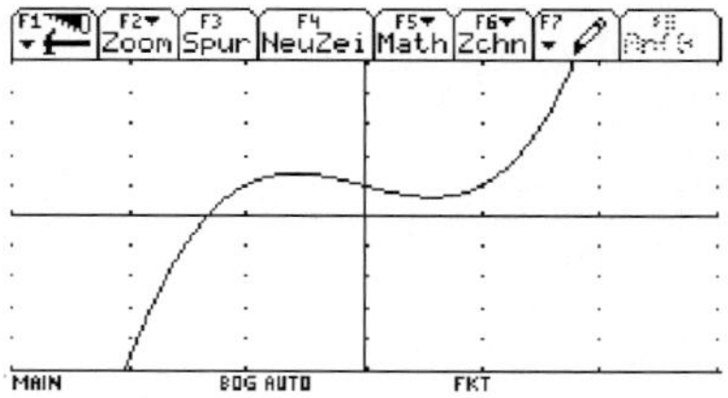

$-3 \leqq X \leqq 3$; Xscl = 1
$-5 \leqq Y \leqq 5$; Yscl = 1

Für $x \to -\infty$ wird das Verhalten von f durch die Funktion g mit $g(x) = \frac{1}{50} \cdot x^4$ bestimmt. Dies kommt durch diese Fenstereinstellungen nicht zum Ausdruck.

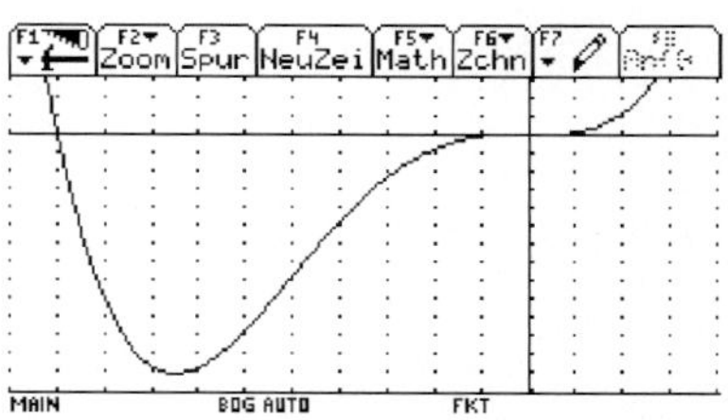

$-55 \leqq X \leqq 20$; Xscl = 5
$-14\,000 \leqq Y \leqq 3000$; Yscl = 1000

Durch diese Fenstereinstellungen kommt der typische Verlauf des Graphen einer ganzrationalen Funktion 4. Grades besser zum Ausdruck.

S. 38 **9** a) $f(x) = 0{,}01\,x^4 - 0{,}5\,x^2$; $\frac{f(x_0 + h) - f(x_0)}{x_0 + h - x_0} = \frac{0{,}01\,(x_0 + h)^4 - 0{,}5\,(x_0 + h)^2 - 0{,}01\,x_0^4 + 0{,}5\,x_0^2}{h}$

b) $x_0 = 2$:

h	$\frac{0{,}01\,(2 + h)^4 - 0{,}5\,(2 + h)^2 + 1{,}84}{h}$
0,5	–1,7888
0,1	–1,7052
0,01	–1,6826
0,001	–1,6803
0,0001	–1,6800
0,00001	–1,6800

Die Änderungsrate scheint gegen den Wert –1,68 zu streben.

$x_0 = -3$:

h	$\frac{0{,}01\,(-3 + h)^4 - 0{,}5\,(-3 + h)^2 + 3{,}69}{h}$
0,5	1,9113
0,1	1,9228
0,01	1,9204
0,001	1,9200
0,0001	1,9200

Die Änderungsrate scheint gegen den Wert 1,92 zu streben.

$x_0 = -6$:

h	$\frac{0{,}01\,(-6 + h)^4 - 0{,}5\,(-6 + h)^2 + 5{,}04}{h}$
0,5	–1,8688
0,1	–2,4764
0,01	–2,6234
0,001	–2,6383
0,0001	–2,6398
0,00001	–2,6400
0,000001	–2,6400

Die Änderungsrate scheint gegen den Wert –2,64 zu streben.

10 Fig. 1 zeigt den Graphen der Funktion $f(x) = -\frac{1}{5}x^8 - 5x^7 + 2x^4 + 2x^2 - 3x - 25$
im x-Intervall [–40; 40] und im y-Intervall {-10^{11}; 10^{10}],
Fig. 2 zeigt den Graphen der Funktion $f(x) = \frac{1}{5}x^8 - 5x^7 + 2x^4 + 2x^2 - 3x - 25$
im x-Intervall [–40; 40] und im y-Intervall {-10^{10}; 10^{11}],
Fig. 3 zeigt den Graphen der Funktion $f(x) = \frac{1}{5}x^9 - 5x^7 + 2x^4 + 2x^2 3x - 25$
im x-Intervall [–40; 40] und im y-Intervall {-10^{11}; 10^{11}],
Fig. 4 zeigt den Graphen der Funktion $f(x) = -\frac{1}{5}x^9 - 5x^7 + 2x^4 + 2x^2 3x - 25$
im x-Intervall [–40; 40] und im y-Intervall {-10^{11}; 10^{11}].
(Fig. 1–4 siehe S. 30)

S. 38 **10**

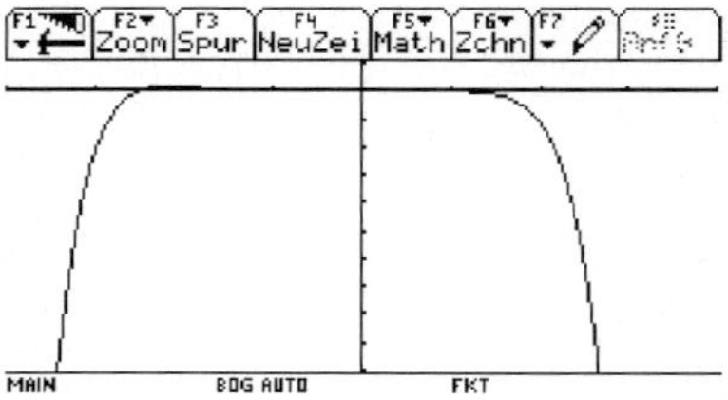

Fig. 1

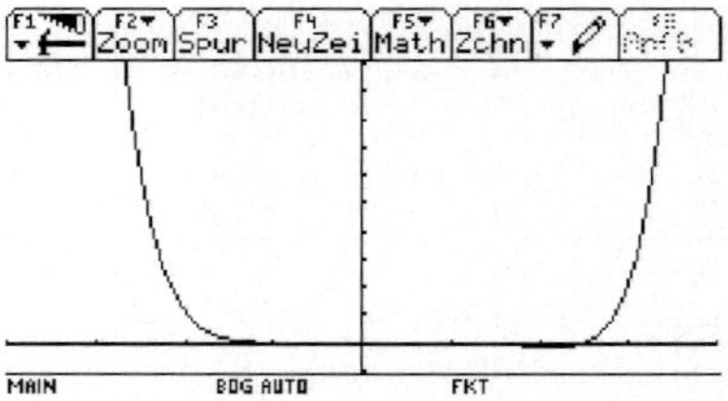

Fig. 2

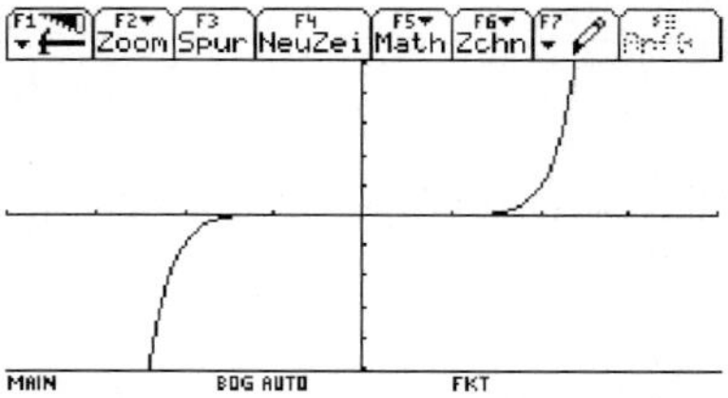

Fig. 3

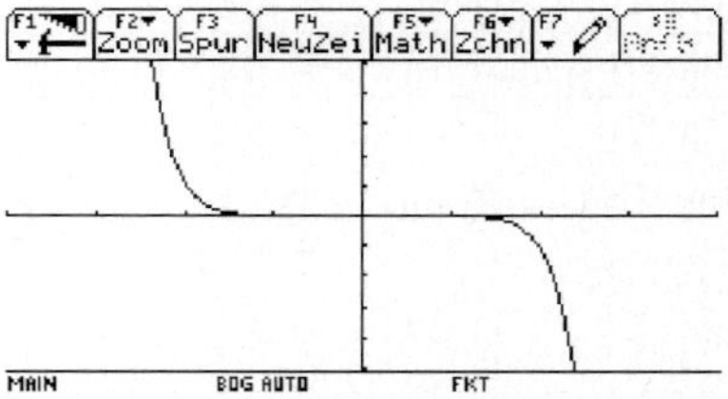

Fig. 4

Es gibt also vier Möglichkeiten für den Verlauf einer ganzrationalen Funktion:
Ist in der höchsten Potenz $a_n \cdot x^n$
(1) $a > 0$ und n gerade, so verläuft ihr Graph von links oben nach rechts oben,
(2) $a < 0$ und n gerade, so verläuft ihr Graph von links unten nach rechts unten,
(3) $a > 0$ und n ungerade, so verläuft ihr Graph von links unten nach rechts oben,
(4) $a < 0$ und n ungerade, so verläuft ihr Graph von links oben nach rechts unten.

9 *Gerade und ungerade Funktionen; Symmetrie*

S. 39 **1** a) $f(1) = f(-1) = 0$; $f(2) = f(-2) = 10$; $f(a) = f(-a) = a^4 + a^2 - 2$
Der Graph von f ist achsensymmetrisch zur y-Achse.
b) $f(1) = -f(-1) = 0$; $f(2) = -f(-2) = 6$; $f(a) = -f(-a) = a^3 - a$
Der Graph von f ist punktsymmetrisch zu $O(0|0)$.
c) $f(1) = 2$; $f(-1) = 0$; $f(2) = 12$; $f(-2) = -4$; $f(a) = a^3 + a^2$; $f(-a) = -a^3 + a^2$
Keine spezielle Symmetrie des Graphen erkennbar.

S. 40 **2**

	a)	b)	c)	d)	e)	f)
gerade	×				×	
ungerade			×			
weder noch		×		×		×

mit
d) $f(x) = x^2 - 3x + 2$
e) $f(x) = 1 - 6x^2 + 9x^4$
f) $f(x) = x^2 - 2x^3 + x^4$

S. 40 **3**

	a)	b)	c)	d)	e)	f)	g)	h)
Achsensymmetrie zur y-Achse		×		×		×		×
Punktsymmetrie zum Ursprung	×				×			
keine spez. Symmetrie erkennbar			×				×	

a), b)

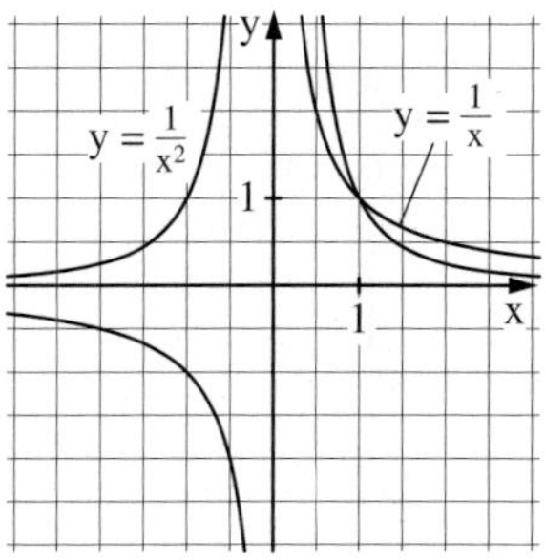

c)

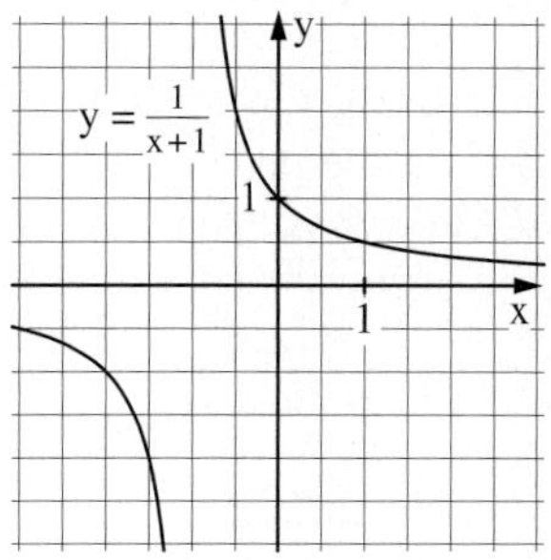

d)

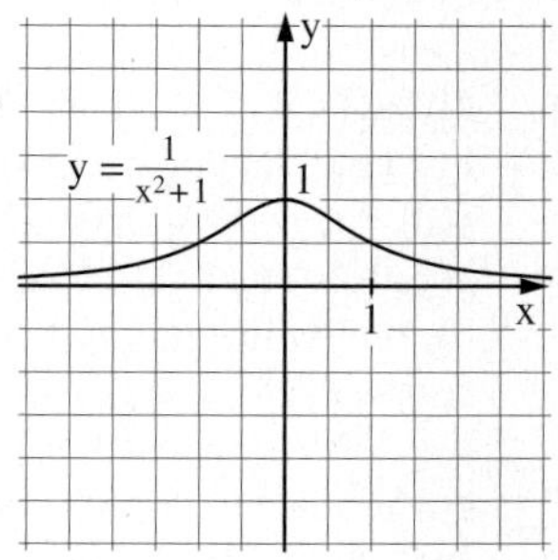

e), f)

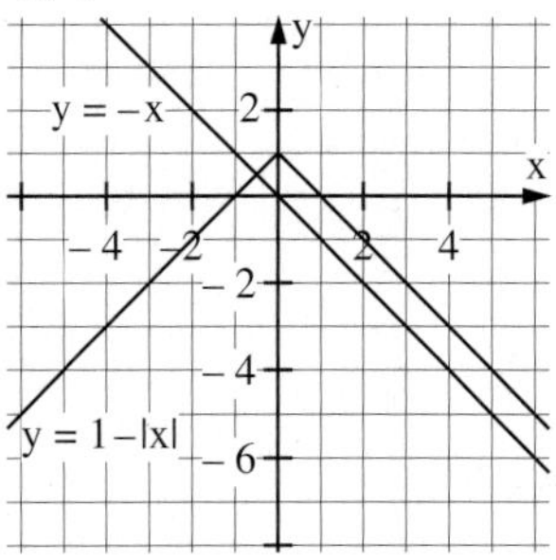

g)

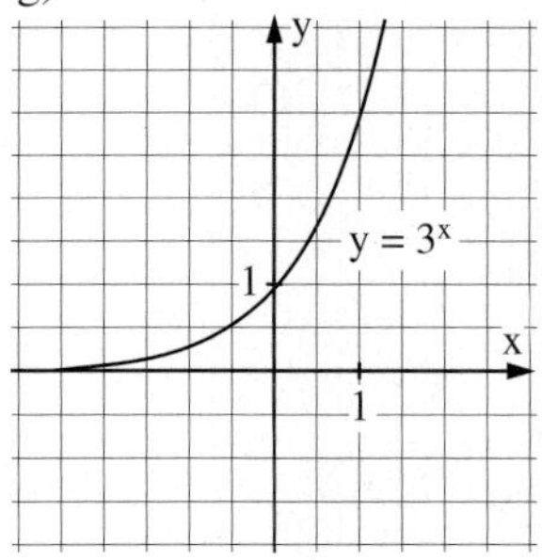

h)

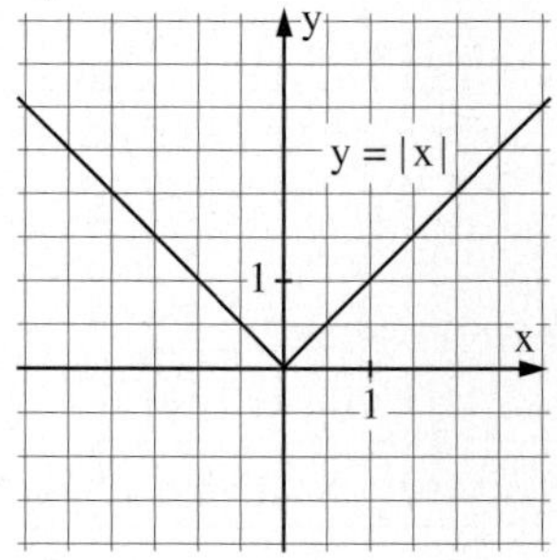

4 a) $f(-x) = 3^{-x} + \left(\frac{1}{3}\right)^{-x} = \left(\frac{1}{3}\right)^{x} + 3^x = f(x)$

f ist eine gerade Funktion.

b) $f(-x) = 3^{-x} - \left(\frac{1}{3}\right)^{-x} = \left(\frac{1}{3}\right)^{x} - 3^x = -\left(3^x - \left(\frac{1}{3}\right)^{x}\right) = -f(x)$

f ist eine ungerade Funktion.

c) $f(-x) = 3^{-x} + \left(\frac{1}{3}\right)^{-x+1} = \left(\frac{1}{3}\right)^{x} + \frac{1}{3} \cdot \left(\frac{1}{3}\right)^{-x} = \frac{1}{3} \cdot 3^x + \left(\frac{1}{3}\right)^{x}$

f ist weder gerade noch ungerade.

d) $f(-x) = \frac{1 + (-x)^3}{-x} = \frac{1 - x^3}{-x} = \frac{-1 + x^3}{x}$; f ist weder gerade noch ungerade.

e) $f(-x) = (-x)^4 - \frac{1}{-x} = x^4 + \frac{1}{x}$

f ist weder gerade noch ungerade.

f) $f(x) = \sqrt{x} + 1$; ist weder gerade noch ungerade, da $D_f = \mathbb{R}_0^+$ ist.

S. 40 **5** a) $t = 0$; punktsymmetrisch zum Ursprung
b) $t \in \mathbb{R}$; achsensymmetrisch zur y-Achse
c) $t = 0$; achsensymmetrisch zur y-Achse
d) $t \in \mathbb{R}$; punktsymmetrisch zum Ursprung
e) $f(x) = x^2 + (1 - t)x - t$; $t = 1$; achsensymmetrisch zur y-Achse
f) $t = 1$; $f(x) = 0$; sowohl achsensymmetrisch als auch punktsymmetrisch
t ungerade; punktsymmetrisch zum Ursprung

6 a) $f(x) = a_n x^n + a_{n-1} x^{n-1} + \ldots + a_1 x + a_0$, $a_n \neq 0$
Für eine ungerade Funktion gilt insbesondere $f(0) = 0$; dies ist hier nicht erfüllt, da $f(0) = a_0 \neq 0$ ist. Also kann f nicht ungerade sein. f kann dennoch gerade sein, wenn n gerade ist und $a_{n-1} = a_{n-3} = \ldots = a_1 = 0$ ist.
b) Die Nullfunktion $f: x \mapsto 0$, $x \in \mathbb{R}$, ist sowohl gerade als auch ungerade, da $f(-x) = f(x) = -f(x)$ gilt für alle $x \in \mathbb{R}$.

7 a) Für die Funktion $g(x) = f(x - c)$ gilt:
$g(c - h) = f(c - h - c) = f(-h)$ und $g(c + h) = f(x + h - c) = f(h)$.
Da $f(-h) = f(h)$ gilt, gilt also $g(c - h) = g(c + h)$

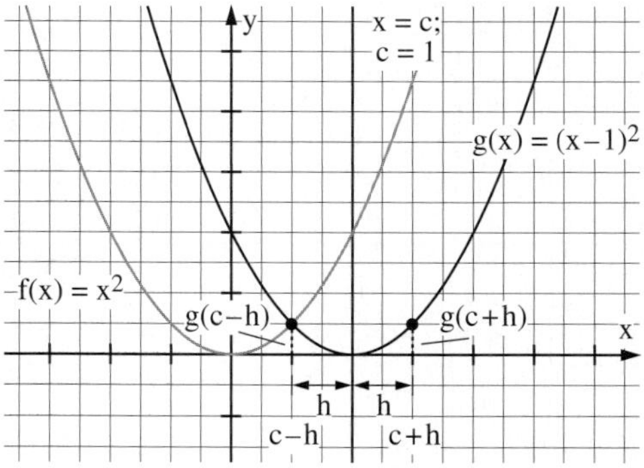

b) Für die Funktion $g(x) = f(x - x_0) + y_0$ gilt:
$y_0 - g(x_0 - h) = y_0 - [f(x_0 - h - x_0) + y_0] = -f(-h)$ und
$g(x_0 + h) - y_0 = [f(x_0 + h - x_0) + y_0] - y_0 = f(h)$.
Da $-f(-h) = f(h)$ gilt, gilt also $y_0 - g(x_0 - h) = g(x_0 + h) - y_0$.

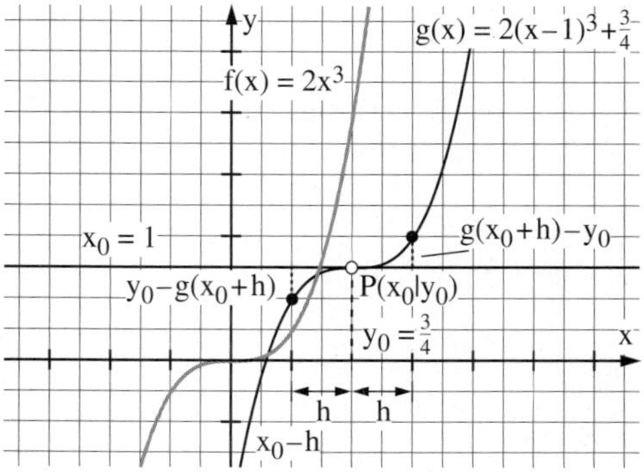

10 Nullstellen ganzrationaler Funktionen

S. 41 **1** a) $2; -1; 5$ b) $3; \frac{5}{2}; -\frac{1}{2}$

S. 44 **2** a) $\frac{1}{2}; 2$ b) $-\frac{1}{2}; \frac{3}{2}$ c) 3
d) $0; -\frac{3}{4}$ e) $0; \frac{1}{2} + \frac{1}{2}\sqrt{2}$ f) $0; -3; 3$

3 a) $-3; 3; -2; 2$ b) $-\frac{3}{2}; \frac{3}{2}; -\frac{1}{2}; \frac{1}{2}$ c) $-\frac{3}{4}; \frac{3}{4}$
d) $0; -4; 4$ e) $-2; 3$ f) $-4; -1; 1$

4 a) $x^2 + 5x - 2$ b) $2x^2 - 6x + 3$ c) $x^2 - 3x - 2$ d) $x^3 - 4x - 1$

5 a) $1; 2; 3$ b) $-1; -2; 2$ c) $-2; 0{,}5; 1{,}5$ d) $3; -\frac{1}{2}$
e) $1; -\frac{1}{2}$ f) $-1; 0{,}2$

6 a) $f(x) = (x-1)\cdot(x-2) = x^2 - 3x + 2$
b) $f(x) = (x+9)\cdot(x+7)\cdot(x-9) = x^3 + 7x^2 - 81x - 567$
c) $f(x) = \left(x - \sqrt{2}\right)\cdot\left(x - 1 - \sqrt{2}\right)\cdot\left(x - 1 + \sqrt{2}\right) = x^3 - \left(2 + \sqrt{2}\right)\cdot x^2 - \left(1 - 2\sqrt{2}\right)\cdot x + \sqrt{2}$

7 a) $-5{,}6171;\ -1{,}5354;\ 3{,}6525$
b) $-0{,}4746;\ 1{,}3953$
c) $-2{,}6592;\ 1{,}2919;\ 2{,}0964$

8 a) $-0{,}7976;\ 1{,}4945$
b) $-0{,}4434;\ 0{,}4514;\ 1{,}6680$
c) $0{,}2944;\ 1{,}4991$

9 a) $f(-2) = 0$; $(x^3 - 2x^2 - 3x + 10) : (x-2) = x^2 - 4x + 5$
$x^2 - 4x + 5 = 0$ hat keine Lösung; d.h. f hat keine weiteren Nullstellen.
b) g: $y = 2x + 4$; Schnittpunkte: $S(-2|0)$; $P(1|6)$; $Q(3|10)$

10 a) Nullstellen von f_2: 0 b) $t > 8$ oder $t < -8$
Nullstellen von f_{10}: 0; 1; 4 c) $t = 8$
Nullstellen von f_{-10}: 0; −1; −4

11 a) Strahlensatz: $h : 10 = (10 - r) : 10$; d.h. $h = 10 - r$
$V(r) = \pi r^2 \cdot h = \pi r^2 (10 - r) = \pi \cdot (10r^2 - r^3)$
b) $V(5) = \pi \cdot (250 - 125) = 125\pi$; $V_{Kegel} = \frac{1}{3}\pi \cdot 10^2 \cdot 10 = \frac{1000}{3}\pi$
$\frac{3}{8} \cdot V_{Kegel} = \frac{3}{8} \cdot \frac{1000}{3}\pi = 125\pi = V(5)$
c) $r = \frac{5}{2}(1 + \sqrt{5}) \approx 8{,}09$

II Einführung in die Differenzialrechnung

1 Die lokale Änderungsrate

S. 48 **1** a)

Zeit t	2,5	3,5	2,8	3,2	2,9	3,1
Strecke s	3,125	6,125	3,92	5,12	4,205	4,805

b) Galilei konnte die mittlere Geschwindigkeit in den Zeitintervallen [2; 4], [2,5; 3,5], [2,8; 3,2], [2,9; 3,1] bestimmen. Je kleiner das Zeitintervall ist, um so näher liegt die erhaltene Geschwindigkeit bei der gesuchten Geschwindigkeit zur Zeit 3.

S. 50 **2** Für $t_0 = 1$ ist $s(t_0) = 4$.

Zeit t	0	0,5	0,9	0,99	0,999	...	1,001	1,01	1,1	1,5	2
$\frac{s(t)-4}{t-1}$	4,0	6,0	7,60	7,960	7,9960	...	8,0040	8,040	8,40	10,0	12,0

Der Tabelle entnimmt man, dass für $t \to 1$ gilt: $\frac{s(t)-4}{t-1} \to 8$.

Die momentane Geschwindigkeit zur Zeit 1 beträgt 8.

Für $t_0 = 2$ ist $s(t_0) = 16$.

Zeit t	1	1,5	1,9	1,99	1,999	...	2,001	2,01	2,1	2,5	3
$\frac{s(t)-16}{t-2}$	12	14	15,6	15,96	15,996	...	16,004	16,04	16,4	18	20

Der Tabelle entnimmt man, dass für $t \to 2$ gilt: $\frac{s(t)-16}{t-2} \to 16$.

Die momentane Geschwindigkeit zur Zeit 2 beträgt 16.

Für $t_0 = 3$ ist $s(t_0) = 36$.

Zeit t	2	2,5	2,9	2,99	2,999	...	3,001	3,01	3,1	3,5	4
$\frac{s(t)-36}{t-3}$	20	22	23,6	23,96	23,996	...	24,004	24,04	24,4	26	28

Der Tabelle entnimmt man, dass für $t \to 3$ gilt: $\frac{s(t)-36}{t-3} \to 24$.

Die momentane Geschwindigkeit zur Zeit 3 beträgt 24.

3 a) Für $t_0 = 3$ ist $s(t_0) = 51$.

Zeit t	2	2,5	2,9	2,99	2,999	...	3,001	3,01	3,1	3,5	4
$\frac{s(t)-51}{t-3}$	15	14,5	14,1	14,01	14,001	...	13,999	13,99	13,9	13,5	13

Der Tabelle entnimmt man, dass für $t \to 3$ gilt: $\frac{s(t)-51}{t-3} \to 14$.

Die momentane Geschwindigkeit zur Zeit 3 s beträgt $14\,\frac{m}{s} = 50{,}4\,\frac{km}{h}$.

b) Für $t_0 = 5$ ist $s(t_0) = 75$.

Zeit t	4	4,5	4,9	4,99	4,999	...	5,001	5,01	5,1	5,5	6
$\frac{s(t)-75}{t-5}$	11	10,5	10,1	10,01	10,001	...	9,999	9,99	9,9	9,5	9

Der Tabelle entnimmt man, dass für $t \to 5$ gilt: $\frac{s(t)-75}{t-5} \to 10$.

Die momentane Geschwindigkeit zur Zeit 5 s beträgt $10\,\frac{m}{s} = 36\,\frac{km}{h}$.

S. 50 **3** c) Für $t_0 = 8$ ist $s(t_0) = 96$.

Zeit t	7	7,5	7,9	7,99	7,999	…	8,001	8,01	8,1	8,5	9
$\frac{s(t) - 96}{t - 8}$	5	4,5	4,1	4,01	4,001	…	3,999	3,99	3,9	3,5	3

Der Tabelle entnimmt man, dass für $t \to 8$ gilt: $\frac{s(t) - 96}{t - 8} \to 4$.

Die momentane Geschwindigkeit zur Zeit 8 s beträgt $4\,\frac{m}{s} = 14{,}4\,\frac{km}{h}$.

d) Für $t_0 = 10$ ist $s(t_0) = 100$.

Zeit t	9	9,5	9,9	9,99	9,999	…	10,001	10,01	10,1	10,5	11
$\frac{s(t) - 100}{t - 10}$	1	0,5	0,1	0,01	0,001	…	−0,001	−0,01	−0,1	−0,5	−1

Der Tabelle entnimmt man, dass für $t \to 10$ gilt: $\frac{s(t) - 100}{t - 10} \to 0$.

Die momentane Geschwindigkeit zur Zeit 10 s beträgt $0\,\frac{m}{s} = 0\,\frac{km}{h}$.

4 Für $t_0 = 1$ ist $w(1) = 12{,}5$.

Zeit t	0,9	0,99	0,999	0,9999	…	1,0001	1,001	1,01	1,1
$\frac{w(t) - 12{,}5}{t - 1}$	−1,3158	−1,2563	−1,2506	−1,2501	…	−1,2499	−1,2494	−1,2438	−1,1905

Der Tabelle entnimmt man, dass für $t \to 1$ gilt: $\frac{w(t) - 12{,}5}{t - 1} \to -1{,}25$.

Die momentane Abnahme der Wassermenge zur Zeit 1 h beträgt $-1{,}25\,\frac{m^3}{h}$, d. h. nach 1 Stunde Beobachtungszeit nimmt das Wasser im Becken um $1{,}25\,m^3$ je Stunde ab.

Für $t_0 = 8$ ist $w(8) = \frac{95}{9}$.

Zeit t	7,9	7,99	7,999	7,9999	…	8,0001	8,001	8,01	8,1
$\frac{w(t) - \frac{95}{9}}{t - 8}$	−0,06242	−0,06180	−0,06174	−0,06173	…	−0,06173	−0,06172	−0,06166	−0,06105

Der Tabelle entnimmt man, dass für $t \to 8$ gilt: $\frac{w(t) - \frac{95}{9}}{t - 8} \to -0{,}0617$.

Die momentane Abnahme der Wassermenge zur Zeit 8 h beträgt $-0{,}062\,\frac{m^3}{h}$, d. h. nach 8 Stunden Beobachtungszeit nimmt das Wasser im Becken um ca. $0{,}062\,m^3$ je Stunde ab.

5 Die Aufgabe wird ausschließlich mit dem CAS bearbeitet.

a) Man erhält $V(0) = 100$. Der Tank enthält zu Beginn 100 Liter; er ist leer bei 11,11; also nach rund 1100 km.

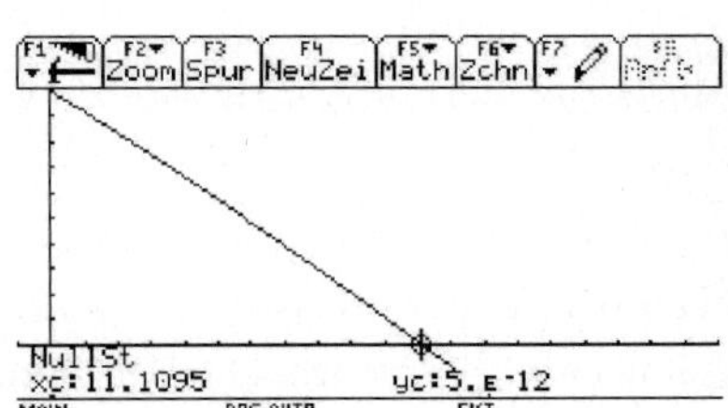

b) Beachten Sie, dass bei der Quotientenbildung ein auf möglichst viele Stellen genauer Wert für V(1) bzw. V(8) verwendet wird.

Strecke x	0,5	0,9	0,99	0,999	…	1,001	1,01	1,1	1,5
$\frac{V(x) - 91{,}9000833056}{x - 1}$	−8,1498	−8,1897	−8,1987	−8,1996	…	−8,1998	−8,2007	−8,2096	−8,2493

Der lokale Kraftstoffverbrauch bei 100 km liegt bei etwa $8{,}20\,\frac{\text{Liter}}{100\,\text{km}}$.

S. 50 **5** b)

Strecke x	7,5	7,9	7,99	7,999	···	8,001	8,01	8,1	8,5
$\frac{V(x) - 29{,}93413419}{x}$	– 8–9,3993	–9,4277	–9,4340	–9,4346	···	–9,4348	–9,4354	–9,4417	–9,4689

Der lokale Kraftstoffverbrauch bei 800 km liegt bei etwa 9,43 $\frac{\text{Liter}}{100\,\text{km}}$.

6 Dreieck I: Für $a \to 4$ gilt: $\frac{\frac{1}{2}a^2 - 8}{a - 4} = \frac{1}{2} \cdot \frac{a^2 - 16}{a - 4} = \frac{1}{2} \cdot (a + 4) \to 4$;
4 ist die Maßzahl der Länge der Kathete.
Dreieck II: Es gilt für die Länge x einer Kathete $x = \frac{a}{\sqrt{2}}$ und daher für die Höhe h des Dreiecks mit der Grundseite a: $h = \frac{a}{2}$. Folglich gilt für $a \to 4$:
$\frac{\frac{1}{2} \cdot a \cdot \frac{a}{2} - 4}{a - 4} = \frac{1}{4} \cdot \frac{a^2 - 16}{a - 4} = \frac{1}{4} \cdot (a + 4) \to 2$; 2 ist die halbe Maßzahl der Länge der Hypotenuse.
Dreieck III: Es gilt für die Höhe h des Dreiecks: $h = \frac{a}{2}\sqrt{3}$. Folglich gilt für $a \to 4$:
$\frac{\frac{1}{2} \cdot a \cdot \frac{a}{2}\sqrt{3} - 4\sqrt{3}}{a - 4} = \frac{\sqrt{3}}{4} \cdot \frac{a^2 - 16}{a - 4} = \frac{\sqrt{3}}{4} \cdot (a+4) \to 2\sqrt{3}$; $2\sqrt{3}$ ist die Maßzahl der Höhe des Dreiecks.

7 Lokale Änderungsrate des Volumens für $a \to 4$:
$\frac{V(a) - V(4)}{a - 4} = \frac{a^3 - 64}{a - 4} = \frac{(a - 4) \cdot (a^2 + 4a + 16)}{a - 4} = a^2 + 4a + 16 \to 4^2 + 4 \cdot 4 + 16 = 48.$
Dies ist die Maßzahl des halben Flächeninhaltes der Oberfläche des Würfels.
Lokale Änderungsrate der Oberfläche für $a \to 4$:
$\frac{O(a) - O(4)}{a - 4} = \frac{6a^2 - 96}{a - 4} = 6 \cdot \frac{a^2 - 16}{a - 4} = 6 \cdot (a + 4) \to 48.$
Dies ist die Maßzahl der Summe der Kantenlängen des Würfels.

2 *Die Ableitung an einer Stelle x_0*

S. 51 **1** Mittlere Geschwindigkeit zwischen Lichtschranke 1 und Lichtschranke 2:
$v_{12} = 8\frac{1}{3}\frac{m}{s} = 30\frac{km}{h}$
Mittlere Geschwindigkeit zwischen Lichtschranke 1 und Lichtschranke 3:
$v_{13} = 8\frac{10}{123}\frac{m}{s} = 29\frac{11}{41}\frac{km}{h}$
Da die Geschwindigkeit von Lichtschranke (Ls) 1 über Ls 2 zu Ls 3 laufend abnahm, hätte sich für eine Messstrecke zwischen Ls 1 und vor Ls 2 eine mittlere Geschwindigkeit über $30\frac{km}{h}$ ergeben. Die Behauptung des Fahrers ist also falsch.

S. 53 **2** a) $f(3) = 9$ b) $f(a) = 2a^2 - 3a$
c) $f(x_0 + h) = f(2 + h) = 2(2 + h)^2 - 3(2 + h) = (2 + h)(2h + 1) = 2h^2 + 5h + 2$
d) $f(x) - f(x_0) = f(x) - f(2) = 2x^2 - 3x - 2$
e) $f(x_0 + h) - f(x_0) = f(2 + h) - f(2) = 2h^2 + 5h$
f) $\frac{f(x) - f(x_0)}{x - x_0} = \frac{f(x) - f(2)}{x - 2} = \frac{2x^2 - 3x - 2}{x - 2} = 2x + 1$

S. 53 **3** a) $m(x) = \frac{2x^2 - 32}{x - 4} = 2 \cdot \frac{x^2 - 16}{x - 4} = 2 \cdot (x + 4)$; $f'(4) = \lim\limits_{x \to 4} (2 \cdot (x + 4)) = 16$

b) $m(x) = \dfrac{\frac{6}{x} - (-3)}{x - (-2)} = 3 \cdot \frac{2 + x}{x(x + 2)} = 3 \cdot \frac{1}{x}$; $f'(-2) = \lim\limits_{x \to -2} \frac{3}{x} = -\frac{3}{2}$

c) $m(x) = \frac{\sqrt{x} - \sqrt{3}}{x - 3} = \frac{(\sqrt{x} - \sqrt{3})}{(\sqrt{x} - \sqrt{3})(\sqrt{x} + \sqrt{3})} = \frac{1}{\sqrt{x} + \sqrt{3}}$; $f'(3) = \lim\limits_{x \to 3} \frac{1}{\sqrt{x} + \sqrt{3}} = \frac{1}{2\sqrt{3}}$

d) $m(x) = \frac{x^2 + 6x - 16}{x - 2} = (x^2 + 6x - 16) : (x - 2) = x + 8$; $f'(2) = \lim\limits_{x \to 2} (x + 8) = 10$

$$\begin{array}{l} -(x^2 - 2x) \\ \hline \quad 8x - 16 \\ \quad -(8x - 16) \\ \hline \qquad 0 \end{array}$$

e) $m(x) = \frac{x^3 - 2x^2 - (-1)}{x - 1} = (x^3 - 2x^2 + 1) : (x - 1) = x^2 - x - 1$;

$$\begin{array}{l} -(x^3 - x^2) \\ \hline \quad -x^2 \\ \quad -(-x^2 + x) \\ \hline \qquad -x + 1 \\ \qquad -(-x + 1) \\ \hline \qquad\quad 0 \end{array}$$

$f'(1) = \lim\limits_{x \to 1} (x^2 - x - 1) = -1$

f) $m(x) = \frac{2x - x^4 - (-87)}{x - (-3)} = (-x^4 + 2x + 87) : (x + 3) = -x^3 + 3x^2 - 9x + 29$;

$$\begin{array}{l} -(-x^4 - 3x^3) \\ \hline \quad 3x^3 \\ \quad -(3x^3 + 9x^2) \\ \hline \qquad -9x^2 + 2x \\ \qquad -(-9x^2 - 27x) \\ \hline \qquad\quad 29x + 87 \\ \qquad\quad -(29x + 87) \\ \hline \qquad\qquad 0 \end{array}$$

$f'(-3) = \lim\limits_{x \to -3} (-x^3 + 3x^2 - 9x + 29) = -110$

4 a) $m(h) = \dfrac{\frac{1}{2}(2 + h)^2 - 2}{h} = \dfrac{2h + \frac{1}{2}h^2}{h} = 2 + \frac{1}{2}h$; $f'(2) = \lim\limits_{h \to 0} \left(2 + \frac{1}{2}h\right) = 2$

b) $m(h) = \dfrac{\left(\frac{4}{3} + h\right)^2 - \left(\frac{4}{3} + h\right) + 2 - \frac{22}{9}}{h} = \dfrac{\frac{16}{9} + \frac{8}{3}h + h^2 - \frac{4}{3} - h + 2 - \frac{22}{9}}{h} = \dfrac{\frac{5}{3}h + h^2}{h} = \frac{5}{3} + h$;

$f'\left(\frac{4}{3}\right) = \lim\limits_{h \to 0} \left(\frac{5}{3} + h\right) = \frac{5}{3}$

c) $m(h) = \frac{2(1 + h)^3 - (1 + h)^2 - 1}{h} = \frac{2 + 6h + 6h^2 + 2h^3 - 1 - 2h - h^2 - 1}{h} = \frac{4h + 5h^2 + 2h^3}{h} = 4 + 5h + 2h^2$;

$f'(1) = \lim\limits_{h \to 0} (4 + 5h + 2h^2) = 4$

5 a) $m(x) = \dfrac{\frac{3}{x} - \frac{3}{2}}{x - 2} = 3 \cdot \frac{2 - x}{2x(x - 2)} = -\frac{3}{2x}$; $\lim\limits_{x \to 2} m(x) = \lim\limits_{x \to 2} \left(-\frac{3}{2x}\right) = -\frac{3}{4}$

b) Gleichung der Geraden: $y = -\frac{3}{4}(x - 2) + \frac{3}{2}$. Graph siehe nächste Seite.

S. 53 **5** b)

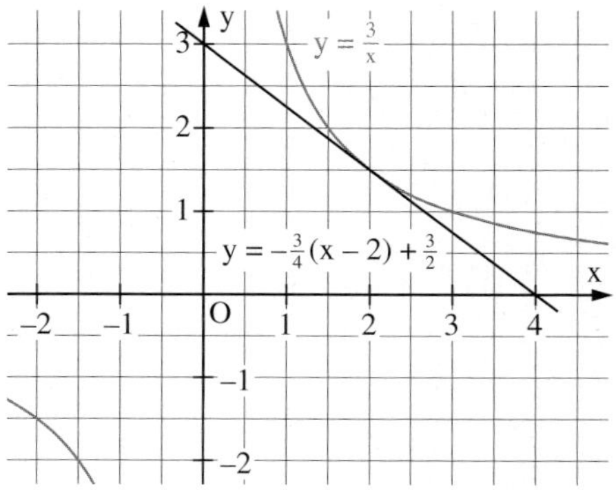

6 An den Stellen $x_1 = -8$; $x_2 = -4$; $x_3 = -1$; $x_4 = 1{,}5$; $x_5 = 3$ ist die Funktion f nicht differenzierbar. An diesen Stellen macht der Graph einen Knick, d.h. für die Funktion f, dass m(x) für $x \to x_i$ bei Annäherung von links einen anderen Wert annimmt als bei Annäherung von rechts.

3 *Tangente und Normale*

S. 54 **1** a) $m(x) = \frac{x^2-4}{x+2} = x - 2$; $f'(-2) = \lim\limits_{x \to -2}(x-2) = -4$.
g: $y = -4(x+2) + 4$ oder $y = -4x - 4$.
b) $x^2 = -4x - 4$ oder $x^2 + 4x + 4 = 0$; damit gilt $(x+2)^2 = 0$ also $x_0 = -2$. Damit ist der einzige gemeinsame Punkt zwischen Gerade und Graph der Punkt $P_0(-2\,|\,4)$.

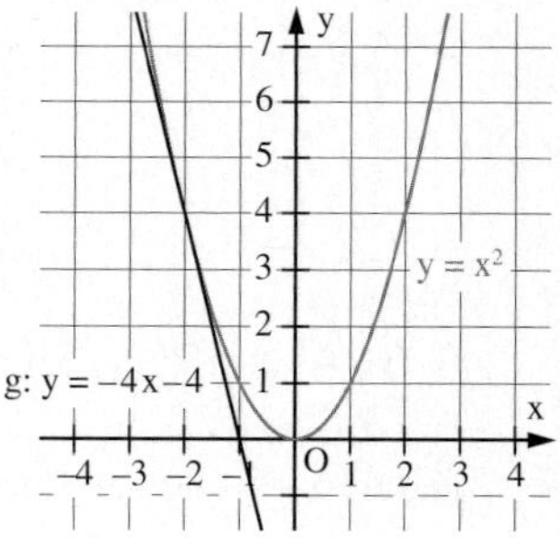

S. 55 **2** a) Tangente: $m_t = f'(2) = 4$; also $y = 4(x-2) + 4$ oder t: $y = 4x - 4$
Normale: $m_n = -\frac{1}{m_t} = -\frac{1}{4}$; also $y = -\frac{1}{4}(x-2) + 4$ oder n: $y = -\frac{1}{4}x + \frac{9}{2}$
b) Tangente: $m_t = f'(4) = -\frac{1}{16}$; also $y = -\frac{1}{16}(x-4) + \frac{1}{4}$ oder t: $y = -\frac{1}{16}x + \frac{1}{2}$
Normale: $m_n = -\frac{1}{m_t} = 16$; also $y = 16(x-4) + \frac{1}{4}$ oder n: $y = 16x - \frac{255}{4}$
c) Tangente: $m_t = f'(9) = \frac{1}{6}$; also $y = \frac{1}{6}(x-9) + 3$ oder t: $y = \frac{1}{6}x + \frac{3}{2}$
Normale: $m_n = -\frac{1}{m_t} = -6$; also $y = -6(x-9) + 3$ oder n: $y = -6x + 57$

S. 55 **3** a) $f'(-2) = -4$; Steigung der Normalen in $B(-2|4)$:
$m_n = \frac{1}{4}$; Normale: $y = \frac{1}{4}(x + 2) + 4$ oder $y = \frac{1}{4}x + \frac{9}{2}$.
b) Schnitt von Normale und Graph: $x^2 = \frac{1}{4}x + \frac{9}{2}$;
$x^2 - \frac{1}{4}x - \frac{9}{2} = 0$ hat die Lösungen $x_1 = -2$ und $x_2 = \frac{9}{4}$.
Damit ist $S\left(\frac{9}{4}\middle|\frac{81}{16}\right)$.

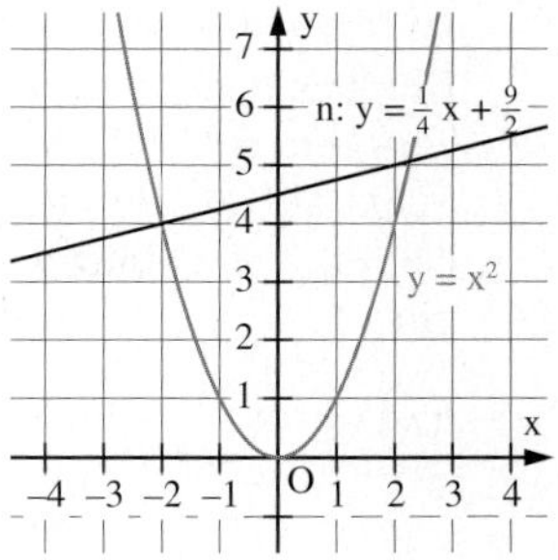

4 a) $m(h) = \frac{(-2+h)^2 - (-2+h) - 6}{h} = \frac{h^2 - 5h}{h} = h - 5$; $f'(-2) = \lim\limits_{h \to 0}(h - 5) = -5$; damit $m_n = \frac{1}{5}$.
t: $y = -5(x + 2) + 6$ oder $y = -5x - 4$; n: $y = \frac{1}{5}(x + 2) + 6$ oder $y = \frac{1}{5}x + \frac{32}{5}$.
b) $m(h) = \frac{\frac{4}{4+h+4} - \frac{1}{2}}{h} = \frac{8 - (8+h)}{2(8+h)h} = \frac{-h}{2(8+h)h} = -\frac{1}{16+2h}$; $f'(4) = \lim\limits_{h \to 0}\left(-\frac{1}{16+2h}\right) = -\frac{1}{16}$;
damit $m_n = 16$. t: $y = -\frac{1}{16}(x - 4) + \frac{1}{2}$ oder $y = -\frac{1}{16}x + \frac{3}{4}$; n: $y = 16(x - 4) + \frac{1}{2}$ oder
$y = 16x - 63{,}5$. Man kann die Gleichungen auch mit dem GTR bestimmen.
c) $m(h) = \frac{\sqrt{5-(1+h)} - 2}{h} = \frac{\sqrt{4-h} - 2}{h} = \frac{(\sqrt{4-h} - 2)(\sqrt{4-h} + 2)}{h(\sqrt{4-h} + 2)} = \frac{4 - h - 4}{(\sqrt{4-h} + 2)h} = -\frac{1}{\sqrt{4-h} + 2}$;
$f'(1) = \lim\limits_{h \to 0}\left(-\frac{1}{\sqrt{4-h} + 2}\right) = -\frac{1}{4}$; damit ist $m_n = 4$.
c) t: $y = -\frac{1}{4}(x - 1) + 2$ oder $y = -\frac{1}{4}x + \frac{9}{4}$;
n: $y = 4(x - 1) + 2$ oder $y = 4x - 2$.
Man kann die Aufgabe auch mit dem CAS lösen.

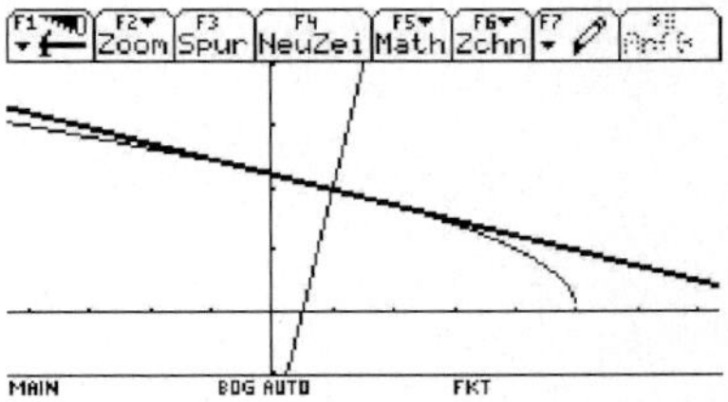

5 Die Ableitung an der Stelle x_0 ist $f'(x_0)$. Damit gilt für die Gleichung der Geraden durch $B_0(x_0|f(x_0))$ mit der Steigung $m = f'(x_0)$, also die Tangente:
$y - f(x_0) = f'(x_0) \cdot (x - x_0)$ oder $y = f'(x_0) \cdot (x - x_0) + f(x_0)$.
Da die Steigung der Normalen $m_n = -\frac{1}{f'(x_0)}$ ist, gilt für die Gleichung der Normalen:
$y - f(x_0) = -\frac{1}{f'(x_0)} \cdot (x - x_0)$ oder $y = -\frac{1}{f'(x_0)} \cdot (x - x_0) + f(x_0)$.

6 a) Ist $P_0(x_0|f(x_0))$ gemeinsamer Punkt des Graphen und der Geraden g_r, so gilt $\frac{1}{2}x_0^2 = 2x_0 + r$. Hieraus folgt $x_0^2 - 4x_0 - 2r = 0$. Diese quadratische Gleichung hat genau eine Lösung, wenn gilt: $(-4)^2 - 4 \cdot 1 \cdot (-2r) = 0$. Dies ergibt $r = -2$. Aus $x_0^2 - 4x_0 - 2r = 0$ folgt dann $(x_0 - 2)^2 = 0$. Dann ist $x_0 = 2$ und $P_0(2|2)$.
b) Für den Differenzenquotienten $m(x)$ gilt

$$m(x) = \frac{\frac{1}{2}x^2 - 2}{x - 2} = \frac{\frac{1}{2}(x-2)(x+2)}{x - 2} = \frac{1}{2}(x + 2) \to 2 \text{ für } x \to 2.$$

Also gilt $f'(2) = 2$. Somit ist g_{-2}: $y = 2(x - 2) + 2$, also $y = 2x - 2$ die Tangente an den Graphen in $P_0(2|2)$.

S. 55 **7** Es sei f definiert durch $f(x) = 4 - \frac{1}{2}x^2$.
Die Zeichnung lässt vermuten, dass eine Tangente an den Graphen von f durch den Punkt Y(0|6) den Berührpunkt B(−2|2) hat. Für den Differenzenquotienten m(x) gilt

$$m(x) = \frac{\left(4 - \frac{1}{2}x^2\right) - 2}{x + 2} = \frac{-\frac{1}{2}(x-2)(x+2)}{x+2}$$

$$= -\frac{1}{2}(x-2) \rightarrow 2 \text{ für } x \rightarrow -2.$$

Somit gilt $f'(-2) = 2$. Die Tangente an den Graphen von f in B(−2|2) hat damit die Gleichung $y = 2x + 6$. Also hat das Fahrzeug die Straße in B(−2|2) verlassen.

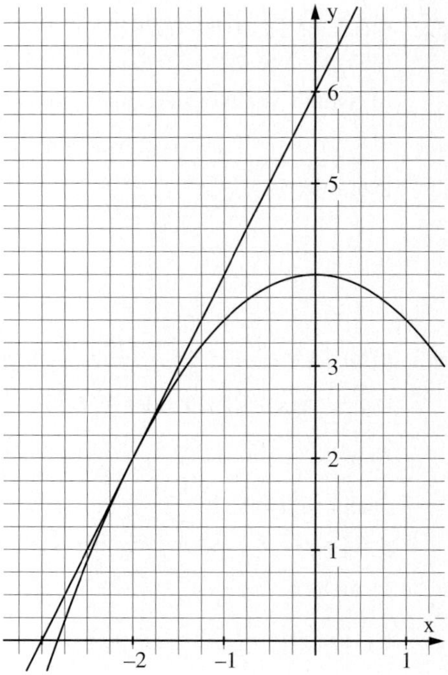

8 a) $p(x) = \sqrt{36 - x^2}$

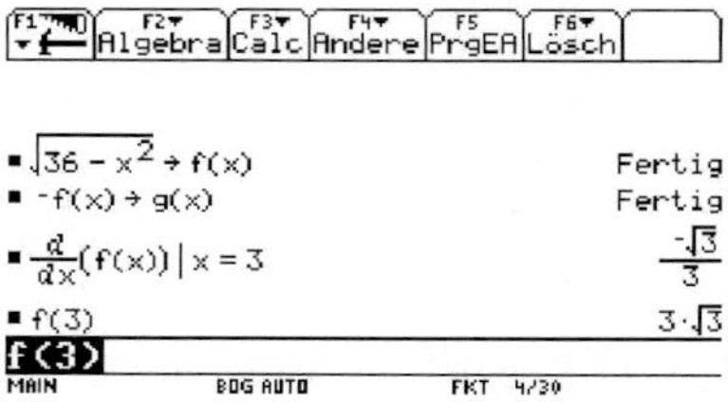

b)

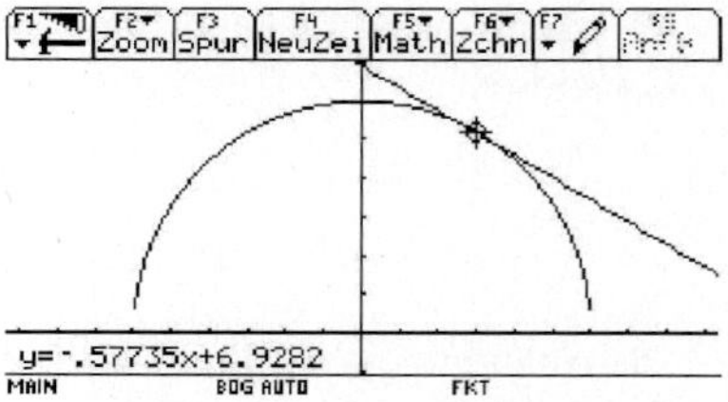

c) $P(3|3\sqrt{3})$; $m = -\frac{\sqrt{3}}{3}$; t: $y = -\frac{\sqrt{3}}{3}x + 4\sqrt{3}$.

d) Gerade OP: $y = \sqrt{3} \cdot x$. Da $3 \cdot \left(-\frac{\sqrt{3}}{3}\right) = -1$ ist, sind OP und t orthogonal.

4 *Die Ableitungsfunktion*

S. 56 **1** a) Man berechnet $f'(300) = \lim\limits_{x \to 300} \frac{\frac{1}{500}x^2 - \frac{1}{500} \cdot 300^2}{x - 300} = \lim\limits_{x \to 300} \frac{1}{500} \cdot (x + 300) = \frac{6}{5}$.

Da $f'(300) > 1$ ist, erreicht das Fahrzeug nicht den Kraterrand.
b) Man berechnet $f'(x_0)$ für eine beliebige Stelle x_0 und bestimmt dann x_0 so, dass $f'(x_0) = 1$ ist. Die gesuchte Höhe ist dann $f(x_0)$.

S. 59 **2** a) $f(x) = x^2$

x_0	$\frac{1}{4}$	1	2,25	3	25
$f'(x_0)$	$\frac{1}{2}$	2	4,5	6	50

b) $g(x) = \sqrt{x}$

x_0	$\frac{1}{4}$	1	2,25	3	25
$f'(x_0)$	1	$\frac{1}{2}$	$\frac{1}{3}$	$\frac{1}{6}\sqrt{3}$	$\frac{1}{10}$

$h(x) = \frac{1}{x}$

x_0	$\frac{1}{4}$	1	2,25	3	25
$f'(x_0)$	−16	−1	$\frac{-16}{81}$	$\frac{-1}{9}$	$\frac{-1}{625}$

$k(x) = x$

x_0	$\frac{1}{4}$	1	2,25	3	25
$f'(x_0)$	1	1	1	1	1

3 $f(x) = \frac{1}{4}x^2 - 2$

a) $m(x) = \frac{\frac{1}{4}x^2 - 2 - \left(\frac{1}{4}x_0^2 - 2\right)}{x - x_0} = \frac{1}{4} \cdot \frac{(x - x_0)(x + x_0)}{x - x_0} = \frac{1}{4} \cdot (x + x_0)$; damit $f'(x_0) = \frac{1}{2}x_0$.

$f'(x_0) = 3$ ergibt $x_0 = 6$. Damit hat in $P(6|7)$ die Steigung des Graphen den Wert 3.
b) $\frac{1}{2}x_0 = -8$ ergibt $x_0 = -16$.
c) $\frac{1}{2}x > 1$ ergibt $x > 2$.

4 a) $f(x) = -x$ oder $f(x) = \frac{1}{x}$
b) $f(x) = x^3$ oder $f(x) = x^2$ oder $f(x) = \sin(x)$
c) $f(x) = 2x$ oder $f(x) = \frac{1}{x^3}$

5 a) $f'(x) > 0$ für alle $x \in \mathbb{R}$.
b) $f'(x) = 0$ für $x_0 \approx -2{,}25$ und $x_1 \approx 2{,}25$;
$f'(x) > 0$ für $x < -2{,}25$ und für $x > 2{,}25$;
$f'(x) < 0$ für $-2{,}25 < x < 2{,}25$.
c) $f'(x) = 0$ für $x_0 \approx -2{,}1$; $x_1 = 0$ und $x_2 \approx 2{,}8$;
$f'(x) > 0$ für $-2{,}1 < x < 0$ und für $x > 2{,}8$;
$f'(x) < 0$ für $x < -2{,}1$ und für $0 < x < 2{,}8$.

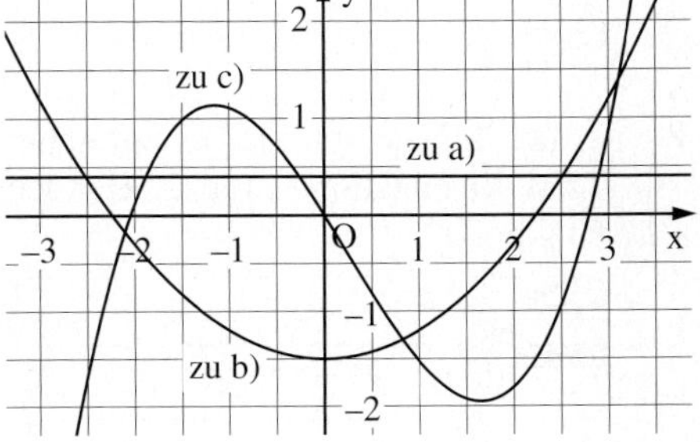

S. 59 **6** a) $f'(x) = 2x$; aus $2x_0 = \frac{1}{2}$ folgt $x_0 = \frac{1}{4}$.

Damit ist $B\left(\frac{1}{4}\middle|\frac{1}{16}\right)$ und t: $y = \frac{1}{2}\left(x - \frac{1}{4}\right) + \frac{1}{16}$ oder $y = \frac{1}{2}x - \frac{1}{16}$.

b) $f'(x) = \frac{1}{2\sqrt{x}}$; aus $\frac{1}{2\sqrt{x_0}} = \frac{1}{100}$ folgt $x_0 = 2500$.

Damit ist $B(2500|50)$ und t: $y = \frac{1}{100}(x - 2500) + 50$ oder $y = \frac{1}{100}x + 25$.

c) $f'(x) = -\frac{1}{x^2}$; aus $-\frac{1}{x_0^2} = -\frac{1}{4}$ folgt $x_0 = 2$ (wegen $x_0 > 0$).

Damit ist $B\left(2\middle|\frac{1}{2}\right)$ und t: $y = -\frac{1}{4}(x - 2) + \frac{1}{2}$ oder $y = -\frac{1}{4}x + 1$.

S. 60 **7** a) $m(x) = \frac{\frac{1}{2}x^2 - \frac{1}{2}x_0^2}{x - x_0} = \frac{1}{2}(x + x_0)$; also $f'(x_0) = x_0$. Es muss sein $f'(x_0) = \frac{1}{2}$; also $x_0 = \frac{1}{2}$: $P_0\left(\frac{1}{2}\middle|\frac{1}{8}\right)$.

b) $m(x) = \frac{4\sqrt{x} - 4\sqrt{x_0}}{x - x_0} = 4 \cdot \frac{\sqrt{x} - \sqrt{x_0}}{(\sqrt{x} + \sqrt{x_0})(\sqrt{x} - \sqrt{x_0})} = 4 \cdot \frac{1}{\sqrt{x} + \sqrt{x_0}}$; also $f'(x_0) = \frac{2}{\sqrt{x_0}}$. Es muss sein $\frac{2}{\sqrt{x_0}} = \frac{1}{2}$; also $\sqrt{x_0} = 4$ oder $x_0 = 16$: $P_0(16|16)$.

c) $m(x) = \frac{-\frac{2}{x} - \left(-\frac{2}{x_0}\right)}{x - x_0} = 2 \cdot \frac{-x_0 + x}{x \cdot x_0 (x - x_0)} = \frac{2}{x \cdot x_0}$; also $f'(x_0) = \frac{2}{x_0^2}$. Es muss sein $\frac{2}{x_0^2} = \frac{1}{2}$; also $x_0 = -2$; $x_1 = 2$: $P_0(-2|1)$ und $P_1(2|-1)$.

d) $m(x) = \frac{2(x_0 + h) - 3(x_0 + h)^2 - (2x_0 - 3x_0^2)}{h} = \frac{2h - 6x_0 h - 3h^2}{h} = 2 - 6x_0 - 3h$;

also $f'(x_0) = 2 - 6x_0$. Es muss sein $2 - 6x_0 = \frac{1}{2}$; also $x_0 = \frac{1}{4}$: $P_0\left(\frac{1}{4}\middle|\frac{5}{16}\right)$.

8 Tangente an den Graphen von f mit $f(x) = \sqrt{x}$ im Punkt $P(u|f(u))$: $y = \frac{1}{2\sqrt{u}}(x - u) + \sqrt{u}$.

Sie soll durch $A(0|1)$ verlaufen, Punktprobe: $1 = -\frac{1}{2\sqrt{u}}u + \sqrt{u}$; also $\frac{1}{2}\sqrt{u} = 1$ oder $u = 4$. Damit ist $P(4|2)$;

t: $y = \frac{1}{4}(x - 4) + 2$ oder $y = \frac{1}{4}x + 1$.

($B(3|2)$: $2 = \frac{1}{2\sqrt{u}}(3 - u) + \sqrt{u}$ oder $4\sqrt{u} = 3 - u + 2u$ oder $u - 4\sqrt{u} + 3 = 0$.

Mit $\sqrt{u} = w$ erhält man $w^2 - 4w + 3 = 0$; also $w_1 = 1$ und $w_2 = 3$; also $u_1 = 1$ und $u_2 = 9$. Gesuchte Punkte sind $P_1(1|1)$ und $P_2(9|3)$; t_1: $y = \frac{1}{2}(x - 1) + 1$ oder $y = \frac{1}{2}x + \frac{1}{2}$; t_2: $y = \frac{1}{6}(x - 9) + 3$ oder $y = \frac{1}{6}x + \frac{3}{2}$.)

9 a) Die Tabelle von Fig. 1 zeigt unter Y1 eine Wertetafel der Funktion f, unter Y2 eine Tafel der Funktion f′. Fig. 2 zeigt den Graphen der Funktion f, Fig. 1 (S. 43) den der Funktion f′.

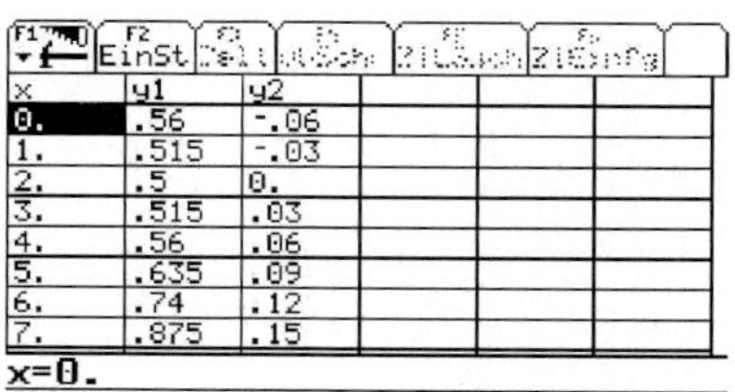

x	y1	y2
0.	.56	-.06
1.	.515	-.03
2.	.5	0.
3.	.515	.03
4.	.56	.06
5.	.635	.09
6.	.74	.12
7.	.875	.15

Fig. 1

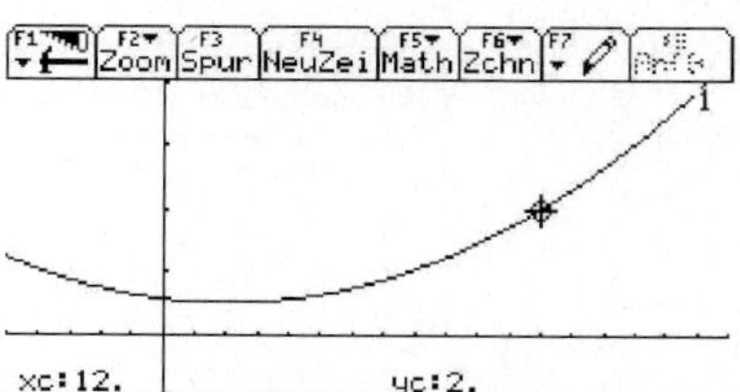

Fig. 2

S. 60 **9** a)

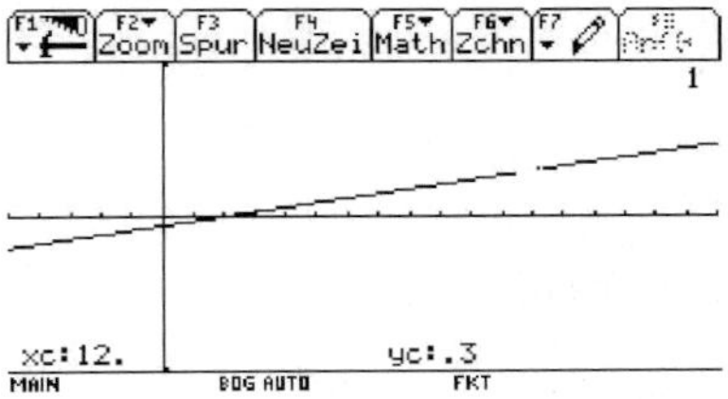

Fig. 1

b) Man könnte m(x) auch ausrechnen:

$$m(x) = \frac{0{,}015(x-2)^2 + 0{,}5 - (0{,}015(x_0-2)^2 + 0{,}5)}{x - x_0} = 0{,}015 \cdot \frac{(x-2)^2 - (x_0-2)^2}{x - x_0} = 0{,}015 \cdot (x + x_0 - 4);$$

also $f'(x_0) = 0{,}015 \cdot (2x_0 - 4)$.

Bestimmung des Schnittpunkts des Graphen von f′ mit der x-Achse (Fig. 2) ergibt $x_0 = 2$. Hier liegt eine waagerechte Tangente vor.

c) Man bringt den Graphen von f′ mit der Geraden mit der Gleichung $y = 0{,}2$ zum Schnitt und erhält $x_0 \approx 8{,}66$ (Fig. 3).

d) Die größte Steigung liegt offensichtlich bei $x_1 = 20$ und beträgt $f'(20) = 0{,}54$ (Fig. 4).

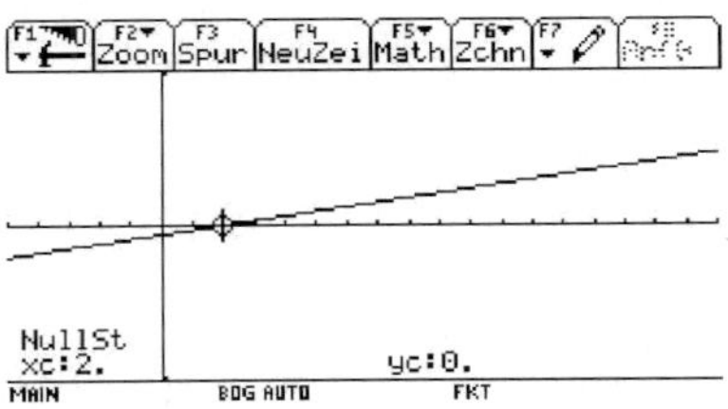

Fig. 2

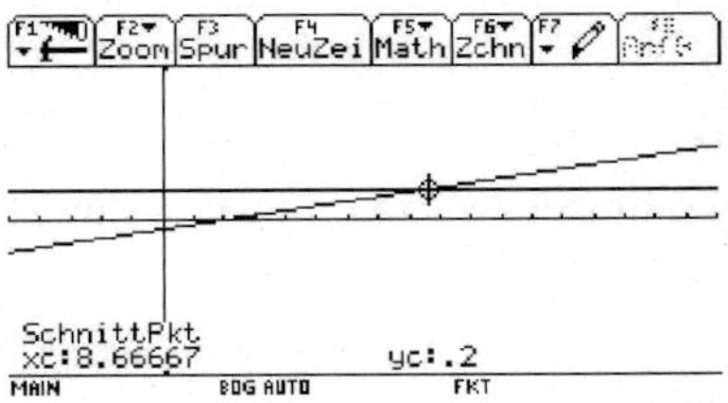

Fig. 3

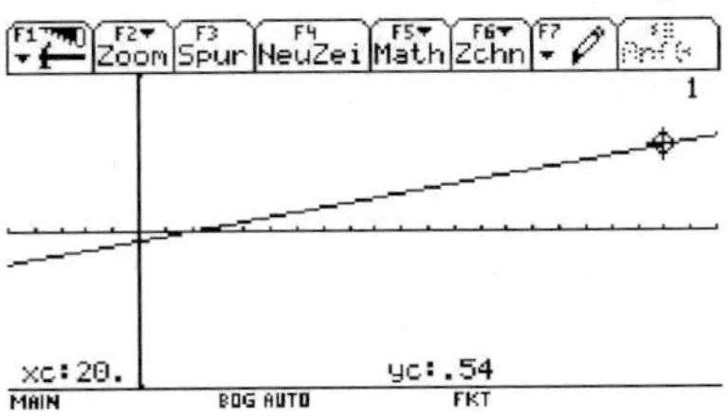

Fig. 4

10 a) $\tan(14°) \approx 0{,}25$; also $f'(x_0) = \frac{1}{2\sqrt{x_0}} = 0{,}25$; damit ist $x_0 = 4$. Die Rampe beginnt damit in $P(4|2)$.

Die Tangente t: $y = \frac{1}{4}(x-4) + 2$ oder $y = \frac{1}{4}x + 1$ schneidet die x-Achse in $Q(-4|0)$. Damit endet die Rampe in $Q(-4|0)$.

b) Nach dem Satz des Pythagoras gilt $s = \sqrt{8^2 + 2^2} = \sqrt{68} \approx 8{,}25$; d.h., die Rampe ist etwa $8{,}25 \cdot 5\,m \approx 41\,m$ lang.

S. 60 **11** a) Man erhält den Wert $-112{,}42$. In dem Höhenintervall von 1000 m bis 1010 m nimmt der Luftdruck um ca. 112,42 hPa pro 1000 m ab.

b) $p(1) = 880$; damit erhält man etwa folgende Tabelle:

h	0,999	0,9999	0,99999	1,00001	1,0001	1,001
$\frac{p(h) - 880}{h - 1}$	−112,5006	−112,4941	−112,4934	−112,4933	−112,4926	−112,4862

Damit ist $p'(1) \approx -112{,}493$. In 1 km Höhe nimmt der Luftdruck um $112{,}49\,\frac{\text{hPa}}{\text{km}}$ ab.

c) Die Ergebnisse sind fast identisch, weil geometrisch betrachtet die Punkte bei Aufgabenteil a) so eng beisammen liegen, dass die zugehörige Sekantensteigung fast mit der Tangentensteigung übereinstimmt.

12 a) $\overline{v} = \frac{3\,\text{km}}{\frac{1}{2}\text{h}} = 6\,\frac{\text{km}}{\text{h}}$

b) Der Wanderer ging die ersten 45 Minuten mit konstant $v = 6\,\frac{\text{km}}{\text{h}}$, in der Zeit von $70\,\text{min} < t < 100\,\text{min}$ nach dem Start mit konstant $v = \frac{(9 - 6{,}5)\,\text{km}}{\frac{1}{2}\text{h}} = 5\,\frac{\text{km}}{\text{h}}$, in der Zeit $100\,\text{min} < t < 105\,\text{min}$ nach dem Start mit konstant $v = \frac{(10{,}33 - 9)\,\text{km}}{\frac{1}{12}\text{h}} = 15{,}96\,\frac{\text{km}}{\text{h}}$ und er lief die letzten 10 Minuten mit konstant $v = \frac{(11{,}33 - 10{,}33)\,\text{km}}{\frac{1}{6}\text{h}} = 6\,\frac{\text{km}}{\text{h}}$.

c) Sein höchstes Marschtempo erreichte der Wanderer nach 100 Minuten mit etwa $v = 15{,}96\,\frac{\text{km}}{\text{h}}$.

d) Die Durchschnittsgeschwindigkeit betrug $v = \frac{11{,}33\,\text{km}}{2\,\text{h}} = 5{,}665\,\frac{\text{km}}{\text{h}} \approx 5{,}7\,\frac{\text{km}}{\text{h}}$. Er rastete insgesamt 5 Minuten.

e) Eine Wandergruppe mit W lief zügig los. Nach einer Dreiviertelstunde bekam W Seitenstechen, sodass er nur langsam weitergehen konnte, während seine Wanderfreunde schneller weiterliefen. Als er sich etwas erholt hatte, erhöhte er das Tempo immer stärker. Als er seine Freunde in der Ferne sah, fing er sogar an zu laufen, bis er sie nach 25 Minuten erreicht hatte. Dann wanderte er mit der Gruppe weiter, die wegen W das Tempo etwas gedrosselt hatte und nicht wieder so recht in Tritt kam. Sie musste natürlich auch auf W Rücksicht nehmen. Nach 100 Minuten fing die Gruppe an zu laufen, dabei verknackste sich W den Fuß. Nach einer Verarztung, die 5 Minuten dauerte, wurde der letzte Kilometer mit ordentlichem Tempo zurückgelegt, wobei sich keiner eine Blöße gab.

S. 60 **13** Gesucht ist der Punkt $P(u|u^2)$, für den gilt, dass die Normale n von K in $P(u|u^2)$ durch Z verläuft.
Steigung der Tangente in P:
$f'(u) = 2u$; also $m_n = -\frac{1}{2u}$.
Normale n: $y = -\frac{1}{2u}(x - u) + u^2$.
$Z(3|0) \in n$: $0 = -\frac{1}{2u}(3 - u) + u^2$ oder
$2u^3 + u - 3 = 0$. Man kann sofort erkennen, dass $u = 1$ eine Lösung ist. Man kann aber auch mit dem CAS den Graphen von $g(x) = 2x^3 + x - 3$ zeichnen und die Nullstellen bestimmen. Es gibt nur eine einzige, nämlich $u = 1$.
Damit ist $P(1|1)$ der gesuchte Punkt.

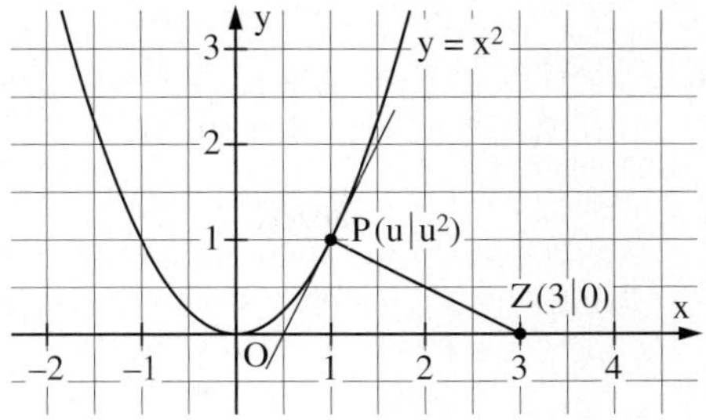

5 *Die Ableitung der Potenzfunktion*

S. 61 **1** a)

n	2	1	−1	3
$f(x) = x^n$	x^2	x	$\frac{1}{x} = x^{-1}$	x^3
$f'(x)$	$2x^1$	$1x^0$	$-1x^{-2} = -\frac{1}{x^2}$	$3x^2$

b) Es liegt die Vermutung nahe, dass $f(x) = x^n$ die Ableitung $f'(x) = n \cdot x^{n-1}$ besitzt.
c) Man kann zum Beispiel am CAS in Y1 die Funktion $f(x) = x^5$, in Y2 die Funktion $g(x) = x^4$ und in Y3 die Ableitung von f eingeben (Fig. 1). Betrachtet man dann die Wertetabelle (Fig. 2), so erkennt man, dass die Funktion in Y3 sich von der in Y2 (also $g(x) = x^4$) um den Faktor 5 unterscheidet.

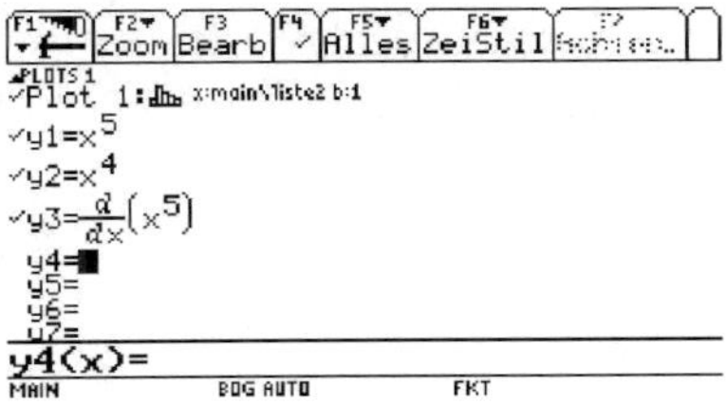

Fig. 1

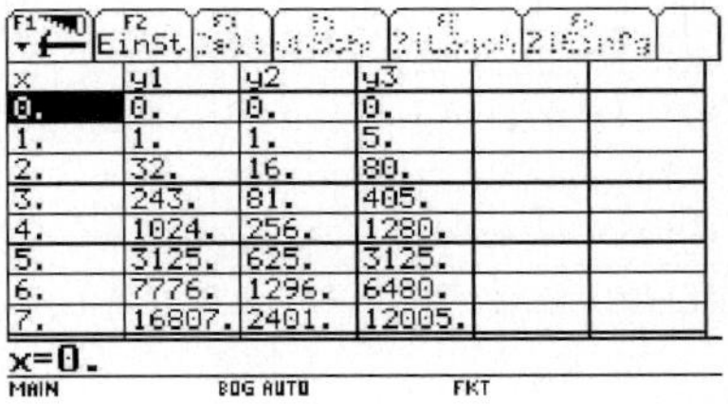

x	y1	y2	y3
0.	0.	0.	0.
1.	1.	1.	5.
2.	32.	16.	80.
3.	243.	81.	405.
4.	1024.	256.	1280.
5.	3125.	625.	3125.
6.	7776.	1296.	6480.
7.	16807.	2401.	12005.

Fig. 2

S. 62 **2** a) $f'(x) = 4x^3$ b) $f'(x) = 6x^5$ c) $f'(x) = 9x^8$ d) $f'(x) = 12x^{11}$
e) $f'(x) = 35x^{34}$ f) $f'(x) = -5x^{-6}$ g) $f'(x) = -8x^{-9}$ h) $f'(x) = 100 \cdot x^{99}$

3 a) $f'(x) = k \cdot x^{k-1}$ b) $f'(x) = 3n \cdot x^{3n-1}$
c) $f'(x) = (2k + 1) \cdot x^{2k}$ d) $f'(x) = (3 - m) \cdot x^{2-m}$
e) $f'(x) = (5 - n) \cdot x^{-n+4}$ f) $f'(x) = (1 - 3n) \cdot x^{-3n}$
g) $f'(x) = (-3 + 2k) \cdot x^{-4+2k}$ h) $f'(x) = (-3 + 2k) \cdot x^{-4+2k} = \frac{-3+2k}{x^{4-2k}}$

S. 62 **4** a) $f(x) = x^{2\cdot 3} = x^6$; $f'(x) = 6x^5$ b) $f(x) = x^{-3\cdot 2} = x^{-6}$; $f'(x) = -6x^{-7} = -\frac{6}{x^7}$

c) $f(x) = x^{\frac{1}{3}}$ ist nicht nach der Potenzregel ableitbar, da die Potenzregel nur für ganze Hochzahlen hergeleitet wurde.

d) $f(x) = x^{\frac{1}{3}\cdot 9} = x^3$; $f'(x) = 3x^2$

e) $f(x) = x^{2\sqrt{2}}$ ist nicht nach der Potenzregel ableitbar, da der Exponent nicht aus $\mathbb{Z}$ ist.

f) $f(x) = x^{3,5}$ ist nicht nach der Potenzregel ableitbar, da der Exponent nicht aus $\mathbb{Z}$ ist.

g) $f(x) = x^{4\cdot 2,5} = x^{10}$; $f'(x) = 10x^9$

h) $f(x) = x^{5\cdot 0,1} = x^{\frac{1}{2}}$ ist nicht nach der Potenzregel ableitbar, da der Exponent nicht aus $\mathbb{Z}$ ist.

5 a) $f'(x) = 4x^3 = 4$; also $x_0 = 1$: $P(1|1)$.

b) $f'(x) = 3x^2 = 12$; also $x_1 = -2$; $x_2 = 2$: $P_1(-2|-8)$; $P_2(2|8)$.

c) $f'(x) = 100x^{99} = \frac{100}{2^{99}}$; also $x_0 = \frac{1}{2}$: $P_0\left(\frac{1}{2}\middle|\frac{1}{2^{100}}\right)$.

d) $f'(x) = 0$; 1 ist nicht möglich; es gibt keinen entsprechenden Punkt, was anschaulich klar ist.

e) $f'(x) = 6x^5 = 18750$; also $x^5 = 3125$; damit $x_0 = 5$: $P_0(5|15625)$.

f) $f'(x) = 7x^6 = 448$; also $x^6 = 64$; damit $x_0 = 2$: $P_0(2|128)$.

6 a) $f(x) = x^3$; $f'(x) = 3x^2$; $f'(1) = 3$. Tangente in $B(1|1)$: $y = 3(x-1)+1$ oder $y = 3x - 2$. Schnitt: $x^3 = 3x - 2$ oder $x^3 - 3x + 2 = 0$. Eine Lösung ist $x_0 = 1$; also erhält man mit Polynomdivision: $(x^3 - 3x + 2):(x-1) = x^2 + x - 2$. Damit hat man die Lösungen $x_1 = 1$ und $x_2 = -2$. Die Tangente schneidet K in $P(-2|-8)$.

b) Tangente in $B(a|a^3)$: $y = 3a^2\cdot(x-a) + a^3$ oder $y = 3a^2\cdot x - 2a^3$.
Schnitt: $x^3 = 3a^2\cdot x - 2a^3$ oder $x^3 - 3a^2\cdot x + 2a^3 = 0$.
Eine Lösung ist $x_0 = a$; also erhält man mit Polynomdivision:
$(x^3 - 3a^2\cdot x + 2a^3):(x-a) = x^2 + a\cdot x - 2a^2$. Damit hat man die Lösungen $x_1 = a$ und $x_2 = -2a$. Die Tangente schneidet K in $P(-2a|-8a^3)$.

c) Normale in $B(a|a^3)$: $y = -\frac{1}{3a^2}(x-a) + a^3$ oder $y = -\frac{1}{3a^2}x + \frac{1}{3a} + a^3$.

Schnitt: $x^3 = -\frac{1}{3a^2}x + \frac{1}{3a} + a^3$ oder $x^3 + \frac{1}{3a^2}x - \frac{1}{3a} - a^3 = 0$ oder $3a^2x^3 + x - a - 3a^5 = 0$.

Da $x_0 = a$ eine Lösung ist, erhält man mit Polynomdivision:

$$
\begin{array}{l}
(3a^2x^3 + x - a - 3a^5):(x-a) = 3a^2x^2 + 3a^3x + 3a^4 + 1\\
\underline{-(3a^2x^3 - 3a^3x^2)}\\
\qquad 3a^3x^2 + x\\
\qquad \underline{-(3a^3x^2 - 3a^4x)}\\
\qquad\qquad (3a^4+1)x - (3a^5 + a)\\
\qquad\qquad \underline{-((3a^4+1)x - (3a^5+a))}\\
\qquad\qquad\qquad\qquad 0
\end{array}
$$

Die quadratische Gleichung $3a^2x^2 + 3a^3x + 3a^4 + 1 = 0$ hat keine Lösung, da die Diskriminante $D = (3a^3)^2 - 4\cdot 3a^2\cdot(3a^4+1) = 9a^6 - 36a^6 - 12a^2 = -27a^6 - 12a^2 < 0$ ist.
Damit ist $x_0 = a$ der einzige Schnittpunkt der Normalen mit dem Graphen.

S. 62 ***7*** $f'(x) = n \cdot x^{n-1}$; $f'(1) = n$; Tangente in $B(1|1)$: $y = n \cdot (x-1) + 1$ oder $y = n \cdot x - n + 1$;
Schnittpunkt mit der x-Achse: $0 = n \cdot x_S - n + 1$; also $x_S = \frac{n-1}{n}$: $S\left(\frac{n-1}{n}\middle|0\right)$;
Schnittpunkt mit der y-Achse: $y_T = -n + 1$; also $T(0|-n+1)$.
[$f'(x) = n \cdot x^{n-1}$; $f'(2) = n \cdot 2^{n-1}$; Tangente in $B(2|2^n)$: $y = n \cdot 2^{n-1} \cdot (x-2) + 2^n$ oder
$y = n \cdot 2^{n-1} \cdot x + 2^n(1-n)$;
Schnittpunkt mit der x-Achse: $0 = n \cdot 2^{n-1} \cdot x_S + 2^n \cdot (1-n)$; also $x_S = \frac{2^n \cdot (n-1)}{n \cdot 2^{n-1}} = 2 \cdot \frac{n-1}{n}$:
$S\left(2 \cdot \frac{n-1}{n}\middle|0\right)$; Schnittpunkt mit der y-Achse: $y_T = 2^n \cdot (1-n)$; also $T(0|2^n) \cdot (1-n))$.
$f'(x) = n \cdot x^{n-1}$; $f'(a) = n \cdot a^{n-1}$; Tangente in $B(a|a^n)$: $y = n \cdot a^{n-1} \cdot (x-a) + a^n$ oder
$y = n \cdot a^{n-1} \cdot x + a^n \cdot (1-n)$;
Schnittpunkt mit der x-Achse: $0 = n \cdot a^{n-1} \cdot x_S + a^n \cdot (1-n)$; also $x_S = \frac{a^n \cdot (n-1)}{n \cdot a^{n-1}} = a \cdot \frac{n-1}{n}$:
$S\left(a \cdot \frac{n-1}{n}\middle|0\right)$; Schnittpunkt mit der y-Achse: $y_T = a^n \cdot (1-n)$; also $T(0|a^n \cdot (1-n))$.

8 a) Es muss gelten: $n \cdot x^{n-1} = m$. Da n ungerade ist, ist $n - 1$ eine gerade Zahl. Also hat die Gleichung $x^{n-1} = \frac{m}{n}$ keine Lösung, wenn $\frac{m}{n} < 0$ ist. Damit gibt es für negative Steigungen, wenn $n > 0$ ist, und für positive Steigungen, wenn $n < 0$ ist, keine parallelen Tangenten an den Graphen.
b) Es muss gelten: $n \cdot x^{n-1} = m$. Da n gerade ist, ist $n - 1$ eine ungerade Zahl. Die Gleichung $x^{n-1} = \frac{m}{n}$ hat daher stets eine Lösung für alle $m \in \mathbb{Z}$. Damit gibt es für alle Geraden parallele Tangenten an den Graphen.
c) Von allen Punkten $P(0|b)$ mit $b > 0$ der y-Achse kann es keine Tangenten an den Graphen von $f(x) = x^n$, n gerade, $n \in \mathbb{N} \setminus \{0; 1\}$, geben. Die Tangente im Punkt $P(a|a^n)$ hat nämlich die Gleichung $y = n \cdot a^{n-1} \cdot x + a^n \cdot (1-n)$. $P(0|b)$ müsste auf ihr liegen, d.h. $b = a^n \cdot (1-n)$ oder $a^n = \frac{b}{1-n}$. In dieser Gleichung ist die linke Seite a^n positiv, da n gerade ist, die rechte Seite aber negativ, da $b > 0$ und $1 - n < 0$ ist. Damit ist die Gleichung unlösbar.
Allgemein gibt es von Punkten $P(x_0|y_0)$ mit $y_0 > x_0^n$ keine Tangenten an den Graphen.

9 a) $f(x) = x^3$; $g(x) = x^2$
$f'(x) = 3x^2$; $g'(x) = 2x$
$f'(1) = 3$; $g'(1) = 2$
$\tan^{-1}(3) \approx 71{,}5651°$; $\tan^{-1}(2) \approx 63{,}4349°$
Schnittwinkel $\alpha \approx 8{,}13°$
b) $f(x) = x^n$; $g(x) = x^{n+1}$
$f'(x) = n\,x^{n+1}$; $g'(x) = (n+1)\,x^n$
$f'(1) = n$; $g'(1) = n + 1$
Schnittwinkel $\alpha = \tan^{-1}(n+1) - \tan^{-1}(n) < 1°$.
Hier wird mit dem CAS gerechnet; ab $n = 8$ ist der Winkel kleiner als 1°.

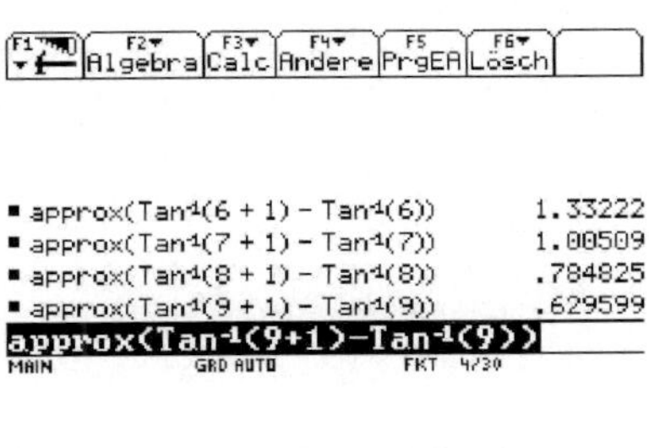

6 *Weitere Ableitungsregeln – höhere Ableitungen*

S. 63 **1** a) Man gibt die Funktionen f_1 und f_2 ein und bildet die entsprechenden Ableitungen (Fig. 1). Vergleicht man dann die Wertetafeln von y3 und y6 (Fig. 2), so sind diese identisch.
Es gilt offenbar: $h(x) = f(x) + g(x)$ hat die Ableitung $h'(x) = f'(x) + g'(x)$.

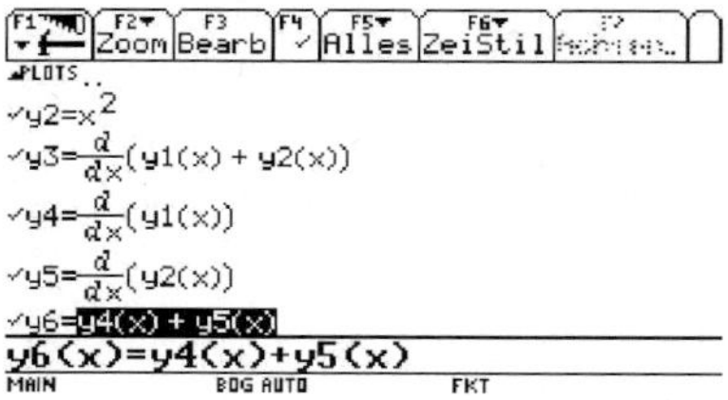

Fig. 1

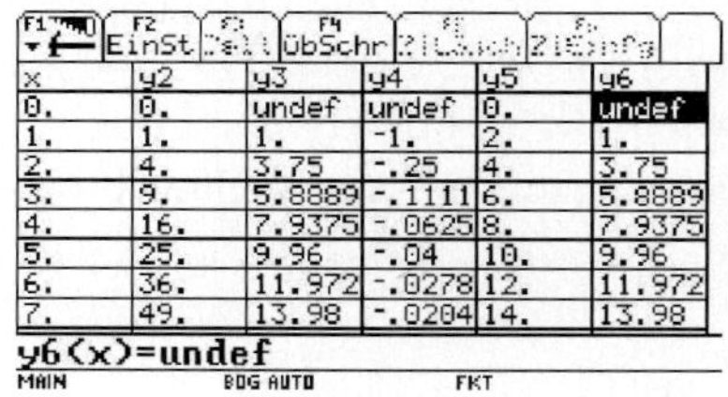

x	y2	y3	y4	y5	y6
0.	0.	undef	undef	0.	undef
1.	1.	1.	-1.	2.	1.
2.	4.	3.75	-.25	4.	3.75
3.	9.	5.8889	-.1111	6.	5.8889
4.	16.	7.9375	-.0625	8.	7.9375
5.	25.	9.96	-.04	10.	9.96
6.	36.	11.972	-.0278	12.	11.972
7.	49.	13.98	-.0204	14.	13.98

Fig. 2

b) Entsprechend a) ergeben sich Fig. 3 und die gleichen Ergebnisse in den Spalten 3 und 4 in Fig. 4:

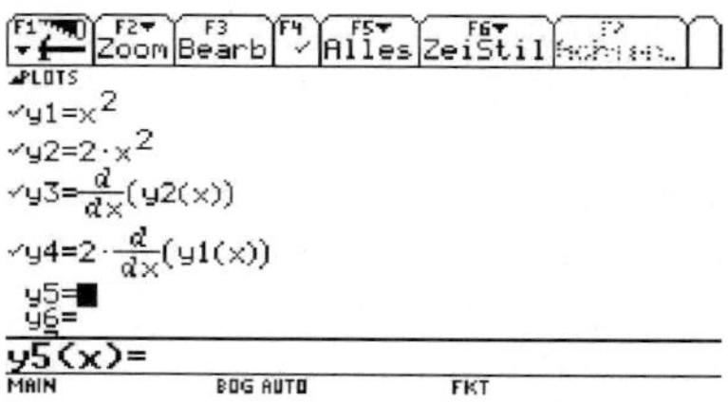

Fig. 3

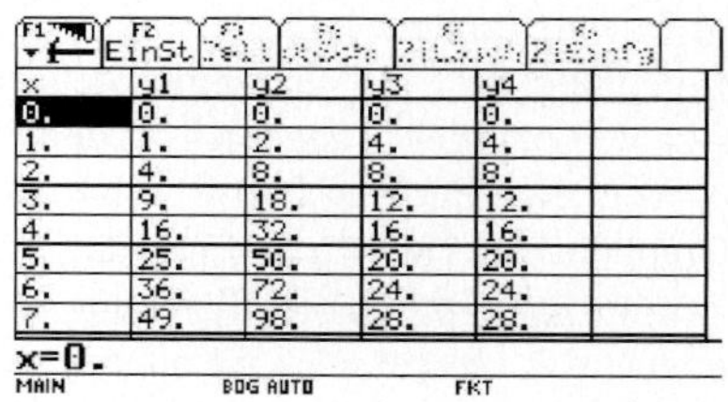

x	y1	y2	y3	y4
0.	0.	0.	0.	0.
1.	1.	2.	4.	4.
2.	4.	8.	8.	8.
3.	9.	18.	12.	12.
4.	16.	32.	16.	16.
5.	25.	50.	20.	20.
6.	36.	72.	24.	24.
7.	49.	98.	28.	28.

Fig. 4

Es gilt offenbar: $k(x) = c \cdot f(x)$ hat die Ableitung $k'(x) = c \cdot f'(x)$

S. 64 **2** a) $f'(x) = 25x^4$ b) $f'(x) = -36x^{-4}$ c) $f'(x) = \frac{2}{\sqrt{x}}$ d) $f'(x) = -2x^2$
e) $f'(x) = -\frac{6}{x^2}$ f) $f'(x) = 6x^{-11}$ g) $f'(x) = -\frac{1}{5\sqrt{x}}$ h) $f'(x) = \frac{4\sqrt{2}}{x^5}$

3 a) $f'(x) = 4x^3 + 8x^7$ b) $f'(x) = 12x^{11} - 3x^{-4}$
c) $f'(x) = -\frac{1}{x^2} + 4x^3$ d) $f'(x) = \frac{1}{2\sqrt{x}} - \frac{2}{x^3}$
e) $f'(x) = -\frac{1}{x^2} + 1$ f) $f'(x) = -\frac{2}{5}x^{-2}$
g) $f'(x) = \frac{1}{2\sqrt{x}} + 1$ h) $f'(x) = 6x$

4 a) $f'(x) = -6x^7 + 10x^3 - 2$ b) $f'(x) = \frac{2}{3}x^2 + \frac{5}{4}x + 0{,}4$
c) $f'(x) = -\frac{3}{x^2} - 6x^{-4} + 6x^5$ d) $f'(x) = \frac{2}{\sqrt{x}} - \frac{2}{x^3} + \frac{3}{20}x^{-4} + \frac{1}{x^{11}}$

5 a) $f_t(x) = tx^3 - (t-2)x^2 + 3tx$; $f_t'(x) = 3tx^2 - 2(t-2)x + 3t$; $f_t''(x) = 6tx - 2(t-2)$;
$f_t'(2) = 12t - 4(t-2) + 3t = 11t + 8$; $f_t''(2t) = 12t^2 - 2(t-2) = 12t^2 - 2t + 4$
b) $f_t(x) = 4t^2x^4 + t^4x^2 + t^2x$; $f_t'(x) = 16t^2x^3 + 2t^4x + t^2$; $f_t''(x) = 48t^2x^2 + 2t^4$;
$f_t'(2) = 16t^2 \cdot 8 + 2t^4 \cdot 2 + t^2 = 129t^2 + 4t^4$; $f_t''(2t) = 48t^2 \cdot 4t^2 + 2t^4 = 194t^4$

S. 65 **6** a) $f'(x) = \frac{1}{2}x^4 + \frac{4}{3}x^2$; $f''(x) = 2x^3 + \frac{8}{3}x$; $f'''(x) = 6x^2 + \frac{8}{3}$

b) $f'(x) = 3x^2 + 2x^{-3} + 3x^{-4}$; $f''(x) = 6x - 6x^{-4} - 12x^{-5}$; $f'''(x) = 6 + 24x^{-5} + 60x^{-6}$

c) $f'(x) = -\frac{1}{x^2} - \frac{4}{x^3} - \frac{9}{x^4} - \frac{16}{x^5}$; $f''(x) = \frac{2}{x^3} + \frac{12}{x^4} + \frac{36}{x^5} + \frac{80}{x^6}$; $f'''(x) = -\frac{6}{x^4} - \frac{48}{x^5} - \frac{180}{x^6} - \frac{480}{x^7}$

d) $f'(x) = 4x^3 - \frac{1}{x^3} + \frac{4}{x^6}$; $f''(x) = 12x^2 + \frac{3}{x^4} - \frac{24}{x^7}$; $f'''(x) = 24x - \frac{12}{x^5} + \frac{168}{x^8}$

e) $f'(x) = 2x - 1$; $f''(x) = 2$; $f'''(x) = 0$

f) $f'(x) = 2 + 3x^2 - \frac{1}{x^2}$; $f''(x) = 6x + \frac{2}{x^3}$; $f'''(x) = 6 - \frac{6}{x^4}$

7 a) $A'(r) = 2\pi r$; $A(r)$ Kreisinhalt; $A'(r)$ Kreisumfang; $A''(r) = 2\pi$

b) $U'(a) = 2$; $U(a)$ Umfang eines Rechtecks mit den Seitenlängen a und b; $U''(a) = 0$

c) $O'(h) = 2\pi r$; $O(h)$ Oberfläche eines Zylinders; $O'(h)$ Umfang der Standfläche; $O''(h) = 0$

d) $V'(r) = 4\pi r^2$; $V(r)$ Volumen der Kugel; $V'(r)$ Oberfläche der Kugel; $V''(r) = 8\pi r$

e) $V'(h) = \frac{1}{3}\pi r^2$; $V(h)$ Volumen eines Kegels; $V''(h) = 0$

f) $O'(r) = 4\pi r + 2\pi h$; Oberfläche eines Zylinders; $O''(r) = 4\pi$

g) $A'(a) = a$; $A(a)$ Inhalt eines gleichschenklig-rechtwinkligen Dreiecks mit der Schenkellänge a; $A'(a)$ Länge eines Schenkels; $A''(a) = 1$

h) $O'(r) = \pi s + 2\pi r$; $O(r)$ Oberfläche eines Kegels mit Grundkreisradius r und Mantellinie s; $O''(r) = 2\pi$.

8 a)

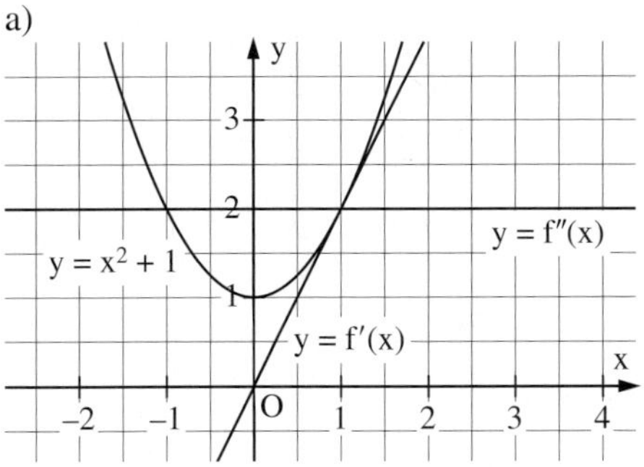

b)

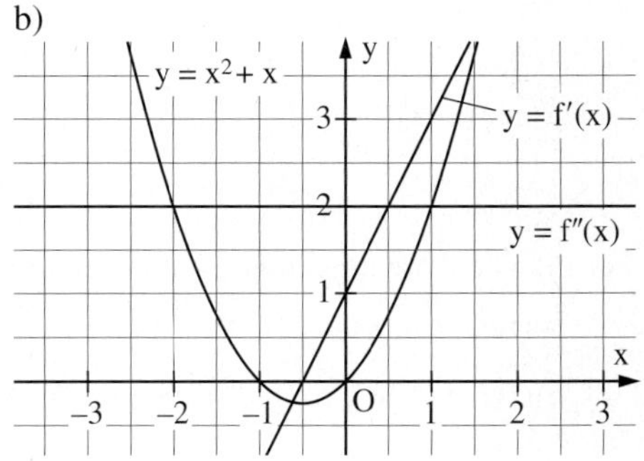

c)

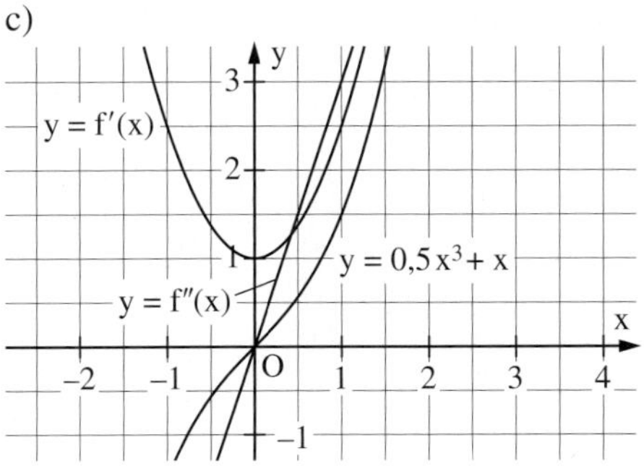

d)

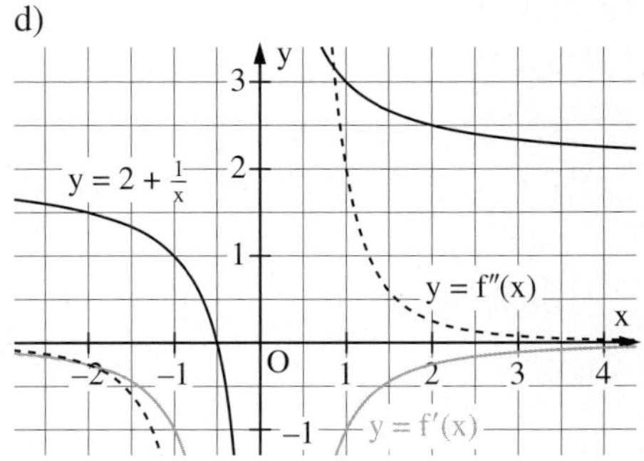

S. 65 **9** a) Der rote Graph ist der Graph von f′, der blaue der von f″.
$(f(x) = 0{,}5\,x^3 - 2\,x;\ f'(x) = 1{,}5\,x^2 - 2;\ f''(x) = 3\,x)$
b) Der rote Graph ist der Graph von f′, der blaue ist nicht der von f″, da z. B. an der Stelle $x_0 = 1$ die Steigung von f′ mindestens 5 ist, f″(1) hingegen 1 ist.
$(f(x) = 0{,}5\,x^4;\ f'(x) = 2\,x^3;\ f''(x) = 6\,x^2;$ gezeichnet ist jedoch $f''(x) = x^2)$
c) Der rote Graph ist der Graph von f′, da z. B. an der Stelle $x_0 \approx 2{,}7$ der Graph von f eine waagerechte Tangente besitzt und der Graph von f′ dort die x-Achse schneidet. Der blaue Graph ist nicht der von f″, da f′ überall eine konstante Steigung haben müsste, was nicht der Fall ist.

10 a) Der Graph von $g = f + c$ ist gegenüber dem von f um c in y-Richtung verschoben (Fig. rechts). An sämtlichen Stellen $x \in \mathbb{R}$ sind daher die Tangentensteigungen des Graphen von g mit denen des Graphen von f identisch, d. h. aber, dass gilt $f'(x) = g'(x)$ für alle $x \in \mathbb{R}$.
b) Die Funktionen f und g unterscheiden sich nur um eine Konstante. Es ist nämlich $f(x) = x - 1 + \frac{1}{x}$ und $g(x) = x + \frac{1}{x}$. Die Graphen finden sich in der Figur rechts.

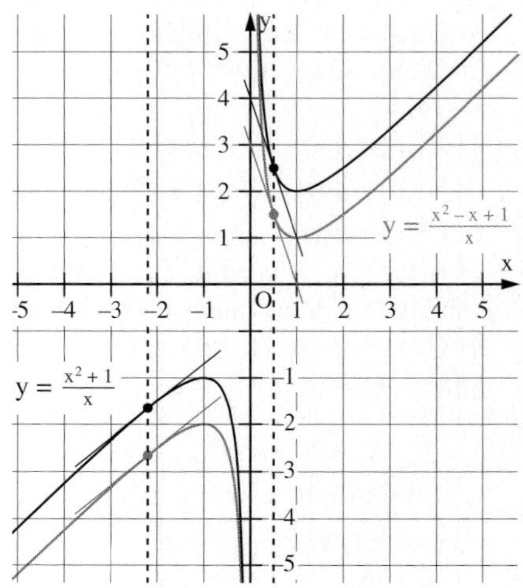

11 a) Die Ableitungen kann man bestimmen von den Funktionen 1, 3, 5, 6, 7.
b) Bei 3: $f(x) = \sqrt{3} \cdot \sqrt{x};\ f'(x) = \frac{\sqrt{3}}{2\sqrt{x}}$. f″(x) kann nicht berechnet werden.
c) Bei 5: $f'(x) = -3\,x^2 + 4\,x$; bei 7: $f'(x) = 4\,x$.

12 $f(x) = -\frac{16}{3x^3} + x;\ f'(x) = \frac{16}{x^4} + 1.$
Aus $\frac{16}{x^4} + 1 = 2$ ergibt sich $\frac{16}{x^4} = 1$; also $x^4 = 16$ und damit $x_1 = -2$ und $x_2 = 2$.
Damit ergeben sich die Punkte $P_1\left(-2\,\middle|\,-\frac{4}{3}\right)$ und $P_2\left(2\,\middle|\,\frac{4}{3}\right)$.
Kontrolle mit dem CAS.

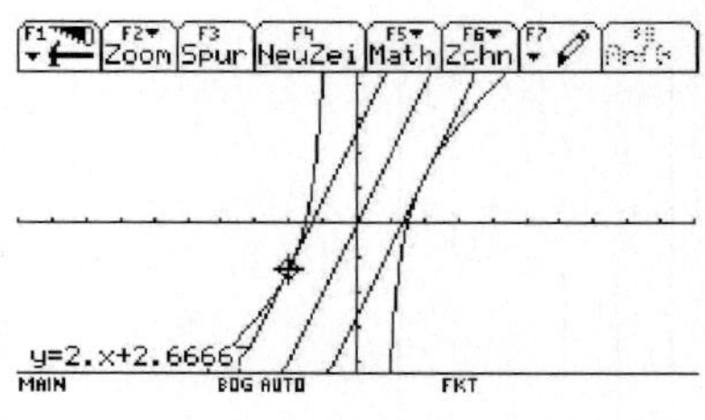

7 Trigonometrische Funktionen

S. 66 **1** Es gilt: $b = 2\pi r \cdot \frac{\alpha}{360°}$. $r = 1\,\text{km}$; $b = 3\,\text{km}$: $\alpha \approx 172°$. Der Läufer hat den See fast zur Hälfte umrundet.
$r = 2\,\text{km}$; $b = 3\,\text{km}$: $\alpha \approx 86°$. Der Läufer hat fast ein Viertel des Sees umrundet.

2 Am Einheitskreis (Schülerbuch S. 64; Fig. 1) erkennt man: $\sin(90°) = 1$; $\sin(270°) = -1$; $\cos(180°) = -1$. Die Diagonale d eines Quadrates mit der Seitenlänge a ist $d = a \cdot \sqrt{2}$. Damit gilt für das Teildreieck: $\sin(45°) = \frac{a}{a\sqrt{2}} = \frac{1}{2}\sqrt{2}$.

S. 68 **3** a)

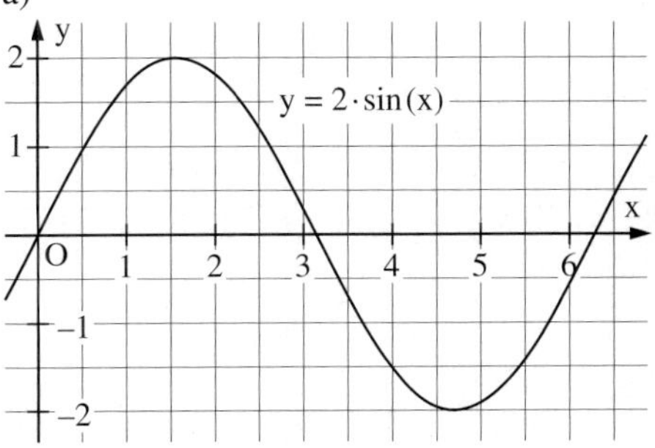

b)

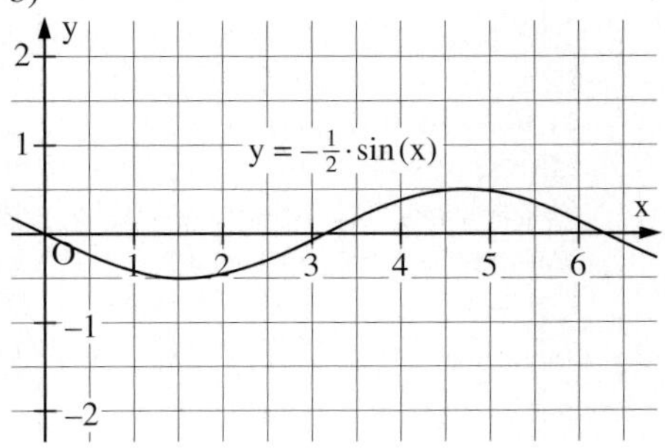

c)

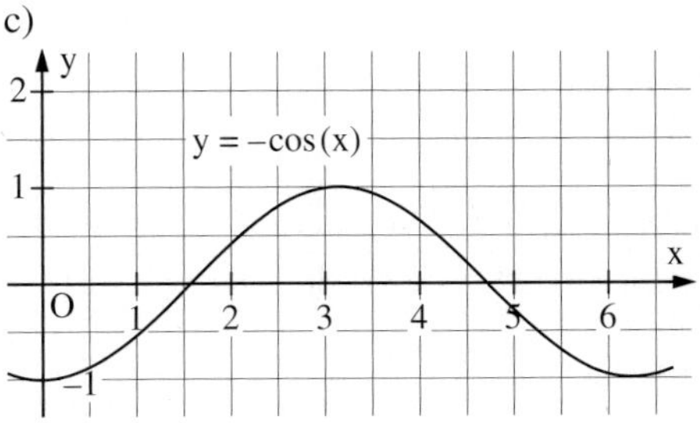

d)

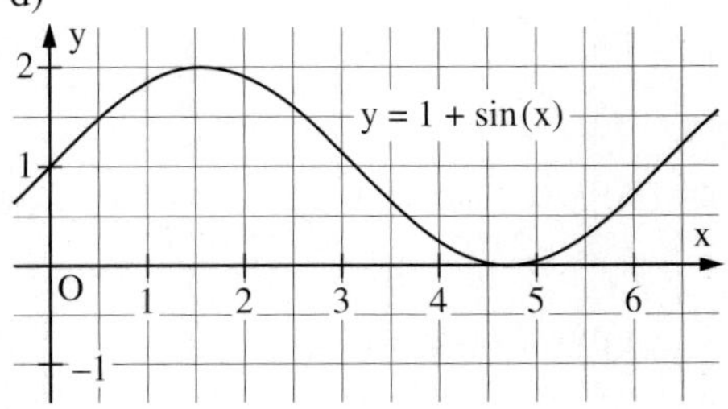

e)

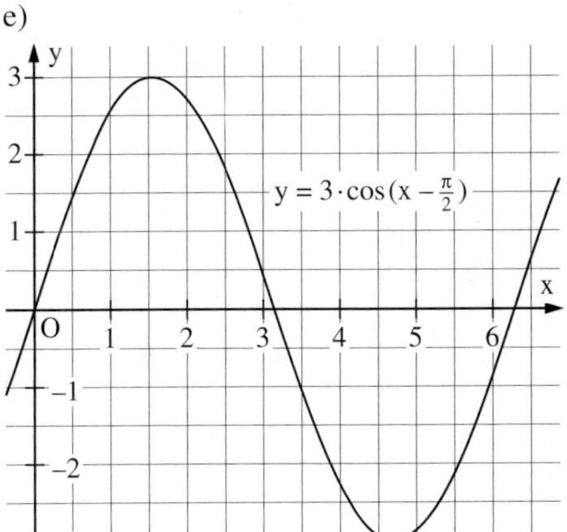

f)

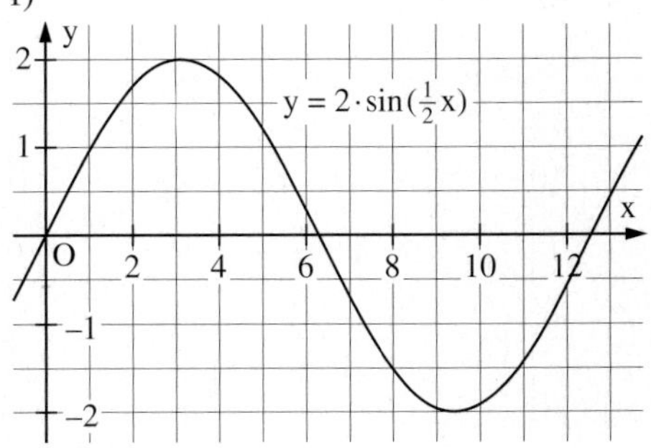

S. 68 **4** a) Periode 2π;
Verschiebung um $\frac{\pi}{2}$ in positive x-Richtung;
Streckung von der x-Achse in y-Richtung, Streckfaktor 2

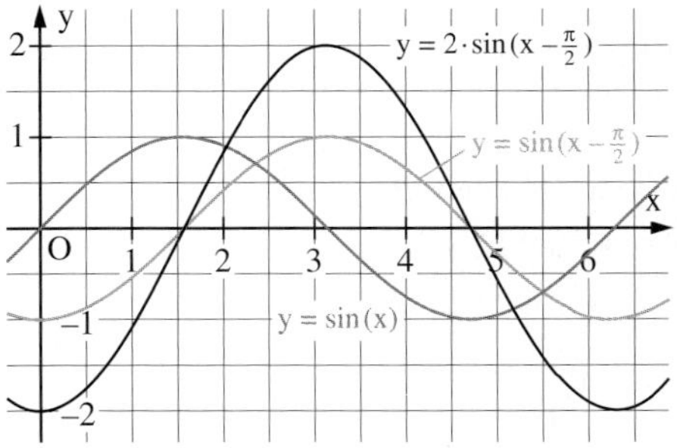

b) Periode 2π;
Verschiebung um $\frac{\pi}{4}$ in negative x-Richtung; Spiegelung an der x-Achse

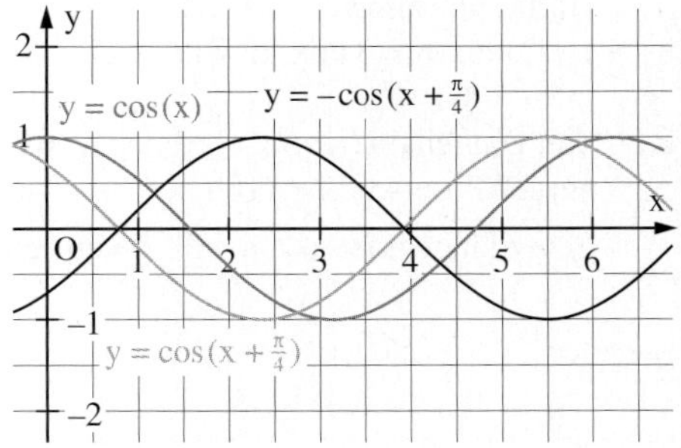

c) Periode 4π;
Streckung von der y-Achse in x-Richtung, Streckfaktor 2; Streckung von der x-Achse in y-Richtung, Streckfaktor 2

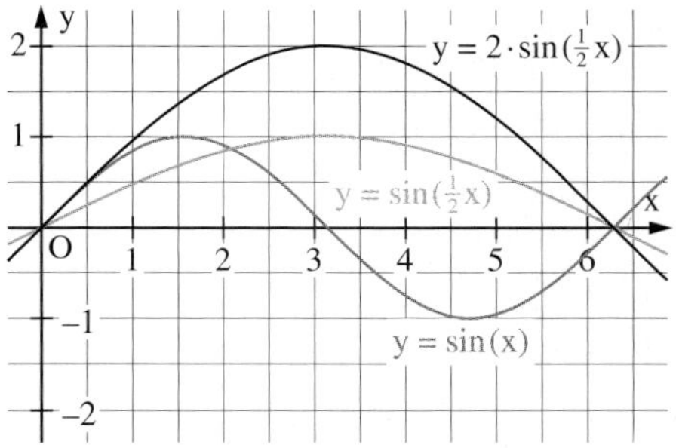

d) Periode 2π;
Verschiebung um $\frac{\pi}{2}$ in positive x-Richtung;
Verschiebung um 2 in positive y-Richtung

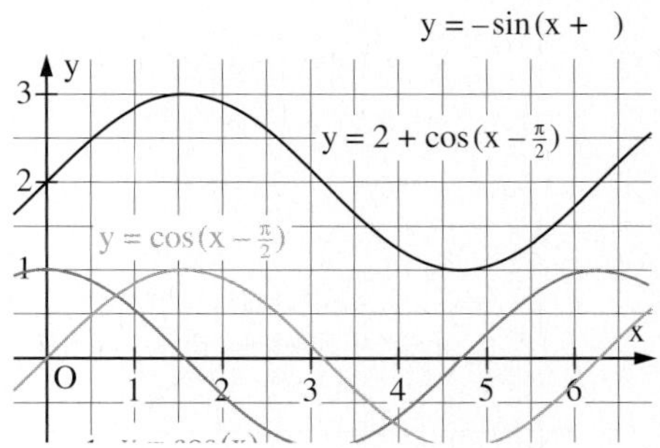

e) Periode 2π;
Verschiebung um $\frac{\pi}{4}$ in negative x-Richtung;
Spiegelung an der x-Achse

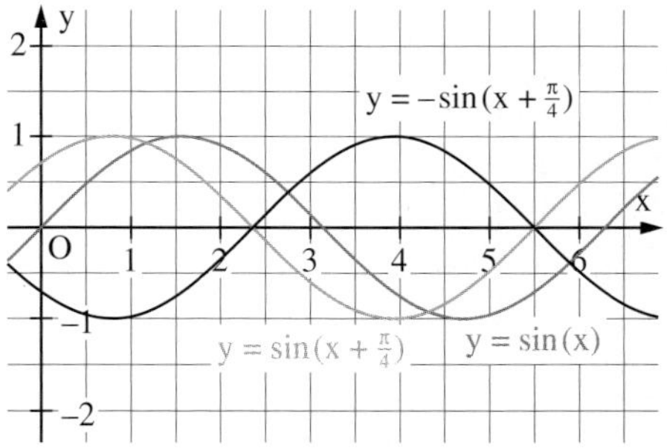

f) Periode π;
Streckung von der y-Achse in x-Richtung, Streckfaktor $\frac{1}{2}$; Spiegelung an der x-Achse; Verschiebung um 1 in positive y-Richtung

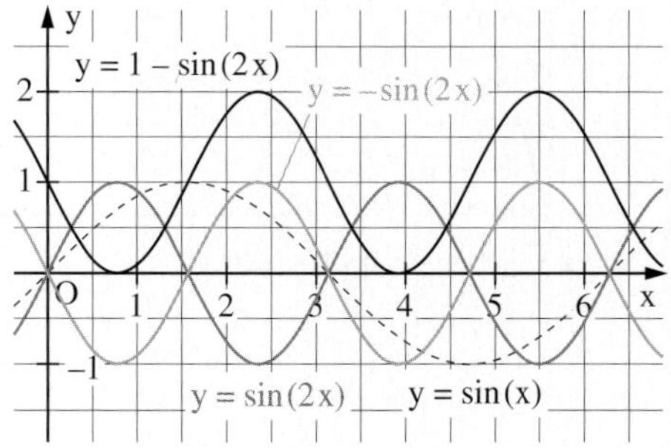

S. 68 **5** a) $\frac{1}{2}\sqrt{2}$ b) $-\frac{1}{2}\sqrt{3}$ c) $-\frac{1}{2}\sqrt{3}$ d) $-\frac{1}{2}\sqrt{2}$ e) $\frac{1}{2}$

6 a) $\frac{\pi}{6}$; $\frac{5}{6}\pi$ b) $\frac{2}{3}\pi$; $\frac{4}{3}\pi$ c) $\frac{5}{6}\pi$; $\frac{7}{6}\pi$
d) $\frac{5}{4}\pi$; $\frac{7}{4}\pi$ e) $\frac{5}{4}\pi$; $\frac{7}{4}\pi$ f) $\frac{\pi}{12}$; $\frac{17}{12}\pi$

7 a) 0,7754; 2,3662 b) 1,9823; 4,3009 c) –2,9402; –0,2014
d) –2,9161; –0,2255; 0,2255; 2,9161 e) { }
f) 1,6710; 4,6122

8 a) $y = 2 \cdot \sin(x)$; $y = -\sin(x)$ b) $y = 1{,}5 \cdot \cos(x)$; $y = -\cos(x) + 1$
c) $y = \sin(x)$; $y = \frac{1}{2}\sin(x) + 1$

8 *Ableiten trigonometrischer Funktionen*

S. 69 **1** Die Beschreibung findet man im Schülerbuch auf Seite 56, Beispiel 3.

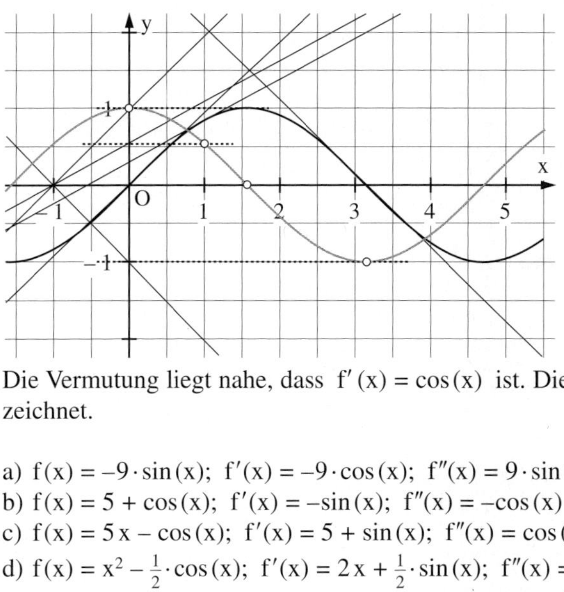

Die Vermutung liegt nahe, dass $f'(x) = \cos(x)$ ist. Die Kosinusfunktion ist dünn eingezeichnet.

S. 70 **2** a) $f(x) = -9 \cdot \sin(x)$; $f'(x) = -9 \cdot \cos(x)$; $f''(x) = 9 \cdot \sin(x)$
b) $f(x) = 5 + \cos(x)$; $f'(x) = -\sin(x)$; $f''(x) = -\cos(x)$
c) $f(x) = 5x - \cos(x)$; $f'(x) = 5 + \sin(x)$; $f''(x) = \cos(x)$
d) $f(x) = x^2 - \frac{1}{2} \cdot \cos(x)$; $f'(x) = 2x + \frac{1}{2} \cdot \sin(x)$; $f''(x) = 2 + \frac{1}{2} \cdot \cos(x)$
e) $f(x) = \frac{1}{x} + \frac{\sin(x)}{2}$; $f'(x) = -\frac{1}{x^2} + \frac{\cos(x)}{2}$; $f''(x) = \frac{2}{x^3} - \frac{\sin(x)}{2}$
f) $f(x) = \frac{2}{x^3} + 2 \cdot \sin(x)$; $f'(x) = -\frac{6}{x^4} + 2 \cdot \cos(x)$; $f''(x) = \frac{24}{x^5} - 2 \cdot \sin(x)$
g) $f(x) = \frac{x^{-2}}{2} - \frac{\cos(x)}{5}$; $f'(x) = -x^{-3} + \frac{\sin(x)}{5}$; $f''(x) = 3x^{-4} + \frac{\cos(x)}{5}$
h) $f(x) = \frac{3 \cdot \sin(x)}{4} + \frac{\cos(x)}{8}$; $f'(x) = \frac{3 \cdot \cos(x)}{4} - \frac{\sin(x)}{8}$; $f''(x) = -\frac{3 \cdot \sin(x)}{4} - \frac{\cos(x)}{8}$

S. 70 **3** a) Falsch, da aus $f(x) = \sin(x)$ folgt $f^{(4)}(x) = \sin(x)$.
b) Falsch, da aus $f(x) = \sin(x)$ folgt $f^{(9)}(x) = \cos(x)$.
c) Falsch, da aus $f(x) = \cos(x)$ folgt $f^{(10)}(x) = -\cos(x)$.
d) Wahr, da aus $f(x) = \cos(x)$ folgt $f^{(10)}(x) = -\cos(x)$.
e) Wahr, da aus $f(x) = \sin(x) - \cos(x)$ folgt $f^{(16)}(x) = \sin(x) - \cos(x)$.
f) Wahr, da aus $f(x) = \sin(x) + \cos(x)$ folgt $f^{(21)}(x) = \cos(x) - \sin(x)$.

4 a) $\cos(x) = 1$; also $x_1 = 0$ und $x_2 = 2\pi$; also $P_1(0|0)$ und $P_2(2\pi|0)$.
b) $\cos(x) = 0$; also $x_1 = \frac{\pi}{2}$ und $x_2 = \frac{3}{2}\pi$; also $P_1\left(\frac{\pi}{2}\middle|1\right)$ und $P_2\left(\frac{3}{2}\pi\middle|-1\right)$.
c) $\cos(x) = \frac{1}{2}$; also $x_1 = \frac{\pi}{3}$ und $x_2 = \frac{5}{3}\pi$; also $P_1\left(\frac{\pi}{3}\middle|\frac{1}{2}\sqrt{3}\right)$ und $P_2\left(\frac{5}{3}\pi\middle|-\frac{1}{2}\sqrt{3}\right)$.

5 a) $f'(x) = \cos(x) = 0$ für $x_1 = \frac{\pi}{2}$ und $x_2 = \frac{3}{2}\pi$.
b) $f'(x) = \cos(x) > 1$ ist nicht möglich, da $-1 \leqq \cos(x) \leqq 1$ ist.

6 a) $f(x) = \cos(x)$; $P\left(1{,}75\pi\middle|\frac{\sqrt{2}}{2}\right)$; $f'(x) = -\sin(x)$; $f'(1{,}75\pi) = \frac{\sqrt{2}}{2}$;
Tangente: t_P: $y = \frac{\sqrt{2}}{2}(x - 1{,}75\pi) + \frac{\sqrt{2}}{2}$ oder $y = \frac{\sqrt{2}}{2}x + \frac{\sqrt{2}}{2}(1 - 1{,}75\pi)$;
Normale: $m_n = -\frac{2}{\sqrt{2}} = -\sqrt{2}$; n_P: $y = -\sqrt{2}(x - 1{,}75\pi) + \frac{\sqrt{2}}{2}$ oder $y = -\sqrt{2}x + \frac{7}{4}\sqrt{2}\pi + \frac{\sqrt{2}}{2}$.
b) $f(x) = 3\cdot\sin(x)$; $P\left(\frac{5}{3}\pi\middle|-\frac{3\sqrt{3}}{2}\right)$; $f'(x) = 3\cdot\cos(x)$; $f'\left(\frac{5}{3}\pi\right) = \frac{3}{2}$;
Tangente: t_P: $y = \frac{3}{2}\cdot\left(x - \frac{5}{3}\pi\right) - \frac{3\sqrt{3}}{2}$ oder $y = \frac{3}{2}x - \frac{5}{2}\pi - \frac{3\sqrt{3}}{2}$.
Fig. 1 bis Fig. 3 zeigen die Bestimmung von t_p mit dem CAS.

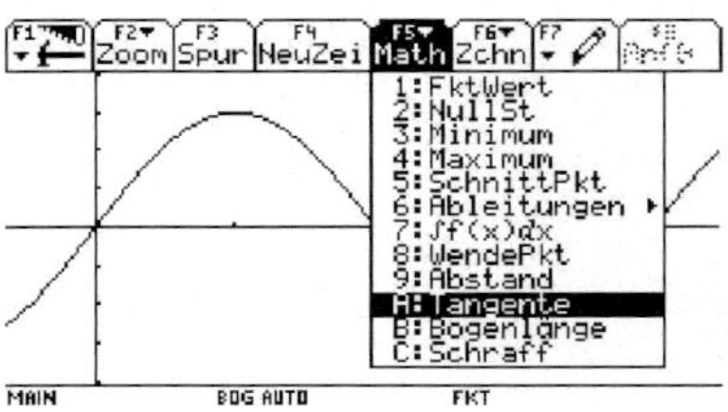

Fig. 1

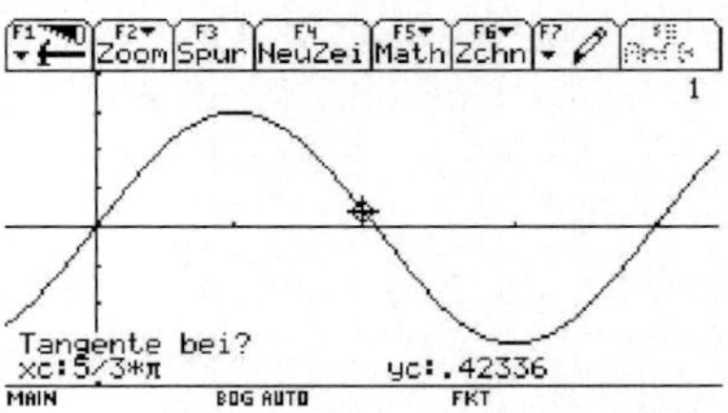

Fig. 2

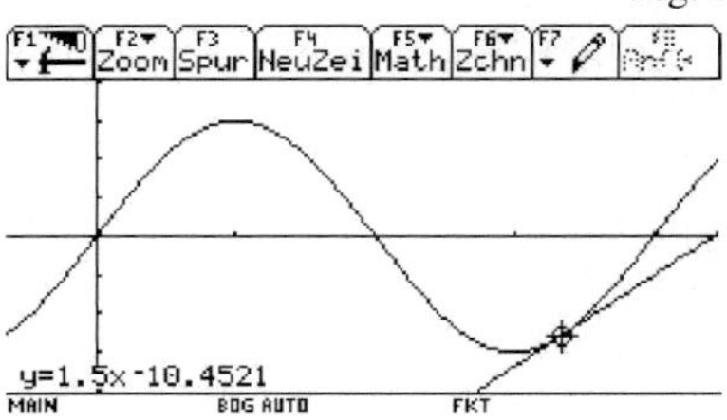

Fig. 3

Normale: $m_n = -\frac{2}{3}$; n_P: $y = -\frac{2}{3}\left(x - \frac{5}{3}\pi\right) - \frac{3\sqrt{3}}{2}$ oder $y = -\frac{2}{3}x + \frac{10}{9}\pi - \frac{3\sqrt{3}}{2}$.

S. 70 **6** c) $f(x) = x + 2 \cdot \sin(x)$; $P\left(\frac{\pi}{4} \middle| \sqrt{2} + \frac{\pi}{4}\right)$; $f'(x) = 1 + 2 \cdot \cos(x)$; $f'\left(\frac{\pi}{4}\right) = \sqrt{2} + 1$;

Tangente: t_P: $y = \left(\sqrt{2} + 1\right) \cdot \left(x - \frac{\pi}{4}\right) + \sqrt{2} + \frac{\pi}{4}$ oder $y = \left(\sqrt{2} + 1\right) \cdot x + \sqrt{2} - \frac{\pi}{4}\sqrt{2}$.
Ergebnis mit dem CAS: $y = 2{,}4142 \cdot x + 0{,}3035$.
Normale:
$m_n = -\frac{1}{\sqrt{2} + 1}$; n_P: $y = -\frac{1}{\sqrt{2} + 1}\left(x - \frac{\pi}{4}\right) + \sqrt{2} + \frac{\pi}{4}$ oder $y = -\frac{1}{\sqrt{2} + 1}x + \sqrt{2} + \frac{\pi}{4}\left(1 + \frac{1}{\sqrt{2} + 1}\right)$
Ergebnis mit dem CAS: $y = -0{,}4142 \cdot x + 2{,}5249$.

7 a) $x = a \cdot \sin(t)$. Da die Sinusfunktion die Nullstellen π; 2π; 3π usw. hat, wird die Ausgangslage wieder nach der Zeit π Zeiteinheiten (ZE) erreicht.
b) Nach $\frac{\pi}{2}$ ZE und $\frac{3}{2}\pi$ ZE sind die Ausschläge maximal. Wegen $x'(t) = a \cdot \cos(t)$, $\cos\left(\frac{\pi}{2}\right) = 0$ und $\cos\left(\frac{3\pi}{2}\right) = 0$ ist die Momentangeschwindigkeit an den Stellen mit dem größten Ausschlag 0.
c) Beim Durchgang durch die Nulllage hat der Körper die Geschwindigkeit $x'(\pi) = -a$ oder $x'(2\pi) = a$; also absolut gerechnet die Geschwindigkeit $|a| \frac{LE}{ZE}$. Durch das Vorzeichen wird die Richtung angegeben.

S. 71 **8** a) Graph rechts

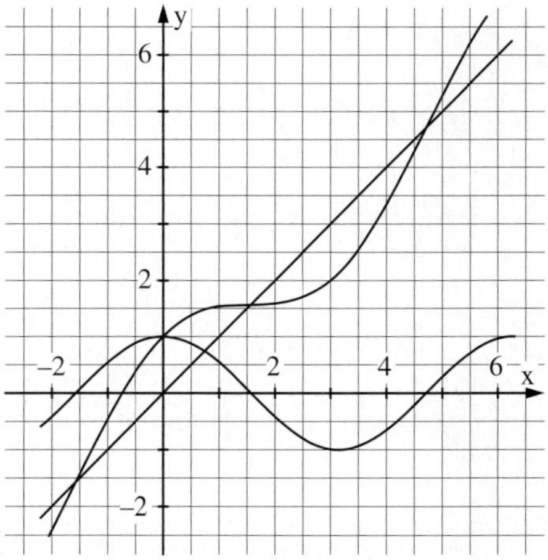

b) Graph K_f:
parallel zur x-Achse $(\cos(x) = -1)$:
$P(\pi|\pi)$; parallel zur Geraden mit der Gleichung $y = x$ $(\cos(x) = 0)$:
$P_1\left(-\frac{\pi}{2} \middle| -1 - \frac{\pi}{2}\right)$; $P_2\left(\frac{\pi}{2} \middle| 1 + \frac{\pi}{2}\right)$; $P_3\left(\frac{3\pi}{2} \middle| -1 + \frac{3\pi}{2}\right)$;
parallel zur Geraden mit der Gleichung $y = 2x$ $(\cos(x) = 1)$: $P_1(0|0)$; $P_2(2\pi|2\pi)$.
Graph K_g:
parallel zur x-Achse $(\sin(x) = 1)$:
$P\left(\frac{\pi}{2} \middle| \frac{\pi}{2}\right)$; parallel zur Geraden mit der Gleichung $y = x$ $(\sin(x) = 0)$:
$P_1(0|1)$; $P_2(\pi|\pi - 1)$; $P_3(2\pi|1 + 2\pi)$;
parallel zur Geraden mit der Gleichung $y = 2x$ $(\sin(x) = -1)$: $P_1\left(-\frac{\pi}{2} \middle| -\frac{\pi}{2}\right)$; $P_2\left(\frac{3\pi}{2} \middle| \frac{3\pi}{2}\right)$.
c) Es ist $f'(x) = 1 + \cos(x)$ und $g'(x) = 1 - \sin(x)$. Da $-1 \leqq \sin(x) \leqq 1$ sowie $-1 \leqq \cos(x) \leqq 1$ gilt, ist $f'(x) \geqq 0$ und $g'(x) \geqq 0$. Also hat keine Tangente an K_f oder K_g eine negative Steigung.

9 Es ist $f'(x) = 2 \cdot \cos(x)$; also $f'(0{,}5) \approx 1{,}76$ und damit ist $P'\left(\frac{1}{2} \middle| \approx 1{,}76\right)$ ein Punkt des Graphen von f'.
Wegen $f'(5) \approx 0{,}57$ ist auch $Q'(5|\approx 0{,}57)$ ein Punkt des Graphen von f'.
Graph siehe nächste Seite.

S. 71 **9**

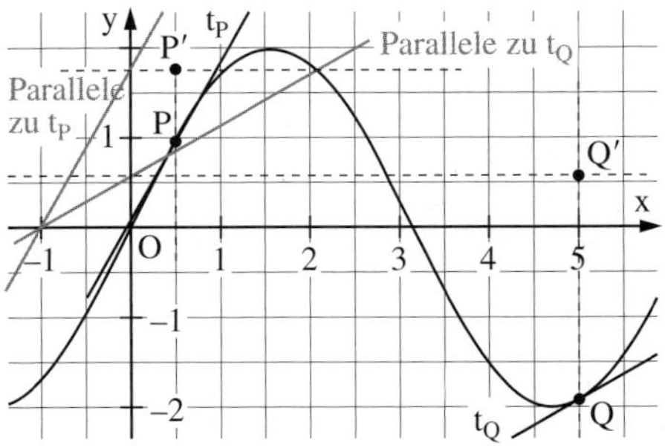

10 a) $f(x) = \sin(x) + \cos(x)$; also $f'(x) = \cos(x) - \sin(x) = 0$ ergibt $\tan(x) = 1$;
also $x_1 = \frac{\pi}{4}$; $x_2 = \frac{5\pi}{4}$. Damit $P_1\left(\frac{\pi}{4}\middle|\sqrt{2}\right)$; $P_2\left(\frac{5\pi}{4}\middle|-\sqrt{2}\right)$.
b) $f(x) = 2 \cdot \sin(x) - \cos(x)$; also $f'(x) = 2 \cdot \cos(x) + \sin(x) = 0$ ergibt $\tan(x) = -2$.
Lösung mit dem CAS (Fig. 1 bis Fig. 4): $P_1(2{,}0344 \mid 2{,}2361)$; $P_2(5{,}1760 \mid -2{,}2361)$.

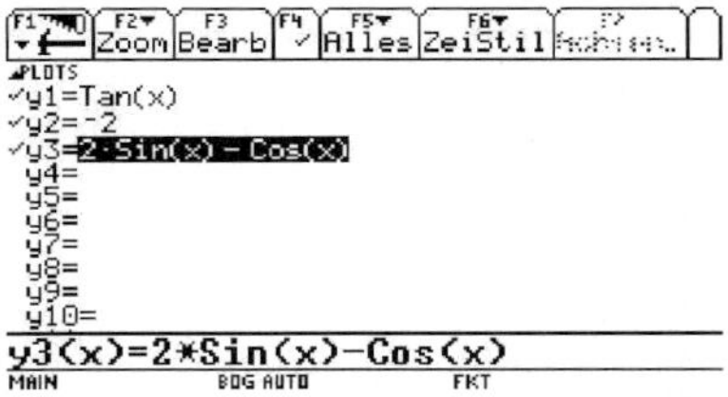

Fig. 1

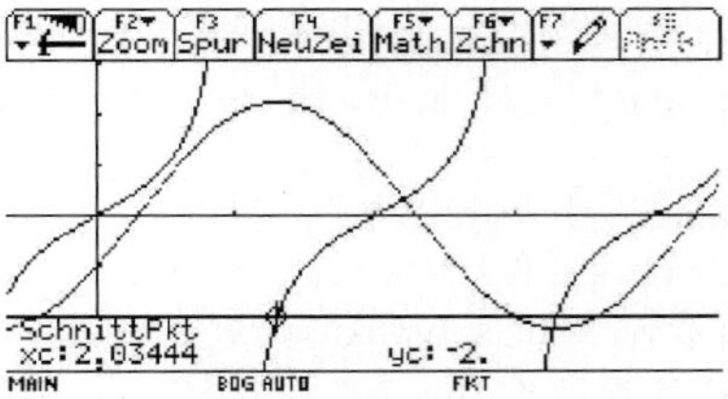

Fig. 2

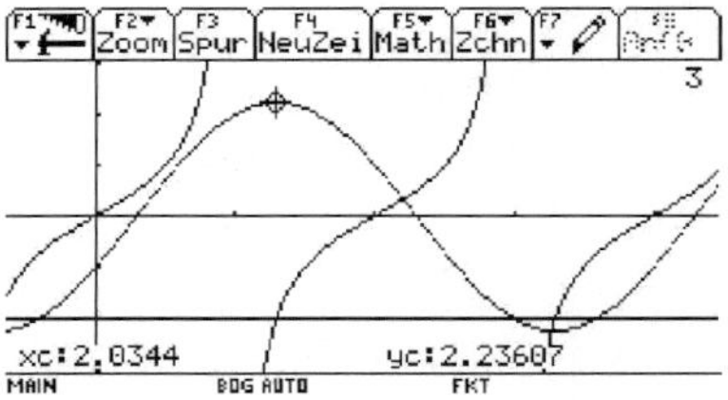

Fig. 3

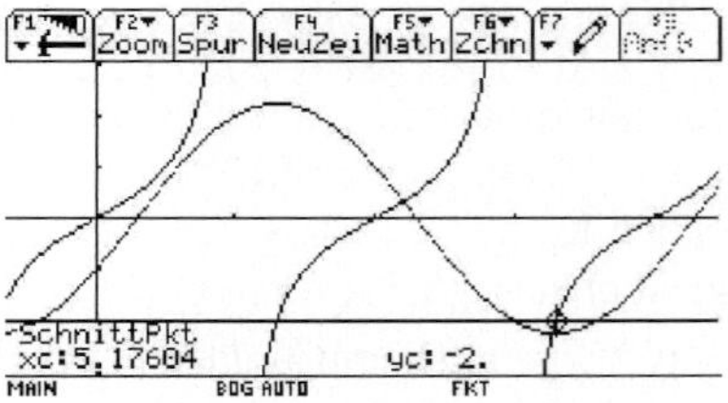

Fig. 4

c) Exakte Lösung nur mit dem CAS: $P_1\left(\frac{\pi}{6} \,\middle|\, 2\sqrt{3} + \frac{\pi}{3}\right)$; $P_2\left(\frac{5}{6}\pi \,\middle|\, \frac{5}{3}\pi - 2\sqrt{3}\right)$.

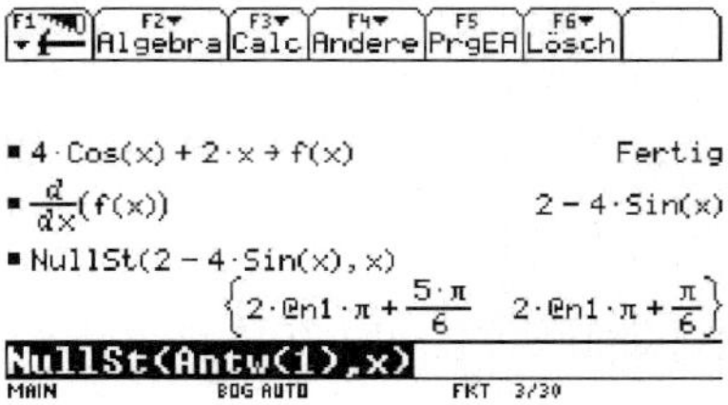

Fig. 5

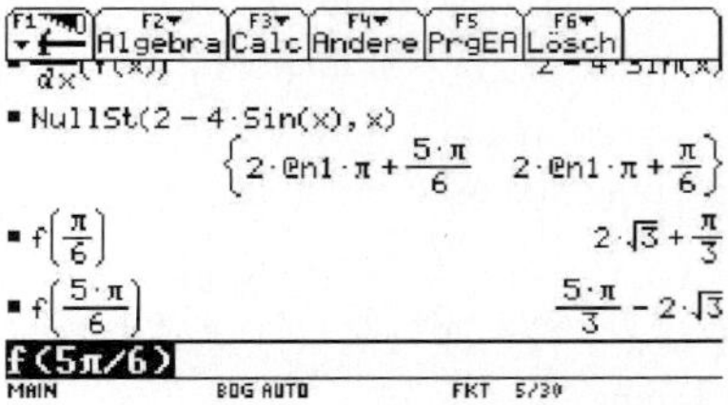

Fig. 6

S. 71 **10** c)

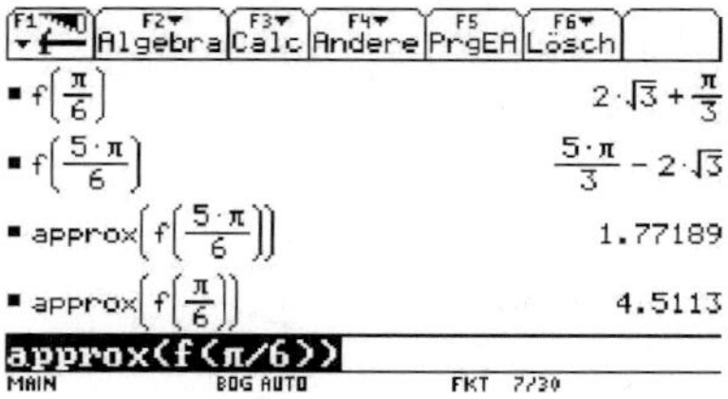

Fig. 1

11 Der Graph verläuft oberhalb der x-Achse wegen $f(x) = (\cos(x))^2 \geqq 0$. Der größte Wert, den f(x) annehmen kann, ist 1, der kleinste 0. Der Graph muss symmetrisch zur y-Achse sein, da $f(-x) = f(x)$ ist.
Graph der Funktion f in Fig. 3, Graph der Ableitungsfunktion f′ in Fig. 4.

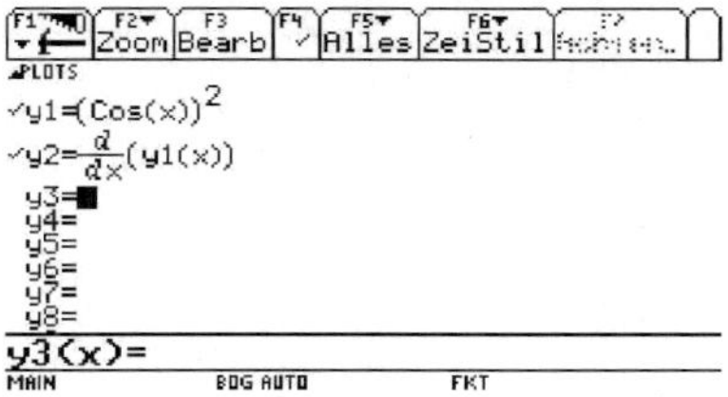

Fig. 2

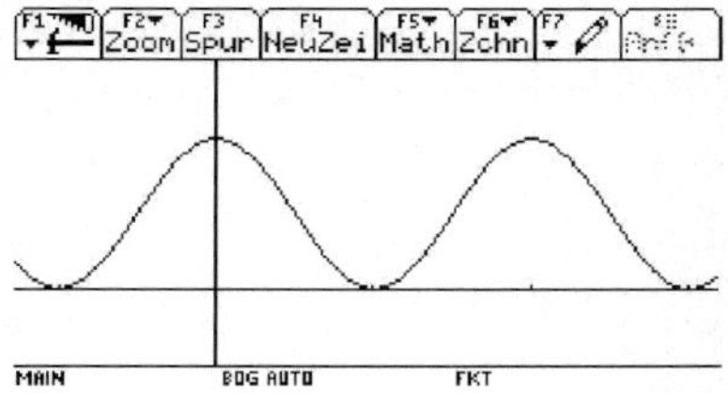

Fig. 3

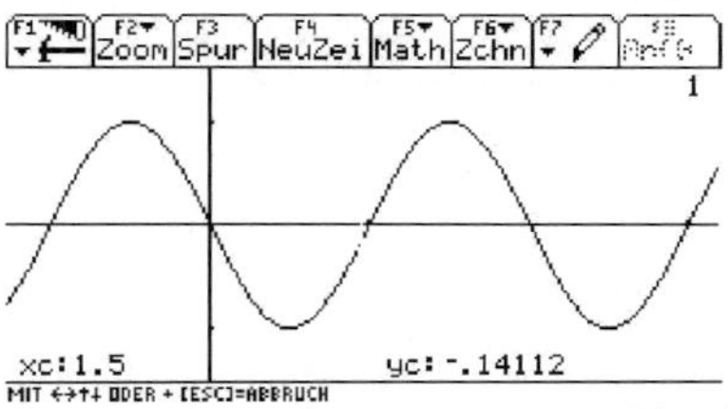

Fig. 4

12 a) A(0,523 598 78 | 0) ≈ A(0,524 | 0), B(2,617 993 9 | 0) ≈ B(2,618 | 0). (Fig. 1; S. 58)
b) f′(0,523 …) ≈ 3,307 986 6 (Fig. 2; S. 58); also $\alpha_A \approx 73{,}18°$;
f′(2,617 …) ≈ −0,661 594 6; also $\alpha_B \approx 33{,}49°$.
c) C(1,202 491 3 | 0,720 069 97) ≈ C(1,202 | 0,720), D(4,376 116 3 | −0,659 941 8) ≈ D(4,376 | −0,660).
d) Man bringt den Graphen der Ableitungsfunktion mit der Geraden y = 1 zum Schnitt (Fig. 3; S. 58): P(0,814 392 79 | 0,558 229 4) ≈ P(0,814 | 0,558).
e) E(0,913 540 14 | 0,638 552 2) ≈ E(0,914 | 0,639), F(3,392 385 | −0,441 088 9) ≈ F(3,392 | −0,441). Bedeutung: An diesen Stellen x_0 ist der Funktionswert gleich dem Wert der Tangentensteigung.
f) Die Funktion f hat die Wertemenge $W_f =]-\infty; 0{,}720]$, die Funktion f′ hat die Wertemenge $W_{f'} = [-0{,}675; \infty[$ (Fig. 4; S. 58).
Die Wertemenge $W_f =]-\infty; 0{,}720]$ enthält alle Funktionswerte von f′ von −0,675 (Minimum) bis ∞.
g) Die Steigung von f nimmt an der Stelle x = 2,400 den kleinsten Wert an, da dort das Minimum von f′ liegt (Fig. 4; S. 58).

S. 71 **12**

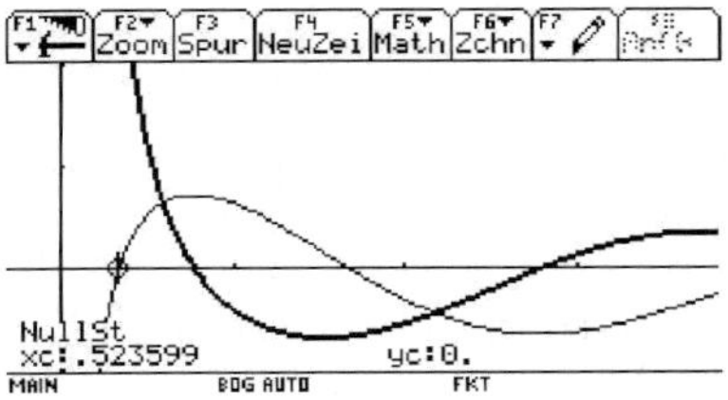

Fig. 1

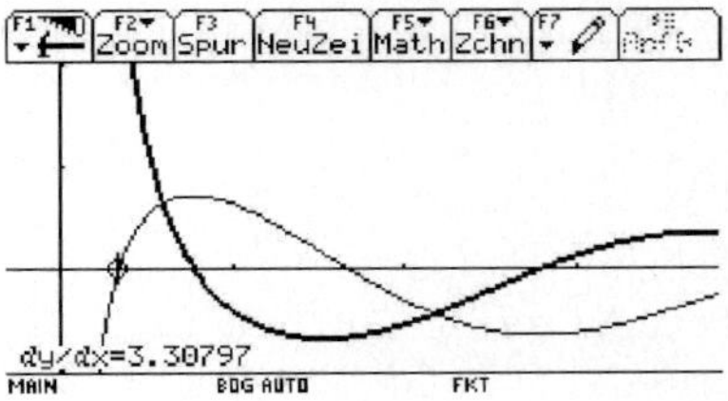

Fig. 2

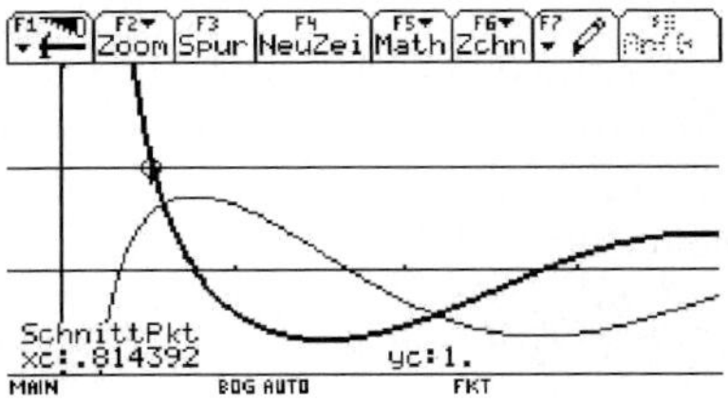

Fig. 3

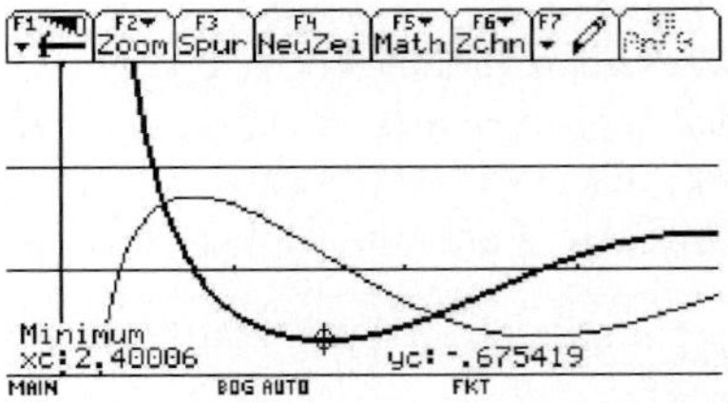

Fig. 4

13 a) $A_1 = \frac{1}{2} + \left(\frac{\pi}{2} - 1\right) \cdot 1 = \frac{\pi}{2} - \frac{1}{2} \approx 1{,}0708$;
$A_2 = \frac{1}{2} \cdot \frac{\pi}{3} \cdot \frac{1}{2}\sqrt{3} + \left(\frac{\pi}{2} - \frac{\pi}{3}\right) \cdot \frac{1}{2} \cdot \left(1 + \frac{1}{2}\sqrt{3}\right) = \frac{3\sqrt{3} + 2}{24}\pi \approx 0{,}9420$
b) $\overline{A} = \frac{1}{2}(A_1 + A_2) = \frac{1}{2} \cdot \left(\left(\frac{\pi}{2} - \frac{1}{2}\right) + \frac{-3\sqrt{3} + 2}{24}\pi\right) \approx 1{,}0064$

9 *Schnittpunkte und Schnittwinkel von Graphen*

S. 72 **1** a) $y = x$ für $x \leqq 0$; $y = 1$ für $x \geqq 2$
b) $S(1|1)$
c) Es darf nicht unterbrochen sein und muss knickfrei sein, insbesondere an den Einmündungspunkten $P(0|0)$ und $Q(2|1)$. Bedingungen für P: $f(0) = 0$; $f'(0) = 1$; Bedingungen für Q: $f(2) = 1$; $f'(2) = 0$.

S. 74 **2** $f(x) = x^2$; $g(x) = 2x^2 + 5x$; $f'(x) = 2x$; $g'(x) = 4x + 5$.
a) $2x^2 + 5x = x^2$ ergibt $x \cdot (x + 5) = 0$; damit $S_1(0|0)$ und $S_2(-5|25)$.
b) Schnittwinkel α_1 in S_1: $f'(0) = 0$; $g'(0) = 5$; damit ist $\Phi_1 = 0°$;
$\gamma_1 = \tan^{-1}(5) \approx 78{,}69°$ und $\alpha_1 \approx 78{,}69°$.
Schnittwinkel α_2 in S_2: $f'(-5) = -10$; $g'(-5) = -15$; damit ist
$\Phi_2 = \tan^{-1}(-10) \approx -84{,}289°$; $\gamma_2 = \tan^{-1}(-15) \approx -86{,}186°$ und $\alpha_2 \approx 1{,}897° \approx 1{,}90°$.

3 a) $f(x) = x$; $g(x) = 3x - 4$; $S(2|2)$. $\Phi = \tan^{-1}(1) = 45°$; $\gamma = \tan^{-1}(3) \approx 71{,}565°$; damit $\alpha \approx 26{,}57°$.
b) $f(x) = 0{,}2x + 3$; $g(x) = 2$; $S(-5|2)$. $\Phi = \tan^{-1}(0{,}2) = 11{,}310°$; $\gamma = \tan^{-1}(0) = 0°$; damit $\alpha \approx 11{,}31°$.

S. 74 **3** c) $f(x) = x^{-3} + x^{-2}$; $g(x) = \frac{1}{x^4} + \frac{1}{x^3}$; $f(x) = g(x)$ ergibt $x^2 = 1$; also $S_1(-1|0)$ und $S_2(1|2)$.
$f'(x) = -\frac{3}{x^4} - \frac{2}{x^3}$; $g'(x) = -\frac{4}{x^5} - \frac{3}{x^4}$; $f'(-1) = -1$; $f'(1) = -5$; $g'(-1) = 1$; $g'(1) = -7$.
Schnittwinkel in S_1: $\Phi_1 = \tan^{-1}(-1) = -45°$; $\gamma_1 = \tan^{-1}(1) = 45°$; damit $\alpha_1 = 90°$.
Schnittwinkel in S_2: $\Phi_2 = \tan^{-1}(-5) = -78{,}690°$; $\gamma_2 = \tan^{-1}(-7) = -81{,}870°$;
damit $\alpha_2 = 3{,}180°$.

4 a) $f(x) = \sin(x)$; $g(x) = \cos(x)$; $S(0{,}7854|0{,}7071)$.
$f'(x) = \cos(x)$; $g'(x) = -\sin(x)$; $f'(0{,}7854) = 0{,}7071$; $g'(0{,}7854) = -0{,}7071$.
Schnittwinkel in S: $\alpha = |\tan^{-1}(0{,}7071) - \tan^{-1}(-0{,}7071)| \approx 70{,}53°$.
b) $f(x) = \sin(x)$; $g(x) = x$; $S(0|0)$. Wegen $f'(0) = 1$ und $g'(0) = 1$ berühren sich die Graphen in S.

5 a) $f(x) = 0{,}5x^3 + 1$; $g(x) = -0{,}2x^4 + 1$; $S_1(0|1)$; $S_2(-2{,}5|-6{,}8125)$.
Schnittwinkel in S_1: $f'(0) = 0$; $g'(0) = 0$ ergibt Berührung.
Schnittwinkel in S_2: $f'(-2{,}5) = 9{,}375$; $g'(-2{,}5) = 12{,}5$;
also $\alpha_2 = |\tan^{-1}(9{,}375) - \tan^{-1}(12{,}5)| \approx 1{,}51°$.
b) $f(x) = 2^x$; $g(x) = -x^2 + 4$; $S_1(-1{,}933|0{,}262)$; $S_2(1{,}264|2{,}402)$;
Schnittwinkel in S_1: $f'(-1{,}933) \approx 0{,}181$; $g'(-1{,}933) \approx 3{,}867$;
also $\alpha_1 = |\tan^{-1}(0{,}181) - \tan^{-1}(3{,}867)| \approx 65{,}22°$.
Schnittwinkel in S_2: $f'(1{,}264) \approx 1{,}665$; $g'(1{,}264) \approx -2{,}528$;
also $\alpha_2 = 180° - |\tan^{-1}(1{,}665) - \tan^{-1}(-2{,}528)| \approx 52{,}571°$.
c) $f(x) = \sin(x) + \cos(x)$; $g(x) = 3\cdot\cos(x)$; $S_1(1{,}107|1{,}342)$; $S_2(4{,}249|-1{,}342)$;
Schnittwinkel in S_1: $f'(1{,}107) \approx -0{,}447$; $g'(1{,}107) \approx -2{,}683$;
also $\alpha_1 = |\tan^{-1}(-0{,}447) - \tan^{-1}(-2{,}683)| \approx 45{,}47°$.
Schnittwinkel in S_2: $f'(4{,}249) \approx 0{,}447$; $g'(4{,}249) \approx 2{,}683$;
also $\alpha_2 = |\tan^{-1}(0{,}447) - \tan^{-1}(2{,}683)| \approx 45{,}47°$.
Die Schnittwinkel sind gleich.

6 a) $f(x) = 2x^3 - 7x + 4$; $g(x) = -x$. $f'(x) = 6x^2 - 7$; $g'(x) = -1$.
Wegen $f'(1) = g'(1) = -1$ berühren sich beide Graphen in $P(1|-1)$.
b) $f(x) = \frac{1}{x}$; $g(x) = \frac{1}{16}x^2 - \frac{3}{4}$. $f'(x) = -\frac{1}{x^2}$; $g'(x) = \frac{1}{8}x$. $P\left(-2\middle|-\frac{1}{2}\right)$.
Wegen $f'(-2) = g'(-2) = -\frac{1}{4}$ berühren sich beide Graphen in $P\left(-2\middle|-\frac{1}{2}\right)$.

7 a) $f_t'(x) = -2x + 2$; $g'(x) = 2x$. Es muss gelten: $f_t'(x) = g'(x)$ oder $-2x + 2 = 2x$; also $x_0 = 0{,}5$. Es muss damit gelten $f_t(0{,}5) = g(0{,}5)$ oder $0{,}75 + t = 0{,}25$; also $t = -0{,}5$. $B(0{,}5|0{,}25)$.
b) $f_t'(x) = 2x - t$; $g'(x) = -2x$. Es muss gelten: $f_t'(x) = g'(x)$ oder $2x - t = -2x$; also $x_0 = \frac{t}{4}$. Es muss damit gelten $f_t\left(\frac{t}{4}\right) = g\left(\frac{t}{4}\right)$; d.h. $-\frac{3}{16}t^2 = 4 - \frac{1}{16}t^2$ oder $-\frac{1}{8}t^2 = 4$.
Diese Gleichung hat keine Lösung, also ist für kein t eine Berührung möglich.
c) Eine andere Möglichkeit: $tx^2 - 2x = 2x - 5$ darf nur eine einzige Lösung besitzen, d.h., bei der quadratischen Gleichung $tx^2 - 4x + 5 = 0$ muss die Diskriminante 0 sein: $(-4)^2 - 4\cdot t\cdot 5 = -20t + 16 = 0$; also $t = \frac{4}{5}$. Damit ist $x_0 = \frac{5}{2}$. $B\left(\frac{5}{2}\middle|0\right)$.

S. 74 **7** d) $f_t'(x) = 3x^2 - t$; $g'(x) = 2x + 3$. Es muss gelten an einer Stelle $x_0 = a$:
$f_t'(a) = g'(a)$ oder $3a^2 - t = 2a + 3$; also $t = 3a^2 - 2a - 3$; ferner muss gelten
$f_t(a) = g(a)$; also $a^3 - (3a^2 - 2a - 3) \cdot a = a^2 + 3a$ oder $2a^3 - a^2 = 0$; damit ist $a_1 = 0$ und $a_2 = \frac{1}{2}$. Das führt zu: $t_1 = -3$ und $t_2 = -\frac{13}{4}$.
Die Graphen von $f_0(x) = x^3$ und $g(x) = x^2 + 3x$ berühren sich im Punkt $B_0(0|0)$ und die von $f_{-\frac{13}{4}}(x) = x^3 + \frac{13}{4}x$ und $g(x) = x^2 + 3x$ in $B_{-\frac{13}{4}}\left(\frac{1}{2}\middle|\frac{7}{4}\right)$.

8 $f(x) = \frac{2}{9}x\left(x^2 - \frac{9}{4}\right)$; $g(x) = \frac{1}{18}x(36 - x^2)$
a) $f(x) = g(x)$ führt auf $5x(x^2 - 9) = 0$. Schnittpunkte $S_1(-3|-4{,}5)$; $S_2(0|0)$; $S_3(3|4{,}5)$.
$f'(x) = \frac{2}{3}x^2 - \frac{1}{2}$; $g'(x) = 2 - \frac{1}{6}x^2$;
Schnittwinkel in S_1: $f'(-3) = 5{,}5$; $g'(-3) = 0{,}5$; also
$\alpha_1 = |\tan^{-1}(5{,}5) - \tan^{-1}(0{,}5)| = 53{,}130°$.
Schnittwinkel in S_2: $f'(0) = -0{,}5$; $g'(0) = 2$; also
$\alpha_2 = |\tan^{-1}(-0{,}5) - \tan^{-1}(2)| = 90°$.
Schnittwinkel in S_3: $f'(3) = 5{,}5$; $g'(3) = 0{,}5$; also
$\alpha_3 = |\tan^{-1}(5{,}5) - \tan^{-1}(0{,}5)| = 53{,}130°$.
b) $g'(x) = 2 - \frac{1}{6}x^2 = 0$ ergibt $x_B = 2\sqrt{3}$ (beachten Sie $x_B > 0$).
Damit ist $B\left(2\sqrt{3}\middle|\frac{8}{3}\sqrt{3}\right) \approx B(3{,}464|4{,}619)$ und t: $y = \frac{8}{3}\sqrt{3}$ oder $y = 4{,}619$.
c) $\frac{1}{18}x(36 - x^2) = \frac{8}{3}\sqrt{3}$ ergibt $T(-6{,}928|4{,}619)$.

9 Wegen $f'(x) = -x + 2$ ist $f'(1) = 1$; d.h., die Tangente t in $P(1|1{,}5)$ mit der Gleichung $y = x + 0{,}5$ ist parallel zur Geraden, die die Absperrung modelliert. Damit prallt der Fahrer in keinem Fall gegen die Absperrung.

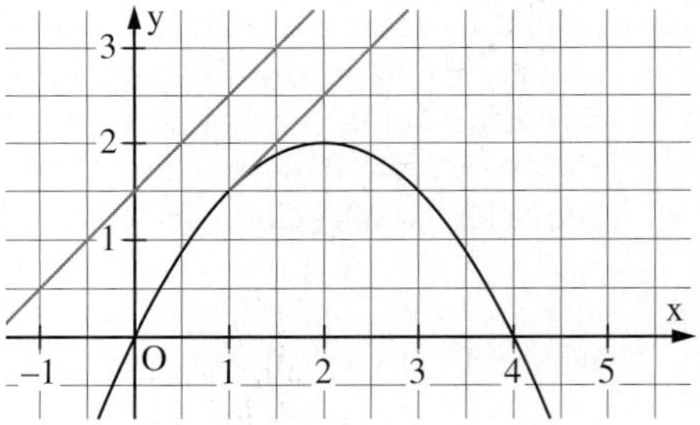

10 a) Graph rechts
b) $f(x) = ax^2 + bx + c$; $f'(x) = 2ax + b$.
Es muss gelten:
(1) $f(4) = 3$: $16a + 4b + c = 3$
(2) $f'(4) = \frac{1}{2}$: $8a + b = 0{,}5$
(3) $f(6) = 2{,}5$: $36a + 6b + c = 2{,}5$
(4) $f'(6) = -1$: $12a + b = -1$
Man bilde die Differenz (4) – (2):
$4a = -1{,}5$; also $a = -\frac{3}{8}$; in (4): $b = \frac{7}{2}$;
in (3): $c = -5$. Die (nicht benutzte) Gleichung (1) ist ebenfalls erfüllt.
Gesuchte Funktion: $f(x) = -\frac{3}{8}x^2 + \frac{7}{2}x - 5$ für $4 \leqq x \leqq 6$.

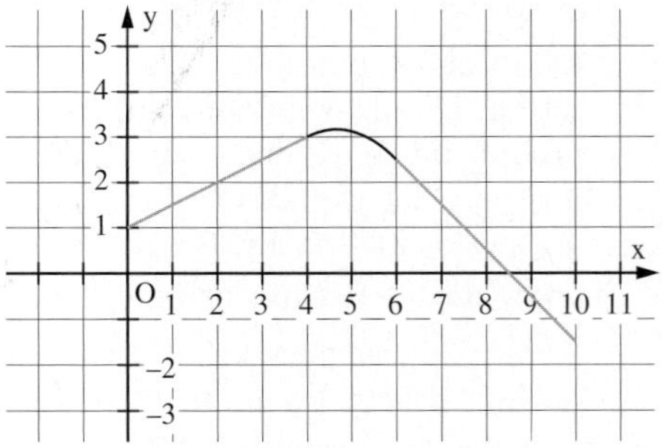

III Untersuchung von Funktionen

1 Monotonie

S. 78 **1** Für den Graphen der Funktion f gilt für alle x:
in Fig. 1: $f'(x) > 0$ oder mit wachsenden x-Werten werden auch die Funktionswerte größer,
in Fig. 2: $f'(x) < 0$ oder mit wachsenden x-Werten werden die Funktionswerte kleiner,
in Fig. 3: $f'(x) = 0$ oder mit wachsenden x-Werten bleiben die Funktionswerte gleich.

S. 80 **2** a) f ist streng monoton wachsend im Intervall $[-1; 2]$ und streng monoton fallend im Intervall $[2; 4]$.
b) f ist streng monoton fallend im Intervall $[0; 1]$, streng monoton wachsend im Intervall $[1; 2]$ und streng monoton fallend für $x \geqq 2$.
c) f ist streng monoton fallend für $x \leqq 2$ und für $x \geqq 2$.

3 a) $f(x) = x^2$ ist monoton wachsend für $x \geqq 0$, monoton fallend für $x \leqq 0$.
b) $f(x) = x^4$ ist monoton wachsend für $x \geqq 0$, monoton fallend für $x \leqq 0$.
c) $f(x) = x^5$ ist monoton wachsend für alle $x \in \mathbb{R}$.
d) $f(x) = x$ ist monoton wachsend für alle $x \in \mathbb{R}$.
e) $f(x) = \sqrt{x}$ ist monoton wachsend für alle $x \geqq 0$.
f) $f(x) = \sin(x)$ ist monoton wachsend in $\left[-\frac{\pi}{2} + 2k\pi; \frac{\pi}{2} + 2k\pi\right]$, monoton fallend in $\left[\frac{\pi}{2} + 2k\pi; \frac{3\pi}{2} + 2k\pi\right]$ mit $k \in \mathbb{Z}$.
g) $f(x) = -x^3$ ist monoton fallend für alle $x \in \mathbb{R}$.
h) $f(x) = \cos(x)$ ist monoton fallend in $[2k\pi; \pi + 2k\pi]$, monoton wachsend in $[\pi + 2k\pi; 2\pi + 2k\pi]$ mit $k \in \mathbb{Z}$.
i) $f(x) = \frac{1}{x}$ ist monoton fallend für $x < 0$ und $x > 0$.
j) $f(x) = -\frac{1}{x^2}$ ist monoton fallend für $x < 0$, monoton wachsend für $x > 0$.

4 a) Aus $x_1 < x_2$ folgt mit $m > 0$: $mx_1 < mx_2$ und daraus $mx_1 + c < mx_2 + c$; also ist f streng monoton wachsend.
b) Aus $x_1 < x_2$ folgt mit $m < 0$: $mx_1 > mx_2$ und daraus $mx_1 + c > mx_2 + c$; also ist f streng monoton fallend.
c) Aus $x_1 < x_2$ folgt mit $m = 0$ sowohl $mx_1 \leqq mx_2$ als auch $mx_1 \geqq mx_2$ und daraus sowohl $mx_1 + c \leqq mx_2 + c$ als auch $mx_1 + c \geqq mx_2 + c$; also ist f sowohl monoton wachsend als auch monoton fallend.

S. 80 **5** a) $f(x) = 4x + x^2$; $f'(x) = 4 + 2x$
$4 + 2x > 0$ für $x > -2$; also ist f dort streng monoton wachsend.
$4 + 2x < 0$ für $x < -2$; also ist f dort streng monoton fallend.
Der Graph von f ist eine Normalparabel mit dem Scheitel $S(-2|-4)$.

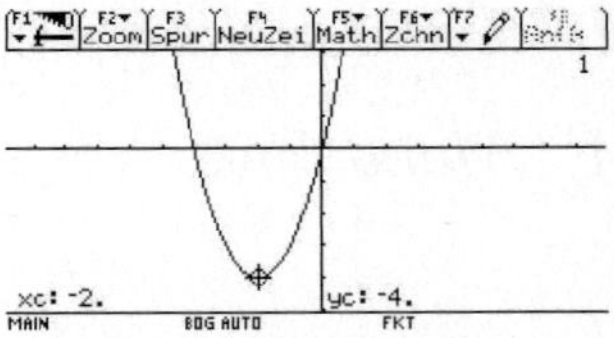

b) $f(x) = \frac{1}{3}x^3 - 9x + 1$; $f'(x) = x^2 - 9$.
$x^2 - 9 > 0$ für $|x| > 3$; also ist f in $(-\infty; -3)$ und in $(3; +\infty)$ streng monoton wachsend.
$x^2 - 9 < 0$ für $|x| < 3$; also ist f in $(-3; 3)$ streng monoton fallend.

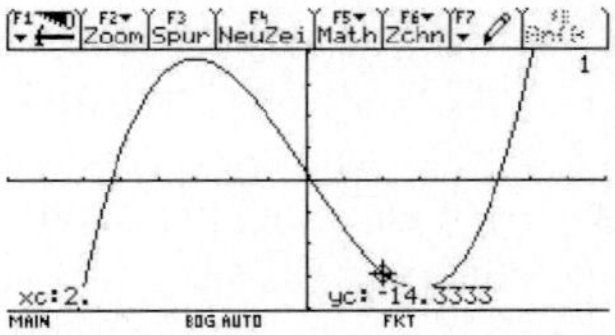

c) $f(x) = \frac{1}{5}x^5 - \frac{1}{4}x^4$; $f'(x) = x^4 - x^3$.
$x^4 - x^3 = x^3 \cdot (x - 1) > 0$ für $x > 0$ und $x > 1$ oder $x < 0$ und $x < 1$; also für $x > 1$ und $x < 0$. f ist also in $(-\infty; 0)$ und $(1; +\infty)$ streng monoton wachsend.
$x^4 - x^3 = x^3 \cdot (x - 1) < 0$ für $x < 0$ und $x > 1$ oder $x > 0$ und $x < 1$; also für $0 < x < 1$. f ist also in $(0; 1)$ streng monoton fallend.

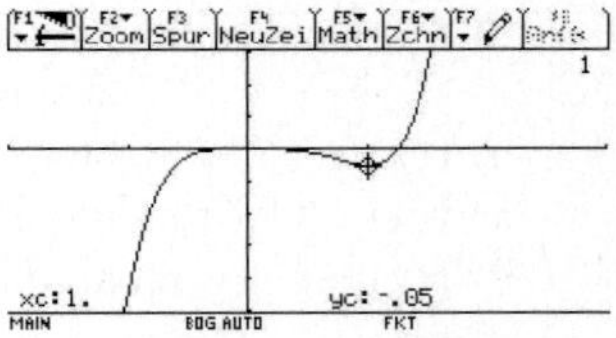

d) $f(x) = -\frac{1}{8}x^4 + 4x$; $f'(x) = -\frac{1}{2}x^3 + 4$.
$-\frac{1}{2}x^3 + 4 > 0$ für $x^3 < 8$; also für $x < 2$. f ist also in $(-\infty; 2)$ streng monoton wachsend.
$-\frac{1}{2}x^3 + 4 < 0$ für $x^3 > 8$; also für $x > 2$. f ist also in $(2; +\infty)$ streng monoton fallend.

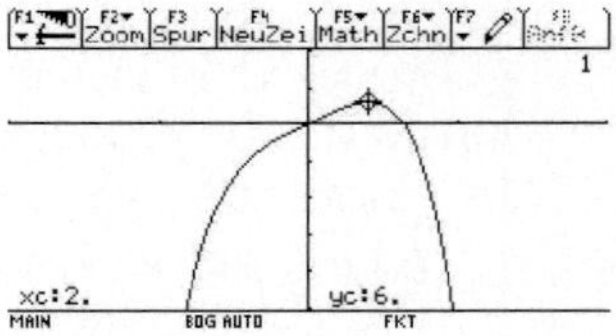

e) $f(x) = \sqrt{x} - 2$ mit $x \geqq 0$; $f'(x) = \frac{1}{2\sqrt{x}}$.
$\frac{1}{2\sqrt{x}} > 0$ für alle $x > 0$.
f ist streng monoton wachsend in $(0; +\infty)$.

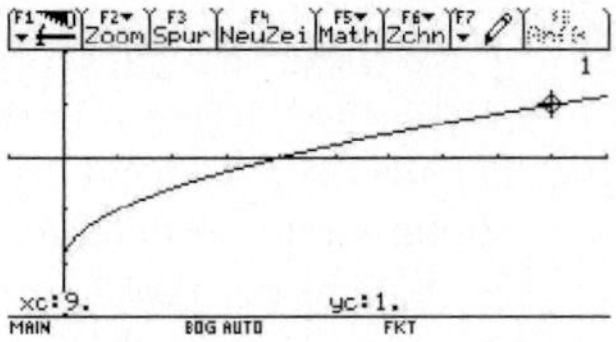

f) $f(x) = \frac{1}{x} + x$; $x \neq 0$; $f'(x) = -\frac{1}{x^2} + 1$.
$-\frac{1}{x^2} + 1 > 0$ für $x^2 > 1$; also für $x < -1$ und $x > 1$.
f ist also in $(-\infty; -1)$ und in $(1; +\infty)$ streng monoton wachsend. $-\frac{1}{x^2} + 1 < 0$ für $x^2 < 1$; also für $-1 < x < 0$ und $0 < x < 1$. f ist also in $(-1; 0)$ und $(0; 1)$ streng monoton fallend.

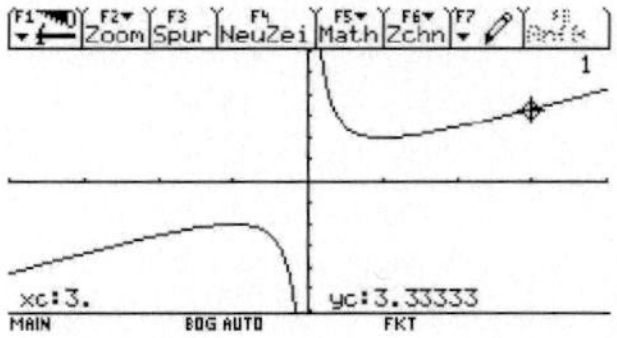

S. 80 **6** a) Der Graph von $f(x) = 2 - x^{-1}$ ist für $x < 0$ und $x > 0$ streng monoton wachsend, da der Graph der Ableitungsfunktion nur oberhalb der x-Achse verläuft. Das rechnerische Vorgehen zeigt Fig. 1.
b) Der Graph von $f(x) = x + \sin(x)$ ist für $x \in \mathbb{R}$ streng monoton wachsend.
c) Der Graph von $f(x) = 2x + \cos(x)$ ist für $x \in \mathbb{R}$ streng monoton wachsend.
d) Der Graph von $f(x) = \frac{1}{4}x^4 - \frac{1}{2}x^3 - 3x^2 + 5$ ist in $(-\infty; -1{,}8117\ldots)$ und in $(0; 3{,}3117\ldots)$ streng monoton fallend, in $(-1{,}8117\ldots; 0)$ und in $(3{,}3117\ldots; \infty)$ streng monoton wachsend. Das grafische Vorgehen (Graph von f′ und seine Nullstellen) zeigt Fig. 2.
e) Der Graph von $f(x) = \frac{1}{3}x^3 - x^2 - 3x$ ist in $(-\infty; -1)$ und in $(3; \infty)$ streng monoton wachsend, in $(-1; 3)$ streng monoton fallend.
f) Der Graph von $f(x) = \frac{4}{x} + \sqrt{x}$ ist in $(0; 4)$ streng monoton fallend, in $(4; \infty)$ streng monoton wachsend.

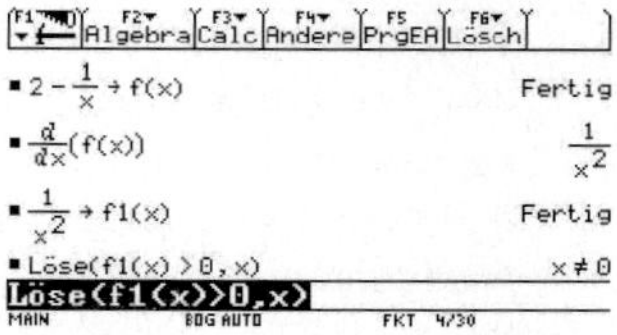

Fig. 1

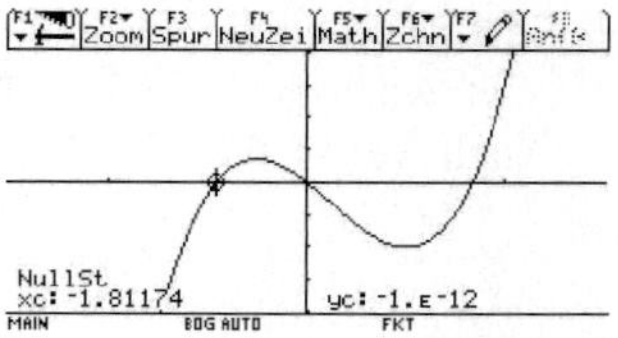

Fig. 2

7 a) Telefongespräch
Der Graph ist monoton wachsend.

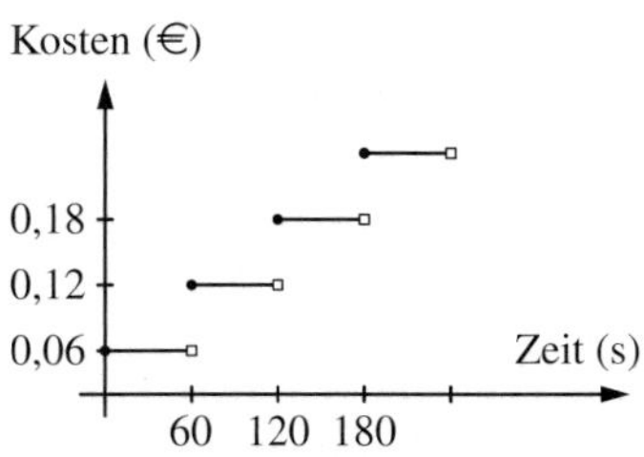

b) Der Graph ist streng monoton fallend.

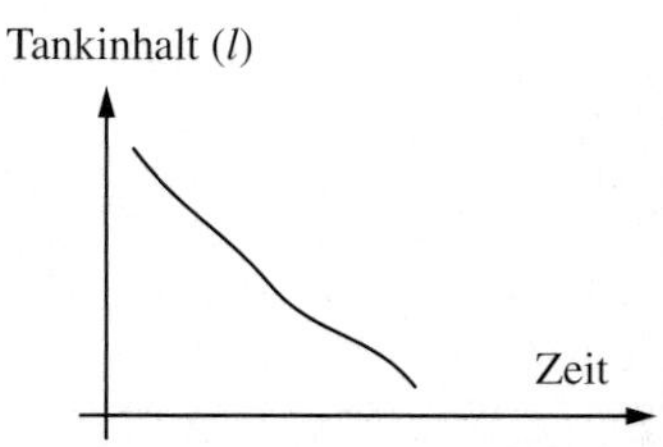

c) Der Graph ist monoton wachsend.

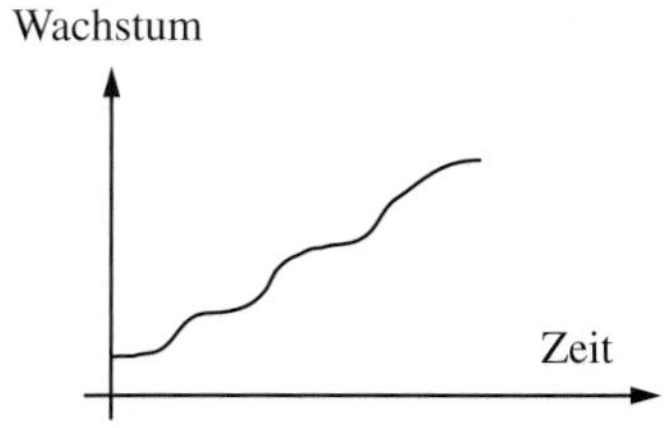

d) Der Graph ist streng monoton fallend.

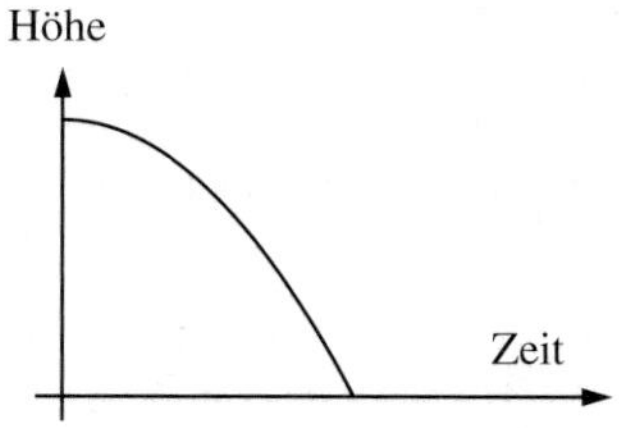

S. 80 **8** Man bestimmt von der Ableitungsfunktion f′ der Funktion f die Nullstellen x_1, x_2, x_3 usw. Sodann wählt man aus jedem der Intervalle $(x_1;\, x_2)$, $(x_2;\, x_3)$ usw. eine Stelle x_{01}, x_{02} usw. und bestimmt das Vorzeichen von $f'(x_{01})$, $f'(x_{02})$ usw. Ist. z. B. $f'(x_{01}) < 0$, so ist f in $(x_1;\, x_2)$ streng monoton fallend, ist $f'(x_{02}) > 0$, so ist f in $(x_2;\, x_3)$ streng monoton wachsend.

Die Funktion $f(x) = \frac{1}{4}x^4 - \frac{5}{6}x^3 - \frac{1}{2}x^2 + \frac{5}{2}x + 1$ hat die Ableitung $f'(x) = x^3 - \frac{5}{2}x^2 - x + \frac{5}{2}$. Die Nullstellen von f′ sind $x_1 = -1$; $x_2 = 1$ und $x_3 = 2{,}5$. Wegen $f'(-2) = -13{,}5 < 0$ ist f in $(-\infty; -1)$ streng monoton fallend, wegen $f'(0) = 2{,}5 > 0$ in $(-1; 1)$ streng monoton wachsend, wegen $f'(2) = -1{,}5 < 0$ in $(1; 2{,}5)$ streng monoton fallend und schließlich wegen $f'(4) = 22{,}5 > 0$ in $(2{,}5; \infty)$ streng monoton wachsend.

9 a) Fig. 1 zeigt den Graphen der Funktion f; Fig. 2 den Graphen von f′ mit den Nullstellen $x_1 \approx 2{,}04$ und $x_2 \approx 9{,}96$.

Der Schafbestand nimmt zu bis zum 1. Juni, er fällt dann bis zum 1. Februar, ehe er dann wieder zunimmt.

b) Die Herde ist am größten um den 1. Juni (t = 2) mit ca. 2250 Tieren (Fig. 1).

c) Die Herde ist am kleinsten um den 1. Juni (t = 10) mit ca. 1750 Tieren.

d) Die Herde wächst am schnellsten an den Stellen in denen die Ableitung maximal ist, also etwa um den 1. April (t = 0); sie nimmt am stärksten ab Mitte Juli (t = 3,5) und Mitte Dezember (t = 8,5) (Fig. 3).

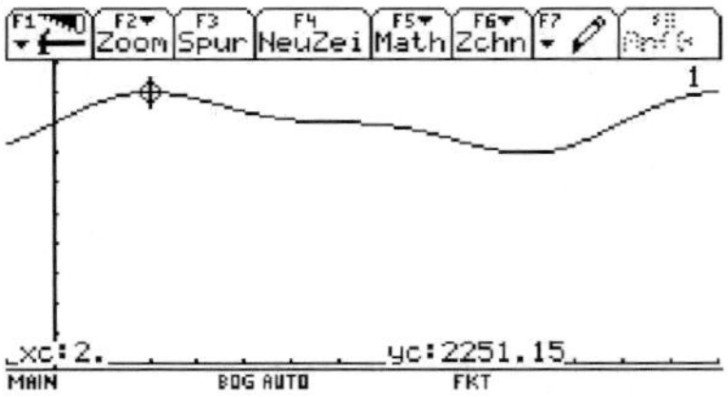

Fig. 1

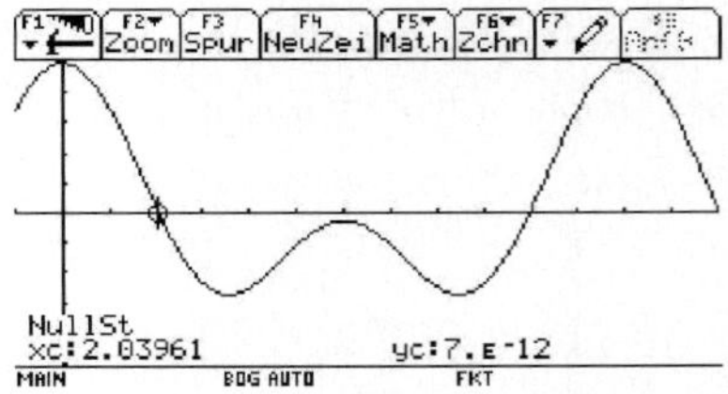

Fig. 2

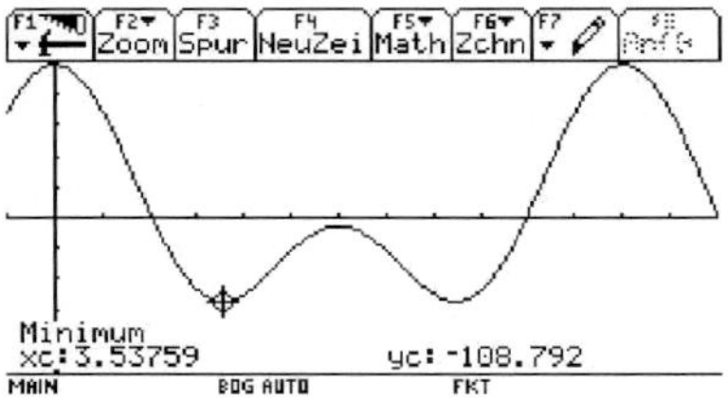

Fig. 3

2 *Extremstellen, Extremwerte*

S. 81 **1** a) Nach ca. 23,5 km wurde eine erste maximale Höhe von ca. 930 m erreicht, dann ging es bergab bis zu einem tiefsten Punkt nach etwa 27 km mit einer Meereshöhe von 790 m. Die nächste höchste Stelle wurde nach 33 km mit 957 m erreicht; sie war auch insgesamt der absolut höchste Punkt. Die in diesem Diagramm tiefste Stelle wurde nach ca. 39 km erreicht mit etwa 785 m Meereshöhe.
b) In der Umgebung eines höchsten Punktes geht es links und rechts davon bergab, d. h. die umliegenden Punkte liegen tiefer. In der Umgebung eines tiefsten Punktes geht es links und rechts davon bergauf, d. h. die umliegenden Punkte liegen höher.
c) Wie schon in a) beschrieben liegt der absolut höchste Punkt bei 33 km mit 957 m Meereshöhe. Der im Diagramm absolut tiefste Punkt liegt bei 39 km und hat etwa 785 m Meereshöhe.

S. 82 **2** a) Extremstellen: $x_1 = 0$ und $x_5 = 10$ sind Randstellen von I. $x_2 = 2$; $x_3 = 5$ und $x_4 = 8$ sind innere Stellen von I.
3 Hochpunkte $H_1(0|5)$; $H_3(5|3)$; $H_5(10|4)$;
2 Tiefpunkte $T_2(2|1)$; $T_4(8|0)$.
Lokale Maxima sind $f(0) = 5$; $f(5) = 3$ und $f(10) = 4$.
Lokale Minima sind $f(2) = 1$ und $f(8) = 0$.
Das absolute Maximum in I ist $f(0) = 5$ (Randmaximum),
das absolute Minimum in I ist $f(8) = 0$ (Randminimum).
b) Extremstellen: $x_1 = 0$; $x_2 = 3$; $x_3 = 5$; $x_4 = 8$; $x_5 = 11$
2 Hochpunkte $H_1(0|3)$ und $H_4(8|2)$
3 Tiefpunkte $H_2(3|-2)$; $H_3(5|-2)$ und $H_5(11|-2)$
Lokale Maxima sind $f(0) = 3$ (Randmaximum) und $f(8) = 2$.
Lokale Minima sind $f(3) = -2$; $f(5) = -2$ und $f(11) = -2$ (Randminima).
Das absolute Maximum in I ist $f(0) = 3$; das absolute Minimum wird an drei Stellen angenommen; es ist $f(3) = f(5) = f(11) = -2$.

3 a) $f(x) = x^2$, $x \in \mathbb{R}$ hat als Graph die Normalparabel.
Extremstelle $x_0 = 0$; Extremwert $f(0) = 0$ lokales Minimum.
Tiefpunkt $T(0|0)$

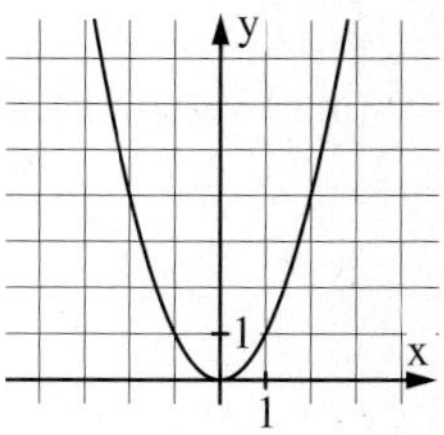

b) $f(x) = x^3$, $x \in \mathbb{R}$ ist wegen $f'(x) = 3x^2 \geqq 0$ in $\mathbb{R}$ (und $= 0$ nur für $x_0 = 0$). Also ist f streng monoton wachsend und hat damit keine Extremstellen.

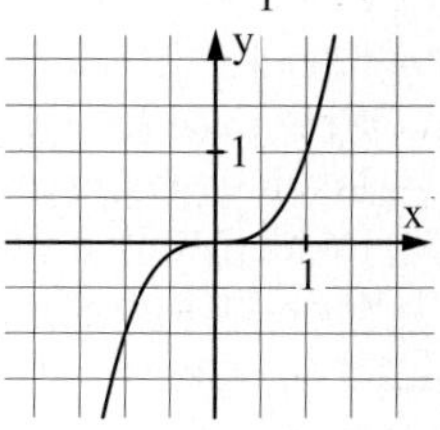

S. 82 **3** c) $f(x) = \frac{1}{x}$; $x \in \mathbb{R} \setminus \{0\}$

f ist in $(-\infty; 0)$ und $(0; \infty)$ streng monoton fallend und hat somit keine Extremstellen.

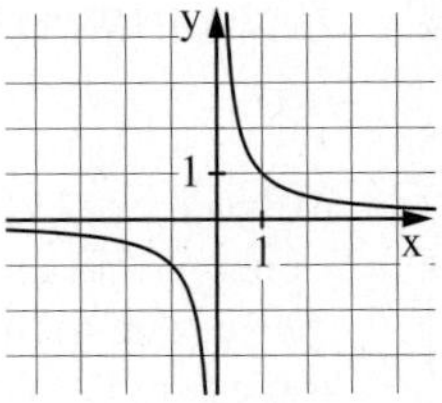

d) $f(x) = \sin(x)$; $0 \leqq x \leqq 2\pi$

Extremstellen $x_1 = 0$; $x_2 = \frac{\pi}{2}$; $x_3 = \frac{3\pi}{2}$; $x_4 = 2\pi$

Lokale Maxima $f\left(\frac{\pi}{2}\right) = 1$ und $f(2\pi) = 0$ (Randmaximum)

Lokale Minima $f(0) = 0$ (Randminimum) und $f\left(\frac{3\pi}{2}\right) = -1$

Hochpunkte $H_1\left(\frac{\pi}{2}\middle|1\right)$ und $H_2(2\pi|0)$

Tiefpunkte $T_1(0|0)$ und $T_2\left(\frac{3\pi}{2}\middle|-1\right)$

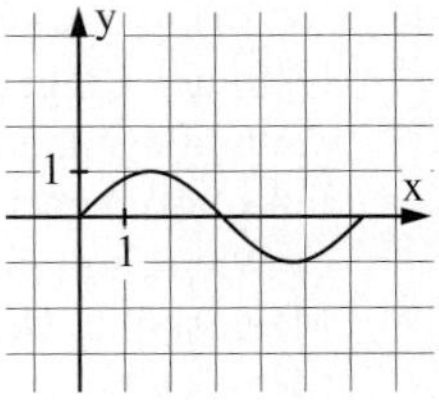

e) $f(x) = \sqrt{x}$; $x \geqq 0$

Einzige Extremstelle $x_0 = 0$.

lokales Randminimum $f(0)$; $T(0|0)$ ist Tiefpunkt.

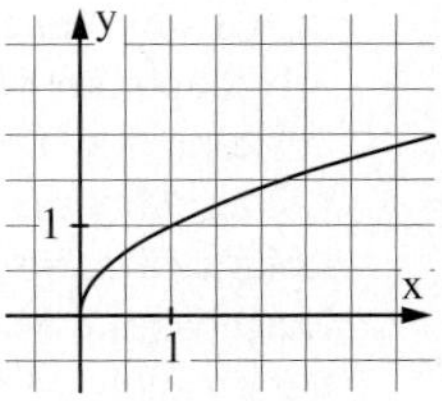

f) $f(x) = |x|$; $x \in \mathbb{R}$

Einzige Extremstelle $x_0 = 0$

lokales Minimum $f(0) = 0$

$T(0|0)$ ist Tiefpunkt.

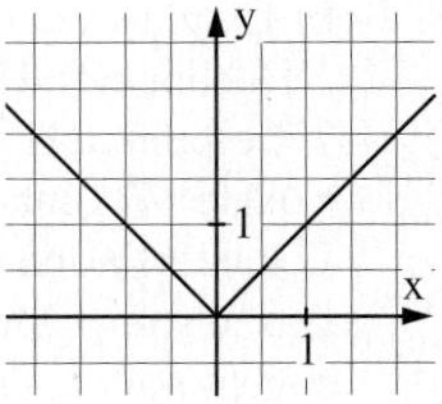

g) $f(x) = x$; $x \in \mathbb{R}$

f ist streng monoton wachsend und überall definiert.

f hat deshalb keine Extremstelle.

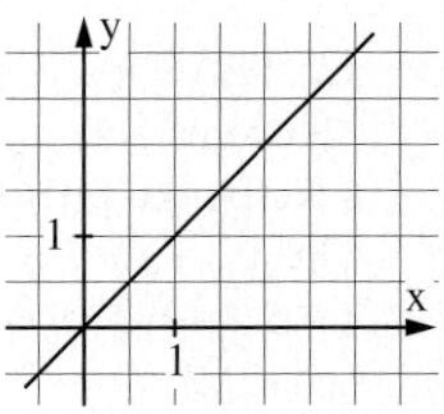

h) $f(x) = \cos(x)$; $x \in [-\pi; \pi]$

Extremstellen sind $x_1 = -\pi$; $x_2 = 0$ und $x_3 = \pi$

lokales Maximum $f(0) = 1$

lokale Minima $f(-\pi) = f(\pi) = -1$ (Randminima)

$H(0|1)$; $T_1(-\pi|-1)$; $T_2(\pi|-1)$

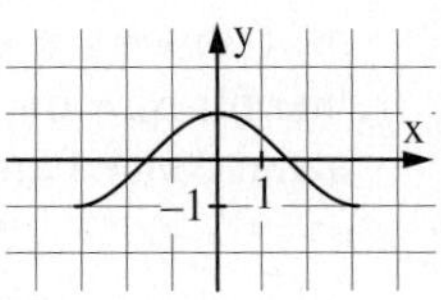

S. 82 **4** a) $f(x) = -\frac{1}{4}x^2$ (Fig. 1) b) $f(x) = x^3 - 3x$ (Fig. 1)
c) $f(x) = x^3 - 3x$ (Fig. 1) d) $f(x) = 3 \cdot \sin(x)$ (Fig. 2)

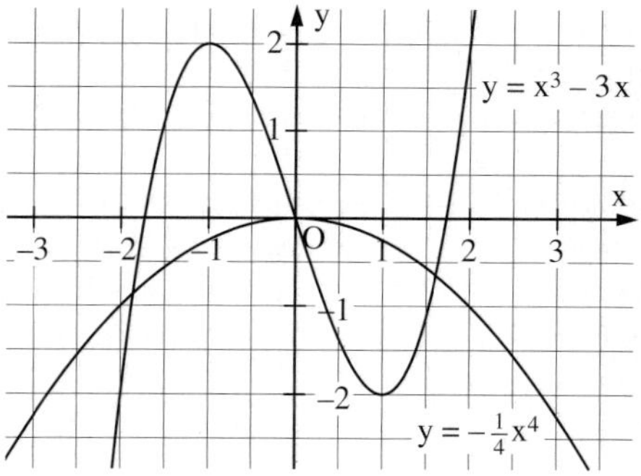

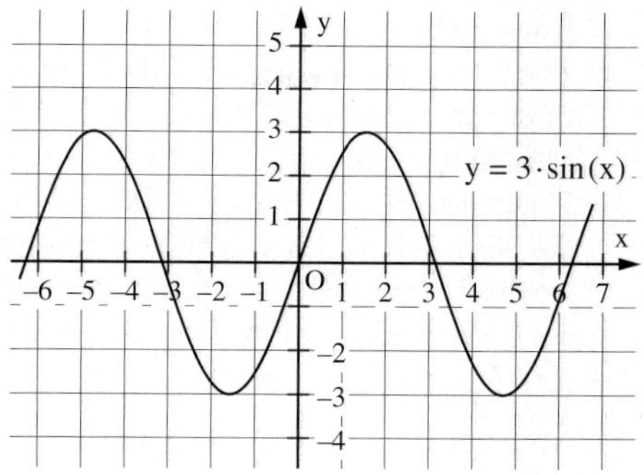

Randspalte:
Die Aussage ist falsch. Die Funktion

$$f(x) = \begin{cases} \frac{1}{x} + \frac{1}{x-1} & x \in (0;\, 1) \\ 1 & x = 0;\ x = 1 \end{cases}$$

ist auf dem abgeschlossenen Intervall [0; 1] definiert, besitzt dort aber keine Extremwerte.

3 *Innere Extremwerte*

S. 83 **1** a) $f(x) = \frac{1}{3}x^3 - \frac{5}{2}x^2 + 4x + 1$. Der Graph von f ist streng monoton wachsend in $(-\infty;\, 1)$ und in $(4;\, \infty)$; er fällt streng monoton in (1; 4).

b) Beim Übergang an einer Stelle x_1 (etwa $x_1 = 1$) von streng monoton wachsend zu streng monoton fallend hat der Graph einen Hochpunkt, beim Übergang an einer Stelle x_2 (etwa $x_2 = 4$) von streng monoton fallend zu streng monoton wachsend hat der Graph einen Tiefpunkt.

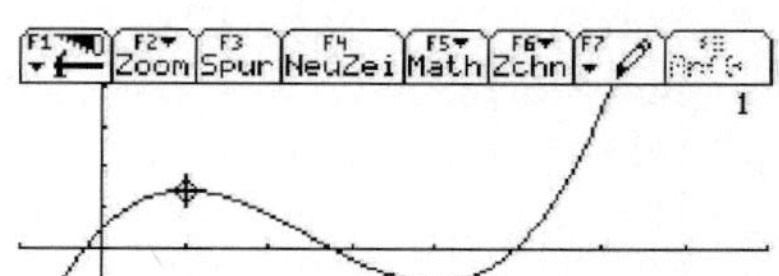

c) In einer Umgebung der Stelle x_1 (Hochpunkt) sind alle Funktionswerte kleiner als $f(x_1)$. In einer Umgebung der Stelle x_2 (Tiefpunkt) sind alle Funktionswerte größer als $f(x_2)$. Die Ableitung ändert beim Durchgang durch x_1 das Vorzeichen von + nach –, beim Durchgang durch x_2 von – nach +.

S. 86 **2** a) $f(x) = x^4 - 6x^2 + 1$; $f'(x) = 4x^3 - 12x$
$f'(x) = 0$ liefert $x_1 = 0$; $x_2 = -\sqrt{3}$; $x_3 = \sqrt{3}$.
Es ist $f'(x) = 4x(x^2 - 3)$.
Untersuchung an der Stelle 0: Für Werte x aus einer Umgebung von 0 ist der Faktor $x^2 - 3$ negativ, während $4x$ das Vorzeichen von – nach + wechselt.
$f'(x)$ hat an der Stelle 0 einen Vorzeichenwechsel von + nach –; also hat f das lokale Maximum $f(0) = 1$.
Untersuchung der Stellen $-\sqrt{3}$ und $\sqrt{3}$: An der Stelle $-\sqrt{3}$ wechselt der Faktor $x^2 - 3$ das Vorzeichen von + nach –, während $4x$ negativ ist. $f'(x)$ hat dort einen Vorzeichenwechsel von – nach +. f hat das lokale Minimum $f(-\sqrt{3}) = -8$. Entsprechend wechselt bei $\sqrt{3}$ der Faktor $x^2 - 3$ das Vorzeichen von – nach +, während $4x$ positiv ist.

b) $f(x) = x^5 - 5x^4 - 2$; $f'(x) = 5x^4 - 20x^3$
Nullstellen von f': $x_1 = 0$; $x_2 = 4$
Faktorzerlegung: $f'(x) = 5x^3(x - 4)$
1) Stelle 0: $x - 4$ ist negativ; $5x^3$ hat VZW von – nach +. $f'(x)$ hat bei 0 einen VZW von + nach –; lokales Maximum $f(0) = -2$.
2) Stelle 4: $x - 4$ hat VZW von – nach +; $5x^3$ ist positiv. $f'(x)$ hat bei 4 einen VZW von – nach +; lokales Minimum $f(4) = -258$.

c) $f(x) = x^3 - 3x^2 + 1$; $f'(x) = 3x^2 - 6x$
$f'(x) = 0$ liefert $x_1 = 0$; $x_2 = 2$.
Faktorzerlegung: $f'(x) = 3x(x - 2)$.
1) $x_1 = 0$: $3x$ hat VZW von – nach +. $x - 2$ ist negativ.
$f'(x)$ hat bei 0 einen VZW von + nach –; lokales Maximum $f(0) = 1$.
2) $x_2 = 2$: $3x$ ist positiv, $x - 2$ wechselt von – nach +.
$f'(x)$ hat bei 2 einen VZW von – nach +; lokales Minimum $f(2) = -3$.

d) $f(x) = x^4 + 4x + 3$; $f'(x) = 4x^3 + 4$
Nullstelle von f': $x_1 = -1$
Faktorzerlegung: $f'(x) = 4(x^3 + 1)$.
$f'(x)$ wechselt bei -1 das Vorzeichen von – nach +. Lokales Minimum $f(-1) = 0$.

e) $f(x) = 2x^3 - 9x^2 + 12x - 4$; $f'(x) = 6x^2 - 18x + 12$
Nullstellen von f': $x_1 = 1$; $x_2 = 2$
Faktorzerlegung: $f'(x) = 6(x - 1)(x - 2)$
1) $x_1 = 1$: $x - 1$ hat VZW von – nach +; $x - 2$ ist negativ.
$f'(x)$ hat bei 1 einen VZW von + nach –; lokales Maximum $f(1) = 1$.
2) $x = 2$: $x - 1$ ist positiv; $x - 2$ wechselt das Vorzeichen von – nach +; lokales Minimum $f(2) = 0$.

f) $f(x) = (x^2 - 1)^2$; $f'(x) = 4x^3 - 4x$
Nullstellen von f': $x_1 = 0$; $x_2 = 1$; $x_3 = -1$
Faktorzerlegung: $f'(x) = 4x(x - 1)(x + 1)$
1) $x_0 = 0$: $f'(x)$ hat VZW von + nach –: lokales Maximum $f(0) = 1$.
2) $x_1 = 1$: $f'(x)$ hat VZW von – nach +: lokales Minimum $f(1) = 0$.
Da f eine gerade Funktion ist, ist auch $f(-1) = 0$ lokales Minimum.

S. 86 **3** a) $f(x) = x^2 - 5x + 5;\ f'(x) = 2x - 5;\ f''(x) = 2$
Notwendige Bedingung $f'(x) = 0$ liefert $x_0 = \frac{5}{2}$.
Wegen $f''\left(\frac{5}{2}\right) = 2 > 0$ ist $f\left(\frac{5}{2}\right) = -\frac{5}{4}$ lokales Minimum.
b) $f(x) = 2x - 3x^2;\ f'(x) = -6x + 2;\ f''(x) = -6$
Nullstellen von f': $x_0 = \frac{1}{3}$.
Wegen $f''\left(\frac{1}{3}\right) = -6 < 0$ ist $f\left(\frac{1}{3}\right) = \frac{1}{3}$ lokales Maximum.
c) $f(x) = x^3 - 6x;\ f'(x) = 3x^2 - 6;\ f''(x) = 6x$
Nullstellen von f': $x_1 = \sqrt{2};\ x_2 = -\sqrt{2}$
$x_1 = \sqrt{2}$: $f''(\sqrt{2}) = 6\sqrt{2} > 0$; lokales Minimum $f(\sqrt{2}) = -4\sqrt{2}$.
$x_2 = -\sqrt{2}$: $f''(-\sqrt{2}) = -6\sqrt{2} < 0$; lokales Maximum $f(-\sqrt{2}) = 4\sqrt{2}$.
d) $f(x) = x^4 - 4x^2 + 3;\ f'(x) = 4x^3 - 8x;\ f''(x) = 12x^2 - 8$
Nullstellen von f': $x_1 = 0;\ x_2 = \sqrt{2};\ x_3 = -\sqrt{2}$
$x_1 = 0$: $f''(0) = -8$; lokales Maximum $f(0) = 3$.
$x_2 = \sqrt{2}$: $f''(\sqrt{2}) = 16$: lokales Minimum $f(\sqrt{2}) = -1$.
$x_2 = -\sqrt{2}$: $f''(-\sqrt{2}) = 16$: lokales Minimum $f(-\sqrt{2}) = -1$.
e) $f(x) = \frac{4}{5}x^5 - \frac{10}{3}x^3 + \frac{9}{4}x;\ f'(x) = 4x^4 - 10x^2 + \frac{9}{4};\ f''(x) = 16x^3 - 20x$
Nullstellen von f': $x_1 = -\frac{3}{2};\ x_2 = -\frac{1}{2};\ x_3 = \frac{1}{2};\ x_4 = \frac{3}{2}$
$x_1 = -\frac{3}{2}$: $f''\left(-\frac{3}{2}\right) = -24 < 0$; lokales Maximum $f\left(-\frac{3}{2}\right) = \frac{9}{5}$.
$x_2 = -\frac{1}{2}$: $f''\left(-\frac{1}{2}\right) = 8 > 0$; lokales Minimum $f\left(-\frac{1}{2}\right) = -\frac{11}{15}$.
$x_3 = \frac{1}{2}$: $f''\left(\frac{1}{2}\right) = -8 < 0$; lokales Maximum $f\left(\frac{1}{2}\right) = \frac{11}{15}$.
$x_4 = \frac{3}{2}$: $f''\left(\frac{3}{2}\right) = 24 > 0$; lokales Minimum $f\left(\frac{3}{2}\right) = -\frac{9}{5}$.
f) $f(x) = 3x^5 - 10x^3 - 45x;\ f'(x) = 15x^4 - 30x^2 - 45;\ f''(x) = 60x^3 - 60x$
Nullstellen von f': $x_1 = \sqrt{3};\ x_2 = \sqrt{3}$
$x_1 = \sqrt{3}$: $f''(\sqrt{3}) = 120\sqrt{3} > 0$; lokales Minimum $f(\sqrt{3}) = -48\sqrt{3}$
$x_2 = -\sqrt{3}$: $f''(-\sqrt{3}) = -120\sqrt{3} < 0$; lokales Maximum $f(-\sqrt{3}) = 48\sqrt{3}$

4 a) $f(x) = \frac{1}{4}x^4 - \frac{1}{4}x^3 - x^2$
$f'(x) = x^3 - \frac{3}{4}x^2 - 2x$
$f''(x) = 3x^2 - 2x - 2$
Extrempunkte: $H(0|0)$; $T_1\left(\frac{3}{8} + \frac{1}{8}\sqrt{137} \approx 1{,}84 \,\middle|\, \approx -2{,}08\right)$;
$T_2\left(\frac{3}{8} - \frac{1}{8}\sqrt{137} \approx -1{,}09 \,\middle|\, \approx -0{,}51\right)$

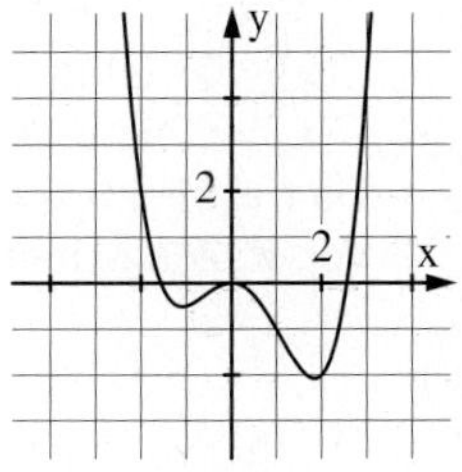

b) $f(x) = 0{,}02x^5 - 0{,}1x^4$
$f'(x) = 0{,}1x^4 - 0{,}4x^3$
$f''(x) = 0{,}4x^3 - 1{,}2x^2$
Extrempunkte: $T(4|-5{,}12)$; $H(0|0)$
(Der Nachweis des Hochpunkts erfolgt über VZW von $f'(x) = 0{,}1x^3(x - 0{,}4)$ bei 0 von + nach –.)

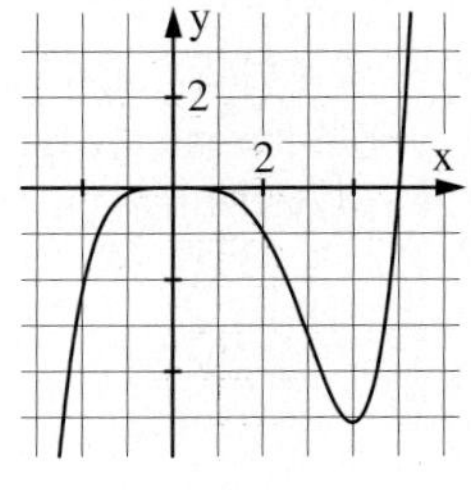

S. 86 **4** c) $f(x) = \sqrt{x} - 3x;\ x \geqq 0;\ f'(x) = \frac{1}{2\sqrt{x}} - 3;\ x > 0$

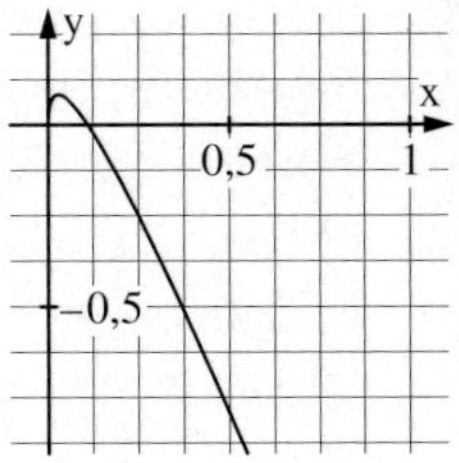

f' kann noch nicht abgeleitet werden.

Stellen mit waagerechter Tangente: $f'(x) = 0$ liefert $x_0 = \frac{1}{36}$.

Es gilt $f'(x) = \frac{1}{2\sqrt{x}} - 3 = \frac{\sqrt{x} - 6x}{2x} = \frac{\sqrt{x}(1 - 6\sqrt{x})}{2x}$.

Somit hat $f'(x)$ bei $\frac{1}{36}$ einen VZW von + nach –.

$f\left(\frac{1}{36}\right) = \frac{1}{12}$ ist lokales Maximum: $H\left(\frac{1}{36}\middle|\frac{1}{12}\right)$.

$T(0|0)$ ist ein Randminimum.

d) $f(x) = \sqrt{2}\,x - 2x^2$

$f'(x) = -4x + \sqrt{2}$

$f''(x) = -4$

Extrempunkte: $H\left(\frac{1}{4}\sqrt{2}\middle|\frac{1}{4}\right)$

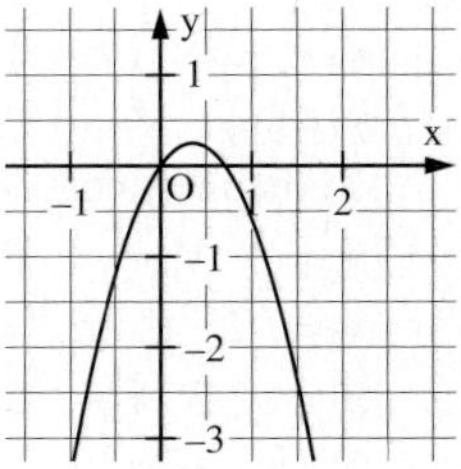

e) $f(x) = \frac{x^2}{8} + \frac{2}{x}$

$f'(x) = \frac{1}{4}x - \frac{4}{x^3}$

f'' kann noch nicht abgeleitet werden.

$f'(x) = 0$ liefert $x_0 = 2$.

Vorzeichenuntersuchung von f':

$f'(x) = \frac{x^4 - 16}{4x^3}$ hat bei 2 einen VZW von – nach +:

Tiefpunkt $T\left(2\middle|\frac{3}{2}\right)$

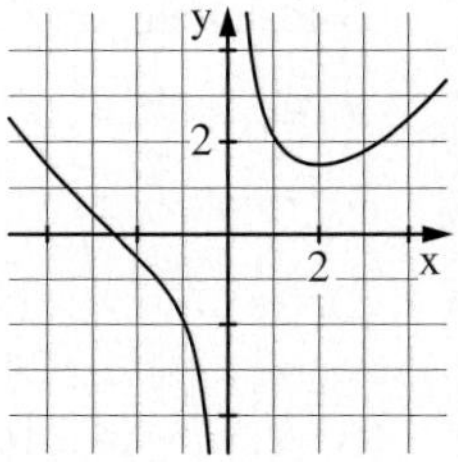

f) $f(x) = \sin(x) - x;\ x \in [-\pi; \pi]$

$f'(x) = \cos(x) - 1$

$f''(x) = -\sin(x)$

$f'(x) = 0$ liefert $x_0 = 0$,

$f''(x) = 0$ liefert keine Aussage über Extremwerte.

Da $f'(x)$ bei 0 keinen VZW hat, liegt bei 0 keine Extremstelle vor. Randmaximum: $H(-\pi|\pi)$; Randminimum $T(\pi|-\pi)$.

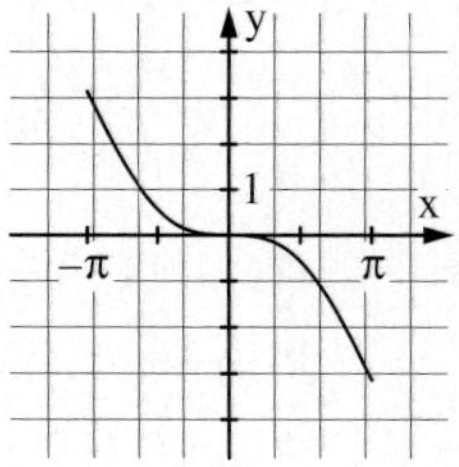

5 a) $f(x) = x^3 - ax;\ f'(x) = 3x^2 - a$.

$f'(x) = 0$ liefert

$x_1 = \frac{1}{3}\sqrt{3a}$ und $x_2 = -\frac{1}{3}\sqrt{3a}$.

Stellen mit waagerechter Tangente in Abhängigkeit von a:

b) $f(x) = x^4 + ax^2;\ f'(x) = 4x^3 + 2ax$

$f'(x) = 0$ liefert

$x_1 = 0;\ x_2 = -\frac{\sqrt{-2a}}{2};\ x_3 = \frac{\sqrt{-2a}}{2}$.

Stellen mit waagerechter Tangente in Abhängigkeit von a:

S. 86 **5**

$a < 0$: keine $\quad a = 0$: eine $\quad a > 0$: zwei $\qquad a < 0$: drei $\quad a \geqq 0$: eine

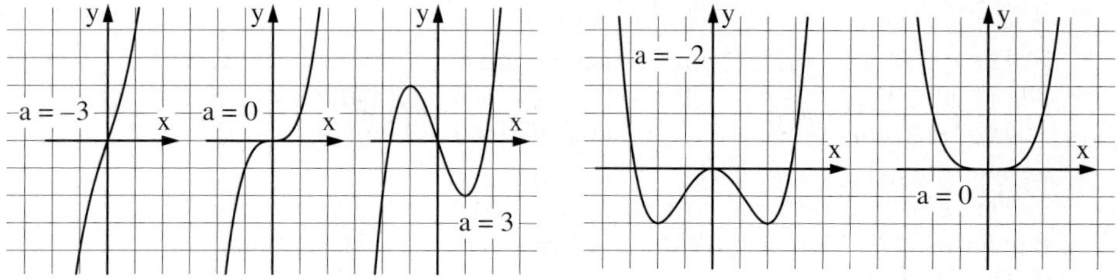

c) $f(x) = \frac{1}{3}x^3 + x^2 + ax$; $f'(x) = x^2 + 2x + a$

$f'(x) = 0$ liefert $x_1 = -1 + \sqrt{1-a}$; $x_2 = -1 - \sqrt{1-a}$.

Stellen mit waagerechter Tangente in Abhängigkeit von a:

$a > 1$: keine $\quad a = 1$: eine $(x_1 = x_2 = -1)$ $\quad a < 1$: zwei (x_1, x_2)

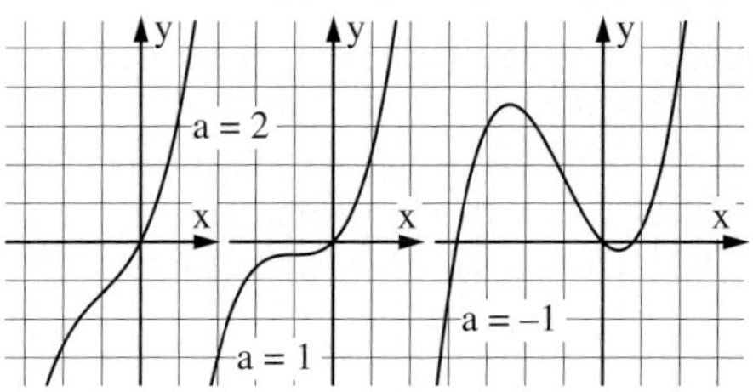

6 a) $f(x) = -x^2$; $f(x) = -0{,}2x^2 + 4$ b) $f(x) = x^4$; $f(x) = 2x^4 + 0{,}5$

c) $f(x) = \cos(x)$; $f(x) = 2 \cdot \sin(x)$ d) $f(x) = x^3$; $f(x) = x + 4$

7 a) $g(x) = \frac{1}{4}x^4 - x + 3$; $g'(x) = x^3 - 1$; $g''(x) = 3x^2$

$g'(x) = x^3 - 1 = 0$ ergibt $x_0 = 1$. Wegen $g''(1) = 3 > 0$ liegt in $x_0 = 1$ ein lokales Minimum vor. Da $g(x) \to \infty$ für $x \to \pm\infty$, ist das lokale Minimum gleich dem absoluten Minimum. Der der x-Achse am nächsten gelegene Punkt ist also $P\left(1 \middle| \frac{9}{4}\right)$.

b) $g(x) = \frac{1}{3}x^4 + \frac{1}{2}x^3 + 12x^2 + \frac{3}{4}$; $g'(x) = \frac{4}{3}x^3 + \frac{3}{2}x^2 + 24x$; $g''(x) = 4x^2 + 3x + 24$.

$g'(x) = \frac{4}{3}x^3 + \frac{3}{2}x^2 + 24x = 0$ ergibt $x_0 = 0$. Wegen $g''(0) = 24 > 0$ liegt in $x_0 = 0$ ein lokales Minimum vor. Da $g(x) \to \infty$ für $x \to \pm\infty$, ist das lokale Minimum gleich dem absoluten Minimum. Der der x-Achse am nächsten gelegene Punkt ist also $P\left(0 \middle| \frac{3}{4}\right)$.

c) $g(x) = \cos(x) + 4$; $g'(x) = -\sin(x)$; $g''(x) = -\cos(x)$.

$g'(x) = -\sin(x) = 0$ ergibt $x_0 = 2k\pi$ und $x_1 = \pi + 2k\pi$ mit $k \in \mathbb{Z}$. Wegen $g''(2k\pi) = -1 < 0$ liegen in x_0 lokale Maxima, wegen $g''(\pi + 2k\pi) = 1 > 0$ liegen in x_1 lokale Minima. Wegen $g(2k\pi) = 5$ und $g(\pi + 2k\pi) = 3$ sind also die der x-Achse am nächsten gelegenen Punkte die Punkte $P(\pi + 2k\pi \,|\, 3)$.

S. 86 **8** a) Ansatz: $f(x) = ax^2 + bx + c;\ a \neq 0$.
$f'(x) = 0$ liefert $x_0 = -\frac{b}{2a}$ mit $f''\left(-\frac{b}{2a}\right) = 2a \neq 0$.

b) Die Ableitung f′ einer ganzrationalen Funktion f mit geradem Grad hat einen ungeraden Grad. Für $x \to +\infty$ und $x \to -\infty$ streben die Funktionswerte f(x) gegen $-\infty$ und $+\infty$ (oder gegen ∞ und $-\infty$). Da f eine stetige Funktion ist, schneidet ihr Graph mindestens einmal die x-Achse.
c) Die drei verschiedenen Extremstellen müssen Nullstellen von f′ sein. Deshalb hat f′ mindestens den Grad 3 (Linearfaktorzerlegung) und damit f mindestens den Grad 4.
d) Da sich beim Ableiten der Grad einer ganzrationalen Funktion vom Grad n um 1 erniedrigt, ist die Ableitungsfunktion eine ganzrationale Funktion vom Grad n – 1. Diese hat damit höchstens n – 1 Nullstellen. Damit kann f höchstens n – 1 Extremstellen aufweisen.

9 a) Tiefpunkte sind $T_1(-1{,}8366|-0{,}2271)$, $T_2(0{,}3888|3{,}8182)$, $T_3(4{,}0723|-21{,}3905)$, Hochpunkte sind $H_1(0|3{,}84)$ und $H_2(1{,}3755|4{,}1114)$.
b) Hochpunkte sind $H_1(-1{,}5708|0)$, $H_2(2{,}3695|4{,}0225)$, $H_3(8{,}0997|15{,}9561)$, Tiefpunkte sind $T_1(-0{,}5560|-0{,}2625)$, $T_2(4{,}7124|0)$.

10 a) Die Funktion g hat ebenso wie f an der Stelle x_0 ein lokales Minimum.
Da f an der Stelle x_0 ein lokales Minimum hat, existiert eine Umgebung $U(x_0)$, sodass für alle Werte $x \in U(x_0)$ gilt: $f(x) \geqq f(x_0)$. Damit gilt aber auch
$g(x) = f(x) + c \geqq f(x_0) + c = g(x_0)$. Also hat g an der Stelle x_0 ein lokales Minimum.
Die Funktion g unterscheidet sich von f nur durch die Konstante c; diese verschiebt den Graphen von f nur in Richtung der y-Achse.
b) Die Funktion g hat ebenso wie f an der Stelle x_0 ein lokales Minimum.
Da f an der Stelle x_0 ein lokales Minimum hat, existiert eine Umgebung $U(x_0)$, sodass für alle Werte $x \in U(x_0)$ gilt: $f(x) \geqq f(x_0)$. Damit gilt aber auch für $c > 0$:
$g(x) = c \cdot f(x) \geqq c \cdot f(x_0) = g(x_0)$. Also hat g an der Stelle x_0 ein lokales Minimum.
Der Graph der Funktion g entsteht aus dem Graphen von f durch Strecken oder Stauchen an der x-Achse in Richtung der y-Achse.
c) Die Funktion g hat an der Stelle x_0 ein lokales Maximum.
Da f an der Stelle x_0 ein lokales Minimum hat, existiert eine Umgebung $U(x_0)$, sodass für alle Werte $x \in U(x_0)$ gilt: $f(x) \geqq f(x_0)$. Damit gilt aber auch für
$g(x) = -f(x) \leqq -f(x_0) = g(x_0)$. Also hat g an der Stelle x_0 ein lokales Maximum.
Der Graph der Funktion g entsteht aus dem Graphen von f durch Spiegelung an der x-Achse.

11 a) $h(t) = v_0 t - \frac{1}{2} g t^2$; $h'(t) = v_0 - gt$; $h''(t) = -g$. Aus $h'(t) = v_0 - gt = 0$ ergibt sich $t_0 = \frac{v_0}{g}$. Dies ist ein Maximum wegen $h''(t_0) < 0$. Die maximale Höhe ist also
$H = h\left(\frac{v_0}{g}\right) = \frac{v_0^2}{2g}$. Für $v_0 = 12\,\frac{m}{s}$ und $g = 9{,}81\,\frac{m}{s^2}$ erhält man $H \approx 7{,}3\,m$.
b) $h(t) = 0$ für $t_1 = 0$ und $t_2 = \frac{2v_0}{g}$. Damit dauert es $\frac{2v_0}{g}$ Zeiteinheiten, bis der Gegenstand wieder die Ausgangshöhe 0 erreicht hat. Für $v_0 = 12\,\frac{m}{s}$ und $g = 9{,}81\,\frac{m}{s^2}$ erhält man $T \approx 2{,}4\,s$.

4 Wendepunkte als Exptrempunkte der 1. Ableitung

S. 87 **1** a) Linkskurve – Rechtskurve
b) Dies sind die Punkte beim Übergang von einer Kurvenart in eine andere.
c) Graph rechts

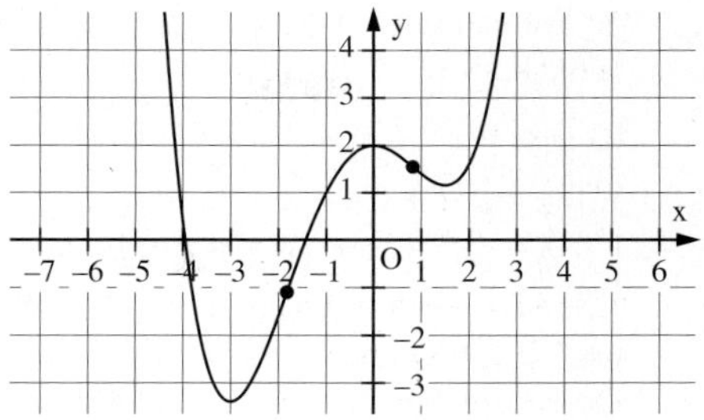

S. 89 **2** a) Linkskrümmung in [–2; 1] und [4; ∞); Rechtskrümmung in (–∞; –2] und [1; 4].
b) Linkskrümmung in (–∞; 0] und [2; ∞); Rechtskrümmung in [0; 2].
c) Linkskrümmung in (–∞; 2], [4; 6] und [8; ∞); Rechtskrümmung in [2; 4] und [6; 8].

Randspalte:
Ob eine Links- oder Rechtskrümmung vorliegt, hängt auch von der Blickrichtung ab.

3 a) $f(x) = 4 + 2x - x^2$; $f'(x) = 2 - 2x$; $f''(x) = -2$
Kein Wendepunkt wegen $f''(x) = -2 < 0$ Rechtskurve.

b) $f(x) = x^3 - x$; $f'(x) = 3x^2 - 1$; $f''(x) = 6x$; $f'''(x) = 6$
$6x = 0$; also $x_1 = 0$; $f''(0) = 0$ und $f'''(0) = 6 \neq 0$ ergibt Wendepunkt $W(0|0)$;
$x < 0$ Rechtskurve; $x > 0$ Linkskurve.

c) $f(x) = x^3 + 6x$; $f'(x) = 3x^2 + 6$; $f''(x) = 6x$; $f'''(x) = 6$
$6x = 0$; also $x_1 = 0$; $f''(0) = 0$ und $f'''(0) = 6 \neq 0$ ergibt Wendepunkt $W(0|0)$;
$x < 0$ Rechtskurve; $x > 0$ Linkskurve.

d) $f(x) = x^4 + x^2$; $f'(x) = 4x^3 + 2x$; $f''(x) = 12x^2 + 2$
$12x^2 + 2 > 0$; also kein Wendepunkt; Linkskurve.

e) $f(x) = x^4 - 6x^2$; $f'(x) = 4x^3 - 12x$; $f''(x) = 12x^2 - 12$; $f'''(x) = 24x$
$12x^2 - 12 = 0$; also $x^2 = 1$ ergibt $x_1 = -1$ und $x_2 = 1$. Wegen $f'''(\pm 1) \neq 0$ liegen die Wendepunkte $W_1(-1|-5)$ und $W_2(1|-5)$ vor. Damit ist der Graph für $x < -1$ eine Linkskurve, in $-1 < x < 1$ eine Rechtskurve und für $x > 1$ wieder eine Linkskurve.

f) $f(x) = \frac{1}{3}x^6 - 20x^2$; $f'(x) = 2x^5 - 40x$; $f''(x) = 10x^4 - 40$; $f'''(x) = 40x^3$
$f''(x) = 10x^4 - 40 = 0$ ergibt $x_1 = -\sqrt{2}$ und $x_2 = \sqrt{2}$. Wegen $f'''(\pm\sqrt{2}) \neq 0$ liegen die Wendepunkte $W_1\left(-\sqrt{2}\,\middle|\,-\frac{112}{3}\right) \approx W_1(-1{,}414|-37{,}333)$ und $W_2\left(\sqrt{2}\,\middle|\,-\frac{112}{3}\right)$ vor.
Damit ist der Graph für $x < -\sqrt{2}$ eine Linkskurve, in $-\sqrt{2} < x < \sqrt{2}$ eine Rechtskurve und für $x > \sqrt{2}$ wieder eine Linkskurve.

S. 89 **3** g) $f(x) = x^5 - x^4 + x^3$; $f'(x) = 5x^4 - 4x^3 + 3x^2$; $f''(x) = 20x^3 - 12x^2 + 6x$;
$f'''(x) = 60x^2 - 24x + 6$
$f''(x) = 20x^3 - 12x^2 + 6x = 0$ ergibt nur $x_0 = 0$. Damit ist wegen $f'''(0) \neq 0$ der einzige Wendepunkt $W(0|0)$. Der Graph ist für $x < 0$ eine Rechtskurve, für $x > 0$ eine Linkskurve.

h) $f(x) = x^3\left(\frac{1}{20}x^2 + \frac{1}{4}x + \frac{1}{3}\right)$; $f'(x) = \frac{1}{4}x^4 + x^3 + x^2$; $f''(x) = x^3 + 3x^2 + 2x$;
$f'''(x) = 3x^2 + 6x + 2$
$f''(x) = x^3 + 3x^2 + 2x = 0$ ergibt $x_1 = -2$; $x_2 = -1$ und $x_3 = 0$. Wegen $f'''(-2) = 2 \neq 0$; $f'''(-1) = -1 \neq 0$ und $f'''(0) = 2 \neq 0$ liegen die Wendepunkte $W_1\left(-2\middle|-\frac{4}{15}\right)$, $W_2\left(-1\middle|-\frac{2}{15}\right)$ und $W_3(0|0)$ vor.
Der Graph ist für $x < -2$ eine Rechtskurve, in $(-2; -1)$ eine Linkskurve, in $(-1; 0)$ eine Rechtskurve und für $x > 0$ eine Linkskurve.

i) $f(x) = \frac{3}{10}x^5 - 4x^3 + 10$; $f'(x) = \frac{3}{2}x^4 - 12x^2$; $f''(x) = 6x^3 - 24x$; $f'''(x) = 18x^2 - 24$
$f''(x) = 6x^3 - 24x = 0$ ergibt $x_1 = -2$; $x_2 = 2$ und $x_3 = 0$. Wegen $f'''(\pm 2) = 48 \neq 0$ und $f'''(0) = -24 \neq 0$ liegen die Wendepunkte $W_1(-2|32{,}4)$, $W_2(2|-12{,}4)$ und $W_3(0|10)$ vor.
Der Graph ist für $x < -2$ eine Rechtskurve, in $(-2; 0)$ eine Linkskurve, in $(0; 2)$ eine Rechtskurve und für $x > 2$ eine Linkskurve.

zu a)

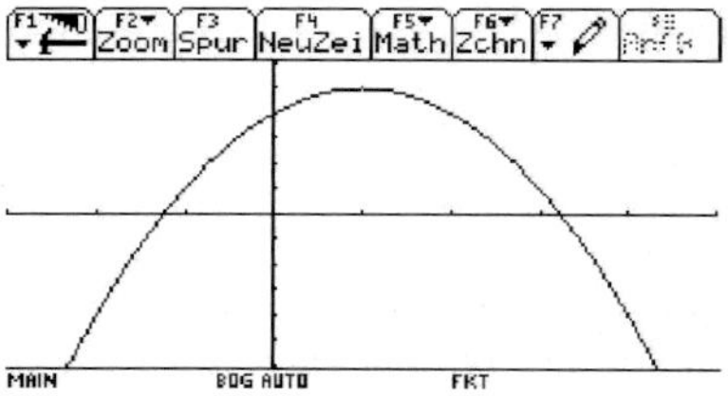

zu b)

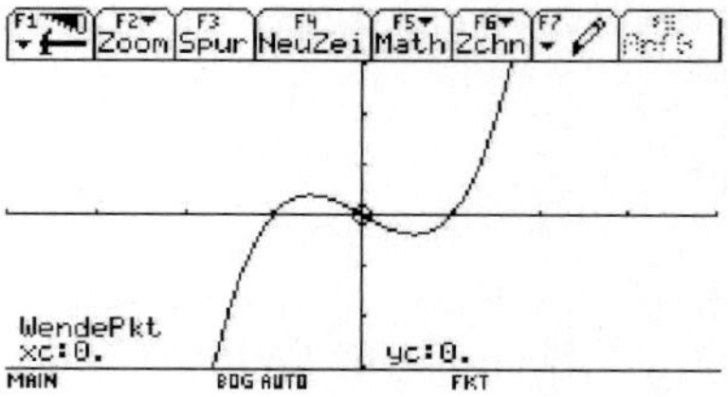

zu c)

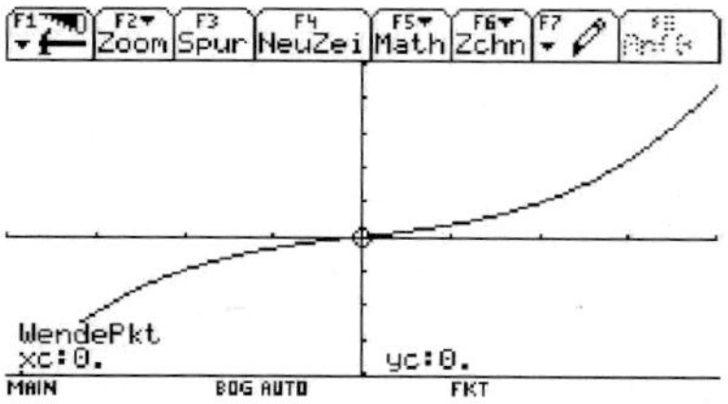

zu d)

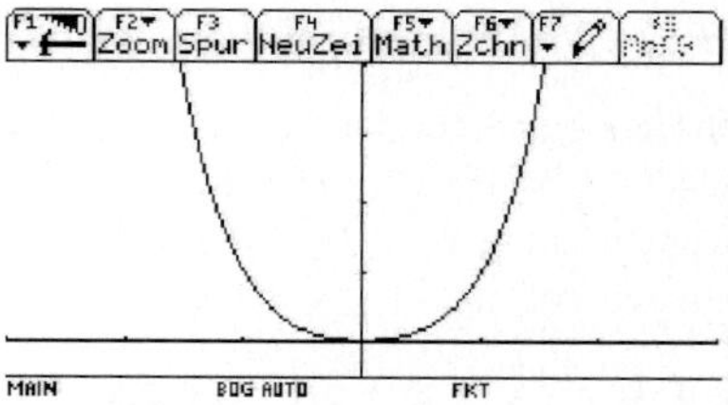

zu e)

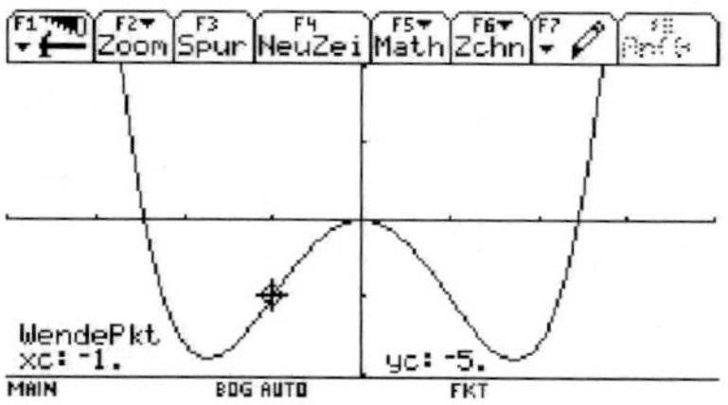

zu f)

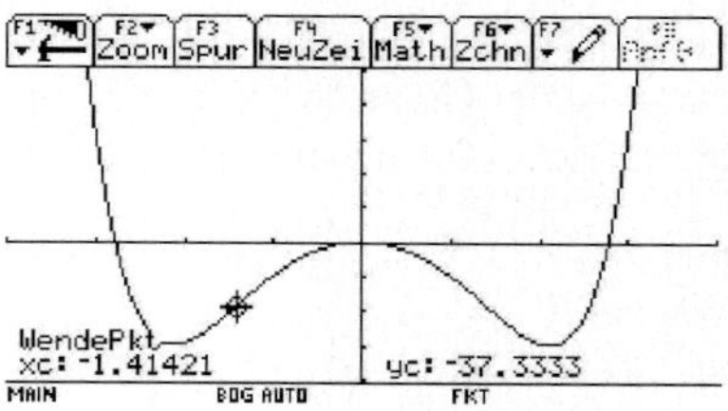

S. 89 **3** zu g)

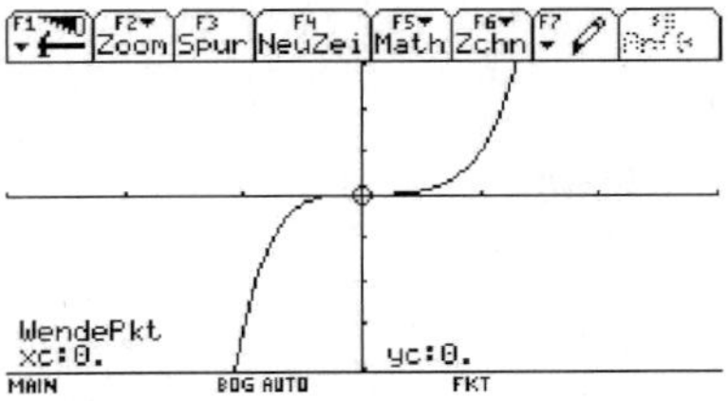

zu h)

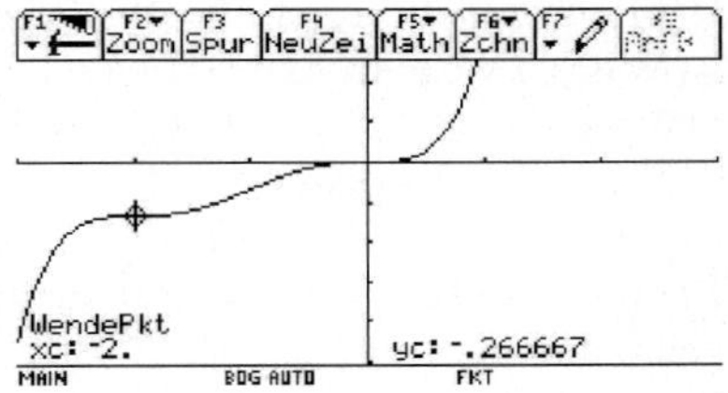

zu i)

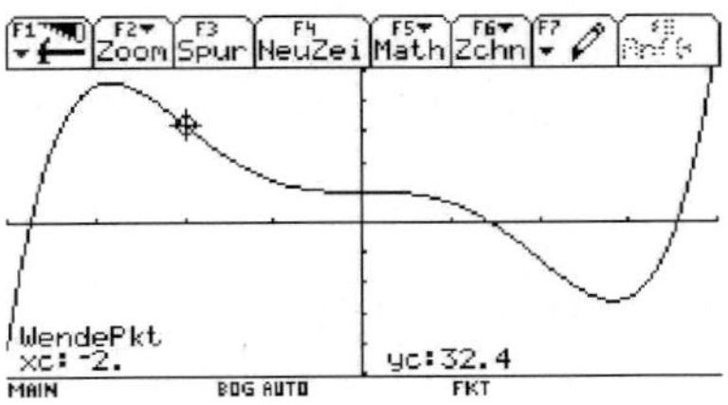

4 a) $f(x) = x^3 - 6x^2 + 20$; $f'(x) = 3x^2 - 12x$; $f''(x) = 6x - 12$; $f'''(x) = 6$.
$f''(x) = 6x - 12 = 0$ ergibt $x_0 = 2$. Wegen $f'''(2) = 6 \neq 0$ ist $W(2|4)$ Wendepunkt.
Steigung in W: $f'(2) = -12$; Gleichung der Wendetangente: $y = -12(x - 2) + 4$ oder $y = -12x + 28$.
b) $f(x) = 2x^3 + x^4$; $f'(x) = 6x^2 + 4x^3$; $f''(x) = 12x + 12x^2$; $f'''(x) = 12 + 24x$.
$f''(x) = 12x + 12x^2 = 0$ ergibt $x_1 = -1$ und $x_2 = 0$. Wegen $f'''(-1) = -12 \neq 0$ und $f'''(0) = 12 \neq 0$ sind $W_1(-1|-1)$ und $W_2(0|0)$ Wendepunkte.
Steigung in W_1: $f'(-1) = 2$; Gleichung der Wendetangente: $y = 2(x + 1) - 1$ oder $y = 2x + 1$; Steigung in W_2: $f'(0) = 0$; Gleichung der Wendetangente: $y = 0$.
c) $f(x) = \frac{1}{2}x^4 - x^3 + \frac{1}{2}$; $f'(x) = 2x^3 - 3x^2$; $f''(x) = 6x^2 - 6x$; $f'''(x) = 12x - 6$.
$f''(x) = 6x^2 - 6x = 0$ ergibt $x_1 = 1$ und $x_2 = 0$. Wegen $f'''(1) = 6 \neq 0$ und $f'''(0) = -6 \neq 0$ sind $W_1(1|0)$ und $W_2\left(0\middle|\frac{1}{2}\right)$ Wendepunkte.
Steigung in W_1: $f'(1) = -1$; Gleichung der Wendetangente: $y = -1(x - 1)$ oder $y = -x + 1$; Steigung in W_2: $f'(0) = 0$; Gleichung der Wendetangente: $y = \frac{1}{2}$.
d) $f(x) = \cos(x)$; $f'(x) = -\sin(x)$; $f''(x) = -\cos(x)$; $f'''(x) = \sin(x)$.
$f''(x) = -\cos(x) = 0$ ergibt $x_1 = \frac{\pi}{2}$ und $x_2 = \frac{3}{2}\pi$. Wegen $f'''\left(\frac{\pi}{2}\right) = 1 \neq 0$ und $f'''\left(\frac{3}{2}\pi\right) = -1 \neq 0$ sind $W_1\left(\frac{\pi}{2}\middle|0\right)$ und $W_2\left(\frac{3}{2}\pi\middle|0\right)$ Wendepunkte.
Steigung in W_1: $f'\left(\frac{\pi}{2}\right) = -1$; Gleichung der Wendetangente: $y = -x + \frac{\pi}{2}$;
Steigung in W_2: $f'\left(\frac{3}{2}\pi\right) = 1$; Gleichung der Wendetangente: $y = x - \frac{3}{2}\pi$.
e) $f(x) = x + \sin(x)$; $f'(x) = 1 + \cos(x)$; $f''(x) = -\sin(x)$; $f'''(x) = -\cos(x)$.
$f''(x) = -\sin(x) = 0$ ergibt $x_1 = 0$; $x_2 = \pi$ und $x_3 = 2\pi$; 0 und 2π kommen als Randpunkte des Definitionsbereichs als Wendepunkte nicht infrage.
Wegen $f'''(\pi) = 1 \neq 0$ ist $W(\pi|\pi)$ Wendepunkt.
Steigung in W: $f'(\pi) = 0$; Gleichung der Wendetangente: $y = \pi$.

S. 89 **4** f) $f(x) = x^5 - x + 1$; $f'(x) = 5x^4 - 1$; $f''(x) = 20x^3$; $f'''(x) = 60x^2$.
$f''(x) = 20x^3 = 0$ ergibt $x_0 = 0$. Wegen $f''(x) < 0$ für $x < 0$ und $f''(x) > 0$ für $x > 0$ ist $W(0|1)$ Wendepunkt.
Steigung in W: $f'(0) = -1$; Gleichung der Wendetangente: $y = -x + 1$.

5 a) $f(x) = ax^2 + bx + c$; $f'(x) = 2ax + b$; $f''(x) = 2a$.
Ist $a > 0$, so ist $f''(x) = 2a > 0$ für alle $x \in \mathbb{R}$; damit ist der Graph von f überall linksgekrümmt.
Ist $a < 0$, so ist $f''(x) = 2a < 0$ für alle $x \in \mathbb{R}$; damit ist der Graph von f überall rechtsgekrümmt.
b) $f(x) = \frac{1}{x^n}$; $f'(x) = -\frac{n}{x^{n+1}}$; $f''(x) = \frac{n(n+1)}{x^{n+2}}$;
$f''(x) = \frac{n(n+1)}{x^{n+2}} > 0$ für gerades n. Damit ist für gerades n der Graph von f in $\mathbb{R} \setminus \{0\}$ überall linksgekrümmt.

6 a) Mit dem CAS gibt es grundsätzlich zwei Möglichkeiten, Wendepunkte zu bestimmen, nämlich rechnerisch und grafisch.
Rechnerischer Weg: Man bestimmt die 2. Ableitung von f und ermittelt ihre Nullstellen (Fig. 1). Man bestimmt die 3. Ableitung von f und kontrolliert damit, ob Wendepunkte vorliegen. Schließlich berechnet man noch die zugehörigen Funktionswerte (Fig. 2).
Man erhält die Wendepunkte $W_1(-1|-1{,}3)$ und $W_2(1|-1{,}3)$. Die Stelle 0 muss gesondert untersucht werden. Da die 1. Ableitung an der Stelle 0 den Wert 0 hat und $f'(x)$ für $x < 0$ positiv, für $x > 0$ negativ ist, liegt in $H(0|0)$ ein relatives Maximum und kein Wendepunkt vor.

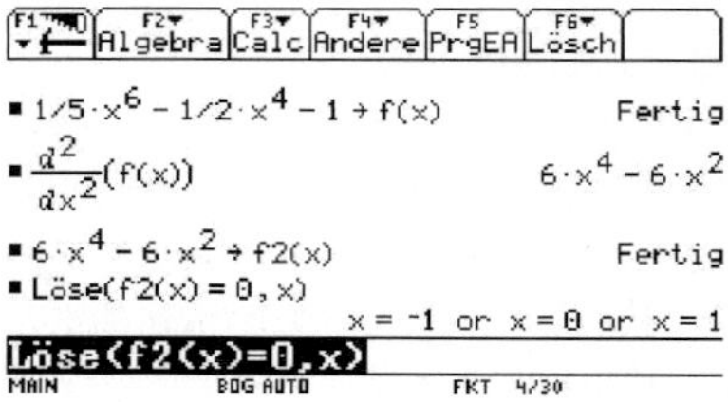

Fig. 1

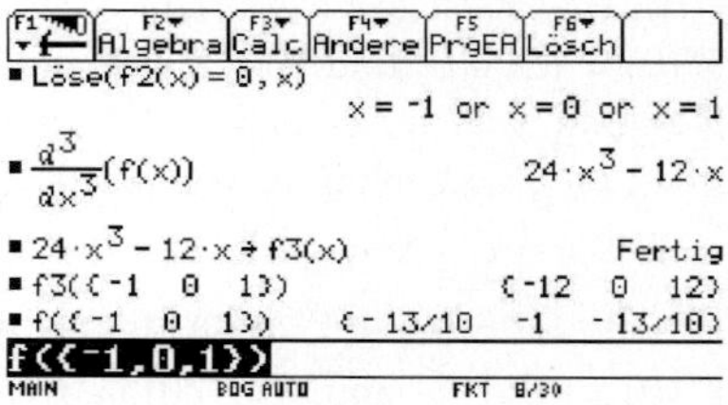

Fig. 2

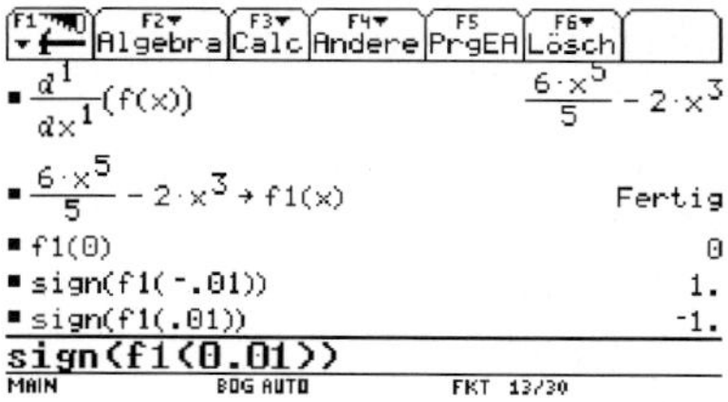

Fig. 3

S. 89 **6** Grafischer Weg: Man erstellt einen Graphen der Funktion f, öffnet mit [F5] das [MATH]-Fenster (Fig. 1). Man gibt den Bereich ein, in dem der Wendepunkt liegt (Fig. 2) und erhält ihn anschließend (Fig. 3).

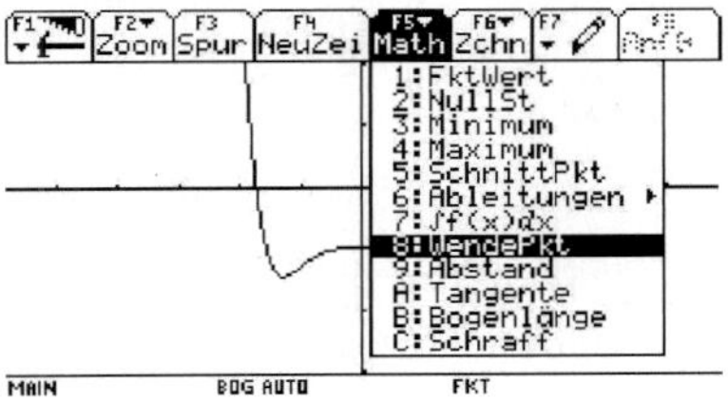

Fig. 1

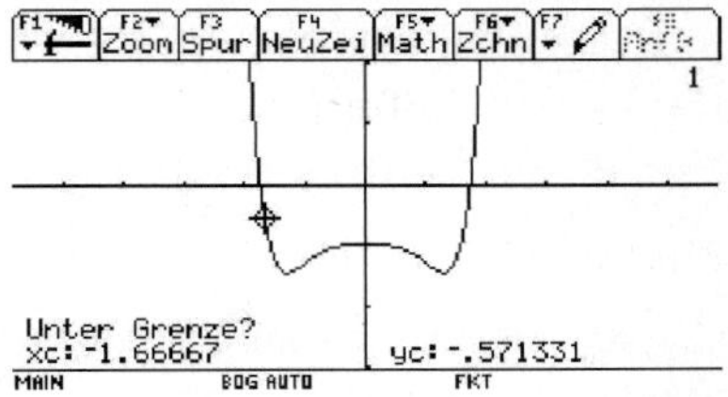

Fig. 2

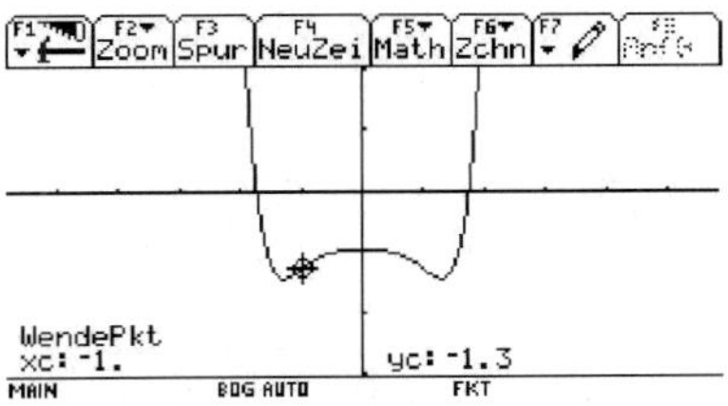

Fig. 3

b) $W_1(0{,}785|0{,}500)$; $W_2(2{,}356|0{,}500)$

c) $W_1(-6{,}778|1016{,}115)$;
$W_2(3{,}098|-57{,}459)$; $W_3(0|1)$

7 a) $f(x) = -x^4$
b) $f(x) = (x-2)^3$
c) $f(x) = x^3 - 3x$
Graphen rechts

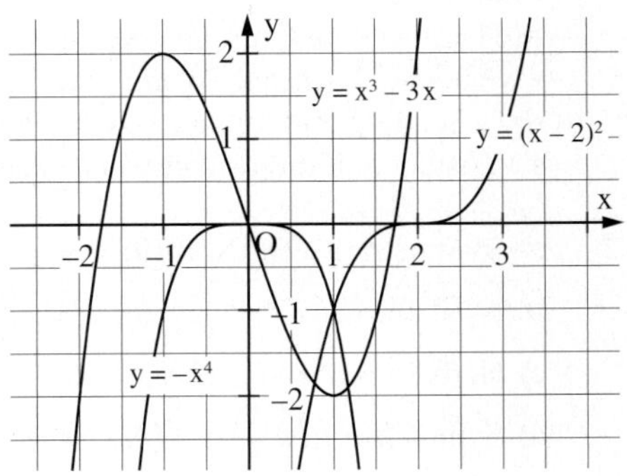

8 a) $f(x) = ax^3 + bx^2 + cx + d$; $f'(x) = 3ax^2 + 2bx + c$; $f''(x) = 6ax + 2b$; $f'''(x) = 6a$
Aus $f''(x) = 6ax + 2b = 0$ folgt $x_0 = -\frac{b}{3a}$; es muss gelten $a \neq 0$, sonst wäre der Grad der Funktion nicht 3. Wegen $f'''(x_0) = 6a \neq 0$ liegt ein Wendepunkt vor.
b) Wegen $b = 0$ im Funktionsterm von a) ergibt sich $x_0 = 0$. Damit liegt der Wendepunkt auf der y-Achse.

S. 89 ***9*** a) $f(x) = x^3 + bx^2 + cx + d$; $f'(x) = 3x^2 + 2bx + c$; $f''(x) = 6x + 2b$; $f'''(x) = 6$.
$f''(x) = 6x + 2b = 0$ ergibt $x = -\frac{b}{3}$; in die Gleichung $f'(x) = 3x^2 + 2bx + c = 0$ eingesetzt: $\frac{b^2}{3} - 2\frac{b^2}{3} + c = 0$ oder $c = \frac{b^2}{3}$.
b) $f(x) = ax^5 - bx^3 + cx$; $f'(x) = 5ax^4 - 3bx^2 + c$; $f''(x) = 20ax^3 - 6bx$; $f'''(x) = 60ax^2 - 6b$.
$f''(x) = 20ax^3 - 6bx = 0$ ergibt $x_1 = 0$; $x_2 = -\sqrt{\frac{3b}{10a}}$ und $x_3 = \sqrt{\frac{3b}{10a}}$. Wegen $f'''(0) = -6b \neq 0$ und $f'''\left(\pm\sqrt{\frac{3b}{10a}}\right) = 12b \neq 0$ liegen dort Wendepunkte vor. Da der Graph symmetrisch zum Ursprung ist, liegen die Wendepunkte auf einer Ursprungsgeraden; ihre Gleichung ist $y = \left(c - \frac{21b^2}{100a}\right)x$.

5 *Funktionsuntersuchungen*

S. 90 ***1*** a) Der Graph

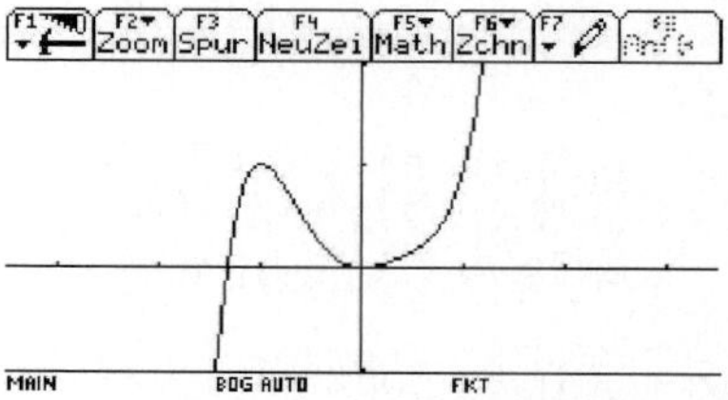

- verläuft von „links unten“ nach „rechts oben“,
- schneidet die y-Achse in $O(0|0)$,
- hat zwei Nullstellen,
- besitzt einen Hochpunkt und einen Tiefpunkt,
- besitzt einen Wendepunkt.

b) Hat man kein CAS, so erkennt man, dass
- wegen der höchsten Potenz x^5 der Graph von „links unten“ nach „rechts oben“ verläuft,
- der Schnittpunkt mit der y-Achse wegen $f(0) = 0$ der Ursprung $O(0|0)$ ist,
- Nullstellen, Extrem- und Wendestellen muss man berechnen.

S. 92 ***2*** a) Symmetrie zu O; $N_1(0|0) = S = W$; $N_2(\sqrt{3}|0)$; $N_3(-\sqrt{3}|0)$; $T\left(1\middle|-\frac{2}{3}\right)$; $H\left(-1\middle|\frac{2}{3}\right)$
b) $N_1(0|0) = S = T$; $N_2(4|0)$; $H\left(\frac{8}{3}\middle|\frac{32}{27}\right)$; $W\left(\frac{4}{3}\middle|\frac{16}{27}\right)$
c) $N_1(0|0) = S = W_1$; $N_2(-4|0)$; $T\left(-3\middle|-\frac{27}{4}\right)$; $W_2(-2|-4)$
d) Symmetrie zu $x = 0$; $S(0|2) = H$; $T_1\left(\frac{1}{2}\sqrt{5}\middle|\frac{7}{16}\right)$; $T_2\left(-\frac{1}{2}\sqrt{5}\middle|\frac{7}{16}\right)$; $W_1\left(\frac{1}{6}\sqrt{15}\middle|\frac{163}{144}\right)$; $W_2\left(-\frac{1}{6}\sqrt{15} \approx -0{,}65\middle|\frac{163}{144} \approx 1{,}13\right)$
e) $N_1(0|0) = S = T$; $W_1\left(1\middle|\frac{7}{8}\right)$; $W_2(2|2)$
f) Symmetrie zu O; $N_1(0|0) = S = W_1$; $N_2\left(\frac{1}{3}\sqrt{30}\middle|0\right)$; $N_3\left(-\frac{1}{3}\sqrt{30}\middle|0\right)$; $T\left(\sqrt{2}\middle|-\frac{2}{15}\sqrt{2}\right)$; $H\left(-\sqrt{2}\middle|\frac{2}{15}\sqrt{2}\right)$; $W_2\left(1\middle|-\frac{7}{60}\right)$; $W_3\left(-1\middle|\frac{7}{60}\right)$

S. 92 **2** zu a)

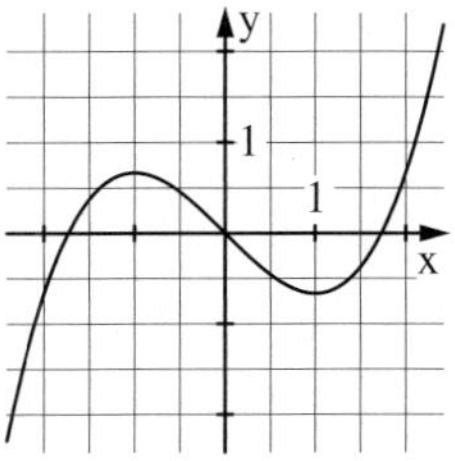

zu b)

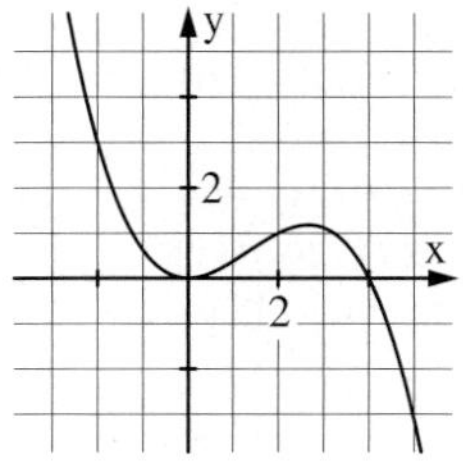

zu c)

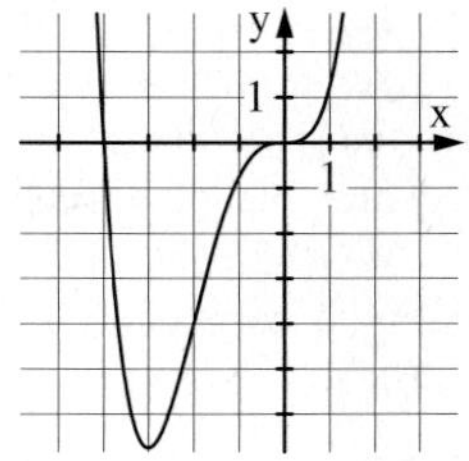

zu d)

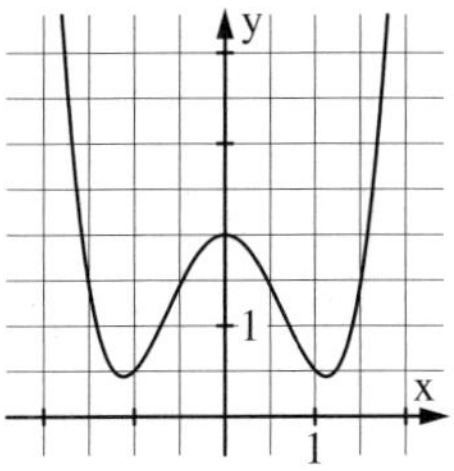

zu e)

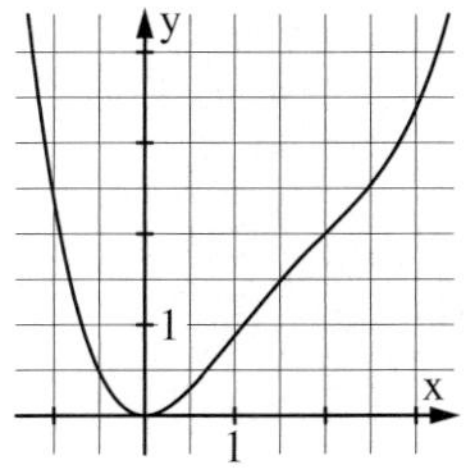

zu f)

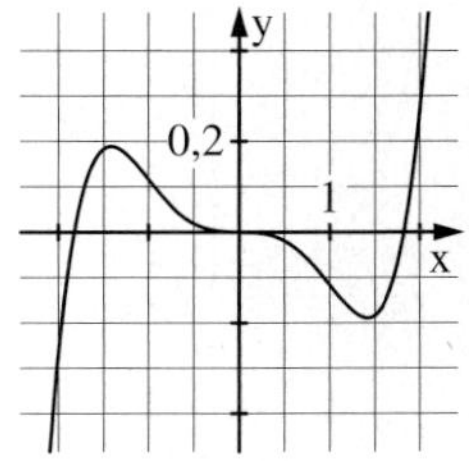

3 a) $f(x) = \frac{1}{6}x^3 - \frac{1}{2}x - \frac{1}{3}$; $N_1(-1|0) = H$; $N_2(2|0)$; $S\left(0\middle|-\frac{1}{3}\right) = W_1$; $T\left(1\middle|-\frac{2}{3}\right)$

b) $f(x) = \frac{1}{10}x^4 + \frac{1}{5}x^2 + \frac{1}{10}$; Symmetrie zu $x = 0$; $S\left(0\middle|\frac{1}{10}\right) = T$

c) $f(x) = \frac{1}{10}x^6 + \frac{1}{5}x^3 + \frac{1}{10}$; $N(-1|0) = T$; $S\left(0\middle|\frac{1}{10}\right) = W_1$; $W_2\left(-\frac{1}{5}\sqrt[3]{50}\middle|\frac{1}{125}\right)$

zu a)

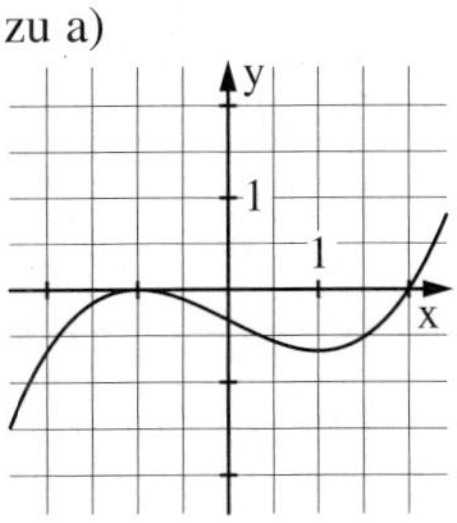

zu b)

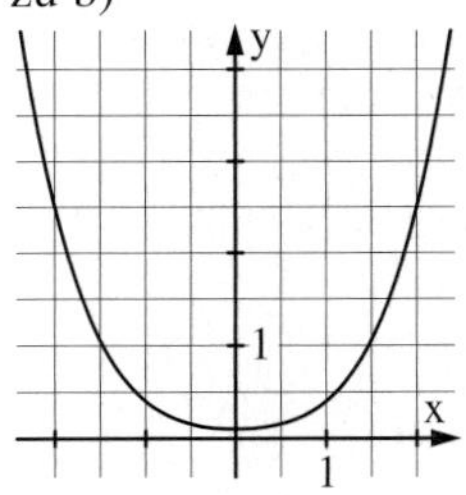

zu c)

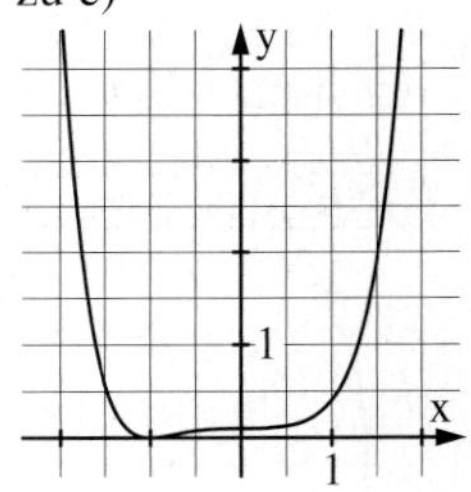

4 Man muss sehr genaue Untersuchungen anstellen, um alle Punkte zu erhalten, da sie zum Teil nur durch entsprechende Ausschnitte im Grafikfenster zu erkennen sind oder man führt stellenweise Rechnungen mit dem CAS durch.

a) Der Graph hat

- keinen Schnittpunkt mit der x-Achse,
- genau einen Extrempunkt, den Tiefpunkt $T(0{,}670|0{,}635)$,
- keinen Wendepunkt.

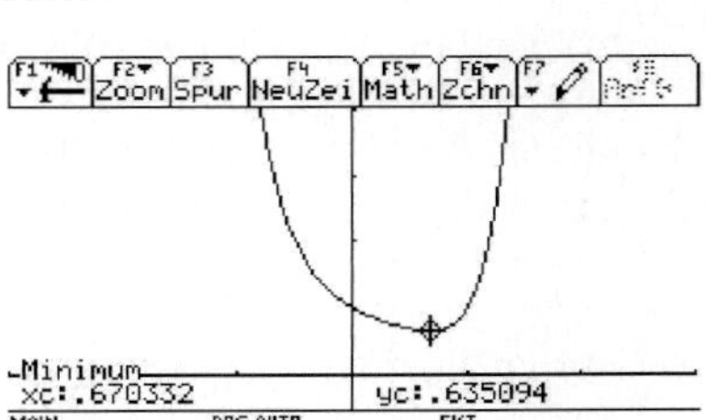

S. 92 **4** b) Der Graph hat
- genau einen Schnittpunkt mit der x-Achse S(39,4936|0)
- genau zwei Extrempunkte: Tiefpunkt T(0,3796|1,9729) und Hochpunkt H(31,6205|774478,8271)
- drei Wendepunkte: W_1(0|2) mit waagerechter Tangente, W_2(0,2527|1,9839), W_3(23,7473|490092)

Fig. 1 zeigt den Graphen für $-20 \leqq x \leqq 50$; $-10^5 \leqq y \leqq 10^6$; Fig. 2 für $-1 \leqq x \leqq 1$; $1{,}8 \leqq y \leqq 2{,}3$

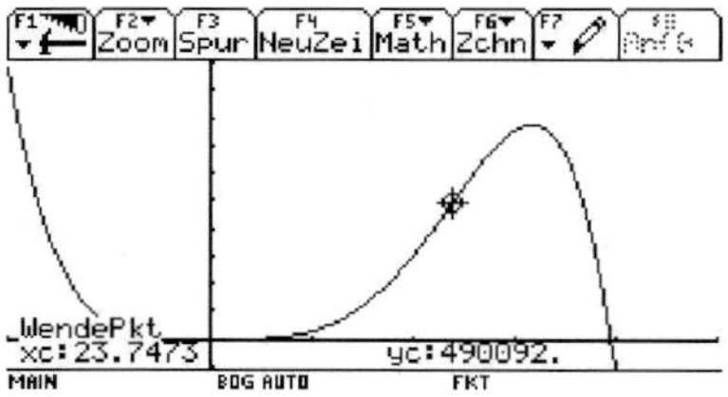

Fig. 1

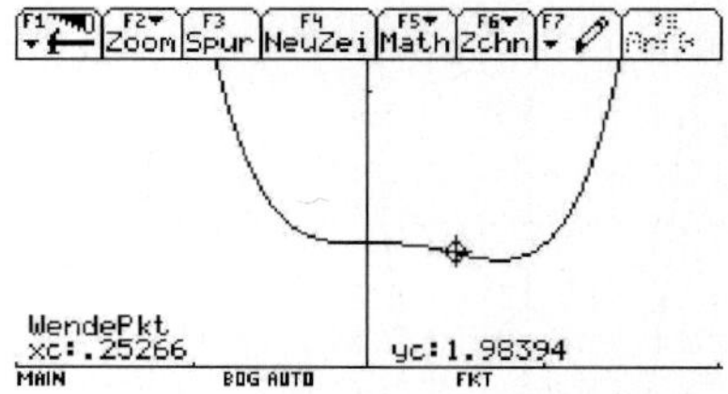

Fig. 2

c) Der Graph hat
- genau drei Schnittpunkte mit der x-Achse: S_1(−10,0000|0), S_2(10,0000|0), S_3(−1,1348|0)
- genau drei Extrempunkte: Tiefpunkt T(−0,6989|−1,5824), Hochpunke H_1(−8,8011|185893) und H_2(8,8011|185911)
- vier Wendepunkte: W_1(−7,5984|128291), W_2(−0,0508|1,0508), W_3(0,0508|−0,9492) und W_4(7,5984|128307).

Fig. 3 zeigt den Graphen für $-12 \leqq x \leqq 12$; $-100000 \leqq y \leqq 250000$;
Fig. 4 für $-2 \leqq x \leqq 2$; $-2 \leqq x \leqq 0{,}5$.

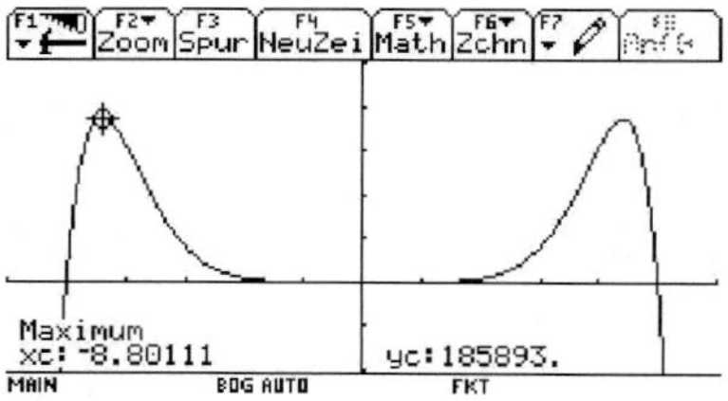

Fig. 3

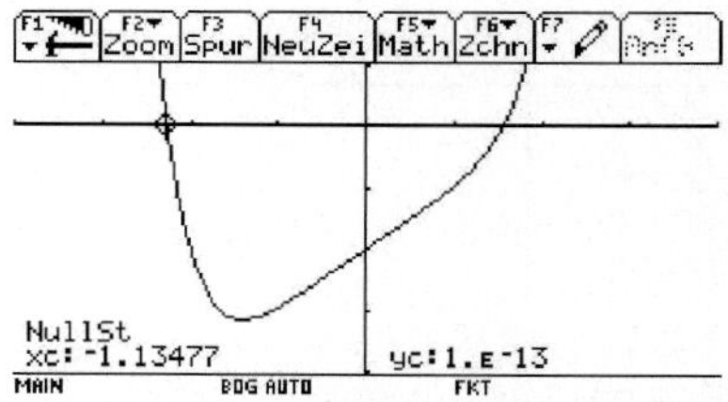

Fig. 4

d) Der Graph ist symmetrisch zur y-Achse und hat in [−6; 6]
- genau fünf Schnittpunkte mit der x-Achse: S_1(−5,3786|0), S_2(−0,9046|0), S_3(0|0), S_4(−0,9046|0), S_5(5,3786|0)
- genau fünf Extrempunkte: Tiefpunkte T_1(−4,4803|−23,6282), T_2(0|0), T_3(4,4803|−23,6282), Hochpunkte H_1(−0,6211|0,1839), H_2(0,6211|0,1839)
- zehn Wendepunkte: W_1(−5,5987|11,7532), W_2(−3,8647|−17,7379), W_3(−2,6507|−7,7578), W_4(−1,7771|−3,6725), W_5(−0,3462|0,0989), W_6(0,3462|0,0989), W_7(1,7771|−3,6725, W_8(2,6507|−7,7578), W_9(3,8647|−17,7379), W_{10}(5,5987|11,7532).

Fig. 1 (S. 81) zeigt den Graphen für $-6{,}5 \leqq x \leqq 6{,}5$; $-26 \leqq y \leqq 25$;
Fig. 2 (S. 81) für $-1{,}1 \leqq x \leqq 1{,}1$; $-0{,}5 \leqq y \leqq 0{,}5$.

S. 92 ***4*** zu d)

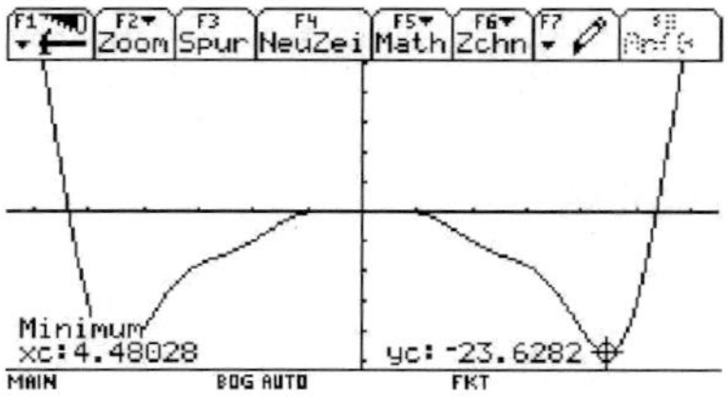

Fig. 1

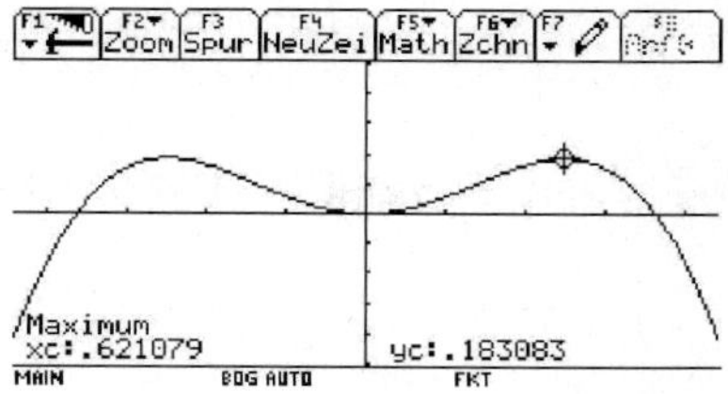

Fig. 2

5 Fig. 3 zeigt einen Graphen mit den gewünschten Eigenschaften. In W(4|0) muss ein Wendepunkt mit waagerechter Tangente vorliegen.

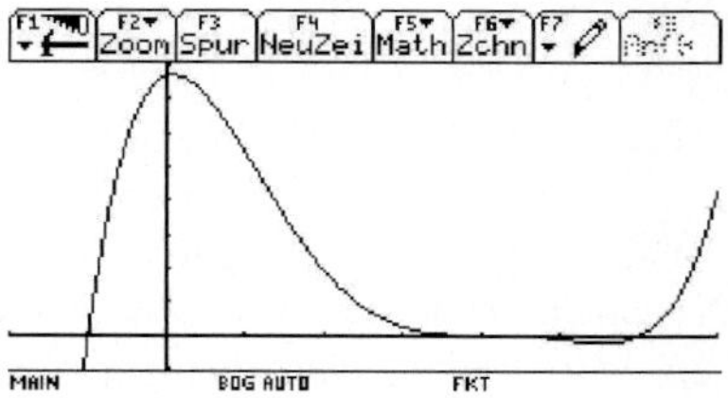

Fig. 3

a) Der Graph muss mindestens zwei Extrempunkte haben, da er drei Nullstellen aufweist.
b) Der Graph muss mindestens drei Wendepunkte haben: Verläuft er von links unten durch die 1. Nullstelle, so muss er seine Krümmung ändern, wenn er in den Wendepunkt W(4|0) waagerecht „einbiegen“ soll. Anschließend muss die Rechtskrümmung aber wieder in eine Linkskrümmung übergehen, da sonst die dritte Nullstelle nicht möglich ist.
c) Der Graph kann auch von „links oben“ nach „rechts unten“ verlaufen; dann würde die y-Achse unterhalb der x-Achse geschnitten werden.

6 a) $f(x) = x - \sin(x)$; $f'(x) = 1 - \cos(x)$; $f''(x) = \sin(x)$; $f'''(x) = \cos(x)$.
$f'(x) = 1 - \cos(x) = 0$ ergibt $x_k = 2k\pi$ mit $k \in \mathbb{Z}$ als mögliche Kandidaten für Extremstellen. Wegen $f''(2k\pi) = 0$ und $f'''(2k\pi) = 1 \neq 0$ sind die Stellen x_k Wendestellen mit waagerechter Tangente.
b) Damit ist gezeigt, dass es sich bei den Wendepunkten $W_k(2k\pi|2k\pi)$ um Sattelpunkte handelt.

7 a) $f(x) = \frac{1}{20}x^5 - \frac{2}{3}x^3 + 3x$; $f'(x) = \frac{1}{4}x^4 - 2x^2 + 3$; $f''(x) = x^3 - 4x$; $f'''(x) = 3x^2 - 4$.
Da $f'(\sqrt{2}) = 1 - 4 + 3 = 0$ und $f''(\sqrt{2}) = -2\sqrt{2} < 0$ ist, liegt in $x_0 = \sqrt{2}$ ein lokales Maximum vor. Da $f'(\sqrt{6}) = 9 - 12 + 3 = 0$ und $f''(\sqrt{6}) = 2\sqrt{6} > 0$ ist, liegt in $x_1 = \sqrt{6}$ ein lokales Minimum vor. Da $f''(2) = 8 - 8 = 0$ und $f'''(2) = 8 \neq 0$ ist, liegt in $x_2 = 2$ eine Wendestelle vor.
b) Da die Funktion ungerade ist, ist ihr Graph punktsymmetrisch zum Ursprung. Damit liegt an der Stelle $x_3 = -\sqrt{2}$ ein lokales Minimum, an der Stelle $x_4 = -\sqrt{6}$ ein lokales Maximum und an der Stelle $x_5 = -2$ eine Wendestelle vor.

S. 92 **7** c) $f(\sqrt{2}) = \frac{28}{15}\sqrt{2} \approx 2{,}640$;
$f(\sqrt{6}) = \frac{4}{5}\sqrt{6} \approx 1{,}960$.

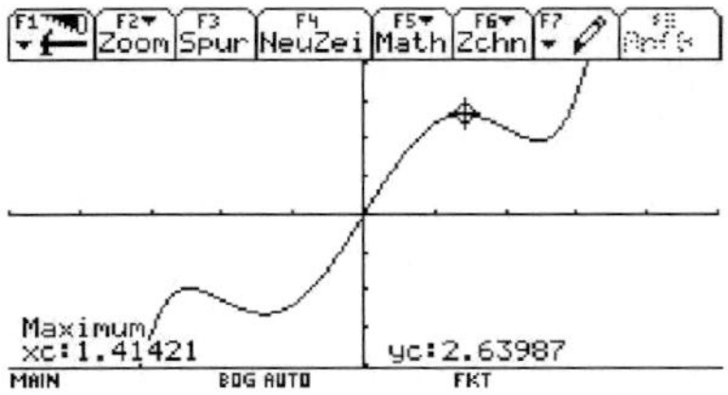

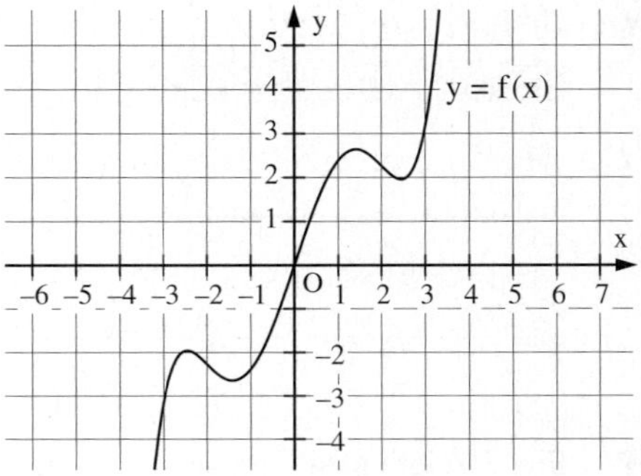

8 a) Falsch, da die 2. Ableitung eine ganzrationale Funktion vom Grad 2 ist und daher maximal zwei Nullstellen haben kann.
b) Falsch, da die Ableitungsfunktion zwar eine ganzrationale Funktion vom Grad 4 ist. Diese kann, aber muss nicht vier Nullstellen besitzen. So hat die Funktion f mit $f(x) = \frac{1}{5}x^5 + x + 2$ die Ableitung $f'(x) = x^4 + 1$, die gar keine Nullstellen besitzt, und daher hat f gar keine Extremwerte.
c) Richtig, da die 2. Ableitung eine ganzrationale Funktion vom Grad 3 ist und daher immer mindestens eine Nullstelle mit Vorzeichenwechsel hat.
d) Falsch, da die 2. Ableitung zwar auch einen ungeraden Grad hat, sie hat jedoch nicht unbedingt die Nullstelle $x_0 = 0$ mit der Eigenschaft $f(0) = 0$.
Beispiel: $f(x) = x^3 - 3x^2 + 1$ hat den ungeraden Grad 3, jedoch nur den Wendepunkt $W(1|-1)$.

Randspalte:
Der Graph einer ganzrationalen Funktion vom Grad n, mit ungeradem $n \geqq 3$, hat mindestens einen Wendepunkt.

9 zwei waagerechte Tangenten für $b^2 - 3c > 0$,
eine waagerechte Tangente für $b^2 - 3c = 0$,
keine waagerechte Tangente für $b^2 - 3c < 0$.

10 Der Graph von g entsteht aus dem Graphen von f
a) durch Multiplikation der „y-Werte“ von f(x) mit dem Faktor c. Für alle besonderen Punkte bleiben die x-Koordinaten erhalten.
b) durch Verschiebung parallel zur y-Achse um c. Für Extrem- und Wendepunkte sowie dem Schnittpunkt mit der y-Achse bleiben die x-Koordinaten erhalten. Zu den y-Koordinaten wird c addiert.
c) durch Verschiebung parallel zur x-Achse um c. Für Extrem- und Wendepunkte sowie Schnittpunkte mit der x-Achse bleiben die y-Koordinaten erhalten. Zu den x-Koordinaten muss c addiert werden.
d) durch Multiplikation der y-Werte von f(x) mit dem Faktor c und anschließende Verschiebung parallel zur x-Achse um c. Damit bleiben hier Extrem- und Wendepunkte sowie Schnittpunkte mit der x-Achse erhalten. Allerdings muss zu den x-Koordinaten c addiert werden und die y-Werte sind mit c zu multiplizieren.

6 *Untersuchungen von Funktionen in realem Bezug*

S. 93 ***1*** Man zeichnet den Graphen mit dem CAS und bestimmt das Minimum. Bei $x = 52{,}94\,\frac{\text{km}}{\text{h}}$ hat man den geringsten Verbrauch mit $5{,}44\,\frac{\text{Liter}}{100\,\text{km}}$.

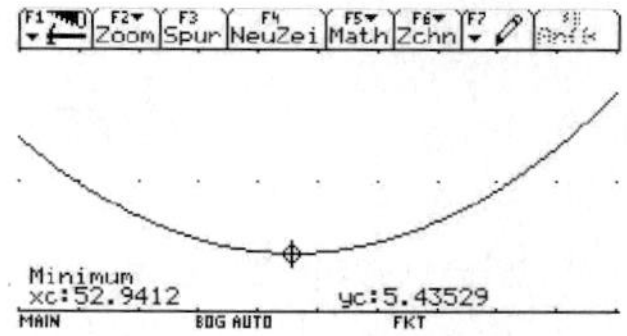

S. 94 ***2*** $f(x) = 187{,}5 - 1{,}579 \cdot 10^{-2}x^2 - 1{,}988 \cdot 10^{-6}x^4$

a) $f(0) = 187{,}5$; die Höhe beträgt 187,5 m.
$f(x) = 0$ liefert $x_1 \approx -80{,}75$ und $x_2 \approx 80{,}75$.
Damit beträgt die Breite des Innenbogens etwa $2 \cdot 80{,}75\,\text{m} = 161{,}5\,\text{m}$.

b) $f'(x) = -2 \cdot 1{,}579 \cdot 10^{-2}x - 4 \cdot 1{,}988 \cdot 10^{-6}x^3$
$= -0{,}03158\,x - 7{,}952 \cdot 10^{-6}x^3$.
Damit ist $f'(-80{,}75) \approx 6{,}7375$.
Der Winkel beträgt somit ca. 81,56°.

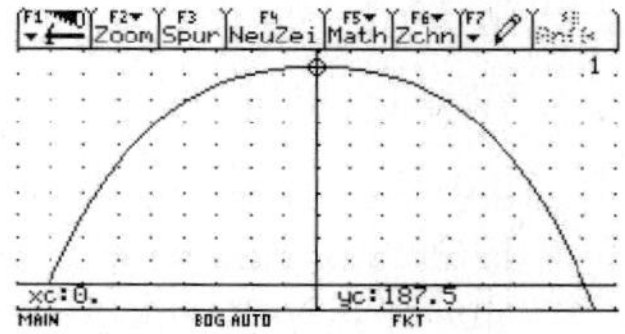

c) An den Endpunkten des Flugzeugs ($x = 9$) muss noch 10 m Platz nach oben und zu den Seiten gegeben sein. Durch den Platzbedarf nach oben ist die Flughöhe in m auf $f(9) - 10 = 176{,}21\,\text{m}$ begrenzt.
Aus der Gleichung $f(u) = 176{,}21$ ist u mit dem CAS zu bestimmen: $u \approx 25{,}7$.
Damit ist auch der Abstand zu den Seiten gewahrt, da $25{,}7\,\text{m} - 9\,\text{m} > 10\,\text{m}$ ist.
Damit liegt die Maximalflughöhe bei rund 176 m.

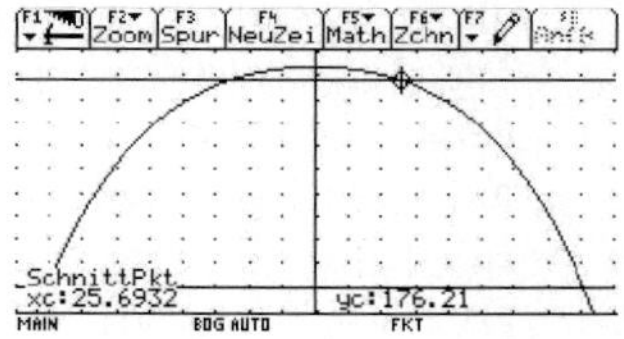

3 a) $U(x) = 10 + 2\sqrt{2x} = 10 + 2\sqrt{2} \cdot \sqrt{x}$;
$U'(x) = \frac{\sqrt{2}}{\sqrt{x}}$.

Die Funktion ist in [0; 20] streng monoton wachsend. Ihr Graph ist durchgängig rechtsgekrümmt (s. nebenstehende Fig.).
Interpretation: Im gesamten Intervall ist ein Umsatzanstieg zu erkennen. Dennoch besteht Grund zur Besorgnis, da sich das Wachstum verlangsamt.

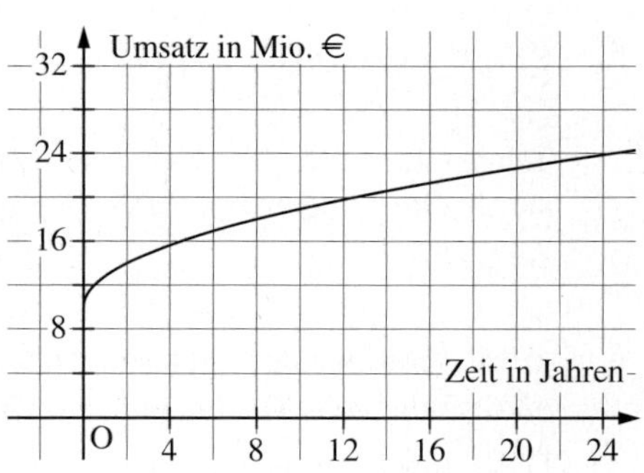

b) $U'(5) = \frac{\sqrt{2}}{\sqrt{5}} \approx 0{,}632$ und $U'(10) = \frac{\sqrt{2}}{\sqrt{10}} \approx 0{,}447$. Die Verlangsamung des Wachstums zeigt sich an beiden Werten sehr deutlich: Während das Umsatzwachstum nach 5 Jahren noch $0{,}63\,\frac{\text{Mio. €}}{\text{Jahr}}$ betrug, lag es nach 10 Jahren nur noch bei rund $0{,}45\,\frac{\text{Mio. €}}{\text{Jahr}}$.

S. 94 **4** a) $F(t) = -\frac{1}{16}t^4 + \frac{7}{12}t^3 - \frac{15}{8}t^2 + \frac{9}{4}t + 39$; $F'(t) = -\frac{1}{4}t^3 + \frac{7}{4}t^2 - \frac{15}{4}t + \frac{9}{4}$;
$F''(t) = -\frac{3}{4}t^2 + \frac{7}{2}t - \frac{15}{4}$; $F'''(t) = -\frac{3}{2}t + \frac{7}{2}$.
$F(0) = 39$; der Patient hatte bei der Einlieferung ins Krankenhaus eine Temperatur von 39 °C.
$F'(t) = -\frac{1}{4}t^3 + \frac{7}{4}t^2 - \frac{15}{4}t + \frac{9}{4} = 0$ ergibt (z. B. mit dem CAS) $t_1 = 1$ und $t_2 = 3$. Wegen $F''(1) = -1 < 0$ liegt nach einem Tag ein Temperaturmaximum $F(1) = 39{,}9\,°C$ vor. Dies ist auch die absolut höchste Fiebertemperatur, da wegen $F''(3) = 0$ und $F'''(3) = -1 \neq 0$ an der Stelle $t_2 = 3$ ein Wendepunkt vorliegt mit $F(3) = 39{,}6\,°C$.
$F(5) = 37{,}2\,°C$.
b) $F''(t) = -\frac{3}{4}t^2 + \frac{7}{2}t - \frac{15}{4} = 0$ führt auf $t_3 = \frac{5}{3}$ und $t_2 = 3$. Dies sind auch tatsächlich Wendestellen, da $F'''\left(\frac{5}{3}\right) = 1 \neq 0$ und $F'''(3) = -1 \neq 0$. An der Wendestelle $t_3 = \frac{5}{3}$ gilt $F'\left(\frac{5}{3}\right) \approx -0{,}30$. Damit fällt hier das Fieber rascher als nach dem Tag 3, da dort $F'(3) = 0$ gilt. Nach 5 Tagen fällt die Fiebertemperatur am stärksten. Das Fieber steigt zunächst im Krankenhaus weiter an und erreicht seinen höchsten Wert nach einem Tag. Nach etwa einem Tag und 16 Stunden erreicht die Temperaturabnahme einen Maximalwert. Danach verlangsamt sich die Temperaturabnahme bis zum Ende des dritten Tages, um dann wieder stärker zu werden. Die Temperatur fällt kontinuierlich, bis am Ende des 5. Tages die Normaltemperatur von 37,2 °C erreicht wird.

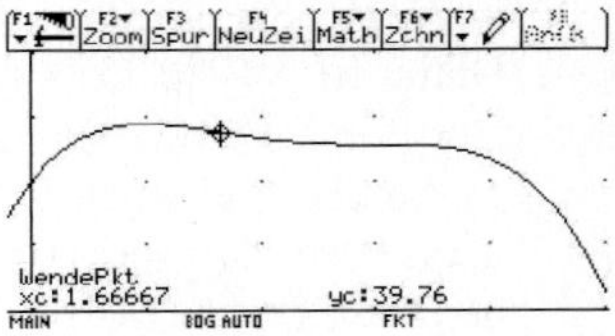

5 $O(t) = -\frac{1}{300}(t^3 - 36t^2 + 324t - 5700)$;
$O'(t) = -\frac{1}{300}(3t^2 - 72t + 324)$;
$O''(t) = -\frac{1}{300}(6t - 72)$; $O'''(t) = -\frac{1}{300} \cdot 6 = -\frac{1}{50}$.
$O''(t) = 0$ ergibt $t_0 = 12$. Wegen $O'''(12) = -\frac{1}{50} \neq 0$ ist $W(12\,|\,17{,}56)$ Wendepunkt mit der Steigung $O'(12) = 0{,}36$. Bis zum Zeitpunkt $t_0 = 12$ steigt die Temperaturzunahme an, ab diesem Zeitpunkt nimmt sie ab. Die Temperaturzunahme lag um 12.00 Uhr bei $0{,}36\,\frac{°C}{h}$.

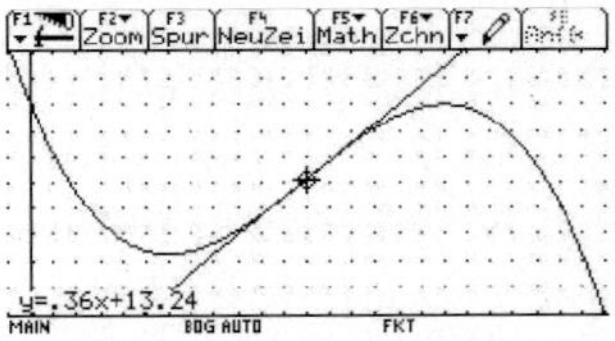

6 a) Man zeichnet den Graphen von E mit dem CAS und ermittelt das Maximum bei ca. $2{,}5\,\frac{\mu l}{\text{kg Körpergewicht}}$. Die optimale Dosis wäre dann bei einer Person von 85 kg: $2{,}5\,\frac{\mu l}{\text{kg Körpergewicht}} \cdot 85\,\text{kg} = 212{,}5\,\mu l$.
b) Sobald $E(x) < 0$ ist, wirkt das Medikament schädlich. Dies ist der Fall für $x > 10$.

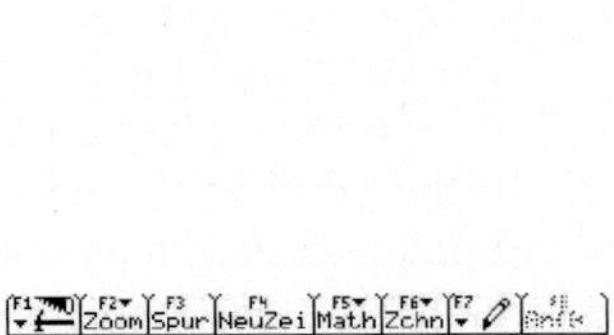

7 *Extremwertprobleme*

S. 95 **1** a) $U = 4x$ b) $U = \left(x + \frac{2}{3}x\right) \cdot 2$ c) $U = \left(x + \frac{20}{x}\right) \cdot 2$ d) $U = (x + \sqrt{25 - x^2}) \cdot 2$

S. 97 **2** Summe wird minimal für $x = \frac{2}{3}$, relatives und absolutes Minimum: $\frac{10}{3}$.
Differenz wird maximal für $x = 2$, relatives und absolutes Maximum: 2.

3 $A(u) = 2u(-u^2 + 9) = -2u^3 + 18u$; $A'(u) = -6u^2 + 18$; $A''(u) = -12u$.
$A'(u) = -6u^2 + 18 = 0$ ergibt wegen $0 \leqq u \leqq 3$: $u = \sqrt{3}$. Wegen $A''(\sqrt{3}) < 0$ liegt ein relatives Maximum vor, das wegen $A(0) = A(3) = 0$ auch ein absolutes Maximum ist. $A_{max} = 12\sqrt{3}$.
($U(u) = 2(2u - u^2 + 9) = -2u^2 + 4u + 18$; $U'(u) = -4u + 4$; $U''(u) = -4$.
$U'(u) = -4u + 4 = 0$ ergibt $u = 1$. Wegen $U''(1) < 0$ liegt ein relatives Maximum vor: $U_{max} = U(1) = 20$, das wegen $U(0) = 18$ und $U(3) = 12$ auch ein absolutes Maximum ist.)

4 $A = \frac{f(0) + f(u)}{2} \cdot u + \frac{f(u) + f(5)}{2} \cdot (5 - u)$ wird maximal für $u = \frac{5}{3}\sqrt{3}$.
$A_{max} = \frac{125}{36}\sqrt{3} + \frac{135}{8} \approx 22{,}89$; $A(0) = \frac{135}{8}$; $A(5) = \frac{135}{8}$ (absolutes Maximum).

5 a) $f(x) = x \cdot (12 - x)$, $x_{max} = 6$ ($f(x) = x^2 + (12 - x)^2$; $x_{min} = 6$)
b) $f(x) = x \cdot (x + 1)$; $-\frac{1}{2}$; $+\frac{1}{2}$ $(-1; +1)$ $\left(-\frac{d}{2}; \frac{d}{2}\right)$
c) $f(x) = x + \frac{1}{x}$; Minimum ist 2 für $x = 1$.

6 Es ist $A = x \cdot y = 500$; also $y = \frac{500}{x}$. Die Zaunlänge ist demnach $Z = 2x + y$ oder $Z(x) = 2x + \frac{500}{x}$; $x \in (0; +\infty)$. Es ist $Z'(x) = 2 - \frac{500}{x^2}$ und $Z''(x) = \frac{1000}{x^3}$.
Aus $Z'(x) = 2 - \frac{500}{x^2} = 0$ folgt $x = 5\sqrt{10} \approx 15{,}8$. Wegen $Z''(5\sqrt{10}) = \frac{2\sqrt{10}}{25} > 0$ liegt ein Minimum vor. Dies ist auch das absolute Minimum wegen $Z(x) \to +\infty$ für $x \to 0$ und $x \to +\infty$. Die andere Zaunlänge beträgt dann $y = \frac{500}{5\sqrt{10}} = 10\sqrt{10} \approx 31{,}6$. Der Schäfer braucht einen Zaun der Länge 63,2 m, den er halbieren muss, um eine Seite mit 31,6 m zu erhalten. Den restlichen Teil muss er nochmals halbieren. Er erhält dann die beiden anderen Zäune mit je 15,8 m.

7 Es ist $A = 2x \cdot y + \frac{1}{2}x^2\pi = 2$ oder $y = \frac{1}{x} - \frac{\pi}{4}x$.
$U = \pi x + 2x + 2y$ oder $U(x) = (\pi + 2) \cdot x + 2\left(\frac{1}{x} - \frac{\pi}{4}x\right)$
oder $U(x) = \frac{\pi + 4}{2} \cdot x + \frac{2}{x}$; $x \in (0; +\infty)$.
Aus $U'(x) = \frac{\pi + 4}{2} - \frac{2}{x^2} = 0$ ergibt sich $x = \frac{2}{\sqrt{\pi + 4}} \approx 0{,}748$.
Wegen $U''\left(\frac{2}{\sqrt{\pi + 4}}\right) > 0$ liegt ein Minimum vor. Dies ist auch das absolute Minimum wegen $U(x) \to \infty$ für $x \to 0$ und $x \to \infty$.

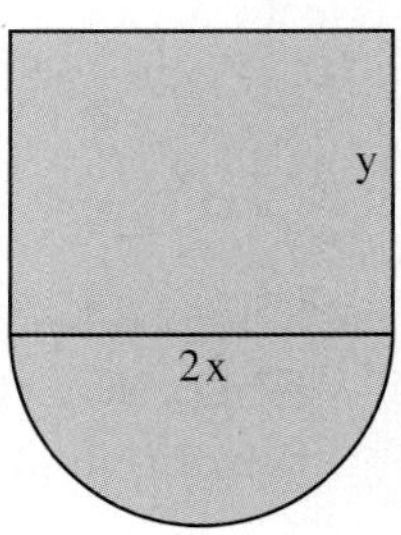

S. 97 **7** Damit hat der Kanal die Breite $2x \approx 1{,}5\,\text{m}$; das Rechteck hat die Höhe $y \approx 0{,}75\,\text{m}$. Die Fragestellung ist durchaus realistisch, denn die seitliche Abstützung sowie der Überbau sollten kostengünstig gebaut werden. Dies kann aber nur dann geschehen, wenn möglichst wenig Ummauerung nötig ist.

8 a) $g(u) = \sqrt{\frac{1}{u^2} + u^2}$. Die Ersatzfunktion f: $f(u) = \frac{1}{u^2} + u^2$ wird minimal für $u = 1$. Kleinster Abstand: $\sqrt{2}$.

b) $g(u) = \sqrt{(u^2 - 1{,}5)^2 + u^2}$. Die Ersatzfunktion f: $f(u) = (u^2 - 1{,}5)^2 + u^2$ wird minimal für $u = \pm 1$. Kleinster Abstand: $\sqrt{1{,}25}$.

c) $g(u) = \sqrt{(u^2)^2 + (u - 3)^2}$. Die Ersatzfunktion f: $f(u) = u^4 + (u - 3)^2$ wird minimal für $u = 1$. Kleinster Abstand: $\sqrt{5}$.

d) $g(u) = \sqrt{\sqrt{u}^{\,2} + (u - a)^2}$. Die Ersatzfunktion f: $f(u) = u + (u - a)^2$ wird minimal für $u = a - \frac{1}{2}$. Kleinster Abstand: $\frac{1}{2}\sqrt{4a - 1}$.

9 $g(x) = \sqrt{x^2 + (15 - x)^2}$. Die Ersatzfunktion f: $f(x) = x^2 + (15 - x)^2$ wird minimal für $x = 7{,}5$. Kürzeste Diagonale: $7{,}5\sqrt{2}$.
Allgemein muss das Rechteck ein Quadrat sein; $x = \frac{a}{4}$; kürzeste Diagonale: $\frac{a}{4}\sqrt{2}$.

10 $V = \frac{1}{3}\cdot\pi\cdot\left(\sqrt{36 - x^2}\right)^2\cdot x = \frac{1}{3}\pi(36 - x^2)x$ maximal bei $x = 2\sqrt{3}\,\pi$.
Maximales Volumen: $16\sqrt{3}\,\pi$.
$V = \frac{1}{3}\cdot\pi\cdot h^2\cdot x + \frac{1}{3}\cdot\pi\cdot h^2(6 - x) = 2\cdot h^2\pi$ maximal für $h = 3$.
Maximales Volumen: 18π.

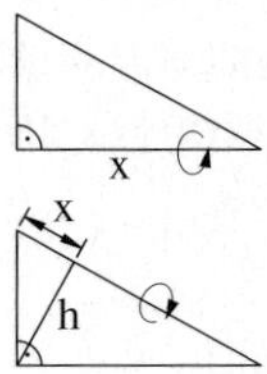

11

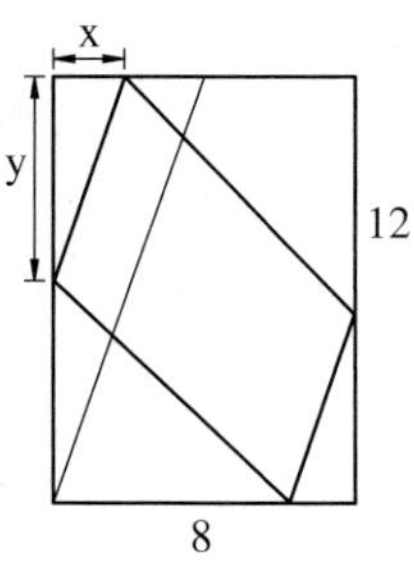

$A = 8\cdot 12 - 2\cdot\frac{1}{2}xy - 2\cdot\frac{1}{2}(8 - x)(12 - y) = -2xy + 8y + 12x$
$\frac{x}{y} = \frac{4}{12} \Leftrightarrow y = 3x$; $A(x) = -6x^2 + 24x + 12x$
maximal für $x = 3$.
$A_{max} = 54$.

12 $V = x^2\cdot y = 10$; also $y = \frac{10}{x^2}$. Oberfläche $O = x^2 + 4x\cdot y$ mit $x > 0$.
Zielfunktion: $O(x) = x^2 + \frac{40}{x}$; $O'(x) = 2x - \frac{40}{x^2}$; $O''(x) = 2 + \frac{80}{x^3}$.
$O'(x) = 2x - \frac{40}{x^2} = 0$ für $x = 20^{\frac{1}{3}} = \sqrt[3]{20} \approx 2{,}71$. Wegen $O''(20^{\frac{1}{3}}) = 2 + \frac{80}{20} > 0$ liegt ein lokales Minimum vor. Wegen $O(x) \to \infty$ für $x \to 0$ und $x \to \infty$ liegt in $x = 20^{\frac{1}{3}}$ auch ein absolutes Minimum vor.

S. 97 **12** Da $y = \frac{10}{20^{\frac{2}{3}}} = \frac{10 \cdot 20^{\frac{1}{3}}}{20} = \frac{1}{2} \cdot 20^{\frac{1}{3}} \approx 1{,}36$ ist, hat der offene Karton eine minimale Oberfläche bei einer Grundfläche in quadratischer Form mit einer Seitenlänge von etwa 27,1 cm und einer Höhe von etwa 13,6 cm.

13 Die Seitenlängen des Quaders sind $16 - 2y$; $10 - 2y$ und y. Dabei muss gelten $0 < y < 5$, da sonst eine Seite negative Länge hätte.

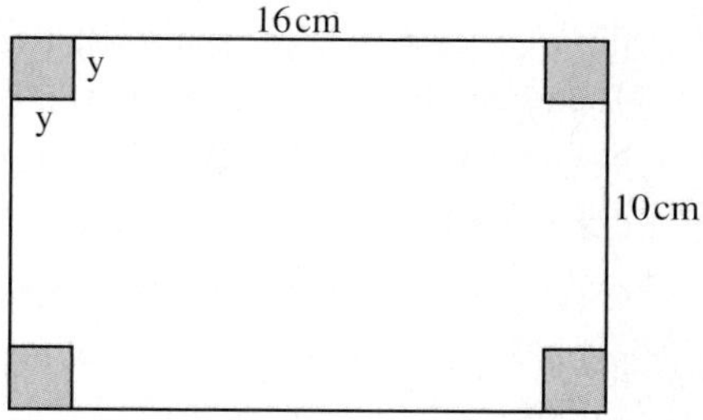

Dann ergibt sich die Zielfunktion
$V(y) = (16 - 2y) \cdot (10 - 2y) \cdot y$
$= 4y^3 - 52y^2 + 160y$ mit den Ableitungen $V'(y) = 12y^2 - 104y + 160$ und
$V''(y) = 24y - 104$.
$V'(y) = 12y^2 - 104y + 160 = 0$ ergibt $y_1 = 2$ und $y_2 = \frac{20}{3}$. Es kommt wegen $0 < y < 5$ nur $y_1 = 2$ als Extremwert infrage. Wegen $V''(2) < 0$ ist 2 lokale Maximumstelle. Wegen $V(y) \to 0$ für $y \to 0$ und für $y \to 5$ ist bei $y_1 = 2$ auch eine absolute Maximumstelle. Die Schachtel hat damit maximales Volumen von 144 cm³ bei einer Höhe von 2 cm; die beiden anderen Seiten haben die Längen 12 cm und 6 cm.

S. 98 **14** a) $U = 2x + 2y$ mit $x^2 + y^2 = 20^2$. Damit ist $y = \sqrt{400 - x^2}$. Zielfunktion ist also $U(x) = 2x + 2 \cdot \sqrt{400 - x^2}$ mit $0 < x < 20$. Diese Funktion ist nur mit dem GTR zu bearbeiten. Das Maximum liegt bei $x \approx 14{,}14$. Man erhält damit $y \approx 14{,}14$. Der Rechtecksumfang wird für ein Quadrat mit $s \approx 14{,}1$ cm am größten.

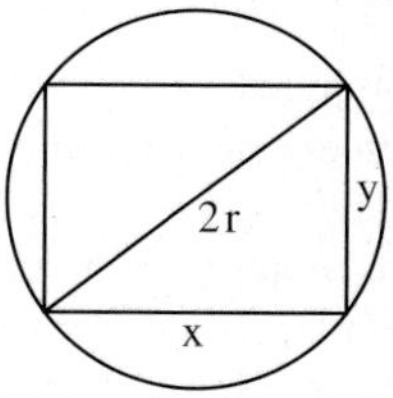

b) Es gilt für den Anteil Quadrat/Kreis: $T = \frac{14{,}14^2}{10^2 \cdot \pi} \approx 0{,}636$. Die Quadratfläche füllt damit 63,7 % der Kreisfläche aus. Der Verlust beträgt damit 36,3 %.

15 $V = \frac{40 - 3x}{2} \cdot (20 - 2x) \cdot x = 3x^3 - 70x^2 + 400x$ mit $0 \leqq x \leqq 10$.

Aus $V'(x) = 9x^2 - 140x + 400 = 0$ erhält man die einzige Lösung $x = \frac{70 - 10\sqrt{13}}{9} \approx 3{,}77$.

Aus $V''(x) = 18x - 140$ erkennt man, dass wegen $V''(3{,}77) < 0$ ein relatives Maximum vorliegt.
Da $V(0) = V(10) = 0$ ist, liegt ein absolutes Maximum vor. Das Schachtelvolumen wird also maximal, wenn Quadrate der Länge 3,77 cm herausgeschnitten werden. Die Maße der Schachtel sind
$a \approx 14{,}3$ cm; $b \approx 12{,}5$ cm; $c \approx 3{,}8$ cm. $V \approx 674$ cm³.

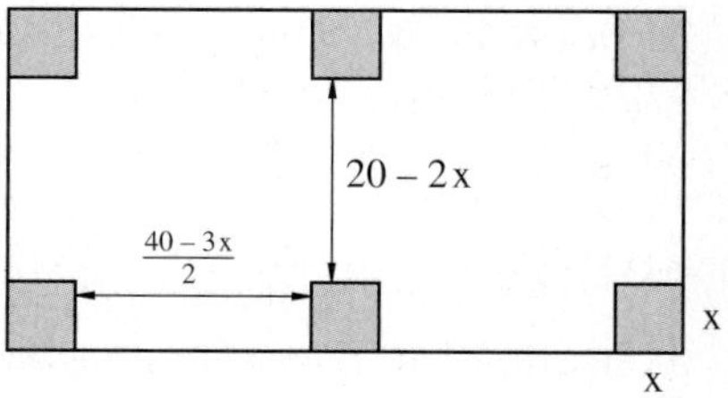

S. 98 **16** a) $V = \frac{\pi}{4}x^2 h = 2$; also $h = \frac{8}{\pi x^2}$ mit $x > 0$.

Nahtlinie: $M = \pi x + h$; also $M(x) = \pi x + \frac{8}{\pi x^2}$; $M'(x) = \pi - \frac{16}{\pi x^3}$; $M''(x) = \frac{48}{\pi x^4} > 0$.

$M'(x) = \pi - \frac{16}{\pi x^3} = 0$ ergibt $x = \left(\frac{16}{\pi^2}\right)^{\frac{1}{3}} \approx 1{,}175$. Wegen $M''(x) > 0$ liegt ein lokales Minimum vor, das wegen $M(x) \to \infty$ für $x \to 0$ und für $x \to \infty$ ein absolutes Minimum ist. $h = (2\pi)^{\frac{1}{3}} \approx 1{,}845$. Bei absolut kürzester Schweißnaht muss der Durchmesser des Topfes ca. 11,7 cm, seine Höhe 18,5 cm sein.

b) $O = \frac{\pi}{4}x^2 + \pi x h$ mit $h = \frac{8}{\pi x^2}$ mit $x > 0$; also $O(x) = \frac{\pi}{4}x^2 + \frac{8}{x}$; $O'(x) = \frac{\pi}{2}x - \frac{8}{x^2}$;

$O''(x) = \frac{\pi}{2} + \frac{16}{x^3}$.

$O'(x) = \frac{\pi}{2}x - \frac{8}{x^2} = 0$ ergibt $x = \left(\frac{16}{\pi}\right)^{\frac{1}{3}} \approx 1{,}721$. Wegen $O''(x) > 0$ liegt ein lokales Minimum vor, das wegen $O(x) \to \infty$ für $x \to 0$ und für $x \to \infty$ ein absolutes Minimum ist. $h = \left(\frac{2}{\pi}\right)^{\frac{1}{3}} \approx 0{,}860$. Radius $r = \frac{x}{2} = 0{,}860$. Damit liegt dann ein minimaler Materialverbrauch vor, wenn Grundkreisradius und Höhe übereinstimmen und jeweils etwa 8,6 cm lang sind.

17 Aus $\left(\frac{x}{2}\right)^2 + h^2 = 20^2$ ergibt sich $h = \sqrt{400 - \frac{x^2}{4}}$ mit $0 \leqq x \leqq 40$ (wegen $400 - \frac{x^2}{4} \geqq 0$). Damit ergibt sich für die Fläche A $A(x) = \frac{1}{2}x \cdot \sqrt{400 - \frac{x^2}{4}}$. Diese Funktion kann nicht abgeleitet werden. Mit dem CAS erhält man ein Maximum bei $x \approx 28{,}28$. Man erhält für $x \approx 28{,}3$ cm eine maximale Querschnittsfläche und damit ein maximales Fassungsvermögen. Die Querschnittsfläche ist 200 cm² groß. Der Winkel zwischen den Brettern beträgt 90°.

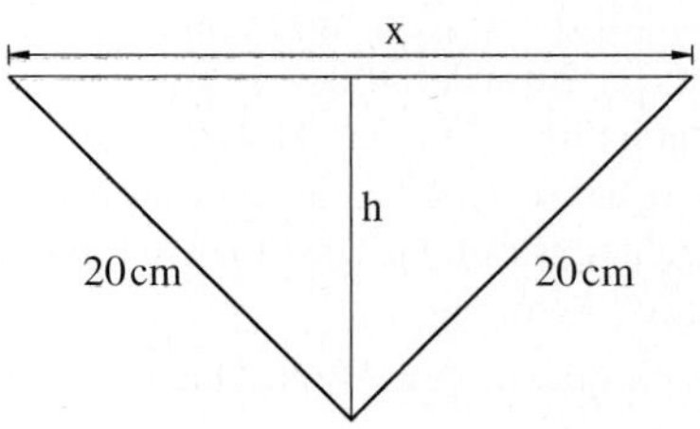

18 a) $A = x \cdot h$; $\frac{b-h}{b} = \frac{x}{a} \Leftrightarrow h = b - \frac{b}{a}x$

$A(x) = x\left(b - \frac{b}{a}x\right) = bx - \frac{b}{a}x^2$ wird maximal für $x = \frac{a}{2}$; $h = \frac{b}{2}$; $A_{max} = \frac{1}{4}ab$.

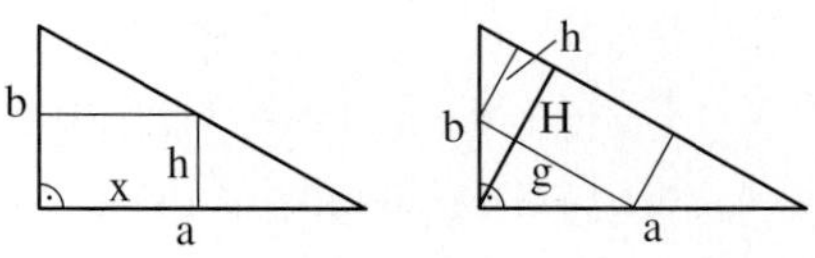

Für $a = 80$ m; $b = 60$ m ist $x_{max} = 40$ m; $h_{max} = 30$ m. $A_{max} = 1200$ m²

$A = g \cdot h$; $\frac{g}{\sqrt{a^2 + b^2}} = \frac{x}{a}$; $\frac{h}{H} = \frac{a-x}{a}$; $H = \frac{ab}{\sqrt{a^2 + b^2}}$

$A(x) = \frac{x}{a}\sqrt{a^2 + b^2} \cdot \frac{ab}{\sqrt{a^2 + b^2}} \cdot \frac{a-x}{a} = \frac{b}{a}x(a - x)$

$A(x) = bx - \frac{b}{a}x^2$ s. oben, gleicher Wert x_{max}, A_{max}.

b) Das Problem von a) muss nur für das kleinere Dreieck $P_1P_2P_3$ gelöst werden.

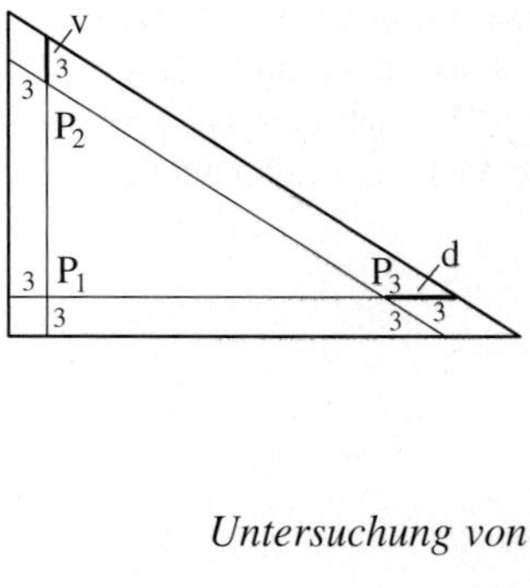

S. 98 **18** $\frac{d}{3} = \frac{\sqrt{a^2 + b^2}}{b}$; $d = \frac{3}{b}\sqrt{a^2 + b^2} = \frac{3 \cdot 100}{60} = 5$

$\frac{v}{3} = \frac{\sqrt{a^2 + b^2}}{a}$; $v = \frac{3}{a}\sqrt{a^2 + b^2} = \frac{3 \cdot 100}{80} = \frac{15}{4}$

Das kleinere Dreieck hat die Katheten $\tilde{a} = 80 - 3 - 5 = 72$; $\tilde{b} = 60 - 3 - \frac{15}{4} = 53{,}25$.

$x_{max} = 36$ von P_1 aus gemessen, für (A) und (B).

$A_{max} = \frac{1}{4} \cdot 72 \cdot 53{,}25 = 358{,}5$.

19 $V = \frac{1}{3} \cdot x^2 \cdot h$; $h^2 = \left(r - \frac{x}{2}\right)^2 - \left(\frac{x}{2}\right)^2$

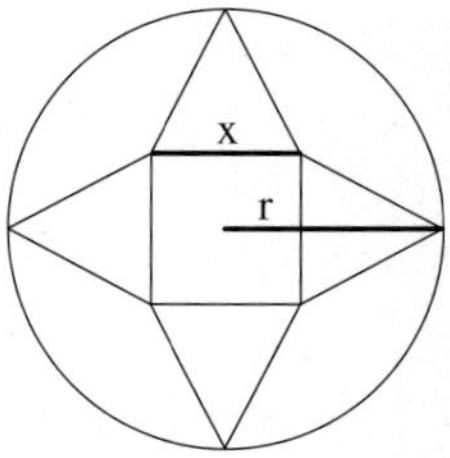

$V(x) = \frac{1}{3}x^2\sqrt{r^2 - rx}$

$[V(x)]^2$ wird maximal für $x = \frac{4}{5}r$; $V_{max} = \frac{16}{375}\sqrt{5}\,r^3$.

Bei maximalem Volumen ist die Oberfläche $\frac{8}{5}r^2$.

Für $r = 10\,cm$ erhält man $x = 8\,cm$ und

$V_{max} = V(8) \approx 95{,}4\,cm^3$ und $O = 160\,cm^2$.

Die Funktion $V(x) = \frac{1}{3}x^2 \cdot \sqrt{\left(10 - \frac{x}{2}\right)^2 - \left(\frac{x}{2}\right)^2}$ lässt sich am einfachsten mit dem CAS auf Maxima untersuchen. Man erhält natürlich die gleichen Werte wie oben. $h \approx 4{,}47\,cm$.

20 a) $T = K \cdot b \cdot h^2$; $\left(\frac{h}{2}\right)^2 = r^2 - \frac{b^2}{4}$

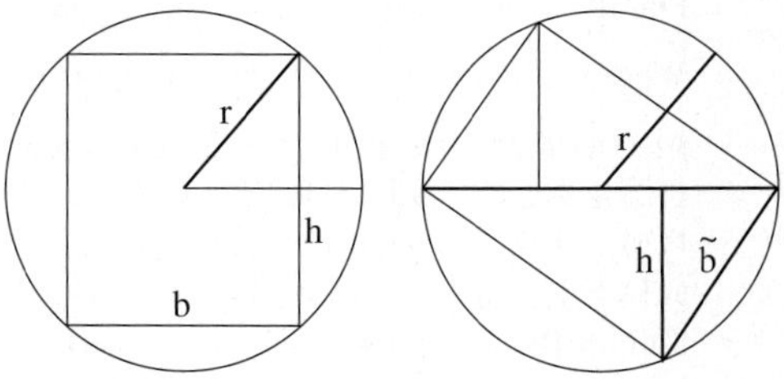

$T(b) = K \cdot b \cdot 4\left(r^2 - \frac{b^2}{4}\right) = K \cdot b\,(4r^2 - b^2)$

wird maximal für $b = \frac{2}{3}\sqrt{3}\,r$,

$h_{max} = \frac{2}{3}\sqrt{6} \cdot r$

Für $r = 50$ erhält man

$T(b) = K \cdot b \cdot (10\,000 - b^2)$; $b \in [0; 100]$

$T'(b) = K \cdot (10\,000 - 3b^2)$; $T''(b) = -6K \cdot b$

$T'(b) = 0$ ergibt $b = \frac{100}{3}\sqrt{3} \approx 57{,}74$ und $h = \frac{100}{3}\sqrt{6} \approx 81{,}65$.

Da $T''\left(\frac{100}{3}\sqrt{3}\right) < 0$ und $T(0) = T(100) = 0$, liegt an der Stelle $b = \frac{100}{3}\sqrt{3}$ ein absolutes Maximum vor. Die Lösung mit dem GTR ist ebenfalls möglich.

b) Aus dem Kathetensatz ergibt sich für allgemeinen Radius r:

$\tilde{b} = \frac{2}{3}r \cdot 2r = \frac{4}{3}r^2$; also $\tilde{b} = \frac{2}{3}\sqrt{3} \cdot r = b$.

Für $r = 50\,cm$ erhält man damit $\tilde{b} = b = 57{,}7\,cm$.

Die Zimmermannsregel ergibt also die exakte Lösung.

21 $E = (5000 + 300x)(25 - x)$ wird maximal für $x = 4{,}25$.

x: Stückpreissenkung in €.

Maximale Einnahmen bei einer Stückpreissenkung von 4,25 €

(neuer Stückpreis 20,75 €).

8 Bestimmung ganzrationaler Funktionen

S. 99 **1** a) I b) I; II

S. 101 **2** a) $f(x) = x^2 - 1$ b) $f(x) = \frac{3}{2}x^2 - \frac{3}{2}x$

3 a) $f(x) = (2 - c) \cdot x^2 + c$ b) $f(x) = ax^2 - 4a$
c) $f(x) = ax^2 + bx - 4a - 2b$ d) $f(x) = ax^2 + bx$

S. 102 **4** a) $f(x) = -x^3 + x^2 - x + 1$ b) $f(x) = 3x^3 - 2x^2 + x - 1$
c) $f(x) = ax^3 + \left(a - \frac{2}{3}\right)x^2 - \left(2a + \frac{4}{3}\right)x + 2$ d) $f(x) = -(b + c)x^3 + bx^2 + cx + 1$

5 $f(x) = ax^3 + bx^2 + cx + d$; $f'(x) = 3ax^2 + 2bx + c$; $f''(x) = 6ax + 2b$.
$f(2) = 0$: $8a + 4b + 2c + d = 0$
$f(-2) = 4$: $-8a + 4b - 2c + d = 4$
$f(-4) = 8$: $-64a + 16b - 4c + d = 8$
$f'(0) = 0$: $c = 0$
Daraus ergibt sich: $f(x) = -\frac{1}{4}x^3 - \frac{5}{6}x^2 + \frac{16}{3}$; $f'(x) = -\frac{3}{4}x^2 - \frac{5}{3}x$; $f''(x) = -\frac{3}{2}x - \frac{5}{3}$.
Wegen $f'(0) = 0$ und $f''(0) < 0$ liegt tatsächlich ein Hochpunkt in $x = 0$ vor.

b) $f(x) = ax^3 + bx^2 + cx + d$; $f'(x) = 3ax^2 + 2bx + c$; $f''(x) = 6ax + 2b$; $f'''(x) = 6a$.
$f(2) = 2$: $8a + 4b + 2c + d = 2$
$f(3) = 9$: $27a + 9b + 3c + d = 9$
$f(1) = 1$: $a + b + c + d = 1$
$f''(1) = 0$: $6a + 2b = 0$
Daraus ergibt sich $f(x) = x^3 - 3x^2 + 3x$; $f'(x) = 3x^2 - 6x + 3$; $f''(x) = 6x - 6$;
$f'''(x) = 6$.
Wegen $f''(1) = 0$ und $f'''(1) \neq 0$ liegt tatsächlich ein Wendepunkt in $x = 1$ vor. Da $f'(1) = 0$, hat der Graph im Wendepunkt $W(1|1)$ eine waagerechte Tangente.

6 a) 1. Möglichkeit:
$f(x) = ax^2 + bx + c$; $f'(x) = 2ax + b$; $f''(x) = 2a$
$f(2) = 0$: $4a + 2b + c = 0$
$f(4) = 0$: $16a + 4b + c = 0$
$f'(0) = 0$: $b = 0$
Aus $b = 0$ ergibt sich $a = 0$ und daraus $c = 0$, also existiert keine Funktion vom Grad 2, die die angegebenen Bedingungen erfüllt.
2. Möglichkeit:
Extremstelle muss bei $x_0 = \frac{2+4}{2} = 3$ liegen, also zwischen den Nullstellen.

S. 102 **6** b) 1. Möglichkeit:
$f(x) = ax^3 + bx^2 + cx + d$; $f'(x) = 3ax^2 + 2bx + c$; $f''(x) = 6ax + 2b$; $f'''(x) = 6a$.
$f'(0) = 0$: $c = 0$
$f'(3) = 0$: $27a + 6b + c = 0$
$f''(1) = 0$: $6a + 2b = 0$
Aus $c = 0$ ergibt sich $a = 0$ und daraus $b = 0$, also existiert keine Funktion vom Grad 3, die die angegebenen Bedingungen erfüllt.
2. Möglichkeit:
Wendestelle muss bei $x_0 = \frac{0+3}{2} = 1{,}5$ liegen, also zwischen den Extremstellen.

c) $f(x) = ax^4 + bx^2 + c$; $f'(x) = 4ax^3 + 2bx$; $f''(x) = 12ax^2 + 2b$; $f'''(x) = 24ax$
$f''(1) = 0$: $12a + 2b = 0$
$f'(2) = 0$: $32a + 4b = 0$
Daraus ergibt sich $a = b = 0$, also existiert keine Funktion vom Grad 4, die die angegebenen Bedingungen erfüllt.

7 a) $f(x) = \frac{2}{3}x^3 + 2x^2$ b) $f(x) = -x^3 + 3x + 2$

8 a) $f(x) = ax^3 - 12ax$ b) $f(x) = ax^3 + x$

9 (1) Gesucht ist eine ungerade ganzrationale Funktion f vom Grad 3, die an der Stelle $x = 2$ einen Wendepunkt besitzt.
(2) Gesucht ist eine ganzrationale Funktion f vom Grad 2, die einen Wendepunkt bei $x = 0$ hat.

10 a) $f(x) = 2x^4 - 4x^2 + 2$ b) $f(x) = \frac{1}{48}x^4 - \frac{1}{2}x^2 + \frac{5}{3}$

11 1. Möglichkeit:
$f(x) = ax^2 + bx + c$; $f'(x) = 2ax + b$; $f''(x) = 2a$; Berührpunkt $B(u|0)$
$f(0) = 2$: $c = 2$
$f(6) = 8$: $36a + 6b + c = 8$
$f(u) = 0$: $u^2a + ub + c = 0$
$f'(u) = 0$: $2ua + b = 0$
Daraus ergibt sich $u_1 = -6$ und $u_2 = 2$.
Für $u_1 = -6$ erhält man $a_1 = \frac{1}{18}$ und $b_1 = \frac{2}{3}$; für $u_2 = 2$ erhält man $a_2 = \frac{1}{2}$ und $b_2 = -2$. Gesuchte Funktion $f_1(x) = \frac{1}{18}x^2 + \frac{2}{3}x + 2$ mit $B_1(-6|0)$ bzw. $f_2(x) = \frac{1}{2}x^2 - 2x + 2$ mit $B_2(2|0)$.
2. Möglichkeit:
$f(x) = a(x-u)^2$ berührt die x-Achse in $S(u|0)$.
$f(0) = 2$: $a \cdot u^2 = 2$ ergibt $a = \frac{2}{u^2}$.
$f(6) = 8$: $a(6-u)^2 = 8$ ergibt $\frac{2}{u^2}(6-u)^2 = 8$ oder $-6u^2 - 24u + 72 = 0$ mit den Lösungen $u_1 = -6$ und $u_2 = 2$. Daraus ergibt sich $a_1 = \frac{1}{18}$ und $a_2 = \frac{1}{2}$.
Gesuchte Funktion $f_1(x) = \frac{1}{18}(x+6)^2$ oder $f_2(x) = \frac{1}{2}(x-2)^2$.

S. 102 **11** b) $f(x) = ax^3 + bx^2 + cx + d$; $f'(x) = 3ax^2 + 2bx + c$; $f''(x) = 6ax + 2b$; $f'''(x) = 6a$.

$f(-2) = 2$: $\quad -8a + 4b - 2c + d = 2$

$f(0) = 2$: $\quad d = 2$

$f(2) = 2$: $\quad 8a + 4b + 2c + d = 2$

Daraus ergibt sich die Funktion $f(x) = ax^3 - 4ax + 2$.

Berühren der x-Achse in $B(u|0)$:

$f(u) = 0$: $u^3 \cdot a - 4ua + 2 = 0$.

$f'(u) = 0$: $3u^2 \cdot a - 4a = 0$; daraus folgt $u_1 = -\frac{2}{3}\sqrt{3}$ bzw. $u_2 = \frac{2}{3}\sqrt{3}$.

Daraus folgt $a_1 = -\frac{3}{8}\sqrt{3}$ und $a_2 = \frac{3}{8}\sqrt{3}$.

Gesuchte Funktion: $f_1(x) = -\frac{3}{8}\sqrt{3}\,x^3 + \frac{3}{2}\sqrt{3}\,x + 2$ mit $B_1\left(-\frac{2}{3}\sqrt{3}\,\middle|\,0\right)$ bzw.

$f_2(x) = \frac{3}{8}\sqrt{3}\,x^3 - \frac{3}{2}\sqrt{3}\,x + 2$ mit $B_2\left(\frac{2}{3}\sqrt{3}\,\middle|\,0\right)$.

c) $f(x) = ax^4 + bx^2 + c$; $f'(x) = 4ax^3 + 2bx$; $f''(x) = 12ax^2 + 2b$; $f'''(x) = 24ax$

$f''(1) = 0$: $12a + 2b = 0$, also $b = -6a$.

Damit ist $f(x) = ax^4 - 6ax^2 + c$.

Relatives Minimum in $T(u|0)$ ergibt:

$f(u) = 0$: $u^4 \cdot a - 6u^2 \cdot a + c = 0$

$f'(u) = 0$: $4u^3 \cdot a - 12ua = 0$.

Aus der 2. Gleichung folgt: $u_1 = 0$; $u_2 = -\sqrt{3}$; $u_3 = \sqrt{3}$.

$u_1 = 0$ ergibt mit der 1. Gleichung: $c_1 = 0$: $f_1(x) = a(x^4 - 6x^2)$. Damit bei 0 ein Minimum vorliegt, muss wegen $f_1''(x) = 12ax^2 - 12a$ und damit $f_1''(0) = -12a > 0$ der Wert von a negativ sein, also $a < 0$.

$u_2 = \pm\sqrt{3}$ ergibt mit der 1. Gleichung $c_2 = 9a$: $f_2(x) = a(x^4 - 6x^2 + 9)$. Damit bei $\pm\sqrt{3}$ ein Minimum vorliegt, muss wegen $f_2''(x) = 12ax^2 - 12a$ und damit $f_2''(\pm\sqrt{3}) = 24a > 0$ der Wert von a positiv sein, also $a > 0$.

12 a) Kubische und quadratische Anpassung:

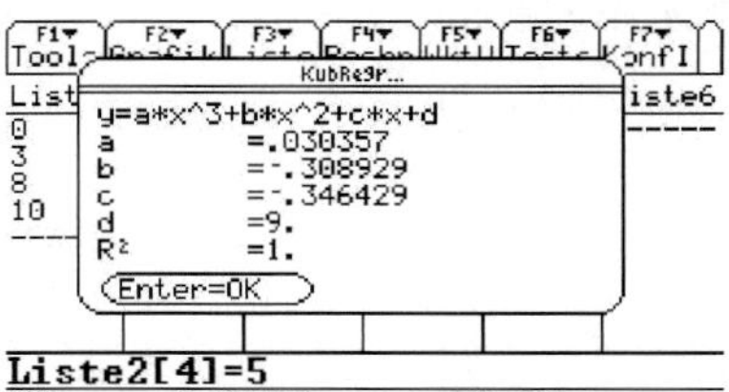

Fig. 1

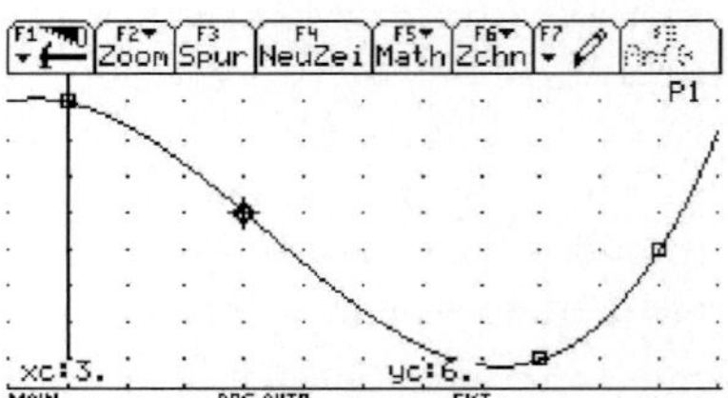

Fig. 2

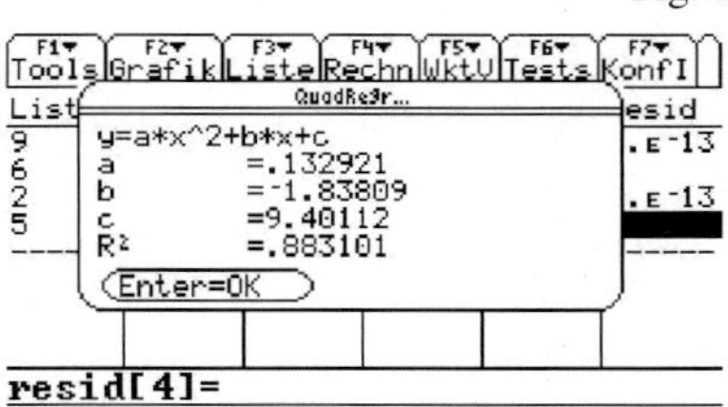

Fig. 3

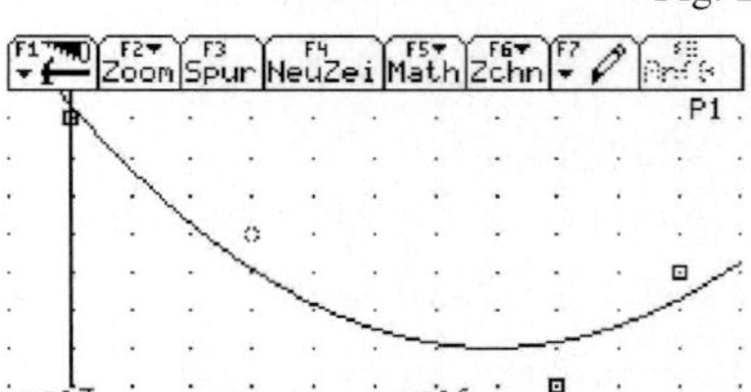

Fig. 4

_S. 102_ **_12_** b) Anpassungen 4. und 3. Ordnung:

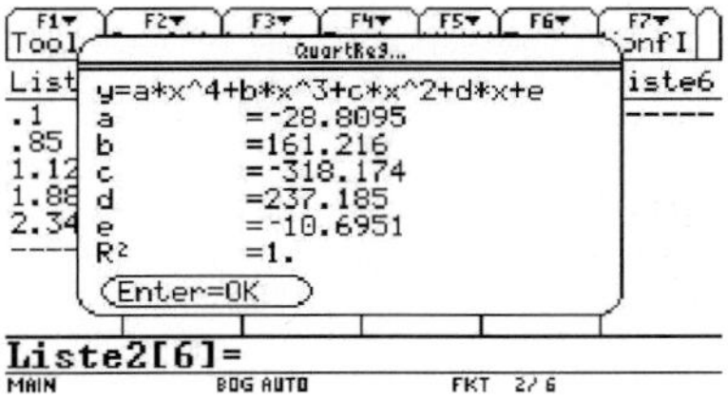

Fig. 1

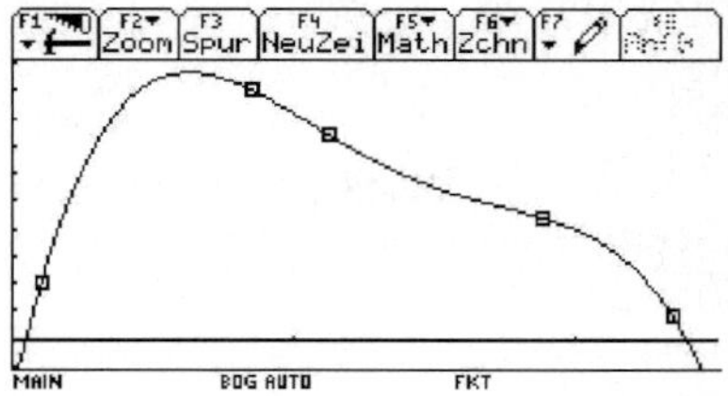

Fig. 2

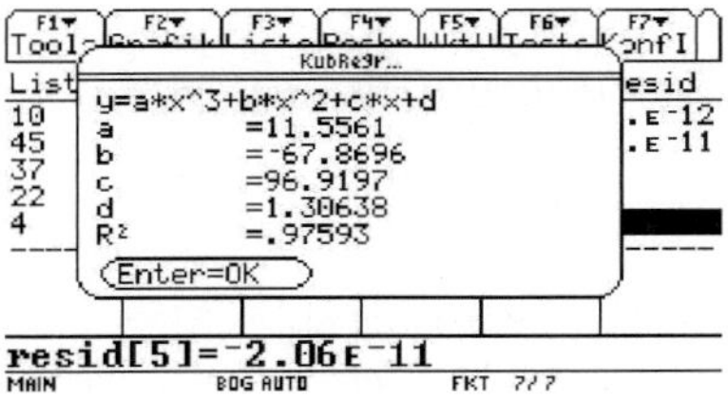

Fig. 3

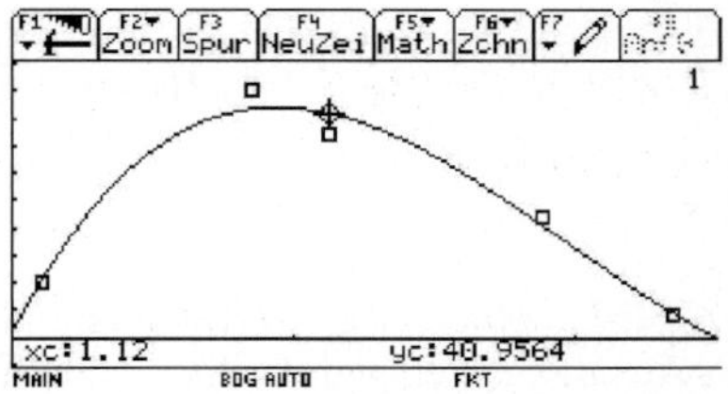

Fig. 4

c) Quadratische und lineare Anpassung:

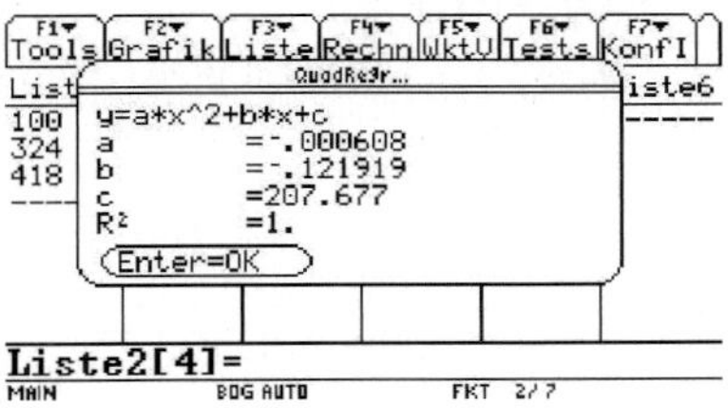

Fig. 5

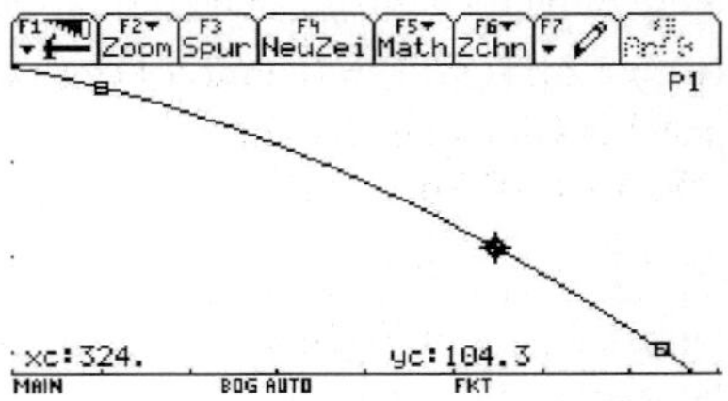

Fig. 6

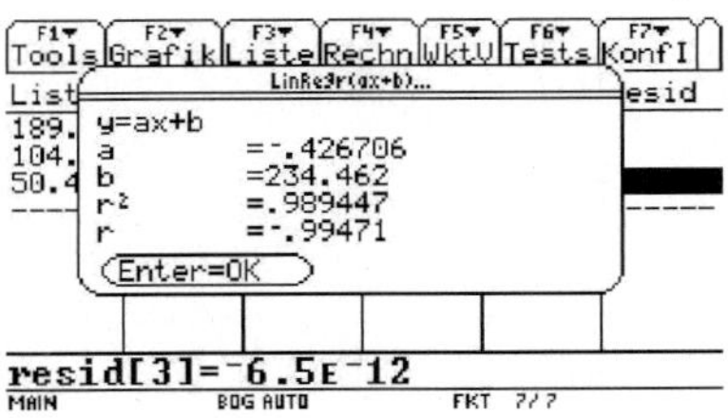

Fig. 7

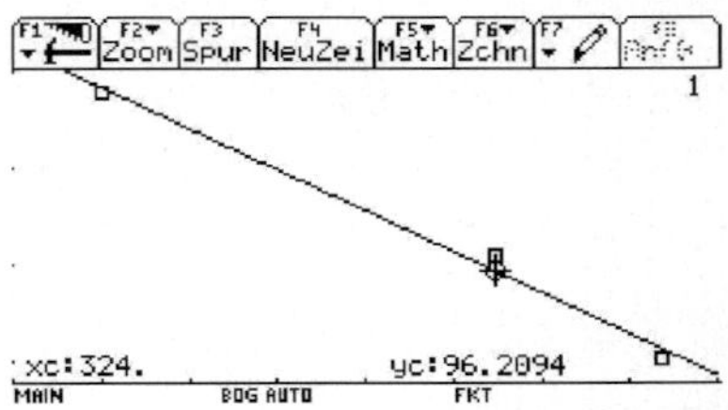

Fig. 8

d) Anpassungen 4. und 3. Ordnung:

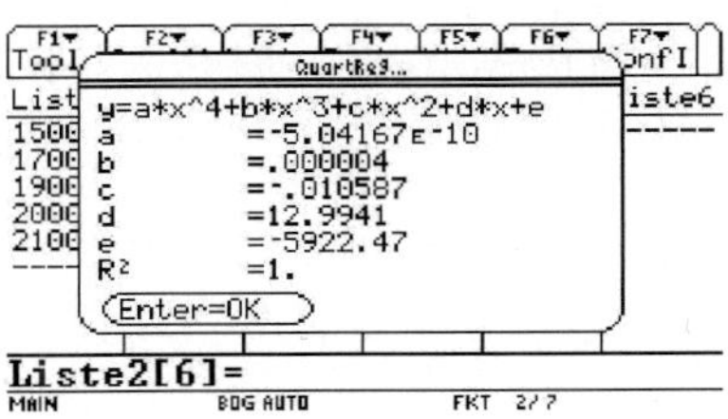

Fig. 9

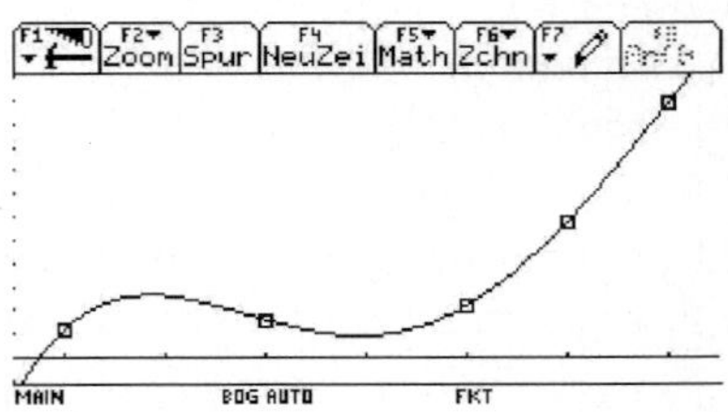

Fig. 10

S. 102 **12**

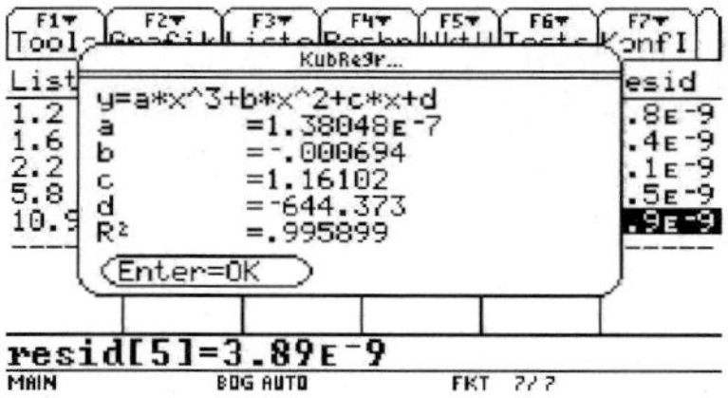

Fig. 1

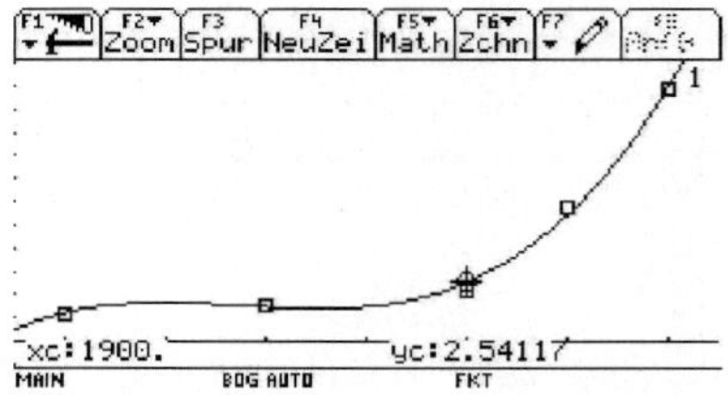

Fig. 2

9 *Ganzrationale Funktionen in Sachzusammenhängen mit vorgegebenem Koordinatensystem*

S. 103 **1** a) Der Graph einer ganzrationalen Funktion 2. Grades. (Wurfparabel)
b) Aus den gegebenen Bedingungen bestimmt man zuerst die Gleichung der ganzrationalen Funktion 2. Grades. Um den höchsten Punkt der Flugbahn zu bestimmen, berechnet man anschließend den Scheitelpunkt der Wurfparabel.
Bedingungen an die gesuchte Funktion f mit $f(x) = a x^2 + b x + c$:
$f(0) = 1{,}5$; $f(19{,}5) = 0$ und $f'(19{,}5) = -\frac{\sqrt{3}}{3}$.
Lineares Gleichungssystem:

$$380{,}25\,a + 19{,}5\,b = -1{,}5$$
$$39\,a + \quad b = -\frac{\sqrt{3}}{3}.$$

Damit: $f(x) = -0{,}0256\,x^2 + 0{,}4232\,x + 1{,}5$ mit dem Scheitelpunkt $S(8{,}25\,|\,3{,}25)$.
Die maximale Höhe beträgt etwa 3,25 m.

S. 105 **2** a) $f(x) = a x^3 + b x^2 + c x + d$;
$f'(x) = 3 a x^2 + 2 b x + c$
I. $f(2) = -1$: $\quad 8a + 4b + 2c + d = -1$
II. $f'(2) = -\frac{1}{2}$: $\quad 12a + 4b + c = -\frac{1}{2}$
III. $f(7) = 1$: $\quad 343a + 49b + 7c + d = 1$
IV. $f'(7) = 2$: $\quad 147a + 14b + c = 2$
Mit dem GTR löst man das System und erhält $f(x) = \frac{7}{250}x^3 - \frac{16}{125}x^2 - \frac{81}{250}x - \frac{8}{125}$ im Bereich [2; 7].

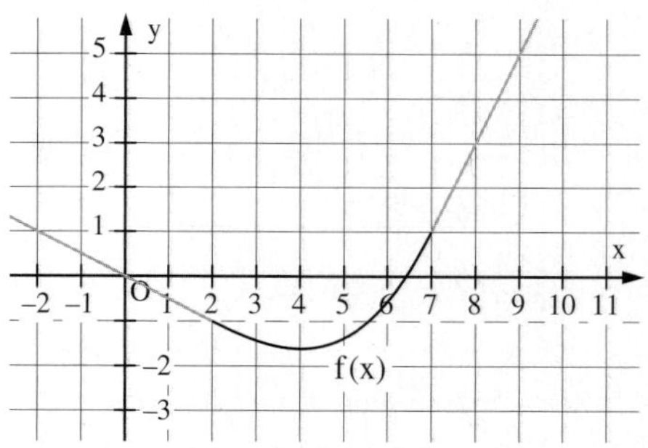

b) Man bestimmt die Punkte $P_2(2|-1)$, $P_2(3|-1{,}432)$, $P_4(4|-1{,}616)$, $P_5(5|-1{,}384)$, $P_6(6|-0{,}568)$, $P_7(7|1)$, berechnet die Längen

$\overline{P_2P_3} = \sqrt{(-1{,}432 - (-1))^2 + (3-2)^2} \approx 1{,}089$;
$\overline{P_3P_4} = \sqrt{(-1{,}616 - (-1{,}432))^2 + (4-3)^2} \approx 1{,}017$;
$\overline{P_4P_5} = \sqrt{(-1{,}384 - (-1{,}616))^2 + (5-4)^2} \approx 1{,}027$;
$\overline{P_5P_6} = \sqrt{(-0{,}568 - (-1{,}384))^2 + (6-5)^2} \approx 1{,}291$;
$\overline{P_6P_7} = \sqrt{(1 - (-0{,}568))^2 + (7-6)^2} \approx 1{,}860$.

Näherungsweise Länge des Verbindungsstücks: L = 6,28 LE.

S. 105 **3** a) $f(x) = a\,x^3 + b\,x^2 + c\,x + d$
$f(0) = 0$; $f'(0) = 0$; $f(5) = -0{,}5$;
$f(10) = -1{,}6$; $f(x) = 0{,}0008\,x^3 - 0{,}024\,x^2$
b) $f(7) = -0{,}9016$; Auslenkung = 9,016 mm

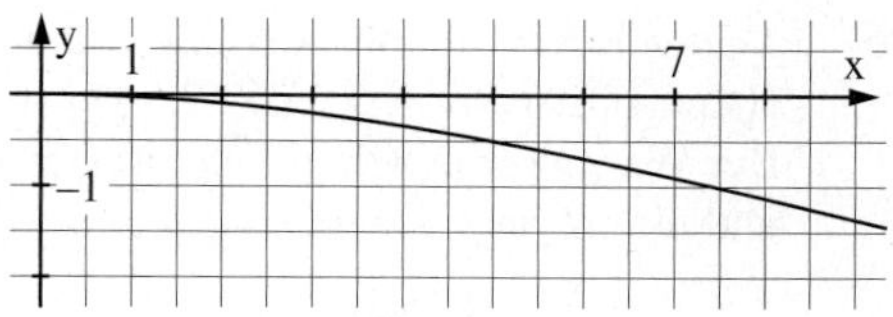

4 a) Man gibt die gegebenen Werte in die Listen L1 und L2 ein (Fig. 1) und macht eine Annäherung mit einer ganzrationalen Funktion vom Grad 3 (Fig. 2 und Fig. 3):
$f(x) = -0{,}000\,005\,121\,x^3 - 0{,}002\,57\,x^2 + 1{,}183\,70\,x$.

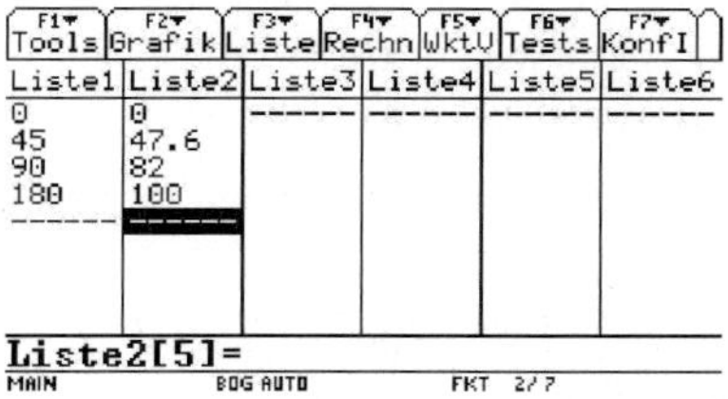

Fig. 1

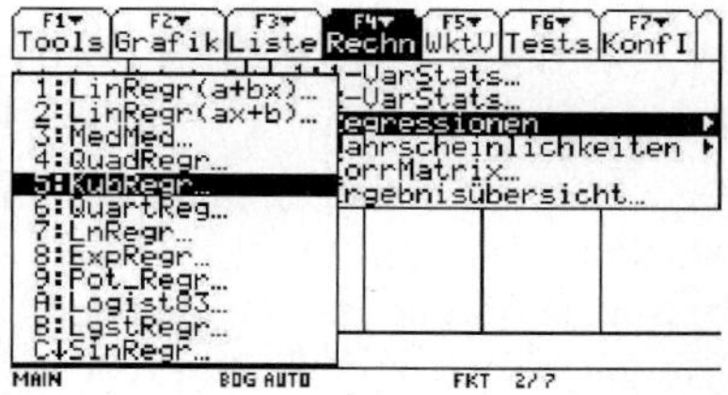

Fig. 2

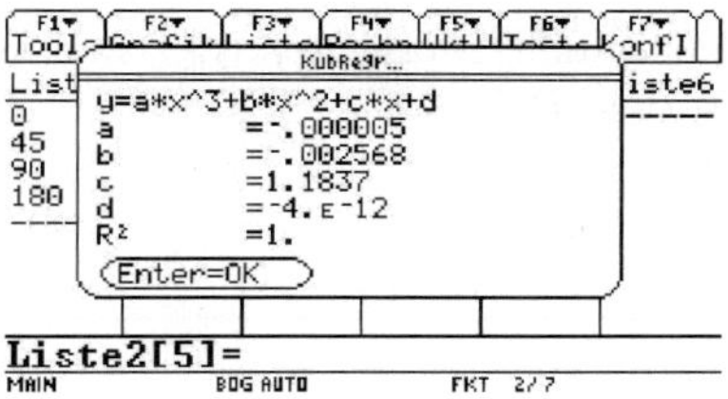

Fig. 3

b) Fig. 4 zeigt den Graphen von f; die Ableitung bei 30° ist ca. 1,016 (Fig. 5). Sie besagt, dass bei 30° die Veränderung um 1° ca. 1 % Vergrößerung der sichtbaren Fläche ausmacht.

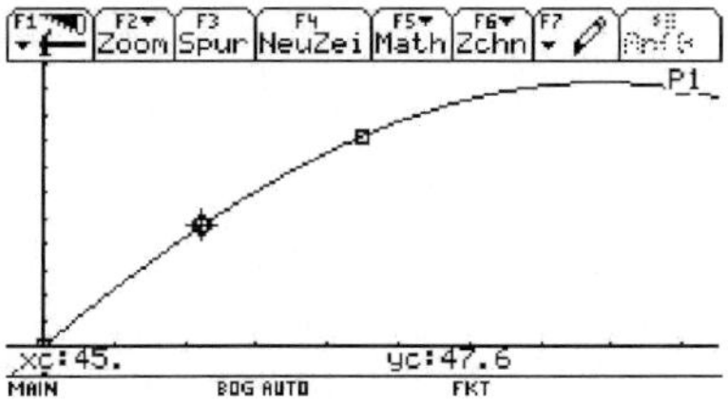

Fig. 4

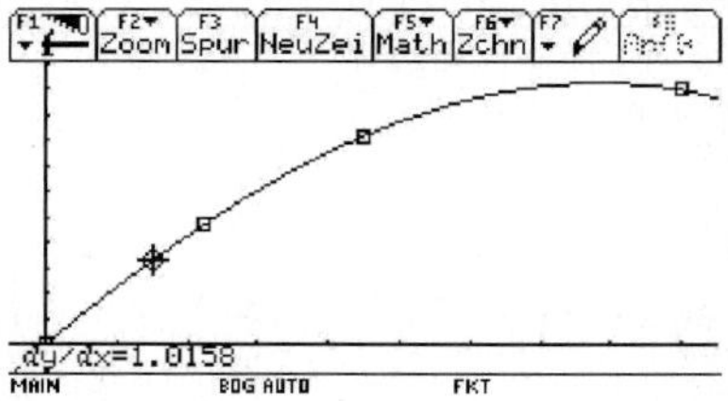

Fig. 5

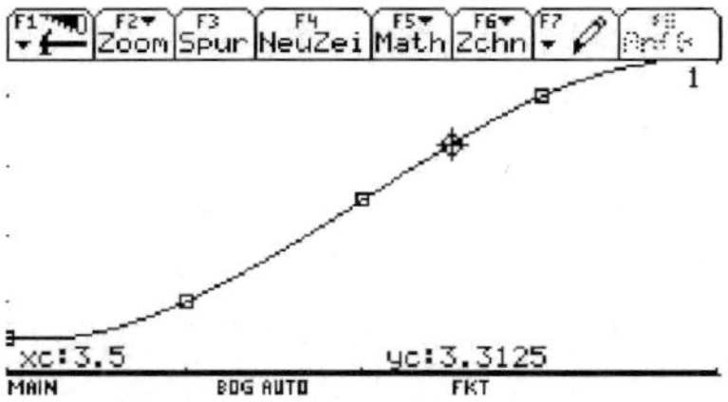

Fig. 6

S. 105 **5** Man geht vor wie bei Aufgabe 4 und erhält die Funktion f mit
$f(x) = -0{,}1667\,x^3 + 1{,}5\,x^2 - 2{,}833\,x + 2$ (Fig. 6; S. 95).
Der Wasserverbrauch nimmt anfangs immer stärker zu, ist nach 3 Stunden am größten und nimmt dann weniger stark zu.

6 a) Ansatz: $f(t) = a t^3 + b t^2 + c t + d$; $f'(t) = 3 a t^2 + 2 b t + c$.
Es ist
I. $f(0) = 19$: $d = 19$
II. $f(6) = 17{,}8$: $216a + 36b + 6c + d = 17{,}8$
III. $f'(6) = 0$: $108a + 12b + c = 0$
IV. $f'(17) = 0$: $867a + 34b + c = 0$
Daraus ergibt sich $f(t) = -\frac{1}{675}t^3 + \frac{23}{450}t^2 - \frac{34}{75}t + 19$.
Dem Kurvenverlauf entnimmt man, dass bei $t = 6$ ein Minimum und bei $t = 17$ ein Maximum vorliegt (Fig. 1).
b) Man bestimmt das Maximum der 1. Ableitung und erhält, dass der stärkste Temperaturanstieg um 11.30 Uhr erfolgt mit ca. $0{,}13\,\frac{°C}{h}$ (Fig. 2).
c) Die momentane Änderungsrate um 22.00 Uhr beträgt $-0{,}356\,\frac{°C}{h}$, d.h. dass die Temperatur um 22.00 Uhr um ca. 0,36 °C pro Stunde fällt. Dies ist sehr viel, so dass die Modellierung ab ca. 21 Uhr infrage zu stellen ist (Fig. 3).

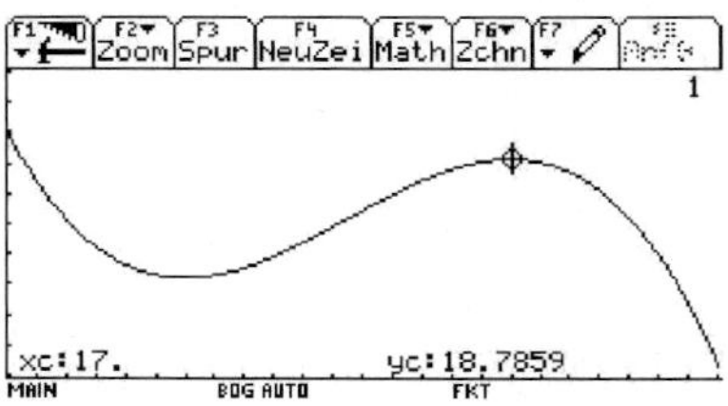

Fig. 1

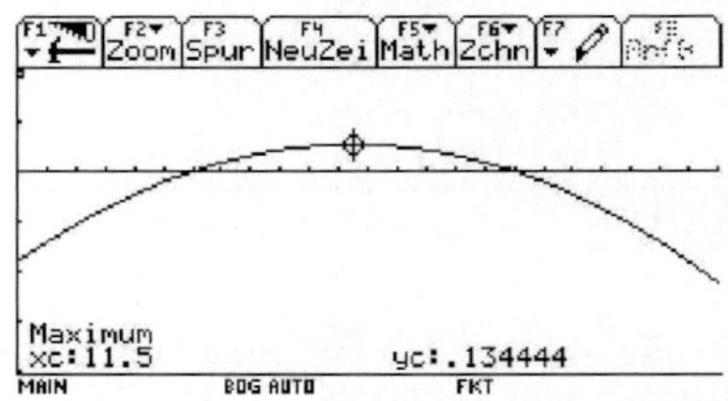

Fig. 2

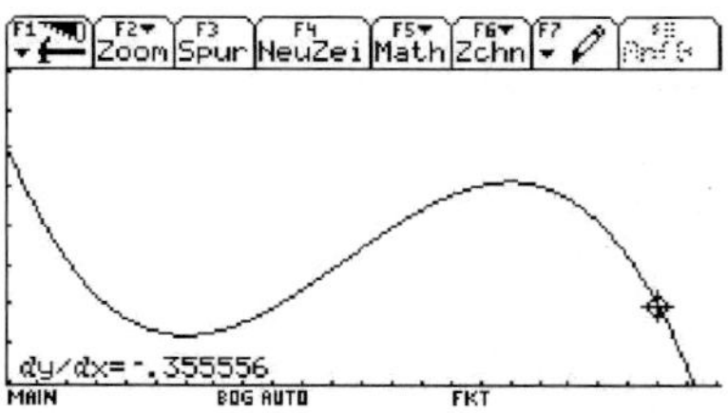

Fig. 3

7 a) $m = \frac{88 - 1{,}5}{6 - 0} \approx 14{,}4$. Damit nimmt ein Ferkel im Durchschnitt pro Monat ca. 14,5 kg zu.
b) $f(x) = -0{,}051\,x^4 - 0{,}206\,x^3 + 4{,}585\,x^2 - 5{,}536\,x + 1{,}011$ (Fig. 1 und Fig. 2; S 97).
c) Die momentane Änderungsrate ist maximal nach etwa 3 Monaten. Das Ferkel nimmt zu diesem Zeitpunkt 22 kg je Monat zu (Fig. 3; S.97).
d) $g(x) = -0{,}819\,x^3 + 6{,}857\,x^2 + 2{,}950\,x + 1{,}274$ (Fig. 4 und Fig. 5; S. 97).
e) Die Wachstumsgeschwindigkeit ist bei dem Graphen von g schon 7 Tage früher maximal. Dies ist aber keine große Veränderung (Fig. 6; S. 97). Beide Modellierungen sind sehr gut.

S. 105 **7** Weitere Fragestellungen:
(1) Wie groß ist die Änderungsrate im dritten Monat?
(2) Wie groß ist die momentane Änderungsrate nach 10 Tagen? Ist dies realistisch?
(3) Wann hat das Ferkel ein Gewicht von 20 kg (Spanferkel)?

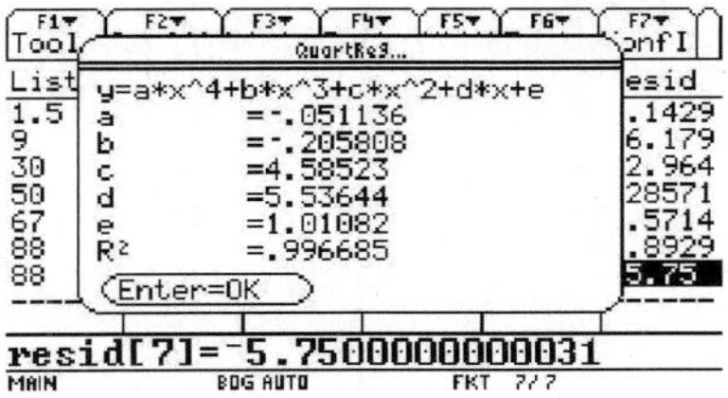

Fig. 1

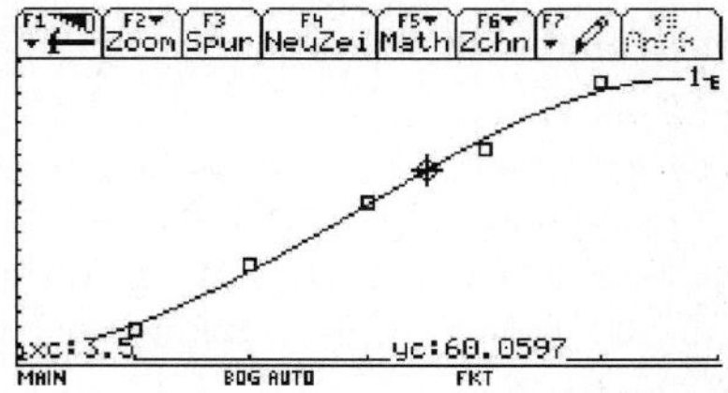

Fig. 2

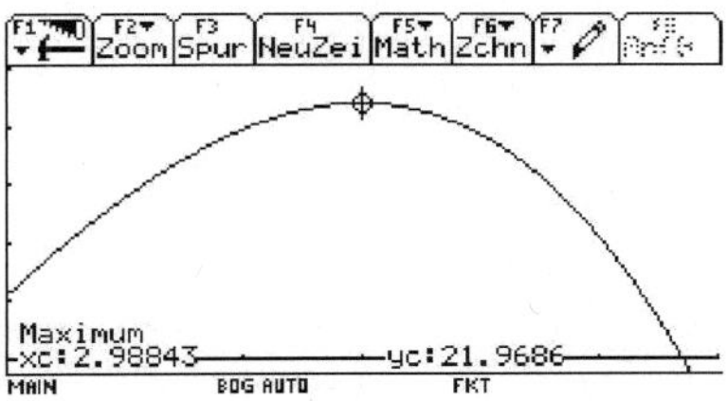

Fig. 3

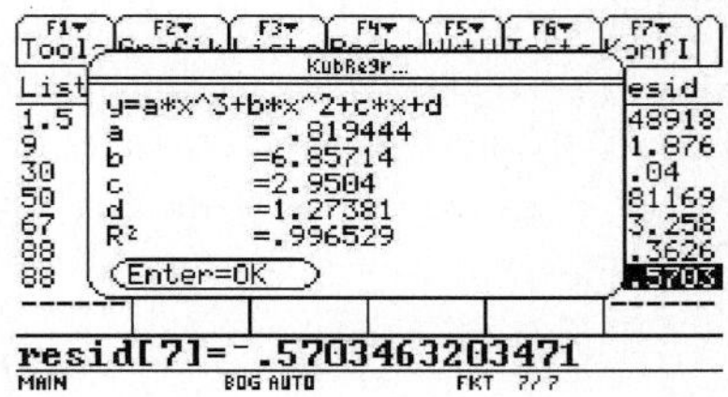

Fig. 4

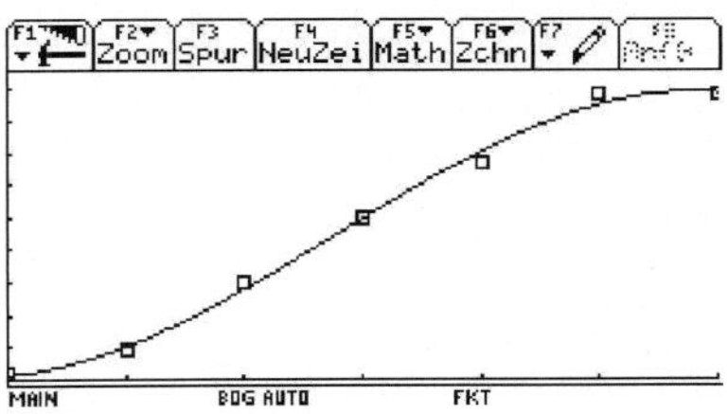

Fig. 5

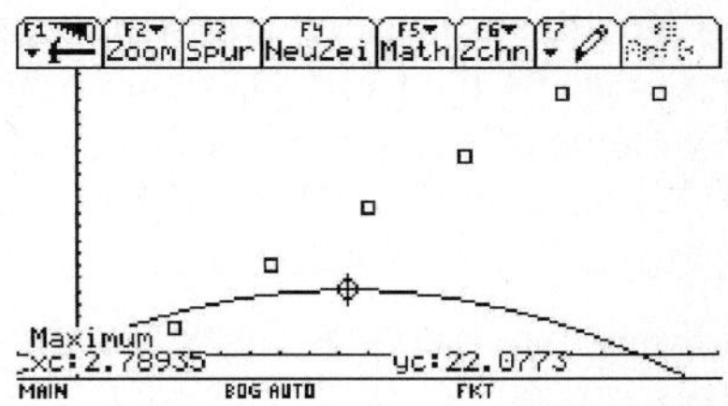

Fig. 6

10 *Ganzrationale Funktionen in Sachzusammenhängen ohne vorgegebenes Koordinatensystem*

S. 106 **1** a) $f(x) = -\frac{37}{29}x + 6{,}3$

b) $l = \sqrt{(4{,}8 + 6{,}3)^2 + 8{,}7^2} = \sqrt{198{,}9} \approx 14{,}1\,\text{km}$

c) $\tan(\alpha) = -\frac{37}{29}$; $\alpha \approx 128{,}09°$; $\beta \approx 51{,}9°$

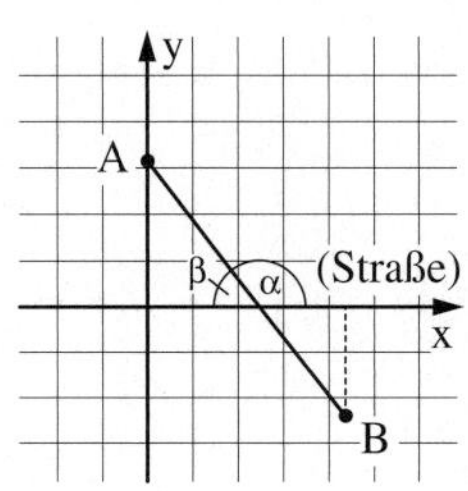

S. 107 **2** a) $f'(0) = 0$; $f(0) = 0$; $f(5) = 1$; $f'(5) = 0$
Ansatz: $f(x) = ax^3 + bx^2 + cx + d$
$f(x) = -\frac{2}{125}x^3 + \frac{3}{25}x^2$
b) $f(4) = \frac{112}{125} = 0{,}896 > 0{,}7$
Die Platte wird überdeckt.

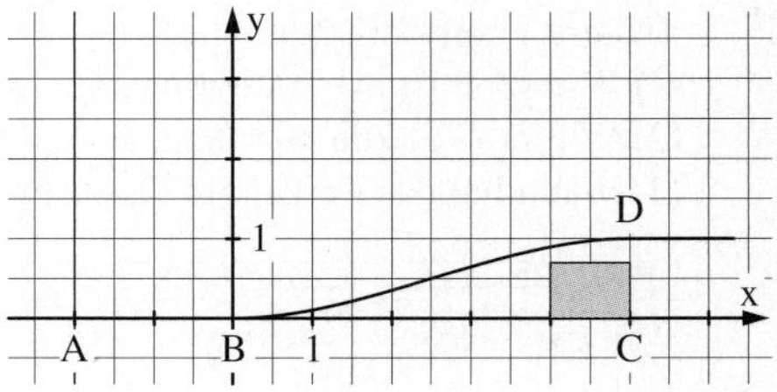

S. 108 **3** a) Koordinatensystem wie Figur rechts.
Ansatz: $f(x) = ax^2 + b$. Bedingungen:
$f\left(\frac{5}{2}\right) = 0$ (Punkt A); $f\left(\frac{2{,}5}{2}\right) = 2{,}2$ (Punkt B).
Gleichungen: $a \cdot \frac{25}{4} + b = 0$; $a \cdot \frac{35}{16} + b = 0$;
also: $a = -0{,}469$; $b = 2{,}933$.
$f(x) = -0{,}469x^2 + 2{,}933$
b) $f(0) = 2{,}933$. Mindesthöhe des Kellers: 2,933 m.

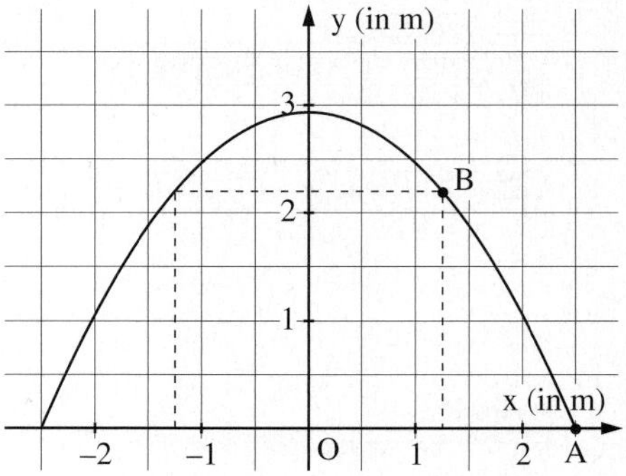

4 a) Koordinatensystem wie Figur rechts.
$f(x) = ax^2 + bx + c$, $f'(x) = 2ax + b$.
Bedingungen: $f(0) = 15$, also $c = 15$.
$f(50) = 35$, also $a \cdot 50^2 + b \cdot 50 + 15 = 35$.
$f'(50) = \frac{1}{2}$, also $100 \cdot a + b = \frac{1}{2}$.
Lösung: $a = 0{,}002$; $b = 0{,}3$; $c = 15$.
$f(x) = 0{,}002x^2 + 0{,}3x + 15$ mit $0 \leqq x \leqq 50$
b) Tiefster Punkt: A.
Nachweis: Aus $f'(x) = 0$ folgt $0{,}004x + 0{,}3 = 0$ mit $x = -75 \notin D_f$.
Minimum am Rand des Definitionsbereichs.

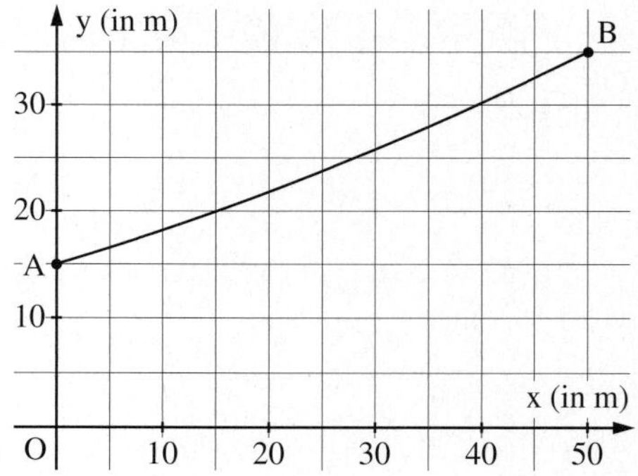

c) Gleichung der Geraden durch A und B: $y = \frac{2}{5}x + 15$.
$d(x) = \frac{2}{5}x + 15 - f(x) = -0{,}002x^2 + 0{,}1x$; $d'(x) = -0{,}004x + 0{,}1$; $d''(x) = -0{,}004$
Aus $f'(x) = 0$ folgt $x = 25$, also $D(25\,|\,23{,}75)$; der Durchhang $d(25) = 1{,}25$ (in m).

S. 108 **5** Koordinatensystem wie in Fig. 1

Ansatz: $f(x) = a x^3 + b x^2 + c x + d$;

$f'(x) = 3 a x^2 + 2 b x + c$.

$f(0) = 0$: $d = 0$

$f'(0) = 0$: $c = 0$

$f(40) = 10$: $64\,000 a + 1600 b = 10$

$f'(40) = 0$: $4800 a + 80 b = 0$

Damit $a = -\frac{1}{3200}$; $b = \frac{3}{160}$; also

$f(x) = -\frac{1}{3200} \cdot x^3 + \frac{3}{160} x^2$.

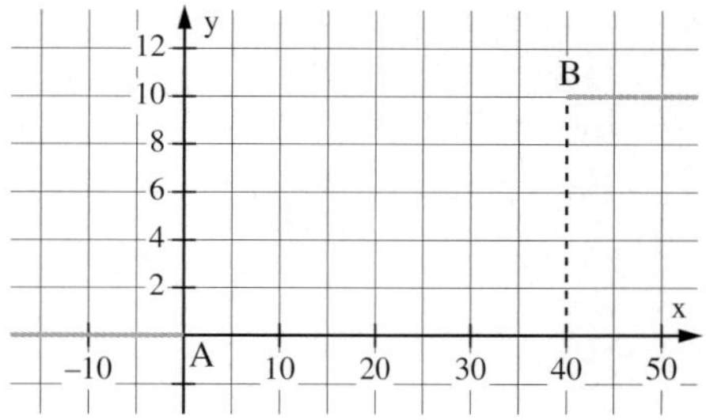

Fig. 1

Koordinatensystem wie in Fig. 2

Wegen der Symmetrie zur y-Achse macht man den Ansatz:

$f(x) = a x^2 + b$; $f'(x) = 2 a x$.

$f(50) = 50$: $2500 a + b = 50$

$f'(50) = -1$: $100 a = -1$;

also $a = -\frac{1}{100}$; $b = 75$;

also $f(x) = -\frac{1}{100} \cdot x^2 + 75$.

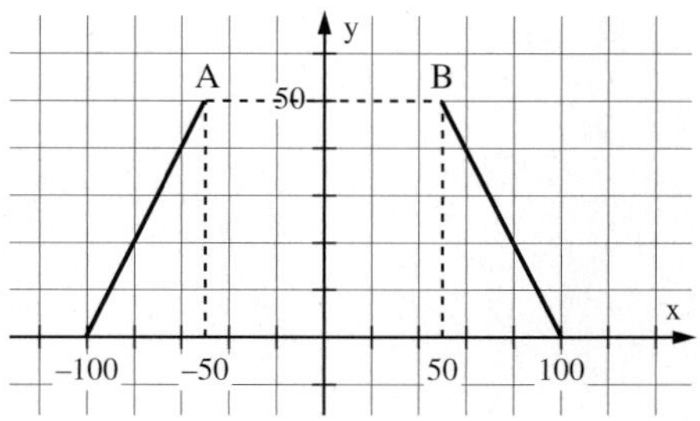

Fig. 2

b) Koordinatensystem wie in Fig. 1

Der Ansatz $g(x) = a x^4 + b x^3 + c x^2 + d x + e$ führt nicht zum Ziel, daher

$g(x) = a x^5 + b x^4 + c x^3 + d x^2 + e x + f$; $g'(x) = 5 a x^4 + 4 b x^3 + 3 c x^2 + 2 d x + e$;

$g''(x) = 20 a x^3 + 12 b x^2 + 6 c x + 2 d$.

$g(0) = 0$: $f = 0$

$g'(0) = 0$: $e = 0$

$g(40) = 10$: $102\,400\,000 a + 2\,560\,000 b + 64\,000 c + 1600 d = 10$

$g'(40) = 0$: $12\,800\,000 a + 256\,000 b + 4800 c + 80 d = 0$

$g''(40) = g''(0)$: $1\,280\,000 a + 19\,200 b + 240 c + 2 d = 2 d$

Daraus ergibt sich $a = \frac{3}{5\,120\,000}$; $b = \frac{32 d - 3}{51\,200}$;

$c = \frac{1 - 32 d}{640}$. Setzt man $d = 0$, so erhält man die gesuchte Funktion

$g(x) = \frac{3}{5\,120\,000} \cdot x^5 - \frac{3}{51\,200} \cdot x^4 + \frac{1}{640} \cdot x^3$.

Koordinatensystem wie in Fig. 2

In Fig. 2 stimmen bereits beim Ansatz von a) die 2. Ableitungen an den Anschlussstellen überein. Dort ist nämlich $f''(x) = 2 a$.

Die Anschlüsse zu Fig. 1 mit den Ansätzen von a) und von b) siehe Fig. 3.

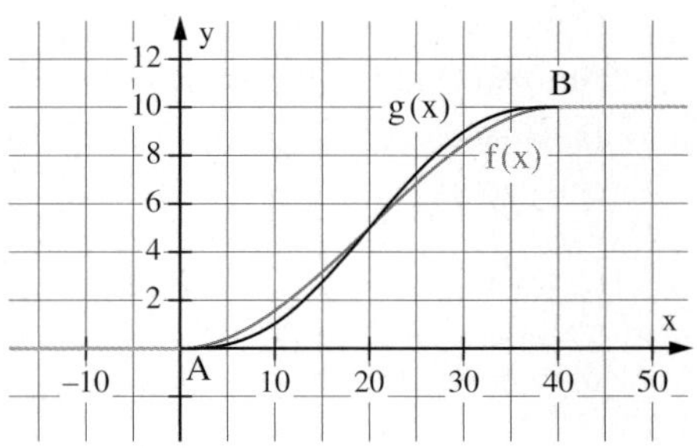

Fig. 3

Randspalte:

Bei Verbindung durch Kreisbogenteile würden unnötig scharfe Kurven entstehen.

S. 108 **6** a) Ansatz: $f(x) = ax^2 + bx + c$. Gleichungen: $f(0) = 9000$; $f'(0) = 1$; $f(5000) = 9000$.
Lösung: $f(x) = -0{,}0002\,x^2 + x + 9000$.

b) $v = 800\,\frac{km}{h} = \frac{800}{3{,}6}\,\frac{m}{s} \approx 222{,}2\,\frac{m}{s}$. Also $t = \frac{s}{v} \approx \frac{5000}{222{,}2} \approx 22{,}5$.

Die Schwerelosigkeit dauert bei den vorgegebenen Daten etwa 22,5 s.

11 Funktionenscharen in Sachzusammenhängen

S. 109 **1** a)

Jahre	Kapital	Zins 3 %	Endbetrag
0	500,00	15,00	515,00
1	515,00	15,45	530,45
2	530,45	15,91	546,36
3	546,36	16,39	562,75
4	562,75	16,88	579,63
5	579,63	17,39	597,02
6	597,02	17,91	614,93
7	614,93	18,45	633,38
8	633,38	19,00	652,38

b) So ist z. B. $K_3(6) = 500\left(1 + \frac{3}{100}\right)^6 = 500 \cdot 1{,}03^6 \approx 597{,}03$.

Die Differenz von 1 ct entsteht durch Rundungsabweichungen.

Randspalte:
Die Wahl des Parameters s hängt von der gewünschten Innenraumtemperatur ab.

S. 110 **2** $U = 2a + 2b$; also $b = \frac{U - 2a}{2} = \frac{U}{2} - a$. $A = a \cdot b$; also $A(a) = \frac{U}{2} \cdot a - a^2$;
$A'(a) = \frac{U}{2} \cdot a - 2a$; $A''(a) = -2$.

Aus $A'(a) = \frac{U}{2} - 2a = 0$ folgt $a = \frac{U}{4}$; wegen $A''\left(\frac{U}{4}\right) < 0$ liegt an der Stelle $a = \frac{U}{4}$ ein Maximum vor. Es gilt $b = \frac{U}{4} = a$; das Rechteck mit dem größten Flächeninhalt ist also ein Quadrat.

3 Es ist $V(x) = (2a - 2x)(a - 2x) \cdot x = 4x^3 - 6ax^2 + 2a^2x$ mit $0 \leqq x \leqq \frac{a}{2}$.
$V'(x) = 12x^2 - 12ax + 2a^2$; $V''(x) = 24x - 12a$
$V'(x) = 12x^2 - 12ax + 2a^2 = 0$ ergibt
$x_0 = \frac{a}{2}\left(1 - \frac{\sqrt{3}}{3}\right) \approx 0{,}211\,a$. Wegen $V''(x_0) < 0$ liegt ein lokales Maximum vor, das wegen $V(0) = V\left(\frac{a}{2}\right) = 0$ ein absolutes Maximum ist. $V_{max} = \frac{\sqrt{3}}{9}a^3 \approx 0{,}192\,a^3$.

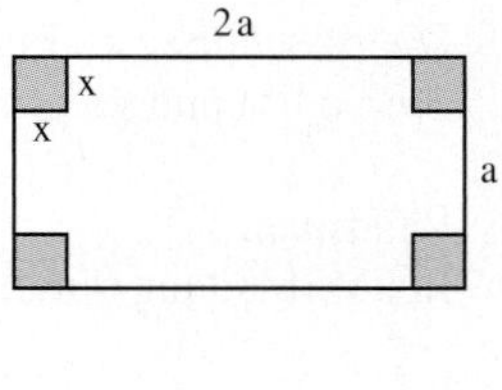

S. 110 **4** Oberfläche $O = 2\pi x h + 2\pi x^2$; das Volumen ist $V = \pi x^2 h$; also $h = \frac{V}{\pi x^2}$ mit $0 < x < \infty$.

Zielfunktion $O(x) = \frac{2V}{x} + 2\pi x^2$; $O'(x) = -\frac{2V}{x^2} + 4\pi x$; $O''(x) = \frac{4V}{x^3} + 4\pi$.

$O'(x) = -\frac{2V}{x^2} + 4\pi x = 0$ für $x_0 = \left(\frac{V}{2\pi}\right)^{\frac{1}{3}} = \sqrt[3]{\frac{V}{2\pi}}$. Dies ist ein absolutes Minimum wegen

$O''(x_0) = \frac{4V}{x_0^3} + 4\pi > 0$ und $O(x) \to +\infty$ für $x \to 0$ und $x \to +\infty$.

Die zu x_0 gehörige Höhe ist $h_0 = \frac{V}{\pi\left(\frac{V}{2\pi}\right)^{\frac{2}{3}}} = \frac{2^{\frac{2}{3}} V^{\frac{1}{3}}}{\pi^{\frac{1}{3}}} = \sqrt[3]{\frac{4V}{\pi}} = \sqrt[3]{\frac{8V}{2\pi}} = 2 \cdot \sqrt[3]{\frac{V}{2\pi}} = 2x_0$.

Damit ist der Materialverbrauch am geringsten, wenn der Durchmesser des Bodens und die Höhe übereinstimmen und den Wert $\sqrt[3]{\frac{4V}{\pi}}$ LE haben.

5 a) Der Personenzahl x ist zugeordnet das Speichervolumen $1{,}5 \cdot t \cdot x$ in Litern, wobei t Liter eine Kollektorfläche $f(t)$ benötigen. Dem Wasserbedarf wird wiederum die Kollektorfläche zugeordnet: Aus 200 Liter $\to 3\,m^2$ und 500 Liter $\to 7\,m^2$ erhält man die lineare Funktion $f(t) = \frac{1}{75}t + \frac{1}{3}$. Damit gilt für die für x Personen benötigte Kollektorfläche: $f_t(x) = \frac{1}{75}\left(\frac{3}{2}tx\right) + \frac{1}{3} = \frac{t}{50}x + \frac{1}{3}$.

b) $f_{50}(4) = 4\frac{1}{3}$ (in m^2).

6 a) Der Punkt A liegt im Ursprung, der Punkt B hat die Koordinaten $(a|0)$.

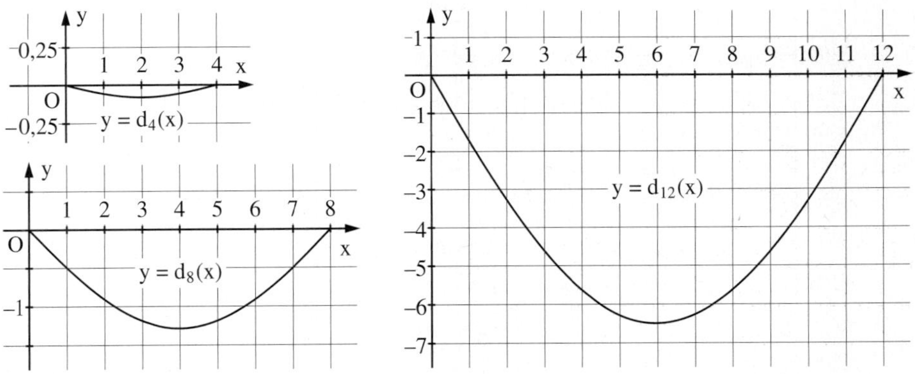

b) $d_a'(x) = \frac{1}{1000} \cdot (-4x^3 + 6ax^2 - a^3)$; aus $d_a'(x) = 0$ folgt aus Symmetriegründen $x_1 = \frac{a}{2}$; $x_{2/3} = \frac{a}{2} \pm \frac{a}{2}\sqrt{3} \notin D_{d_a}$. Mit $d_a\left(\frac{a}{2}\right) = -\frac{a^4}{3200}$ beträgt die maximale Durchbiegung $d_{max} = \frac{a^4}{3200}$ (in cm). Aus $d_{max} < 0{,}1$ folgt $a < 4{,}23$.

7 a) vgl. Fig. 1 auf der nächsten Seite.
Da K_t nicht für alle $x \in \mathbb{R}$ definiert ist, muss der vorhandene Wendepunkt nicht im Definitionsbereich liegen. Es gilt:

$K_t'(x) = 0{,}0132x^2 - 0{,}4tx + 5t^2$

$K_t''(x) = 0{,}0264x - 0{,}4t$

Aus $K_t''(x) = 0$ erhält man $x = \frac{500}{33}t = 15{,}\overline{15} \cdot t$.

S. 110 **7** Der Wendepunkt W_t von K_t liegt innerhalb des Definitionsbereichs $0 \leqq x \leqq 100$ für $0 \leqq t \leqq 6{,}6$ und lautet

$W_t\left(\frac{500}{33}t \,\middle|\, \frac{147\,500}{3267}t^3 + 100\right)$ bzw. $W_t(15{,}\overline{15} \cdot t \,|\, 45{,}148\,t^3 + 100)$.

b) Umsatz: $U_t(x) = 6 \cdot (t + 10) \cdot x$,
x in Produktionseinheiten, U in €, Gewinn: $G_t(x) = U_t(x) - K_t(x)$

1. $t = -2$:
$G_{-2}(x) = -0{,}0044\,x^3 - 0{,}4\,x^2 + 28\,x - 100$
$G_{-2}'(x) = -0{,}0132\,x^2 - 0{,}8\,x + 28$; $G_{-2}''(x) = -0{,}0264\,x - 0{,}8$.
Aus $G_{-2}'(x) = 0$ folgt $x_1 \approx 24{,}83$ (bzw. $x_2 \approx -85{,}43$). Da $G_{-2}''(x_1) < 0$ ist x_1 die Stelle, des relativen Maximums des Gewinns mit $G_{-2}(x_1) \approx 281{,}27$ (in €). Da $G_{-2}(0) = -100$ und $G_{-2}(100) = -5700$ ist, wird für x_1 auch das absolute Maximum des Gewinns erzielt.

2. $t = 0$: $G_0(x) = -0{,}0044\,x^3 + 60\,x - 100$
$G_0'(x) = -0{,}0132\,x^2 + 60$; $G_0''(x) = -0{,}0264\,x$.
Aus $G_0'(x) = 0$ folgt $x_1 \approx 67{,}42$ (bzw. $x_2 \approx -67{,}42$).
Da $G_0''(x_1) < 0$ ist x_1 die Stelle, des relativen Maximums des Gewinns mit $G_0(x_1) \approx 2596{,}80$ (in €). Da $G_0(0) = -100$ und $G_0(100) = 1500$ ist, wird für x_1 auch das absolute Maximum des Gewinns erzielt.

c) $G_6(x) = -0{,}0044\,x^3 + 1{,}2\,x^2 - 84\,x - 100$ (vgl. Fig. 2).
Da $G_6(x) < 0$ für $0 \leqq x \leqq 100$ kann kein Gewinn erzielt werden.

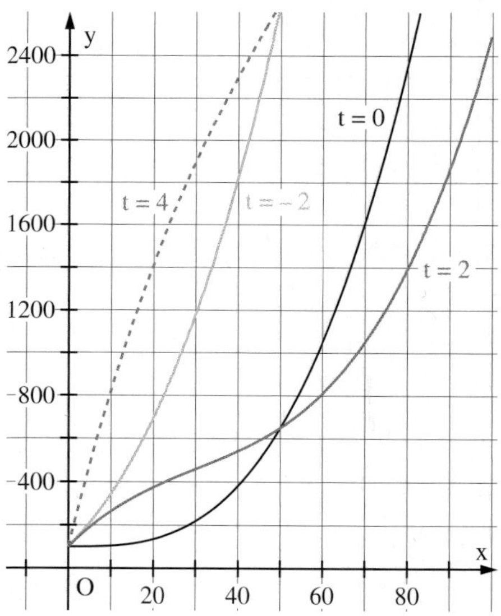

Fig. 1

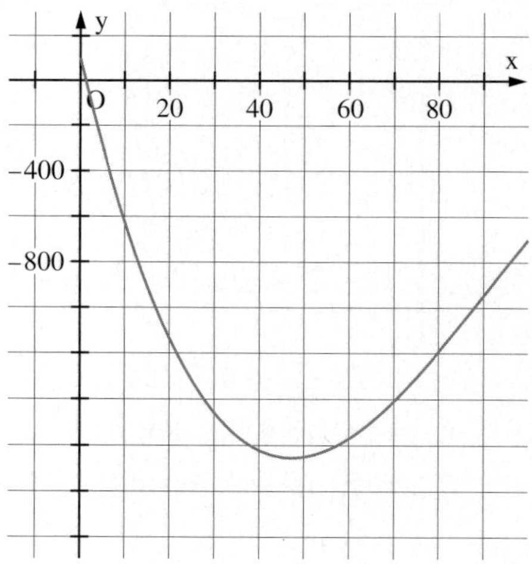

Fig. 2

*IV Folgen und Grenzwerte von Funktionen

1 Folgen; arithmetische und geometrische Folgen

S. 114 **1** a) Mögliche Antworten:
- Es werden Streifen- und Liniendiagramm nebeneinander verwendet und in das gleiche Koordinatensystem eingetragen.
- Es werden Messpunkte geradlinig miteinander verbunden.
- Das Diagramm gibt nur in groben Zügen den Temperaturverlauf wieder. In der Realität verläuft er nicht knickförmig.

b) Es handelt sich jeweils um eine Funktion, da die Zuordnung einer Zahl aus $\{1; 2; \ldots; 31\}$ zu der zugehörigen Tageshöchsttemperatur (Regenmenge) eindeutig ist.
c) Es ist insofern falsch, da es z. B. bei der Zuordnung Tagesnummer $\mapsto$ Höchsttemperatur nicht möglich ist, der Zahl 2,35 oder auch π eine Zahl zuzuordnen.

2 2-maliges Falten ergibt die Blattgröße $\frac{1}{2^2}\,\text{dm}^2 = \frac{1}{4}\,\text{dm}^2$;
4-maliges Falten ergibt die Blattgröße $\frac{1}{2^4}\,\text{dm}^2 = \frac{1}{16}\,\text{dm}^2 \approx 6{,}25\,\text{cm}^2$;
10-maliges Falten ergibt die Blattgröße $\frac{1}{2^{10}}\,\text{dm}^2 = \frac{1}{1024}\,\text{dm}^2 \approx 9{,}77\,\text{mm}^2$.
Es liegen dann jeweils 4, 16 bzw. 1024 Blätter aufeinander.

S. 116 **3**
a) $\frac{2}{5}; \frac{4}{5}; \frac{6}{5}; \frac{8}{5}; 2; \frac{12}{5}; \frac{14}{5}; \frac{16}{5}; \frac{18}{5}; 4;$ — wächst über alle Grenzen
b) $1; \frac{1}{2}; \frac{1}{3}; \frac{1}{4}; \frac{1}{5}; \frac{1}{6}; \frac{1}{7}; \frac{1}{8}; \frac{1}{9}; \frac{1}{10};$ — Folgenglieder gehen gegen null
c) $-1; 1; -1; 1; -1; 1; -1; 1; -1; 1;$ — alterniert zwischen -1 und 1
d) $\frac{1}{2}; \frac{1}{4}; \frac{1}{8}; \frac{1}{16}; \frac{1}{32}; \frac{1}{64}; \frac{1}{128}; \frac{1}{256}; \frac{1}{512}; \frac{1}{1024};$ — Folgenglieder streben stark gegen null
e) $1; 0; -1; 0; 1; 0; -1; 0; 1; 0;$ — nimmt nur vier Werte abwechselnd an

4
a) 1; 3; 5; 7; 9; 11; 13; 15; 17; 19 — $a_n = 2n - 1$
b) 1; 2; 4; 8; 16; 32; 64; 128; 256; 512 — $a_n = 2^{n-1}$
c) 2; 7; 14; 23; 34; 47; 62; 79; 98; 119 — $a_n = (n+1)^2 - 2$

5 a)

n	1	2	3	4	5	6	7	8	9	10
a_n	1	0,75	0,6160	0,5349	0,4814	0,4438	0,4162	0,3951	0,3786	0,3653

n	50	100	150	200	250
a_n	0,2713	0,2604	0,2569	0,2551	0,2541

S. 116 **5** b) Für große Werte von n scheint sich die Folge einem Wert in der Nähe von 0,25 zu nähern.

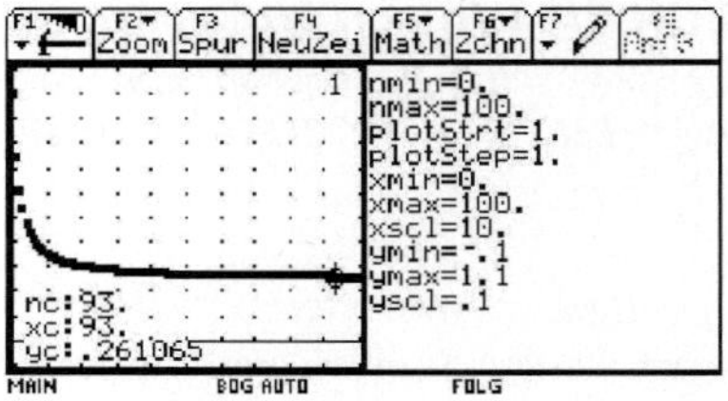

6 a) $a_n = (-1)^{n-1} \cdot n$; $a_{10} = -10$; $a_{20} = -20$. Die Folgenglieder werden für gerades n laufend kleiner, für ungerades laufend größer.

b) $a_n = \frac{n-1}{n}$; $a_{10} = \frac{9}{10}$; $a_{20} = \frac{19}{20}$. Die Folgenglieder nähern sich mit zunehmendem n der Zahl 1.

c) $a_n = 16 \cdot \left(-\frac{1}{2}\right)^{n-1}$; $a_{10} = -\frac{1}{32}$; $a_{20} = -\frac{1}{32768}$. Die Folgenglieder kommen der Zahl 0 laufend näher.

d) $a_n = -4 + 3 \cdot (n-1)$; $a_{10} = 23$; $a_{20} = 53$. Die Folgenglieder werden laufend größer.

e) $a_n = 4 + (-1)^n \cdot \frac{1}{n}$; $a_{10} = 4\frac{1}{10}$; $a_{20} = 4\frac{1}{20}$. Es erfolgt eine Annäherung an die Zahl 4.

7 a) (a_n) mit $a_n = \frac{1}{2}n + 4$. Die Folgenglieder werden zunehmend größer. Sie übersteigen jede vorgegebene Zahl, z. B. 1000. Dazu braucht man nur $n = 1994$ zu wählen: $a_{1994} = 1001$.

b) (a_n) mit $a_n = -\frac{1}{n-4{,}5}$. Es ist $a_1 = \frac{2}{7}$; $a_2 = \frac{2}{5}$; $a_3 = \frac{2}{3}$; $a_4 = 2$; $a_5 = -2$; $a_6 = -\frac{2}{3}$; $a_7 = -\frac{2}{5}$; … Die Folgenglieder sind ab $n = 5$ negativ und streben gegen 0.

c) (a_n) mit $a_n = n + \frac{5n}{3n+6}$. Es ist $a_1 = 1\frac{5}{9}$; $a_2 = 2\frac{5}{6}$; $a_3 = 4$; $a_4 = 5\frac{1}{9}$; $a_5 = 6\frac{4}{21}$; $a_6 = 7\frac{1}{4}$; $a_7 = 8\frac{8}{27}$; … Die Folgenglieder werden laufend größer. Sie übersteigen offensichtlich jede vorgegebene Zahl.

d) (a_n) mit $a_n = |n - 0{,}5|$. Die Betragsstriche kann man hier weglassen, da $n - 0{,}5$ immer positiv ist. a_n übersteigt offensichtlich jede vorgegebene Zahl.

S. 117 **8** a) $a_n = 2 + (n-1) \cdot 3$; $a_7 = 20$; $a_{10} = 29$

b) $a_n = 3 + (n-1) \cdot 2{,}4$; $a_7 = 17{,}4$; $a_{10} = 24{,}6$

c) $a_n = 8{,}25 - (n-1) \cdot 6{,}25$; $a_7 = -29{,}25$; $a_{10} = -48$

d) $a_n = -12 + (n-1) \cdot 6$; $a_7 = 24$; $a_{10} = 42$

e) $a_n = -\frac{46}{3} + (n+1) \cdot \frac{14}{3}$; $a_7 = 12\frac{2}{3}$; $a_{10} = 26\frac{2}{3}$

f) $a_n = -1 - (n-1) \cdot 2$; $a_7 = -13$; $a_{10} = -19$

9 a) $g_n = 4 \cdot 3^{n-1}$; $g_6 = 972$; $g_8 = 8748$

b) $g_n = 3 \cdot \left(\frac{3}{2}\right)^{n-1}$; $g_6 = \frac{729}{32}$; $g_8 = \frac{6561}{128}$

c) $g_n = 10 \cdot 5^{n-1}$; $g_6 = 31\,250$; $g_8 = 781\,250$

d) $g_n = 0{,}02 \cdot 5^{n-1}$; $g_6 = 62{,}5$; $g_8 = 1562{,}5$

e) $g_n = -\frac{208}{7} \cdot \left(\frac{1}{\sqrt[3]{104}}\right)^{n-1}$; $g_6 \approx -0{,}0129$; $g_8 \approx -0{,}000\,58$

f) $g_n = -30 \cdot 0{,}2^{n-1}$; $g_6 = -0{,}0096$; $g_8 = -0{,}000\,384$

S. 117 **10** a) $K_n = K_0 \cdot \left(1 + \frac{p}{100}\right)^n$

b) Für $p = 2{,}5$ hat sich das Kapital nach 29 Jahren ($n \approx 28{,}07$) verdoppelt; für $p = 5$ hat sich das Kapital nach 15 Jahren ($n \approx 14{,}21$) verdoppelt.

11 (p_n) mit $p_n = 1{,}6 + 0{,}23 \cdot n$ ergibt $p_{20} = 6{,}20$, $p_{36} = 9{,}88$ und $p_{72} = 18{,}16$.

12 Die Prognose für den Ölverbrauch v_n im Jahre 1972 + n (in t) war $v_n = 2{,}7 \cdot 10^9 \cdot 1{,}051^n$. Die „Ölkrise“ mit dem drastischen Anstieg des Rohölpreises im Jahre 1973 hat den Ölverbrauch stark reduziert.

13 a) Nach n Jahren sind noch $100 \cdot 0{,}977^n$ Prozent der ursprünglichen Masse m_0 vorhanden.

b) Nach etwa 198 Jahren sind noch 1 % der ursprünglichen Masse m_0 vorhanden.

14 a) $l_n = \left(\frac{4}{3}\right)^n$ b) $A_n = \left(\frac{3}{4}\right)^n$

15 a) Volumen des Ausgangswürfels ist 1. V_n soll das Volumen nach der n-ten Teilung sein. Dann ist $V_1 = 1 + \frac{1}{8} = \frac{9}{8}$; $V_2 = \frac{9}{8} + \frac{1}{8^2} = 1 + \frac{1}{8} + \frac{1}{8^2} = \frac{73}{64}$; $V_3 = \frac{73}{64} + \frac{1}{8^3} = 1 + \frac{1}{8} + \frac{1}{8^2} + \frac{1}{8^3}$ $= \frac{585}{512} = 1\frac{73}{512}$.

b) $V_n = 1 + \frac{1}{8} + \frac{1}{8^2} + \ldots + \frac{1}{8^{n-1}} + \frac{1}{8^n} = \frac{8^n + 8^{n-1} + 8^{n-2} + \ldots + 8^1 + 1}{8^n}$.

16 a) (p_n) ist zu berechnen. n Anzahl der Jahre, p_n Preis in Euro.

$p_1 = 1 + \frac{5}{100} = 1{,}05$; $p_2 = 1{,}05 + 1{,}05 \cdot \frac{5}{100} = 1{,}05 \cdot \left(1 + \frac{5}{100}\right) = 1{,}05^2$;

$p_3 = 1{,}05^2 + 1{,}05^2 \cdot \frac{5}{100} = 1{,}05^2 \cdot \left(1 + \frac{5}{100}\right) = 1{,}05^3$;

allgemein: $p_n = 1{,}05^n$.

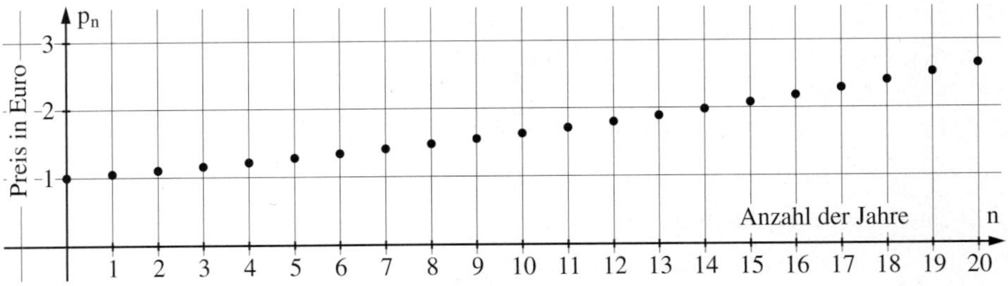

b) $2 = 1{,}05^n$, also $n = \log_{1,05}(2) = \frac{\log_{10}(2)}{\log_{10}(1{,}05)} \approx 14{,}2$.

Damit hat sich nach gut 14 Jahren der Preis einer Ware verdoppelt.

2 *Eigenschaften von Folgen*

S. 118 **1** Mögliche Antworten bei dieser offenen Fragestellung:
- Sortieren nach „monoton steigend“: $\left(-\frac{1}{n}\right)$, (n), $\left(1-\frac{1}{2n}\right)$, $(1+n^2)$;
  „monoton fallend“: $\left(\frac{1}{n}\right)$, $\left(3+\frac{1}{n}\right)$ und keines von beiden: $((-1)^n)$.
- Sortieren nach „strebt gegen eine reelle Zahl“: $\left(\frac{1}{n}\right)$, $\left(-\frac{1}{n}\right)$, $\left(3+\frac{1}{n}\right)$, $\left(1-\frac{1}{2n}\right)$;
  „strebt nicht gegen eine reelle Zahl“: (n), $((-1)^n)$, $(1+n^2)$.
- Sortieren nach „wächst über alle Grenzen“: (n), $(1+n^2)$.

S. 119 **2** a) $\left(1+\frac{1}{n}\right)$ ist streng monoton fallend, da $a_{n+1}-a_n = 1+\frac{1}{n+1}-\left(1+\frac{1}{n}\right) = \frac{1}{n+1}-\frac{1}{n} =$
$= -\frac{1}{n(n+1)} < 0$ ist. Die Folge ist beschränkt, z. B. durch $S=2$ und $s=0$.

b) $\left(\left(\frac{3}{4}\right)^n\right)$ ist streng monoton fallend, da $a_{n+1}-a_n = \left(\frac{3}{4}\right)^{n+1}-\left(\frac{3}{4}\right)^n = \left(\frac{3}{4}\right)^n\cdot\left(\frac{3}{4}-1\right) =$
$= \left(\frac{3}{4}\right)^n\cdot\left(-\frac{1}{4}\right) < 0$ ist. Die Folge ist beschränkt, z. B. durch $S=1$ und $s=0$.

c) (a_n) ist weder monoton fallend noch monoton steigend, da $a_1-a_2 = -1-1 = -2 < 0$, aber $a_2-a_3 = 1-(-1) = 2 > 0$ ist. Die Folge ist beschränkt, z. B. durch $S=3$ und $s=-3$.

d) $\left(1+\frac{(-1)^n}{n}\right)$ ist weder monoton fallend noch monoton steigend, da $a_1-a_2 = 0-1{,}5 < 0$, aber $a_2-a_3 = \frac{3}{2}-\frac{2}{3} > 0$ ist. Die Folge ist beschränkt, z. B. durch $S=2$ und $s=0$.

e) (2) ist sowohl monoton fallend als auch monoton steigend, da gilt: $a_{n+1}-a_n = 0 \leqq 0$ und gleichzeitig $a_{n+1}-a_n = 0 \geqq 0$. Die Folge ist beschränkt, z. B. durch $S=3$ und $s=1$.

3 a) $\left(\frac{8n}{n^2+1}\right)$ ist streng monoton fallend, da
$a_{n+1}-a_n = \frac{8\cdot(n+1)}{(n+1)^2+1}-\frac{8n}{n^2+1} = \frac{(8n+8)\cdot(n^2+1)-8n\cdot(n^2+2n+2)}{((n+1)^2+1)\cdot(n^2+1)} = -8\,\frac{n^2+n-1}{((n+1)^2+1)\cdot(n^2+1)} < 0$ für alle $n\in\mathbb{N}^*$. Die Folge ist beschränkt nach oben, z. B. durch $S=5$ und nach unten sicher durch $s=0$.

b) $\left(\frac{n^2}{100}+n\right)$ ist streng monoton steigend, da $a_{n+1}-a_n = \left(\frac{(n+1)^2}{100}+n+1\right)-\left(\frac{n^2}{100}+n\right) =$
$= \frac{2n+1}{100}+1 > 0$ ist für alle $n\in\mathbb{N}^*$. Die Folge ist nicht nach oben beschränkt, nach unten aber z. B. durch $s=0$.

c) $\left(\frac{1}{\sqrt{n}}\right)$ ist streng monoton fallend, da $a_{n+1}-a_n = \frac{1}{\sqrt{n+1}}-\frac{1}{\sqrt{n}} = \frac{\sqrt{n}-\sqrt{n+1}}{\sqrt{n\cdot(n+1)}} < 0$ ist für alle $n\in\mathbb{N}^*$. Die Folge ist nach oben beschränkt, z. B. durch $S=1$, nach unten durch $s=0$. Damit ist die Folge beschränkt.

d) $\left(\frac{1+5n^2}{n(n+1)}\right)$ ist streng monoton steigend, da
$a_{n+1}-a_n = \frac{1+5(n+1)^2}{(n+1)(n+2)}-\frac{1+5n^2}{n(n+1)} = \frac{5n^3+10n^2+6n-(5n^3+10n^2+n+2)}{n(n+1)(n+2)} = \frac{5n-2}{n(n+1)(n+2)} > 0$ ist für alle $n\in\mathbb{N}^*$. Die Folge ist nach oben beschränkt, z. B. durch $S=100$, nach unten durch $s=0$. Damit ist die Folge beschränkt.

S. 119 **3** e) $(\sin(\pi \cdot n)) = (0)$ ist sowohl monoton steigend als auch monoton fallend, da $a_{n+1} - a_n \geqq 0$ und $a_{n+1} - a_n \leqq 0$ gilt für alle $n \in \mathbb{N}^*$.
Die Folge ist nach oben beschränkt, z. B. durch $S = 1$, nach unten durch $s = -2$. Damit ist die Folge beschränkt.

4

Folge (a_n) mit	$a_n = n$	$a_n = (-1)^n \cdot n$	$a_n = \frac{(-1)^n}{n}$	$a_n = 1 + \frac{1}{n}$
nach oben beschränkt	nein	nein	ja	ja
nach unten beschränkt	ja	nein	ja	ja
beschränkt	nein	nein	ja	ja
monoton	ja	nein	nein	ja

Die ersten beiden Folgen wachsen über alle Grenzen, Folge 3 strebt gegen 0, Folge 4 gegen 1.

5 a) Monoton steigend sind z. B.: $\left(-\frac{1}{n^2}\right)$, $\left(1 - \left(\frac{1}{2}\right)^n\right)$, (3)

b) Monoton fallend sind z. B.: $\left(\frac{1}{n+1}\right)$, $\left(-\sqrt{n}\right)$, $\left(2 + \frac{1}{n}\right)$

c) Nicht monoton sind z. B.: $((-2)^n)$, $\left(\sin\left(\frac{\pi}{2} \cdot n\right)\right)$, $\left(\frac{(-1)^n}{\sqrt{n}}\right)$

d) Nicht nach oben beschränkt sind z. B.: (n^2), (2^n), $((-1)^n \cdot n)$

e) Streng monoton fallend und nach unten beschränkt sind z. B.: $\left(\frac{1}{n}\right)$, $\left(\frac{1}{n+1} + 1\right)$, $\left(\left(\frac{9}{13}\right)^n\right)$

f) Streng monoton steigend und nicht nach oben beschränkt sind z. B.: (n^3), $(n + 1)$, (4^n)

g) Streng monoton steigend und nach oben beschränkt sind z. B.: $\left(1 - \frac{1}{n+2}\right)$, $\left(\left(-\frac{2}{3}\right)^n\right)$, $\left(\frac{n-1}{n}\right)$

6 a) Wahr. Beispiel: $((-1)^n)$ ist beschränkt, aber nicht monoton.

b) Wahr, da wegen $a_1 > a_2 > a_3 > a_4 > \ldots$ zum Beispiel $S = a_1$ eine obere Schranke ist.
Beispiel: $\left(\frac{1}{n}\right)$

c) Falsch, da aus $\frac{a_{n+1}}{a_n} \leqq 1$ und $a_n > 0$ nur folgt $a_{n+1} \leqq a_n$, nicht aber $a_{n+1} < a_n$.

d) Falsch, da aus $\left|\frac{a_{n+1}}{a_n}\right| > 1$ zwar $|a_{n+1}| > |a_n|$ folgt, dies aber keinen Schluss auf die Monotonie erlaubt.
Beispiel: Für $a_n = (-1)^n \cdot n$ ist $\left|\frac{a_{n+1}}{a_n}\right| = \left|\frac{(-1)^{n+1} \cdot (n+1)}{(-1)^n \cdot n}\right| = \left|\frac{n+1}{n}\right| > 1$.
Trotzdem ist die Folge nicht monoton.

3 *Grenzwert einer Folge*

S. 120 **1** a)

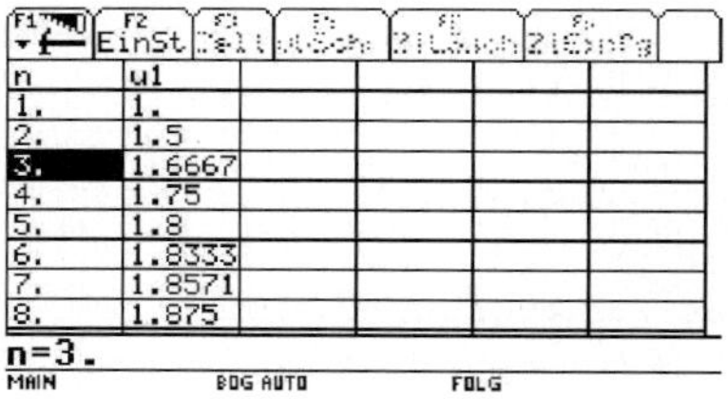

n	u1
1.	1.
2.	1.5
3.	1.6667
4.	1.75
5.	1.8
6.	1.8333
7.	1.8571
8.	1.875

n=3.

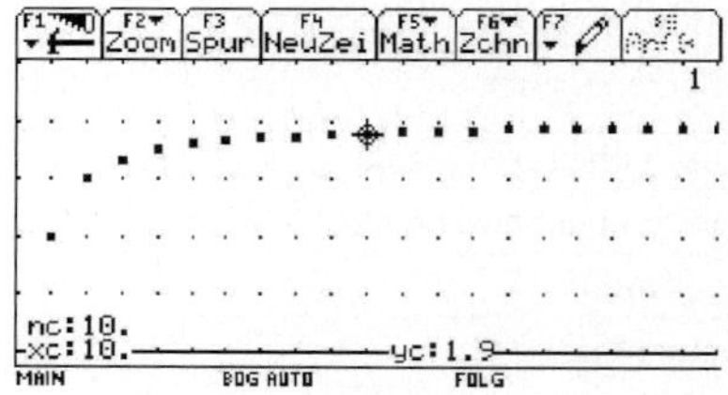

$0 \leqq X \leqq 20$; Xscl = 1
$-0{,}1 \leqq Y \leqq 2{,}5$; Yscl = 0,5

b) $g = 2$

c) $n_0 = 1001$

$$\left|\frac{2n-1}{n} - 2\right| < \frac{1}{1000}$$

$$\left|\frac{2n-1-2n}{n}\right| < \frac{1}{1000}$$

$$\frac{1}{n} < \frac{1}{1000}$$

$$n > 1000$$

S. 123 **2** a)

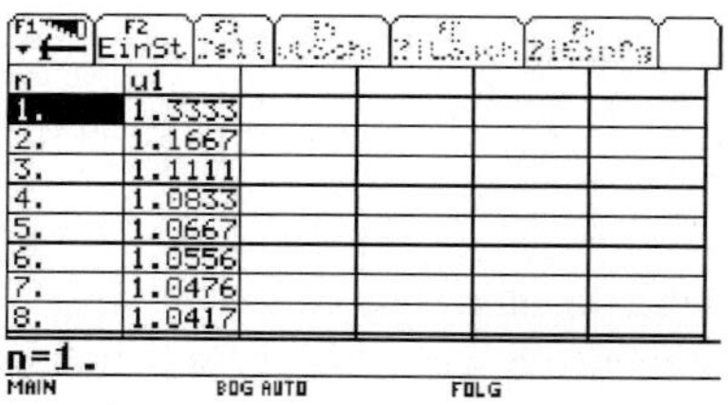

n	u1
1.	1.3333
2.	1.1667
3.	1.1111
4.	1.0833
5.	1.0667
6.	1.0556
7.	1.0476
8.	1.0417

n=1.

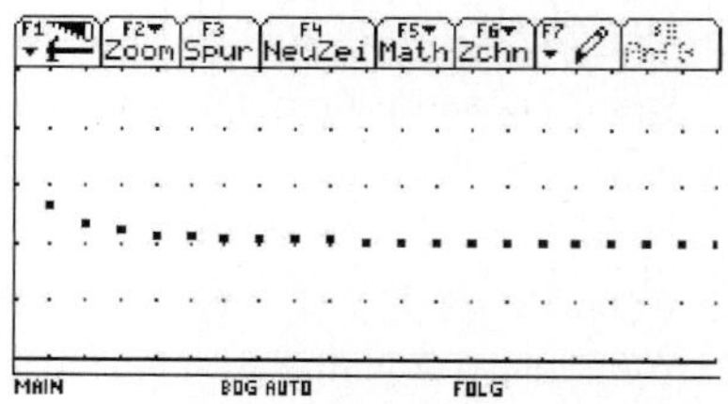

$0 \leqq X \leqq 20$; Xscl = 1
$-0{,}1 \leqq Y \leqq 2{,}5$; Yscl = 0,5

$g = 1$; $n_0 = 4$

$$\left|1 + \frac{1}{3n} - 1\right| < 0{,}1$$

$$\left|\frac{1}{3n}\right| < \frac{1}{10}$$

$$3n > 10$$

$$n > \frac{10}{3}$$

S. 123 **2** b)

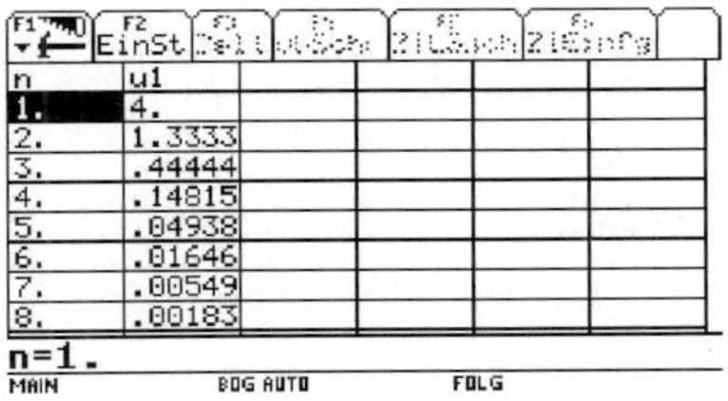

n	u1
1.	4.
2.	1.3333
3.	.44444
4.	.14815
5.	.04938
6.	.01646
7.	.00549
8.	.00183

n=1.

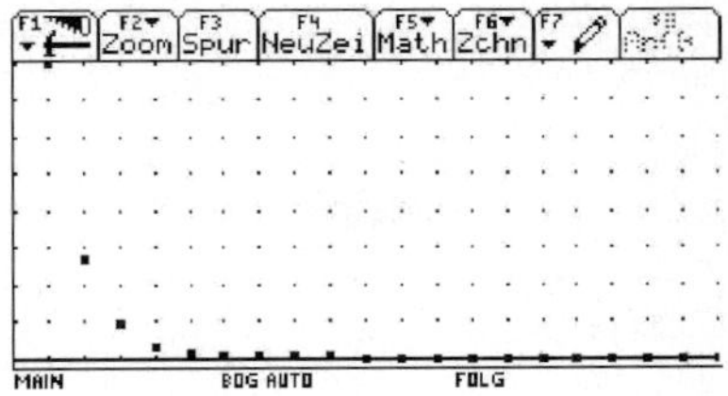

$g = 0;\; n_0 = 5$

$0 \leqq X \leqq 20;\; Xscl = 1$
$-0{,}1 \leqq Y \leqq 4;\; Yscl = 0{,}5$

$$\left|4 \cdot \left(\tfrac{1}{3}\right)^{n-1} - 0\right| < 0{,}1$$
$$\left(\tfrac{1}{3}\right)^{n-1} < 0{,}025$$
$$n > 1 + \frac{\log(0{,}025)}{\log\left(\frac{1}{3}\right)} \approx 4{,}4$$

c)

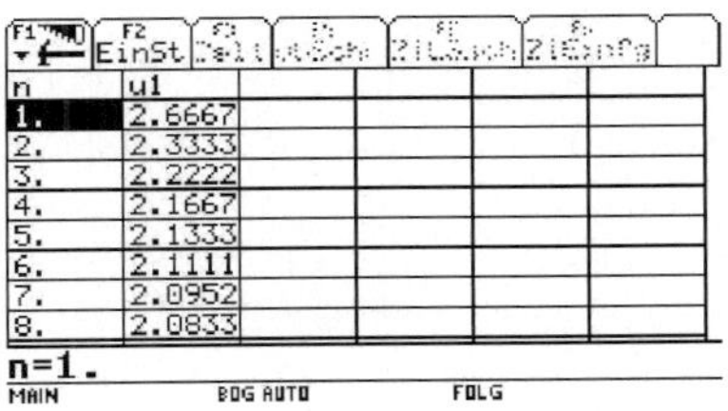

n	u1
1.	2.6667
2.	2.3333
3.	2.2222
4.	2.1667
5.	2.1333
6.	2.1111
7.	2.0952
8.	2.0833

n=1.

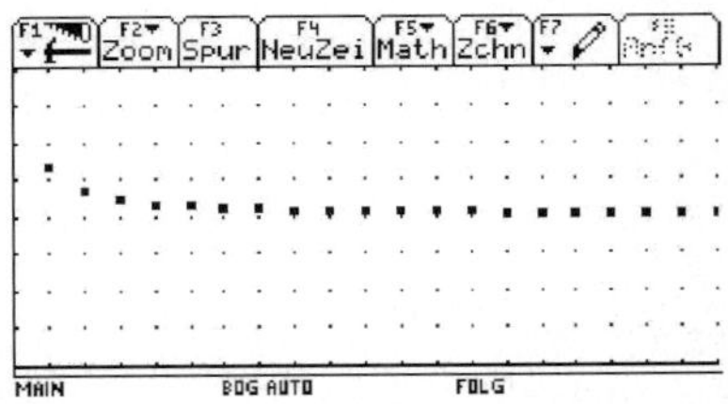

$g = 2;\; n_0 = 7$

$0 \leqq X \leqq 20;\; Xscl = 1$
$-0{,}1 \leqq Y \leqq 4;\; Yscl = 0{,}5$

$$\left|\frac{6n+2}{3n} - 2\right| < 0{,}1$$
$$\frac{2}{3n} < \frac{1}{10}$$
$$n > \frac{20}{3} \approx 6{,}7$$

d)

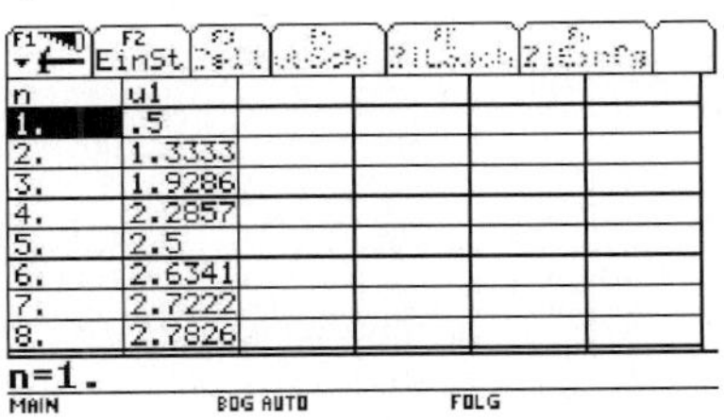

n	u1
1.	.5
2.	1.3333
3.	1.9286
4.	2.2857
5.	2.5
6.	2.6341
7.	2.7222
8.	2.7826

n=1.

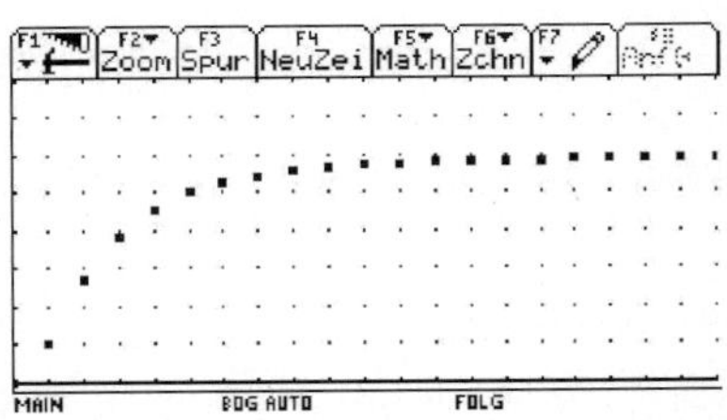

$g = 3;\; n_0 = 13$

$0 \leqq X \leqq 20;\; Xscl = 1$
$-0{,}1 \leqq Y \leqq 4;\; Yscl = 0{,}5$

S. 123 **2**

$$\left|\frac{3n^2}{n^2+5} - 3\right| < 0{,}1$$
$$\left|\frac{3n^2 - 3(n^2+5)}{n^2+5}\right| < 0{,}1$$
$$\left|\frac{-15}{n^2+5}\right| < \frac{1}{10}$$
$$\frac{n^2+5}{15} > 10$$
$$n^2 + 5 > 150$$
$$n^2 > 145$$
$$n > \sqrt{145} \approx 12{,}04$$

e)

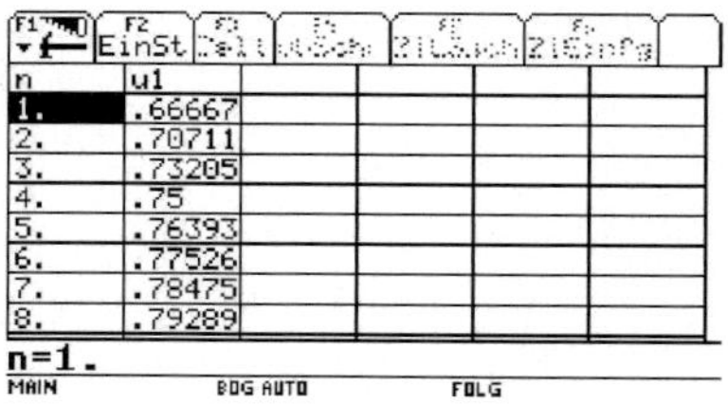

n	u1
1.	.66667
2.	.70711
3.	.73205
4.	.75
5.	.76393
6.	.77526
7.	.78475
8.	.79289

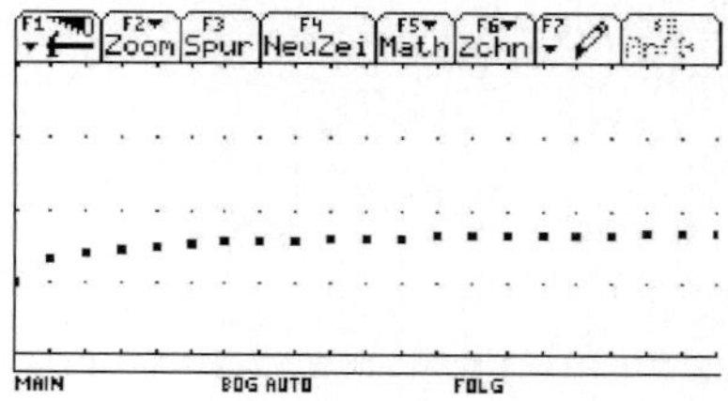

$g = 1$; $n_0 = 65$

$0 \leqq X \leqq 20$; Xscl = 1
$-0{,}1 \leqq Y \leqq 2$; Yscl = 0,5

$$\left|\frac{1+\sqrt{n}}{2+\sqrt{n}} - 1\right| < 0{,}1$$
$$\left|\frac{-1}{2+\sqrt{n}}\right| < \frac{1}{10}$$
$$2 + \sqrt{n} > 10$$
$$\sqrt{n} > 8$$
$$n > 64$$

3 a) $|a_n - 1| = \left|\frac{1+n}{n} - 1\right| = \frac{1}{n} < 0{,}1$ für $n > 10$.

b) $|a_n - 1| = \left|\frac{n^2-1}{n^2} - 1\right| = \left|1 - \frac{1}{n^2} - 1\right| = \frac{1}{n^2} < 0{,}1$ für $n > \sqrt{10} \approx 3{,}16$; also ab Nummer 4.

c) $|a_n - 1| = \left|1 - \frac{100}{n} - 1\right| = \frac{100}{n} < 0{,}1$ für $n > 1000$.

d) $|a_n - 1| = \left|\frac{n-1}{n+2} - 1\right| = \left|\frac{-3}{n+2}\right| = \frac{3}{n+2} < \frac{1}{10}$ für $n + 2 > 30$, also $n > 28$.

e) $|a_n - 1| = \left|\frac{2n^2-3}{3n^2} - 1\right| = \left|\frac{-n^2-3}{3n^2}\right| = \frac{n^2+3}{3n^2} = \frac{1}{3} + \frac{1}{n^2} < \frac{1}{10}$ für $\frac{1}{n^2} < -\frac{7}{30}$.

Dies ist für kein $n \in \mathbb{N}^*$ der Fall.

4 Vermuteter Grenzwert ist $g = -\frac{2}{3}$. Damit gilt: $|a_n - g| = \left|\left(\frac{1}{3n} - \frac{2}{3}\right) - \left(-\frac{2}{3}\right)\right| = \frac{1}{3n} < \varepsilon$ für $n > \frac{1}{3\varepsilon}$, d.h., für fast alle Folgenglieder ist der Abstand zu $-\frac{2}{3}$ kleiner als ε.
Ist $\varepsilon = 0{,}01$, so ist für alle Nummern n mit $n > 33$ der Abstand zu $-\frac{2}{3}$ kleiner als 0,01; für $\varepsilon = 10^{-6}$ sind alle Folgenglieder mit $n > 333\,333$ zu wählen.

S. 123 **5** a) $\left(\frac{3n-2}{n+2} - 3\right) = \left(\frac{-8}{n+2}\right)$ ist eine Nullfolge, da $\left|-\frac{8}{n+2} - 0\right| = \frac{8}{n+2} < \varepsilon$ für $n > \frac{8}{\varepsilon} - 2$.

b) $\left(\frac{n^2+n}{5n^2} - \frac{1}{5}\right) = \left(\frac{n}{5n^2}\right) = \left(\frac{1}{5n}\right)$ ist eine Nullfolge, da $\frac{1}{5n} < \varepsilon$ für $n > \frac{1}{5\varepsilon}$.

c) $\left(\frac{2^{n+1}}{2^n+1} - 2\right) = \left(-\frac{2}{2^n+1}\right)$ ist eine Nullfolge, da der Zähler konstant ist, der Nenner aber über alle Grenzen wächst oder da $\left|-\frac{2}{2^n+1}\right| < \varepsilon$ ist für $2 < \varepsilon \cdot 2^n + \varepsilon$ oder $2^n > \frac{2-\varepsilon}{\varepsilon}$, also für $n > \log_2\left(\frac{2-\varepsilon}{\varepsilon}\right)$.

d) $\left(\frac{3 \cdot 2^n + 2}{2^{n+1}} - \frac{3}{2}\right) = \left(\frac{1}{2^n}\right) = (0{,}5^n)$ ist eine Nullfolge (Nachweis in Beispiel 2)).

Randspalte:
Eine nicht beschränkte Folge kann nicht konvergent sein oder anders ausgedrückt:
Jede konvergente Folge ist auch beschränkt.

6

beschränkt, monoton, konvergent:	$\left(\frac{1}{n^2+1}\right)$, $\left(\left(\frac{4}{5}\right)^n\right)$, $\left(\frac{4}{\sqrt{n+1}}\right)$
beschränkt, monoton, nicht konvergent:	keine Folge auffindbar
beschränkt, nicht monoton, konvergent:	$\left(\frac{(-1)^n}{n^2+1}\right)$, $\left(\left(-\frac{4}{5}\right)^n\right)$, $\left(\frac{(-1)^{n+1}}{\sqrt{n+1}}\right)$
beschränkt, nicht monoton, nicht konvergent:	$((-1)^n)$, $\left(\sin\left(\frac{\pi}{4} \cdot n\right)\right)$, $\left((-1)^n \cdot \frac{n+1}{n}\right)$
nicht beschränkt, monoton, konvergent:	keine Folge auffindbar
nicht beschränkt, monoton, nicht konvergent:	$\left(\sqrt{n+1}\right)$, (n^2), (-2^n)
nicht beschränkt, nicht monoton, konvergent:	keine Folge auffindbar
nicht beschränkt, nicht monoton, nicht konvergent:	$\left((-1)^n) \cdot \sqrt{n+1}\right)$, $((-1)^n \cdot n^2)$, $((-2)^n)$

7 a) Da die Zahlenfolge $(1 + n^2)$ nicht beschränkt ist, ist sie auch nicht konvergent.

b) Da die Zahlenfolge $(-1)^n \cdot (n + 2))$ nicht beschränkt ist, ist sie auch nicht konvergent.

c) Da die Zahlenfolge (a_n) mit $a_n = \frac{n^2+1}{n+2} = \frac{n^2+4n+4-3}{n+2} = \frac{(n+2)^2-3}{n+2} = n + 2 - \frac{3}{n+2}$ nicht beschränkt ist, ist sie auch nicht konvergent.

d) $a_n = 2$ für ungerades n, $a_n = 0$ für gerades n. Damit kann es keine Zahl $\varepsilon > 0$ geben weder mit $|a_n - 2| < \varepsilon$ noch mit $|a_n - 0| < \varepsilon$ für fast alle $n \in \mathbb{N}^*$.

8 a) $\left(\frac{n+1}{5n}\right)$ ist monoton fallend, da $a_{n+1} - a_n = \frac{n+2}{5(n+1)} - \frac{n+1}{5n} = -\frac{1}{5n(n+1)} < 0$ ist. $\left(\frac{n+1}{5n}\right)$ ist beschränkt nach oben durch 1 und nach unten durch 0. Damit ist $\left(\frac{n+1}{5n}\right)$ konvergent.
Grenzwert ist $\frac{1}{5}$, da $\left|\frac{n+1}{5n} - \frac{1}{5}\right| = \frac{1}{5n} < \varepsilon$ ist für alle n mit $n > \frac{1}{5\varepsilon}$.

b) (a_n) mit $a_n = \frac{\sqrt{5n}}{\sqrt{n+1}} = \sqrt{\frac{5n}{n+1}} = \sqrt{5 - \frac{5}{n+1}}$ ist streng monoton steigend, da

$\frac{a_{n+1}}{a_n} = \sqrt{\frac{5(n+1)}{n+2} \cdot \frac{n+1}{5n}} = \sqrt{\frac{5n^2 + 10n + 5}{5n^2 + 10n}} > 1$ ist. (a_n) ist beschränkt nach oben z. B. durch 5 und nach unten durch 0. Damit ist $\left(\frac{\sqrt{5n}}{\sqrt{n+1}}\right)$ konvergent.

Grenzwert ist $\sqrt{5}$, da die Folge $\left(a_n - \sqrt{5}\right)$ eine Nullfolge ist:

$$\sqrt{5 - \frac{5}{n+1}} - \sqrt{5} = \frac{5 - \frac{5}{n+1} - 5}{\sqrt{5 - \frac{5}{n+1}} + \sqrt{5}} = -\frac{5}{(n+1) \cdot \sqrt{5 - \frac{5}{n+1}} + \sqrt{5}}.$$

S. 123 **8** c) (a_n) mit $a_n = \frac{n\sqrt{n} + 10}{n^2} = \frac{1}{\sqrt{n}} + \frac{10}{n^2}$ ist streng monoton fallend, da die Folgen $\left(\frac{1}{\sqrt{n}}\right)$ und $\left(\frac{10}{n^2}\right)$ nur positive Folgenglieder besitzen und jeweils streng monoton fallend sind. Die Folge (a_n) ist beschränkt z. B. durch 11 nach oben und 0 nach unten. Damit ist $\left(\frac{1}{\sqrt{n}} + \frac{10}{n^2}\right)$ konvergent.

Grenzwert ist 0, da $\left|\frac{1}{\sqrt{n}} + \frac{10}{n^2}\right| < \left|\frac{1}{\sqrt{n}} + \frac{10}{\sqrt{n}}\right| < \frac{11}{\sqrt{n}} < \varepsilon$ ist für $n > \frac{121}{\varepsilon^2}$.

d) (a_n) mit $a_n = \frac{n}{n^2 + 1}$ ist streng monoton fallend, da die Folgenglieder alle positiv sind und $\frac{a_{n+1}}{a_n} = \frac{(n+1)\cdot(n^2+1)}{((n+1)^2+1)\cdot n} = \frac{n^3 + n^2 + n + 1}{n^3 + 2(n^2 + n)} < 1$ ist. Die Folge (a_n) ist beschränkt z. B. durch 1 nach oben und 0 nach unten. Damit ist $\left(\frac{n}{n^2+1}\right)$ konvergent.

Grenzwert ist 0, da $\left|\frac{n}{n^2+1}\right| < \left|\frac{n}{n^2}\right| < \left|\frac{1}{n}\right| < \varepsilon$ für $n > \frac{1}{\varepsilon}$.

9 a) (a_n) ist streng monoton steigend, da $a_{n+1} - a_n = \frac{1}{n+1} > 0$ ist.

b) $a_{100} \approx 5{,}187\,377\,517\,633\,144\,268\,0$; $a_{1000} \approx 7{,}485\,470\,860\,514\,847\,197\,0$;
$a_{10\,000} \approx 9{,}787\,606\,036\,055\,033\,313\,7$. Es ist nicht möglich, über den Grenzwert eine Aussage zu machen.

c) $\frac{1}{n} + \frac{1}{n+1} + \frac{1}{n+2} + \ldots + \frac{1}{2n} > \frac{1}{2n} + \frac{1}{2n} + \frac{1}{2n} + \ldots + \frac{1}{2n} = n \cdot \frac{1}{2n} = \frac{1}{2}$

d) $$\begin{aligned} a_{2^n} &= 1 + \tfrac{1}{2} + \left(\tfrac{1}{3} + \tfrac{1}{4}\right) + \left(\tfrac{1}{5} + \tfrac{1}{6} + \tfrac{1}{7} + \tfrac{1}{8}\right) + \left(\tfrac{1}{9} + \tfrac{1}{10} + \ldots + \tfrac{1}{16}\right) + \ldots + \left(\tfrac{1}{2^{n-1}+1} + \tfrac{1}{2^{n-1}+2} + \ldots + \tfrac{1}{2^n}\right) \\ &> 1 + \tfrac{1}{2} + \tfrac{1}{2} + \tfrac{1}{2} + \tfrac{1}{2} + \ldots + \tfrac{1}{2} \\ &= 1 + n \cdot \tfrac{1}{2} > \tfrac{n}{2}. \end{aligned}$$

Damit ist (a_n) nicht beschränkt und kann somit auch nicht konvergent sein.

e) Der „VOYAGE 200“ zeigt keinen Wert an; Mathematikprogramme wie „MATHEMATICA“ oder „DERIVE“ zeigen die Divergenz an.

4 *Grenzwertsätze*

S. 124 **1** a) Die Folge (a_n) mit $a_n = \frac{9n^2 + 4}{3n^2}$ hat den Grenzwert 3, da $|a_n - 3| = \left|\frac{4}{3n^2}\right| = \frac{4}{3n^2} < \varepsilon$ ist für alle n mit $n > \frac{2}{\sqrt{3\varepsilon}}$.

b) $a_n = \frac{9n^2 + 4}{3n^2} = 3 + \frac{4}{3n^2}$. Damit ist $(a_n - 3)$ eine Nullfolge, also ist 3 der Grenzwert von (a_n).

c) $a_n = \frac{9n^2 + 4}{3n^2} = \frac{(9n^2 + 4)\cdot\frac{1}{n^2}}{3n^2 \cdot \frac{1}{n^2}} = \frac{9 + \frac{4}{n^2}}{3}$. Da der Zähler mit wachsendem n gegen 9 strebt, der Nenner aber 3 ist, ist der Grenzwert vermutlich 3.

S. 125 **2** a) $\left(\frac{8+n}{4n}\right) = \left(\frac{2}{n} + \frac{1}{4}\right) = \left(\frac{1}{4}\right) + \left(\frac{2}{n}\right)$; damit ist der Grenzwert $g = \frac{1}{4}$.

b) $\left(\frac{8+\sqrt{n}}{4\sqrt{n}}\right) = \left(\frac{2}{\sqrt{n}} + \frac{1}{4}\right) = \left(\frac{1}{4}\right) + \left(\frac{2}{\sqrt{n}}\right)$; damit ist der Grenzwert $g = \frac{1}{4}$.

c) $\left(\frac{8+2^n}{4\cdot 2^n}\right) = \left(\frac{2}{2^n} + \frac{1}{4}\right) = \left(\frac{1}{4}\right) + \left(\frac{1}{2^{n-1}}\right)$; damit ist der Grenzwert $g = \frac{1}{4}$.

d) $\left(\frac{6+n^4}{\frac{1}{4}n^4}\right) = \left(\frac{24}{n^4} + 4\right) = (4) + \left(\frac{24}{n^4}\right)$; damit ist der Grenzwert $g = 4$.

e) $\left(\frac{4+n^3}{n^3}\right) = \left(\frac{4}{n^3} + 1\right) = (1) + \left(\frac{4}{n^3}\right)$; damit ist der Grenzwert $g = 1$.

3 a) $\lim\limits_{n\to\infty} \frac{1+2n}{1+n} = \lim\limits_{n\to\infty} \frac{(1+2n)\cdot\frac{1}{n}}{(1+n)\cdot\frac{1}{n}} = \lim\limits_{n\to\infty} \frac{\frac{1}{n}+2}{\frac{1}{n}+1} = \frac{\lim\limits_{n\to\infty}\left(\frac{1}{n}+2\right)}{\lim\limits_{n\to\infty}\left(\frac{1}{n}+1\right)} = \frac{\lim\limits_{n\to\infty}\left(\frac{1}{n}\right) + \lim\limits_{n\to\infty} 2}{\lim\limits_{n\to\infty}\left(\frac{1}{n}\right) + \lim\limits_{n\to\infty} 1} = \frac{0+2}{0+1} = 2$

b) $\lim\limits_{n\to\infty} \frac{7n^3+1}{n^3-10} = \lim\limits_{n\to\infty} \frac{(7n^3+1)\cdot\frac{1}{n^3}}{(n^3-10)\cdot\frac{1}{n^3}} = \lim\limits_{n\to\infty} \frac{7+\frac{1}{n^3}}{1-\frac{10}{n^3}} = \frac{\lim\limits_{n\to\infty}\left(7+\frac{1}{n^3}\right)}{\lim\limits_{n\to\infty}\left(1-\frac{10}{n^3}\right)} = \frac{\lim\limits_{n\to\infty} 7 + \lim\limits_{n\to\infty}\frac{1}{n^3}}{\lim\limits_{n\to\infty} 1 - \lim\limits_{n\to\infty}\frac{10}{n^3}} = \frac{7+0}{1-0} = 7$

c) $\lim\limits_{n\to\infty} \frac{n^2+2n+1}{n^2+n+1} = \lim\limits_{n\to\infty} \frac{(n^2+2n+1)\cdot\frac{1}{n^2}}{(n^2+n+1)\cdot\frac{1}{n^2}} = \lim\limits_{n\to\infty} \frac{1+\frac{2}{n}+\frac{1}{n^2}}{1+\frac{1}{n}+\frac{1}{n^2}} = \frac{\lim\limits_{n\to\infty}\left(1+\frac{2}{n}+\frac{1}{n^2}\right)}{\lim\limits_{n\to\infty}\left(1+\frac{1}{n}+\frac{1}{n^2}\right)}$

$= \frac{\lim\limits_{n\to\infty} 1 + \lim\limits_{n\to\infty}\frac{2}{n} + \lim\limits_{n\to\infty}\frac{1}{n^2}}{\lim\limits_{n\to\infty} 1 + \lim\limits_{n\to\infty}\frac{1}{n} + \lim\limits_{n\to\infty}\frac{1}{n^2}} = \frac{1+0+0}{1+0+0} = 1$

d) $\lim\limits_{n\to\infty} \frac{n^2+n+\sqrt{n}}{n^2+\sqrt{2n}} = \lim\limits_{n\to\infty} \frac{\left(n^2+n+\sqrt{n}\right)\cdot\frac{1}{n^2}}{\left(n^2+\sqrt{2n}\right)\cdot\frac{1}{n^2}} = \lim\limits_{n\to\infty} \frac{1+\frac{1}{n}+\frac{1}{n\cdot\sqrt{n}}}{1+\frac{\sqrt{2}}{n\cdot\sqrt{n}}} = \frac{\lim\limits_{n\to\infty}\left(1+\frac{1}{n}+\frac{1}{n\cdot\sqrt{n}}\right)}{\lim\limits_{n\to\infty}\left(1+\frac{\sqrt{2}}{n\cdot\sqrt{n}}\right)}$

$= \frac{\lim\limits_{n\to\infty} 1 + \lim\limits_{n\to\infty}\frac{1}{n} + \lim\limits_{n\to\infty}\frac{1}{n\cdot\sqrt{n}}}{\lim\limits_{n\to\infty} 1 + \lim\limits_{n\to\infty}\frac{\sqrt{2}}{n\cdot\sqrt{n}}} = \frac{1+0+0}{1+0} = 1$

e) $\lim\limits_{n\to\infty} \frac{n^5-n^4}{6n^5-1} = \lim\limits_{n\to\infty} \frac{(n^5-n^4)\cdot\frac{1}{n^5}}{(6n^5-1)\cdot\frac{1}{n^5}} = \lim\limits_{n\to\infty} \frac{1-\frac{1}{n}}{6-\frac{1}{n^5}} = \frac{\lim\limits_{n\to\infty}\left(1-\frac{1}{n}\right)}{\lim\limits_{n\to\infty}\left(6-\frac{1}{n^5}\right)} = \frac{\lim\limits_{n\to\infty} 1 - \lim\limits_{n\to\infty}\frac{1}{n}}{\lim\limits_{n\to\infty} 6 - \lim\limits_{n\to\infty}\frac{1}{n^5}} = \frac{1-0}{6-0} = \frac{1}{6}$

f) $\lim\limits_{n\to\infty} \frac{\sqrt{n+1}}{\sqrt{n+1}+2} = \lim\limits_{n\to\infty} \frac{\sqrt{n+1}\cdot\frac{1}{\sqrt{n+1}}}{\left(\sqrt{n+1}+2\right)\cdot\frac{1}{\sqrt{n+1}}} = \lim\limits_{n\to\infty} \frac{1}{1+\frac{2}{\sqrt{n+1}}} = \frac{\lim\limits_{n\to\infty} 1}{\lim\limits_{n\to\infty}\left(1+\frac{2}{\sqrt{n+1}}\right)} = \frac{1}{\lim\limits_{n\to\infty} 1 + \lim\limits_{n\to\infty}\frac{2}{\sqrt{n+1}}}$

$= \frac{1}{1+0} = 1$

g) $\lim\limits_{n\to\infty} \frac{(5-n)^4}{(5+n)^4} = \lim\limits_{n\to\infty} \frac{(5-n)^4\cdot\frac{1}{n^4}}{(5+n)^4\cdot\frac{1}{n^4}} = \lim\limits_{n\to\infty} \frac{\left((5-n)\cdot\frac{1}{n}\right)^4}{\left((5+n)\cdot\frac{1}{n}\right)^4} = \frac{\lim\limits_{n\to\infty}\left(\frac{5}{n}-1\right)^4}{\lim\limits_{n\to\infty}\left(\frac{5}{n}+1\right)^4} = \frac{(0-1)^4}{(0+1)^4} = 1$

h) $\lim\limits_{n\to\infty} \frac{(2+n)^{10}}{(1+n)^{10}} = \lim\limits_{n\to\infty} \frac{(2+n)^{10}\cdot\frac{1}{n^{10}}}{(1+n)^{10}\cdot\frac{1}{n^{10}}} = \lim\limits_{n\to\infty} \frac{\left((2+n)\cdot\frac{1}{n}\right)^{10}}{\left((1+n)\cdot\frac{1}{n}\right)^{10}} = \frac{\lim\limits_{n\to\infty}\left(\frac{2}{n}+1\right)^{10}}{\lim\limits_{n\to\infty}\left(\frac{1}{n}+1\right)^{10}} = \frac{(0+1)^{10}}{(0+1)^{10}} = 1$

i) $\lim\limits_{n\to\infty} \frac{(1+2n)^{10}}{(1+n)^{10}} = \lim\limits_{n\to\infty} \frac{(1+2n)^{10}\cdot\frac{1}{n^{10}}}{(1+n)^{10}\cdot\frac{1}{n^{10}}} = \lim\limits_{n\to\infty} \frac{\left((1+2n)\cdot\frac{1}{n}\right)^{10}}{\left((1+n)\cdot\frac{1}{n}\right)^{10}} = \frac{\lim\limits_{n\to\infty}\left(\frac{1}{n}+2\right)^{10}}{\lim\limits_{n\to\infty}\left(\frac{1}{n}+1\right)^{10}} = \frac{(0+2)^{10}}{(0+1)^{10}} = 2^{10} = 1024$

j) $\lim\limits_{n\to\infty} \frac{(1+2n)^k}{(1+3n)^k} = \lim\limits_{n\to\infty} \frac{(1+2n)^k\cdot\frac{1}{n^k}}{(1+3n)^k\cdot\frac{1}{n^k}} = \lim\limits_{n\to\infty} \frac{\left((1+2n)\cdot\frac{1}{n}\right)^k}{\left((1+3n)\cdot\frac{1}{n}\right)^k} = \frac{\lim\limits_{n\to\infty}\left(\frac{1}{n}+2\right)^k}{\lim\limits_{n\to\infty}\left(\frac{1}{n}+3\right)^k} = \frac{(0+2)^k}{(0+3)^k} = \frac{2^k}{3^k} = \left(\frac{2}{3}\right)^k$

S. 125 **4** a) $\lim\limits_{n\to\infty} \frac{2^n - 1}{2^n} = \lim\limits_{n\to\infty} \frac{(2^n - 1)\cdot\frac{1}{2^n}}{2^n\cdot\frac{1}{2^n}} = \lim\limits_{n\to\infty} \frac{1 - \frac{1}{2^n}}{1} = \frac{1-0}{1} = 1$

b) $\lim\limits_{n\to\infty} \frac{2^n - 1}{2^{n-1}} = \lim\limits_{n\to\infty} \frac{(2^n - 1)\cdot\frac{1}{2^{n-1}}}{2^{n-1}\cdot\frac{1}{2^{n-1}}} = \lim\limits_{n\to\infty} \frac{2 - \frac{1}{2^{n-1}}}{1} = \frac{2-0}{1} = 2$

c) $\lim\limits_{n\to\infty} \frac{2^n}{1 + (2^2)^n} = \lim\limits_{n\to\infty} \frac{2^n}{1 + 2^{2n}} = \lim\limits_{n\to\infty} \frac{2^n\cdot\frac{1}{2^{2n}}}{(1 + 2^{2n})\cdot\frac{1}{2^{2n}}} = \lim\limits_{n\to\infty} \frac{\frac{1}{2^n}}{\frac{1}{2^{2n}} + 1} = \frac{0}{0+1} = 0$

d) $\lim\limits_{n\to\infty} \frac{2^n - 3^n}{2^n + 3^n} = \lim\limits_{n\to\infty} \frac{(2^n - 3^n)\cdot\frac{1}{3^n}}{(2^n + 3^n)\cdot\frac{1}{3^n}} = \lim\limits_{n\to\infty} \frac{\left(\frac{2}{3}\right)^n - 1}{\left(\frac{2}{3}\right)^n + 1} = \frac{0-1}{1} = -1$

e) $\lim\limits_{n\to\infty} \frac{2^n + 3^{n+1}}{2\cdot 3^n} = \lim\limits_{n\to\infty} \frac{(2^n + 3^{n+1})\cdot\frac{1}{3^{n+1}}}{(2\cdot 3^n)\cdot\frac{1}{3^{n+1}}} = \lim\limits_{n\to\infty} \frac{\frac{1}{3}\left(\frac{2}{3}\right)^n + 1}{\frac{2}{3}} = \frac{0+1}{\frac{2}{3}} = \frac{3}{2}$

5 a) Aus $g = \frac{2}{5}g - 2$ folgt $g = -\frac{10}{3}$.

b) Aus $g = -\frac{2}{3}g + 4$ folgt $g = \frac{12}{5}$.

c) Aus $g = \frac{1-g}{2+g}$ folgt $g^2 + 3g - 1 = 0$ und hieraus $g = \frac{1}{2}\left(\sqrt{13} - 3\right) \approx 0{,}3028$.

d) Aus $g = \frac{2-g^2}{3+g}$ folgt $2g^2 + 3g - 2 = 0$ und hieraus $g = \frac{1}{2}$.

e) Aus $g = \sqrt{g+4}$ folgt $g^2 - g - 4 = 0$ und hieraus $g = \frac{1}{2}\left(\sqrt{17} + 1\right) \approx 2{,}5616$.

f) Aus $g = \sqrt{\frac{8}{g}}$ folgt $g^3 = 8$ und hieraus $g = 2$.

6 a) Für $0 \leqq a_1 < 1$ ist die Folge konvergent mit dem Grenzwert $g = 0$;
für $a_1 = 1$ ist die Folge konvergent mit dem Grenzwert $g = 1$;
für $a_1 > 1$ ist die Folge divergent.
b) Für $a_1 = 1$ ist die Folge konvergent mit dem Grenzwert $g = 1$;
für $a_1 = -1$ ist die Folge konvergent mit dem Grenzwert $g = -1$;
für $a_1 = q$ mit $q \in \mathbb{R} \setminus \{-1; 1\}$ ist die Folge divergent.
c) Für $a_1 = 1$: $g = \sqrt{2}$; für $a_1 = -1$: $g = -\sqrt{2}$.

7 a) $\lim\limits_{n\to\infty}\left(\sqrt{n+1} - \sqrt{n}\right) = \lim\limits_{n\to\infty} \frac{\left(\sqrt{n+1} - \sqrt{n}\right)\cdot\left(\sqrt{n+1} + \sqrt{n}\right)}{\sqrt{n+1} + \sqrt{n}} = \lim\limits_{n\to\infty} \frac{n+1-n}{\sqrt{n+1} + \sqrt{n}} = \lim\limits_{n\to\infty} \frac{1}{\sqrt{n+1} + \sqrt{n}} = 0$

b) $\lim\limits_{n\to\infty}\left(\sqrt{n}\cdot\left(\sqrt{n+1} - \sqrt{n}\right)\right) = \lim\limits_{n\to\infty} \frac{\sqrt{n}\cdot\left(\sqrt{n+1} - \sqrt{n}\right)\cdot\left(\sqrt{n+1} + \sqrt{n}\right)}{\sqrt{n+1} + \sqrt{n}} = \lim\limits_{n\to\infty} \frac{\sqrt{n}}{\sqrt{n+1} + \sqrt{n}} =$

$= \lim\limits_{n\to\infty} \frac{1}{\frac{\sqrt{n+1}}{\sqrt{n}} + 1} = \lim\limits_{n\to\infty} \frac{1}{\sqrt{1 + \frac{1}{n}} + 1} = \frac{1}{2}$

c) $\lim\limits_{n\to\infty}\left(\sqrt{n^2 - n} - n\right) = \lim\limits_{n\to\infty} \frac{\left(\sqrt{n^2 - n} - n\right)\cdot\left(\sqrt{n^2 - n} + n\right)}{\sqrt{n^2 - n} + n} = \lim\limits_{n\to\infty} \frac{n^2 - n - n^2}{\sqrt{n^2 - n} + n} = \lim\limits_{n\to\infty} \frac{-n}{\sqrt{n^2 - n} + n} =$

$= \lim\limits_{n\to\infty} \frac{-1}{\sqrt{1 - \frac{1}{n}} + 1} = -\frac{1}{2}$

5 *Grenzwerte von Funktionen für $x \to \pm\infty$*

S. 126 **1** a) $f(x) = \frac{5x}{x-5}$; $x > 5$. $f(6) = 30$; $f(7) = 17\frac{1}{2}$; $f(8) = 13\frac{1}{3}$; $f(9) = 11\frac{1}{4}$; $f(10) = 10$.
Die Folgenglieder streben vermutlich gegen 5.
Dies trifft zu, da $\lim\limits_{n\to\infty} \frac{5n}{n-5} = \frac{5}{1-\frac{5}{n}} = 5$ ist.
b) $f(10) = 10$; $f(2\cdot 10) = 6\frac{2}{3}$; $f(2^2\cdot 10) = 5\frac{5}{7}$; … ; $f(2^n\cdot 10) = \frac{5\cdot 10\cdot 2^n}{10\cdot 2^n - 5} = \frac{5}{1-\frac{5}{10\cdot 2^n}} = \frac{5}{1-2^{-n-1}}$.
Auch diese Folge hat den Grenzwert 5, da 2^{-n-1} eine Nullfolge ist.

S. 127 **2** a)

Urbildfolge	(n)	$(\sqrt{n})$	$(2n-1)$	(3^n)	(n^n)
Bildfolge	$\left(\frac{2n+4}{n+3}\right)$	$\left(\frac{2\cdot\sqrt{n}+4}{\sqrt{n}+3}\right)$	$\left(\frac{2n+1}{n+1}\right)$	$\left(\frac{2(3^n+2)}{3^n+3}\right)$	$\left(\frac{2n^n+4}{n^n+3}\right)$
Grenzwert	2	2	2	2	2

b)

Urbildfolge	$(-n)$	(-10^n)	$(-n^n)$
Bildfolge	$\left(\frac{-2n+4}{-n+3}\right)$	$\left(\frac{-2\cdot 10^n+4}{-10^n+3}\right)$	$\left(\frac{-2\cdot n^n+4}{-n^n+3}\right)$
Grenzwert	2	2	2

3 a) $\lim\limits_{x\to\infty} \frac{2}{x+1} = \lim\limits_{x_n\to\infty} \frac{2\cdot\frac{1}{x_n}}{1+\frac{1}{x_n}} = \frac{\lim\limits_{x_n\to\infty}\left(2\cdot\frac{1}{x_n}\right)}{\lim\limits_{x_n\to\infty}\left(1+\frac{1}{x_n}\right)} = \frac{\lim\limits_{x_n\to\infty} 2\cdot\lim\limits_{x_n\to\infty}\frac{1}{x_n}}{\lim\limits_{x_n\to\infty} 1+\lim\limits_{x_n\to\infty}\frac{1}{x_n}} = \frac{2\cdot 0}{1+0} = 0$, da für jede Folge (x_n)
mit $x_n \to \infty$ die Folge $\left(\frac{1}{x_n}\right)$ eine Nullfolge ist.

$$\lim\limits_{x\to-\infty} \frac{2}{x+1} = \lim\limits_{x_n\to-\infty} \frac{2\cdot\frac{1}{x_n}}{1+\frac{1}{x_n}} = \frac{2\cdot 0}{1+0} = 0$$

b) $\lim\limits_{x\to\infty} \frac{1}{\sqrt{x}} = \lim\limits_{x_n\to\infty} \frac{1}{\sqrt{x_n}} = \lim\limits_{x_n\to\infty} \sqrt{\frac{1}{x_n}} = \sqrt{0} = 0$, da $\left(\frac{1}{x_n}\right)$ eine Nullfolge ist.

c) $\lim\limits_{x\to\pm\infty} \left(\frac{x^3}{x^5} - 3\right) = \lim\limits_{x_n\to\pm\infty} \left(\left(\frac{1}{x_n}\right)^2 - 3\right) = 0 - 3 = -3$

d) $\lim\limits_{x\to\infty} \left(\frac{4}{x+\sqrt{x+1}} + \frac{1}{3}\right) = \lim\limits_{x_n\to\infty} \left(\frac{4}{x_n+\sqrt{x_n+1}} + \frac{1}{3}\right) = \frac{1}{3}$, da mit $\left(\frac{1}{x_n}\right)$ auch $\left(\frac{4}{x_n+\sqrt{x_n+1}}\right)$ eine Nullfolge ist.

e) $\lim\limits_{x\to\infty} \frac{1}{2^x+1} = \lim\limits_{x_n\to\infty} \frac{1}{2^{x_n}+1} = 0$, da mit $x_n \to \infty$ auch gilt $2^{x_n} \to \infty$ und daher $\left(\frac{1}{2^{x_n}+1}\right)$ eine Nullfolge ist.

$\lim\limits_{x\to-\infty} \frac{1}{2^x+1} = \lim\limits_{x_n\to-\infty} \frac{1}{2^{x_n}+1} = \lim\limits_{x_n\to\infty} \frac{1}{2^{-x_n}+1} = 1$, da $(2^{-x_n}) = \left(\frac{1}{2^{x_n}}\right)$ für eine positive nicht beschränkte Folge (x_n) eine Nullfolge ist.

S. 127 **4** a) $\lim\limits_{x\to\pm\infty}\frac{6x+5}{4+3x}=\lim\limits_{x_n\to\pm\infty}\frac{6+\frac{5}{x_n}}{\frac{4}{x_n}+3}=\frac{6+0}{0+3}=2$

b) $\lim\limits_{x\to\pm\infty}\frac{2x^3+4x}{3x^3+6x+1}=\lim\limits_{x_n\to\pm\infty}\frac{2+\frac{4}{x_n^2}}{3+\frac{6}{x_n^2}+\frac{1}{x_n^3}}=\frac{2+0}{3+0+0}=\frac{2}{3}$

c) $\lim\limits_{x\to\infty}\frac{\sqrt{x}-8}{\sqrt{x}}=\lim\limits_{x_n\to\infty}\frac{1-\frac{8}{\sqrt{x_n}}}{1}=\frac{1+0}{1}=1$

d) $\lim\limits_{x\to\pm\infty}\frac{x+12}{2x^2-1}=\lim\limits_{x_n\to\pm\infty}\frac{\frac{1}{x_n}+\frac{12}{x_n^2}}{2-\frac{1}{x_n^2}}=\frac{0+0}{2-0}=0$

e) $\lim\limits_{x\to\pm\infty}\frac{2x-19}{\sqrt{x^2+19}}=\lim\limits_{x_n\to\pm\infty}\frac{2+\frac{19}{x_n}}{\pm\sqrt{1+\frac{19}{x_n^2}}}=\frac{2+0}{\pm\sqrt{1+0}}=\pm2$

5 a) $\lim\limits_{x\to\pm\infty}\frac{x^2+4x+1}{x^2+x-1}=\lim\limits_{x_n\to\pm\infty}\frac{1+\frac{4}{x_n}+\frac{1}{x_n^2}}{1+\frac{1}{x_n}-\frac{1}{x_n^2}}=\frac{1+0+0}{1+0-0}=1$

b) $\lim\limits_{x\to\pm\infty}\frac{x^4-x^2}{6x^4+1}=\lim\limits_{x_n\to\pm\infty}\frac{1-\frac{1}{x_n^2}}{6+\frac{1}{x_n^4}}=\frac{1-0}{6+0}=\frac{1}{6}$

c) $\lim\limits_{x\to\pm\infty}\frac{x^4-x^2}{6x^5-1}=\lim\limits_{x_n\to\pm\infty}\frac{\frac{1}{x_n}-\frac{1}{x_n^3}}{6-\frac{1}{x_n^5}}=\frac{0-0}{6-0}=0$

d) $\lim\limits_{x\to\pm\infty}\frac{x^4+x^2}{5x^3+3}=\lim\limits_{x_n\to\pm\infty}\frac{x_n+\frac{1}{x_n}}{5+\frac{3}{x_n^3}}$ existiert nicht.

e) $\lim\limits_{x\to\infty}\frac{\sqrt{x-8}}{\sqrt{x}}=\lim\limits_{x_n\to\infty}\frac{\sqrt{1-\frac{8}{x_n}}}{1}=\frac{\sqrt{1+0}}{1}=1$

f) $\lim\limits_{x\to\pm\infty}\frac{(3+x)^2}{(3-x)^2}=\lim\limits_{x_n\to\pm\infty}\frac{\left(\frac{3}{x_n}+1\right)^2}{\left(\frac{3}{x_n}-1\right)^2}=\frac{(0+1)^2}{(0-1)^2}=1$

g) $\lim\limits_{x\to\pm\infty}\frac{(3+x)^3}{(3-x)^3}=\lim\limits_{x_n\to\pm\infty}\frac{\left(\frac{3}{x_n}+1\right)^3}{\left(\frac{3}{x_n}-1\right)^3}=\frac{(0+1)^3}{(0-1)^3}=-1$

h) $\lim\limits_{x\to\infty}\frac{3^{x-1}}{3^x-1}=\lim\limits_{x_n\to\infty}\frac{1}{3-\frac{1}{3^{x-1}}}=\frac{1}{3-0}=\frac{1}{3}$; $\lim\limits_{x\to-\infty}\frac{3^{x-1}}{3^x-1}=\lim\limits_{x_n\to-\infty}\frac{3^{-x_n-1}}{3^{-x_n}-1}=\frac{0}{0-1}=0$

i) $\lim\limits_{x\to\infty}(3+6^x)\cdot3^{-x}=\lim\limits_{x_n\to\infty}\frac{3+2^{x_n}\cdot3^{x_n}}{3^{x_n}}=\lim\limits_{x_n\to\infty}\left(\frac{1}{3^{x_n-1}}+2^{x_n}\right)$ existiert nicht, da die Folge (2^{x_n}) unbeschränkt ist.

$\lim\limits_{x\to-\infty}(3+6^x)\cdot3^{-x}=\lim\limits_{x_n\to-\infty}\frac{3+2^{x_n}\cdot3^{x_n}}{3^{x_n}}=\lim\limits_{x_n\to-\infty}(3\cdot3^{-x_n}+2^{x_n})$ existiert nicht, da die Folge (3^{-x_n}) unbeschränkt ist.

6 a) $f(x)=\frac{1}{x+1}$; $g(x)=\frac{1}{2^x+2^{-x}}$

b) $f(x)=2+\frac{2}{x^2}$; $g(x)=\frac{2\sqrt{|x|}+4}{\sqrt{|x|}}$

c) $f(x)=\frac{\sqrt{3}\cdot(x+1)}{x}$; $g(x)=\sqrt{3}$

d) $f(x)=\frac{1-x}{x}$; $g(x)=\frac{-2^x-3}{2^x}$

e) $f(x)=\frac{-x^2}{4x^2+x-6}$; $g(x)=-1+\frac{\sin(x)}{x}$

7 Es ist $\left|\sin\left(\frac{1}{x}\right)\right|<\left|\frac{1}{x}\right|$. Da $\lim\limits_{x\to\pm\infty}\left|\frac{1}{x}\right|=0$ ist, ist $\lim\limits_{x\to\pm\infty}\sin\left(\frac{1}{x}\right)=0$.

6 *Grenzwerte von Funktionen für $x \rightarrow x_0$*

. 128 **1** Möglichkeit A:
Man betrachtet den Graphen der Funktion f (Graph rechts) und erkennt:
– an der Stelle 3 fehlt ein Punkt $P(3|-6)$
– an der Stelle 4 strebt $f(x) \rightarrow -\infty$ für $x \rightarrow 4$ und gegen $+\infty$ für $x \rightarrow 4$ und $x > 4$.

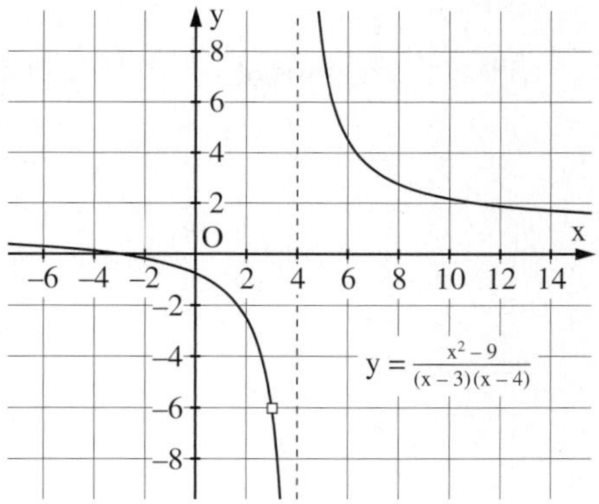

Möglichkeit B:
Man kürzt den Funktionsterm und erhält den mit f(x) in der Definitionsmenge $\mathbb{R} \setminus \{3\}$ identischen Funktionsterm $g(x) = \frac{x+3}{x-4}$.

Möglichkeit C:
Man ersetzt x durch eine gegen 3 konvergierende Folge, z. B. $x_n = 3 + \frac{1}{n}$ und erhält

$f(x_n) = \frac{9 + \frac{6}{n} + \frac{1}{n^2} - 9}{\left(3 + \frac{1}{n} - 3\right)\left(3 + \frac{1}{n} - 4\right)} = \frac{6n+1}{1-n}$. Ihr Grenzwert ist –6.

Ersetzt man x durch eine gegen 4 konvergierende Folge, z. B. $x_n = 4 + \frac{1}{n}$, so erhält man

$f(x_n) = \frac{16 + \frac{8}{n} + \frac{1}{n^2} - 9}{\left(4 + \frac{1}{n} - 3\right)\left(4 + \frac{1}{n} - 4\right)} = 7n + 1$. Ihr Grenzwert existiert nicht.

. 130 **2** a) $\lim\limits_{x \to 1} f(x) = 0$ b) Der Grenzwert existiert nicht. c) $\lim\limits_{x \to 1} f(x) = 1$

3 a) Für alle $x_0 \in \mathbb{R} \setminus \{-1\}$. b) Für alle $x_0 \in \mathbb{R} \setminus \{-1; 1\}$. c) Für alle $x_0 \in \mathbb{R}$.

4 $g \approx 0{,}29$. Es ist $\frac{\sqrt{x+3} - \sqrt{3}}{x} \cdot \frac{\sqrt{x+3} + \sqrt{3}}{\sqrt{x+3} + \sqrt{3}} = \frac{1}{\sqrt{x+3} + \sqrt{3}}$. Also gilt: $g = \frac{1}{2\sqrt{3}}$.

5 a) Die Urbildfolge $\left(-2 + \frac{1}{n}\right)$ hat die Bildfolge $\left(\frac{1}{\left(-2 + \frac{1}{n} + 2\right)^4}\right) = \left(\frac{1}{\left(\frac{1}{n}\right)^4}\right) = (n^4)$.

Die Urbildfolge hat den Grenzwert –2. Die Bildfolge ist divergent.
b) Für alle x mit $-2{,}1 \leqq x \leqq -1{,}9$; $x \neq -2$ sind die Funktionswerte von f größer als 10000.

6 a) $f(x) = \frac{x}{x-1}$. Definitionslücke ist $x_0 = 1$. Es gilt für $x > 1$ und $x \rightarrow 1$: $f(x) \rightarrow +\infty$ und für $x < 1$ und $x \rightarrow 1$: $f(x) \rightarrow -\infty$. Graph nächste Seite Fig. 1.
b) $f(x) = \frac{x^2-1}{x-1} = x + 1$. Definitionslücke ist $x_0 = 1$. $\lim\limits_{x \to 1} \frac{x^2-1}{x-1} = \lim\limits_{x \to 1} (x+1) = 2$.
Graph nächste Seite Fig. 1.
c) $f(x) = \frac{x^3-1}{x-1} = x^2 + x + 1$. Definitionslücke ist $x_0 = 1$. $\lim\limits_{x \to 1} \frac{x^3-1}{x-1} = \lim\limits_{x \to 1} (x^2 + x + 1) = 3$.
Graph nächste Seite Fig. 2.

S. 130 **6** d) $f(x) = \frac{x^2 - a^2}{x - a} = x + a$. Definitionslücke ist $x_0 = a$. $\lim\limits_{x \to a} \frac{x^2 - a^2}{x - a} = \lim\limits_{x \to a} (x + a) = 2a$.

Der Graph für $a = 1$ ist der von Aufgabenteil b).

e) $f(x) = \frac{x^4 - 16}{x - 2} = x^3 + 2x^2 + 4x + 8$. Definitionslücke ist $x_0 = 2$.

$\lim\limits_{x \to 2} \frac{x^4 - 16}{x - 2} = \lim\limits_{x \to 2} (x^3 + 2x^2 + 4x + 8) = 32$. Graph siehe unten Fig. 2.

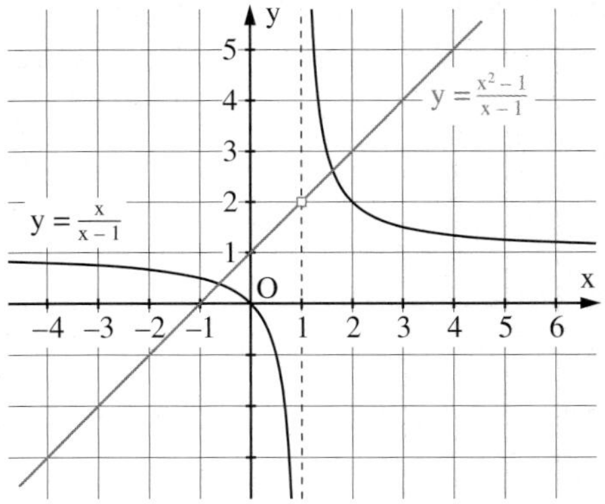

Fig. 1

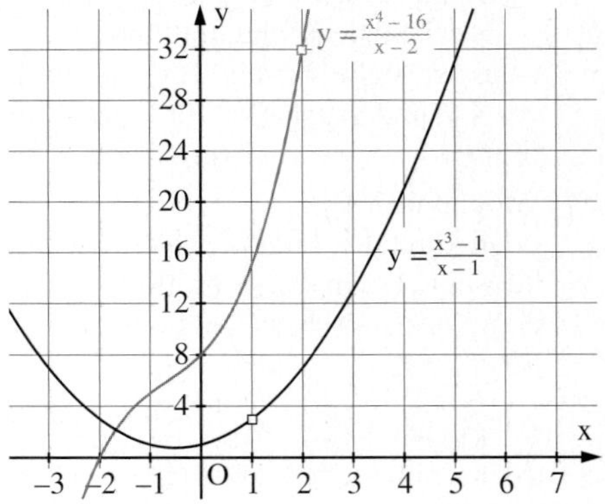

Fig. 2

7 a) $\lim\limits_{x \to 5} (x^2 - 2x) = \lim\limits_{x_n \to 5} (x_n^2 - 2x_n) = \lim\limits_{x_n \to 5} x_n^2 - \lim\limits_{x_n \to 5} 2x_n$

$= \lim\limits_{x_n \to 5} x_n \cdot \lim\limits_{x_n \to 5} x_n - \lim\limits_{x_n \to 5} 2 \cdot \lim\limits_{x_n \to 5} x_n = 5 \cdot 5 - 2 \cdot 5 = 15$

b) $\lim\limits_{x \to -3} (x^4 - 5x^2 + 10) = \lim\limits_{x_n \to -3} (x_n^4 - 5x_n^2 + 10) = \lim\limits_{x_n \to -3} x_n^4 - \lim\limits_{x_n \to -3} 5x_n^2 + 10$

$= (\lim\limits_{x_n \to -3} x_n)^4 - 5 \cdot (\lim\limits_{x_n \to -3} x_n)^2 + 10 = 46$

c) $\lim\limits_{x \to -2} \left(x^3 - \frac{1}{x}\right) = \lim\limits_{x_n \to -2} \left(x_n^3 - \frac{1}{x_n}\right) = \lim\limits_{x_n \to -2} x_n^3 - \lim\limits_{x_n \to -2} \frac{1}{x_n} = (\lim\limits_{x_n \to -2} x_n)^3 - \lim\limits_{x_n \to -2} \frac{1}{x_n} = -7\frac{1}{2}$

d) $\lim\limits_{x \to -3} \left(\frac{10}{x^3} + x - \frac{20}{x}\right) = \lim\limits_{x_n \to -3} \left(\frac{10}{x_n^3} + x_n - \frac{20}{x_n}\right) = \lim\limits_{x_n \to -3} \frac{10}{x_n^3} + \lim\limits_{x_n \to -3} x_n - \lim\limits_{x_n \to -3} \frac{20}{x_n}$

$= \frac{10}{(\lim\limits_{x_n \to -3} x_n)^3} + (-3) - \frac{20}{\lim\limits_{x_n \to -3} x_n} = \frac{89}{27}$

8 a) Es ist $\lim\limits_{\substack{x \to 3 \\ x < 3}} f(x) = \lim\limits_{\substack{x \to 3 \\ x < 3}} x^2 = 9$ und $\lim\limits_{\substack{x \to 3 \\ x > 3}} f(x) = \lim\limits_{\substack{x \to 3 \\ x > 3}} (12 - x) = 9$.

Damit gilt $\lim\limits_{x \to 3} f(x) = 9$.

b) Es ist $\lim\limits_{\substack{x \to -1 \\ x < -1}} f(x) = \lim\limits_{\substack{x \to -1 \\ x < -1}} (x^2 + 4x) = -3$ und $\lim\limits_{\substack{x \to -1 \\ x > -1}} f(x) = \lim\limits_{\substack{x \to -1 \\ x > -1}} (2^x - 3) = -2\frac{1}{2}$.

Damit existiert der Grenzwert nicht.

. 130 **9** a) $f(x) = x^2$, $x_0 = 2$. $m_{P_0P_n} = \frac{(2 + h_n)^2 - 4}{(2 + h_n) - 2} = \frac{4h_n + h_n^2}{h_n} = 4 + h_n$. Also gilt $\lim\limits_{h_n \to 0} (4 + h_n) = 4$. In der Zeichnung ist $h_n = \frac{1}{n}$. Die Gleichungen der zugehörigen Sekanten sind dann: P_0P_1: $y = 5x - 6$; P_0P_2: $y = 4{,}5x - 5$; P_0P_3: $y = \frac{13}{3}x - \frac{14}{3}$; Gleichung der Tangente: $y = 4x - 4$.

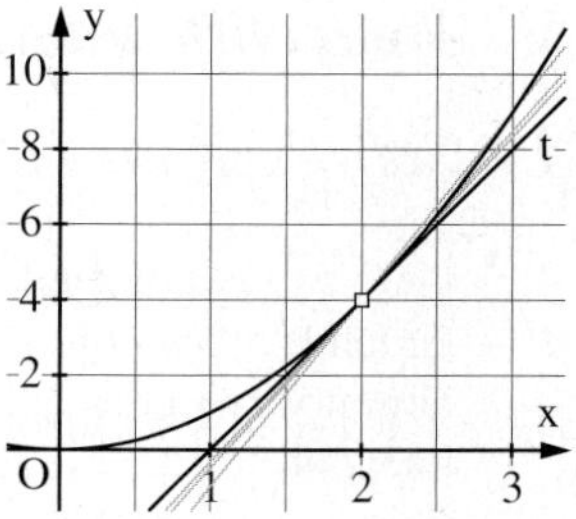

b) $f(x) = \frac{1}{x}$; $x_0 = -3$. $m_{P_0P_n} = \frac{\frac{1}{-3 + h_n} + \frac{1}{3}}{(-3 + h_n) - (-3)} = \frac{h_n}{h_n \cdot 3 \cdot (-3 + h_n)}$ $= \frac{1}{3 \cdot (-3 + h_n)}$, also gilt $\lim\limits_{h_n \to 0} \frac{1}{-9 + 3h_n} = -\frac{1}{9}$. In der Zeichung ist $h_n = \frac{(-1)^n}{n}$. Die Gleichungen der zugehörigen Sekanten sind dann: P_0P_1: $y = -\frac{1}{12}x - \frac{7}{12}$; P_0P_2: $y = -\frac{2}{15}x - \frac{11}{15}$; P_0P_3: $y = -\frac{1}{10}x - \frac{19}{30}$; Gleichung der Tangente: $y = -\frac{1}{9}x - \frac{2}{3}$.

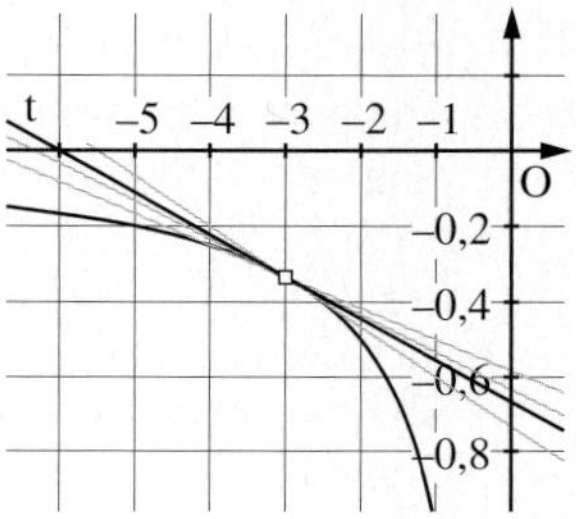

V *Weiterführung der Differenzialrechnung*

1 *Stetigkeit und Differenzierbarkeit einer Funktion*

S. 134 **1** Graph I: v hat vom Zeitpunkt 0 bis zum Zeitpunkt t_0 den konstanten Wert v_0. Dann nimmt v zwischen t_0 und t_1 linear auf $\frac{1}{2}v_0$ ab und steigt ab dem Zeitpunkt t_1 wieder linear an.
Regelung: Zwischen den Zeitpunkten t_0 und t_1 wird der Hahn H gleichmäßig halb geschlossen. Ab t_1 wird H wieder gleichmäßig geöffnet.
Graph II: v hat vom Zeitpunkt 0 bis zum Zeitpunkt t_0 den konstanten Wert v_0. Zum Zeitpunkt t_0 nimmt v ruckartig auf 0 ab und bleibt 0 bis zum Zeitpunkt t_1. Ab dem Zeitpunkt t_1 steigt v wieder linear an.
Regelung: Zum Zeitpunkt t_0 wird der Schieber S geschlossen. Zwischen t_0 und t_1 wird auch der Hahn H geschlossen, und nachdem H geschlossen ist, wird S wieder geöffnet. Ab t_1 wird H wieder gleichmäßig geöffnet.
Graph III: v hat vom Zeitpunkt 0 bis zum Zeitpunkt t_0 den konstanten Wert v_0. Zum Zeitpunkt t_0 nimmt v ruckartig auf 0 ab und bleibt 0 bis zum Zeitpunkt t_1. Zum Zeitpunkt t_1 nimmt v ruckartig wieder auf $\frac{1}{2}v_0$ zu und behält diesen Wert dann bei.
Regelung: Zum Zeitpunkt t_0 wird der Schieber S geschlossen. Zwischen t_0 und t_1 wird auch der Hahn H halb geschlossen. Zum Zeitpunkt t_1 wird S wieder geöffnet.
Graph IV: v hat vom Zeitpunkt 0 bis zum Zeitpunkt t_0 den konstanten Wert v_0. Zwischen t_0 und t_1 nimmt v linear auf $\frac{1}{2}v_0$ ab. Zum Zeitpunkt t_1 nimmt v ruckartig auf 0 ab und bleibt 0.
Regelung: Zwischen den Zeitpunkten t_0 und t_1 wird der Hahn H gleichmäßig halb geschlossen. Zum Zeitpunkt t_1 wird der Schieber S geschlossen.

S. 136 **2** a) Die Funktion *Tageszeit* $\rightarrow$ *Temperatur* ist stetig. Die Temperatur an einem bestimmten Ort kann sich zwar schnell verändern, aber nicht sprunghaft.
b) Die Funktion *Hubraum* $\rightarrow$ *Kfz-Steuer* ist unstetig, da jeweils bei einem Hunderterübergang die zu bezahlende Steuer sprunghaft um 13 Euro ansteigt.
c) Die Funktion *Zeitpunkt* $\rightarrow$ *Zinsen* ist unstetig, da sich der Zins von Tag zu Tag sprunghaft ändert.

Die Funktion *Zeit* $\rightarrow$ *Körpergröße* (eines Menschen) ist eine stetige Funktion, da der Mensch nicht sprunghaft wächst.
Die Funktion *Zeit* $\rightarrow$ *Wasserstand* eines Flusses an einem Messpegel ist eine stetige Funktion, da sich der Wasserstand nicht sprunghaft ändert.
Die Funktion *Zeit* $\rightarrow$ *Anzahl* der Menschen in Deutschland ist eine unstetige Funktion, da sie mindestens Sprünge der Größe 1 hat.

3 a) Der Graph ist stetig an den Stellen 0; 6 und 8; er ist differenzierbar an der Stelle 8.
b) Der Graph ist stetig an den Stellen 3; 6 und 8; er ist differenzierbar an der Stelle 3.

. 136 **4**

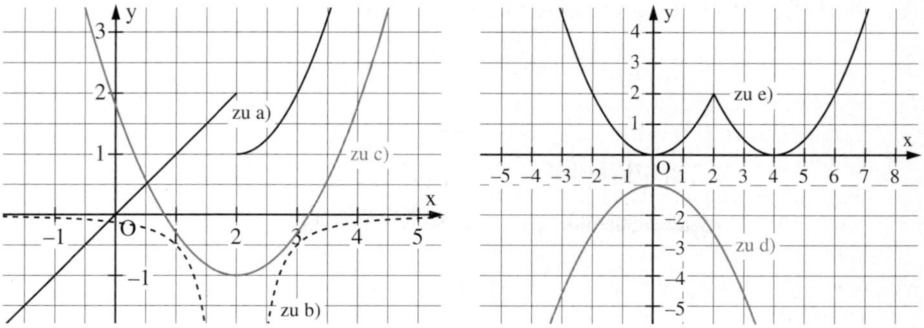

5 a) Wahr; Funktion IV besitzt an der Stelle $x_0 = 0$ keinen Funktionswert und ist daher dort nicht stetig.
b) Falsch; Funktion II hat in $x_0 = 2$ den Funktionswert 1, ist dort aber nicht stetig.
c) Wahr; Funktion I: In beliebiger Nähe einer rationalen Zahl mit dem Funktionswert 1 liegt eine irrationale Zahl mit dem Funktionswert –1 und umgekehrt. Damit ist die Funktion überall unstetig.
d) Wahr; Funktion III ist an der Stelle $x_0 = 0$ stetig, aber nicht differenzierbar.

6 a) Mit $u(x) = -x^2 + 8$; $u'(x) = -2x$; $v(x) = x^2 + x - 2$; $v'(x) = 2x + 1$ ergibt sich:
f ist in $x_0 = 2$ stetig, da $u(2) = v(2) = 4$ gilt;
f ist in $x_0 = 2$ nicht differenzierbar, da $u'(2) = -4 \neq 5 = v'(2)$ ist.
b) Mit $u(x) = 2x - 12{,}5$; $u'(x) = 2$; $v(x) = 0{,}5x^2 - 3x$; $v'(x) = x - 3$ ergibt sich:
f ist in $x_0 = 5$ stetig, da $u(5) = v(5) = -2{,}5$ gilt;
f ist in $x_0 = 5$ differenzierbar, da $u'(5) = v'(5) = 2$ ist.

7 a) $u(2) = t - 4$; $v(2) = \frac{t}{2}$. Es muss sein $u(2) = v(2)$; also $t - 4 = 0{,}5t$; damit ist $t = 8$.
b) $u\left(\frac{\pi}{6}\right) = t \cdot \frac{1}{2}$; $v\left(\frac{\pi}{6}\right) = t + \frac{\pi}{6}$. Es muss sein $u\left(\frac{\pi}{6}\right) = v\left(\frac{\pi}{6}\right)$; also $\frac{t}{2} = t + \frac{\pi}{6}$; damit ist $t = -\frac{\pi}{3}$.

8 a)

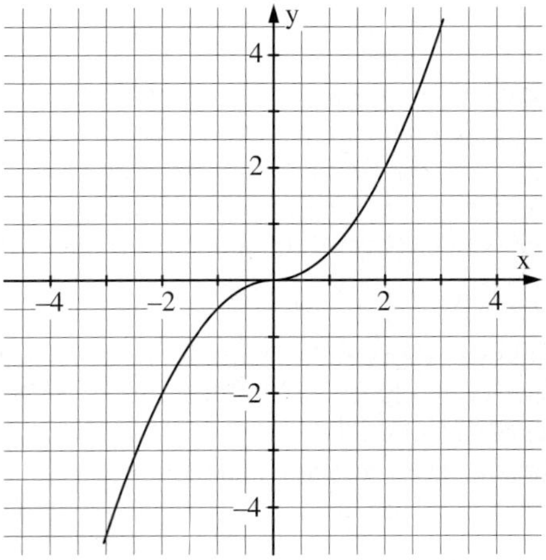

b)

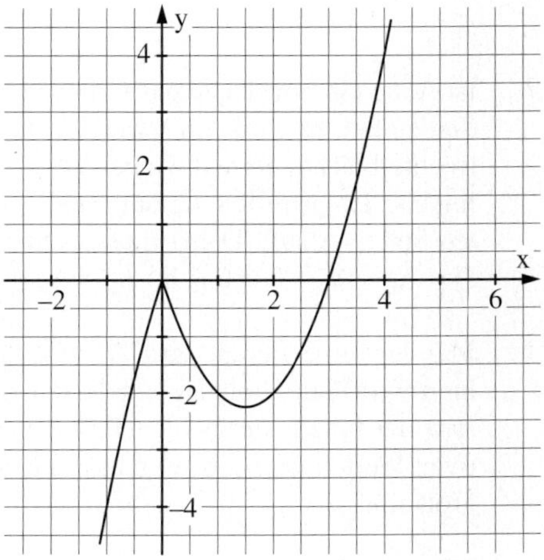

2 *Nullstellensatz und Intervallhalbierung*

S. 137 **1** Die zurückgelegte Strecke habe die Länge L, die Tageszeit 8.00 Uhr entspreche dem Zeitpunkt $t = 0$.
Der Aufstieg dauere $t = T_h$, der Abstieg $t = T_a$ mit $T_a < T_h$. Ferner sei **h(t)** der beim Aufstieg zurückgelegte Weg, **a(t)** der beim **Abstieg** zum Zeitpunkt t zurückgelegte Weg.
Dann ist nach der Zeit t die Entfernung vom Ausgangspunkt des Rittes h(t) bzw. $L - a(t)$ und es gilt für die Differenz $d(t) = h(t) - (L - a(t)) = h(t) + a(t) - L$.

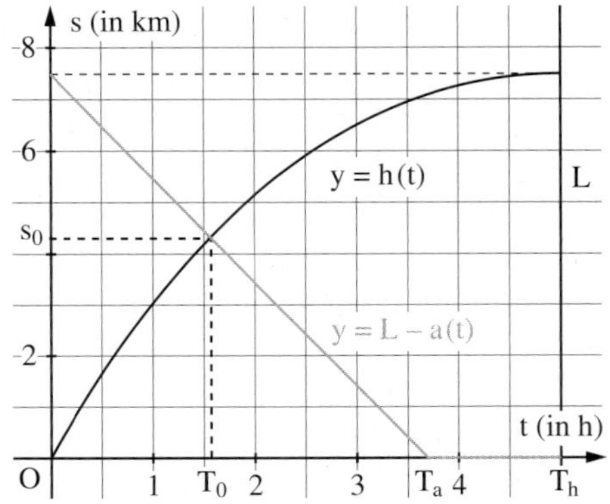

Dabei ist $h(0) = a(0) = 0$ und wegen $h(T_h) = a(T_h) = a(T_a) = L$. Daraus folgt $d(0) = -L$ und $d(T_h) = +L$. Da Auf- und Abstieg kontinuierlich erfolgen (ohne Sprünge), muss es einen Zeitpunkt T_0 geben mit $d(T_0) = h(T_0) + a(T_0) - L = 0$, also mit $h(T_0) = L - a(T_0)$, d.h. eine Stelle s_0, die vom Ausgangspunkt des Rittes gleich weit ist. Dies ist die gesuchte Stelle s_0.

S. 138 **2** Es gibt verschiedene Möglichkeiten, näherungsweise eine Nullstelle zu berechnen.
- Man erstellt eine Zeichnung und vergrößert sukzessive den Ausschnitt um den Schnittpunkt mit der x-Achse.
- Man arbeitet mit einer Tabellenkalkulation und verwendet das Intervallhalbierungsverfahren.
- Man arbeitet mit einem CAS und lässt sich einen Näherungswert angeben.

a) $x_0 \in [3; 4]$ mit $x_0 \approx 3{,}279$

b) $x_0 \in [-1; 0]$ mit $x_0 \approx 0{,}861$;
$x_1 \in [1; 2]$ mit $x_1 \approx 1{,}2396 \approx 1{,}240$;
$x_3 \in [15; 16]$ mit $x_3 = 16$ (exakt)

c) $x_0 \in [2; 3]$ mit $x_0 \approx 2{,}7095 \approx 2{,}71$

d) $x_0 \in [-2; -1]$ mit $x_0 \approx -1{,}183$;
$x_1 \in [1; 2]$ mit $x_1 \approx 1{,}355$;
$x_3 \in [16; 17]$ mit $x_3 \approx 16{,}091$.

3 Ist A die Gesamtfläche des Grundstücks und legt man eine parallele Gerade zu einem Seitenrand, so wird A in zwei Teilflächen mit den Inhalten A_L (linke Fläche) und A_R (rechte Fläche) zerlegt. Dabei ist $A_L < A_R$, wenn die Gerade hinreichend nahe am linken Seitenstreifen verläuft, und $A_L > A_R$, wenn die Gerade von der linken zur rechten Seite verläuft. Daher muss es nach dem Nullstellensatz eine Lage geben, bei der $D = A_L - A_R = 0$ ist, d.h. $A_L = A_R$ ist.

4 Man legt eine Gerade durch den Mittelpunkt des Kreises (wodurch die Kreisfläche halbiert wird) und dreht sie um diesen, so dass das Rechteck geschnitten wird. Die Differenz der Inhalte der beiden Teilflächen des Rechtecks geht stetig von positiven zu negativen Werten über. Damit muss es eine Gerade geben, so dass beide Teilflächen gleich groß sind.

3 Das NEWTON-Verfahren

139 **1** a) Gleichung der Geraden durch P_1 und P_2: $y + 0{,}194 = 1{,}83\,(x - 0{,}6)$; mit $y = 0$ folgt: $x_1 = 0{,}6 + \frac{0{,}194}{1{,}83} \approx 0{,}706$.

b) Man könnte in P_2 die Tangente an den Graphen zeichnen und den x-Wert des Schnittpunktes dieser Tangente mit der x-Achse als Näherungswert für die Nullstelle ansehen.
$f'(x) = 3x^2 + \frac{1}{2}x$; $f'(0{,}8) = 3 \cdot 0{,}8^2 + \frac{1}{2} \cdot 0{,}8 = 2{,}32$;

Gleichung der Tangente: $y - 0{,}172 = 2{,}32\,(x - 0{,}8)$;
mit $y = 0$ folgt: $x_1 \approx 0{,}726$.

140 Randspalte:
$x_{n+1} = x_n(2 - a \cdot x_n)$. Die Vorschrift enthält keine Division.
Sei z. B. $a = 17$. Aus $\frac{1}{x} - 17 = 0$ folgt $x = \frac{1}{17}$.
Dieser Bruch kann aber nur mit Multiplikationen und Subtraktionen berechnet werden.

2 a) 0,45340 b) –1,23651 c) 1,51044
d) –0,45340 e) 1,10606 f) 1,24905

3 a) –1,53209; –0,34730; 1,87939
b) –2,53209; –1,34730; 0,87939
c) –1,33152; –0,52077; 0,42019; 3,43210
d) –2,63483; –0,24623; 0,60302; 1,27805
e) –0,63673; 1,40962
f) 0,86715; 2,60968

4 Verkettung von Funktionen

141 **1** a) Die Spalte y1 enthält die Funktionswerte der Funktion $y1 = x^2 - 1$.
Die Spalte y2 enthält die Kehrwerte der Werte aus Spalte von y1.
Die Situation erinnert an das Verketten von Abbildungen.

2 $f(x) = \sqrt{x + 5}$

143 **3** a) –2 b) 3 c) –8 d) 163 e) –56 f) 129 g) –20 h) 163

4

	a)	b)	c)	d)	e)	f)
f(x)	$3x + 5$	$2 + x^2$	$1 - (1 - x)^4$	$\frac{1}{(x-1)^2} + 1$	$\frac{x^2}{x^2 - 4}$	2^{1-2x}
g(x)	$3x + 7$	$(2 + x)^2$	x^4	$\frac{1}{x^2}$	$2(1 - x^2)$	$1 - 2^{x+1}$

S. 143 **5** a)

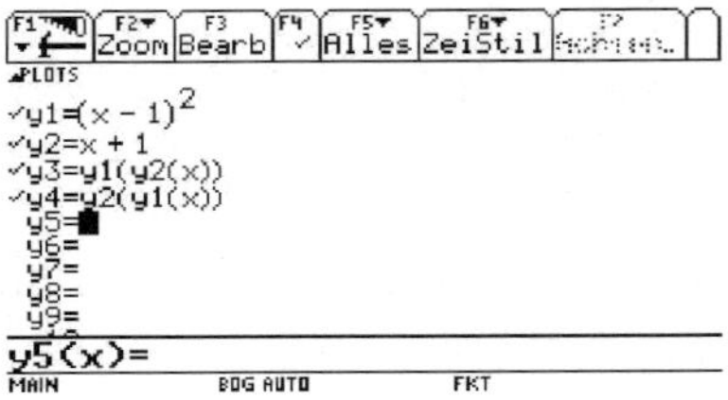

Fig. 1

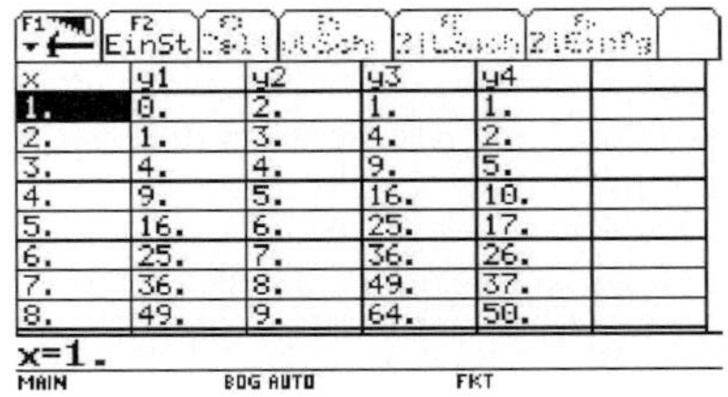

x	y1	y2	y3	y4
1.	0.	2.	1.	1.
2.	1.	3.	4.	2.
3.	4.	4.	9.	5.
4.	9.	5.	16.	10.
5.	16.	6.	25.	17.
6.	25.	7.	36.	26.
7.	36.	8.	49.	37.
8.	49.	9.	64.	50.

x=1.

Fig. 2

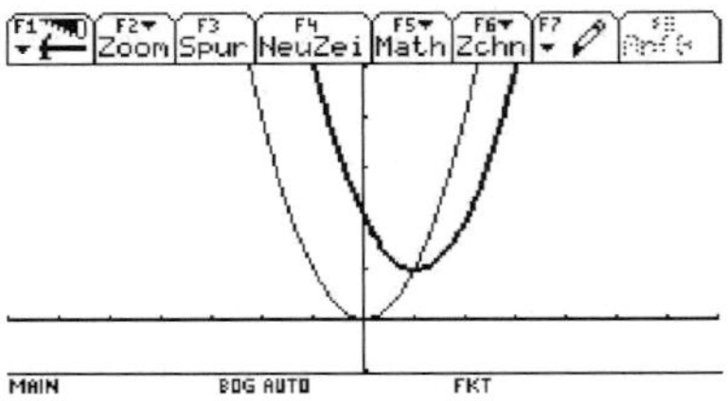

Fig. 3

$-7 \leqq X \leqq 7$; Xscl = 1
$-1 \leqq Y \leqq 5$; Yscl = 1

b)

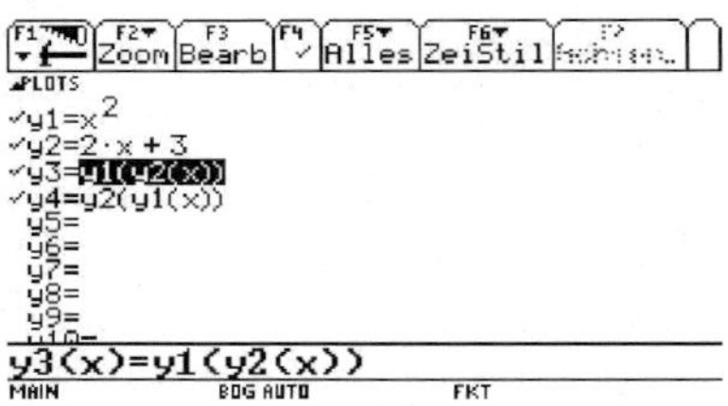

Fig. 4

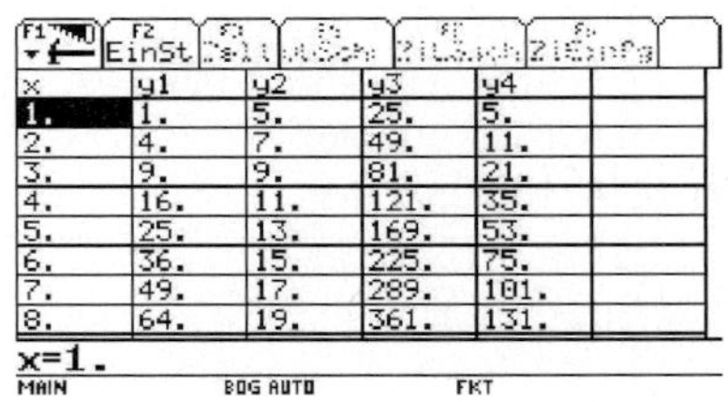

x	y1	y2	y3	y4
1.	1.	5.	25.	5.
2.	4.	7.	49.	11.
3.	9.	9.	81.	21.
4.	16.	11.	121.	35.
5.	25.	13.	169.	53.
6.	36.	15.	225.	75.
7.	49.	17.	289.	101.
8.	64.	19.	361.	131.

x=1.

Fig. 5

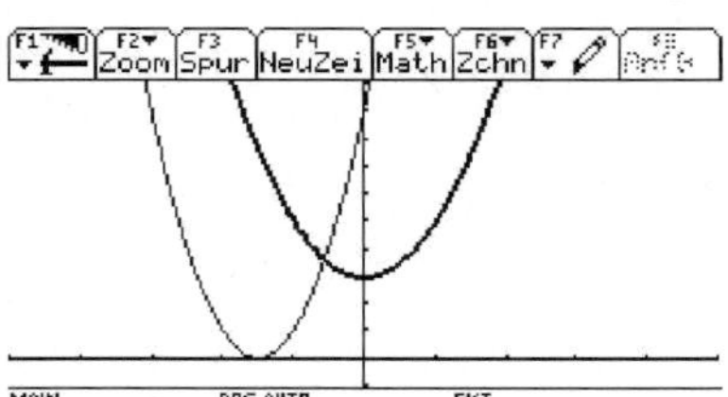

Fig. 6

$-5 \leqq X \leqq 5$; Xscl = 1
$-1 \leqq Y \leqq 10$; Yscl = 1

S. 143 **5** c)

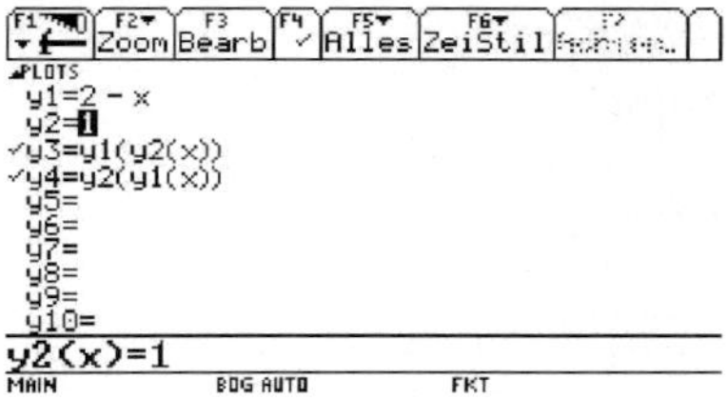

Fig. 1

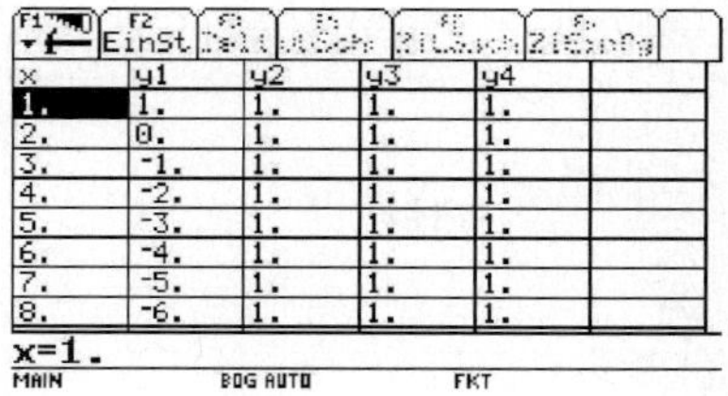

x	y1	y2	y3	y4
1.	1.	1.	1.	1.
2.	0.	1.	1.	1.
3.	-1.	1.	1.	1.
4.	-2.	1.	1.	1.
5.	-3.	1.	1.	1.
6.	-4.	1.	1.	1.
7.	-5.	1.	1.	1.
8.	-6.	1.	1.	1.

x=1.

Fig. 2

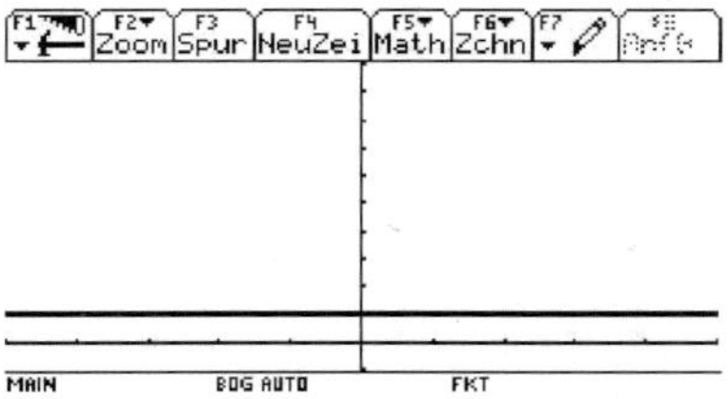

Fig. 3

$-5 \leqq X \leqq 5$; Xscl = 1
$-1 \leqq Y \leqq 10$; Yscl = 1

d)

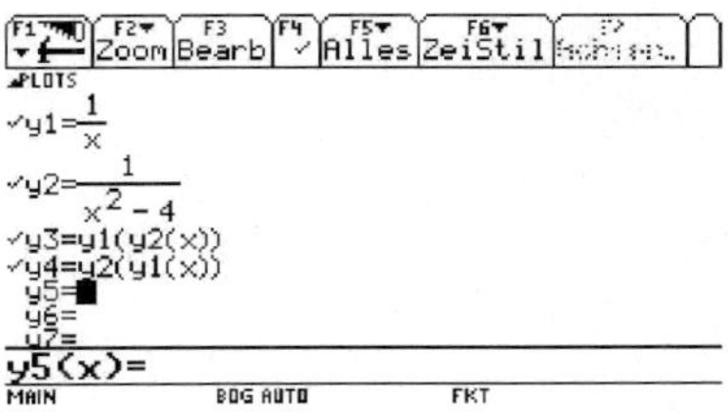

Fig. 4

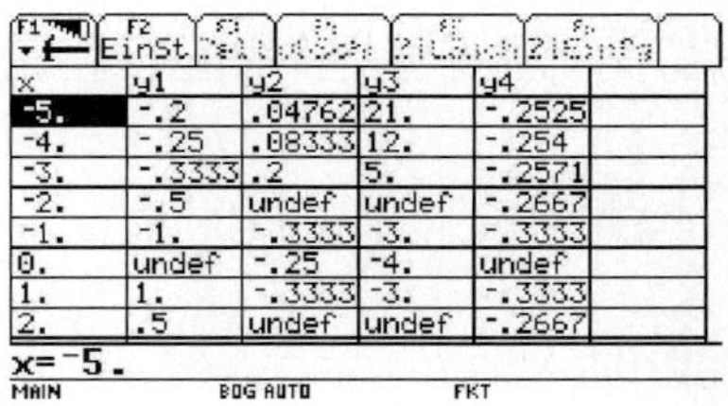

x	y1	y2	y3	y4
-5.	-.2	.04762	21.	-.2525
-4.	-.25	.08333	12.	-.254
-3.	-.3333	.2	5.	-.2571
-2.	-.5	undef	undef	-.2667
-1.	-1.	-.3333	-3.	-.3333
0.	undef	-.25	-4.	undef
1.	1.	-.3333	-3.	-.3333
2.	.5	undef	undef	-.2667

x=-5.

Fig. 5

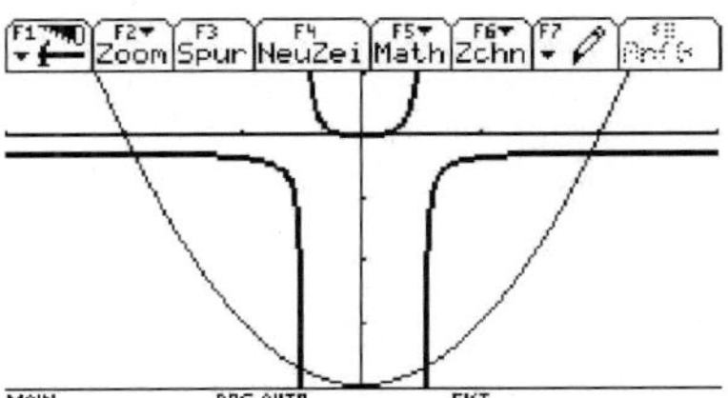

Fig. 6

$-3 \leqq X \leqq 3$; Xscl = 1
$-4 \leqq Y \leqq 1$; Yscl = 1

S. 143 **5** e)

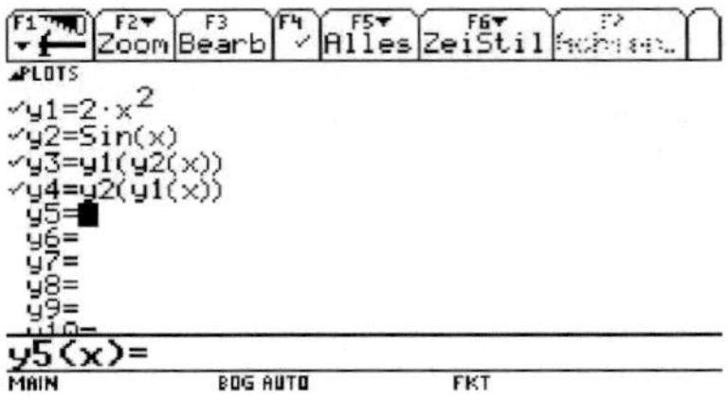

Fig. 1

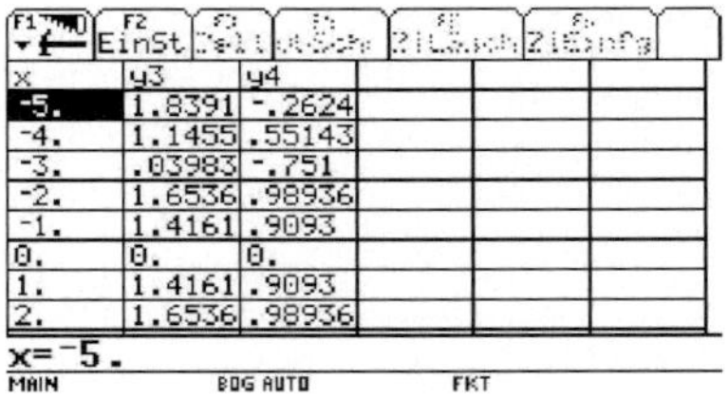

x	y3	y4
⁻5.	1.8391	⁻.2624
⁻4.	1.1455	.55143
⁻3.	.03983	⁻.751
⁻2.	1.6536	.98936
⁻1.	1.4161	.9093
0.	0.	0.
1.	1.4161	.9093
2.	1.6536	.98936

x=⁻5.

Fig. 2

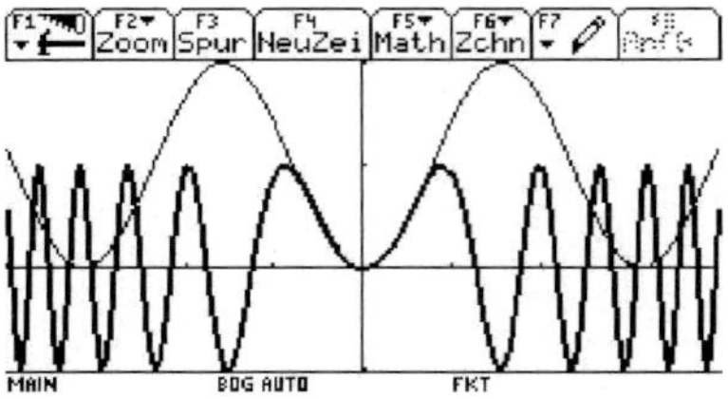

Fig. 3

$-4 \leqq X \leqq 4$; Xscl = 1
$-1 \leqq Y \leqq 2$; Yscl = 1

f)

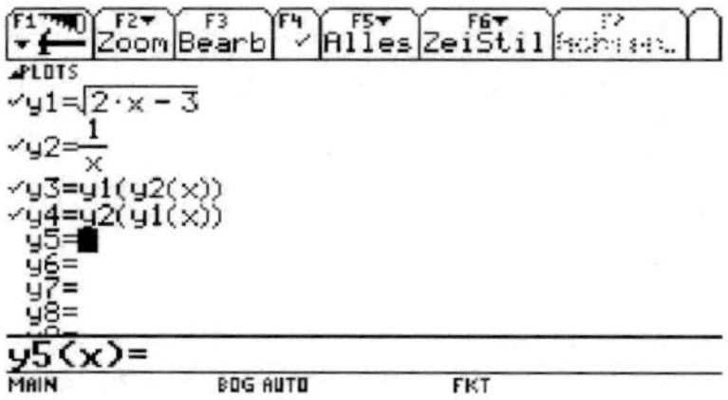

Fig. 4

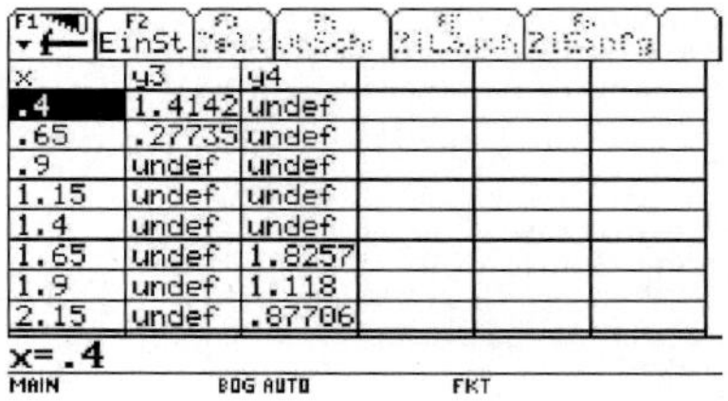

x	y3	y4
.4	1.4142	undef
.65	.27735	undef
.9	undef	undef
1.15	undef	undef
1.4	undef	undef
1.65	undef	1.8257
1.9	undef	1.118
2.15	undef	.87706

x=.4

Fig. 5

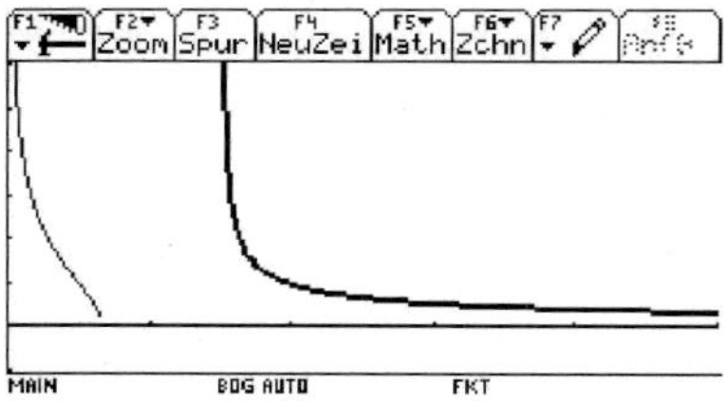

Fig. 6

$0 \leqq X \leqq 5$; Xscl = 1
$-1 \leqq Y \leqq 6$; Yscl = 1

143 **6**

	f(x)	v(x)	u(x)
a)	$3x^3 + 1$	x^3	$3x + 1$
b)	$(3x + 1)^3$	$3x + 1$	x^3
c)	$(x^2 + 1)^2$	$x^2 + 1$	x^2
d)	$\frac{1}{2(x^2 - 4)}$	$x^2 - 4$	$\frac{1}{2x}$
e)	$\frac{2}{x^2 - 4}$	$x^2 - 4$	$\frac{2}{x}$
f)	$2\sqrt{3 - 0{,}5x}$	$4(3 - 0{,}5x)$	$\sqrt{x}$

7

	v(x)	u(x)
a)	$2 - x$	x^3
b)	x^3	$2 - x$
c)	$x^2 - 1$	$\frac{1}{x}$
d)	x^2	$\frac{1}{x} - 1$
e)	$\sin(x)$	x^2
f)	x^2	$\sin(x)$
g)	$x^4 + 2$	$\sqrt{x}$
h)	$3 + 4x$	x^{-1}
i)	$x^2 - 1$	$\lvert x \rvert$

8 f: $x \mapsto 0{,}9074 \cdot x$; x in \$, f(x) in €.
g: $x \mapsto 1{,}5522 \cdot x$; x in €, f(x) in SF.
„Dollar in Schweizer Franken“: $g(f(x)) = 1{,}5522 \cdot (0{,}9074 \cdot x) \approx 1{,}4085 \cdot x$,
$g \circ f$: $x \mapsto 1{,}4085 \cdot x$; x in \$, g(f(x)) in SF.

9 $f(k(x)) = 1{,}8(x - 273) + 32 = 1{,}8x - 459{,}4$, x in K, f(k(x)) in °F

10 a) Spannung nach 4 Tagen: $s(4) = 50 + \frac{30}{4+2} = 55$; damit gilt für die Rückschlagkraft $r(55) = 4{,}0$.
b) $f(t) = r(s(t)) = 0{,}04 \cdot s(t) + 1{,}8 = 0{,}04 \cdot \left(50 + \frac{30}{t+2}\right) + 1{,}8 = 3{,}8 + \frac{1{,}2}{t+2}$.

5 *Die Kettenregel*

144 **1** a) $f(x) = (3x + 1)^2 = 9x^2 + 6x + 1$
$f'(x) = 18x + 6 = 6(3x + 1)$
$f(x) = u(v(x))$ mit $v(x) = 3x + 1$, $u(v) = v^2$
$v'(x) = 3$, $u'(v) = 2v$
$u'(v(x)) = 2(3x + 1)$
$f'(x) = u'(v(x)) \cdot v'(x)$

S. 144 **1** b) $f(x) = (x+2)^3 = x^3 + 6x^2 + 12x + 8$
$f'(x) = 3x^2 + 12x + 12$
$f(x) = u(v(x))$ mit $v(x) = x + 2$, $u(v) = v^3$
$v'(x) = 1$, $u'(v) = 3v^2$
$u'(v(x)) = 3(x+2)^2$
$f'(x) = u'(v(x))$
$g(x) = (4x-1)^2 = 16x^2 - 8x + 1$
$g'(x) = 32x - 8 = 8(4x-1)$
$g(x) = u(v(x))$ mit $v(x) = 4x - 1$, $u(v) = v^2$
$v'(x) = 4$, $u'(v) = 2v$
$u'(v(x)) = 2(4x-1)$
$g'(x) = u'(v(x)) \cdot v'(x)$
$h(x) = (x^2)^3 = x^6$
$h'(x) = 6x^5$
$h(x) = u(v(x))$ mit $v(x) = x^2$, $u(v) = v^3$
$v'(x) = 2x$, $u'(v) = 3v^2$
$u'(v(x)) = 3x^4$
$h'(x) = h'(v(x)) \cdot v'(x)$

S. 145 **2**

	f(x)	v(x)	u(v)	v′(x)	u′(v)	u′(v(x))	f′(x)
a)	$(2x+3)^2$	$2x+3$	v^2	2	$2v$	$2(2x+3)$	$4(2x+3)$
b)	$\frac{2}{(2x+1)^2}$	$2x+1$	$2v^{-2}$	2	$-4v^{-3}$	$-4(2x+1)^{-3}$	$\frac{-8}{(2x+1)^3}$
c)	$\cos(2x+1)$	$2x+1$	$\cos(v)$	2	$-\sin(v)$	$-\sin(2x+1)$	$-2\sin(2x+1)$
d)	$\sqrt{5-x^2}$	$5-x^2$	$\sqrt{v}$	$-2x$	$\frac{1}{2\sqrt{v}}$	$\frac{1}{2\sqrt{5-x^2}}$	$\frac{-x}{\sqrt{5-x^2}}$

S. 146 **3** a) $f'(x) = \frac{2}{3}\left(\frac{1}{3}x + 2\right)$
b) $f'(x) = (3x+2)^5$
c) $f'(x) = -\frac{7}{4}x\left(\frac{1}{2} - x^2\right)^6$
d) $f'(x) = -2(3-x)$
e) $f'(x) = 2(2x+1)(x+x^2)$
f) $h'(x) = 3(2 - 3x + x^2)^2(2x-3)$
g) $h'(x) = 2(1 - x + x^3)(3x^2 - 1)$
h) $f'(x) = 2\left(x\sqrt{2} - x^2\right)\left(\sqrt{2} - 2x\right)$

4 a) $f'(x) = -8(8x-7)^{-2}$
b) $f'(x) = +2(5-x)^{-2}$
c) $f'(x) = -30(15x-3)^{-3}$
d) $f'(x) = -3\left(\frac{1}{2}x - 5x^3\right)^{-4}\left(\frac{1}{2} - 15x^2\right)$
e) $f'(x) = -2(x-2)^{-3}$
f) $g'(t) = +6(5-t)^{-3}$
g) $f'(x) = -\frac{3}{2}(x-7)^{-4}$
h) $g'(t) = -20t(t^2-1)^{-3}$

5 a) $f'(x) = \sqrt{\frac{3}{4x}}$
b) $f'(x) = \frac{1}{\sqrt{1+2x}}$
c) $g'(x) = \frac{-x}{\sqrt{1-x^2}}$
d) $h'(r) = \frac{7-2r}{2\sqrt{7r-r^2}}$

6 a) $f'(x) = 2 \cdot \cos(2x)$
b) $f'(x) = 2 \cdot \cos(2x - \pi)$
c) $f'(x) = 2 \cdot \sin(1-x)$
d) $f'(x) = \frac{2}{3}x \cdot \cos(x^2)$

S. 146 **7** a) $f'(x) = 6ax^2(ax^3 + 1)$ b) $f'(x) = \frac{-6ax}{(1 + x^2)^2}$ c) $f'(x) = \frac{-b}{(a + bx)^2}$

d) $s'(t) = \frac{-2ab}{(bt + 1)^3}$ e) $f'(x) = \frac{a}{2\sqrt{ax - 1}}$ f) $g'(x) = \frac{t^2}{2\sqrt{t^2x + 2t}}$

g) $f'(x) = 2ax\cos(ax^2)$ h) $f'(x) = 2a^2x\cos((ax)^2)$ i) $f'(x) = 2a\sin(ax)\cdot\cos(ax)$

8 a) $f'(x) = 12(4x - 7)^2$
$f''(x) = 96(4x - 7)$

b) $f'(x) = 3(5 - x)^{-2}$
$f''(x) = 6(5 - x)^{-3}$

c) $f'(x) = -3(x - 5)^{-4}$
$f''(x) = 12(x - 5)^{-5}$

d) $f'(x) = \frac{1}{2}\cos(2x + 1)$
$f''(x) = -\sin(2x + 1)$

9 a) $f'(x) = \frac{1 + \sqrt{x}}{\sqrt{x}}$; $f'(25) = \frac{6}{5}$

b) $f'(x) = 3(2\sqrt{x} - x)^2\left(\frac{1}{\sqrt{x}} - 1\right)$; $f'(16) = -144$

c) $f'(x) = 4(x^2 - 3\sqrt{x})\left(2x - \frac{3}{2\sqrt{x}}\right)$; $f'(9) = 5040$

d) $f'(x) = -2(x^3 - \sqrt{x})^{-3}\left(3x^2 - \frac{1}{2\sqrt{x}}\right) = (x^3 - \sqrt{x})^{-3}\left(\frac{1}{\sqrt{x}} - 6x^2\right)$; $f'(4) = -\frac{1}{2250}$

e) $f'(x) = 3x^2 + 3\cos 3x$; $f'\left(\frac{\pi}{3}\right) = \frac{\pi^2}{3} - 3$

f) $f'(x) = \sin\left(\frac{1}{4} - x\right) + 1$; $f'(1) \approx 0{,}3184$

g) $f'(x) = \frac{-\cos(x)}{\sin^2(x)}$; $f'\left(\frac{\pi}{2}\right) = 0$

h) $f'(x) = \frac{-2}{x^3} - \frac{1}{x^2}\cos\left(\frac{1}{x}\right) = -\frac{1}{x^2}\left(\frac{2}{x} + \cos\left(\frac{1}{x}\right)\right)$; $f'(2) \approx -0{,}4694$

i) $f'(x) = \frac{\cos(x)}{2\sqrt{\sin(x)}}$; $f'\left(\frac{\pi}{4}\right) \approx 0{,}4204$

10 a) Mit $\overline{DC} = x$ gilt für die Kosten: $k(x) = 300\cdot(50 - x) + 500\cdot\sqrt{100 + x^2}$. Minimale Kosten ergeben sich für $\overline{DC} = 7{,}5\,\text{m}$ bzw. $\overline{AD} = 42{,}5\,\text{m}$. $k(7{,}5) = 19000$ (in €).
b) Kosten k_1 bei geradliniger Verlegung von A nach B:
$k_1 = 500\cdot\sqrt{2600} = 5000\sqrt{26} \approx 25495$ (in €). Mehrkosten ca. 12990€
Kosten k_2 bei geradliniger Verlegung von A über C nach B:
$k_2 = 300\cdot 50 + 500\cdot 10 = 20000$ (in €). Mehrkosten 1000€

11 a) Kettenregel liefert $f'(x) = 2x\cdot g'(x^2)$.

b) $f_1'(x) = 3\cdot g'(3x)$; $f_2'(x) = -g'(1 - x)$; $f_3'(x) = -\frac{1}{x^2}g'\left(\frac{1}{x}\right)$

12 a) $h(t) \mapsto \frac{1}{27}\pi(h(t))^3$
b) Aus $V(t) = \frac{1}{27}\pi(h(t))^3$ bzw. $V(t) = 20t$ ergibt sich aus $\frac{1}{27}\pi(h(t))^3 = 20t$ durch beidseitiges Differenzieren: $\frac{1}{27}\pi\cdot 3(h(t))^2\cdot h'(t) = 20$.
Mit $h(t_0) = 5$ erhält man $h'(t_0) = \frac{36}{5\pi}$.

6 Die Ableitung von Produkten

S. 147 **1** a) Rechnerischer (Fig. 1) und grafischer Nachweis (Fig. 2 und Fig. 3):

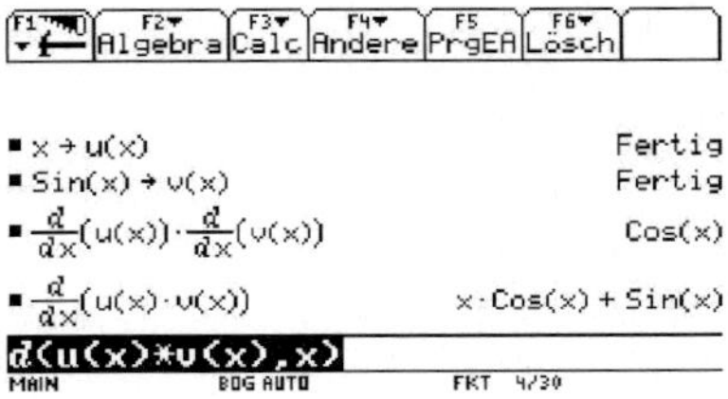

Fig. 1

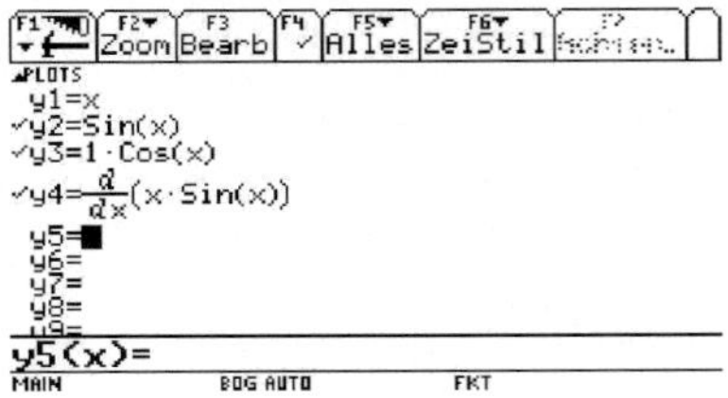

Fig. 2

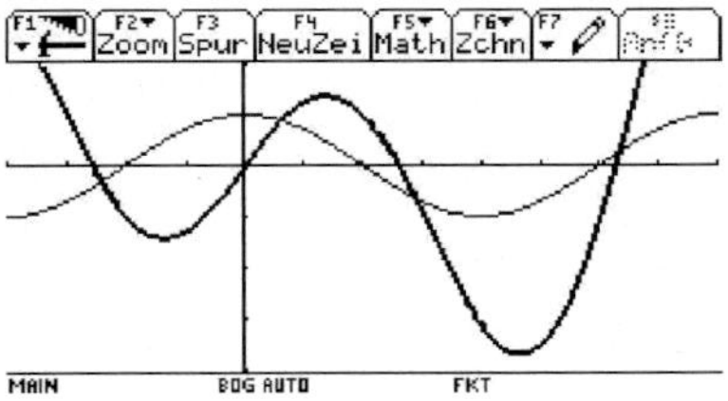

Fig. 3

b) Man nimmt zwei Funktionen, z. B. $f(x) = x^5$ und $g(x) = \sin(x)$ und leitet sie ab (Fig. 4). Man bildet sodann die Ableitung von $f(x) \cdot g(x)$ und versucht diese aus $f(x)$ und $g(x)$ sowie deren Ableitungen zu erzeugen.

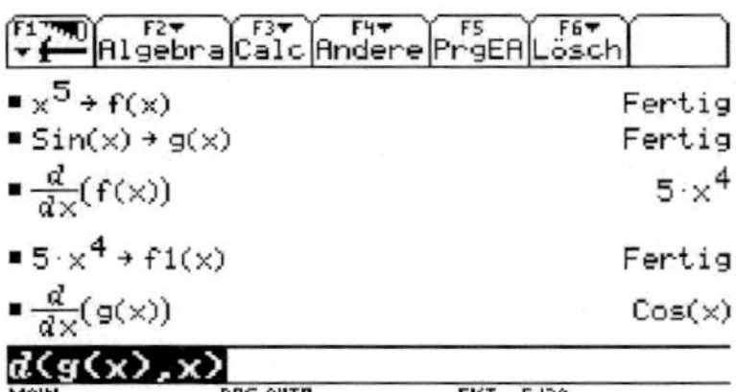

Fig. 4

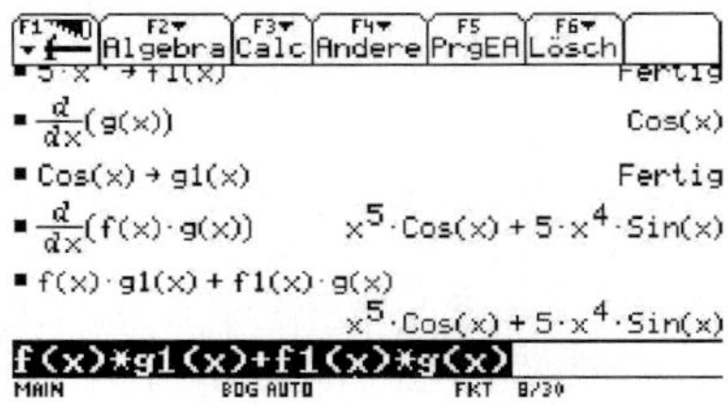

Fig. 5

S. 148 **2** a) $f'(x) = 2\cos(x) - 2x\sin(x)$

b) $f'(x) = 2x \cdot x^2 + 2x(x^2 + 1) = 4x^3 + 2x$

c) $f'(x) = (4x - 1) \cdot \sqrt{x} + \frac{2x^2 - x}{2\sqrt{x}} = \frac{(4x - 1) \cdot 2x + 2x^2 - x}{2\sqrt{x}} = \frac{10x^2 - 3x}{2\sqrt{x}}$

d) $f'(x) = 3x^2 \cdot \sqrt{x} + \frac{x^3}{2\sqrt{x}} = \frac{6x^3 + x^3}{2\sqrt{x}} = \frac{7x^3}{2\sqrt{x}} = \frac{7}{2}x^2\sqrt{x}$

e) $f'(x) = (\cos(x))^2 - (\sin(x))^2$

f) $f'(t) = 6t^5\sin(t) + t^6 \cdot \cos(t)$

148 **3** a) $f'(x) = \sqrt{x} \cdot \frac{1}{2\sqrt{x}} + \frac{1}{2\sqrt{x}} \cdot \sqrt{x} = 1.$

Aus $f(x) = x$ folgt direkt $f'(x) = 1$.

b) $f'(x) = -2 \cdot (3x + 1) + (1 - 2x) \cdot 3 = -12x + 1$

Aus $f(x) = -6x^2 + x + 1$ folgt direkt $f'(x) = -12x + 1$

c) $f'(x) = (-3x^{-4} + 2x) \cdot (-x) + \left(\frac{1}{x^3} + x^2\right) \cdot (-1) = \frac{2}{x^3} - 3x^2$

Aus $f(x) = -\frac{1}{x^2} - x^3$ folgt direkt $f'(x) = \frac{2}{x^3} - 3x^2$.

4 $f(x) = x^3 \cdot \cos(x)$ mit $u(x) = x^3$; $v(x) = \cos(x)$

$f'(x) = 3x^2 \cdot \cos(x) - x^3 \cdot \sin(x)$

a) fälschlicherweise $v'(x) = \sin(x)$

b) falsche Regel $f' = u \cdot v + u' \cdot v'$

5 a) $f'(x) = (x^3 + 1)^3 + x \cdot 3 \cdot (x^3 + 1)^2 \cdot 3x^2 = (x^3 + 1)^2 \cdot (x^3 + 1 + 9x^3) = (x^3 + 1)^2 \cdot (10x^3 + 1)$

b) $f'(x) = \cos(x) \cdot x + \sin(x) + 1$

c) $f'(x) = 10x^9(3x + 4) + x^{10} \cdot 3 = 33x^{10} + 40x^9 = x^9(33x + 40)$

d) $f'(x) = (\sin(x))^3 + x \cdot 3 \cdot (\sin(x))^2 \cdot \cos(x) = (\sin(x))^2(\sin(x) + 3x\cos(x))$

e) $f'(x) = \cos(x) \cdot \frac{1}{x} - \sin(x) \cdot \frac{1}{x^2} = \frac{1}{x^2}(x \cdot \cos(x) - \sin(x))$

f) $f'(x) = (x + 1)^{-1} + x \cdot (-1)(x + 1)^{-2} = \frac{x + 1 - x}{(x + 1)^2} = \frac{1}{(x + 1)^2}$

g) $f'(x) = 2x \cdot (2x + 1)^{-1} + x^2 \cdot (-1) \cdot (2x + 1)^{-2} \cdot 2 = \frac{2x(2x + 1) - 2x^2}{(2x + 1)^2} = \frac{2x(x + 1)}{(2x + 1)^2}$

h) $f'(x) = \cos(x) \cdot (\cos(x))^{-1} + \sin(x) \cdot (-1) \cdot (\cos(x))^{-2} \cdot (-\sin(x)) = 1 + \frac{(\sin(x))^2}{(\cos(x))^2}$

$= \frac{(\cos(x))^2 + (\sin(x))^2}{(\cos(x))^2} = \frac{1}{(\cos(x))^2}$

i) $f'(x) = a \cdot \sin(ax) + a \cdot x \cdot \cos(ax) \cdot a = a^2x \cdot \cos(ax) + a\sin(ax)$

j) $f'(x) = \frac{1}{b} \cdot \left[b \cdot \cos(bx) \cdot x^{-1} + \sin(bx) \cdot (-1) \cdot x^{-2}\right] = \frac{1}{b} \cdot \left[\frac{b \cdot x \cdot \cos(bx) - \sin(bx)}{x^2}\right]$

$= \frac{b \cdot x \cdot \cos(bx) - \sin(bx)}{bx^2}$

k) $f'(x) = t \cdot (-1) \cdot (\sin(x))^{-2} \cdot \cos(x) = \frac{-t\cos(x)}{(\sin(x))^2}$

l) $f'(x) = 6x$

6 a) $g'(x) = f(x) + x \cdot f'(x)$; $g''(x) = 2f'(x) + x \cdot f''(x)$

Für die Funktion f gilt: $f(2) = 0$ und $f'(2) = 0$.

Damit ist $g(2) = 0$ und $g'(2) = f(2) + 2 \cdot f'(2) = 0$.

b) Für die Funktion f gilt: $f(2) = 0$, $f'(2) = 0$ und $f''(2) < 0$.

Damit ist $g(2) = 0$; $g'(2) = 0$ und $g''(2) = 2 \cdot f'(2) + 2 \cdot f''(2) < 0$,

also ist P auch Hochpunkt des Graphen von g.

c) Mit $P(-2|0)$ als Berührpunkt gilt für die Funktion f: $f(-2) = 0$; $f'(-2) = 0$.

Damit ist $g(-2) = 0$ und $g'(-2) = 0$, also berührt auch der Graph von g die x-Achse in P.

Ist zusätzlich $f''(-2) < 0$, so gilt: $g''(-2) = -2 \cdot f''(-2) > 0$.

Also ist $P(-2|0)$ Tiefpunkt des Graphen von g.

S. 148 **7** a) $f'(x) = \sin(x)\cos(x) + x(\cos^2(x) - \sin^2(x))$
b) Für $f = u \cdot v \cdot w$ ergibt sich $f' = u'vw + uv'w + uvw'$.
$f(x) = x \cdot x^2 \cdot x^3 = x^6;\ f'(x) = 6x^5$
$(x \cdot x^2 \cdot x^3)' = 1 \cdot x^2 \cdot x^3 + x \cdot 2x \cdot x^3 + x \cdot x^2 \cdot 3x^2 = 6x^5$

8 $g'(x) = f'(x) \cdot f(x) + f(x) \cdot f'(x) = 2 \cdot f'(x) \cdot f(x)$
$h(x) = f(x) \cdot (f(x))^2 = f(x) \cdot g(x)$
$h'(x) = f'(x) \cdot g(x) + f(x) \cdot g'(x) = f'(x) \cdot (f(x))^2 + 2 \cdot f'(x) \cdot (f(x))^2 = 3 \cdot f'(x) \cdot (f(x))^2$
Anmerkung: Diese Aufgabe ist für Schüler nur dann lösbar, wenn sie über die vollständige Induktion informiert wurden.
Induktionsbeweis:
Gegeben: f_n mit $f_n(x) = x^n;\ n \geqq 1$
Behauptung: $f_n'(x) = n \cdot x^{n-1}$
Beweis:
I. Induktionsanfang:
Für $n = 1$ ist die Behauptung wahr, denn für $f_1(x) = x^1$ gilt direkt abgeleitet
$f_1'(x) = 1$ bzw. mit der Behauptung $f_1'(x) = 1 \cdot x^{1-1} = 1$.
II. Induktionsschritt:
Sei $k \in \mathbb{N}^*$ und gelte die Behauptung für k. Zu zeigen: Die Behauptung gilt auch für $k + 1$.
$f_{k+1}'(x) = (x^{k+1})' = (x \cdot x^k)' = 1 \cdot x^k + x \cdot k \cdot x^{k-1} = x^k + k \cdot x^k = (k+1) \cdot x^k$.
Somit gilt die Behauptung auch für $k + 1$.

7 *Die Ableitung von Quotienten*

S. 149 **1** a) $f(x) = (2x+1)^{-4}$
$f'(x) = 2 \cdot (-4) \cdot (2x+1)^{-5} = -\frac{8}{(2x+1)^5}$

b) $f(x) = x \cdot (x+1)^{-1}$
$f'(x) = (x+1)^{-1} + (-x) \cdot (x+1)^{-2} = \frac{(x+1) - x}{(x+1)^2} = \frac{1}{(x+1)^2}$

c) $f(x) = (x+2)^4 \cdot x^{-1}$
$f'(x) = 4(x+2)^3 \cdot x^{-1} + (x+2)^4 \cdot (-1) \cdot x^{-2} = \frac{4(x+2)^3}{x} - \frac{(x+2)^4}{x^2}$

d) $f(x) = \sin(x) \cdot x^{-1}$
$f'(x) = \cos(x) \cdot x^{-1} + \sin(x) \cdot (-1) \cdot x^{-2} = \frac{\cos(x)}{x} - \frac{\sin(x)}{x^2}$

S. 150 **2** a) $f'(x) = \frac{1}{(x+1)^2}$ b) $f'(x) = \frac{2}{(1+3x)^2}$ c) $f'(x) = \frac{-x^2-4x-1}{(x+2)^2}$ d) $f'(x) = \frac{-x^2-4x-1}{(x^2-1)^2}$

3 a) $g'(x) = \frac{26x}{(x^2+4)^2}$ b) $g'(t) = \frac{-12t^2}{(2+t^3)^2}$ c) $f'(t) = \frac{-3t^4+2t^3-3t^2-2t}{(t^2+1)^2}$ d) $h'(r) = \frac{4r^5-8r^3}{(r^2-1)^2}$

4 a) $f'(x) = \frac{90+6x^2}{(15-x^2)^2}$ b) $s'(t) = 2 \cdot \frac{4t^2+4t+5}{(2t+1)^2}$ c) $h'(a) = 2 \cdot \frac{3a^3-6a^2-4}{(3a-4)^2}$ d) $z'(t) = \frac{0{,}8t^2+2t-1{,}5}{(1+0{,}8t)^2}$

5 a) $f'(x) = \frac{1-x}{2\sqrt{x}(x+1)^2}$ b) $f'(x) = \frac{-1}{(\sqrt{x}-1)^2 \cdot \sqrt{x}}$ c) $g'(x) = \frac{-1}{\sqrt{x^2-1} \cdot (x-1)}$ d) $f'(x) = \frac{1}{\cos^2(x)}$

S. 150 **6** a) $f'(x) = \frac{16x}{(7-2x^2)^2}$ b) $f'(x) = -\frac{2\cos(x)}{\sin^2(x)}$ c) $f'(x) = \frac{3}{4} + \frac{5}{4x^2}$

d) mit Polynomdivision: $f(x) = 2x + 1 + \frac{1}{x+1}$; $f'(x) = 2 - \frac{1}{(x+1)^2}$

7 a) $G_s'(x) = \frac{-1}{2\sqrt{x}\,(1+\sqrt{x})^2} < 0$ für alle $x > 0$, also ist G_s streng monoton abnehmend.

b) $G_{ges}(x) = \frac{x}{1+\sqrt{x}}$; $G'_{ges}(x) = \frac{2\sqrt{x}+x}{2\sqrt{x}\,(1+\sqrt{x})^2} > 0$ für alle $x > 0$,

also ist G_{ges} streng monoton zunehmend.

8 a) Änderungsrate $K'(t) = \frac{0{,}16(2-t)}{(t+2)^3}$. Anfängliche Änderungsrate: $K'(0) = 0{,}16$.

Mittlere Änderungsrate der ersten 6 Minuten: $\widetilde{K}' = \frac{K'(0{,}1) - K'(0)}{0{,}1} \approx 0{,}036$.

b) Höchste Konzentration nach 2 h mit $K(2) = 0{,}02$. Diese halbiert sich für $t = 6 + 4\sqrt{2}$, d. h. nach ca. 11 h 42 min.

9 a) Wähle z. B. $f(x) = x^2 + 1$ oder $f(x) = \sin(x) + 2$.
Vermutung: Minimalstelle x_0 von f ist Maximalstelle von g.
b) Ist x_0 Minimalstelle von f, so ist $f'(x_0) = 0$ und f′ hat einen VZW bei x_0 von „–“ nach „+“. Es ist $g'(x) = -\frac{f'(x_0)}{f^2(x_0)}$. Daher gilt: $g'(x_0) = 0$ und g′ hat einen VZW bei x_0 von „+“ nach „–“, d. h., x_0 ist Maximalstelle von g.

10 Für die Funktion f gilt an der Stelle x_0: $f'(x_0) = 0$ und $f(x_0) = 0$.
Für die Funktion d gilt: $d'(x) = \frac{x f'(x) - f(x)}{x^2}$, also $d'(x_0) = 0$ und $d(x_0) = 0$.
Damit hat auch der Graph von d die x-Achse als waagerechte Tangente.

11 a) $f'(x) = \frac{-4(x^2+4)}{(x^2-4)^2}$; $f''(x) = \frac{8x(x^2+12)}{(x^2-4)^3}$
$W(0|0)$ ist Wendepunkt des Graphen von f, da $f(0) = 0$, $f''(0) = 0$ ist und $f''(x)$ an der Stelle $x_0 = 0$ einen VZW von + nach – hat.
Mit $f'(0) = -1$ gilt für die Gleichung der Wendetangente t: $y = -x$.
b) $B_1(2\sqrt{3}\,|\,\sqrt{3})$; $B_2(-2\sqrt{3}\,|\,-\sqrt{3})$
Gleichung der Tangente in B_1: t_1: $y = -x + 3\sqrt{3}$
Gleichung der Tangente in B_2: t_2: $y = -x - 3\sqrt{3}$

VI Integralrechnung

1 Beispiele, die zur Integralrechnung führen

S. 154 **1** a) $2 \cdot 30 = 60$; $60\,m^3$.
Veranschaulichung als Inhalt der linken Teilfläche zwischen Graph und x-Achse.
b) Zwischen 15 Uhr und 17 Uhr beträgt die mittlere momentane Durchflussmenge $45\,\frac{m^3}{h}$.
Durchgeflossene Erdölmenge: $45 \cdot 2 = 90$; $90\,m^3$.
Veranschaulichung als Inhalt der mittleren Teilfläche.
c) Die geförderte Ölmenge entspricht dem Inhalt der rechten Teilfläche.

S. 156 **2** a) Zwischen 16 Uhr und 16.30 Uhr: $s_1 = \left(\frac{1}{2} \cdot 40 \cdot 0{,}5\right) km = 10\,km$
Zwischen 16.30 Uhr und 17 Uhr: $s_2 = (0{,}5 \cdot 40)\,km = 20\,km$
Zwischen 17 Uhr und 17.30 Uhr: $s_3 = \left(\frac{40 + 10}{2} \cdot 0{,}5\right) km = 12{,}5\,km$
Zwischen 17.30 Uhr und 18 Uhr: $s_4 = \left(\frac{1}{2} \cdot 10 \cdot 0{,}5\right) km = 2{,}5\,km$
$s = s_1 + s_2 + s_3 + s_4 = 45\,km$
b) Man nähert die Kurve z. B. durch Geradenstücke an.
Zwischen 7 Uhr und 7.15 Uhr: $s_1 = 6{,}25\,km$
Zwischen 7.15 Uhr und 7.30 Uhr: $s_2 = 15{,}625\,km$
Zwischen 7.30 Uhr und 7.45 Uhr: $s_3 = 21{,}875\,km$
Zwischen 7.45 Uhr und 8.30 Uhr: $s_4 = 75\,km$
Zwischen 8.30 Uhr und 9 Uhr: $s_5 = 25\,km$
$s = s_1 + s_2 + s_3 + s_4 + s_5 = 143{,}75\,km$

3 Zwischen 0 Uhr und 9.36 Uhr (576 min): Mittlere momentane Abflussmenge: $33\,\frac{m^3}{h}$.
$W_1 = (576 \cdot 33)\,m^3 = 19\,008\,m^3$
Zwischen 9.36 Uhr und 24 Uhr (864 min): Mittlere momentane Abflussmenge: $32\,\frac{m^3}{h}$.
$W_2 = (864 \cdot 32)\,m^3 = 27\,648\,m^3$.
Abgeflossene Wassermenge $W = W_1 + W_2 = 46\,656\,m^3$.

4 a) F-s-Diagramm

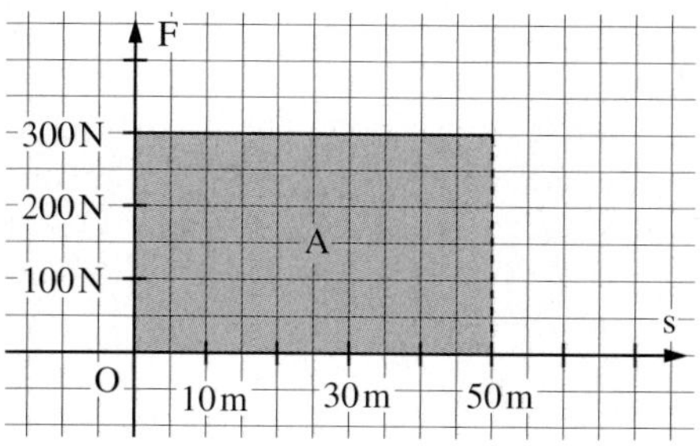

$W = F \cdot s = (300 \cdot 50)\,J = 1500\,J$.
W entspricht dem Flächeninhalt A.

b) Für $0 \leqq s < 1{,}5\,m$ gilt: $W_1 = (10 \cdot 1{,}5)\,J = 15\,J$.
Für $1{,}5\,m \leqq s < 2{,}5\,m$ gilt: $W_2 = (20 \cdot 1)\,J = 20\,J$.
Für $2{,}5\,m \leqq s \leqq 4\,m$ gilt: $W_3 \approx (10 \cdot 1{,}2)\,J = 12\,J$.
$W \approx W_1 + W_2 + W_3 = 47\,J$.

S. 156 **5** Es sind verschiedene Lösungswege möglich, z. B.: Man bestimmt Näherungswerte für die eingestrahlte Durchschnittsleistung in den einzelnen Zeiträumen (diese Näherungswerte kann man als Flächeninhalte von Rechtecken entsprechend Beispiel 2 deuten).

Zeitraum	6–7	7–8	8–9	9–10	10–11	11–12
Durchschnitts-Leistung in J/s	1	1,5	2	2,5	4	5,5

Zeitraum	12–13	13–14	14–15	15–16	16–17	17–18
Durchschnitts-Leistung in J/s	6,5	6,5	5	3	1,5	1

Ein Näherungswert für die durchschnittliche Leistung auf 1 dm² zwischen 6 Uhr und 18 Uhr ist: $D = \frac{1}{12}(1 + 1{,}5 + 2 + 2{,}5 + 4 + 5{,}5 + 6{,}5 + 6{,}5 + 5 + 3 + 1{,}5 + 1) = \frac{40}{12}\,(\text{in } \frac{J}{s})$.
Diese Leistung wird während $12\,h = 43\,200\,s$ auf $30\,m^2 = 3000\,dm^2$ erbracht. Daraus ergibt sich für die eingestrahlte Energie E (in J): $E = \frac{40}{12} \cdot 43\,200 \cdot 3000 = 4{,}32 \cdot 10^8$.
Nutzbar sind davon 10 %, das sind $4{,}32 \cdot 10^7\,J = 12\,kWh$.

6 Es sind verschiedene Lösungswege möglich, z. B.:
Durchschnittliche Schüttung ohne Gewitterregen: $5\frac{l}{s}$. Man bestimmt Näherungswerte für die zusätzliche Schüttung in den einzelnen Zeiträumen:

Zeitraum	10–20	20–25	25–30	30–35	35–45	45–55
Zusätzliche Schüttung in *l*/s	2	6,5	9	6	2	0,5

Zusätzlich geschüttete Wassermenge in Liter:
$10 \cdot 2 + 5 \cdot 6{,}5 + 9 \cdot 5 + 6 \cdot 5 + 2 \cdot 10 + 0{,}5 \cdot 10 = 152{,}5$

2 *Näherungsweise Berechnung von Flächeninhalten*

S. 157 **1**

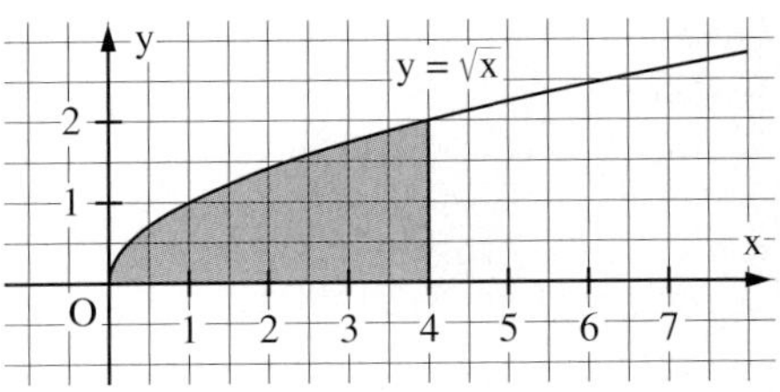

Näherungsweise Berechnung des Flächeninhalts: individuelle Lösung. Es kommt in Frage: Annäherung der Fläche durch Rechtecke, Dreiecke, Trapeze oder einer Mischung von allem.

S. 159 **2** a) Wählt man für x_i jeweils die Mitte des Teilintervalls, erhält man für A den Näherungswert $S_6 \approx 0{,}5 \cdot [2{,}25 + 2{,}75 + 3{,}25 + 3{,}75 + 4{,}25 + 4{,}75] = 10{,}5$.
(Genauer Wert A = 10,5)
b) $S_6 \approx 0{,}5 \cdot [0{,}25^2 + 0{,}75^2 + 1{,}25^2 + 1{,}75^2 + 2{,}25^2 + 2{,}75^2] = 8{,}9375$. (Genauer Wert A = 9). Graphen siehe nächste Seite.

S. 159 **2** zu a):

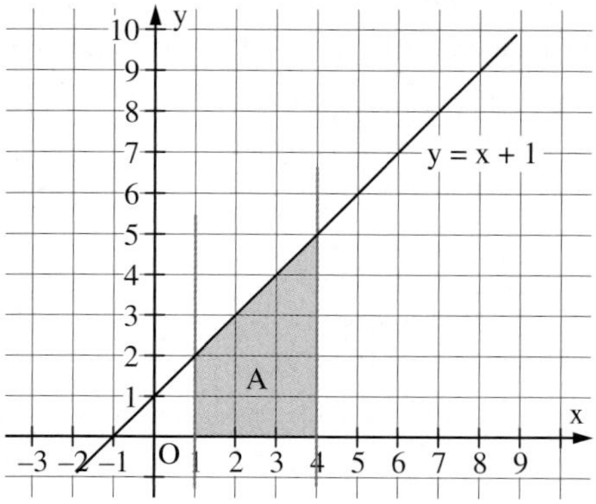

b)

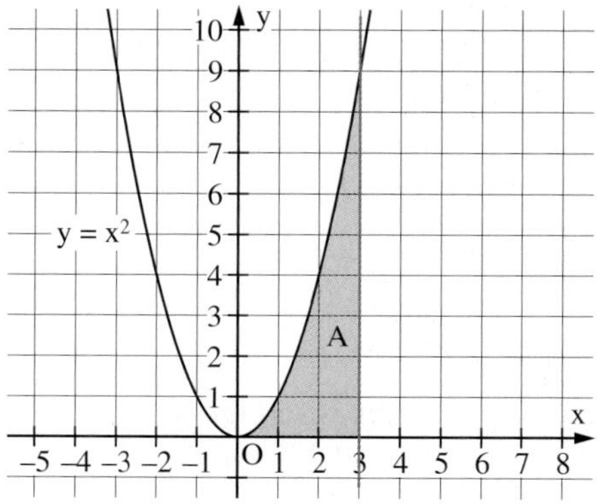

3 a) $O_8 = 0{,}5 \cdot [f(0{,}5) + f(1) + \ldots + f(4)] = 14{,}375$

$U_8 = 0{,}5 \cdot [f(0) + f(0{,}5) + \ldots + f(3{,}5)] = 12{,}375$

(Genauer Wert: $A = \frac{40}{3} = 13{,}\overline{3}$.)

b) $O_8 = 0{,}25 \cdot \left[f(1) + f\left(\frac{10}{8}\right) + f\left(\frac{12}{8}\right) + \ldots + f\left(\frac{22}{8}\right)\right] = 6{,}15625$

$U_8 = 0{,}25 \cdot \left[f\left(\frac{10}{8}\right) + f\left(\frac{12}{8}\right) + \ldots + f\left(\frac{24}{8}\right)\right] = 5{,}15625$

(Genauer Wert: $A = \frac{17}{3} = 5{,}\overline{6}$.)

4 (Fig. 4)

Wählt man für x_i jeweils die Mitte eines Teilintervalls, erhält man:

$S_6 \approx 0{,}5 \cdot [f(0{,}25) + f(0{,}75) + \ldots + f(2{,}75)] \approx 3{,}75$.

Abschätzung:

$O_6 \approx 0{,}5 \cdot [f(0) + f(0{,}5) + \ldots + f(2{,}5)] \approx 4{,}42$

$U_6 \approx 0{,}5 \cdot [f(0{,}5) + f(1) + \ldots + f(3)] \approx 3{,}06$

$3{,}06 \leqq A \leqq 4{,}42$

(Genauer Wert: $A \approx 3{,}747\,14$.)

(Fig. 5)

$S_6 \approx 0{,}5 \cdot [f(-1{,}75) + f(-1{,}25) + \ldots + f(0{,}25)] \approx 4{,}13$

$O_6 \approx 0{,}5 \cdot [f(-1{,}5) + f(-1) + \ldots + f(1)] \approx 4{,}78$

$U_6 \approx 0{,}5 \cdot [f(-2) + f(-1{,}5) + \ldots + f(1{,}5) \approx 3{,}65$

$3{,}65 \leqq A \leqq 4{,}78$. (Genauer Wert: $A \approx 4{,}159$.)

5 a) f ist streng monoton zunehmend.

$U_{20} \approx 8{,}984$; $O_{20} \approx 9{,}609$ (genauer Wert $A \approx 9{,}2936$).

b) f ist streng monoton abnehmend.

$U_{20} = 3{,}8$; $O_{20} = 4{,}2$ (genauer Wert $A = 4$).

c) Die Funktion f ist in $\left[0; \frac{\pi}{2}\right]$ streng monoton steigend und in $\left[\frac{\pi}{2}; \pi\right]$ streng monoton fallend (Fig. 1, S. 137). Für die Untersumme wird das Intervall $\left[0; \frac{\pi}{2}\right]$ in 10 gleich große Teilintervalle zerlegt und jeweils der linke Funktionswert mit der Intervalllänge $\frac{\pi}{20}$ multipliziert sowie die Summe gebildet (Fig. 2, S. 137). Wegen der Symmetrie zu $x = \frac{\pi}{2}$ ist

S. 159 **5** die Untersumme in $\left[\frac{\pi}{2}; \pi\right]$ gleich groß. Untersumme $U_{20} = 1{,}8388$.

Für die Obersumme geht man wie bei der Untersumme vor: Es wird lediglich der rechte Funktionswert für die Rechteckshöhe gewählt (Fig. 3). Obersumme $=_{20} = 2{,}1530$.

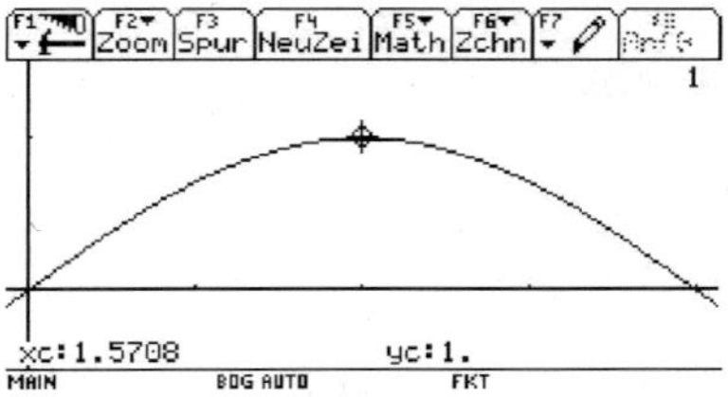

Fig. 1

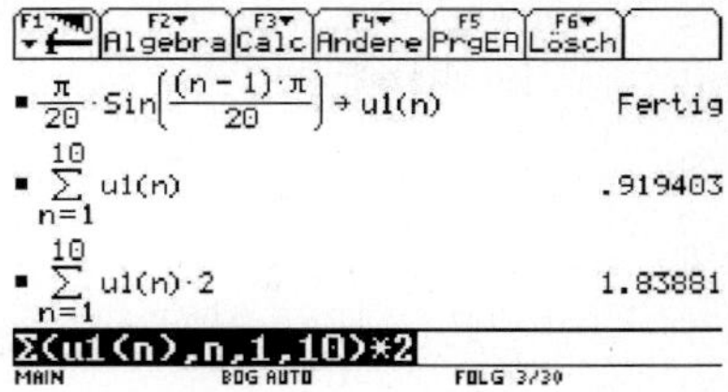

Fig. 2

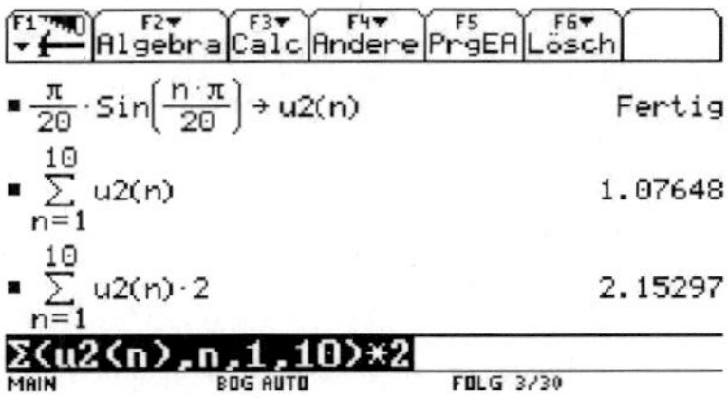

Fig. 3

d) Die Funktion f ist in [0; π] streng monoton fallend (Fig. 4). Für die Untersumme wird das Intervall [0; π] in 20 gleich große Teilintervalle zerlegt und jeweils der rechte Funktionswert mit der Intervalllänge $\frac{\pi}{20}$ multipliziert sowie die Summe gebildet (Fig. 5). Untersumme $U_{20} = 2{,}9845$.

Für die Obersumme geht man wie bei der Untersumme vor: Es wird lediglich der linke Funktionswert für die Rechteckshöhe gewählt (Fig. 6). Obersumme $O_{20} = 3{,}2987$.

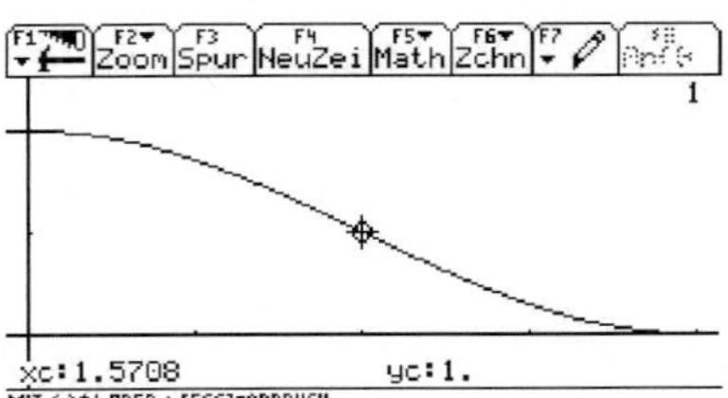

Fig. 4

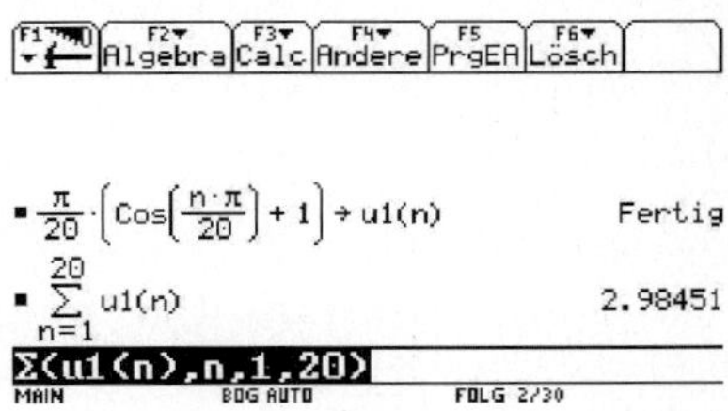

Fig. 5

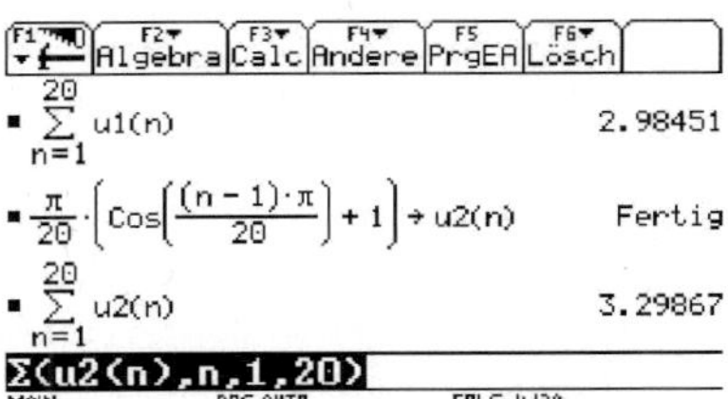

Fig. 6

6 Individuelle Lösung; z. B. Näherungswert für A: $O_{100} \approx 1{,}589$.
$O_{100} \approx \frac{1}{2}\pi r^2 = \frac{1}{2}\pi$; $\pi \approx 2 \cdot O_{100}$; $\pi \approx 3{,}178$.

3 Bestimmung von Flächeninhalten

S. 160 **1** a) $O_{10} = \frac{2}{10}\cdot\left[\left(\frac{2}{10}\right)^2 + \left(2\cdot\frac{2}{10}\right)^2 + \left(3\cdot\frac{2}{10}\right)^2 + \ldots + \left(10\cdot\frac{2}{10}\right)^2\right] = \frac{2^3}{10^3}\cdot[1^2 + 2^2 + 3^2 + \ldots + 10^2]$

b) $O_n = \frac{2}{n}\cdot\left[\left(\frac{2}{n}\right)^2 + \left(2\cdot\frac{2}{n}\right)^2 + \left(3\cdot\frac{2}{n}\right)^2 + \ldots + \left(n\cdot\frac{2}{n}\right)^2\right] = \frac{2^3}{n^3}\cdot[1^2 + 2^2 + 3^2 + \ldots + n^2]$

Falls der Grenzwert von O_n für $n \to \infty$ existiert, ist $A = \lim\limits_{n\to\infty} O_n$.

(Bei diesem Vorgehen wird die Existenz und die Definition des Flächeninhalts nicht problematisiert.)

S. 161 **2** a) Durchführung z. B. mit der Obersumme.

$O_n = \frac{1}{n}\cdot\left[\left(\frac{1}{n}\right)^2 + \left(2\cdot\frac{1}{n}\right)^2 + \left(3\cdot\frac{1}{n}\right)^2 + \ldots + \left(n\cdot\frac{1}{n}\right)^2\right] = \frac{1}{n^3}\cdot[1^2 + 2^2 + 3^2 + \ldots + n^2]$

$= \frac{1}{n^3}\cdot\frac{1}{6}\cdot n\cdot(n+1)(2n+1) = \frac{1}{6}\cdot\frac{n+2}{n}\cdot\frac{2n+1}{n} = \frac{1}{6}\left(1+\frac{2}{n}\right)\cdot\left(2+\frac{1}{n}\right)$

$\lim\limits_{n\to\infty} O_n = \frac{1}{6}\cdot 2 = \frac{1}{3}$. Der gesuchte Flächeninhalt ist $A = \frac{1}{3}$.

b) $O_n = \frac{3}{n}\cdot\left[\left(\frac{3}{n}\right)^2 + \left(2\cdot\frac{3}{n}\right)^2 + \left(3\cdot\frac{3}{n}\right)^2 + \ldots + \left(n\cdot\frac{3}{n}\right)^2\right] = \frac{3^3}{n^3}\cdot[1^2 + 2^2 + 3^2 + \ldots + n^2]$

$= \frac{27}{n^3}\cdot\frac{1}{6}\cdot n\cdot(n+1)\cdot(2n+1) = \frac{9}{2}\cdot\left(1+\frac{1}{n}\right)\cdot\left(2+\frac{1}{n}\right)$

$\lim\limits_{n\to\infty} O_n = \frac{9}{2}\cdot 2 = 9$. Der gesuchte Flächeninhalt ist $A = 9$.

c) $O_n = \frac{10}{n}\cdot\left[\left(\frac{10}{n}\right)^2 + \left(2\cdot\frac{10}{n}\right)^2 + \ldots + \left(n\cdot\frac{10}{n}\right)^2\right] = \frac{10^3}{n^3}\cdot[1^2 + 2^2 + \ldots + n^2]$

$= \frac{1000}{n^3}\cdot\frac{1}{6}n(n+1)(2n+1) = \frac{500}{3}\cdot\left(1+\frac{1}{n}\right)\cdot\left(2+\frac{1}{n}\right)$

$\lim\limits_{n\to\infty} O_n = \frac{500}{3}\cdot 2 = \frac{1000}{3}$. Der gesuchte Flächeninhalt ist $A = 333\frac{1}{3}$.

3 $U_n = \frac{2}{n}\cdot\left[0^2 + \left(\frac{2}{n}\right)^2 + \left(2\cdot\frac{2}{n}\right)^2 + \ldots + \left((n-1)\cdot\frac{2}{n}\right)^2\right] = \frac{2^3}{n^3}\cdot[0^2 + 1^2 + 2^2 + \ldots + (n-1)^2]$

Mit $1^2 + 2^2 + 3^2 + \ldots + z^2 = \frac{1}{6}\cdot z\cdot(z+1)(2z+1)$ folgt für $z = n-1$.

$U_n = \frac{8}{n^3}\cdot\frac{1}{6}(n-1)(n-1+1)(2(n-1)+1)$

$= \frac{8}{n^3}\cdot\frac{1}{6}\cdot(n-1)\cdot n\cdot(2n-1) = \frac{8}{6}\cdot\frac{n-1}{n}\cdot\frac{2n-1}{n}$

$= \frac{4}{3}\cdot\left(1-\frac{1}{n}\right)\cdot\left(2-\frac{1}{n}\right)$

$\lim\limits_{n\to\infty} U_n = \frac{4}{3}\cdot 2 = \frac{8}{3}$.

4 a) $O_n = \frac{2}{n}\cdot\left[\left(\frac{2}{n}\right)^3 + \left(2\cdot\frac{2}{n}\right)^3 + \ldots + \left(n\cdot\frac{2}{n}\right)^3\right]$

$= \frac{2^4}{n^4}\cdot[1^3 + 2^3 + \ldots + n^3]$

$= \frac{16}{n^4}\cdot\frac{1}{4}\cdot n^2(n+1)^2$

$= 4\cdot\frac{n+1}{n}\cdot\frac{n+1}{n}$

$= 4\cdot\left(1+\frac{1}{n}\right)\cdot\left(1+\frac{1}{n}\right)$

$\lim\limits_{n\to\infty} O_n = 4$. Der gesuchte Flächeninhalt ist $A = 4$.

S. 161 **4**

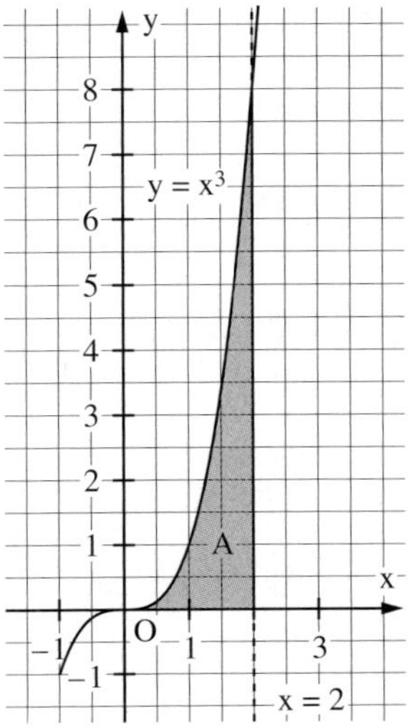

b) $U_n = \frac{2}{n}\cdot\left[0^3 + \left(\frac{2}{n}\right)^3 + \left(2\cdot\frac{2}{n}\right)^3 + \ldots + \left((n-1)\cdot\frac{2}{n}\right)^3\right]$

$= \frac{2^4}{n^4}\cdot[1^3 + 2^3 + \ldots + (n-1)^3]$

$= \frac{16}{n^4}\cdot\frac{1}{4}(n-1)^2\cdot n^2 = 4\cdot\frac{n-1}{n}\cdot\frac{n-1}{n}$

$= 4\cdot\left(1-\frac{1}{n}\right)\cdot\left(1-\frac{1}{n}\right)$

$\lim\limits_{n\to\infty} U_n = 4.$

5 a) $A = 4\cdot 2 - \frac{8}{3} = \frac{16}{3}$

b) $A = \frac{1}{2}\cdot 2\cdot 4 - \frac{8}{3} = \frac{4}{3}$

c) Inhalt zwischen $y = x^2 + 1$ und x-Achse über [0; 2]: $A_1 = \frac{8}{3} + 2 = \frac{14}{3}$.

Gesuchter Inhalt: $A = A_1 - \frac{8}{3} = \frac{6}{3} = 2$.

4 *Einführung des Integrals; Integralfunktion*

S. 162 **1** a) in I: d bleibt konstant.

In II: d nimmt linear ab und erreicht nach der Zeit t_0 den Wert 0.

In III: d nimmt linear ab und erreicht auch negative Werte.

Wenn der Graph unterhalb der t-Achse verläuft, so fließt das Wasser aus dem Speicher wieder heraus.

b) Die gefärbte Fläche oberhalb der t-Achse veranschaulicht die in den Speicher geflossene Wassermenge; die gefärbte Fläche unterhalb der t-Achse veranschaulicht die aus dem Speicher geflossene Wassermenge. Die gesamte gefärbte Fläche veranschaulicht also die Änderung der Wassermenge im Speicher.

S. 164 **2** a) $A = \int_{0,5}^{4} \frac{1}{x}\,dx$

b) Nullstellen von f(x) sind $x_1 = -\sqrt{5}$ und $x_2 = \sqrt{5}$: $A = \int_{-\sqrt{5}}^{+\sqrt{5}} \left(-\frac{1}{2}x^2 + 2{,}5\right)dx$

c) $A = -\int_{-4}^{-1} \left(\frac{1}{x^2} - 1\right)dx$

S. 165 **3** a) Wegen Hochzahl 4 gilt: $(3 - x)^4 \geqq 0$. Die zum Integral gehörende Fläche liegt oberhalb der x-Achse. Also ist das Integral positiv.
b) Die zum Integral gehörende Fläche besteht aus zwei Teilen, wovon der größere Teil unterhalb der x-Achse liegt. Das Integral ist negativ.
c) Die zum Integral gehörende Fläche besteht aus zwei Teilen, wovon der größere Teil oberhalb der x-Achse liegt. Das Integral ist positiv.

4 a) Zum Zeitpunkt $x = 0$ beträgt die Geschwindigkeit $1\,\frac{m}{s}$. Die Geschwindigkeit nimmt gleichmäßig um $0{,}25\,\frac{m}{s}$ in der Sekunde zu (gleichförmig beschleunigte Bewegung mit $a = 0{,}25\,\frac{m}{s^2}$).
b) $v(x) = 0{,}25 \cdot x + 1$. Zurückgelegte Strecke: $s = \int_0^8 (0{,}25\,x + 1)\,dx$; $s = 16\,m$. Man erhält s als Inhalt der Fläche zwischen dem Graphen von v und der x-Achse über [0; 8].

5 a) $J_0(x) = 2x$ b) $J_0(x) = 0{,}5\,x^2$ c) $J_0(x) = 0{,}5\,x^2 + x$

6 a)

x	0	1	1,5	2	2,5	3	3,5	4	4,5	5
f(x)	−2	0	0,95	1,65	2,05	2,17	2,20	2,47	3,1	3,6

Verlauf von I(x):

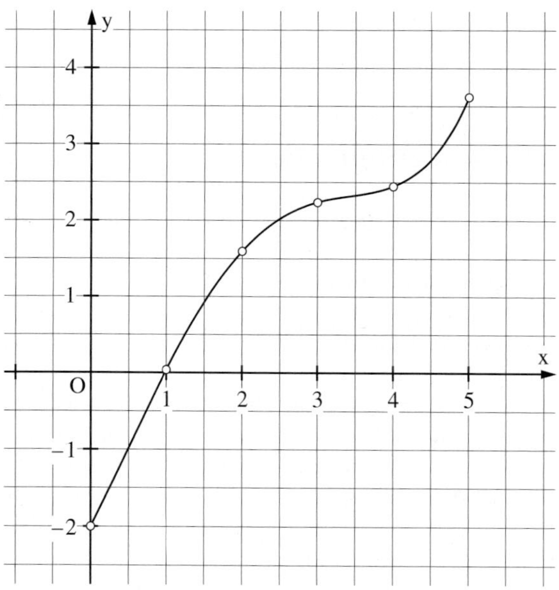

S. 165 **6** b)

x	0	1	2	3	3,5	4	5
f(x)	0,2	0	0,96	1,72	1,95	1,75	0,75

Verlauf von I(x):

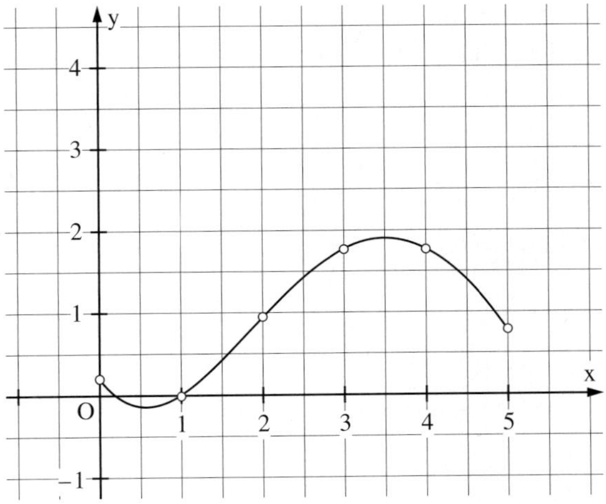

7 Zu Fig. 4:
Der Inhalt der Fläche oberhalb der t-Achse beträgt 7,5 Karos.
Der Inhalt der Fläche unterhalb der t-Achse beträgt 8 Karos.

Damit ist $\int_0^4 m(t)\,dt < 0$. Die Größe hat im Zeitraum zwischen 0 s und 4 s abgenommen.

Zu Fig. 5:
Abschätzung der Flächeninhalte oberhalb und unterhalb der t-Achse lässt vermuten:
$\int_1^3 m(t)\,dt > 0$. (Ein genaueres Ergebnis erhält man mit Funktionsanpassung:
$m(t) = 4(x-2)^2 - 1 = 4x^2 - 16x + 15$. Dafür erhält man $\int_1^3 m(t) = \frac{2}{3} > 0$).

Die Größe hat im Zeitraum zwischen 1 s und 3 s zugenommen.

8 a) Die Zahl der Anrufe entspricht dem Inhalt der Fläche unter dem Graphen von m zwischen 20 Uhr und 22 Uhr. Schätzwert für den Flächeninhalt: 18,5 Karos. Vier Karos entsprechen 2000 Anrufen.
Schätzwert für die Zahl der Anrufe: 9250.
b) Sobald m unter 3000 Anrufe/h sinkt, wird die Warteschleife kleiner. Um 22 Uhr ist die Zahl der Anrufer in der Warteschleife am größten.

5 *Stammfunktionen*

S. 166 **1** a) $F(x) = \frac{1}{2}x^2$ b) $F(x) = x^2 + x$ c) $F(x) = \frac{1}{3}x^3 - x$ d) $F(x) = \frac{1}{2}x^4 + \frac{1}{2}x^2$

2 a) $J_0(x) = \frac{1}{2}x^2$; $J_1(x) = \frac{1}{2}x^2 - \frac{1}{2}$; $J_2(x) = \frac{1}{2}x^2 - 2$

b) Die Ableitungsfunktion jeder dieser Integralfunktionen ergibt die Funktion f.

S. 168 **3** a) $F(x) = \frac{3}{2}x^2$ b) $F(x) = \frac{1}{6}x^3$ c) $F(x) = \frac{\sqrt{2}}{4}x^4$ d) $F(x) = 1$

e) $F(x) = 0{,}08\,x^5$ f) $F(x) = -\frac{3}{x}$ g) $F(x) = \frac{1}{4} \cdot \frac{1}{x^4}$ h) $F(x) = 3x^3$

4 a) $F(x) = \frac{2}{5}x^5 - 0{,}05\,x^2$ b) $F(x) = -\frac{1}{x} + \frac{1}{2}x^2$ c) $F(x) = -\frac{1}{6}x^4 - 3x$

d) $F(x) = 2x^4 - \pi^2 x$ e) $F(x) = \frac{1}{4}(x + 5)^4$ f) $F(x) = \frac{1}{16}(4x + 2)^4$

g) $F(x) = -\frac{1}{5}(9 - 2x)^5$ h) $F(x) = \frac{1}{20}(-5x - 7)^4$ i) $F(x) = -2\cos(x)$

j) $F(x) = 0{,}5\cos(x)$ k) $F(x) = 3\sin(x)$ l) $F(x) = 2\sin(x) - \cos(x)$

5 a) $F(x) = \frac{1}{n+1}x^{n+1}$ b) $F(x) = \frac{1}{n}x^n$ c) $F(x) = \frac{1}{2n+1} \cdot x^{2n+1}$

d) $F(x) = \frac{1}{2-2k} \cdot x^{2-2k}$ e) $F(x) = \frac{1}{-2-2n} \cdot x^{-1-n}$ f) $F(x) = \frac{-2}{-n+1}x^{-n+1}$

g) $F(x) = \frac{-3}{-2n+4}x^{-n+2}$ h) $F(x) = -\frac{c}{n+1} \cdot x^{n+1}$

6

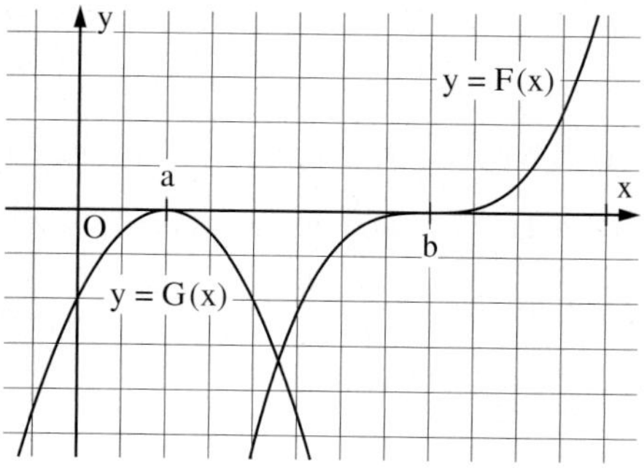

7 a) Es ist $f(x) > 0$ für das dargestellte Intervall. Also ist $F'(x) > 0$; d.h., F ist streng monoton steigend. F(x) ist am größten an der Stelle e.

b) An der Stelle a. c) An der Stelle b. d) An der Stelle b.

8

	H	h	h′
a	+	0	0
b	+	+	0
c	+	0	–

S. 168 **9** (Figur links) Die Parabel (blau) ist der Graph von F mit $F(x) = \frac{1}{4}x^2 + x$.
Die Gerade (rot) ist der Graph von f mit $f(x) = \frac{1}{2}x + 1$.
(Figur rechts) Die blaue Kurve ist der Graph von F mit $F(x) = \frac{1}{x}$.
Die rote Kurve ist der Graph von f mit $f(x) = -\frac{1}{x^2}$.

10 a) $F(x) = x^3 + 1$ b) $F(x) = \frac{1}{4}x^4 - \frac{2}{3}x^3 + x + \frac{17}{12}$

11 a) $F'(x) = \frac{1}{2\sqrt{x^2 - 1}} \cdot 2x = f(x)$; ja b) $F'(x) = 2 \cdot \sin(x) \cdot \cos(x) \neq f(x)$; nein

12 a) $f(x) = \frac{1}{x^2} + \frac{2}{x^3} = x^{-2} + 2x^{-3}$; $F(x) = -x^{-1} - x^{-2}$
b) $f(x) = \frac{1}{2}x + \frac{1}{2}x^{-2}$; $F(x) = \frac{1}{4}x^2 - \frac{1}{2}x^{-1}$
c) $f(x) = \frac{1}{3}x^{-3} + \frac{1}{3}x^{-2} + \frac{1}{3}$; $F(x) = -\frac{1}{6}x^{-2} - \frac{1}{3}x^{-1} + \frac{1}{3}x$
d) $f(x) = 4x + 4$; $F(x) = 2x^2 + 4x$

6 *Der Hauptsatz der Differenzial- und Integralrechnung*

S. 169 **1** a) Graph rechts
b) z.B. $J_0(x) = \frac{1}{2}x^2$
$J_0(3) = 4{,}5$; $J_0(4) = 8$; $J_0(4) - J_0(3) = 3{,}5$
c) z.B. $F(x) = \frac{1}{2}x^2 + 3$.
$F(3) = 7{,}5$; $F(4) = 11$; $F(4) - F(3) = 3{,}5$
Für jede Stammfunktion F von f gilt:
$F(4) - F(3) = 3{,}5$. Dieser Wert entspricht dem Inhalt der Fläche zwischen dem Graphen von f und der x-Achse über [3; 4].

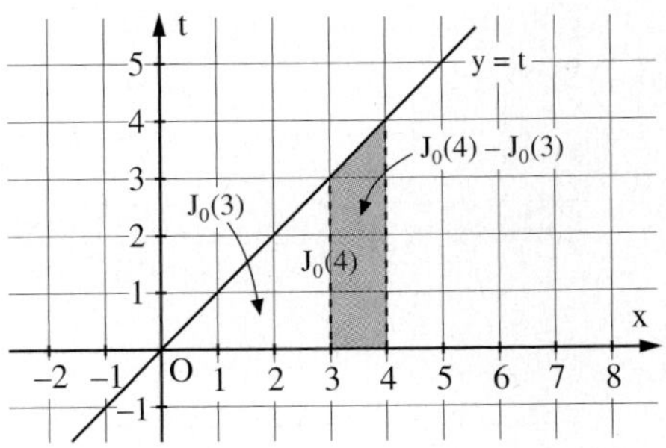

2 $A = J_0(b) - J_0(a)$.
Nach der in Aufgabe 1 gewonnenen Vermutung gilt $A = F(b) - F(a)$, wobei F irgendeine Stammfunktion von f ist.

S. 171 **3** a) $\left[\frac{1}{2}x^2\right]_1^4 = 7{,}5$ b) $\left[\frac{1}{3}x^3\right]_1^3 = 8\frac{2}{3}$ c) $\left[\frac{1}{4}x^4\right]_{-2}^4 = 60$
d) $\left[-\frac{1}{x}\right]_{0,5}^2 = 1{,}5$ e) $\left[\frac{1}{2}x^{-2}\right]_2^4 = -\frac{3}{32}$ f) $\left[\frac{1}{3}x^3\right]_{-2}^{-10} = -330\frac{2}{3}$
g) $\left[x - \frac{1}{2}x^2\right]_{-8}^{-4} = 28$ h) $[-3x]_{-4}^{-3} = -3$

S. 171 **4** a) $\left[\frac{1}{3}(2+x)^3\right]_{-2}^{0} = \frac{8}{3}$ b) $\left[-\frac{1}{4}(2-x)^4\right]_{2}^{3} = -\frac{1}{4}$ c) $\left[\frac{1}{2}x^2 + x^{-1}\right]_{1}^{2} = 1$

d) $[-3\cos(x)]_{0}^{\pi} = 6$ e) $[(2-x)^{-1}]_{-3}^{-5} = -\frac{2}{35}$ f) $[-(1-x)^{-2}]_{-2}^{0} = -\frac{8}{9}$

g) $\left[2\cdot\sqrt{x}\right]_{1}^{6} \approx 2{,}899$ h) $\left[\frac{1}{2}\sin(2x)\right]_{0}^{\pi} = 0$

S. 172 **5** a) $\int_0^4 \left(\frac{1}{4}x^2 + 2\right)dx = \left[\frac{1}{12}x^3 + 2x\right]_0^4 = \frac{40}{3} = 13\frac{1}{3}$

b) $\int_{-2}^{3} \left(\frac{1}{2}x^2\right)dx = \left[\frac{1}{6}x^3\right]_{-2}^{3} = 5\frac{5}{6}$ c) $\int_1^5 \left(\frac{1}{x^2} + 1\right)dx = \left[-\frac{1}{x} + x\right]_1^5 = 4\frac{4}{5}$

6 a) –2,242 b) 15,693 c) 0,089 d) 25,765

7 a)

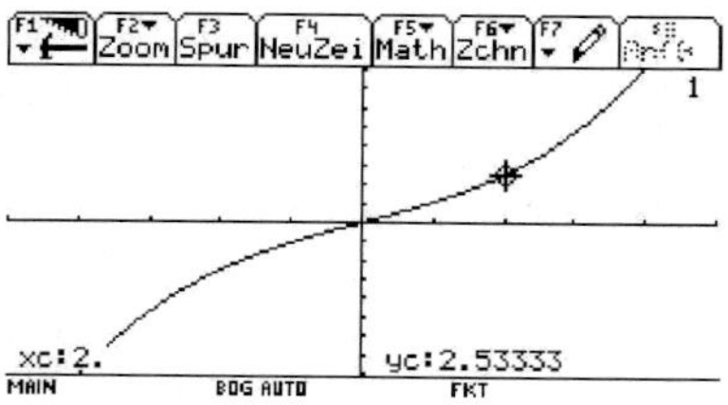

Nullstellen der Integralfunktion:
$x = 0$
Extremstellen der Integralfunktion:
keine

b)

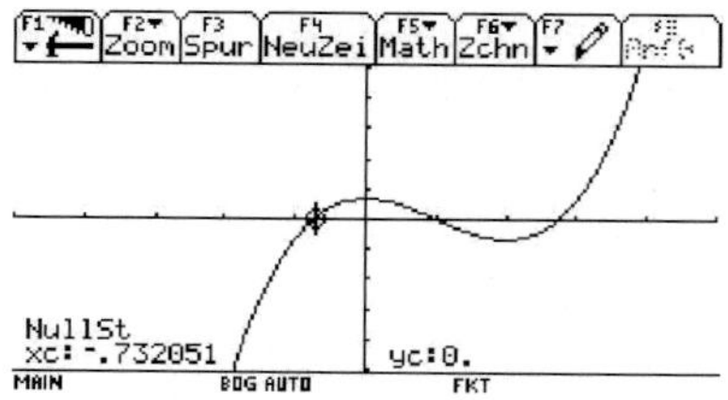

Nullstellen der Integralfunktion:
$x_1 \approx -0{,}732$; $x_2 = 1$; $x_3 \approx 2{,}732$
Extremstellen der Integralfunktion:
Maximum: $x_3 = 0$; Minimum: $x_4 = 2$

c)

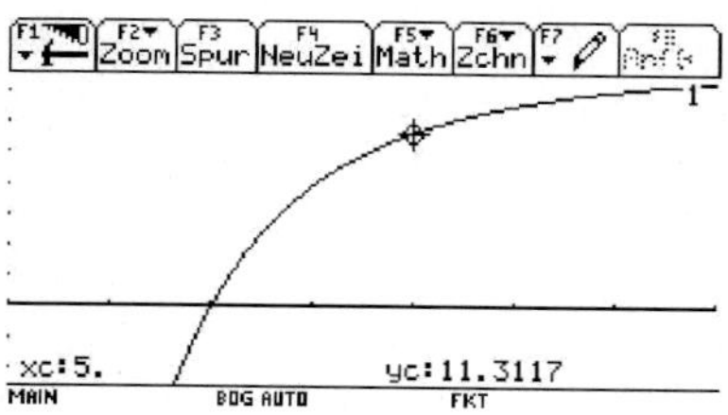

Nullstellen der Integralfunktion:
$x = 3$
Extremstellen der Integralfunktion:
keine

S. 172 **8** a) $J_{-1}(x) = \frac{1}{4}x^4 + x + \frac{3}{4}$ b) $J_1(x) = -\frac{1}{x} - x + 2$

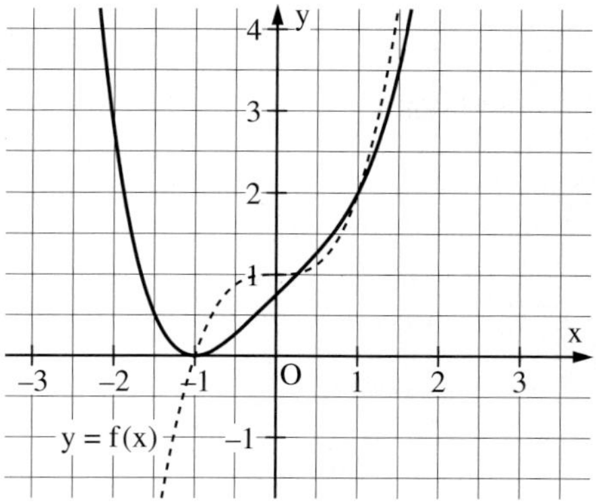

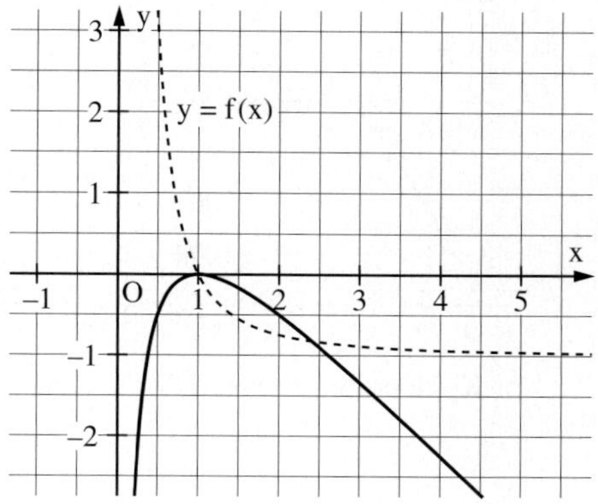

9 a) $f(7) - f(3) = \int_3^7 f'(x)\,dx = \left[-8 \cdot \frac{1}{x} + \frac{1}{2}x^2\right]_3^7 \approx 21{,}524$

b) $f(15) = f(10) + \int_{10}^{15} f'(x)\,dx = 2200 + \left[-8 \cdot \frac{1}{x} + \frac{1}{2}x^2\right]_{10}^{15} \approx 2262{,}767$

10 a) $\left[\frac{1}{3}x^3\right]_0^a = \frac{1}{3}a^3 = 5;\ a = \sqrt[3]{15} \approx 2{,}466$

b) $\left[\frac{1}{3}x^3\right]_{10}^a = \frac{1}{3}a^3 - \frac{1}{3} \cdot 1000 = -10;\ a = \sqrt[3]{970} \approx 9{,}899$

c) $\left[-\frac{1}{x}\right]_1^{2a} = -\frac{1}{2a} + 1 = 0{,}7;\ a = \frac{10}{6}$

d) Mit dem CAS: Schnitt des Graphen der Integralfunktion von F mit $f(x) = x \cdot \sin(x)$ mit der Geraden mit der Gleichung $y = 1$.
Es gibt mehrere Schnittstellen, z. B. $a \approx 4{,}951$.

11 Für $0 \leqq t \leqq 40$ gilt: $w_1(t) = \frac{25}{40} \cdot t$ (t in Tagen; $w_1(t)$ in $\frac{\text{cm}}{\text{Tag}}$). In diesem Zeitraum wächst die Pflanze um die Länge $L_1 = \int_0^{40} w_1(t)\,dt = 500\,\text{cm}$.

Für $40 \leqq t \leqq 70$ gilt: $w_2(t) = -\frac{25}{30} \cdot t + 58\frac{1}{3}$ (t in Tagen; $w_2(t)$ in $\frac{\text{cm}}{\text{Tag}}$). In diesem Zeitraum wächst die Pflanze um die Länge $L_2 = \int_{40}^{70} w_2(t)\,dt \approx 375\,\text{cm}$.

Die Pflanze wächst insgesamt um 875 cm.

S. 172 **12** a)

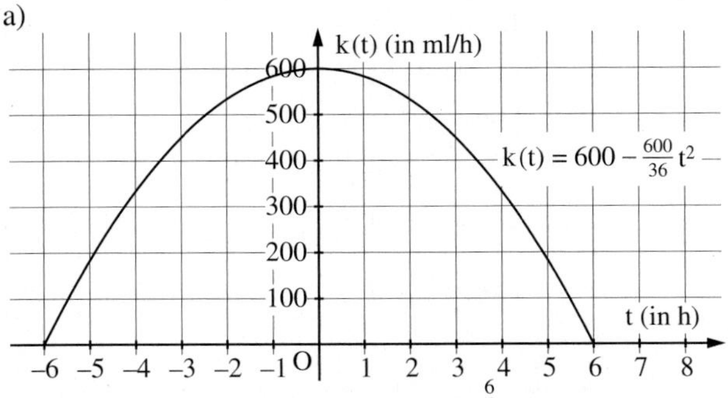

b) Kohlendioxidverbrauch: $V = 500 \cdot \int_{-6}^{6} k(t)\,dt = 2\,400\,000\,\text{ml} = 2{,}4\,\text{m}^3$.

7 *Flächen oberhalb und unterhalb der x-Achse*

S. 173 **1** 1. Schritt: Bestimmung der Nullstellen von f. $x_1 = -\frac{5}{4}$; $x_2 = \frac{1}{4}$

2. Schritt: Beurteilung, welche Teilfläche oberhalb bzw. unterhalb der x-Achse liegt.

3. Schritt: $A = -\int_{-\frac{5}{4}}^{\frac{1}{4}} f(x)\,dx + \int_{\frac{1}{4}}^{1} f(x)\,dx$.

S. 175 **2** a) $A = -\int_{0}^{4} f(x)\,dx = 10\frac{2}{3}$ b) $A = -\int_{0}^{2} f(x)\,dx = 4\frac{2}{3}$ c) $A = -\int_{-10}^{-5} f(x)\,dx = \frac{1}{10}$

3 a) $x_1 = 0$; $x_2 = 6$; $A = -\int_{0}^{6} f(x)\,dx = 18$

b) $x_1 = 0$; $x_2 = 2$; $A = -\int_{0}^{2} f(x)\,dx = 1\frac{1}{3}$

c) $x_1 = -2$; $x_2 = 0$; $x_3 = 2$; $A = -2 \cdot \int_{0}^{2} f(x)\,dx = 8\frac{8}{15}$

d) $x_1 = 0$; $x_2 = 5$; $A = -\int_{0}^{5} f(x)\,dx = 10\frac{5}{12}$

e) $x_1 = -2$; $x_2 = -1$; $x_3 = \frac{2}{3}$; $A = -\int_{-2}^{-1} f(x)\,dx = \frac{1}{2}$

f) $x_1 = -\sqrt{3}$; $x_2 = 0$; $x_3 = \sqrt{3}$; $A = -\int_{-\sqrt{3}}^{0} f(x)\,dx + \int_{0}^{\sqrt{3}} f(x)\,dx = \frac{9}{4} + \frac{9}{4} = 4\frac{1}{2}$

S. 175 **4** a) $f(x) = x^3 - 1$; $\int_0^a (x^3 - 1)\,dx = \frac{1}{4}a^4 - a = 0$ ergibt $a = 0$ bzw. $a^3 = 4$, also $a^{\frac{1}{3}} = 2^{\frac{2}{3}} = \sqrt[3]{4}$

b) $f(x) = x^3 - x^2 - 2$; $\int_0^a (x^3 - x^2 - 2)\,dx = \frac{1}{4}a^4 - \frac{1}{3}a^3 - 2a = 0$ ergibt $a = 0$ bzw. $a \approx 2{,}5570$.

c) $f(x) = x \cdot \sin(x)$; $\int_0^a (x \cdot \sin(x))\,dx = \sin(a) - a \cdot \cos(a) = 0$ (Fig. 1). Um die Lösung a zu erhalten, erstellt man den Graphen von $g(x) = \sin(x) - x \cdot \cos(x)$ und bestimmt die Nullstelle $a \approx 4{,}4934$ (Fig. 2).

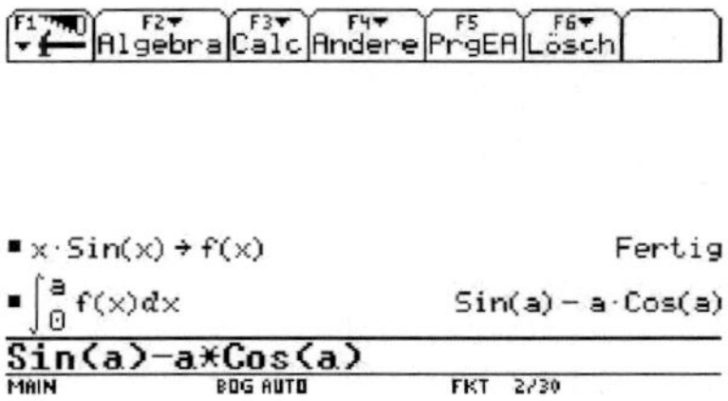

Fig. 1

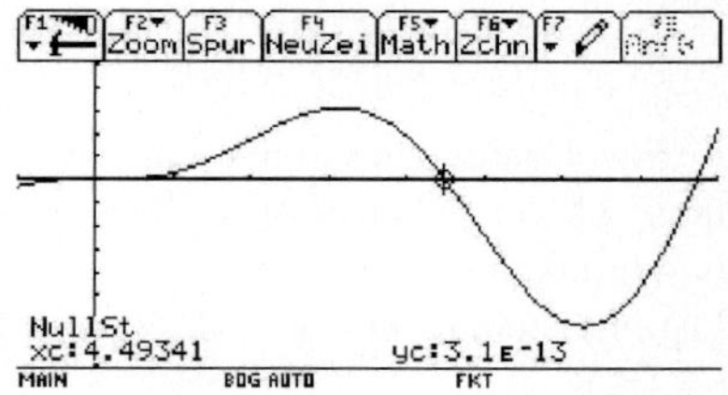

Fig. 2

5 $\int_a^b f_c(x)\,dx = 0$ ergibt

a) $2c + 2 = 0$ und damit $c = -1$.
b) $2 - 2c = 0$ und damit $c = 1$.

6 a) Für $b > 1$ gilt: $A(b) = \int_1^b f(x)\,dx = \frac{1}{2} - \frac{1}{2b^2}$. Für $b \to +\infty$ strebt $A(b)$ gegen $\frac{1}{2}$.

Die nach rechts unbeschränkte Fläche hat den Inhalt $A = 0{,}5$.

b) Für $b > 1$ gilt: $A(b) = \int_1^b f(x)\,dx = 2\sqrt{b} - 2$. Für $b \to +\infty$ strebt $A(b)$ gegen $+\infty$.

Die nach rechts unbeschränkte Fläche hat keinen endlichen Inhalt.

c) Für $b < -1$ gilt: $A(b) = \int_b^{-1} f(x)\,dx = \frac{1}{10} + \frac{1}{10b}$. Für $b \to -\infty$ strebt $A(b)$ gegen $\frac{1}{10}$.

Die nach links unbeschränkte Fläche hat den Inhalt $A = 0{,}1$.

7 a) Für $b > 2$ hat die Fläche zwischen dem Graphen von f und der Geraden g über $[2; b]$ den Inhalt $A(b) = \int_2^b \left(f(x) - \frac{1}{2}x\right)dx = 1 - \frac{2}{b}$. Für $b \to \infty$ strebt $A(b) \to 1$.

Die nach rechts unbeschränkte Fläche hat den Inhalt $A = 1$.

b) Für $b < -1{,}5$ gilt: $A(b) = \int_b^{-1{,}5} \left(\left(-\frac{1}{2}x\right) - f(x)\right)dx = \int_b^{-1{,}5} -\frac{1}{x^3}\,dx = \frac{2}{9} - \frac{1}{2b^2}$.

Für $b \to -\infty$ strebt $A(b)$ gegen $\frac{2}{9}$.

S. 175 **7** zu a):

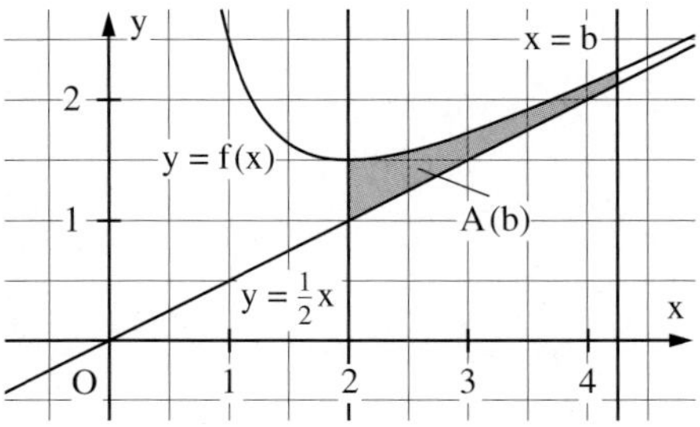

zu b):

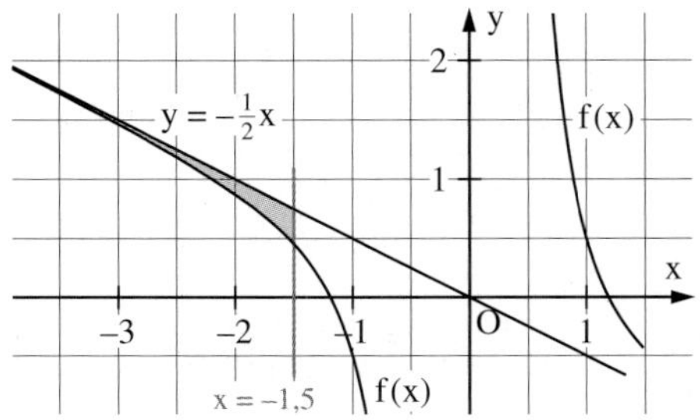

8 a) Fig. 1 zeigt den Graphen in $-11 \leqq x \leqq 11$ und $-45 \leqq y \leqq 100$. Da der Graph symmetrisch zur y-Achse ist, genügt es, sich auf den Teil rechts von der y-Achse zu beschränken.
Die Nullstellen sind $x_1 = 0$; $x_2 \approx 4{,}4934$; $x_3 \approx 7{,}7252$; $x_4 \approx 10{,}9041$

Es ist $\int_{x_1}^{x_2} f(x)\,dx \approx 19{,}7086$; $\int_{x_2}^{x_3} f(x)\,dx \approx -78{,}8943$; $\int_{x_3}^{x_4} f(x)\,dx \approx 177{,}589$ (Fig. 2)

Damit gilt für die gesamte Fläche: $A = 2\cdot(19{,}7086 + 78{,}8943 + 177{,}589) = 552{,}382$.

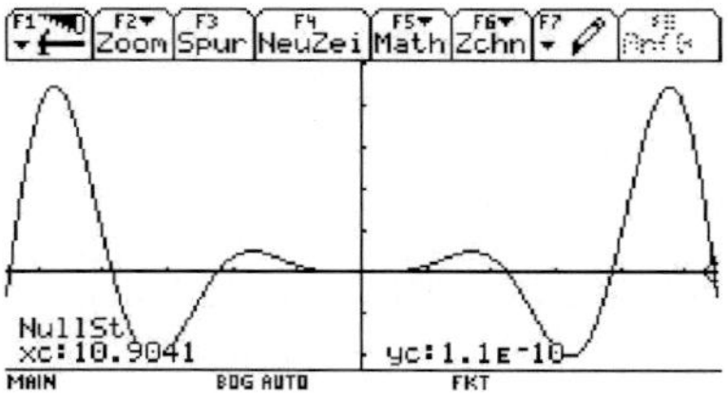

Fig. 1

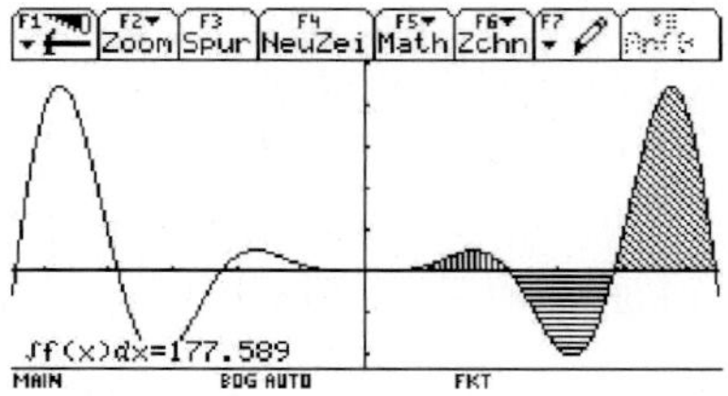

Fig. 2

b) Für die Fläche unterhalb der x-Achse gilt $A_u = 2\cdot 78{,}8943 = 157{,}7886$.
Dann ist die Fläche oberhalb der x-Achse: $A_o = 552{,}382 - 157{,}7886 = 394{,}5934$.
Es ist $157{,}7886 : 394{,}5934 \approx 0{,}3998764297 \approx 40\,\%$.

8 *Flächen zwischen zwei Graphen*

S. 176 **1** a) $A_1 = \int_a^b f(x)\,dx - \int_a^b g(x)\,dx$; $A_2 = \int_a^b -g(x)\,dx - \int_a^b -f(x)\,dx$

b) $A_1 = F(b) - F(a) - (G(b) - G(a)) = (F - G)(b) - (F - G)(a)$
$A_2 = (-G(b) - (-G(a))) - ((-F(b) - (-F(a))) = (F - G)(b) - (F - G)(a)$

In beiden Fällen gilt $A = \int_a^b (f(x) - g(x))\,dx$.

S. 178 **2** a) $A_1 + A_2 + A_3$ b) $A_1 + A_2 + A_3$ c) $A_2 + A_3$

3 a) Für $-1 \leqq x \leqq 1$ gilt: $g(x) \geqq f(x)$. $A = \int_{-1}^{1}(g(x) - f(x))\,dx = 7\frac{1}{3}$

b) Für $0 \leqq x \leqq 1$ gilt: $g(x) \geqq f(x)$. $A = \int_{0}^{1}(g(x) - f(x)) = 0{,}25$

4 a) $A = \int_{0}^{2}(g(x) - f(x))\,dx = 2\frac{2}{3}$ b) $A = \int_{0}^{2}(g(x) - f(x))\,dx = 1\frac{1}{3}$

c) $A = \int_{0{,}5}^{2}(f(x) - g(x))\,dx = 1\frac{11}{16}$

d) $A = \int_{-0{,}5}^{0}(g(x) - f(x))\,dx + \int_{0}^{1}(f(x) - g(x))\,dx = \frac{37}{96} \approx 0{,}39$

5 a) t: $y = 3x - 4{,}5$; $A = \int_{0}^{3}f(x)\,dx - \frac{27}{8} = \frac{9}{2} - \frac{27}{8} = 1\frac{1}{8}$

b) t: $y = -32x + 16$; $A = \int_{0}^{2}f(x)\,dx - \frac{1}{2}\cdot\frac{1}{2}\cdot 16 = \frac{32}{5} - 4 = 2\frac{2}{5}$

c) t: $y = -16x + 11{,}5$; $A = \int_{0{,}5}^{2}f(x)\,dx - \frac{1}{2}\cdot\frac{7}{32}\cdot\frac{7}{2} \approx 0{,}74$

6 a) n: $y = \frac{1}{2}x - 1{,}5$; $A = \int_{0}^{1}-f(x)\,dx + \frac{1}{2}\cdot 2\cdot 1 = 1\frac{1}{3}$

b) n: $y = -\frac{1}{3}x + \frac{4}{3}$; $A = \int_{0}^{1}f(x)\,dx + \frac{1}{2}\cdot 3\cdot 1 = 1\frac{3}{4}$

c) n: $y = \frac{1}{3}x + \frac{14}{3}$; $A = \int_{-2}^{2}f(x)\,dx + \frac{1}{2}\cdot 12\cdot 4 = 8 + 24 = 32$

7 a) $W(0|0; 1)$; Normale n: $y = -x$; $A = 2\cdot\int_{0}^{\sqrt{2}}(f(x) - n(x))\,dx = 2$

b) $W(0|0; 2)$; Normale n: $y = -\frac{1}{2}x$; $A = 2\cdot\int_{0}^{\sqrt{7{,}5}}(f(x) - n(x))\,dx = 2\cdot\frac{75}{16} = \frac{75}{8} = 9\frac{3}{8}$

c) $W(-1|-1; 1)$;

Normale n: $y = -x - 2$; $A = \int_{-3}^{-1}(n(x) - f(x))\,dx + \int_{-1}^{1}(f(x) - n(x))\,dx = 2 + 2 = 4$

8 a) $\frac{16}{3} - 2c = 0$ und damit $c = \frac{8}{3}$ b) $5 - 5c = 0$ und damit $c = 1$

S. 178 **9** $tx^3 - 3(t+1)x = -3x$ für $x_1 = 0$; $x_2 = \sqrt{3}$; $x_3 = -\sqrt{3}$.

$$A(t) = \int_{-\sqrt{3}}^{0} (tx^3 - 3tx)\,dx + \int_{0}^{\sqrt{3}} -(tx^3 - 3tx)\,dx$$
$$= 4{,}5 \cdot t$$

10 Skizze rechts.

$$A(t) = \frac{4}{\sqrt{t}} \cdot t - \int_{\frac{2}{\sqrt{t}}}^{\frac{4}{\sqrt{t}}} \left(t - \frac{4}{x^2}\right) dx = 3\sqrt{t}$$

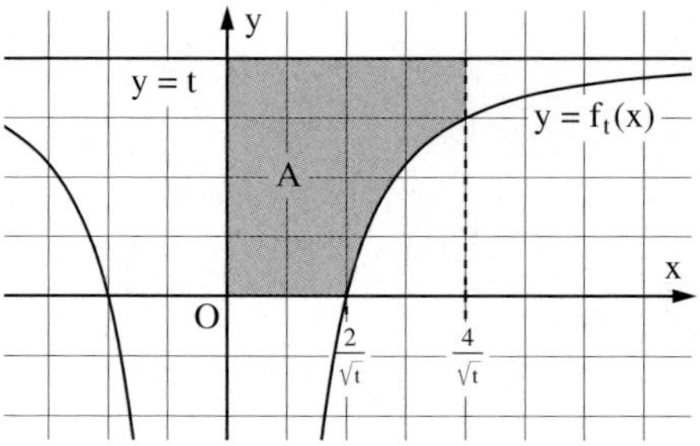

11 Für $a \geqq 0$ gilt: $A(a) = \int_0^{\pi} \left(a \cdot \sin x + \frac{1}{a} \sin x\right) dx = 2a + \frac{2}{a}$. $A'(a) = 2 - \frac{2}{a^2} = 0$ für

$a_1 = 1$; $a_2 = -1$. $A''(a) = \frac{4}{a^3}$; $A(a)$ ist minimal für $a_1 = 1$ mit $A(1) = 4$.

Für $a < 0$ erhält man entsprechend: $A(a)$ ist minimal für $a_2 = -1$ mit $A(-1) = 4$.

VII Exponentialfunktionen und Wachstum

1 Eigenschaften der Funktion $f\colon x \mapsto c \cdot a^x$

. 182 **1** a) Bei jedem positiven Zeitschritt verdoppelt sich die Anzahl der informierten Personen.
b) Nach 1 Tag kennen das Gerücht 2 Personen, nach 2 Tagen 4 ($= 2^2$), nach 3 Tagen 8 ($= 2^3$), nach 4 Tagen 16 ($= 2^4$), nach 10 Tagen 1024 ($= 2^{10}$).
c) f mit $f(x) = 2^x$ oder $f\colon x \mapsto 2^x$.

2 a) Wert nach 5 Jahren: $\left(\frac{100}{104}\right)^5 \approx 0{,}822$; Wert nach 10 Jahren: $\left(\frac{100}{104}\right)^{10} \approx 0{,}676$;
Wert nach 20 Jahren: $\left(\frac{100}{104}\right)^{20} \approx 0{,}456$; Wert nach 40 Jahren: $\left(\frac{100}{104}\right)^{40} \approx 0{,}208$.
$f(x) = \left(\frac{100}{104}\right)^x$
b) z. B. mit den CAS-Befehlen TABLE, SPUR oder SchnittPkt erhält man 17,7 Jahre bzw. 28 Jahre.

. 183 **3** a) $y = 3^x + 1$
Verschiebung um 1 in positiver y-Richtung:

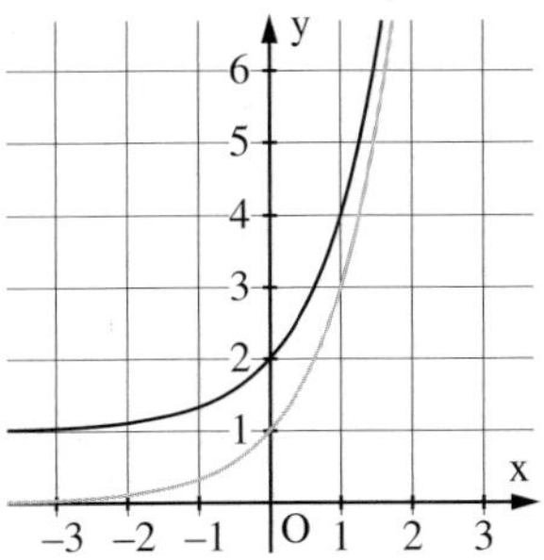

b) $y = -\frac{1}{2} \cdot 3^x$
Ordinatenhalbierung mit anschließender Spiegelung an der x-Achse:

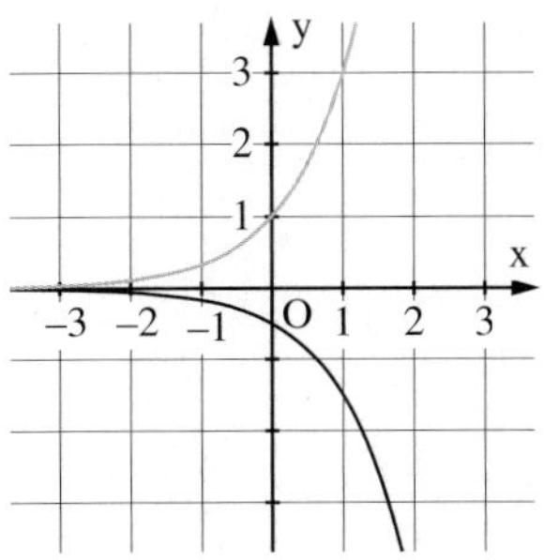

c) $y = \left(\frac{1}{3}\right)^x$
Spiegelung an der y-Achse:

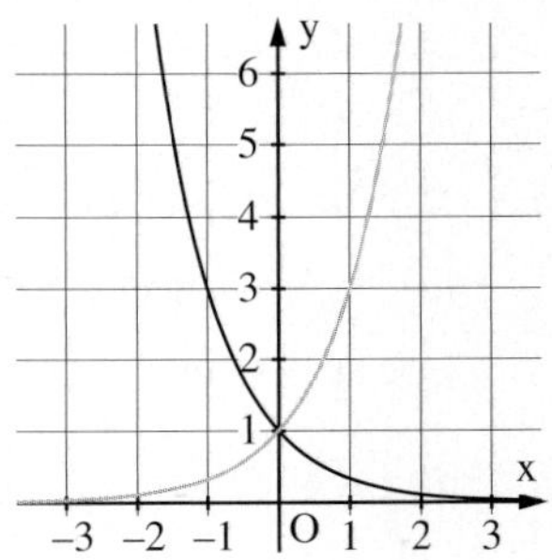

d) $y = \frac{1}{2} \cdot \left(\frac{1}{3}\right)^x$
Ordinatenhalbierung mit anschließender Spiegelung an der y-Achse:

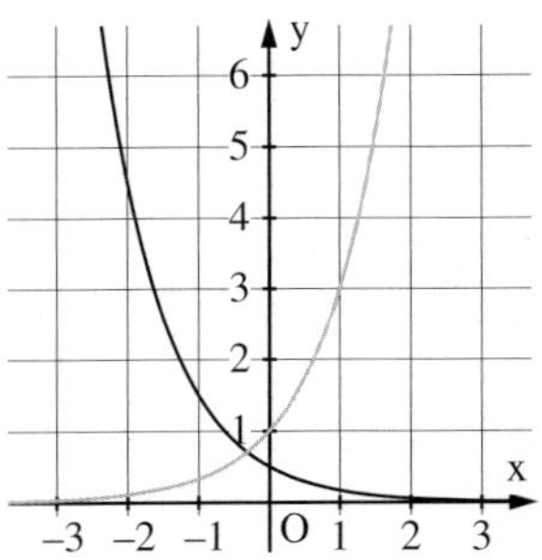

e) $y = 3^{x-1}$
Ordinatendrittelung:

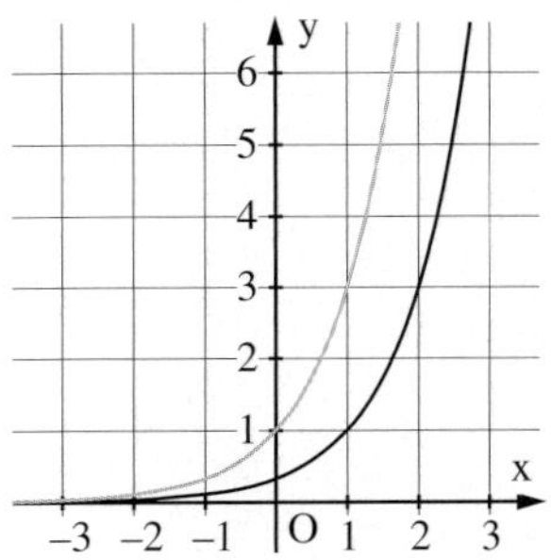

S. 183 **4** a) $a^1 = 3$, $f(x) = 3^x$ b) $a^1 = \frac{1}{4}$, $f(x) = \left(\frac{1}{4}\right)^x$ c) $a^2 = 6$, $a = \sqrt{6}$, $f(x) = (\sqrt{6})^x$

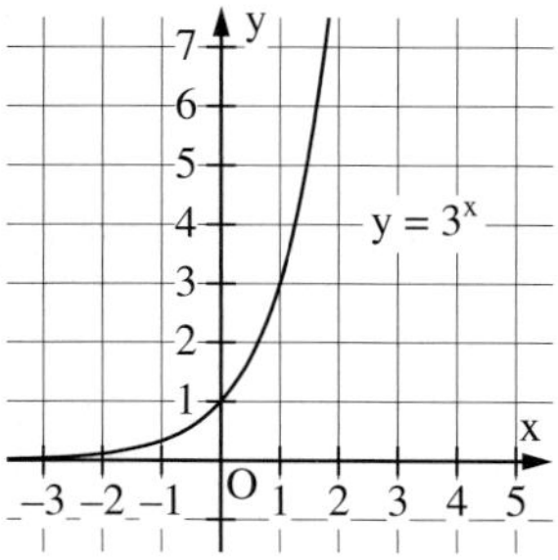

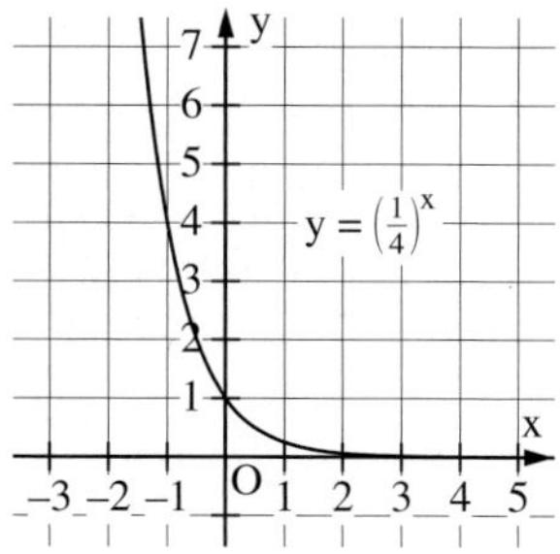

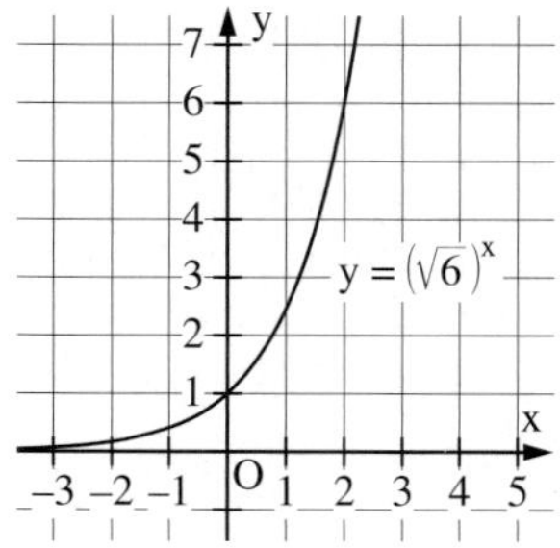

d) $a^{-1} = 3$, $a = \frac{1}{3}$, $f(x) = \left(\frac{1}{3}\right)^x$ e) $a^{-\frac{1}{2}} = \frac{1}{16}$, $\sqrt{a} = 16$, $a = 256$, $f(x) = 256^x$

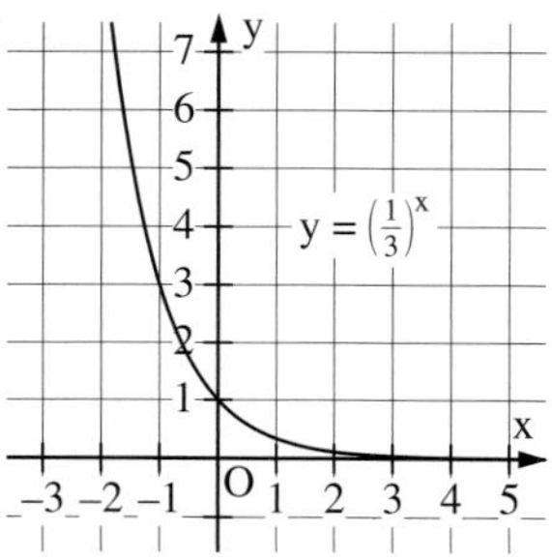

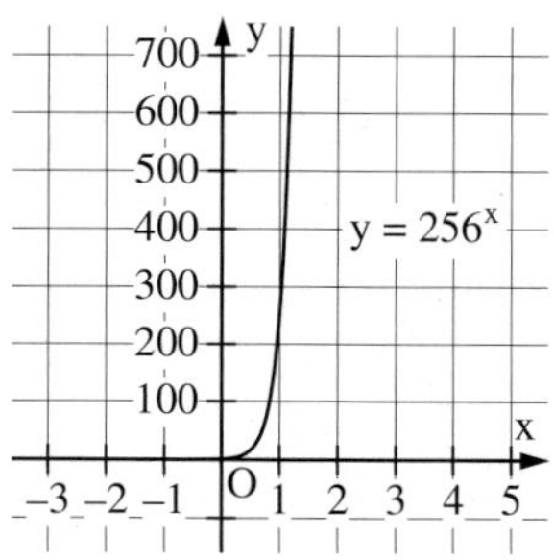

5 a) $c \cdot a^1 = 1$ und $c \cdot a^2 = 2$, $a = 2$, $c = \frac{1}{2}$, $f(x) = \frac{1}{2} \cdot 2^x$
b) $c \cdot a^{-1} = 5$ und $c \cdot a^0 = 7$, $c = 7$, $a = \frac{7}{5}$, $f(x) = 7 \cdot \left(\frac{7}{5}\right)^x$
c) $c \cdot a^4 = 5$ und $c \cdot a^5 = 6$, $a = \frac{6}{5}$, $c = \frac{5^5}{6^4} = \frac{3125}{1296}$, $f(x) = \frac{5^5}{6^4} \cdot \left(\frac{6}{5}\right)^x = 5 \cdot \left(\frac{6}{5}\right)^{x-4}$

6 a) $x = 13$ b) $x = -17$ c) $x = 23$ d) $x = 23$

7 a) $K(x) = 100 \cdot 1{,}05^x$ (x in Jahren, K(x) in €). $K(60) \approx 1867{,}91$ (in €)
b) $K\left(55\frac{1}{4}\right) \approx 1481{,}52$ (in €)

S. 184 **8** a) $f(x) = 3^{2x} \cdot 3^3 = 27 \cdot (3^2)^x = 27 \cdot 9^x$ b) $f(x) = 4 \cdot 256^x$
c) $f(x) = 2^{-x-1} = \frac{1}{2} \cdot \left(\frac{1}{2}\right)^x$ d) $f(x) = 2 \cdot \left(\frac{1}{2}\right)^x$
e) $f(x) = 4 \cdot \left(\frac{1}{2}\right)^x$ f) $f(x) = \frac{1}{27} \cdot (3^{\frac{1}{3}})^x = \frac{1}{27} \cdot \left(\sqrt[3]{3}\right)^x$
g) $f(x) = 2^{\frac{1}{2}} \cdot \left(\left(\frac{1}{4}\right)^{\frac{1}{4}}\right)^x = \sqrt{2} \cdot \left(\left(\frac{1}{2}\right)^{\frac{1}{2}}\right)^x = 2 \cdot \left(\frac{1}{\sqrt{2}}\right)^x$ h) $f(x) = 3 \cdot 2^x$

9 a) $h(x) = -2^x$ b) $h(x) = 2^{-x}$ c) $h(x) = 2^{x-1}$ d) $h(x) = 2^x - 3$

S. 184 **10** a) richtig, da aus $3^x > 0$ und $c > 0$ auch $f(x) > 0$ folgt.
b) falsch, die Graphen von f und g schneiden sich in $(0|1)$; für $x < 0$ und $x > 0$ hat $g(x) - f(x)$ verschiedene Vorzeichen.
c) richtig, da $f(x+2) = 3^{x+2} = 3^2 \cdot 3^x = 3^2 \cdot f(x)$
d) richtig, da $f(2x) = 3^{2x} = (3^x)^2 = (f(x))^2$
e) falsch, h muss $h(x) = c \cdot 3^{-x}$ lauten. ($(-3)^x$ ist keine Funktion mit dem Definitionsbereich $\mathbb{R}$)

11 a) $5^x = 125 \Leftrightarrow 5^x = 5^3 \Leftrightarrow x = 3$
b) $5^x = \frac{1}{25} \Leftrightarrow 5^x = 5^{-2} \Leftrightarrow x = -2$
c) $0{,}5^x = 2 \Leftrightarrow \left(\frac{1}{2}\right)^x = 2 \Leftrightarrow x = -1$
d) $3^{x-1} = 3^2 \Leftrightarrow x = 3$
e) $2^{3x-4} = 2^3 \Leftrightarrow x = \frac{7}{3}$

12 a) $x = 1$
b) $x = -2{,}5$
c) $(x-1) \cdot 2^x - 2^x = 0 \Leftrightarrow (x-2) \cdot 2^x = 0 \Leftrightarrow x = 2$
d) $\left(x + \frac{1}{2}\right) \cdot 2^x - \left(x + \frac{1}{2}\right) = 0 \Leftrightarrow \left(x + \frac{1}{2}\right)(2^x - 1) = 0 \Leftrightarrow x = -\frac{1}{2}$ oder $x = 0$

13 a) $f(t) = 10\,000 \cdot 1{,}5^t$ (t in Wochen); $f(6) - f(0) = 113\,906 - 10\,000 = 104\,000$
b) $\frac{f(10) - f(0)}{f(0)} \cdot 100\,\% \approx 5670\,\%$

14 a) $f(3) = 20 \cdot 0{,}95^3 = 17{,}1475$. Die Bestandsabnahme ist also $20 - 17{,}1475 \approx 2{,}85$.
b) $f(7) = 20 \cdot 0{,}95^7 \approx 13{,}9667 \approx 13{,}97$. Bestandsabnahme pro Woche in Prozent:
$\frac{20 - 13{,}97}{20} \cdot 100\,\% \approx 30{,}2\,\%$

15 a) $f(t) = 51{,}8 \cdot 1{,}032^t$ (t in Jahren, f(t) in Millionen)
2010: $f(10) \approx 71{,}0$; 2020: $f(20) \approx 97{,}3$
b) 1998: $f(-2) \approx 48{,}6$
1995: $f(-5) \approx 44{,}3$; 1990: $f(-10) \approx 37{,}8$; 1980: $f(-20) \approx 27{,}6$

16 a) $f(h) = 1000 \cdot 0{,}88^h$, h in km, f(h) in hPa.
b) Feldberg: $f(1{,}493) = 1000 \cdot 0{,}88^{1{,}493} \approx 826$;
Zugspitze: $f(2{,}963) = 1000 \cdot 0{,}88^{2{,}963} \approx 685$;
Mt. Blanc: $f(4{,}807) = 1000 \cdot 0{,}88^{4{,}807} \approx 541$;
Mt. Everest: $f(8{,}848) = 1000 \cdot 0{,}88^{8{,}848} \approx 323$.
c) $\frac{f(h+0{,}1) - f(h)}{f(h)} \cdot 100\,\% = \frac{1000 \cdot 0{,}88^{h+0{,}1} - 1000 \cdot 0{,}88^h}{1000 \cdot 0{,}88^h} \cdot 100\,\% = \frac{1000 \cdot 0{,}88^h \cdot (0{,}88^{0{,}1} - 1)}{1000 \cdot 0{,}88^h} \cdot 100\,\% =$
$= (0{,}88^{0{,}1} - 1) \cdot 100\,\% \approx -1{,}27\,\%$
$\frac{f(h+0{,}01) - f(h)}{f(h)} \cdot 100\,\% = \frac{1000 \cdot 0{,}88^{h+0{,}01} - 1000 \cdot 0{,}88^h}{1000 \cdot 0{,}88^h} \cdot 100\,\% = \frac{1000 \cdot 0{,}88^h \cdot (0{,}88^{0{,}01} - 1)}{1000 \cdot 0{,}88^h} \cdot 100\,\% =$
$= (0{,}88^{0{,}01} - 1) \cdot 100\,\% \approx -0{,}128\,\%$

2 *Die eulersche Zahl e*

S.185 **1** a) Jahreszins im ersten Fall: 6,1 %
b) Kapital von 1 Euro nach einem halben Jahr 1,03 Euro,
nach zwei Halbjahren (= 1 Jahr): $1{,}03 + 1{,}03 \cdot 0{,}3 = 1{,}03^2 = 1{,}0609$,
dies entspricht einem Jahreszins von 6,09 %.
c) Kapital von 1 Euro nach einem Vierteljahr 1,015 Euro,
nach zwei Vierteljahren $1{,}015 + 1{,}015 \cdot 0{,}015 = 1{,}015^2 = 1{,}030\,225$,
nach drei Vierteljahren $1{,}015^2 + 1{,}015^2 \cdot 0{,}015 = 1{,}015^3 \approx 1{,}045\,678$,
nach vier Vierteljahren $1{,}015^4 \approx 1{,}06136$,
dies entspricht einem Jahreszins von etwa 6,14 %.
Damit ist das letzte Angebot das günstigste.

S. 186 **2**

a) $e^4 \approx 54{,}5982$	b) $e^{\frac{1}{4}} \approx 1{,}2840$	c) $e^{\sqrt{5}} \approx 9{,}3565$
d) $e^{2{,}67} \approx 14{,}4400$	e) $2 \cdot e^{-1{,}2} \approx 0{,}6024$	f) $\frac{2}{3} \cdot e^{-\sqrt{23}} \approx 0{,}005\,509$
g) $e^e \approx 15{,}1543$	h) $3e^3 - 12 \approx 48{,}2566$	i) $3e^3 - e \approx 57{,}5383$
j) $\frac{1}{e} - e \approx -2{,}3504$	k) $\sqrt{e} + e \approx 4{,}3670$	l) $4 \cdot \sqrt[4]{e} \approx 5{,}1361$
m) $(\sqrt[3]{e})^4 \approx 3{,}7937$	n) $\frac{4}{5} \cdot \sqrt{e} + e \approx 4{,}0373$	

3

a) $x = 0$	b) $x = 1$	c) $x = -1$	d) $x = -3$
e) $x = -\frac{5}{2}$	f) $x = 0$	g) $x = \frac{1}{2}$	h) $x = \frac{1}{3}$
i) keine Lösung	j) $x = 1$	k) $x = 1$	l) $x = -\frac{1}{4}$

4 a) $K \cdot \left(1 + \frac{z}{100}\right)^{20} = 2 \cdot K \Leftrightarrow \left(1 + \frac{z}{100}\right)^{20} = 2 \Leftrightarrow \frac{z}{100} = 2^{\frac{1}{20}} - 1 \Rightarrow z \approx 3{,}5265$;
erforderlicher Zinssatz ≈ 3,53 %
b) $K_{20} = K \cdot (1 + 0{,}05)^{20} \approx 2{,}6533 \cdot K$.
c) $K_{7200} = K \cdot \left(1 + \frac{1}{7200}\right)^{7200} \approx 2{,}7181 \cdot K$

5 a) 5 Jahre = 5 · 4 Vierteljahre; Kapitalerhöhung in 5 Jahren: 50 %; durchschnittliche Erhöhung des Kapitals in einem Vierteljahr: $\frac{50}{20}\,\% = 2{,}5\,\% = 0{,}025$,
2,5 % Vierteljahreszins ergibt das Endkapital $K_{20} = K \cdot 1{,}025^{20} \approx 1{,}6386 \cdot K$.
5 Jahre = 5 · 360 Tage = 1800 Tage; Kapitalerhöhung in 5 Jahren: 50 %; durchschnittliche Erhöhung des Kapitals je Tag: $\frac{50}{1800}\,\% \approx 0{,}027\,777\,\% = 0{,}000\,277\,77$. 0,027 777 % täglicher Zins ergibt das Endkapital $K_{1800} = K \cdot 1{,}000\,277\,77^{1800} \approx 1{,}6486 \cdot K$.
b) 5 Jahre = 5 · 360 · 24 Stunden = 43 200 Stunden; Kapitalerhöhung in 5 Jahren: 50 %; durchschnittliche Erhöhung des Kapitals in einer Stunde:
$\frac{50}{43\,200}\,\% \approx 0{,}001\,157\,4\,\% = 0{,}000\,011\,574$. Dieser stündliche Zins ergibt das Endkapital $K_{43\,200} = K \cdot 1{,}000\,011\,574^{43\,200} \approx 1{,}6487 \cdot K$.
Die stündliche Verzinsung bringt gegenüber der täglichen keine wesentliche Kapitalerhöhung mehr.

186 **6** Bank A: $K \cdot (1 + 0{,}0151)^{4 \cdot 12} \approx 2{,}0532 \cdot K$; Bank B: $K \cdot (1 + 0{,}031)^{2 \cdot 12} \approx 2{,}0807 \cdot K$.
In beiden Fällen verdoppelt sich das Kapital nach 12 Jahren; die halbjährliche Verzinsung mit 3,1 % ist allerdings etwas günstiger.

3 *Ableitung und Stammfunktionen der Funktion $f: x \mapsto e^x$*

187 **1** Man gibt in y1 die Funktion mit $f(x) = 2^x$ ein. Man stellt den Cursor auf y2, geht mit der [MATH]-Taste auf B:Analysis (Fig. 1), anschließend auf 1:d(differenziere (Fig. 2) und gibt dann y1(x) als zu differenzierende Funktion ein (Fig. 3). Zeichnet man den Graphen der Ableitung noch dick, so erhält man Fig. 4. Man ersetzt nun in y1 die Funktion 2^x durch $2{,}5^x$ und erhält eine bessere Übereinstimmung der Graphen (Fig. 5). So probiert man weiter. Bei $2{,}72^x$ wird der Unterschied zwischen der Funktion und ihrer Ableitung z. B. an der Stelle 2 schon sehr klein (Fig. 6).

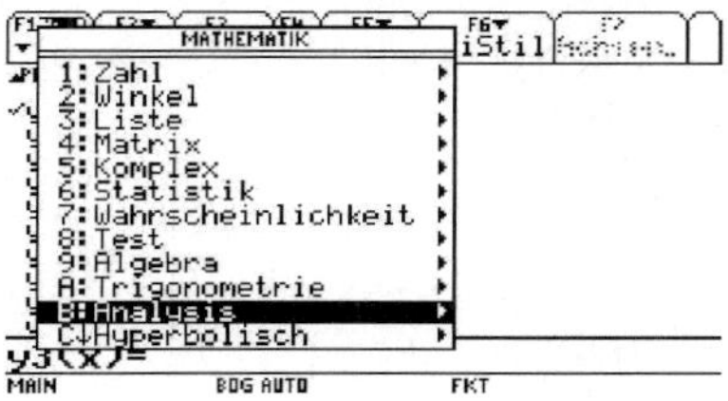

Fig. 1

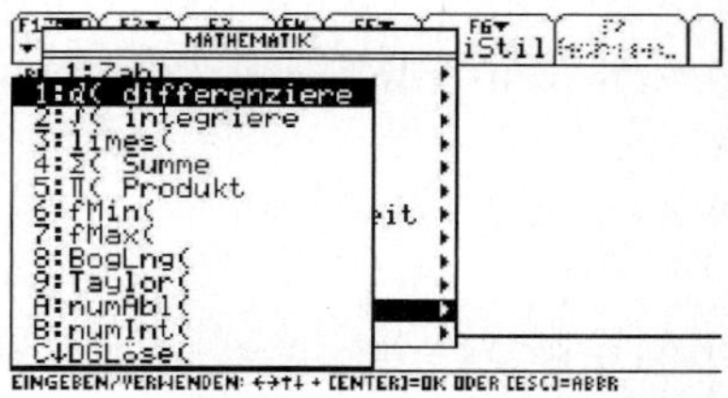

Fig. 2

Fig. 3

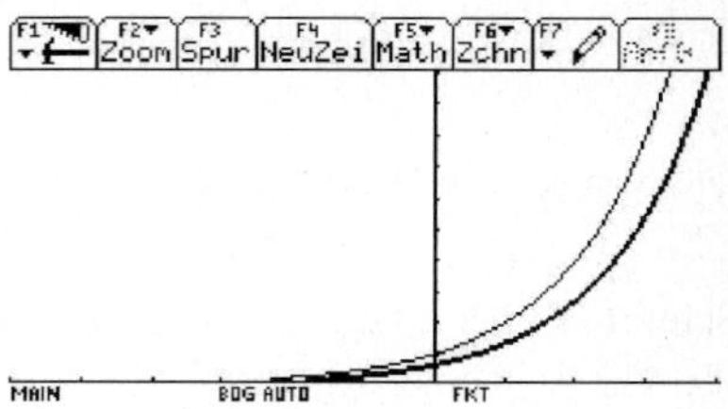

Fig. 4

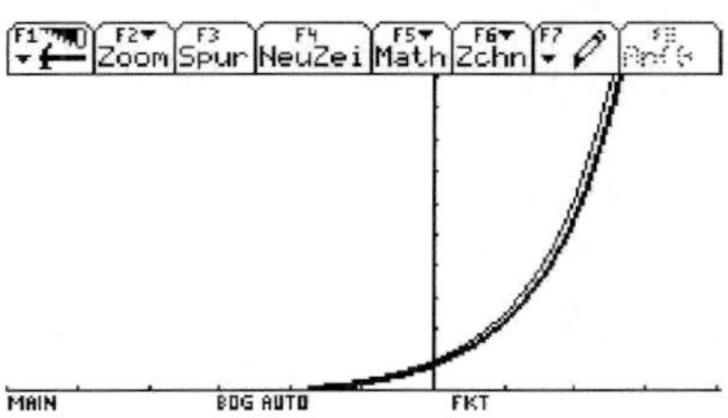

Fig. 5

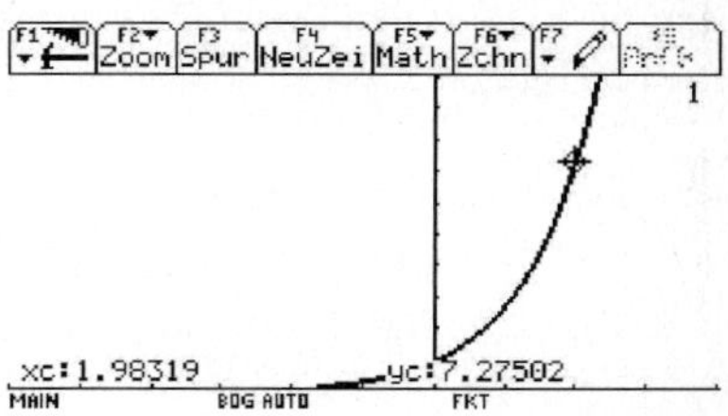

Fig. 6

188 **2** DIN A4-Maße: B x H: 21,0 x 29,7 cm
a) Aus $e^x = 29{,}7$ folgt z. B. durch Probieren $x \approx 3{,}39$ (in cm).
b) $e^{21} = 1\,318\,815\,734$ (in cm) bzw. 13 188,2 (in km)

S. 188 **3** a)

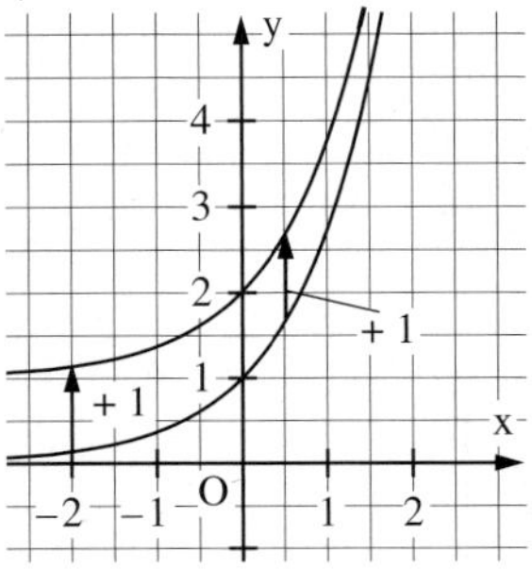

b)

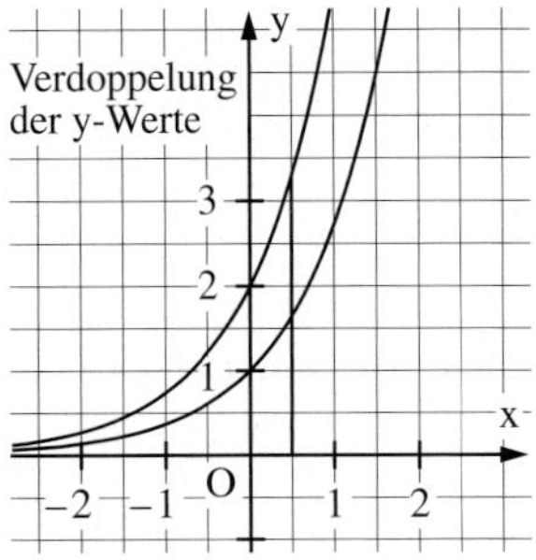

c)

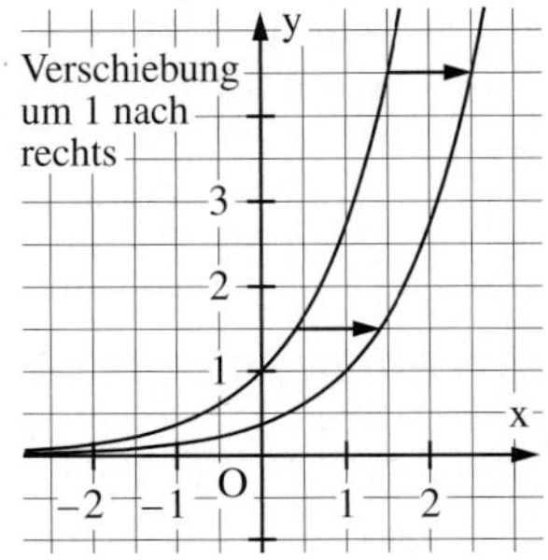

4 a) $f'(x) = e^x$, also $f'(1) = e$. Gleichung der Tangente in $A(1|e)$: $\frac{y-e}{x-1} = e \Leftrightarrow y = e \cdot x$
$f'(-1) = e^{-1}$. Gleichung der Tangente in $B(-1|e^{-1})$: $\frac{y-e^{-1}}{x+1} = e^{-1} \Leftrightarrow y = \frac{1}{e} \cdot x + \frac{2}{e}$
b) Schnittpunkt mit der x-Achse $S(0|0)$
c) Steigung der Normalen an K in A: $-\frac{1}{e}$; Steigung der Normalen an K in B: $-e$.

5 a) $A_1 = \int_0^2 e^x\,dx = [e^x]_0^2 = e^2 - e^0 = e^2 - 1 \approx 6{,}3891;$

b) $A_2 = \int_{-1}^1 e^x\,dx = [e^x]_{-1}^1 = e^1 - e^{-1} = \frac{e^2-1}{e} \approx 2{,}3504;$

c) $A_3 = \int_2^4 e^x\,dx = [e^x]_2^4 = e^4 - e^2 = e^2 \cdot (e^2 - 1) \approx 47{,}2091;$

d) $A_4 = \int_{-10}^2 e^x\,dx = [e^x]_{-10}^2 = e^2 - e^{-10} \approx 7{,}3890$

6 Die Steigung in $P(a|e^a)$ ist e^a; Gleichung der Tangente:
$\frac{y-e^a}{x-a} = e^a \Leftrightarrow y = e^a \cdot x + (1-a) \cdot e^a$.
Schnitt mit der x-Achse: $0 = e^a \cdot x + (1-a) \cdot e^a \Leftrightarrow$
$e^a \cdot (x + 1 - a) = 0 \Leftrightarrow x = a - 1$, also $Q(a-1|0)$.
Da Q auf der x-Achse um eine Einheit links von P liegt, kann man sofort den Punkt Q zeichnen. Die Gerade PQ ist dann Tangente.

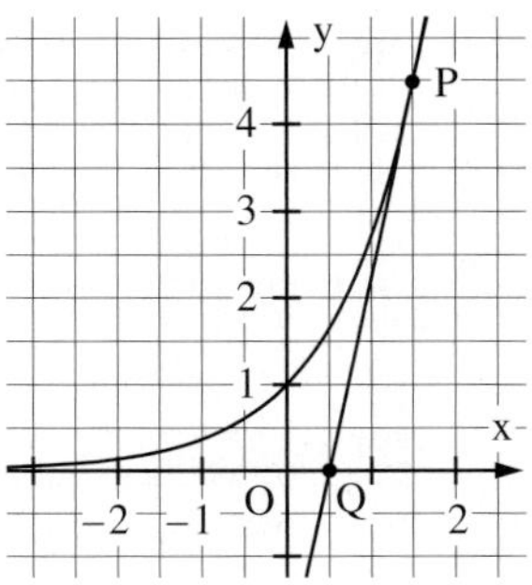

7 a) $A = \int_{-3}^0 1\,dx - \int_{-3}^0 e^x\,dx = \int_{-3}^0 (1 - e^x)\,dx = [x - e^x]_{-3}^0 = (-e^0) - (-3 - e^{-3}) =$
$= 2 + e^{-3} = 2 + \frac{1}{e^3} \approx 2{,}0498$

b) $A = \int_{-2}^0 e^x\,dx - \int_{-1}^0 (x+1)\,dx = [e^x]_{-2}^0 - \left[\frac{1}{2}x^2 + x\right]_{-1}^0 = (1 - e^{-2}) - \left(0 - \left(\frac{1}{2} - 1\right)\right) =$
$= 1 - e^{-2} - \frac{1}{2} = \frac{1}{2} - \frac{1}{e^2} \approx 0{,}3647$

c) $A = \int_{-2,5}^{1,5} (e^x - 1)\,dx - \int_{-2,5}^{1,5} x\,dx = \left[e^x - x - \frac{x^2}{2}\right]_{-2,5}^{1,5} = e^{\frac{3}{2}} - e^{-\frac{5}{2}} - 2 \approx 2{,}39960$

4 *Ableiten und Integrieren mithilfe der Kettenregel*

S. 189 **1** $h_1(x) = g(x) - f(x)$ (Differenz); $h_2(x) = f(x) \cdot g(x)$ (Produkt);
$h_3(x) = \frac{f(x)}{g(x)}$ (Quotient); $h_4(x) = \frac{g(x)}{f(x)}$ (Quotient); $h_5(x) = f(g(x))$ (Verkettung);
$h_6(x) = g(f(x))$ (Verkettung)

S. 190 **2**

a) $f'(x) = 1 - e^x$	$f''(x) = -e^x$	$F(x) = \frac{1}{2}x^2 - e^x$
b) $f'(x) = x^2 - 3e^x$	$f''(x) = 2x - 3e^x$	$F(x) = \frac{1}{12}x^4 - 3e^x$
c) $f'(x) = e^x + 2e^{2x}$	$f''(x) = e^x + 4e^{2x}$	$F(x) = e^x + \frac{1}{2}e^{2x}$
d) $f'(x) = -2e^{-2x}$	$f''(x) = 4e^{-2x}$	$F(x) = -\frac{1}{2}e^{-2x}$
e) $f'(x) = 3e^{3x+4}$	$f''(x) = 9e^{3x+4}$	$F(x) = \frac{1}{3}e^{3x+4}$
f) $f'(x) = 8e^{2x+5}$	$f''(x) = 16e^{2x+5}$	$F(x) = 2e^{2x+5}$
g) $f'(x) = \frac{1}{5}e^{\frac{1}{2}x+3}$	$f''(x) = \frac{1}{10}e^{\frac{1}{2}x+3}$	$F(x) = \frac{4}{5}e^{\frac{1}{2}x+3}$
h) $f'(x) = -3e^{-\frac{3}{5}x-2}$	$f''(x) = \frac{9}{5}e^{-\frac{3}{5}x-2}$	$F(x) = -\frac{25}{3}e^{-\frac{3}{5}x-2}$

3 a) $f(x) = 2x \cdot e^x$; $f'(x) = 2e^x + 2x \cdot e^x = 2e^x \cdot (1 + x)$
b) $f(x) = \frac{1}{2}x^{-1} \cdot e^x$; $f'(x) = -\frac{1}{2}x^{-2} \cdot e^x + \frac{1}{2}x^{-1} \cdot e^x = \frac{1}{2}x^{-2} \cdot e^x \cdot (-1 + x) = \frac{e^x}{2x^2} \cdot (x - 1)$
c) $f(x) = x^2 \cdot e^{-x}$; $f'(x) = 2x \cdot e^{-x} - x^2 \cdot e^{-x} = x \cdot e^{-x} \cdot (2 - x)$
d) $f(x) = 2x \cdot e^{4x}$; $f'(x) = 2 \cdot e^{4x} + 2x \cdot 4e^{4x} = (2 + 8x) \cdot e^{4x}$

4 Summe: $s(x) = 3e^{2x} + x^2 + 1$; $s'(x) = 6e^{2x} + 2x$; $S(x) = \frac{3}{2}e^{2x} + \frac{1}{3}x^3 + x$
Differenz: $d(x) = 3e^{2x} - x^2 - 1$; $d'(x) = 6e^{2x} - 2x$; $D(x) = \frac{3}{2}e^{2x} - \frac{1}{3}x^3 - x$
Produkt: $p(x) = 3e^{2x} \cdot (x^2 + 1)$; $p'(x) = 6e^{2x} \cdot (x^2 + 1) + 3e^{2x} \cdot 2x = 6e^{2x} \cdot (x^2 + x + 1)$
Quotient 1: $q_1'(x) = 3 \cdot \frac{2ex^{2x}(x^2 + 1) - e^{2x} \cdot 2x}{(x^2 + 1)^2} = \frac{6 \cdot e^{2x}(x^2 - x + 1)}{(x^2 + 1)^2}$
Quotient 2: $q_2'(x) = \frac{1}{3}(2xe^{-2x} - 2(x^2 + 1)e^{-2x}) = -\frac{2}{3}e^{-2x}(x^2 - x + 1)$
Verkettung $f(g(x))$: $k_1(x) = 3e^{2(x^2+1)}$; $k_1'(x) = 12x \cdot e^{2(x^2+1)}$
Verkettung $g(f(x))$: $k_2(x) = (3e^{2x})^2 + 1 = 9e^{4x} + 1$; $k_2'(x) = 36 \cdot e^{4x}$

5 a) $f'(x) = (x + 1) \cdot e^x$; $f''(x) = (x + 2) \cdot e^x$; $f^{(n)}(x) = (x + n) \cdot e^x$
$F(x) = (x - 1) \cdot e^x$ (Nachweis durch Ableiten)
b) $f'(x) = (1 - x) \cdot e^{-x}$; $f''(x) = -(2 - x) \cdot e^{-x}$; $f^{(n)}(x) = (-1)^{n+1} \cdot (n - x) \cdot e^x$
$F(x) = (-1 - x) \cdot e^{-x}$
c) $f'(x) = (x + 1) \cdot e^{x+1}$; $f''(x) = (x + 2) \cdot e^{x+1}$; $f^{(n)}(x) = (x + n) \cdot e^{x+1}$
$F(x) = (x - 1) \cdot e^{x+1}$
d) $f'(x) = -x \cdot e^{1-x}$; $f''(x) = (x - 1) \cdot e^{1-x}$; $f'''(x) = (-x + 2) \cdot e^{1-x}$;
$f^{(n)}(x) = (-1)^n(x - (n - 1)) \cdot e^{1-x}$; $F(x) = (-x - 2) \cdot e^{1-x}$

S. 190 **6** a) $f(x) = (2x-1)\cdot e^x$; $f'(x) = 2e^x + (2x-1)e^x = e^x\cdot(2x+1)$
$f''(x) = e^x\cdot(2x+1) + e^x\cdot 2 = e^x\cdot(2x+3)$
b) $f(x) = e^{-x}\cdot(1+x)$; $f'(x) = -e^{-x}\cdot(1+x) + e^{-x} = -x\cdot e^{-x}$;
$f''(x) = -e^{-x} + x\cdot e^{-x} = (x-1)\cdot e^{-x}$

7 a) $f(x) = x\cdot e^x$; $f'(x) = e^x + x\cdot e^x$. $f'(x) = 0$ ergibt $e^x\cdot(1+x) = 0$, also $x = -1$.
Punkt $P\left(-1\middle|-\frac{1}{e}\right)$
b) $f(x) = x\cdot e^{2x+1}$; $f'(x) = e^{2x+1} + 2x\cdot e^{2x+1}$. $f'(x) = 0$ ergibt $e^{2x+1}\cdot(1+2x) = 0$, also $x = -\frac{1}{2}$. Punkt $P\left(-\frac{1}{2}\middle|-\frac{1}{2}\right)$

8 a) $\int_0^{\frac{1}{2}} 2e^{2x}\,dx = [e^{2x}]_0^{\frac{1}{2}} = e - 1 \approx 0{,}7183$

b) $\int_0^{\frac{1}{2}} 2e^{2x+1}\,dx = [e^{2x+1}]_0^{\frac{1}{2}} = e^2 - e = e\cdot(e-1) \approx 4{,}6708$

c) $\int_0^{1} (x + e^{-x+1})\,dx = \left[\frac{1}{2}x^2 - e^{-x+1}\right]_0^1 = e - \frac{1}{2} \approx 2{,}22$

d) $\int_{0,25}^{0,75} \left(\frac{1}{2}e^{4t-1} + 1\right)dt = \left[\frac{1}{8}e^{4t-1} + t\right]_{0,25}^{0,75} = \frac{1}{8}e^2 + \frac{3}{4} - \left(\frac{1}{8} + \frac{1}{4}\right) = \frac{1}{8}e^2 + \frac{3}{8}$

e) $\int_2^4 e^{t-2}\,dt = [e^{t-2}]_2^4 = e^2 - 1$

9 Graph der Funktion: schwarz; Graph der Ableitung: rot; Graph einer Stammfunktion: blau. Begründung: z.B. Lage der Extrempunkte, Monotonieverhalten

10 a) $f_t(x) = x + t\cdot e^x$; $f_t'(x) = 1 + t\cdot e^x$. $f_t(1) = 1 + t\cdot e = 2$ ergibt $t = \frac{1}{e}$.
b) $F_t(x) = \frac{x^2}{2} + t\cdot e^x + C$ ist Stammfunktion von f_t. Es muss gelten: $F_t(0) = 0$ und $F_t(1) = 0$, d.h. $t + c = 0$ und $\frac{1}{2} + t\cdot e + C = 0$, also $t = \frac{1}{2(1-e)}$ und $c = \frac{1}{2(e-1)}$. Damit ist $F_{\frac{1}{2(1-e)}}$ mit $F_{\frac{1}{2(1-e)}}(x) = \frac{x^2}{2} + \frac{e^x}{2(1-e)} + \frac{1}{2(e-1)}$ die gesuchte Stammfunktion.

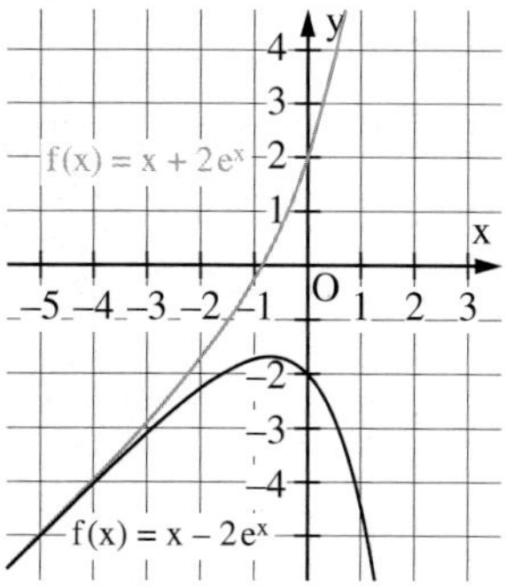

S. 190 **11** a) vgl. Fig. 1. Zufluss zu Beobachtungsbeginn $f(0) = 0$.
Stärkster Zufluss: $f'(t) = 0$ mit $f'(t) = (3t^2 - 16t + 10) \cdot e^{-t}$
ergibt $t_{1/2} = \frac{16 \pm \sqrt{136}}{6}$ bzw. $t_1 \approx 0{,}723$;
$t_2 \approx 4{,}610$. Stärkster Zufluss anhand des Graphen nach $t_1 \approx 0{,}723\,\text{h} \approx 44\,\text{min}$.
b) Maximaler Speicherinhalt M: Aus $f(t) = 0$ erhält man $t_3 = 0$ bzw.
$t_4 = \frac{10}{3}$. Also $M = \int_0^{\frac{10}{3}} f(t)\,dt \approx 4{,}57$ (Fig. 2)

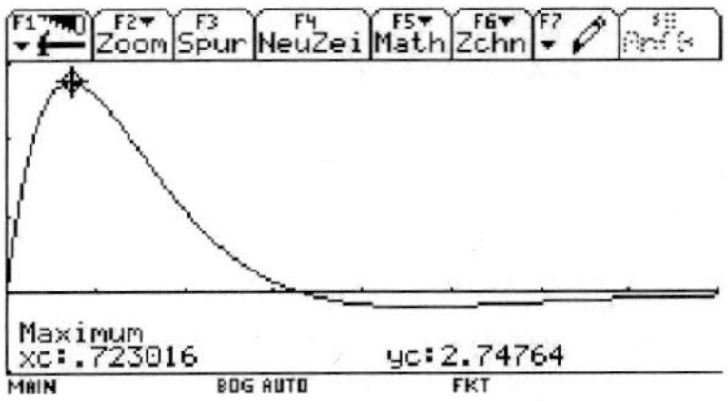

Fig. 1

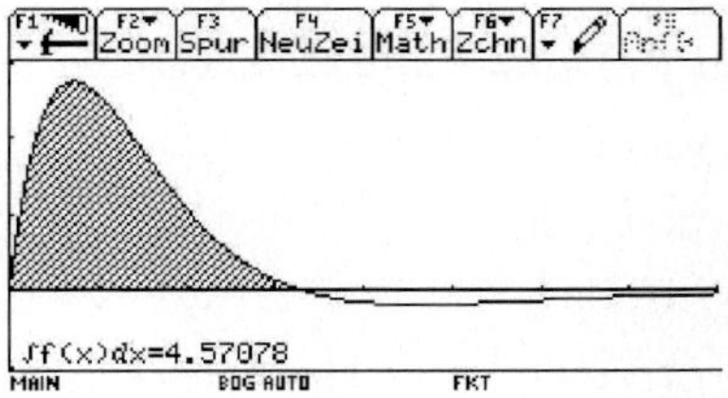

Fig. 2

(Lösung mit CAS; eine Berechnung mithilfe einer Stammfunktion ist hier nicht möglich).
Gesamter Speicherinhalt: $V = 5 + 4{,}57 = 9{,}57$ (in m^3).

5 *Die natürliche Logarithmusfunktion*

S. 191 **1** a) f mit $f(x) = e^x$ wird in y1 eingegeben. Fig. 1 zeigt, wie die inverse Funktion einzugeben ist, Fig. 2 zeigt das Ergebnis.

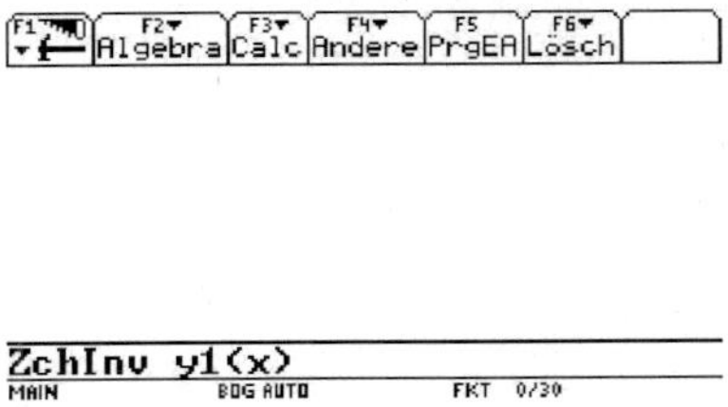

Fig. 1

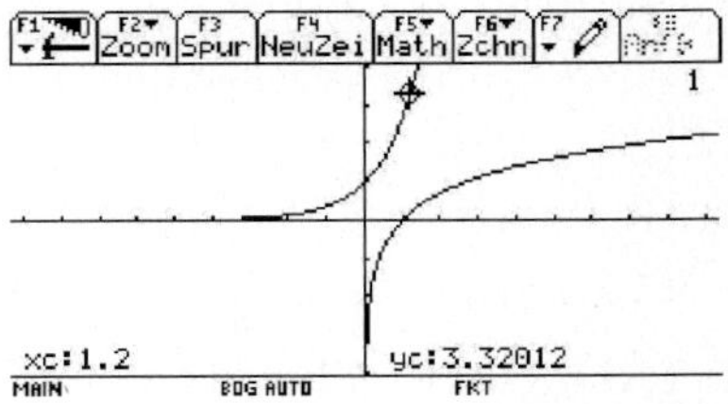

Fig. 2

b) Aus $y = e^x$ erhält man $x = g(y)$. Somit gilt: $g(e) = g(e^1) = 1$; $g(e^2) = 2$;
$g(e^{-1}) = -1$; $g(\sqrt{e}) = g(e^{\frac{1}{2}}) = \frac{1}{2}$.
c) $g(x) = \log_e(x)$

S. 192 **2** a) $f(x) = \ln(x)$; $D_f = \mathbb{R}^+$
b) $f(x) = \ln(x^2)$; $D_f = \mathbb{R} \setminus \{0\}$
c) $f(x) = \ln(cx)$; $c < 0$; $D_f = \mathbb{R}^-$
d) $f(x) = \ln(\sqrt{x})$; $D_f = \mathbb{R}^+$

S. 192 **2** e) $f(x) = \ln(1+x)$; $1 + x > 0$, also $x > -1$. $D_f = \{x \mid x > -1\}$

f) $f(x) = \ln\left(\frac{x}{x+1}\right)$; $\frac{x}{x+1} > 0$ für $\{x > 0$ und $x + 1 > 0\}$ oder $\{x < 0$ und $x + 1 < 0\}$, also für $\{x > 0\}$ oder $\{x < -1\}$, also $D_f = \{x \mid x < -1$ oder $x > 0;\ x \in \mathbb{R}\}$

g) $f(x) = \ln\left(\frac{1-x}{1+x}\right)$; $\frac{1-x}{1+x} > 0$ für $\{1 - x > 0$ und $1 + x > 0\}$ oder $\{1 - x < 0$ und $1 + x < 0\}$, also für $\{-1 < x < 1\}$, also $D_f = \{x \mid -1 < x < 1;\ x \in \mathbb{R}\}$

h) $f(x) = \ln\left(\frac{c^2}{x}\right)$; $c \neq 0$; $D_f = \mathbb{R}^+$

S. 193 **3** a) $f(x) = 1 + \ln(x)$; $f'(x) = \frac{1}{x}$

b) $f(x) = x + \ln(x)$; $f'(x) = 1 + \frac{1}{x}$

c) $f(x) = 2x + \ln(2x)$; $f'(x) = 2 + \frac{1}{x}$

d) $f(x) = x^2 + \ln(tx)$; $f'(x) = 2x + \frac{1}{x}$

e) $f(x) = \ln\left(\frac{1}{x}\right)$; $f'(x) = -\frac{1}{x}$

f) $f(x) = \ln\left(\frac{t}{x}\right)$; $f'(x) = -\frac{1}{x}$

g) $f(t) = \ln\left(\frac{t}{x}\right)$; $f'(t) = \frac{1}{t}$

h) $f(t) = \ln(t + x)$; $f'(t) = \frac{1}{t+x}$

4 a) $f(x) = \ln\left(\sqrt{x}\right) = \frac{1}{2}\ln(x)$; $f'(x) = \frac{1}{2x}$

b) $f(x) = \ln(1 + 3x^2)$; $f'(x) = \frac{6x}{1+3x^2}$

c) $f(x) = \ln(1 - x^2)$; $f'(x) = \frac{-2x}{1-x^2} = \frac{2x}{x^2-1}$

d) $f(x) = 3 \cdot \ln\left(\sqrt{4x}\right) = 3 \cdot \ln\left(2\sqrt{x}\right)$; $f'(x) = 3 \cdot \frac{1}{2\sqrt{x}} \cdot \frac{2}{2\sqrt{x}} = \frac{3}{2x}$

e) $f(x) = \sqrt{\ln(x)}$; $f'(x) = \frac{1}{2\sqrt{\ln(x)}} \cdot \frac{1}{x}$

f) $f(x) = \ln(\sin(x))$; $f'(x) = \frac{\cos(x)}{\sin(x)}$

g) $f(x) = \sin(\ln(x))$; $f'(x) = \frac{1}{x} \cdot \cos(\ln(x))$

h) $f(x) = (\ln(x))^{-1}$; $f'(x) = -1 \cdot (\ln(x))^{-2} \cdot \frac{1}{x} = -\frac{1}{x \cdot (\ln(x))^2}$

5 a) $f(t) = \ln(t^4) = 4 \cdot \ln(|t|)$; $f'(t) = \frac{4}{t}$; $f''(t) = -\frac{4}{t^2}$

b) $f(t) = (\ln(t))^4$; $f'(t) = \frac{4}{t} \cdot (\ln(t))^3$; $f''(t) = -\frac{4}{t^2} \cdot (\ln(t))^3 + \frac{12}{t^2} \cdot (\ln(t))^2 = \frac{4}{t^2} \cdot (\ln(t))^2 \cdot (-\ln(t) + 3)$

c) $f(u) = \ln\left(\frac{u}{u+1}\right)$; $f'(u) = \frac{1}{\frac{u}{u+1}} \cdot \frac{(u+1) \cdot 1 - u \cdot 1}{(u+1)^2} = \frac{u+1}{u} \cdot \frac{1}{(u+1)^2} = \frac{1}{u(u+1)}$; $f''(u) = -\frac{2u+1}{u^2 \cdot (u+1)^2}$

d) $f(t) = k \cdot \ln\left(\sqrt[3]{2t}\right) = k \cdot \frac{1}{3} \cdot \ln(2) + \ln(t))$; $f'(t) = k \cdot \frac{1}{3t}$; $f''(t) = -\frac{k}{3t^2}$

e) $f(s) = (\ln(s - a))^3$; $f'(s) = 3 \cdot (\ln(s - a))^2 \cdot \frac{1}{s-a}$;

$f''(s) = 6 \cdot \ln(s - a) \cdot \frac{1}{s-a} \cdot \frac{1}{s-a} + 3 \cdot (\ln(s - a))^2 \cdot \frac{-1}{(s-a)^2} = \frac{3 \cdot \ln(s-a) \cdot (2 - \ln(s-a))}{(s-a)^2}$

f) $f(x) = x \cdot \ln(x)$; $f'(x) = \ln(x) + 1$; $f''(x) = \frac{1}{x}$

g) $f(x) = \frac{1}{\ln(x)}$; $f'(x) = \frac{-1}{x \cdot (\ln(x))^2}$; $f''(x) = \frac{(\ln(x))^2 + x \cdot 2\ln(x) \cdot \frac{1}{x}}{x^2 \cdot (\ln(x))^4} = \frac{\ln(x) + 2}{x^2 \cdot (\ln(x))^3}$

h) $f(x) = \frac{x}{\ln(x)}$; $f'(x) = \frac{\ln(x) - 1}{(\ln x)^2}$; $f''(x) = \frac{(\ln(x))^2 \cdot \frac{1}{x} - (\ln(x) - 1) \cdot 2\ln(x) \cdot \frac{1}{x}}{(\ln(x))^4} = \frac{2 - \ln(x)}{x \cdot (\ln x)^3}$

S. 193 **6** a) $f(x) = \frac{3x^2+1}{x^3+x}$; $F(x) = \ln(x^3+x)$ $\quad$ $f(x) = \frac{x^4+2x}{\frac{1}{5}x^5+x^2}$; $F(x) = \ln\left(\frac{1}{5}x^5+x^2\right)$

$f(x) = \frac{-\sin(x)}{\cos(x)}$; $F(x) = \ln(\cos(x))$ $\quad$ $f(x) = \frac{1-\sin(x)}{\cos(x)+x}$; $F(x) = \ln(\cos(x)+x)$

b) Weitere mögliche Ergänzungen bei $f(x) = \frac{u}{x^3+x}$ sind $u = k\cdot(3x^2)+1$ mit $k \neq 0$.
Weitere mögliche Ergänzungen bei $f(x) = \frac{x^4+2x}{v}$ sind $v = \frac{1}{5}x^5 + x^2 + C$; C konstant.
Weitere mögliche Ergänzungen bei $f(x) = \frac{u}{\cos(x)}$ sind $u = k\cdot\sin(x)$ mit $k \neq 0$.
Weitere mögliche Ergänzungen bei $f(x) = \frac{u}{\cos(x)+x}$ sind $u = k\cdot\sin(x)+1)$ mit $k \neq 0$.

7 a) $f(x) = \frac{3}{4x}$; $F(x) = \frac{3}{4}\ln(|x|)$ für $x \neq 0$

b) $f(x) = \frac{2}{x-1}$; $F(x) = 2\cdot\ln(|x-1|)$ für $x \neq 1$

c) $f(x) = \frac{1}{(x-3)^3} = (x-3)^{-3}$; $F(x) = -\frac{1}{2}(x-3)^{-2} = -\frac{1}{2(x-3)^2}$ für $x \neq -3$

d) $f(x) = \frac{1}{2x-1}$; $F(x) = \frac{1}{2}\cdot\ln(|2x-1|)$ für $x \neq \frac{1}{2}$

e) $f(t) = \frac{3}{2-5t}$; $F(t) = -\frac{3}{5}\cdot\ln(2-5t)$ für $t \neq \frac{2}{5}$

f) $f(x) = \frac{2x}{x^2+1}$; $F(x) = \ln(x^2+1)$ für $x \in \mathbb{R}$

g) $f(x) = \frac{2x+1}{x^2+x}$; $F(x) = \ln(|x^2+x|)$ für $x \neq 0$ und $x \neq -1$

h) $f(x) = \frac{x}{x^2-1}$; $F(x) = \frac{1}{2}\cdot\ln(x^2-1)$ für $x < -1$ und $x > 1$;
$F(x) = \frac{1}{2}\cdot\ln(1-x^2)$ für $-1 < x < 1$

i) $f(x) = \frac{\cos(x)}{\sin(x)}$; $F(x) = \ln(\sin(x))$ für $\sin(x) > 0$, also für $0 < x < \pi$;
$F(x) = \ln(-\sin(x))$ für $\sin(x) < 0$, also für $\pi < x < 2\pi$

j) $f(x) = \frac{2x^3}{x^4+1}$; $F(x) = \frac{1}{2}\cdot\ln(x^4+1)$ für $x \in \mathbb{R}$

k) $f(x) = \frac{x^{n-1}}{ax^n+b}$; $F(x) = \frac{1}{a\cdot n}\cdot\ln(ax^n+b)$ für $ax^n+b > 0$;
$F(x) = \frac{1}{a\cdot n}\cdot\ln(-ax^n-b)$ für $ax^n+b < 0$

l) $f(x) = \frac{cx^{n-1}}{ax^n+b}$; $F(x) = \frac{c}{a\cdot n}\cdot\ln(ax^n+b)$ für $ax^n+b > 0$;
$F(x) = \frac{c}{a\cdot n}\cdot\ln(-ax^n-b)$ für $ax^n+b < 0$

S. 193 **8** a)

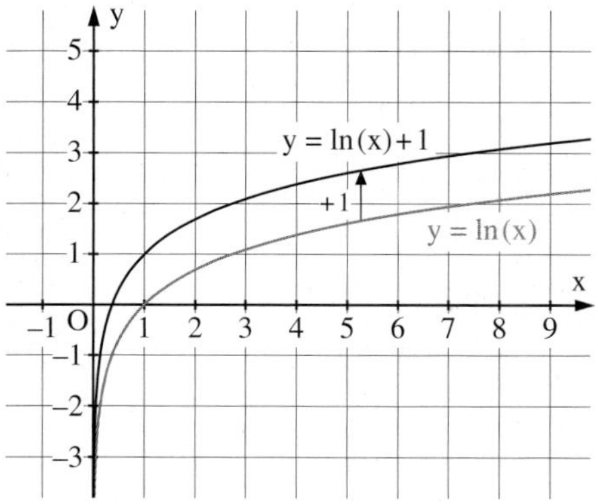

b)

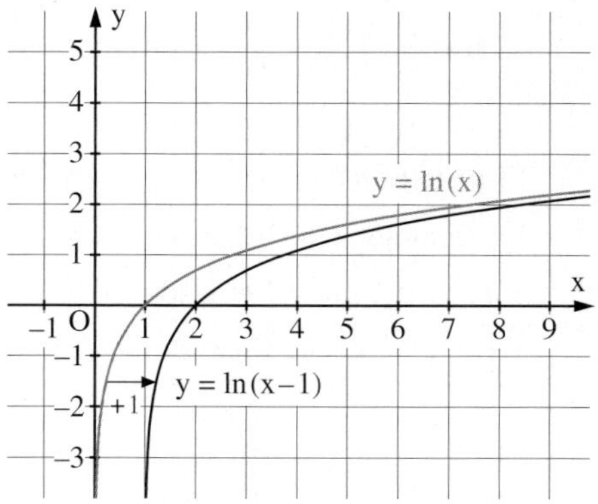

c)

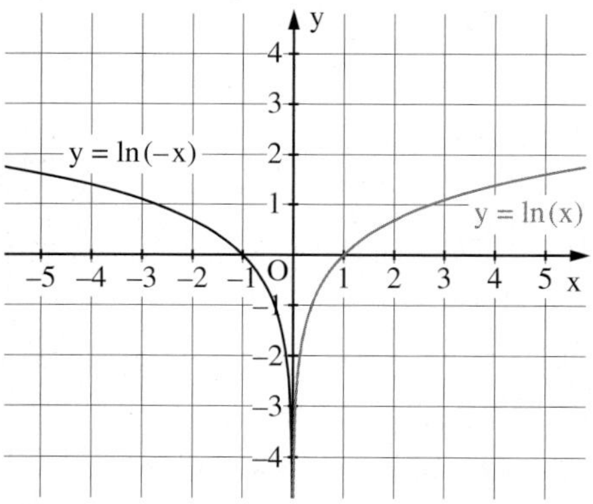

d)

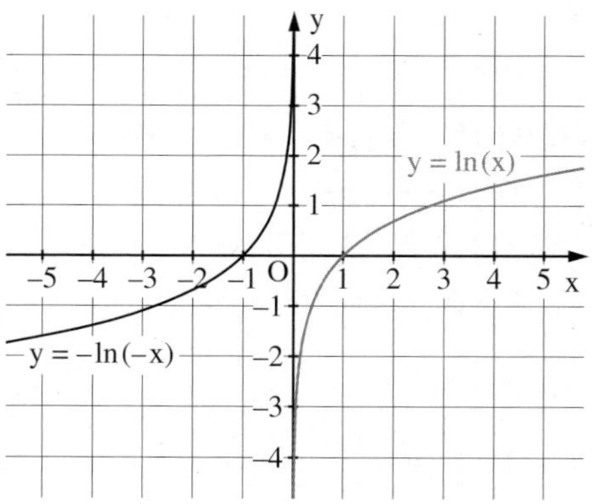

9 a) $\int_{-10}^{-1} \frac{5}{x}\,dx = [5\cdot\ln(-x)]_{-10}^{-1} = -5\cdot\ln(10) \approx -11{,}5129$

b) $\int_{1}^{e} \frac{2x+5}{x}\,dx = \int_{1}^{e}\left(2+\frac{5}{x}\right)dx = [2x+5\cdot\ln(x)]_{1}^{e} = 2e+5-2 = 2\cdot e+3 \approx 8{,}4366$

c) $\int_{e}^{2e} \frac{x^2-1}{x}\,dx = \int_{e}^{2e}\left(x-\frac{1}{x}\right)dx = \left[\frac{1}{2}x^2-\ln(x)\right]_{e}^{2e} = 2e^2-\ln(2)-\frac{1}{2}e^2 = \frac{3e^2}{2}-\ln(2) \approx 10{,}3904$

d) $\int_{10}^{100}\left(\frac{1}{x^2}-\frac{1}{x}\right)dx = \left[-\frac{1}{x}-\ln(x)\right]_{10}^{100} = -\frac{1}{100}-\ln(100)-\left(-\frac{1}{10}-\ln(10)\right) = \frac{9}{100}-\ln(10) \approx -2{,}2126$

e) $\int_{-e}^{-1}\left(\frac{2}{x^2}+\frac{1}{|x|}\right)dx = \left[\frac{-2}{x}-\ln(-x)\right]_{-e}^{-1} = 2-\left(\frac{2}{e}-1\right) = 3-\frac{2}{e} \approx 2{,}2642$

f) $\int_{1}^{10} \frac{x^2+4x+3}{2x}\,dx = \int_{1}^{10}\left(\frac{x}{2}+2+\frac{3}{2x}\right)dx = \left[\frac{1}{4}x^2+2x+\frac{3}{2}\cdot\ln(x)\right]_{1}^{10}$

$= 25+20+\frac{3}{2}\cdot\ln(10)-\left(\frac{1}{4}+2\right) = 42\frac{3}{4}+\frac{3}{2}\cdot\ln(10) \approx 46{,}2038$

S. 193 **10** Die Asymptote hat die Gleichung $y = x - 1$.

a) $\int_2^{13}\left(\frac{x^2-x+4}{x} - (x-1)\right)dx = \int_2^{13}\left(\left(x-1+\frac{4}{x}\right) - x - 1\right)dx = \int_2^{13}\frac{4}{x}dx = [4\ln(x)]_2^{13} =$

$= 4\ln(13) - 4\ln(2) \approx 7{,}4872$

b) Schnittstellen des Graphen von f mit $f(x) = \frac{x^2-x+4}{x}$ mit der Geraden mit der Gleichung $y = 4$ errechnen sich aus $x^2 - x + 4 = 4x$ oder $x^2 - 5x + 4 = 0$ zu $x_1 = 1$ und $x_2 = 4$. Damit gilt:

$A = \int_1^4\left(4 - \frac{x^2-x+4}{x}\right)dx = \int_1^4\left(5 - x - \frac{4}{x}\right)dx = \left[5x - \frac{1}{2}x^2 - 4\cdot\ln(x)\right]_1^4$

$= 20 - 8 - 4\cdot\ln(4) - \left(5 - \frac{1}{2}\right) = \frac{15}{2} - 4\cdot\ln(4) \approx 1{,}9548$

c) Schnittstelle der Asymptote mit der Geraden $y = 4$ ist $x_1 = 5$.
Damit gilt für die Fläche:

$A = \int_0^1 4\,dx + \int_1^4\left(\frac{x^2-x+4}{x} - (x-1)\right)dx + \int_4^5(4-(x-1))\,dx = 4 + \int_1^4\frac{4}{x}dx + \int_4^5(5-x)\,dx =$

$= 4 + 4\cdot\ln(4) + \frac{1}{2} = \frac{9}{2} + 8\cdot\ln(2) \approx 10{,}0451$

11 a) $f_k(x) = \ln(kx)$; $k \in \mathbb{R}$. Tangente in $P_0(x_0|\ln(kx_0))$ hat die Steigung $f_k'(x_0) = \frac{1}{x_0}$.
Damit lautet ihre Gleichung: $y = \frac{1}{x_0}(x - x_0) + \ln(kx_0)$. Punktprobe für $A(0|2)$:
$2 = -1 + \ln(kx_0)$, also $\ln(kx_0) = 3$ oder $kx_0 = e^3$. Damit ist der zu einem gegebenen k gehörige Berührpunkt $P_0\left(\frac{e^3}{k}\middle|3\right)$.

b) Fig. 1 und Fig. 2 zeigen ein mögliches Vorgehen. Die Gleichung $a^n - \ln(a) = 0$ hat die Lösung $a \approx 0{,}6529$. Fig. 3 zeigt das Ergebnis.

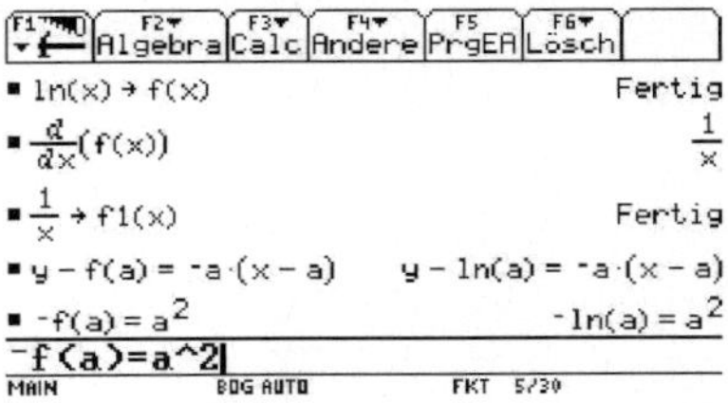

Fig. 1

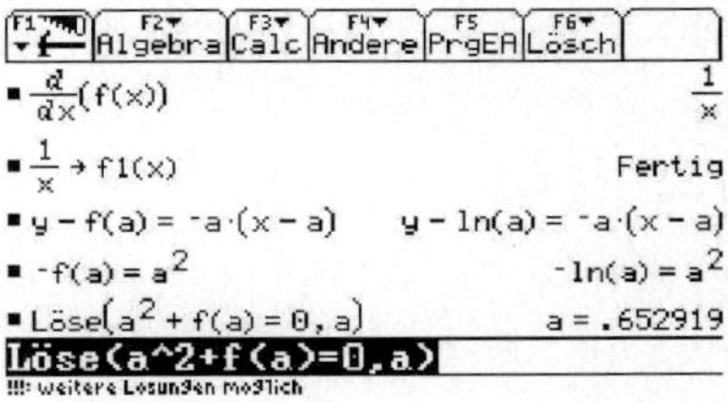

Fig. 2

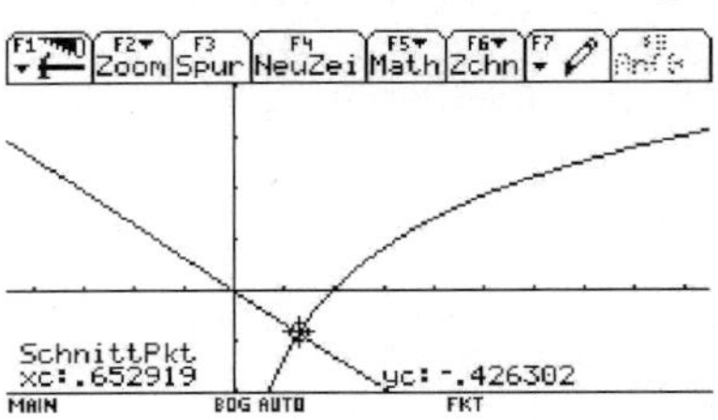

Fig. 3

6 Gleichungen, Funktionen mit beliebigen Basen

S. 194 **1** $2 \cdot e^x = 2^x$

1. Möglichkeit: $e^x = 2^{x-1}$, also $x = \ln(2^{x-1})$ oder $x = (x-1)\cdot\ln(2)$; damit
$x = -\frac{\ln(2)}{1-\ln(2)} \approx -2{,}2589$

2. Möglichkeit: $\ln(2\cdot e^x) = \ln(2^x)$, also $\ln(2) + x = x\cdot\ln(2)$; damit $x = -\frac{\ln(2)}{1-\ln(2)} \approx -2{,}2589$

3. Möglichkeit: $2 = \frac{2^x}{e^x}$ oder $\left(\frac{2}{e}\right)^x = 2$, also $x = \log_{\frac{2}{e}}(2) = \frac{\ln(2)}{\ln\left(\frac{2}{e}\right)} = \frac{\ln(2)}{\ln(2)-1} = -\frac{\ln(2)}{1-\ln(2)} \approx -2{,}2589$

2 $2^x = e^{kx}$ ergibt $kx = \ln(2^x)$ oder $k\cdot x = x\cdot\ln(2)$; damit $k = \ln(2)$.
Es gilt $2^x = e^{x\cdot\ln(2)}$ für alle $x \in \mathbb{R}$.

S. 195 **3** a) $e^{\ln(4)} = 4$ b) $e^{-\ln(2)} = \frac{1}{2}$ c) $e^{3\cdot\ln(2)} = 8$

d) $\ln\left(\frac{1}{2}\cdot e^3\right) = -\ln(2) + 3$ e) $\ln\left(\frac{1}{3}\cdot\sqrt{e}\right) = -\ln(3) + \frac{1}{2}$ f) $\ln\left(\sqrt{e}^{\,3}\right) = \frac{3}{2}$

4 a) $\frac{\ln(a^r)}{\ln(a^s)} = \frac{r\cdot\ln(a)}{s\cdot\ln(a)} = \frac{r}{s}$ b) $a^{\frac{\ln(b)}{\ln(a)}} = e^{\ln\left(a^{\frac{\ln(b)}{\ln(a)}}\right)} = e^{\frac{\ln(b)}{\ln(a)}\cdot\ln a} = e^{\ln(b)} = b$

c) $a^{\frac{1}{\ln(a)}} = e^{\ln\left(a^{\frac{1}{\ln(a)}}\right)} = e^{\frac{1}{\ln(a)}\cdot\ln(a)} = e$

5 a) $x = \ln\sqrt{2} = \frac{\ln 2}{2} \approx 0{,}3466$

b) $x_1 = -\sqrt{3\cdot\ln(10)} \approx -2{,}6283$; $x_2 = \sqrt{3\cdot\ln(10)} \approx 2{,}6283$

c) $e^x - 2 = 0 \Leftrightarrow x = \ln(2)$

d) $x = \frac{\ln(1{,}5)}{\ln(3) - 2\cdot\ln(2)} \approx -1{,}4094$

e) $x = \frac{\ln(3)}{\ln(2)} \approx 1{,}5850$

f) $x = -\frac{\ln(2)}{\ln(1{,}5)} \approx -1{,}7095$

g) $x_1 = -e^{-2} \approx -0{,}1353$; $x_2 = e^{-2} \approx 0{,}1353$

h) $x = 1 - e^{e^2} \approx -1617{,}1780$

6 a) $\int_z^0 e^{0{,}5x}\,dx = \left[2\cdot e^{0{,}5x}\right]_z^0 = 2 - 2\cdot e^{\frac{z}{2}} = 1$, also $e^{0{,}5z} = 0{,}5$ oder $z = -2\ln(2) \approx -1{,}3863$.

b) $e^{2z} = 2^z$ oder $2z = z\cdot\ln(2)$, $z\cdot(2 - \ln(2)) = 0$. Damit ist $z = 0$.

c) $g'(x) = 3\cdot e^{3x+1}$. Damit muss sein: $3\cdot e^{3z+1} = 2$ oder $3z + 1 = \ln\left(\frac{2}{3}\right)$, d.h.
$z = \frac{1}{3}\cdot\left(\ln\left(\frac{2}{3}\right) - 1\right) \approx -0{,}4685.$

S. 195 **7** a) $f(x) = e^{x \cdot \ln(4)}$; $f'(x) = \ln(4) \cdot e^{x \cdot \ln(4)} = \ln(4) \cdot 4^x = 2 \cdot \ln(2) \cdot 2^{2x} = \ln(2) \cdot 2^{2x+1}$;

$F(x) = \frac{1}{\ln(4)} \cdot e^{x \cdot \ln(4)} = \frac{1}{\ln(4)} \cdot 4^x = \frac{2^{2x-1}}{\ln(2)}$

b) $f(x) = e^{x \cdot \ln\left(\frac{2}{3}\right)}$; $f'(x) = \ln\left(\frac{2}{3}\right) \cdot e^{x \cdot \ln\left(\frac{2}{3}\right)} = \ln\left(\frac{2}{3}\right) \cdot \left(\frac{2}{3}\right)^x = -\ln\left(\frac{3}{2}\right) \cdot \left(\frac{3}{2}\right)^{-x}$;

$$F(x) = \frac{1}{\ln\left(\frac{2}{3}\right)} \cdot e^{x \cdot \ln\left(\frac{2}{3}\right)} = \frac{1}{\ln\left(\frac{2}{3}\right)} \cdot \left(\frac{2}{3}\right)^x = -\frac{\left(\frac{3}{2}\right)^{-x}}{\ln\left(\frac{3}{2}\right)}$$

c) $f(x) = e^{(x-2) \cdot \ln(2)}$; $f'(x) = \ln(2) \cdot e^{(x-2) \cdot \ln(2)} = \ln(2) \cdot 2^{x-2}$; $F(x) = \frac{1}{\ln(2)} \cdot e^{(x-2) \cdot \ln(2)} = \frac{2^{x-2}}{\ln(2)}$

d) $f(x) = e^{(-2x+1) \cdot \ln(2)}$; $f'(x) = -2 \cdot \ln(2) \cdot e^{(-2x+1) \cdot \ln(2)} = -2 \cdot \ln(2) \cdot 0{,}5^{2x-1}$

$= -2 \cdot \ln(2) \cdot 2^{-2x+1} = -\ln(2) \cdot 2^{-2x+2}$;

$F(x) = -\frac{1}{2 \cdot \ln(2)} e^{(-2x+1) \cdot \ln(2)} = -\frac{1}{2 \cdot \ln(2)} \cdot 0{,}5^{2x-1} = -\frac{1}{2 \cdot \ln(2)} \cdot 2^{-2x+1} = -\frac{2^{-2x}}{\ln(2)}$

e) $f(x) = e^{3x \cdot \ln(2)}$; $f'(x) = 3 \cdot \ln(2) \cdot e^{3x \cdot \ln(2)} = 3 \cdot \ln(2) \cdot 2^{3x}$; $F(x) = \frac{1}{3 \cdot \ln(2)} e^{3x \cdot \ln(2)} = \frac{2^{3x}}{3 \cdot \ln(2)}$

8 a) $S_1(-1{,}841 \mid 0{,}159)$, $S_2(1{,}146 \mid 3{,}146)$ b) $S(1{,}763 \mid 0{,}567)$

c) $S_1(0{,}0187 \mid 1{,}019)$, $S_2(1{,}712 \mid 5{,}537)$

9 a) vgl. Figur rechts

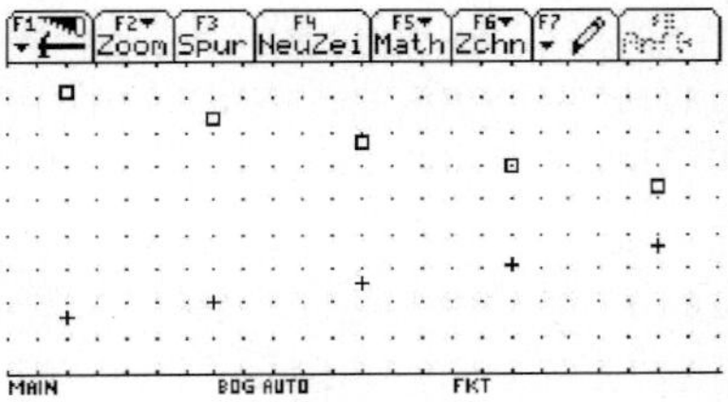

b) Land A: $f(t) = 38 \cdot 1{,}012^t$ (t in Jahren)

Jahr	1983	1988	1993	1998	2003
t	0	5	10	15	20
f(t)	38	40,3	42,8	45,4	48,2

Die durch f berechneten Werte stimmen mit den vorgegebenen Werten überein, also beträgt die jährliche Zunahme 1,2 %.

Land B: $g(t) = 71 \cdot 0{,}989^t$ (t in Jahren an 1983; f(t) in Mio.)

Jahr	1983	1988	1993	1998	2003
t	0	5	10	15	20
g(t)	71	67,2	63,6	60,1	56,9

Abnahme also 1,1 %.

c) Land A: Aus $f(t) = 50$ folgt $t \approx 23{,}0$ (in Jahren); also im Jahr 2006.

Land B: Aus $g(t) = 50$ folgt $t \approx 31{,}7$ (in Jahren); also im Jahr 2014.

d) Aus $f(t+1) - f(t) \geqq 1$ folgt $1{,}012^t \cdot (38 \cdot 1{,}012 - 38) \geqq 1$ und hieraus $t \approx 65{,}83$.
Es gilt $f(67) - f(66) = 1{,}002$; also beträgt die Zunahme im Jahr 2049 erstmals mehr als 1 Mio.

e) Aus $f(t) = g(t)$ folgt mit dem CAS $t \approx 27{,}19$; also im Jahr 2010.

10 $f(t) = 100 \cdot 0{,}96^t = 100 \cdot e^{t \cdot \ln(0{,}96)}$ (t in Wochen; f(t) in km^2)

a) Aus $f(t) = 50$ folgt $t \approx 16{,}98$; also nach etwa 17 Wochen

b) $t \approx 33{,}9$; also nach etwa 34 Wochen c) $t \approx 50{,}94$; also nach etwa 51 Wochen

d) $t \approx 67{,}92$; also nach etwa 68 Wochen

e) $100\,m^2 = 1\,a = 0{,}01\,ha = 0{,}0001\,km^2$; damit $t \approx 338{,}4$; also nach etwa 6,5 Jahren

7 *Untersuchung von Exponentialfunktionen*

S. 196 **1** Man kann vermuten: $\frac{f(x)}{g(x)} \to 0$ für $x \to \infty$, $\frac{g(x)}{f(x)} \to +\infty$ für $x \to \infty$,
$f(x) - g(x) \to -\infty$ für $x \to \infty$.

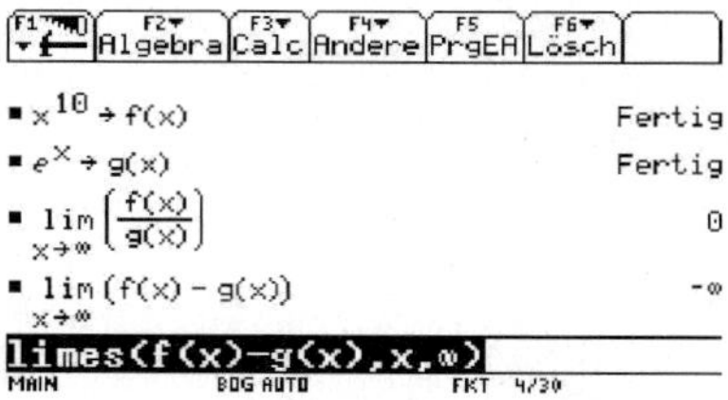

S. 198 **2** a) $f(x) \to 6$ für $x \to -\infty$; Asymptote: $y = 6$ für $x \to -\infty$
b) $f(x) \to -7$ für $x \to \infty$; Asymptote: $y = 7$ für $x \to \infty$
c) $f(x) \to 0$ für $x \to \infty$; Asymptote: $y = 0$ für $x \to \infty$
d) $f(x) \to 0$ für $x \to \infty$; Asymptote: $y = 0$ für $x \to \infty$
e) $|f(x)| \to \infty$ für $|x| \to \infty$; Asymptote: $y = \frac{1}{2}x + 3$
f) $|f(x)| \to \infty$ für $|x| \to \infty$; Asymptote: $y = x$
g) $f(x) \to \infty$ für $|x| \to \infty$; keine Asymptote
h) $f(x) \to 0$ für $x \to -\infty$; Asymptote: $y = 0$ für $x \to -\infty$

3 a), b)

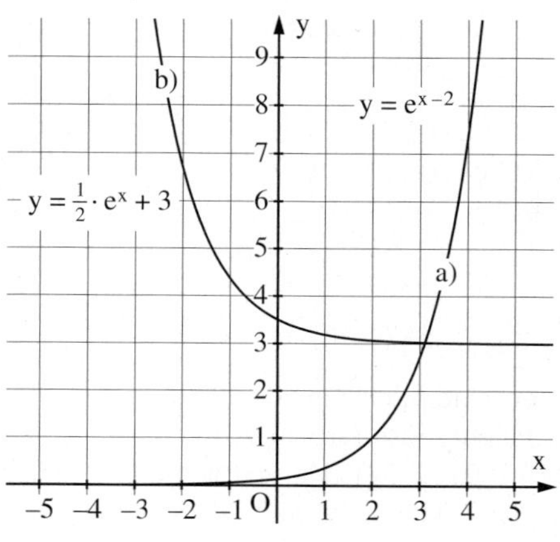

c), d)

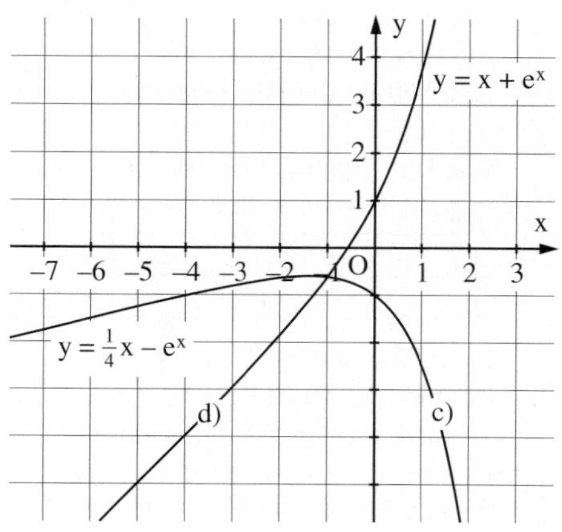

S. 199 **4** a) $f(x) = 2x - e^x$, $D_f = \mathbb{R}$

1. Keine Symmetrie
2. Keine Nullstelle, da $e^x > 2x$
3. Für $x \to -\infty$ geht $e^x \to 0$, also ist $y = 2x$ Asymptote.
4. Ableitungen: $f'(x) = 2 - e^x$; $f''(x) = -e^x$
5. Extremstellen: $f'(x) = 0$ liefert $x_1 = \ln(2)$. Wegen $f''(x_1) = -2 < 0$ liegt in $x_1 = \ln(2)$ ein Maximum vor. Hochpunkt $H(\ln(2) \mid 2\ln(2) - 2)$
6. Wegen $f''(x) \neq 0$ gibt es keine Wendestellen.
7. Graph rechts

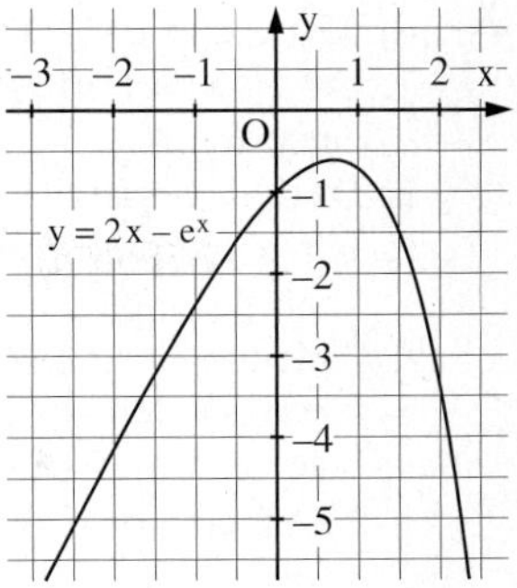

b) $f(x) = x + \frac{1}{2}e^{-x}$, $D_f = \mathbb{R}$

1. Keine Symmetrie
2. Keine Nullstellen, da Tiefpunkt oberhalb der x-Achse und $f(x) \to \infty$ für $x \to \infty$ und $x \to -\infty$.
3. Für $x \to \infty$ geht $e^{-x} \to 0$, also ist $y = x$ Asymptote.
4. Ableitungen: $f'(x) = 1 - \frac{1}{2} \cdot e^{-x}$, $f''(x) = \frac{1}{2} \cdot e^{-x}$.
5. Extremstellen: $f'(x) = 0$ liefert $e^{-x} = 2$, also $-x = \ln(2)$ oder $x_1 = -\ln(2) \approx -0{,}6931$. Wegen $f''(-\ln(2)) = 1 > 0$ liegt in $x_1 = -\ln(2)$ ein Minimum vor. Tiefpunkt ist $T(-\ln(2) \mid -\ln(2) + 1)$ $= T(\approx -0{,}6931 \mid \approx 0{,}3069)$.
6. Wegen $f''(x) \neq 0$ gibt es keine Wendestellen.
7. Graph rechts

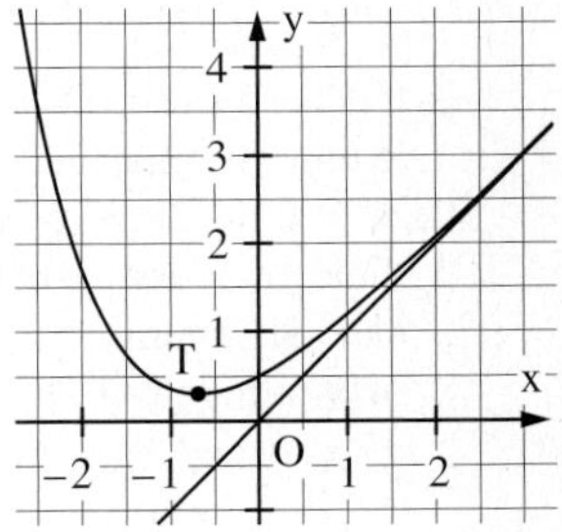

c) $f(x) = e \cdot x + e^{-x}$, $D_f = \mathbb{R}$

1. Keine Symmetrie
2. Eine Nullstelle, da Tiefpunkt auf der x-Achse: $x_1 = -1$ und $f(x) \to \infty$ für $x \to \infty$ und $x \to -\infty$.
3. Für $x \to \infty$ geht $e^{-x} \to 0$, also ist $y = e \cdot x$ Asymptote.
4. Ableitungen: $f'(x) = e - e^{-x}$, $f''(x) = e^{-x}$.
5. Extremstellen: $f'(x) = 0$ liefert $e^{-x} = e$, also $x_1 = -1$. Wegen $f''(-1) = e > 0$ liegt in $x_1 = -1$ ein Minimum vor. Tiefpunkt ist $T(-1 \mid 0)$.
6. Wegen $f''(x) \neq 0$ gibt es keine Wendestellen.
7. Graph rechts

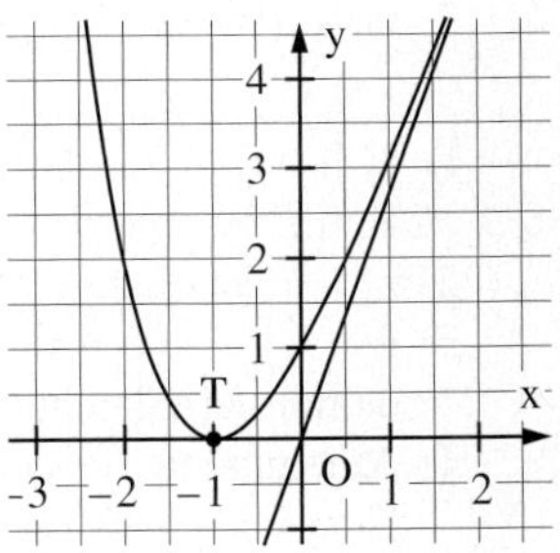

S. 199 **4** d) $f(x) = e^x + e^{-x}$, $D_f = \mathbb{R}$

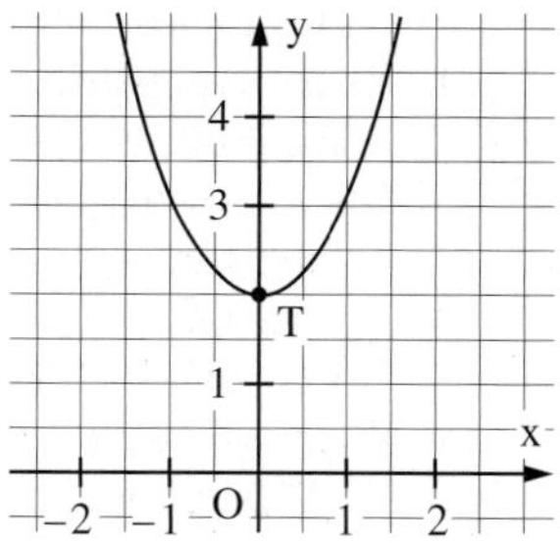

1. Da $f(-x) = f(x)$ ist, ist der Graph von f symmetrisch zur y-Achse.
2. Da $e^x > 0$ für alle x ist, existiert keine Nullstelle.
3. Für $x \to \infty$ geht $e^{-x} \to 0$, aber $e^x \to +\infty$, also keine Asymptoten.
4. Ableitungen: $f'(x) = e^x - e^{-x}$, $f''(x) = e^x + e^{-x}$
5. Extremstellen: $f'(x) = 0$ liefert $e^{-x} = e^x$, also $-x = x$ oder $x_1 = 0$. Wegen $f''(0) = 2 > 0$ liegt in $x_1 = 0$ ein Minimum vor. Tiefpunkt ist $T(0|2)$.
6. Wegen $f''(x) \neq 0$ gibt es keine Wendestellen.
7. Graph rechts

e) $f(x) = 5x \cdot e^x$, $D_f = \mathbb{R}$

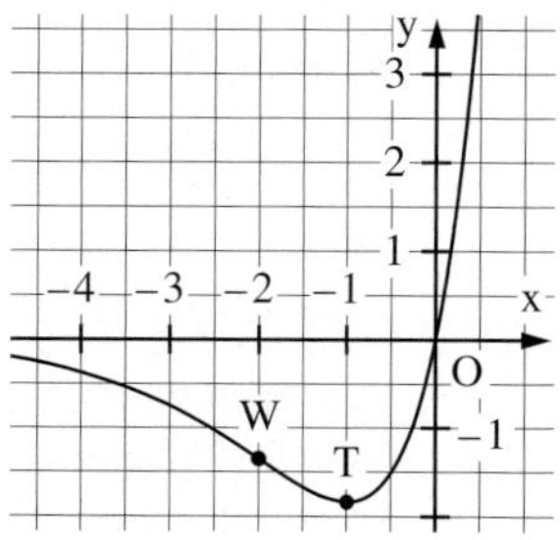

1. Keine Symmetrie.
2. $x_1 = 0$ ist einzige Nullstelle.
3. Für $x \to -\infty$ geht $x \cdot e^x \to 0$, also ist die Gerade mit der Gleichung $y = 0$ Asymptote.
4. Ableitungen: $f'(x) = 5(e^x + x \cdot e^x) = 5e^x \cdot (1 + x)$,
   $f''(x) = 5e^x \cdot (1 + x) + 5e^x = 5e^x \cdot (2 + x)$,
   $f'''(x) = 5e^x \cdot (3 + x)$.
5. Extremstellen: $f'(x) = 0$ liefert $x_2 = -1$.
   Wegen $f''(-1) = 5e^{-1} > 0$ liegt in $x_2 = -1$ ein Minimum vor. Tiefpunkt ist $T\left(-1\middle|-\frac{5}{e}\right) = T(-1|\approx -1{,}8394)$.
6. Wendestellen: $f''(x) = 0$ liefert $x_3 = -2$. Wegen $f'''(-2) = 5e^{-2} \neq 0$ liegt in $x_3 = -2$ eine Wendestelle vor. Wendepunkt ist $W\left(-2\middle|-\frac{10}{e^2}\right) = W(-2|\approx -1{,}3534)$.
7. Graph rechts

f) $f(x) = (x - 2) \cdot e^x$, $D_f = \mathbb{R}$

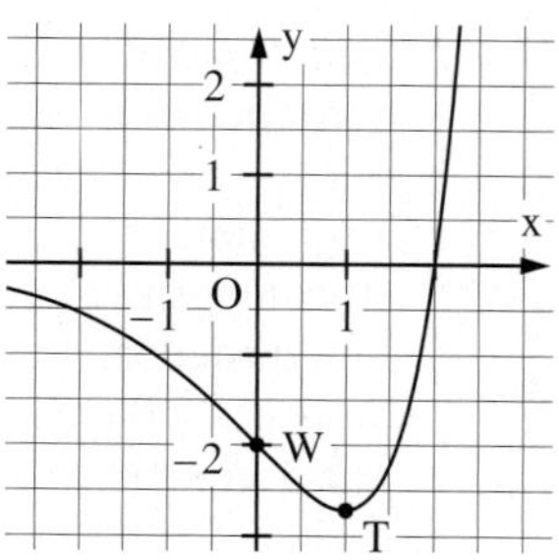

1. Keine Symmetrie.
2. $x_1 = 2$ ist einzige Nullstelle.
3. Für $x \to -\infty$ geht $(x - 2) \cdot e^x \to 0$, also ist die Gerade mit der Gleichung $y = 0$ Asymptote.
4. Ableitungen: $f'(x) = e^x + (x - 2) \cdot e^x = (x - 1) \cdot e^x$,
   $f''(x) = x \cdot e^x$, $f'''(x) = (x + 1) \cdot e^x$
5. Extremstellen: $f'(x) = 0$ liefert $x_2 = 1$. Wegen $f''(1) = e > 0$ liegt in $x_2 = 1$ ein Minimum vor.
   Tiefpunkt ist $T(1|-e) = T(1|\approx -2{,}7183)$.
6. Wendestellen: $f''(x) = 0$ liefert $x_3 = 0$.
   Wegen $f'''(0) \neq 0$ liegt in $x_3 = 0$ eine Wendestelle vor. Wendepunkt ist $W(0|-2)$.
7. Graph rechts

S. 199 **4** g) $f(x) = 3x \cdot e^{-x+1}$, $D_f = \mathbb{R}$

1. Keine Symmetrie.
2. $x_1 = 0$ ist einzige Nullstelle.
3. Für $x \to \infty$ geht $x \cdot e^{-x+1} \to 0$, also ist die Gerade mit der Gleichung $y = 0$ Asymptote.
4. Ableitungen:
   $f'(x) = 3e^{-x+1} - 3x \cdot e^{-x+1} = 3e^{-x+1}(1 - x)$,
   $f''(x) = 3 \cdot e^{-x+1} \cdot (x - 2)$, $f'''(x) = 3 \cdot e^{-x+1} \cdot (3 - x)$
5. Extremstellen: $f'(x) = 0$ liefert $x_2 = 1$. Wegen $f''(1) = -3 < 0$ liegt in $x_2 = 1$ ein Maximum vor. Hochpunkt ist $H(1|3)$.
6. Wendestellen: $f''(x) = 0$ liefert $x_3 = 2$. Wegen $f'''(2) = 3e^{-1} \neq 0$ liegt in $x_3 = 2$ eine Wendestelle vor. Wendepunkt ist $W\left(2\middle|\frac{6}{e}\right) = W(2|\approx 2{,}2073)$
7. Graph rechts

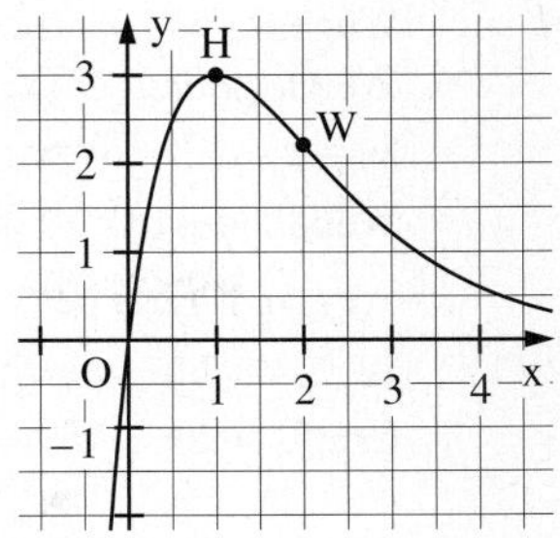

h) $f(x) = x \cdot e^{-2x} + 2$, $D_f = \mathbb{R}$

1. Keine Symmetrie
2. Nullstellen kann man nicht direkt berechnen. Aus dem Graphen erkennt man eine Nullstelle für $x < 0$. Da $f(-1) = -e^2 + 2 < 0$ und $f(0) = 2$ ist, liegt in $[-1; 0]$ eine Nullstelle: $x_0 \approx -0{,}6011$. Die näherungsweise Berechnung erfolgt nach dem NEWTON-Verfahren $x_{n+1} = x_n - \frac{x_n \cdot e^{-2x_n} + 2}{e^{-2x_n}(1 - 2x_n)}$ oder mithilfe des Computers.
3. Für $x \to \infty$ geht $x \cdot e^{-2x} \to 0$, also ist die Gerade mit der Gleichung $y = 2$ Asymptote.
4. Ableitungen: $f'(x) = e^{-2x} - 2x \cdot e^{-2x} = e^{-2x} \cdot (1 - 2x)$, $f''(x) = 4 \cdot e^{-2x} \cdot (x - 1)$,
   $f'''(x) = 4 \cdot e^{-x+1} \cdot (3 - 2x)$
5. Extremstellen: $f'(x) = 0$ liefert $x_1 = \frac{1}{2}$. Wegen $f''\left(\frac{1}{2}\right) = -\frac{2}{e} < 0$ liegt in $x_1 = \frac{1}{2}$ ein Maximum vor. Hochpunkt ist $H\left(\frac{1}{2}\middle|\frac{1}{2e} + 2\right) = H\left(\frac{1}{2}\middle|\approx 2{,}1839\right)$.
6. Wendestellen: $f''(x) = 0$ liefert $x_2 = 1$. Wegen $f'''(1) = \frac{4}{e^2} \neq 0$ liegt in $x_2 = 1$ eine Wendestelle vor. Wendepunkt ist $W\left(1\middle|\frac{1}{e^2} + 2\right) = W(1|\approx 2{,}1353)$.
7. Graph rechts

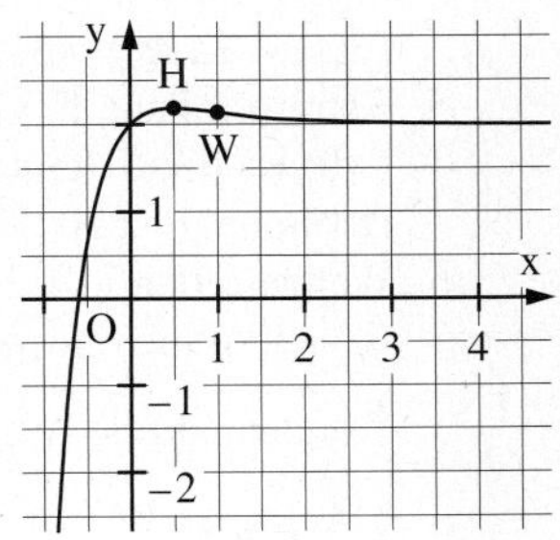

i) $f(x) = x^2 \cdot e^{-x}$, $D_f = \mathbb{R}$

1. Keine Symmetrie
2. $x_1 = 0$ ist einzige Nullstelle.
3. Für $x \to \infty$ geht $x^2 \cdot e^{-x} \to 0$, also ist die Gerade mit der Gleichung $y = 0$ Asymptote.
4. Ableitungen: $f'(x) = (2x - x^2)e^{-x}$;
   $f''(x) = (x^2 - 4x + 2)e^{-x}$; $f'''(x) = -(x^2 - 6x + 6)e^{-x}$
5. Extremstellen: $f'(x) = 0$ liefert $x_2 = 0$ und $x_3 = 2$. Wegen $f''(x) = 2 > 0$ liegt in x_2 ein Minimum vor. Tiefpunkt $T(0|0)$.

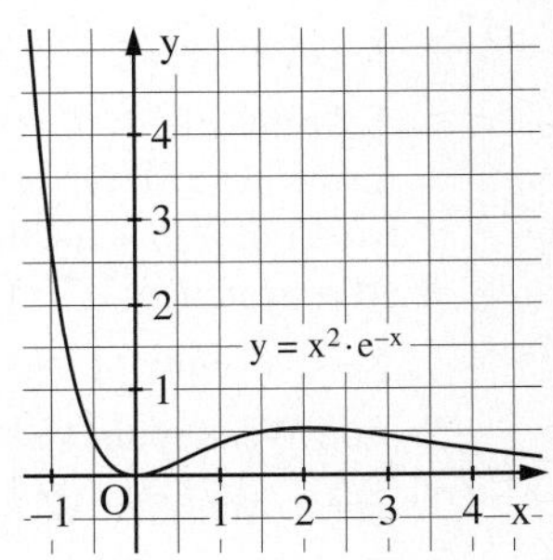

S. 199 **4** Wegen $f''(x) = -2e^{-2} < 0$ liegt in x_3 ein Maximum vor. Hochpunkt $H(2|4e^{-2})$.

6. Wendestellen: $f''(x) = 0$ liefert $x^2 - 4x + 2 = 0$. Damit ergibt sich $x_4 = 2 + \sqrt{2}$ und $x_5 = 2 - \sqrt{2}$. Wegen $f'''(2 + \sqrt{2}) \approx 0{,}093 \neq 0$ liegt in x_4 eine Wendestelle vor. Wendepunkt $W_1\left(2 + \sqrt{2}\,|\,(6 + 4\sqrt{2})e^{-(2+\sqrt{2})}\right) = W_1(\approx 3{,}414|\approx 0{,}383)$.
   Wegen $f'''(2 - \sqrt{2}) \approx -1{,}575 \neq 0$ liegt in x_5 eine Wendestelle vor. Wendepunkt $W_2\left(2 - \sqrt{2}\,|\,(6 - 4\sqrt{2})e^{\sqrt{2}-2}\right) = W_2(\approx 0{,}586|\approx 0{,}191)$.
7. Graph siehe S.169

j) $f(x) = 3 \cdot e^{-x^2}$, $D_f = \mathbb{R}$

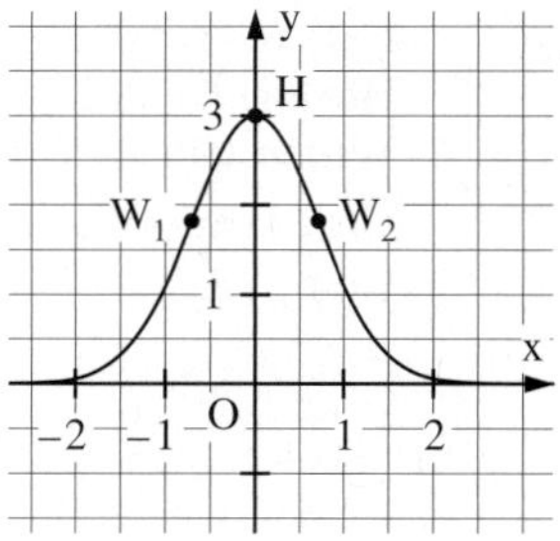

1. Da $f(-x) = f(x)$ Symmetrie zur y-Achse.
2. Keine Nullstelle.
3. Für $x \to \infty$ und $x \to -\infty$ gilt: $e^{-x^2} \to 0$, also ist die Gerade mit der Gleichung $y = 0$ Asymptote.
4. Ableitungen: $f'(x) = -6x \cdot e^{-x^2}$,
   $f''(x) = -6 \cdot e^{-x^2} + 12x^2 \cdot e^{-x^2} = e^{-x^2} \cdot (12x^2 - 6)$;
   $f'''(x) = 12 \cdot e^{-x^2} \cdot (3x - 2x^3)$.
5. Extremstellen: $f'(x) = 0$ liefert $x_1 = 0$. Wegen $f''(0) = -6 < 0$ liegt in $x_1 = 0$ ein Maximum vor. Hochpunkt ist $H(0|3)$.
6. Wendestellen: $f''(x) = 0$ liefert $x^2 = \frac{1}{2}$. Damit ergibt sich $x_2 = \frac{1}{\sqrt{2}}$ und $x_3 = -\frac{1}{\sqrt{2}}$.
   Wegen $f'''\left(\frac{1}{\sqrt{2}}\right) \approx 10{,}2931 \neq 0$ liegt in x_2 eine Wendestelle vor.
   Wendepunkt ist $W_2\left(\frac{1}{\sqrt{2}}\middle|\frac{3}{\sqrt{e}}\right) = W_2(\approx 0{,}7071|\approx 1{,}8196)$. Wegen der Symmetrie zur y-Achse ist $W_1\left(-\frac{1}{\sqrt{2}}\middle|\frac{3}{\sqrt{e}}\right) = W_1(\approx -0{,}7071|\approx 1{,}8196)$ der zweite Wendepunkt.
7. Graph rechts

k) $f(x) = 4 \cdot e^{-\frac{1}{4}x^4}$, $D_f = \mathbb{R}$

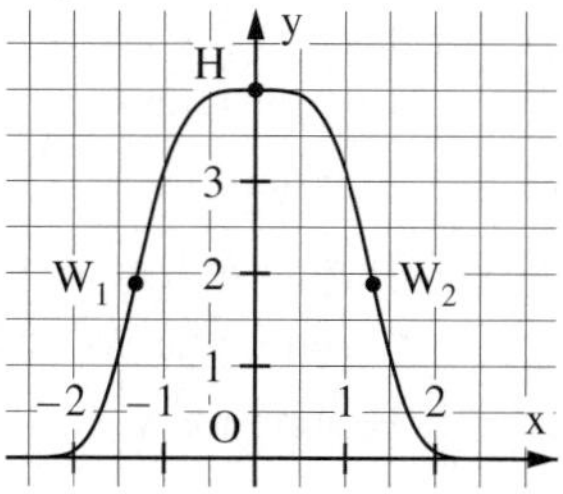

1. Da $f(-x) = f(x)$ Symmetrie zur y-Achse.
2. Keine Nullstelle.
3. Für $x \to \infty$ und $x \to -\infty$ gilt: $e^{-\frac{1}{4}x^4} \to 0$, also ist die Gerade mit der Gleichung $y = 0$ Asymptote.
4. Ableitungen: $f'(x) = -4x^3 \cdot e^{-\frac{1}{4}x^4}$,
   $f''(x) = -12x^2 \cdot e^{-\frac{1}{4}x^4} + 4x^6 \cdot e^{-\frac{1}{4}x^4} = 4e^{-\frac{1}{4}x^4} \cdot (x^6 - 3x^2)$;
   $f'''(x) = -4x \cdot e^{-\frac{1}{4}x^4} \cdot (x^8 - 9x^4 + 6)$.
5. Extremstellen: $f'(x) = 0$ liefert $x_1 = 0$. Wegen $f''(0) = 0$ ist keine Aussage möglich. Da $f'(x) > 0$ für $x < 0$ und $f'(x) < 0$ ist für $x > 0$, liegt in $x_1 = 0$ ein Vorzeichenwechsel von + nach – vor. Damit ist in $x_1 = 0$ ein Maximum. Hochpunkt ist $H(0|4)$.
6. Wendestellen: $f''(x) = 0$ liefert $x^2 = 0$ und $x^4 = 3$, also $x_1 = 0$ (Hochpunkt) und $x_2 = \sqrt[4]{3}$ und $x_3 = -\sqrt[4]{3}$. Wegen $f'''(\sqrt[4]{3}) \approx 29{,}8401 \neq 0$ liegt in x_2 eine Wendestelle vor. Wendepunkt ist $W_2\left(\sqrt[4]{3}\,|\,4 \cdot e^{-\frac{3}{4}}\right) = W_2(\approx 1{,}3161|\approx 1{,}8895)$. Wegen der Symmetrie zur y-Achse ist $W_1\left(-\sqrt[4]{3}\,|\,4 \cdot e^{-\frac{3}{4}}\right) = W_1(\approx -1{,}3161|\approx 1{,}8895)$ der zweite Wendepunkt.
7. Graph rechts

S. 199 **4** I) $f(x) = x^3 \cdot e^{-x}$, $D_f = \mathbb{R}$

1. Keine Symmetrie. 2. $x_1 = 0$ ist einzige Nullstelle.
3. Für $x \to \infty$ geht $x^3 \cdot e^{-x} \to 0$, also ist die Gerade mit der Gleichung $y = 0$ Asymptote.
4. Ableitungen:
   $f'(x) = 3x^2 \cdot e^{-x} - x^3 \cdot e^{-x} = e^{-x} \cdot (3x^2 - x^3)$,
   $f''(x) = -e^{-x} \cdot (3x^2 - x^3) + e^{-x} \cdot (6x - 3x^2)$
   $= e^{-x} \cdot (x^3 - 6x^2 + 6x)$,
   $f'''(x) = -e^{-x} \cdot (x^3 - 9x^2 + 18x - 6)$.
5. Extremstellen: $f'(x) = 0$ liefert $x_2 = 0$ und $x_3 = 3$.
   Wegen $f''(0) = 0$ und $f'''(0) = 6 \neq 0$ liegt in x_2 ein Wendepunkt mit waagerechter Tangente vor: $W_1(0|0)$. Wegen $f''(3) = -9 \cdot e^{-3} < 0$ liegt in $x_3 = 3$ ein Maximum vor. Hochpunkt ist $H\left(3\left|\frac{27}{e^3}\right.\right) = H(3|\approx 1{,}3443)$.
6. Wendestellen: $f''(x) = 0$ liefert $x^3 - 6x^2 + 6x = 0$. Damit ergibt sich $x_4 = 3 + \sqrt{3}$ und $x_5 = 3 - \sqrt{3}$. Wegen $f'''(3 + \sqrt{3}) \approx 0{,}1444 \neq 0$ liegt in $x_4 = 3 + \sqrt{3}$ eine Wendestelle vor. Wendepunkt ist $W_2(3 + \sqrt{3}\,|\,e^{-3-\sqrt{3}}(30\sqrt{3} + 54)) = W_2(\approx 4{,}7321|\approx 0{,}9334)$.
   Wegen $f'''(3 - \sqrt{3}) \approx -1{,}2360 \neq 0$ liegt in $x_5 = 3 - \sqrt{3}$ eine Wendestelle vor. Wendepunkt ist $W_3(3 - \sqrt{3}\,|\,e^{-3+\sqrt{3}}(-30\sqrt{3} + 54)) = W_3(\approx 1{,}2679|\approx 0{,}5736)$.
7. Graph rechts

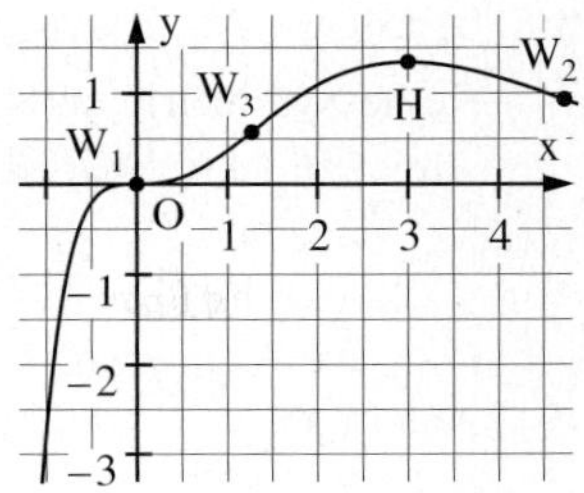

5 a) $f(x) = e \cdot x + e^{-x}$. Schnittpunkt mit der y-Achse $Y(0|1)$, Schnittpunkt mit der x-Achse $X(-1|0)$.

$$A = \int_{-1}^{0} (e \cdot x + e^{-x})\,dx = \left[e \cdot \frac{x^2}{2} - e^{-x}\right]_{-1}^{0} = (0 - 1) - \left(\frac{e}{2} - e\right)$$
$$= \frac{e}{2} - 1 \approx 0{,}3591$$

b) Da $f(x) > x$ ist gilt:

$$A = \int_{5}^{10} (x + e^{-x+2} - x)\,dx = \int_{5}^{10} e^{-x+2}\,dx = [-e^{-x+2}]_5^{10}$$
$$= -e^{-8} + e^{-3} \approx 0{,}04945.$$

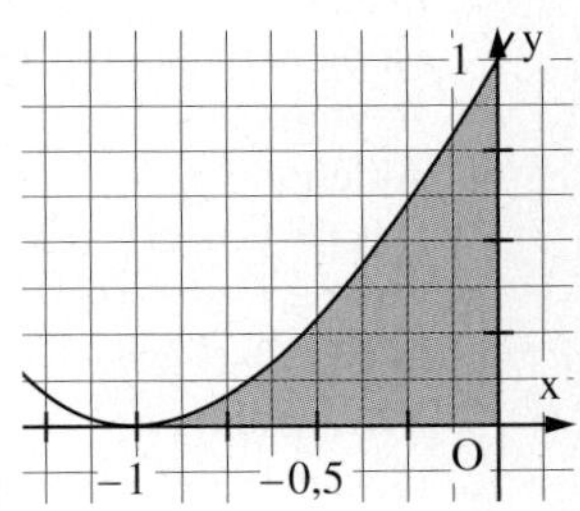

6 a) $f(x) = e^{tx} - x$; $t > 0$; $D_f = \mathbb{R}$

1. Keine Symmetrie.
2. Nullstellen nicht berechenbar.
3. Für $x \to -\infty$ gilt $f(x) + x = e^{tx} \to 0$; damit ist $y = -x$ Asymptote für $x \to -\infty$; für $x \to +\infty$ gilt $f(x) \to +\infty$
4. Ableitungen: $f'(x) = t \cdot e^{tx} - 1$;
   $f''(x) = t^2 \cdot e^{tx}$
5. Extremstellen: $f'(x) = 0$ liefert $x_1 = -\frac{\ln(t)}{t}$. Wegen $f''\left(\frac{\ln(t)}{t}\right) = t > 0$ liegt in $x_1 = -\frac{\ln(t)}{t}$ ein Tiefpunkt vor: $T\left(-\frac{\ln(t)}{t}\left|\frac{1 + \ln(t)}{t}\right.\right)$.
6. Keine Wendepunkte.

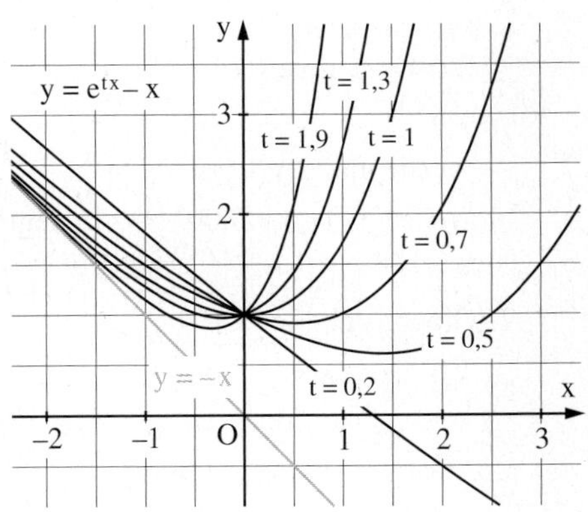

S. 199 **6** b) $f_t(x) = \frac{te^x}{t + e^x}$; $t \in \mathbb{R}^+$; $D_{f_t} = \mathbb{R}$.

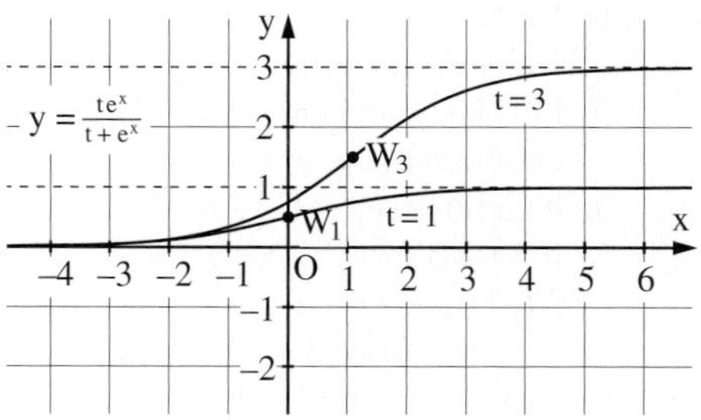

Keine Symmetrie und keine Nullstelle.

$\lim\limits_{x \to -\infty} \frac{te^x}{t + e^x} = 0$, also ist $y = 0$ Asymptote.

$\lim\limits_{x \to +\infty} \frac{te^x}{t + e^x} = \lim\limits_{x \to +\infty} \frac{te^x}{e^x} = \lim\limits_{x \to +\infty} t = t$, also

ist $y = t$ Asymptote.

Ableitungen:

$f_t'(x) = \frac{(t + e^x)te^x - e^x(te^x)}{(t + e^x)^2} = \frac{t^2e^x}{(t + e^x)^2}$;

$f_t''(x) = \frac{(t + e^x)^2 t^2 e^x - 2(t + e^x)e^x \cdot (t^2 e^x)}{(t + e^x)^4} = \frac{t^2 e^x (t - e^x)}{(t + e^x)^3}$.

Wegen $f_t'(x) > 0$ gibt es keine Extrempunkte.

Graphen von K_1 und K_3 siehe rechts. Wendestellen: $f_t''(x) = 0$ liefert $x_0 = \ln(t)$. $f_t''(x)$ erfährt einen Vorzeichenwechsel beim Durchgang durch $x_0 = \ln(t)$ von „plus“ nach „minus“. Damit ist $W_t\left(\ln(t) \middle| \frac{t}{2}\right)$ ein Wendepunkt.

c) Änderung gegenüber der 1. Auflage:
$f_t(x) = tx^2 \cdot e^{-tx}$; $t \in \mathbb{R}^+$

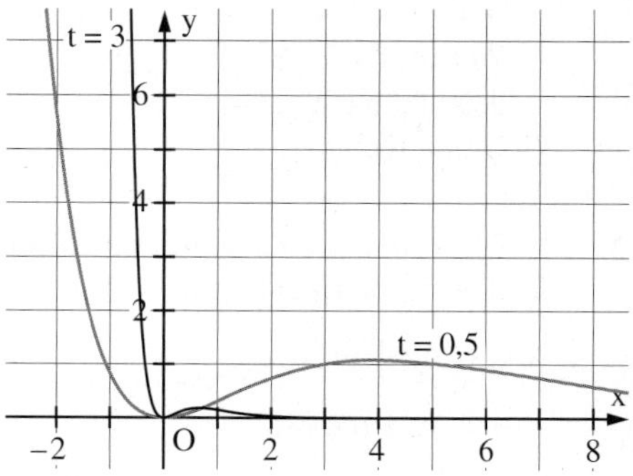

Fig. 1

1. Keine Symmetrie
2. $x_1 = 0$ ist einzige Nullstelle
3. Für $x \to \infty$ geht $tx^2 \cdot e^{-tx} \to 0$, also ist die Gerade mit der Gleichung $y = 0$ Asymptote.
4. Ableitungen
   $f_t'(x) = t \cdot x \cdot e^{-tx} \cdot (2 - tx)$
   $f_t''(x) = t \cdot e^{-tx} \cdot (t^2x^2 - 4tx + 2)$
   $f_t'''(x) = -t^2 \cdot e^{-tx} \cdot (t^2x^2 - 6tx + 6)$
5. Extremstellen:
   $f_t'(x) = 0$ liefert $x_1 = 0$ und $x_2 = \frac{2}{t}$.
   Wegen $f_t''(0) > 0$ liegt in x_1 ein Minimum vor. Tiefpunkt $T(0|0)$.
   Wegen $f_t''\left(\frac{2}{t}\right) > -\frac{2t}{e^2} < 0$ liegt in x_2 ein Maximum vor. Hochpunkt $H\left(\frac{2}{t} \middle| \frac{4}{t \cdot e^2}\right)$.
6. Wendestellen:
   $f_t''(x) = 0$ liefert $t^2x^2 - 4tx + 2 = 0$. Damit ergibt sich $x_3 = \frac{1}{t}\left(2 - \sqrt{2}\right)$ und $x_4 = \frac{1}{t}\left(2 + \sqrt{2}\right)$. Wegen $f_t'''(x_3) \approx -1{,}57t^2 \neq 0$ liegt in x_3 eine Wendestelle vor.
   Wendepunkt $W_1\left(\frac{1}{t}(2 - \sqrt{2}) \middle| \frac{1}{t} e^{\sqrt{2} - 2} \cdot (6 - 4\sqrt{2})\right) = W_1\left(\approx \frac{0{,}586}{t} \middle| \approx \frac{0{,}191}{t}\right)$
   Wegen $f_t'''(x_4) \approx 0{,}093t^2 \neq 0$ liegt in x_4 eine Wendestelle vor. Wendepunkt
   $W_2\left(\frac{1}{t}(2 + \sqrt{2}) \middle| \frac{1}{t} e^{-\sqrt{2} - 2} \cdot (6 + 4\sqrt{2})\right) = W_1\left(\approx \frac{3{,}414}{t} \middle| \approx \frac{0{,}384}{t}\right)$
7. Graph: vgl. Fig. 1

S. 199 **7** a) $f_t(x) = 10x \cdot e^{-\frac{1}{2}tx}$, $t > 0$

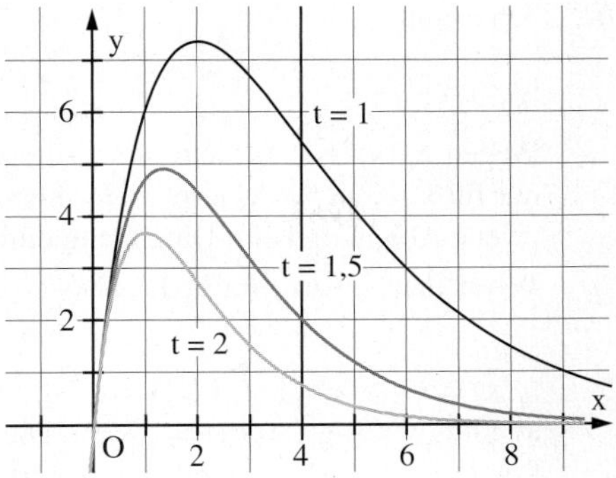

Fig. 1

1. Keine Symmetrie
2. $x_1 = 0$ ist einzige Nullstelle
3. Für $x \to \infty$ geht $f_t(x) \to 0$, also ist die Gerade mit der Gleichung $y = 0$ Asymptote.
4. Ableitungen:
   $f_t'(x) = 5e^{-\frac{1}{2}tx} \cdot (2 - tx)$
   $f_t''(x) = \frac{5}{2}t \cdot e^{-\frac{1}{2}tx} \cdot (tx - 4)$
   $f_t'''(x) = \frac{5}{4}t^2 \cdot e^{-\frac{1}{2}tx} \cdot (6 - tx)$
5. Extremstellen:
   $f_t'(x) = 0$ liefert $x_2 = \frac{2}{t}$. Wegen
   $f_t''(x_2) = -\frac{5t}{e} < 0$ liegt in x_2 ein Maximum vor. Hochpunkt $H\left(\frac{2}{t} \middle| \frac{20}{te}\right)$.
6. Wendestellen:
   $f_t''(x) = 0$ liefert $x_3 = \frac{4}{t}$. Wegen $f_t'''(x_3) = \frac{5t^2}{2e^2} \neq 0$ liegt in x_3 eine Wendestelle vor.
   Wendepunkt
   $W_1\left(\frac{4}{t} \middle| \frac{40}{te^2}\right) = W_1\left(\frac{4}{t} \middle| \approx \frac{5{,}413}{t}\right)$.
7. Graph vgl. Fig. 1

b) Gleichung der Ortskurve der Hochpunkte: $y = \frac{10}{e} \cdot x$ für $x > 0$
Gleichung der Ortskurve der Wendepunkte: $y = \frac{10}{e^2} \cdot x$ für $x > 0$

c) linke Grenze: 0, rechte Grenze: 10; $A \approx 38{,}3829$

d) Es gilt $F_1'(x) = f_1(x)$

$$\int_0^{10} f_1(x)\,dx = \left[-20(x+2) \cdot e^{-\frac{1}{2}x}\right]_0^{10} = \frac{40(e^5 - 6)}{e^5} \approx 38{,}383$$

8 a) $f_t(x) = -\frac{2x}{t} \cdot e^{t-x}$, $t > 0$, $D_{f_t} = \mathbb{R}$.

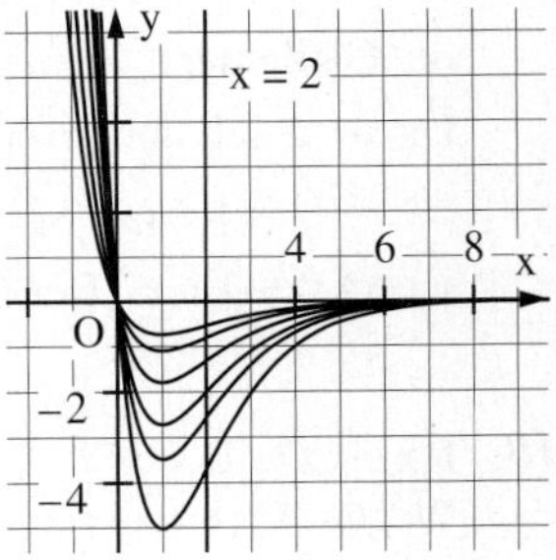

1. Keine Symmetrie.
2. $x_1 = 0$ ist einzige Nullstelle.
3. Für $x \to \infty$ geht $x \cdot e^t \cdot e^{-x} \to 0$, also ist die Gerade mit der Gleichung $y = 0$ Asymptote.
4. Ableitungen:
   $f_t'(x) = -\frac{2}{t} \cdot (e^{t-x} - x \cdot e^{t-x}) = \frac{2}{t}e^{t-x} \cdot (x - 1)$
   $f_t''(x) = \frac{2}{t}e^{t-x} \cdot (2 - x)$, $f_t'''(x) = \frac{2}{t}e^{t-x} \cdot (x - 3)$.
5. Extremstellen: $f_t'(x) = 0$ liefert $x_2 = 1$.
   Wegen $f_t''(1) = \frac{2}{t}e^{t-1} > 0$ liegt in $x_2 = 1$ ein Tiefpunkt vor: $T_t\left(1 \middle| -\frac{2}{t}e^{t-1}\right)$.
6. Wendestellen: $f_t''(x) = 0$ liefert $x_3 = 2$. Wegen $f_t'''(2) = -\frac{2}{t}e^{t-2} \neq 0$ liegt in $x_3 = 2$ eine Wendestelle vor. Wendepunkt ist $W_t\left(2 \middle| -\frac{4}{t}e^{t-2}\right)$.
7. Graph rechts. Ortskurve der Wendepunkte ist $x = 2$.

b) $f_k(x) = \frac{k \cdot e^{-x}}{k + e^{-x}}$, $k > 0$. $D_f = \mathbb{R}$.

S. 199 **8** Ableitungen: $f_k(x) = \frac{k \cdot e^{-x}}{k + e^{-x}}$; $f_k'(x) = \frac{(k + e^{-x}) \cdot (-k \cdot e^{-x}) - (-e^{-x}) \cdot k \cdot e^{-x}}{(k + e^{-x})^2} = \frac{-k^2 \cdot e^{-x}}{(k + e^{-x})^2}$;

$f_k''(x) = -\frac{(k + e^{-x})^2 \cdot (-k^2 \cdot e^{-x}) - 2 \cdot (k + e^{-x})(-e^{-x}) \cdot k^2 \cdot e^{-x}}{(k + e^{-x})^4} = \frac{k^2 \cdot e^{-x} \cdot (k - e^{-x})}{(k + e^{-x})^3}$.

Wegen $f_k'(x) \neq 0$ für alle $x \in \mathbb{R}$ liegen keine Extremwerte vor. Wendestellen gibt es nur für x mit $e^{-x} = k$, also $x_1 = -\ln(k)$. Dies sind auch tatsächlich Wendestellen, da die zweite Ableitung beim Durchgang durch x_1 einen Vorzeichenwechsel erfährt. Es ist $W\left(-\ln(k) \middle| \frac{k}{2}\right)$. Aus $x = -\ln(k)$, also $k = e^{-x}$ erhält man durch Einsetzen in $y = \frac{k}{2}$: $y = \frac{1}{2} \cdot e^{-x}$.

9 $f_k(x) = x - k \cdot e^x$; $k \neq 0$, $D_f = \mathbb{R}$.

a) $f_1(x) = x + e^x$. $f_1'(x) = 1 + e^x$. Die Nullstelle liegt zwischen 0 und –1, da $f_1(-1) = -1 + e^{-1} \approx -0{,}6321 < 0$ und $f_1(0) = 1 > 0$ ist.

Aus $x_{n+1} = x_n - \frac{f(x_n)}{f'(x_n)}$ ergibt sich $x_{n+1} = x_n - \frac{x + e^x}{1 + e^x}$. Mit dem Anfangswert $x_0 = -0{,}5$ erhält man der Reihe nach $x_0 = -0{,}566\,311$, $x_1 = -0{,}567\,143$, $x_2 = -0{,}567\,143$.

b) Funktionsuntersuchung:
1. Keine Symmetrie.
2. Nullstellen exakt nicht berechenbar.
3. Für $x \to -\infty$ geht $e^x \to 0$, also ist die Gerade mit der Gleichung $y = x$ Asymptote für $x \to -\infty$.
4. Ableitungen: $f_k'(x) = 1 - k \cdot e^x$, $f_k''(x) = -k \cdot e^x$, $f_k'''(x) = -k \cdot e^x$.
5. Extremstellen: $f_k'(x) = 0$ liefert $e^x = \frac{1}{k}$. Dies ergibt nur dann eine Lösung, wenn $k > 0$, nämlich $x_1 = -\ln(k)$. Wegen $f_k''(-\ln(k)) = -1 < 0$ liegt in $x_1 = -\ln(k)$ für $k > 0$ ein Hochpunkt vor: $H(-\ln(k) \mid -\ln(k) - 1)$.
6. Wendestellen existieren keine.
7. Graph rechts
   Die Hochpunkte liegen auf $x = -\ln(k)$, $y = -\ln(k) - 1$, also auf $y = x - 1$.

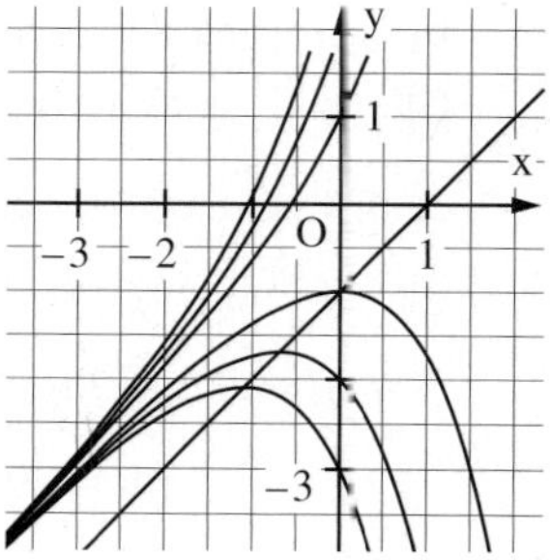

c) Die Tangente in einem beliebigen Punkt $P(a \mid f_k(a))$ hat die Gleichung: $\frac{y - (a - k \cdot e^a)}{x - a} = 1 - k e^a$.

Da sie durch denUrsprung verlaufen soll, muss gelten:

$\frac{-(a - k \cdot e^a)}{-a} = 1 - k e^a$ oder $k \cdot e^a = a \cdot k \cdot e^a$, $a = 1$. Damit ist die Gleichung der Tangente: $y = (1 - e \cdot k) \cdot x$. Der gesuchte Punkt ist $P(1 \mid 1 - k \cdot e)$.

10 $f(x) = x^x$; $D = \mathbb{R}^+$.

Wegen $f(x) = x^x = e^{x \cdot \ln(x)}$ gilt: $f'(x) = x^x \cdot (\ln(x) + 1)$;

$f''(x) = e^{x \cdot \ln(x)} \cdot (\ln(x) + 1)^2 + e^{x \cdot \ln(x)} \cdot \frac{1}{x} = x^{x-1} \cdot (x \cdot (\ln(x))^2 + 2x \cdot \ln(x) + x + 1)$.

$f'(x) = 0$ ergibt $e_0 = e^{-1}$. Wegen $f''(e^{-1}) = e^{1-e^{-1}} > 0$ ist $T(e^{-1} \mid e^{-(e^{-1})})$ $\approx T(0{,}3679 \mid 0{,}6922)$.

Es ist $f''(x) = x^{x-1} \cdot (x \cdot (\ln(x))^2 + 2x \cdot \ln(x) + x + 1) = 0$ genau dann, wenn $x \cdot (\ln(x))^2 + 2x \cdot \ln(x) + x + 1 = 0$ ist. Wir zeigen, dass $h(x) = x \cdot (\ln(x))^2 + 2x \cdot \ln(x) + x + 1$ für alle $x > 0$ positiv ist durch Berechnung des Minimums der Funktion h.

S. 199 **10** Es ist $h'(x) = (\ln(x))^2 + 4 \cdot \ln(x) + 3$ und $h''(x) = \frac{2 \cdot (\ln x + 2)}{x}$.

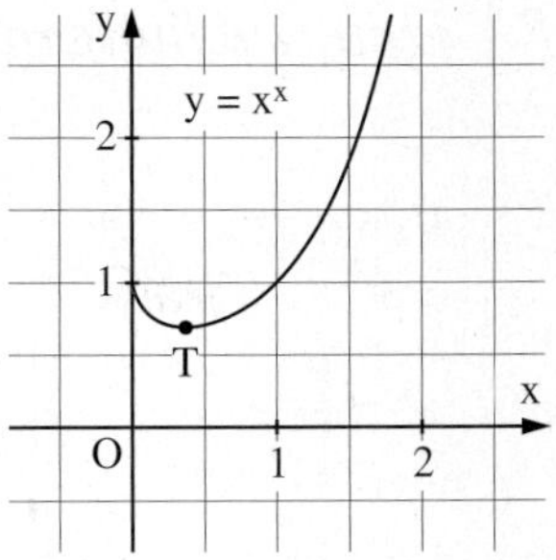

$h'(x) = 0$ für $\ln(x) = -1$ und $\ln(x) = -3$, also $x_1 = e^{-1}$ und $x_2 = e^{-3}$.
Wegen $h''(e^{-1}) = 2e > 0$ liegt in x_1 ein relatives Minimum vor mit $h(e^{-1}) = 1$. Wegen $h''(e^{-3}) = -2e^3 < 0$ liegt in x_2 ein relatives Maximum vor mit $h(e^{-3}) = 4e^{-3} + 1 \approx 0{,}199\,14$.
Da $\lim\limits_{x \to 0} (x \cdot (\ln(x))^2 + 2x \cdot \ln(x) + x + 1) = 1$ ist und $h(x) \to \infty$ für $x \to \infty$ ist, ist h eine positive Funktion.
Daher gibt es keine Stelle mit $h(x) = 0$, d. h. es kann keinen Wendepunkt von f geben.
Vermutung zum Grenzwert: $\lim\limits_{x \to 0} x^x = 1$

11 $f_c(x) = \frac{a}{2c} \cdot (e^{cx} + e^{-cx})$, $a, c > 0$

a) $f_c(-x) = \frac{a}{2c} \cdot (e^{-cx} + e^{cx}) = \frac{a}{2c} \cdot (e^{cx} + e^{-cx}) = f_c(x)$, also achsensymmetrisch zur y-Achse.

b) $f_c'(x) = \frac{a}{2} \cdot (e^{cx} - e^{-cx})$; $f_c''(x) = \frac{ac}{2}(e^{cx} + e^{-cx})$.
$f_c'(x) = 0$ ergibt $x_0 = 0$. Da $f_c''(0) > 0$ ist, liegt ein Minimum vor. $f_c(0) = \frac{a}{c}$.

c) Es soll sein: I. $f_c(0) = \frac{a}{c} = 5$ und II. $f_c(100) = \frac{a}{2c}(e^{100c} + e^{-100c}) = 30$.
$a = 5c$ eingesetzt in I. ergibt: $\frac{5}{2}(e^{100c} + e^{-100c}) = 30$ oder $e^{100c} + e^{-100c} - 12 = 0$.
Die Substitution $u = e^{100c}$ ergibt: $u + u^{-1} - 12 = 0$ oder $u^2 - 12u + 1 = 0$, also $u_1 = 6 + \sqrt{35} \approx 11{,}9161$ und $u_2 = 6 - \sqrt{35} \approx 0{,}0839$. Aus $e^{100c} = u_1$ ergibt sich $c \approx 0{,}024\,778\,9$, aus $e^{100c} = u_2$ ergibt sich $c \approx -0{,}024\,778\,9$. Damit erhält man in beiden Fällen dieselbe Funktion. $a = 5c \approx 0{,}123\,894$. Gesuchte Funktion:
$f(x) = 2{,}5 \cdot (e^{0{,}024779 \cdot x} + e^{-0{,}024779 \cdot x})$.

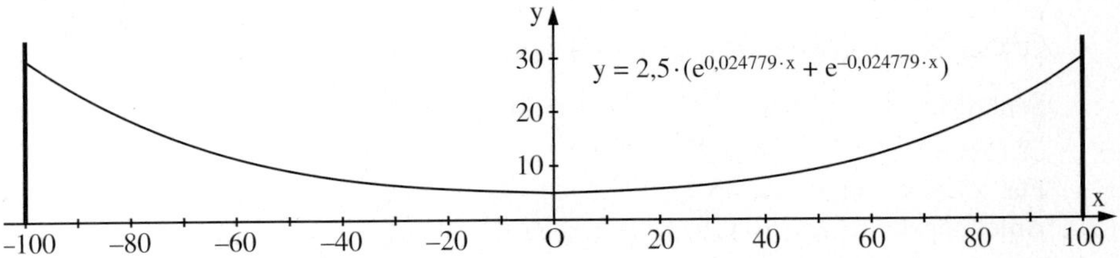

d) $f'(x) = 0{,}061\,947 \cdot (e^{0{,}024779 \cdot x} - e^{-0{,}024779 \cdot x})$. $f'(100) = 0{,}73298$. Mit $\tan(\varphi) = 0{,}732\,98$ erhält man ein Gefälle von ca. 73 %. Der zugehörige Winkel beträgt $\varphi \approx 36{,}2°$.
e) Bedingung ist $f(x) = 15$. Also erhält man aus $2{,}5 \cdot (e^{0{,}024779 \cdot x} + e^{-0{,}024779 \cdot x}) = 15$ nach Substitution $u = e^{0{,}024779 \cdot x}$: $u + u^{-1} - 6 = 0$ mit den Lösungen $u_1 = 3 + 2\sqrt{2} \approx 5{,}8284$ und $u_2 = 3 - 2 \cdot \sqrt{2} \approx 0{,}171\,57$. Daraus erhält man $e^{0{,}024779 \cdot x} = 5{,}8284$, also $x \approx 71{,}14$.

Damit beträgt im Abstand von ca. 71 m, gemessen von der tiefsten Stelle, die Seilhöhe 15 m.
f) Bedingung ist $f'(x) = 0{,}2$; also $0{,}061\,947 \cdot (e^{0{,}024779 \cdot x} - e^{-0{,}024779 \cdot x}) = 0{,}2$.
Daraus erhält man $x \approx 50{,}7$.
Ein Stuntman könnte das Seil auf einer Strecke von gut 100 m befahren.

8 *Untersuchungen von Logarithmusfunktionen*

S. 200 **1** a) $f(x) \to -\infty$ für $x \to 0$
$g(x) \to 0$ für $x \to 0$

b) $h(x) \to -\infty$ für $x \to 0$
$h(x) \to 0$ für $x \to \infty$

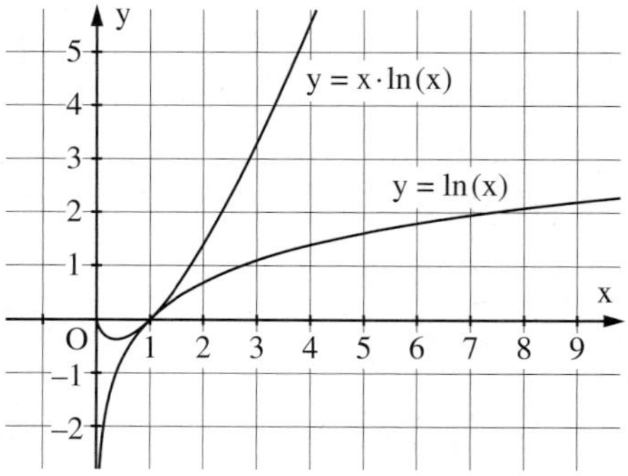

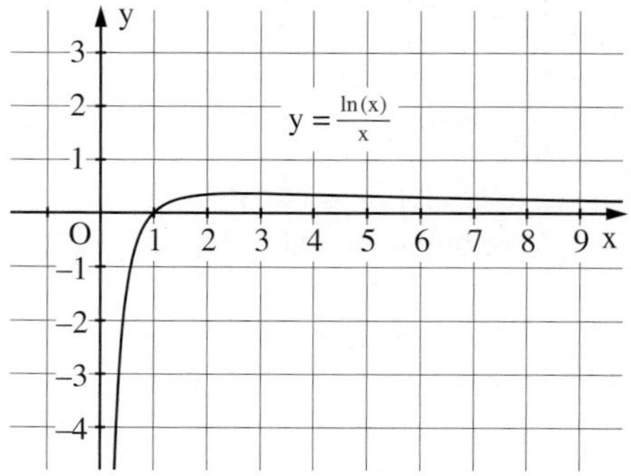

S. 201 **2** a) $f(x) = \frac{8 \cdot \ln(x)}{x}$; $D_f = \mathbb{R}^+$.

Für $x \to 0$ gilt $f(x) \to -\infty$. Für $x \to +\infty$ gilt $f(x) \to 0$.

Ableitungen: $f'(x) = \frac{8 - 8 \cdot \ln(x)}{x^2}$; $f''(x) = \frac{-24 + 16\ln(x)}{x^3}$; $f'''(x) = \frac{88 - 48\ln(x)}{x^4}$

Graph: $N(1|0)$; $H\left(e\middle|\frac{8}{e}\right)$; $W\left(e^{\frac{3}{2}}\middle|\frac{12}{e^{\frac{3}{2}}}\right) \approx (4{,}48|2{,}68)$

Die y-Achse ist senkrechte, die x-Achse ist waagerechte Asymptote.

b) $f(x) = -10 \cdot \frac{\ln(x)}{x^2}$; $D_f = \mathbb{R}^+$.

Für $x \to 0$ gilt $f(x) \to +\infty$. Für $x \to +\infty$ gilt $f(x) \to 0$.

Ableitungen: $f'(x) = \frac{-10 + 20\ln(x)}{x^3}$; $f''(x) = \frac{50 - 60\ln(x)}{x^4}$; $f'''(x) = \frac{-260 + 240\ln(x)}{x^5}$

Graph: $N(1|0)$; $T\left(\sqrt{e}\middle|-\frac{5}{e}\right)$; $W\left(e^{\frac{5}{6}}\middle|\frac{-25}{3e^{\frac{5}{6}}}\right) \approx (2{,}30|-0{,}76)$

Senkrechte Asymptote: $x = 0$; waagerechte Asymptote: $y = 0$

c) $f(x) = 5x^3 \cdot \ln(x)$; $D_f = \mathbb{R}^+$.

Für $x \to \infty$ gilt $f(x) \to \infty$.

Ableitungen: $f'(x) = 10x \cdot \ln(x) + 5x$; $f''(x) = 10\ln(x) + 15$; $f'''(x) = \frac{10}{x}$.

Graph: $N(1|0)$; $T\left(\frac{1}{\sqrt{e}}\middle|-\frac{5}{2e}\right) \approx (0{,}61|-0{,}92)$; $W\left(e^{-\frac{3}{2}}\middle|-\frac{15}{2e^3}\right) \approx (0{,}22|-0{,}37)$

d) $f(x) = \frac{\ln(x^2)}{x}$; $D_f = \mathbb{R} \setminus \{0\}$.

Für $x \to 0$ $(x > 0)$ gilt $f(x) \to -\infty$; für $x \to 0$ $(x < 0)$ gilt $f(x) \to +\infty$;
für $x \to \pm\infty$ gilt $f(x) \to 0$.

Ableitungen: $f'(x) = \frac{2 - \ln(x^2)}{x^2}$; $f''(x) = \frac{-6 + 2\ln(x^2)}{x^3}$; $f'''(x) = \frac{22 - 6\ln(x^2)}{x^4}$

Graph: $N_1(1|0)$; $N_2(-1|0)$; $H\left(e\middle|\frac{2}{e}\right) \approx (2{,}72|0{,}74)$; $T\left(-e\middle|-\frac{2}{e}\right)$;
$W_1\left(e^{\frac{3}{2}}\middle|\frac{3}{e^{\frac{3}{2}}}\right) \approx (4{,}48|0{,}67)$; $W_2\left(-e^{\frac{3}{2}}\middle|-\frac{3}{e^{\frac{3}{2}}}\right)$

Der Graph ist punktsymmetrisch zum Ursprung. Senkrechte Asymptote: $x = 0$.
Waagerechte Asymptote: $y = 0$.

S. 201 **2** e) $f(x) = \ln(2x - 1)$; $D_f = \left(\frac{1}{2}; \infty\right)$.

Für $x \to \frac{1}{2}$ gilt: $f(x) \to -\infty$; für $x \to \infty$ gilt $f(x) \to \infty$.

Ableitungen: $f'(x) = \frac{2}{2x-1}$; $f''(x) = \frac{-4}{(2x-1)^2}$

Graph: $N(1|0)$. $x = \frac{1}{2}$ ist senkrechte Asymptote.

Der Graph hat keine Extrempunkte und keine Wendepunkte.

f) $f(x) = \ln((x-1)^2)$; $D_f = \mathbb{R} \setminus \{1\}$.

Für $x \to 1$ gilt $f(x) \to -\infty$; für $x \to \pm\infty$ gilt $f(x) \to \infty$.

Ableitungen: $f'(x) = \frac{2x-2}{(x-1)^2}$; $f''(x) = \frac{-2}{(x-1)^2}$; $f'''(x) = \frac{4}{(x-1)^3}$

Graph: $N_1(0|0)$; $N_2(2|0)$; Es gibt keine Extrempunkte und keine Wendepunkte.
Die Gerade $x = 1$ ist senkrechte Asymptote.

g) $f(x) = \ln(1 + x^2)$; $D_f = \mathbb{R}$.

Für $x \to \pm\infty$ gilt $f(x) \to \infty$.

Es gilt $f(x) = f(-x)$ für alle $x \in \mathbb{R}$; Der Graph von f ist symmetrisch zur y-Achse.

Ableitungen: $f'(x) = \frac{2x}{1+x^2}$; $f''(x) = \frac{2-2x^2}{(1+x^2)^2}$; $f'''(x) = 4\frac{x(x^2-3)}{(1+x^2)^3}$

Graph: $N(0|0) = T$; $W_1(1|\ln(2))$; $W_2(-1|\ln(2)) \approx (-1|-0{,}69)$

h) $f(x) = \frac{1}{x} \cdot (1 + \ln(x))$; $D_f = \mathbb{R}^+$.

Für $x \to +\infty$ gilt $f(x) \to 0$: $y = 0$ ist Asymptote.
Schnittpunkt mit der x-Achse $A(e^{-1}|0)$.

Ableitungen: $f'(x) = -\frac{\ln(x)}{x^2}$; $f''(x) = \frac{2\ln(x) - 1}{x^3}$; $f'''(x) = \frac{5 - 6\cdot\ln(x)}{x^4}$

Extremwerte: $f'(x) = 0$: $x_0 = 1$. Da $f''(1) < 0$, ist $f(1) = 1$ Maximum.
Wendestellen: $f''(x) = 0$: $x_1 = \sqrt{e}$. Da $f'''(\sqrt{e}) \neq 0$ ist, liegt ein Wendepunkt vor.

$H(1|1)$, $W\left(\sqrt{e}\,\middle|\,\frac{3}{2}e^{-\frac{1}{2}}\right) \approx W(1{,}65|0{,}91)$

zu a)

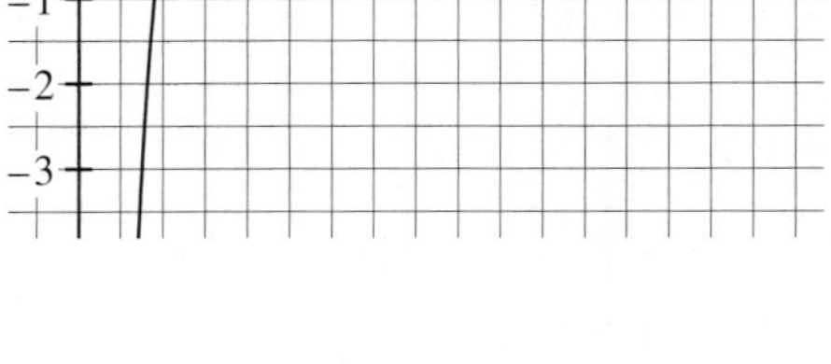

zu b)

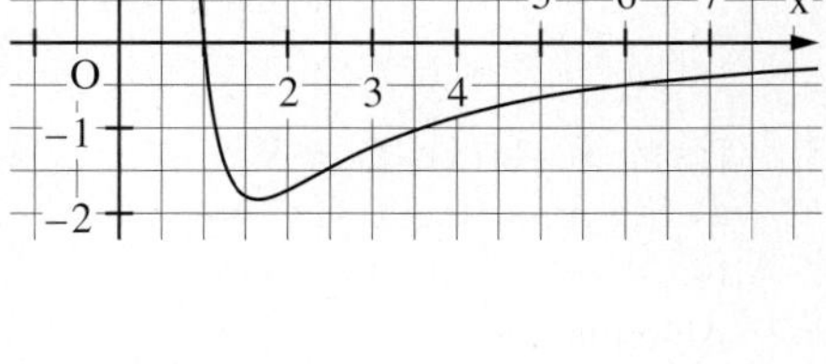

S. 201 **2** zu c)

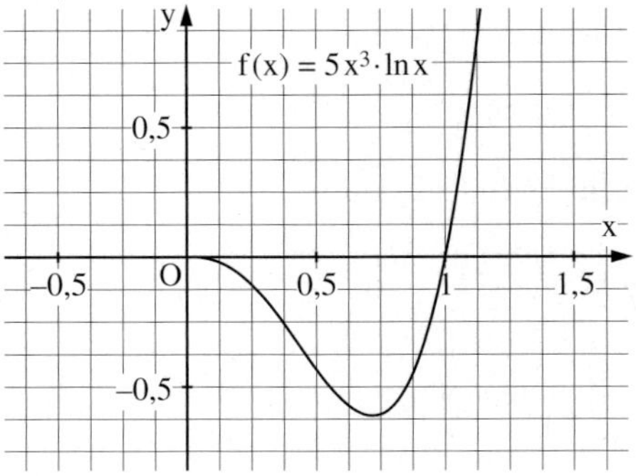

zu d)

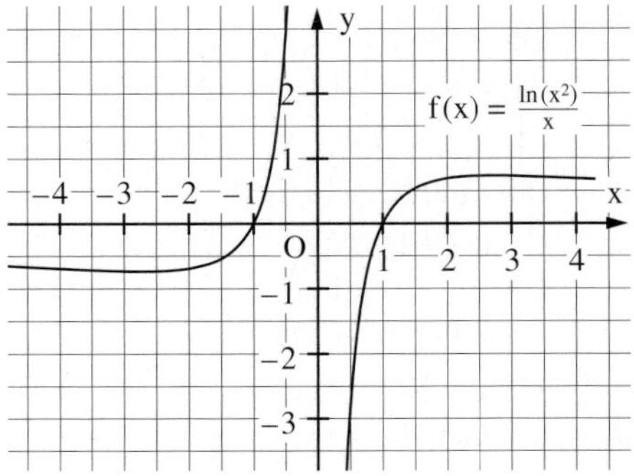

zu e)

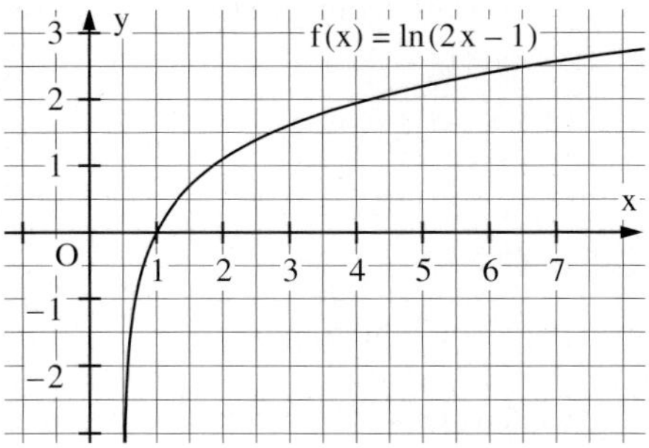

zu f)

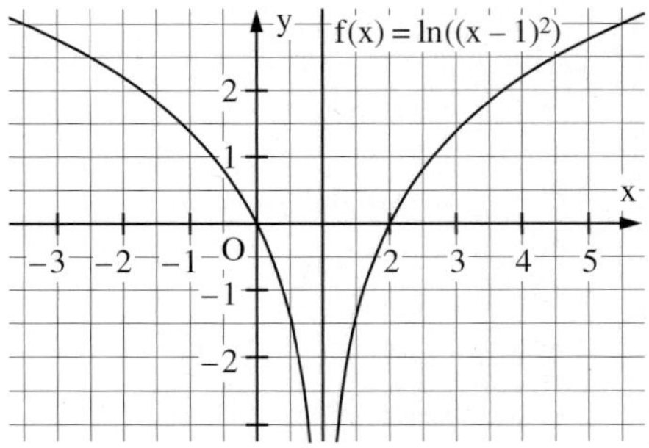

zu g)

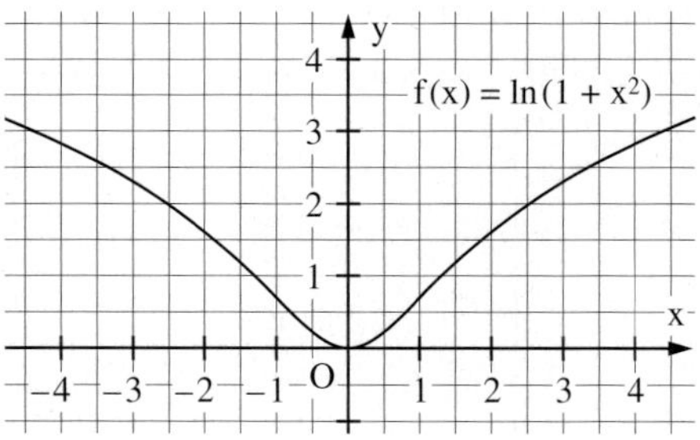

zu h)

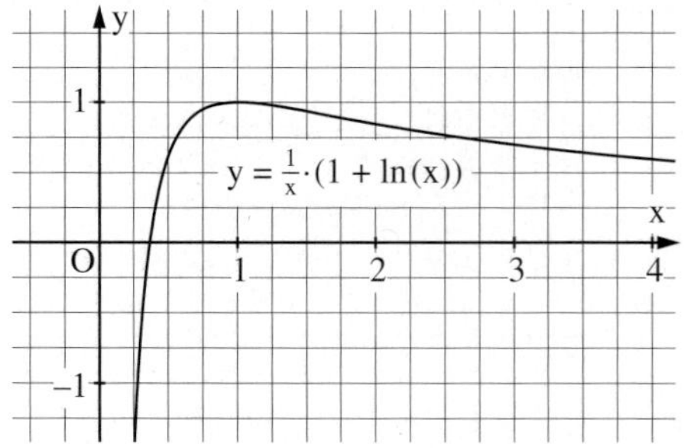

3 $f(x) = x - \ln(x)$; $D_f = \mathbb{R}^+$

a) Für $x \to 0$ gilt $f(x) \to \infty$;
für $x \to \infty$ gilt $f(x) \to \infty$

Ableitungen:

$f'(x) = 1 - \frac{1}{x}$; $f''(x) = \frac{1}{x^2}$;

$f'''(x) = -\frac{2}{x^3}$

Graph: $T(1\,|\,1)$;
Senkrechte Asymptote $x = 0$.

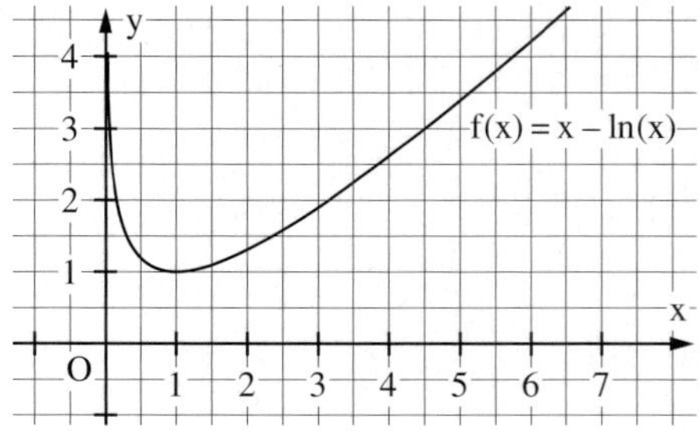

S. 201 **3** Der Ansatz $f'(x) = e$ ergibt die Bedingung $x_1 = \frac{1}{1-e}$. Wegen $x_1 < 0$ gibt es keine Lösung.

b) Der Ansatz $f'(x) = -e$ ergibt
$x_0 = \frac{1}{1+e}$ mit $f(x_0) = \frac{1}{1+e} + \ln(1-e)$; $P(0{,}27|1{,}58)$.
Der Ansatz $\frac{f(x)-0}{x-0} = f'(x)$ ergibt $x_1 = e$ und $P(e|e-1)$.

c) Da $g'(x) = \ln(x) + \frac{x}{x} - 1 = \ln(x)$ ist, ist g eine Stammfunktion von h.

d) $A = \int_1^e (x - \ln(x))\,dx = \left[\frac{x^2}{2} - (x \cdot \ln(x) - x)\right]_1^e = \frac{e^2}{2} - \frac{3}{2} \approx 2{,}19$.

4 $f(x) = (\ln(x))^2$; $D_f = \mathbb{R}^+$

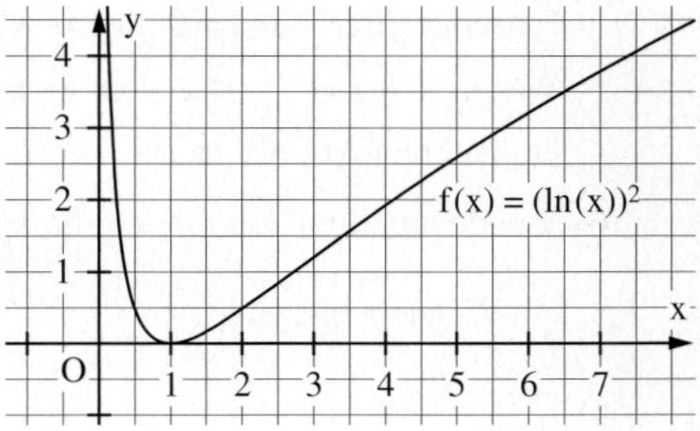

a) Für $x \to 0$ gilt $f(x) \to \infty$;
für $x \to \infty$ gilt $f(x) \to \infty$
Ableitungen: $f'(x) = 2\frac{\ln(x)}{x}$;
$f''(x) = -2\frac{-1+\ln(x)}{x^2}$; $f'''(x) = 2\frac{-3+2\ln(x)}{x^3}$.
Graph: $N(1|0) = T$; $W(e|1)$

b) Der Ansatz $\frac{f(x)-0}{x-0} = f'(x)$ liefert
$x_1 = 1$; $x_2 = e^2$ mit $f'(1) = 0$ und
$f'(e^2) = \frac{4}{e^2}$. t_1: $y = 0$; t_2: $y = \frac{4}{e^2}x$.

c) Es gilt $F'(x) = f(x)$.

d) $A = e - 2$

e) $L(x) = g(x) - f(x)$; $x \in [1; e]$. $x_0 = \sqrt{e}$; $L_0 = \frac{1}{4}$.

5 a) $f(x) = \ln(x+t) - x$; $t < 0$;
$D_f = \{x \mid x > -t\}$

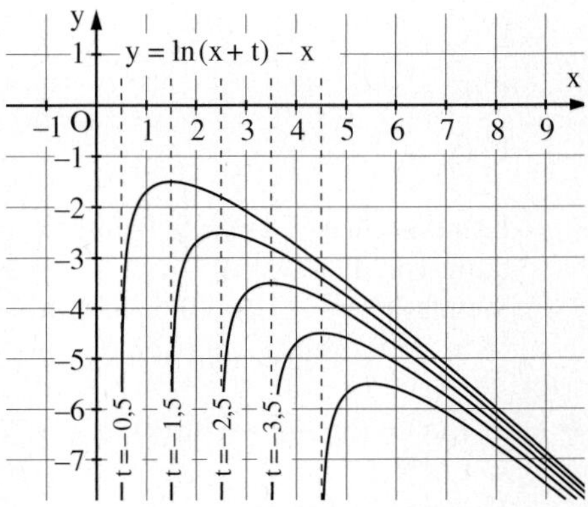

1. Keine Symmetrie.
2. Nullstellen nicht berechenbar.
3. Für $x \to -t$ gilt $f(x) \to -\infty$; damit ist $x = -t$ Asymptote für $x \to -t$;
   für $x \to +\infty$ gilt $f(x) \to -\infty$.
4. Ableitungen: $f'(x) = \frac{1}{x+t} - 1$;
   $f''(x) = -\frac{1}{(x+t)^2}$
5. Extremstellen: $f'(x) = 0$ liefert
   $x_1 = 1 - t$. Wegen $f''(1-t) = -1 < 0$ liegt in $x_1 = 1 - t$ ein Hochpunkt vor:
   $H(1-t|t-1)$.
6. Keine Wendepunkte.

S. 201 **5** b) $f(x) = \frac{\ln(x)}{t \cdot x}$; $0 < t \leqq 1$; $D_f = \{x \mid x > 0\}$

1. Keine Symmetrie.
2. Nullstelle $x_0 = 1$.
3. Für $x \to 0$ gilt $f(x) \to -\infty$; damit ist $x = 0$ Asymptote für $x \to 0$.
   Für $x \to +\infty$ gilt $f(x) \to 0$,
   Asymptote ist daher $y = 0$.
4. Ableitungen: $f'(x) = 1 - \frac{\ln(x)}{t \cdot x^2}$;
   $f''(x) = \frac{2\ln(x) - 3}{tx^3}$; $f'''(x) = \frac{11 - 6 \cdot \ln(x)}{tx^4}$
5. Extremstellen: $f'(x) = 0$ liefert $x_1 = e$.
   Wegen $f''(e) = -\frac{1}{te^3} < 0$ liegt in $x_1 = e$ ein Hochpunkt vor: $H\left(e \,\middle|\, \frac{1}{te}\right)$.
6. Wendepunkte: $f''(x) = 0$ ergibt $x_2 = e^{\frac{3}{2}}$. Da $f'''(e^{\frac{3}{2}}) \neq 0$ ist, liegt in $W\left(e^{\frac{3}{2}} \,\middle|\, \frac{3}{2e^{\frac{3}{2}} \cdot t}\right)$ ein Wendepunkt vor.

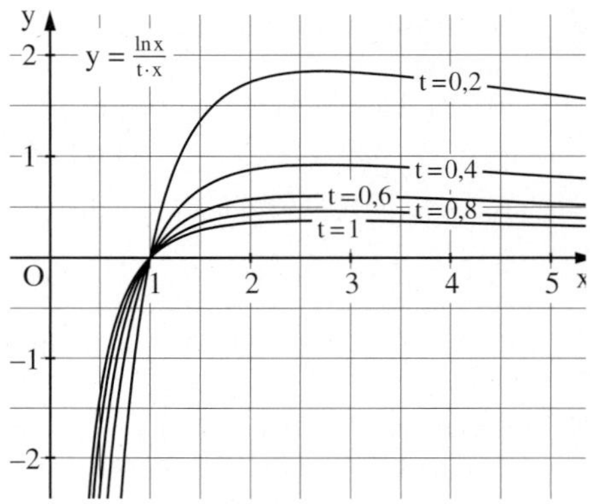

c) $f_t(x) = t \cdot (\ln(x + t))^2$; $x + t \in \mathbb{R}^+$; $t > 0$.
$D_{f_t} = \{x \mid x > -t\}$; keine Symmetrie;
Nullstelle $x_0 = 1 - t$.
Für $x \to -t$ gilt: $f_t(x) \to +\infty$; Asymptote ist also $x = -t$; für $x \to +\infty$ gilt $f_t(x) \to +\infty$.
Ableitungen:
$f_t'(x) = \frac{2t \cdot \ln(x + t)}{x + t}$;
$f_t''(x) = \frac{2t \cdot (1 - \ln(x + t))}{(x + t)^2}$;
$f_t'''(x) = \frac{2t \cdot (2\ln(x + t) - 3}{(x + t)^3}$.

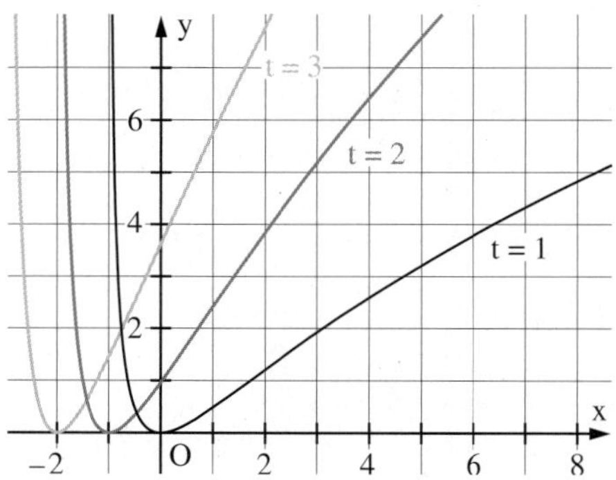

Extremstellen: $f_t'(x) = 0$ liefert: $x_0 = 1 - t$. Da $f_t''(1 - t) = 2t > 0$ ist, liegt ein Minimum vor: $T_t(1 - t \mid 0)$.
Wendestellen: $f_t''(x) = 0$ liefert: $x_1 = e - t$. Da $f_t'''(e - t) = -2te^{-3} \neq 0$ ist, ist $W_t(e - t \mid t)$ Wendepunkt von K_t.

6 a) $f_t(x) = (\ln(x))^2 + t \cdot \ln(x)$; $x \in \mathbb{R}^+$, $t \in \mathbb{R}$

1. Keine Symmetrie
2. Nullstellen: $x_1 = 1$ und $x_2 = \frac{1}{e^t}$
3. Für $x \to 0$ gilt $f_t(x) \to \infty$; damit ist $x = 0$ Asymptote
   Für $x \to \infty$ gilt $f_t(x) \to \infty$.
4. Ableitungen
   $f_t'(x) = \frac{t + 2\ln(x)}{x}$,
   $f_t''(x) = \frac{2 - t - 2\ln(x)}{x^2}$,
   $f_t'''(x) = \frac{2(t - 3) + 4\ln(x)}{x^3}$.

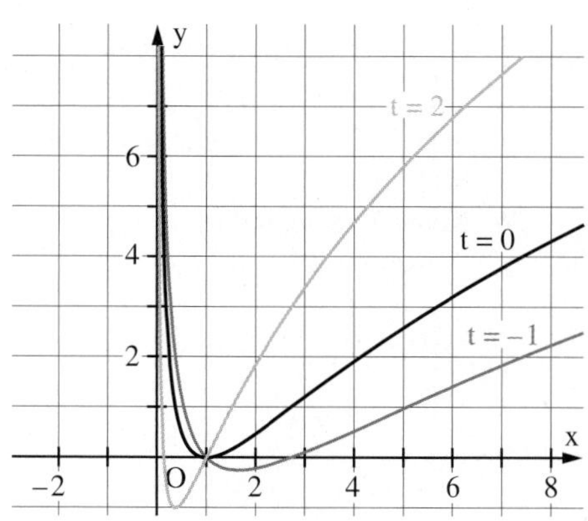

S. 201 **6** 5. Extremstellen
$f_t'(x) = 0$ liefert $x_3 = e^{-\frac{t}{2}}$. Wegen
$f_t''(x_3) = 2e^t > 0$ liegt in x_3 ein Tiefpunkt $T\left(e^{-\frac{t}{2}} \middle| -\frac{t^2}{4}\right)$ vor

6. Wendestellen
$f_t''(x) = 0$ liefert $x_4 = e^{1-\frac{t}{2}}$. Da $f_t'''(x_4) = -2e^{\frac{3}{2}t-3} \neq 0$ ist, gilt $W\left(e^{1-\frac{t}{2}} \middle| 1 - \frac{t^2}{4}\right)$.

7. Graphen für $t = -1$, 0 und 2 vgl. Figur 1.

b) Ortskurve der Tiefpunkte: $y = -(\ln(x))^2$ für $x > 0$.

7 I) $h(x) = \sqrt{x} - \ln(x)$; $D_f = \mathbb{R}^+$
Für $x \to 0$ gilt $h(x) \to +\infty$; für $x \to \infty$ gilt $h(x) \to \infty$.
II) $h(x) = \sqrt{x} \cdot \ln(x)$; $D_f = \mathbb{R}^+$
Für $x \to 0$ gilt $h(x) \to 0$; für $x \to \infty$ gilt $h(x) \to +\infty$.

III) $h(x) = \frac{\sqrt{x}}{\ln(x)}$; $D_f = \mathbb{R}^+ \setminus \{1\}$. Für $x \to 0$ gilt $h(x) \to 0$; für $x \to 1$ $(x < 1)$ gilt $h(x) \to -\infty$; für $x \to 1$ $(x > 1)$ gilt $h(x) \to +\infty$; für $x \to \infty$ gilt $h(x) \to 0$.
IV) $h(x) = \sqrt{\ln(x)}$; $D_f = [x \in \mathbb{R}^+ | x \geqq 1]$
Für $x \to \infty$ gilt $h(x) \to \infty$. $h(1) = 0$.

zu Aufgabe 7:

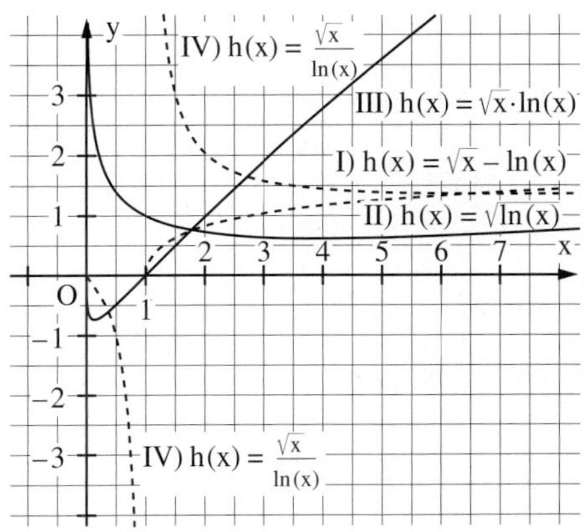

zu Aufgabe 8:

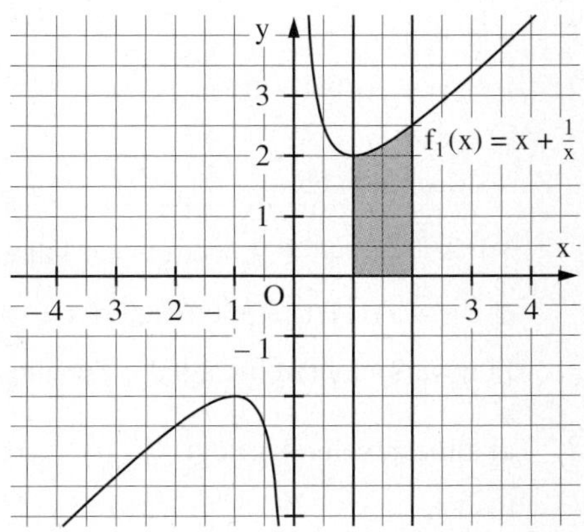

8 $f_t(x) = tx + \frac{1}{tx}$; $x \in \mathbb{R}^+$
Für $x \to 0$ $(x > 0)$ gilt $f(x) \to \infty$; für $x \to 0$ $(x < 0)$ gilt $f(x) \to -\infty$.
Für $x \to \infty$ gilt $f(x) \to \infty$; für $x \to -\infty$ gilt $f(x) \to -\infty$.

$\int_1^2 f_1(x)\,dx = \frac{3}{2} + \ln(2)$

$\int_1^2 f_t(x)\,dx = \frac{3}{2}t + \frac{\ln(2)}{t} = A(t)$. $A'(t) = 0$ ergibt $t = \sqrt{\frac{3}{2 \cdot \ln(2)}}$.

Wegen $A''(t) = \frac{\ln(2)}{t^3} > 0$ liegt ein Minimum vor.

S. 201 **9** a) $L = 10 \cdot \log_{10}\left(\frac{I}{I_0}\right)$.

Einsetzen von $L = 20$ ergibt $2 = \log_{10}\left(\frac{I_{20}}{I_0}\right)$, also $I_{20} = 10^2 \cdot I_0$ oder $I_{20} = 100\,I_0$.

Einsetzen von $L = 40$ ergibt $4 = \log_{10}\left(\frac{I_{40}}{I_0}\right)$, also $I_{40} = 10^4 \cdot I_0$ oder $I_{40} = 10\,000\,I_0$.

Damit ist $I_{40} = 100 \cdot I_{20}$, d.h. die Schallintensität ist beim normalen Reden 100-mal größer gegenüber der beim Flüstern.

b) $I(L) = 10^{\frac{L}{10}} \cdot I_0$. Es ist $I(20) = 100 \cdot I_0$ und $I(40) = 10\,000 \cdot I_0$. Damit beträgt die mittlere Änderungsrate $m = \frac{10\,000 \cdot I_0 - 100 \cdot I_0}{20} = \frac{9900}{20} \cdot I_0 = 495 \cdot I_0$.

Interpretation: Im Mittel verändert sich bei einer Zunahme um 1 db die Intensität um das ca. 500fache.

9 *Exponentielle Wachstums- und Zerfallsprozesse*

S. 202 **1** $H(t) = 4000 \cdot 1{,}02^t$ mit $k = \ln(1{,}02) \approx 0{,}0198$ gilt $H(t) = 4000 \cdot e^{0{,}0198 \cdot t}$.

$k = \ln\left(1 + \frac{p}{100}\right)$

S. 203 **2** a) $f(t) = 20\,000 \cdot 1{,}05^t = 20\,000 \cdot e^{0{,}04879\,t}$, t in Jahren, f(t) in Euro.

b)

Jahre	1	2	5	10	20
Kapital (in Euro)	21 000	22 050	25 525,63	32 577,89	53 065,95

c) $t = \frac{\ln(0{,}75)}{\ln(1{,}05)} \approx -5{,}9$; vor etwa 6 Jahren

d) $f(t + 1) - f(t) = 5000$ liefert $t = \frac{\ln(5)}{\ln(1{,}05)} \approx 32{,}98$.

In etwa 33 Jahren beträgt die Zunahme erstmals 5000 Euro.

3 a) Prozentualer Anstieg: $\frac{375 - 300}{300} \cdot 100\,\% = 25\,\%$

b)

Jahr	2000	2001	2002	2003	2004
Bilanzsumme (in Mio. Euro)	300	375	468,75	585,94	732,42

c) $f(t) = 300 \cdot e^{\ln(1{,}25) \cdot t}$ (t in Jahren ab 2000, f(t) in Mio. Euro)

Aus $f(t) = 650$ folgt $t = \frac{\ln\left(\frac{650}{300}\right)}{\ln(1{,}25)} \approx 3{,}46$. Nach etwa 3,5 Jahren.

4 a) Wachstumsfaktor aus der Tabelle $a = 1{,}0805$ (gemittelt)

b) $k = \ln(1{,}0805) = 0{,}0774$; $f(t) = 7{,}1 \cdot e^{0{,}0774 \cdot t}$ mit f(t) in Millionen, t in Stunden

c) $c(2{,}5) = 8{,}62$ Millionen; $f(-1) = 6{,}57$ Millionen

S. 203 **5** a) Mit $f(0) = 400$ gilt $f(t) = 400 \cdot e^{kt}$; aus $f(1) = 30\,000 = 400 \cdot e^{k}$ erhält man $k = \ln(75) = 4{,}3175$, also $f(t) = 400 \cdot e^{4{,}3175 \cdot t}$ (t in Zweistundenschritten)

b) Zeitschritt 1 h: $k = \ln\left(\frac{75}{2}\right) = 2{,}1587$, also $f(t) = 400 \cdot e^{2{,}1587 \cdot t}$

Zeitschritt 1 min: $k = \ln\left(\frac{75}{120}\right) = 0{,}0360$, also $f(t) = 400 \cdot e^{0{,}0360 \cdot t}$.

Und hieraus $f(30) = 400 \cdot e^{0{,}0360 \cdot 30} \approx 1178$

S. 204 **6** Arbeitet die Pumpe normal, so gilt: $f(t) = 100\,\% \cdot 0{,}96^{t} = 100\,\% \cdot e^{t \cdot \ln(0{,}96)}$ (t in s, f(t) in %). Aus $f(120) = 0{,}7457\,\%$ folgt, dass die Pumpe schlechter als erwartet arbeitet. (Zum Vergleich: Aus $50\,\% = 100\,\% \cdot e^{t \cdot \ln(0{,}96)}$ folgt $t = \frac{\ln(0{,}5)}{\ln(0{,}96)} \approx 16{,}98$; d. h. nach etwa 17 s ist bei normal arbeitender Pumpe der Druck um 50 % abgesenkt.)

7 a) $k_1 = \frac{\ln\left(\frac{100{,}4}{84{,}4}\right)}{10} \approx 0{,}017\,36$ zum Zeitschritt 1 Jahr; $k_5 = 5 \cdot k_1 \approx 0{,}086\,80$; $k_{10} = 10 \cdot k_1 \approx 0{,}1736$

b) $f(t) = 84{,}4 \cdot e^{0{,}01736\,t}$ (t in Jahren ab 1990, f(t) in Mio.)

Jahr	2001	2002	2003	2004	2005
Einwohnerzahl (in Mio.)	102,158	103,947	105,767	107,620	109,504

c) Aus $f(t) = 120$ folgt $t = \frac{\ln\left(\frac{120}{84{,}4}\right)}{0{,}01736} \approx 20{,}27$. Im Laufe des Jahres 2010.

d) Deutschland: $d(t) = 79{,}4 \cdot e^{0{,}004\,193\,t}$ (t in Jahren ab 1990, d(t) in Mio.)

Aus $2 \cdot d(t) = f(t)$ folgt $t = \frac{\ln\left(\frac{158{,}8}{84{,}4}\right)}{0{,}017\,36 - 0{,}004\,193} \approx 48$.

Nach etwa 48 Jahren, also im Jahr 2038.

8 $\frac{f(x+1)}{f(x)} = \frac{1}{4}$, also $k = \ln\left(\frac{1}{4}\right) \approx -1{,}3863$

Intensität $I(x) = 100\,\% \cdot e^{-1{,}3863\,x}$ (x in m, I(x) in Prozent)

a) $I(1) = 25\,\%$; $I(2) = 6{,}25\,\%$; $I(3) = 1{,}5625\,\%$

b) $0{,}1 = e^{-1{,}3863\,x}$ liefert $x \approx 4{,}98$; d. h. in etwa 5 m Wassertiefe.

9 a)

t	0	1	2	3	4	5	6
Anzahl in Mio.	7	6,3	5,7	5	4,5	4	3,6
f(t) (berechnet)	7	6,27	5,61	5,02	4,49	4,02	3,6

Wachstumsfunktion f auf den Wertepaaren (0|7) und (6|3,6) ergibt $f(t) = 7 \cdot e^{-0{,}1108\,t}$. Abweichung der berechneten von den abgelesenen Werten ist nur gering – exponentielle Abnahme erscheint gerechtfertigt.

b) Heutige Population 3,6 Mio.

$0{,}36 = 7 \cdot e^{-0{,}1108\,t}$ liefert $t \approx 26{,}78$. In etwa 27 Jahren.

S. 204 **10** a) Aus $m(0) = 20$ und $m(21) = 2{,}5$ folgt $b = \ln(20) \approx 2{,}9957$ und $k \approx -0{,}0990$.
b) $m(t) = 20 \cdot e^{-0{,}0990\,t}$; 1 % nach $t \approx 46{,}52$ (in Tagen) (löse: $0{,}2 = 20 \cdot e^{-0{,}0990\,t}$)
0,1 % nach $t \approx 69{,}78$ (in Tagen) (löse: $0{,}02 = 20 \cdot e^{-0{,}0990\,t}$)
c) $m(t + 14) = \frac{1}{4} m(t)$, denn $\frac{m(t+14)}{m(t)} = e^{\frac{2}{3}\ln\left(\frac{2{,}5}{20}\right)} = \frac{1}{4}$.

11 a) Raucherrisiko: 38 % (0 Jahre nach dem Beenden des Rauchens).
Relatives Risiko: Wahrscheinlichkeit, an Lungenkrebs zu erkranken.
b) Berechnung der Wachstumsfaktoren:

t	0	2	4	6	8	10	12
$\frac{f(t+2)}{f(t)}$	0,7895	0,7333	0,7727	0,7647	0,7692	0,7700	

Die relativ geringe Streuung spricht für eine angenähert exponentielle Abnahme des Risikos.
Zeitschritt $t^* = 2$ (in Jahren):
Beginn der Studie $t^* = 0$: $f(0) = 38$. Nach 12 Jahren, d. h. $t^* = 6$: $f(6) = 7{,}7$;
also folgt $k^* \approx -0{,}26606$ und f mit $f(t^*) = 38 \cdot e^{-0{,}26606\,t^*}$ (t^* in Zweijahresschritten).
Zeitschritt $t = 1$ (in Jahren):
Aus $k = \frac{k^*}{2}$ folgt f mit $f(t) = 38 \cdot e^{-0{,}13303\,t}$ (t in Jahresschritten).

10 Halbwerts- und Verdoppelungszeit

S. 205 **1** $f(t+1) = 100 \cdot e^{0{,}2(t+1)} = f(t) \cdot e^{0{,}2} \approx 1{,}2214 \cdot f(t)$. Zunahme um 22,14 %.

2 Halbierung innerhalb von 2 Zeiteinheiten.

S. 206 **3** a) nur Wachstum: $p = 100 \cdot (e^{0{,}4} - 1) = 49{,}18$; $T_V = \frac{\ln(2)}{0{,}4} = 1{,}73$
b) Wachstum: $k = \ln\left(1 + \frac{2{,}5}{100}\right) = 0{,}0247$; $T_V = \frac{\ln(2)}{0{,}0247} = 28{,}06$
Zerfall: $k = \ln\left(1 - \frac{2{,}5}{100}\right) = -0{,}0253$; $T_H = -\frac{\ln(2)}{-0{,}0253} = 27{,}40$
c) nur Zerfall: $p = 100 \cdot (1 - e^{-0{,}2}) = 18{,}13$; $T_H = 3{,}47$
d) Zerfall: $k = -\frac{\ln(2)}{20} = -0{,}0347$; $p = 100 \cdot (1 - e^{-0{,}0347}) = 3{,}41$
e) Wachstum: $k = \ln(1{,}15) = 0{,}1398$; $T_V = 4{,}96$
Zerfall: $k = \ln(0{,}85) = -0{,}1625$; $T_H = 4{,}27$
f) Wachstum: $k = 0{,}00204$; $p = 0{,}2042$

4 a) $k = \ln\left(1 - \frac{15}{100}\right) \approx -0{,}1625$; $T_H = -\frac{\ln(2)}{k} \approx 4{,}265$ (in Jahren)
b) $T_V = 12 = \frac{\ln(2)}{k}$; also $k \approx 0{,}05776$; aus $k = \ln\left(1 + \frac{p}{100}\right)$ folgt $p \approx 5{,}946$.
Der jährliche Zinssatz beträgt etwa 5,95 %.

S. 206 **5** a) $k = -\frac{\ln(2)}{24400} = -0{,}0000284$. Mit $f(0) = 20$ erhält man die Zerfallsfunktion f mit
$f(t) = 20 \cdot e^{-0{,}0000284 \cdot t}$ (t in Jahren, f(t) in kg).
Vor 10 Jahren: $f(-10) = 20{,}0057$, also etwa 5,7 g mehr
In 100 Jahren: $f(100) = 19{,}943$, also etwa 57 g weniger.
b) Setzt man die anfangs vorhandene Menge als 100 %, so ergibt sich:
$f(10^3) = 100\,\% \cdot e^{-0{,}0000284 \cdot 1000} = 97{,}2\,\%$; $f(10^4) = 75{,}3\,\%$; $f(10^5) = 5{,}8\,\%$
c) Sind x % zerfallen, so sind noch (100 – x) % vorhanden. Also gilt:
$90\,\% = 100\,\% \cdot e^{-0{,}0000284 \cdot t}$ damit $t = 3709{,}9$; nach etwa 3710 Jahren sind 10 % zerfallen. Entsprechend:
90 % sind nach 81 076,9 Jahren, also nach etwa 81 100 Jahren zerfallen.
99 % sind nach 162 153,9 Jahren, also nach etwa 162 000 Jahren zerfallen.

6 a) $f(t) = 1 \cdot e^{\ln(1{,}014) \cdot t}$, t in Jahren ab 2000, f(t) in Mrd.
$f(10) \approx 1{,}149$. Aus $f(t) = 1{,}5$ folgt $t \approx 29{,}164$; also nach etwa 29 Jahren.
b) $T_V = \frac{\ln(2)}{k} = \frac{\ln(2)}{\ln(1{,}014)} \approx 49{,}856$; d. h. nach etwa 50 Jahren, also im Jahr 2050.
Prognosen über so lange Zeiträume sind kaum realistisch.

7 a)

Prozentuale Zu- bzw. Abnahme p	Wachstum $k = \ln\left(1 + \frac{p}{100}\right)$	Zerfall $k = \ln\left(1 - \frac{p}{100}\right)$
0,5	0,0050	–0,0050
1	0,0100	–0,0101
2	0,0198	–0,0202
5	0,0488	–0,0513
10	0,0953	–0,1054
15	0,1398	–0,1625
20	0,1823	–0,2231

$|k| \approx \frac{p}{100}$ gilt etwa für $p \leqq 5$. k ist dabei jeweils auf 4 Dezimalen gerundet.
b) Für kleine p gilt bei Wachstumsprozessen $k \approx \frac{p}{100}$. Hiermit gilt:
$p \cdot T_V \approx 100k \cdot \frac{\ln(2)}{k} = 100 \cdot \ln(2) = 69{,}31 \approx 70$. Für kleine p gilt bei Zerfallsprozessen
$k \approx -\frac{p}{100}$. Hiermit gilt: $p \cdot T_H \approx -100k \cdot \left(-\frac{\ln(2)}{k}\right) = 100 \cdot \ln(2) \approx 70$.
c) Aus der Faustformel folgt: $T_H \approx \frac{70}{p} = 35$. Innerhalb von 35 Jahren halbiert sich die Kaufkraft.

8 a) Aus $T_H = 6$ folgt $k \approx -0{,}1155$.
b) $m(t) = 200 \cdot e^{-0{,}1155t}$; $m(24) = 12{,}5$; d. h., es sind bereits 187,5 mg zerfallen.
(Es sind 4 Halbwertszeiten vergangen; aus $0{,}5^4 = 0{,}0625$ folgt
$200 \cdot 0{,}0625 = 12{,}5$.)
c) Noch vorhandener Teil: $200 \cdot 0{,}5^n$ (da $f(n \cdot T_H) = 200 \cdot (e^{k \cdot T_H})^n$)

S. 206 **9** a) $m(0) = 200 \cdot (1 - 1) = 0$
b) Aus $m(2) = 200 \cdot e^{2c}(1 - e^{-2}) = 63{,}62$ folgt $c \approx -0{,}5$.
c) $m'(t) = 300 \cdot e^{-1{,}5t} - 100e^{-0{,}5t} = 100e^{-0{,}5t}(3e^{-t} - 1)$; $m''(t) = 50e^{-0{,}5t} - 450e^{-1{,}5t}$
Aus $m'(t) = 0$ folgt $t = \ln(3)$. Wegen $m''(\ln(3)) = -\frac{100\sqrt{3}}{3} < 0$ liegt an dieser Stelle ein Maximum vor. Sein Wert beträgt 76,98 (in mg).

10 a) $k = \ln(1{,}0126) \approx 0{,}012512$; $f(t) = a \cdot e^{\ln(1{,}0126)t}$ (t in Jahren ab 2010, f(t) in Mio.)
Aus $f\left(\frac{11}{12}\right) - f(0) = 80$ folgt $a \cdot e^{\frac{11}{12}\ln(1{,}0126)} - a = 80$ und hiermit $a \approx 6930{,}06$ (in Mio.).
$f(t) = 6930{,}06 \cdot e^{\ln(1{,}0126)t}$
b) Im Jahr 2000 galt: $f(-10) \approx 6114{,}45$.
Wachstumsfunktion $g(t^*) = 6114{,}46 \cdot e^{\ln(1{,}0126)t^*}$ (t* in Jahren ab 2000, g(t) in Mio.)
Aus $g(t^*) - g(0) = 80$ folgt $t^* = \frac{\ln\left(1 + \frac{80}{6114{,}46}\right)}{0{,}0125212} \approx 1{,}038$.
Im Jahr 2000 dauert es etwa ein Jahr.
Aus $f\left(t + \frac{9}{12}\right) - f(t) = 80$ folgt $e^{\ln(1{,}0126)t} = \frac{80}{6930{,}06 \cdot (e^{\frac{3}{4}\ln(1{,}1026)} - 1)} \approx 1{,}22349$

$\Rightarrow t = \frac{\ln(1{,}22349)}{\ln(1{,}0126)} \approx 16{,}11$. Im Jahr $2010 + 16{,}11 \approx 2026$ wird die Weltbevölkerung bereits innerhalb von 9 Monaten um 80 Mio. zunehmen.

11 Funktionsanpassung bei Exponentialfunktionen

S. 207 **1** a) Die Messpunkte $(x \mid \ln(y))$ liegen näherungsweise auf einer Geraden.
b) Aus $\ln(y) = kx + c$ erhält man $y = e^{kx+c} = e^c \cdot e^{kx} = a \cdot e^{kx}$; dies ist die Gleichung einer Exponentialfunktion.

S. 208 **2** a) Die Punkte liegen näherungsweise auf einer Geraden.
Exponentialfunktion: $z(t) = 4498 \cdot e^{0{,}2391t}$.
b) $z(48) \approx 432\,887\,100$

3 a) Transformation der Messwerte (wobei $x = 0$ dem Jahr 1900 entspricht):

x	0	40	50	60	70	80
w	33,0	69,8	88,6	122,4	142,6	174,2
ln(w)	3,496	4,246	4,484	4,807	4,960	5,160

Ansatz: $w = c \cdot e^{kx}$. Daraus folgt: $\ln(w) = k \cdot x + \ln(c)$.
$\ln(w) = m \cdot x + b$; $m = \frac{5{,}16 - 3{,}496}{80} \approx 0{,}0208$; $b \approx 3{,}496$.
Daraus folgt $k = m = 0{,}0209$. $\ln(c) = 3{,}49650 \Rightarrow c = 33$.
Die Funktionsanpassung liefert also: $w(x) = 33 \cdot e^{0{,}0208 \cdot x}$.

S. 208 **3** a)

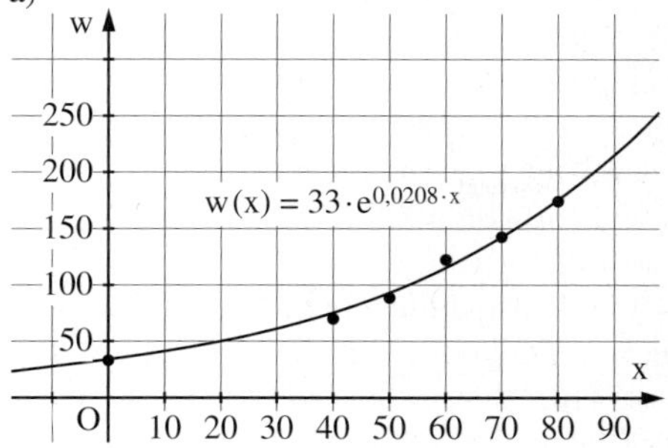

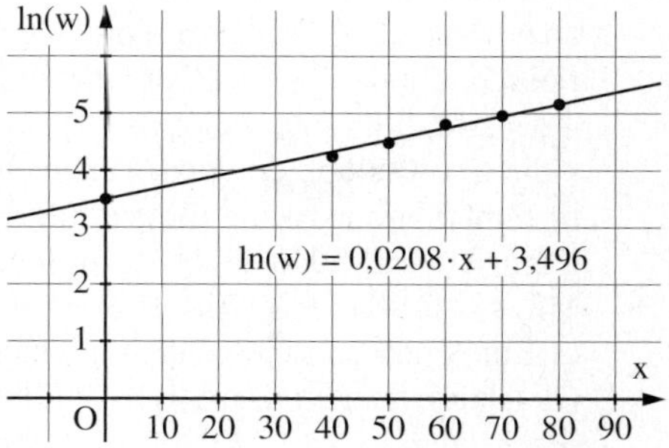

b) $T_V = \frac{\ln(2)}{0{,}0208} = 33{,}32$ (Jahre)

c) w(95) = 238,05 (km³). In Wirklichkeit liegt der Wasserverbrauch bei 200,5 km³; d. h., der Verbrauch steigt nicht mehr weiter exponentiell.

4 a) Trägt man die Umsatzzahlen y von 1994 bis 1998 in ein t, ln y-Koordinatensystem ein, so erhält man näherungsweise eine Ausgleichsgerade mit der Gleichung $y = 0{,}239t + 0{,}429$. Die Wachstumsfunktion ist damit f mit $f(t) = 1{,}536 \cdot e^{0{,}239t}$ (t in Jahren ab 1994, f(t) in Mrd. US-Dollar).

b)

Jahr ab 1994	5 (1999)	6 (2000)	7 (2001)	8 (2002)	9 (2003)	10 (2004)
Prognose	5,10	6,56	8,50	11,08	14,40	18,75
Anpassung f(t)	5,08	6,45	8,19	10,40	13,22	16,79
Abweichung in %	0,4	1,7	3,6	6,1	8,2	11,7

Offensichtlich gehen die Prognosen von einem noch stärker steigenden Wachstum aus.

c) Im Zeitraum von 1994 bis 1998 erhält man mithilfe der Funktionsanpassung aus der Gleichung $k = \ln\left(1 + \frac{p}{100}\right)$ mit $k = 0{,}239$ für $p \approx 27$, d. h. ein mittleres jährliches Wachstum von etwa 27 %. Für den gesamten Zeitraum folgt aus $\frac{18{,}75}{1{,}53} = \left(1 + \frac{p}{100}\right)^{10}$ für $p \approx 28{,}5$; d. h. über den gesamten Zeitraum ein mittleres jährliches Wachstum von etwa 28,5 %.

5 Zeitraum 1900–1960: Ausgleichsgerade mit der Gleichung: $y = 0{,}0455t + 5{,}6287$
Wachstumsfunktion f mit $f(t) = 278 \cdot e^{0{,}0455t}$ (t in Jahren ab 1900, f(t) in Tausend)
f(90) = 16 690,94 ≈ 16 691 (in Tausend), d. h. 16,69 Millionen.
Zeitraum 1900–1980: Ausgleichsgerade mit der Gleichung: $y = 0{,}0475t + 5{,}5865$
Wachstumsfunktion g mit $g(t) = 266{,}8 \cdot e^{0{,}0475t}$ (t in Jahren ab 1900, g(t) in Tausend)
g(90) = 19 177,62 ≈ 19 178 (in Tausend), d. h. 19,18 Millionen.
Die erste Anpassung liefert den besseren Wert (Abweichung 10,5 %).
Das Wachstum war in den Jahren von 1960 bis 1980 besonders stark. Inzwischen sind aber Abflachungen im Wachstum sichtbar – insgesamt ist sogar ein etwas schwächeres Wachstum als in den Jahren von 1900 bis 1960 zu beobachten.

S. 208 **6** a) Eine exponentielle Anpassung über den gesamten Zeitraum liefert f mit $f(t) = 36{,}582 \cdot e^{0{,}0856\,t}$ (t in Jahren ab 1907, f(t) in Tausend).
f beschreibt die Entwicklung unzureichend, z. B.
– der Abfall im Intervall zwischen 1939 und 1950 wird nicht berücksichtigt.
– die Entwicklung der letzten Jahrzehnte wird ganz falsch beschrieben.
b) Funktionsanpassung für den Zeitraum von 1907 bis 1939 ergibt die gute Anpassung g mit $g(t) = 14{,}046 \cdot e^{0{,}1456\,t}$ (t in Jahren ab 1907, g(t) in Tausend).
Mit $k \approx 0{,}1456$ folgt $p = 100 \cdot (e^k - 1) \approx 15{,}67$ als jährliche prozentuale Zunahme.
c) Eine Funktionsanpassung mit einer linearen Funktion erscheint angemessen. Die Gleichung lautet h mit $h(t) = 974{,}986 \cdot t + 5416{,}268$ (t in Jahren ab 1960, h(t) in Tausend) oder $\overline{h}(t) = 974{,}986 \cdot t - 46\,258$ (t in Jahren ab 1907, $\overline{h}(t)$ in Tausend).
Erwarteter Bestand im Jahr 2010: $h(50) \approx 54\,165{,}6$ (in Tausend).

Randspalte: Einwohnerzahl E in Deutschland z. B. 1999:
$E = \frac{42\,321 \cdot 10^3}{\frac{516}{1000}} \approx 82{,}023 \cdot 10^6$, d. h. etwa 82 Mio.

VIII Gebrochenrationale und trigonometrische Funktionen

1 Verschieben von Graphen von Funktionen

S. 212 **1** a) Die Graphen von g entstehen aus dem Graphen von f durch Verschiebung um $|b|$ in y-Richtung. Die Verschiebung erfolgt für $b > 0$ in positive y-Richtung, für $b < 0$ entgegen der positiven Richtung.
b) Die Graphen von g entstehen aus dem Graphen von f durch Verschiebung um $|a|$ in x-Richtung. Die Verschiebung erfolgt für $a > 0$ in positive x-Richtung, für $a < 0$ entgegen der positiven x-Richtung.
c) Die Graphen von g entstehen aus dem Graphen von f durch Verschiebung um $|a|$ in x-Richtung und um $|b|$ in y-Richtung. Die Verschiebung erfolgt für $a > 0$ in positive x-Richtung, für $a < 0$ entgegen der positiven x-Richtung, für $b > 0$ in positive y-Richtung, für $b < 0$ entgegen der positiven y-Richtung.
d) Die Graphen von g entstehen aus dem Graphen von f durch Stauchung $(0 < |c| < 1)$ oder Streckung $(|c| > 1)$ in y-Richtung. Ist $c < 0$, so erfolgt noch zusätzlich eine Spiegelung des erhaltenen Graphen an der x-Achse. Für $c = 0$ erhält man die x-Achse.

2 Fig. 1: blauer Graph: $g(x) = 2^{x-2}$; grüner Graph: $h(x) = 2^{x+1}$
Fig. 2: blauer Graph: $g(x) = 2^x + 1$; grüner Graph: $h(x) = 2^{x-1} + 2$

S. 214 **3** a) blauer Graph: $g(x) = \frac{1}{x+1} - 2$; roter Graph: $h(x) = \frac{1}{x-2} + 1$
b) blauer Graph: $g(x) = \frac{1}{(x-2)^4} + 3$; roter Graph: $h(x) = \frac{1}{(x+3)^4} - 2$
c) blauer Graph: $g(x) = (x+3) - 2\cdot\sqrt{x+3}$;
roter Graph: $h(x) = x - 1 + 2\cdot\sqrt{x-1} + 4 = x + 3 + 2\cdot\sqrt{x-1}$
d) blauer Graph: $g(x) = \sin(x+1)$; roter Graph: $h(x) = \sin(x+1) - 1$
e) blauer Graph: $g(x) = 2\cdot\cos(x+2) + 1$; roter Graph: $h(x) = 2\cdot\cos(x-2) - 1$
f) blauer Graph: $g(x) = e^{x-2} - 1$; roter Graph: $h(x) = e^{x-2} - 0{,}5$

4 a) $g(x) = (x-4)^2 + 1$
b) $g(x) = x + 1 + \frac{2}{x+1} + 6 = x + 7 + \frac{2}{x+1}$
c) $g(x) = e^{-(x+1)^2} - 1$
d) $g(x) = \sin(x - \pi) + \pi$
e) $g(x) = 2 + 3 = 5$
f) $g(x) = 2^{x+3} - 2$

5 a) Asymptoten: $x = 1$; $y = 4$; $g(x) = \frac{1}{x^2}$; Graphen von f und g (Fig. 1 nächste Seite)
b) Asymptoten: $x = -2$; $y = -1{,}5$; $g(x) = x^{-3}$; Graphen von f und g (Fig. 2 nächste Seite)
c) Asymptoten: $x = 0{,}5$; $y = 2$; $g(x) = \frac{3}{x}$; Graphen von f und g (Fig. 3 nächste Seite)
d) Asymptoten: $x = 1$; $y = 0$; $g(x) = e^{-x} + \frac{1}{x}$; Graphen von f und g (Fig. 4 nächste Seite)

S. 214 **5**

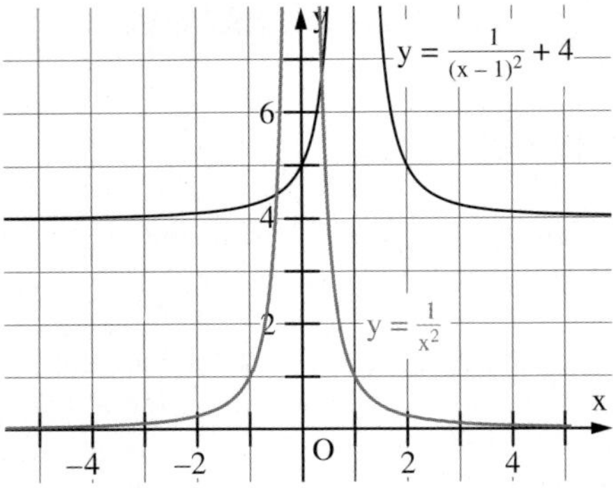

Fig. 1

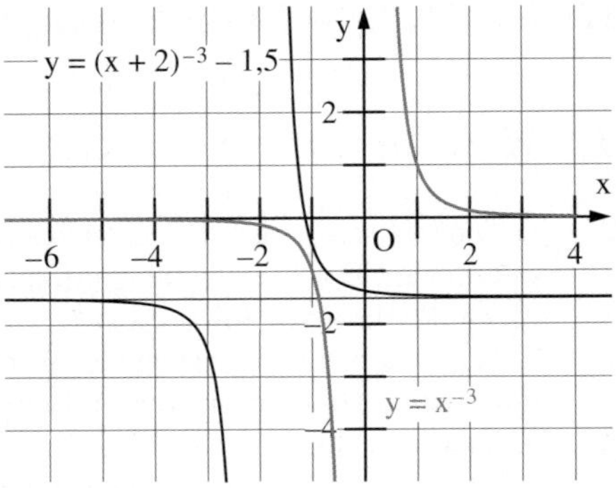

Fig. 2

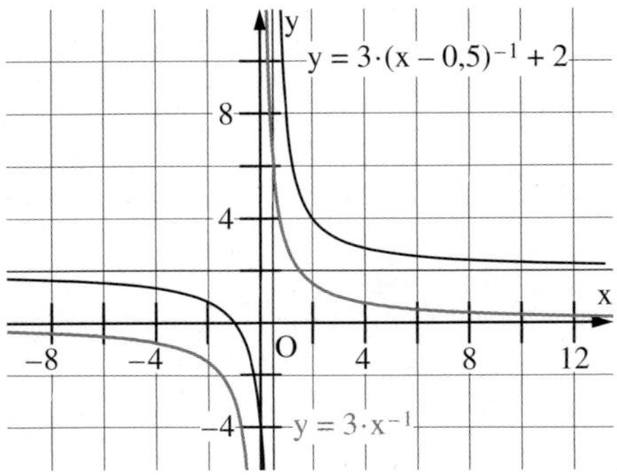

Fig. 3

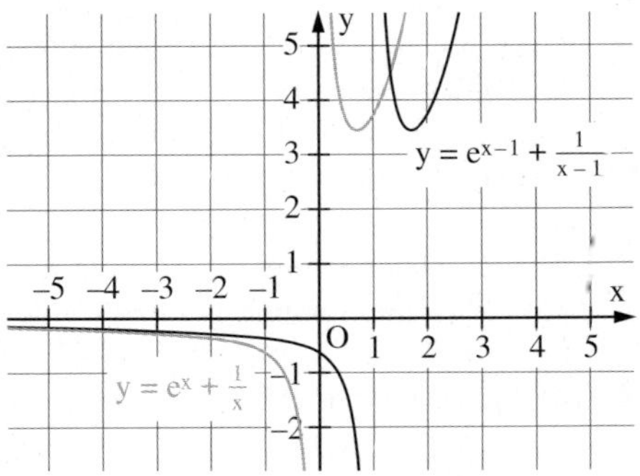

Fig. 4

6 a) $g(x) = \sin(x)$

$N\left(\frac{\pi}{2} + 2 \middle| 0\right)$; $H = N$;

$T_1\left(\frac{3}{2}\pi + 2 - 2\pi \middle| -2\right) = T_1\left(2 - \frac{1}{2}\pi \middle| -2\right)$

(Fig. 5)

b) $g(x) = \sin(x)$; Keine Nullstelle;

$H(\pi|-1)$; $T(0|-3)$; (Fig. 6)

c) $g(x) = -\sin(x)$

Keine Nullstelle; $T\left(\frac{\pi}{2} - 1 \middle| 1\right)$; $H\left(\frac{3\pi}{2} - 1 \middle| 3\right)$

(Fig. 7)

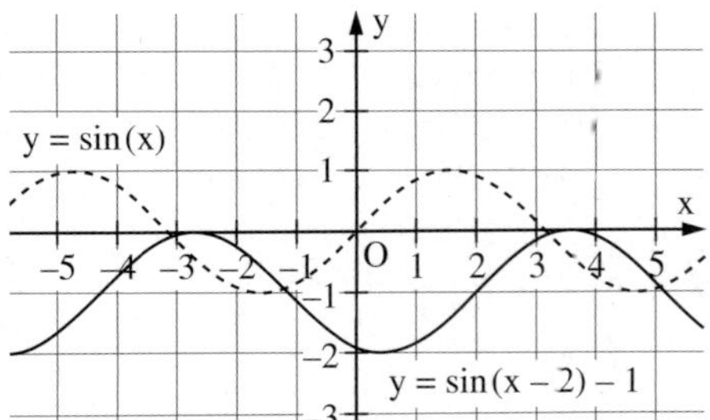

Fig. 5

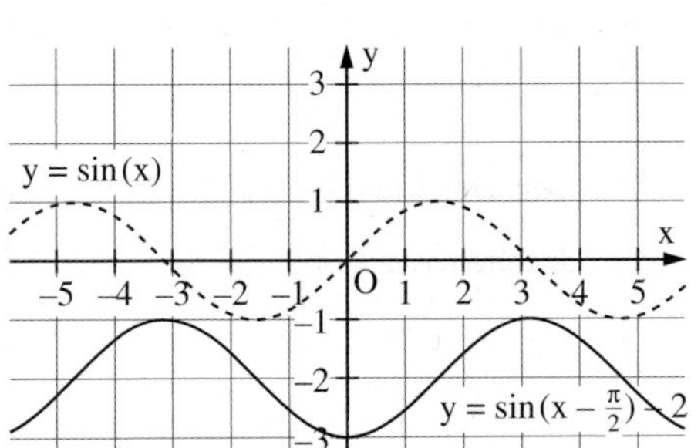

Fig. 6

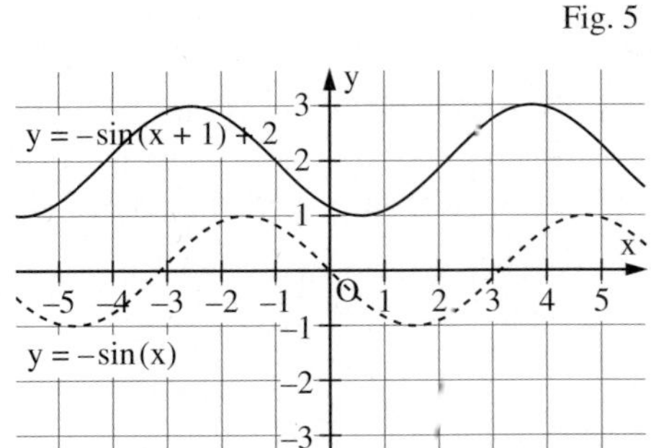

Fig. 7

S. 214 **7** a) Durch eine Verschiebung des Graphen von g um 2 nach rechts und um 3 nach oben ergibt sich der Graph der Funktion f mit $f(x) = 2 \cdot \sin(x - 2) + 3$.
b) Durch eine Verschiebung des Graphen von g um 1 nach links und um 4 nach unten ergibt sich der Graph der Funktion f mit $f(x) = (x + 1)^2 - 4 = x^2 + 2x - 3$.
c) Man erkennt aus Fig. 1, dass die Graphen von f und g nicht durch Verschiebung auseinander hervorgehen.
d) Durch eine Verschiebung des Graphen von g um 2 nach links und um 2 nach oben ergibt sich der Graph der Funktion f mit $f(x) = (x + 2)^{-1} + (x + 2) + 2$
$= (x + 2)^{-1} + x + 4$.

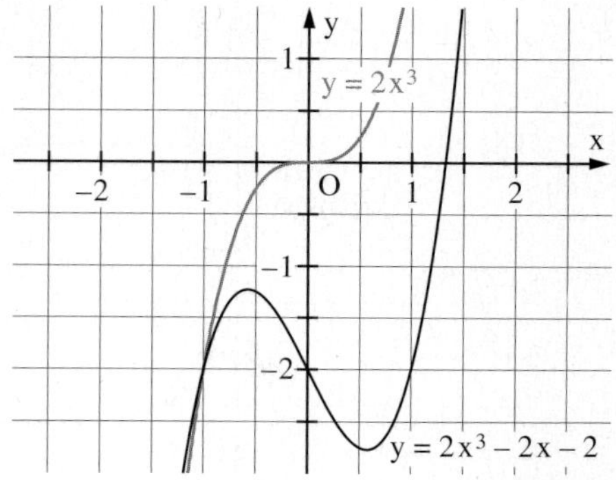

Fig. 1

8 a) Die gesuchte Funktion g ist $g(x) = 2 \cdot (x + 2)^{-3} + 3$ (Fig. 2).
b) Die gesuchte Funktion g ist $g(x) = 2 \cdot (x - 3)^{-3} + 1$. Die Zwischenfunktion h ist $h(x) = 2 \cdot (x - 1)^{-3} - 2$ (Fig. 3).
c) $g(x) = 2 \cdot (x + 2)^{-3} + 0{,}75$, da $\vec{v} = \begin{pmatrix} 0 - 2 \\ 1 - 0{,}75 \end{pmatrix} = \begin{pmatrix} -2 \\ 0{,}25 \end{pmatrix}$ ist (Fig. 1 n. Seite).

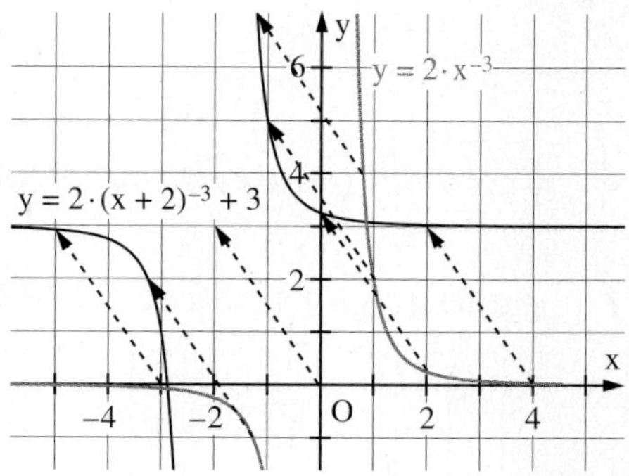

Fig. 2

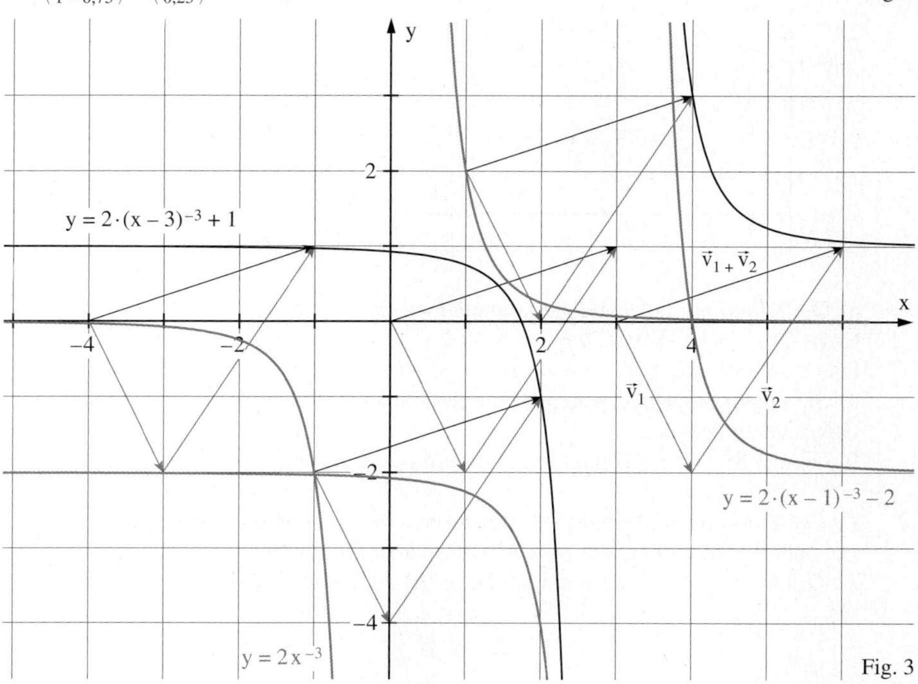

Fig. 3

S. 214 **8**

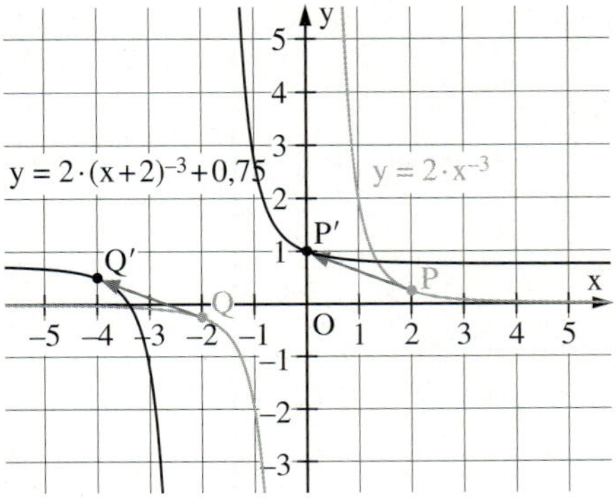

Fig. 1

2 *Eigenschaften gebrochenrationaler Funktionen*

S. 215 **1** a) f mit $f(x) = 3{,}5\,x + 400$

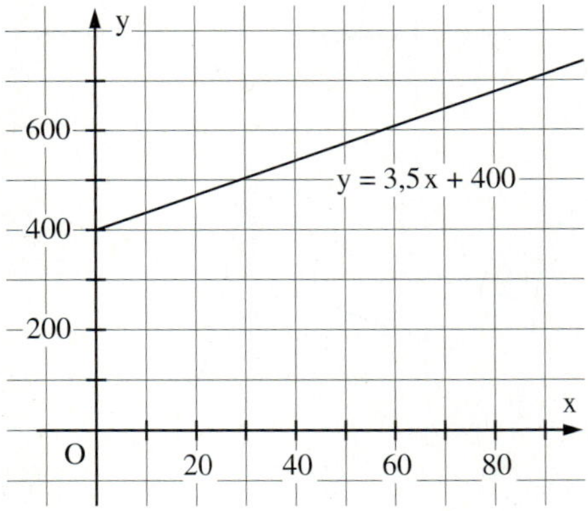

b) g mit $g(x) = 3{,}5 + \frac{400}{x}$

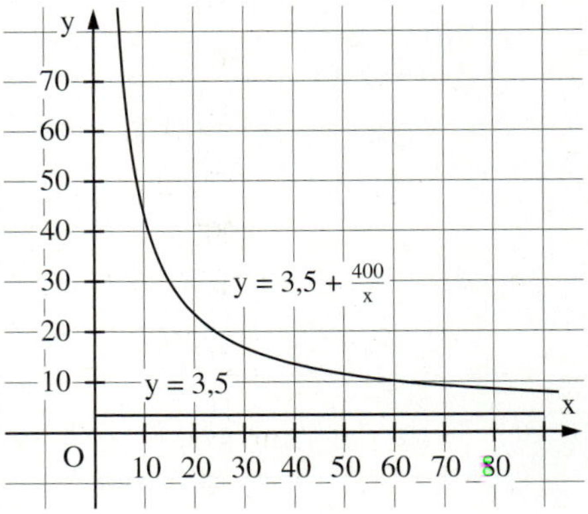

c) Die Funktion f ist eine ganzrationale Funktion.
Es ist $D_f = \{x \mid x \geqq 0\}$; $D_g = \{x \mid x > 0\}$.
Für $x \to +\infty$ gilt $f(x) \to +\infty$; für $x \to +\infty$ gilt dagegen $g(x) \to +3{,}5$.
d) Bei einem Stückpreis von 3,60 € müsste man 4000 Kalender verkaufen, um die Unkosten zu decken.
Bei einem Stückpreis von 3,50 € kommt die Arbeitsgemeinschaft nie auf ihre Kosten.

S. 217 **2** Zu den Funktionen (3) und (5) liegen keine Graphen vor, da bei diesen in $x_0 = 2$ ein Pol ohne VZW vorliegt, ein solcher Graph aber nicht vorkommt.
Zu Graph (a) gehört die Funktion (2), zu (b) die Funktion (4) und zu (c) die Funktion (1).

S. 217 **3** a) $f(x) = \frac{-2}{x-4}$; $D_f = \mathbb{R} \setminus \{4\}$; Polstelle mit VZW $x_0 = 4$; keine Schnittpunkte mit der x-Achse; Asymptoten $x = 4$ und $y = 0$.
b) $f(x) = \frac{-4}{x-2}$; $D_f = \mathbb{R} \setminus \{2\}$; Polstelle mit VZW $x_0 = 2$; keine Schnittpunkte mit der x-Achse; Asymptoten $x = 2$ und $y = 0$.
c) $f(x) = \frac{1}{(x-2)^2}$; $D_f = \mathbb{R} \setminus \{2\}$; Polstelle ohne VZW $x_0 = 2$; keine Schnittpunkte mit der x-Achse; Asymptoten $x = 2$ und $y = 0$.
d) $f(x) = \frac{x}{x-3}$; $D_f = \mathbb{R} \setminus \{3\}$; Polstelle mit VZW $x_0 = 3$; Schnittpunkt mit der x-Achse $X(0|0)$; Asymptoten $x = 3$ und $y = 1$.
e) $f(x) = \frac{x+2}{x}$; $D_f = \mathbb{R} \setminus \{0\}$; Polstelle mit VZW $x_0 = 0$; Schnittpunkt mit der x-Achse $X(-2|0)$; Asymptoten $x = 0$ und $y = 1$.
f) $f(x) = \frac{x+2}{x+4}$; $D_f = \mathbb{R} \setminus \{-4\}$; Polstelle mit VZW $x_0 = -4$; Schnittpunkt mit der x-Achse $X(-2|0)$; Asymptoten $x = -4$ und $y = 1$.
g) $f(x) = \frac{x+1}{x}$; $D_f = \mathbb{R} \setminus \{0\}$; Polstelle mit VZW $x_0 = 0$; Schnittpunkt mit der x-Achse $X(-1|0)$; Asymptoten $x = 0$ und $y = 1$.
h) $f(x) = \frac{x+2}{x-4}$; $D_f = \mathbb{R} \setminus \{4\}$; Polstelle mit VZW $x_0 = 4$; Schnittpunkt mit der x-Achse $X(-2|0)$; Asymptoten $x = 4$ und $y = 1$.
i) $f(x) = \frac{x-1}{(x-4)^2}$; $D_f = \mathbb{R} \setminus \{4\}$; Polstelle mit VZW $x_0 = 4$; Schnittpunkt mit der x-Achse $X(1|0)$; Asymptoten $x = 4$ und $y = 0$.
j) $f(x) = \frac{x^2}{2(x-3)}$; $D_f = \mathbb{R} \setminus \{3\}$; Polstelle ohne VZW $x_0 = 3$; Schnittpunkt mit der x-Achse $X(0|0)$; Asymptote $x = 3$.

4 a) $f(x) = \frac{(x-4)-4}{(x-1)(x+1)}$ hat die Nullstelle $x_0 = 8$ und die Polstellen $x_1 = -1$ und $x_2 = 1$.
b) $f(x) = \frac{(x+4)^2}{(x-1)(x+1)}$ hat die Nullstelle $x_0 = -4$ und die Polstellen $x_1 = -1$ und $x_2 = 1$.
c) $f(x) = \frac{x^2-4}{x^2-1}$ hat die Nullstellen $x_0 = -2$ und $x_1 = 2$ und die Polstellen $x_2 = -1$ und $x_3 = 1$.
d) $f(x) = \frac{x^2-1}{x^2-16}$ hat die Nullstellen $x_0 = -1$ und $x_1 = 1$ und die Polstellen $x_2 = -4$ und $x_3 = 4$.
e) $f(x) = \frac{x^2-16}{x^2-1}$ hat die Nullstellen $x_0 = -4$ und $x_1 = 4$ und die Polstellen $x_2 = -1$ und $x_3 = 1$.

5 a) $f(x) = \frac{x}{x^2+1}$; $g(x) = \frac{x^2-1}{4x^4+9}$
b) $f(x) = \frac{1}{x-3}$; $g(x) = \frac{x^2-1}{(x-3)^3}$
c) $f(x) = \frac{1}{(x-3)^2}$; $g(x) = \frac{x^2-10}{(x-3)^{10}}$
d) $f(x) = \frac{x^2-1}{(x-3)^2}$; $g(x) = \frac{2x^2-2}{(x-3)^4}$
e) $f(x) = \frac{x-1}{x^2+1}$; $g(x) = \frac{x^2-1}{5x^6+23}$
f) $f(x) = \frac{(x-1)\cdot(x+1)}{(x-2)^2(x+2)^2}$

S. 217 **6** a) $y = x$ b) $y = \frac{1}{2}x$ c) $y = x - 2$ d) $y = -2x + 2$
e) $y = x^2$ f) $y = 2x^2$ g) $y = x^2 - 2x + 8$ h) $y = \frac{3}{2}x^3 - \frac{1}{2}x + 1$

7 a) $f(x) = \frac{x^2 - 1}{x}$ b) $f(x) = \frac{-x^2 + 1}{x}$ c) $f(x) = \frac{1}{2}x + \frac{1}{x - 2}$ d) $f(x) = 2x + 1 + \frac{1}{x - 1}$

3 *Funktionsuntersuchungen gebrochenrationaler Funktionen*

S. 218 **1** Es kommen hinzu die Untersuchung auf hebbare Lücken und auf Näherungsfunktionen für $|x|$.

2 (1) Man gibt die Funktionen einzeln ein und zeichnet gleichzeitig ihre Graphen.
(2) Man gibt die Werte für den Parameter in einer Liste mit dem Namen t ein und gibt anschließend die Funktion ein (Fig. 1; Fig. 2).
(3) Man gibt die Funktion mit Parameter mehrmals ein (Fig. 3) und belegt anschließend die Parameter mit verschiedenen Werten (Fig. 4). Auf diese Weise erreicht man eine große Flexibilität.

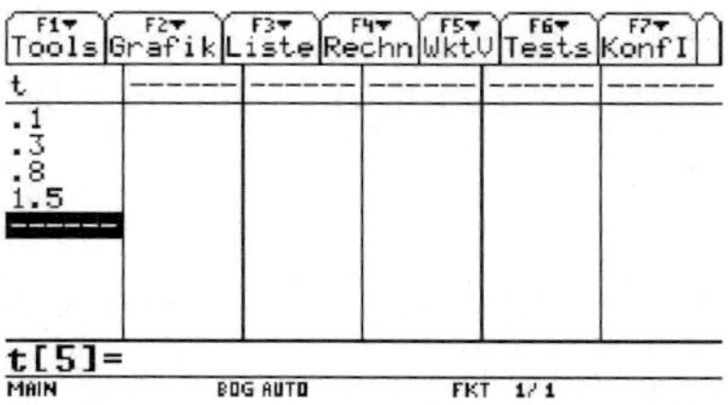

Fig. 1

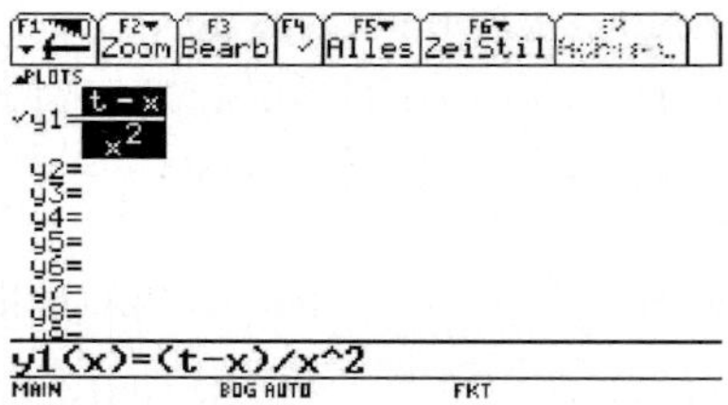

Fig. 2

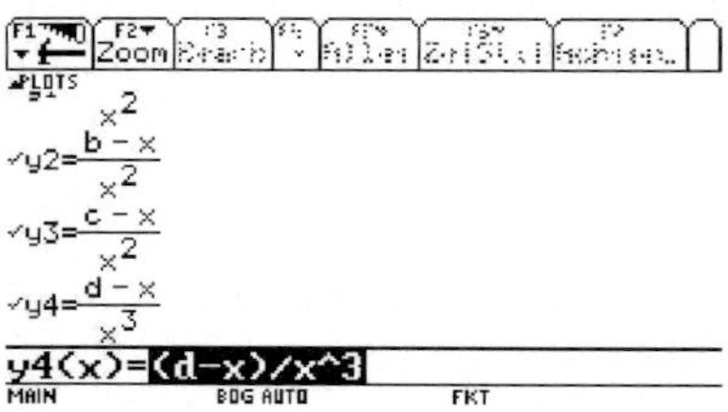

Fig. 3

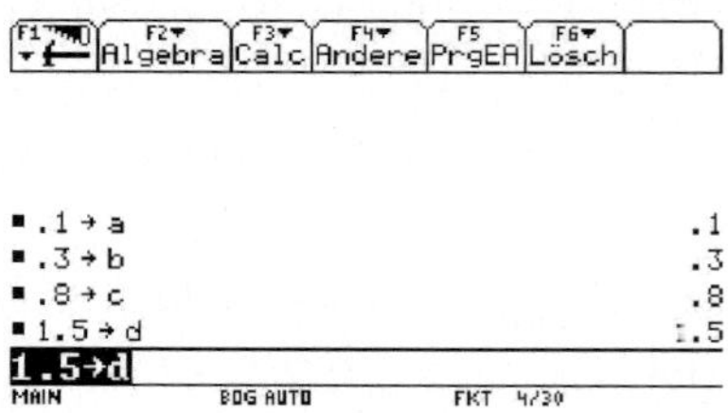

Fig. 4

S. 220 **3** a) Die Figur rechts zeigt den Graphen von $f(x) = \frac{2 - x^2}{x^2 - 9}$.

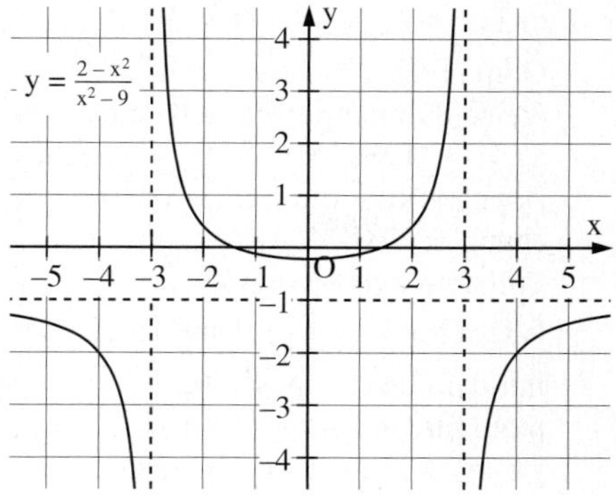

b) $D_f = \mathbb{R} \setminus \{-3; 3\}$.
Da $f(-x) = \frac{2 - (-x)^2}{(-x)^2 - 9} = \frac{2 - x^2}{x^2 - 9} = f(x)$, ist der Graph achsensymmetrisch zur y-Achse.
Polstellen mit VZW sind $x_0 = -3$ und $x_1 = 3$.
Nullstellen sind $x_2 = -\sqrt{2}$ und $x_3 = \sqrt{2}$.
Asymptoten sind die Geraden mit den Gleichungen $x = -\sqrt{2}$; $x = \sqrt{2}$ und $y = -1$.

c) $f'(x) = \frac{(x^2 - 9)\cdot(-2x) - 2x\cdot(2 - x^2)}{(x^2 - 9)^2} = \frac{-2x^3 + 18x - 4x + 2x^3}{(x^2 - 9)^2} = \frac{14x}{(x^2 - 9)^2}$;

$f''(x) = \frac{(x^2 - 9)^2\cdot 14 - 14x\cdot 4x(x^2 - 9)}{(x^2 - 9)^4} = 14\cdot\frac{x^2 - 9 - 4x^2}{(x^2 - 9)^3} = -42\cdot\frac{x^2 + 3}{(x^2 - 9)^3}$.

$f'(x) = 0$ für $x_0 = 0$; $f''(0) = 0$ für $x_0 = 0$; $f''(0) > 0$; also $T\left(0\middle|-\frac{2}{9}\right)$. Damit ist $-\frac{2}{9}$ ein relativer Extremwert. Absolute Extremwerte besitzt f nicht.
d) Wegen $f''(x) \neq 0$ für alle $x \in D_f$ gibt es keine Wendestellen.

4 a) $f(x) = \frac{x}{x - 1}$; $D_f = \mathbb{R} \setminus \{1\}$.
Graph rechts

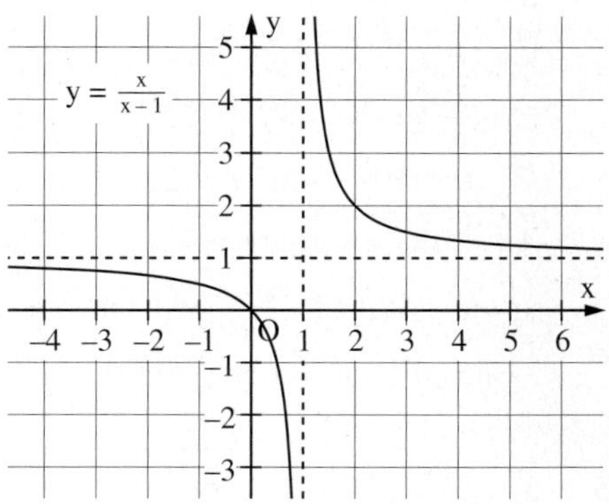

Keine Symmetrie; Polstelle mit VZW ist $x_0 = 1$; Nullstelle ist $x_1 = 0$; Asymptoten sind die Geraden mit den Gleichungen $x = 1$ und $y = 1$.
$f'(x) = \frac{x - 1 - x}{(x - 1)^2} = \frac{-1}{(x - 1)^2} < 0$ für alle $x \in D_f$, damit ist f in ganz D_f streng monoton fallend und besitzt keine Extremwerte.

b) $f(x) = \frac{2x + 1}{x - 2}$; $D_f = \mathbb{R} \setminus \{2\}$.
Graph rechts

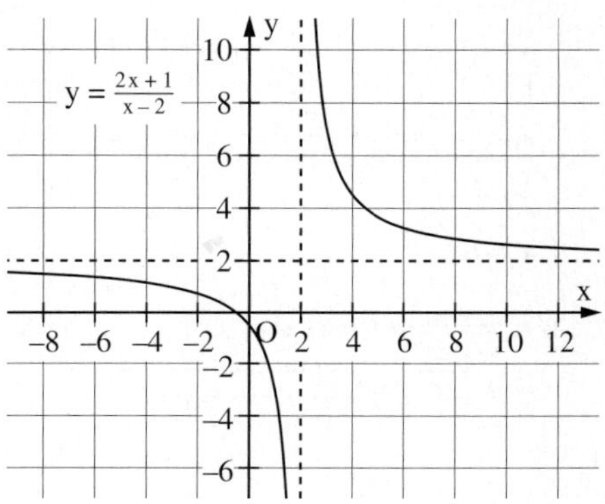

Keine Symmetrie; Polstelle mit VZW ist $x_0 = 2$; Nullstelle ist $x_1 = -0{,}5$; Asymptoten sind die Geraden mit den Gleichungen $x = 2$ und $y = 2$.
$f'(x) = \frac{(x - 2)\cdot 2 - (2x + 1)}{(x - 2)^2} = -\frac{5}{(x - 2)^2} < 0$;
damit ist f streng monoton fallend in D_f.

S. 220 **4** c) $f(x) = \frac{x^2 + 2x + 5}{2(x+1)}$; $D_f = \mathbb{R} \setminus \{-1\}$.

Graph rechts

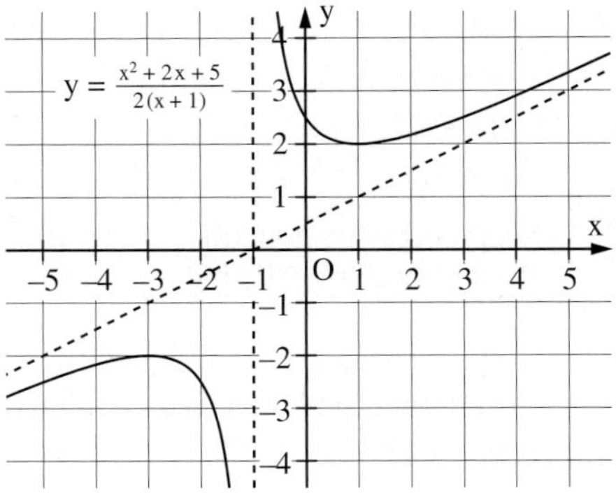

Keine Symmetrie; Polstelle mit VZW ist $x_0 = -1$; keine Nullstelle; senkrechte Asymptote ist die Gerade mit der Gleichung $x = -1$.

Polynomdivision ergibt:

$f(x) = \frac{x}{2} + \frac{1}{2} + \frac{2}{x+1}$; damit ist die Gerade mit der Gleichung $y = 0{,}5\,x + 0{,}5$ Asymptote für $|x| \to \infty$.

$f'(x) = \frac{1}{2} - \frac{2}{(x+1)^2}$; $f''(x) = \frac{4}{(x+1)^3}$.

Aus $f'(x) = 0$ erhält man $(x+1)^2 = 4$; also $x_1 = -3$; $x_2 = 1$. Wegen $f''(-3) < 0$ ist $f(-3) = -2$ relatives Maximum der Funktion und wegen $f''(1) > 0$ ist $f(1) = 2$ relatives Minimum der Funktion.

d) $f(x) = \frac{x^2 - 4}{x^2 + 1}$; $D_f = \mathbb{R}$. Graph rechts

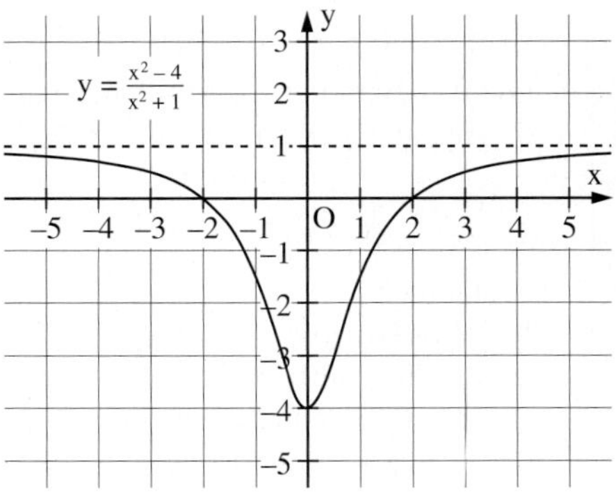

Wegen $f(-x) = f(x)$ Symmetrie zur y-Achse; keine Polstelle; Nullstellen sind $x_0 = -2$ und $x_1 = 2$. Asymptote $y = 1$ für $|x| \to \infty$.

$f'(x) = \frac{(x^2+1)\cdot 2x - (x^2-4)\cdot 2x}{(x^2+1)^2} = \frac{10x}{(x^2+1)^2}$;

$f''(x) = 10 \cdot \frac{(x^2+1)^2 - x \cdot 4x \cdot (x^2+1)}{(x^2+1)^4} = 10 \cdot \frac{1 - 3x^2}{(x^2+1)^3}$

$f'''(x) = 120 \cdot \frac{x^3 - x}{(x^2+1)^4}$

Aus $f''(x) = 0$ ergibt sich $x_2 = -\frac{1}{\sqrt{3}}$ und $x_3 = \frac{1}{\sqrt{3}}$. Wegen $f'''\left(\frac{1}{\sqrt{3}}\right) \neq 0$ und der Symmetrie zur y-Achse sind $W_1\left(-\frac{1}{\sqrt{3}} \middle| -\frac{11}{4}\right)$ und $W_2\left(\frac{1}{\sqrt{3}} \middle| -\frac{11}{4}\right)$ Wendepunkte.

5 a) $f(x) = \frac{8}{4 - x^2}$; $D_f = \mathbb{R} \setminus \{-2; 2\}$; Symmetrie zur y-Achse;

Polstellen $x_0 = -2$; $x_1 = 2$. Gleichungen der Asymptoten $x = -2$; $x = 2$; $y = 0$. Tiefpunkt $T(0|2)$. Da der Graph von f'' keine Nullstelle besitzt (Fig. 1, Fig. 2 und Fig. 1, S. 197), liegt kein Wendepunkt vor.

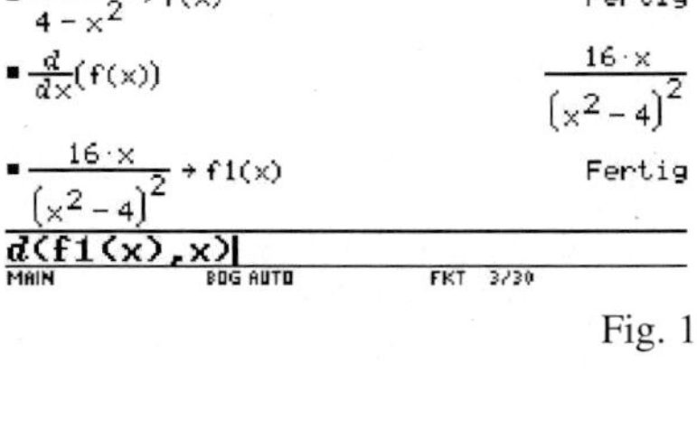

Fig. 1

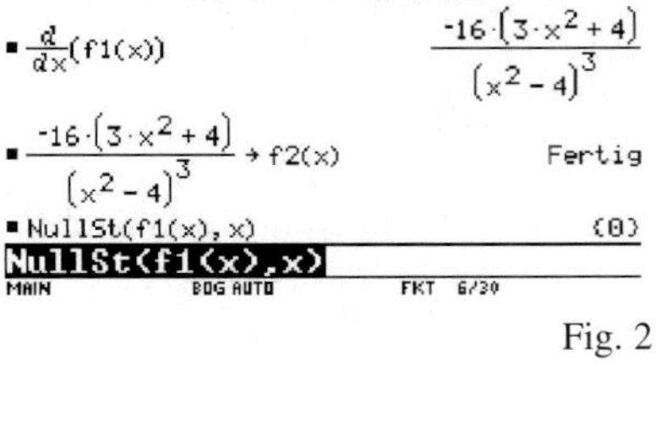

Fig. 2

S. 220 **5** a)

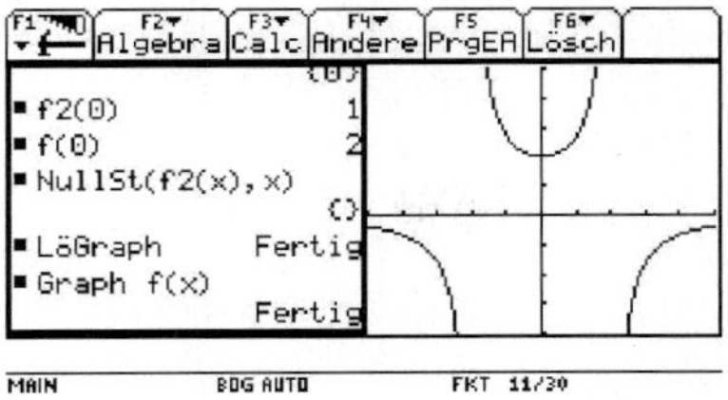

Fig. 1

b) $f(x) = \frac{4 + x^2}{x^2 - 9}$; $D_f = \mathbb{R} \setminus \{-3; 3\}$; Symmetrie zur y-Achse; Polstellen $x_0 = -3$; $x_1 = 3$; keine Nullstellen; Gleichungen der Asymptoten $x = -3$; $x = 3$; $y = 1$. Hochpunkt $H\left(0 \middle| -\frac{4}{9}\right)$. Da der Graph von f″ keine Nullstelle besitzt, liegt kein Wendepunkt vor.

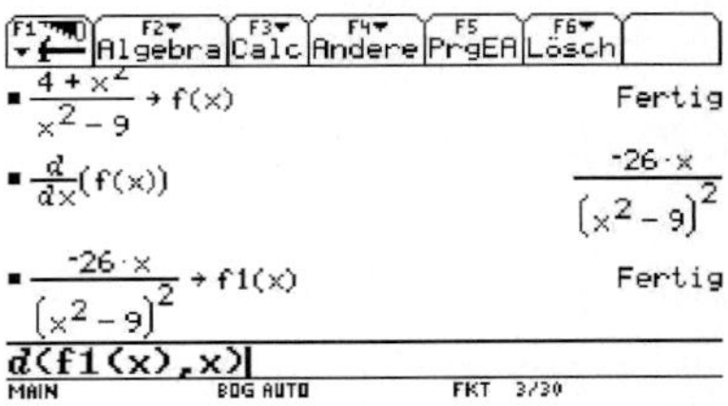

Fig. 2

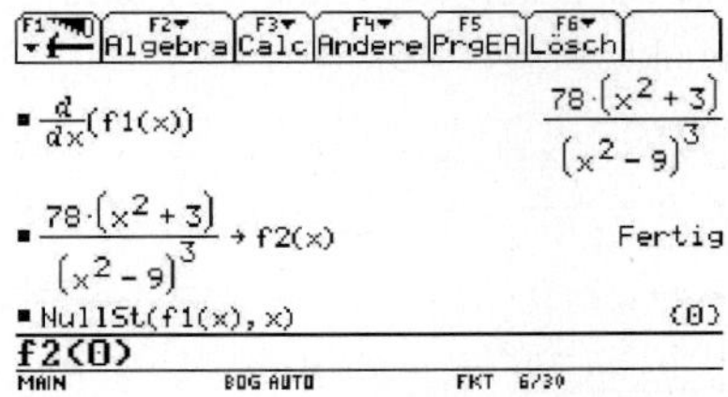

Fig. 3

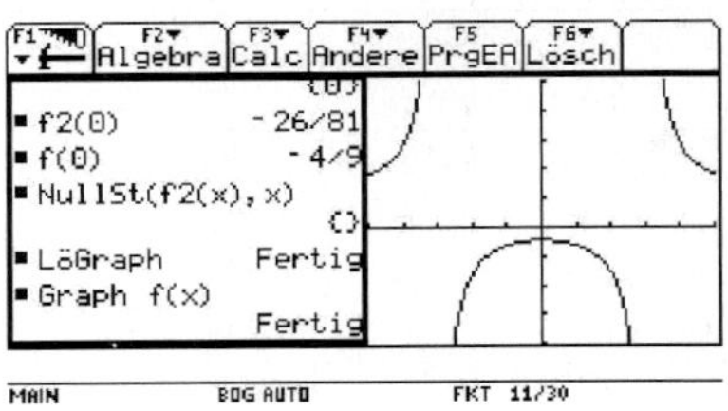

Fig. 4

c) $f(x) = \frac{x^2 - 4}{x^2 + 2}$; $D_f = \mathbb{R}$; Symmetrie zur y-Achse; keine Polstellen; Nullstellen $x_0 = -2$; $x_1 = 2$. Gleichung der Asymptote $y = 1$. Tiefpunkt $T(0|-2)$.

Da der Graph von f″ die Nullstellen $x_2 \approx -\frac{\sqrt{6}}{3}$ und $x_3 \approx \frac{\sqrt{6}}{3}$ besitzt, liegen zwei Wendepunkte vor: $W_1\left(-\frac{\sqrt{6}}{3} \middle| -\frac{5}{4}\right)$; $W_2\left(\frac{\sqrt{6}}{3} \middle| -\frac{5}{4}\right)$.

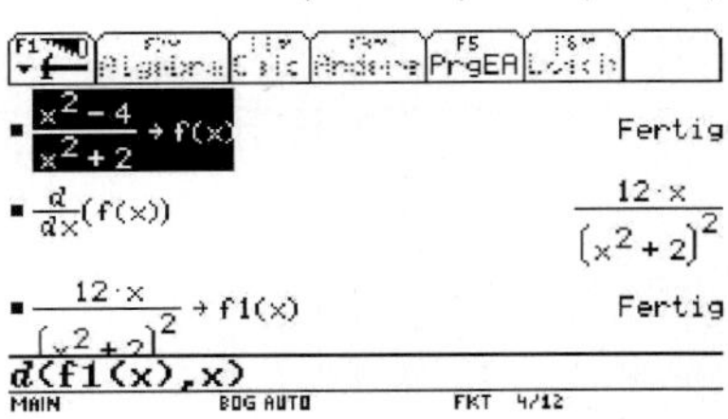

Fig. 5

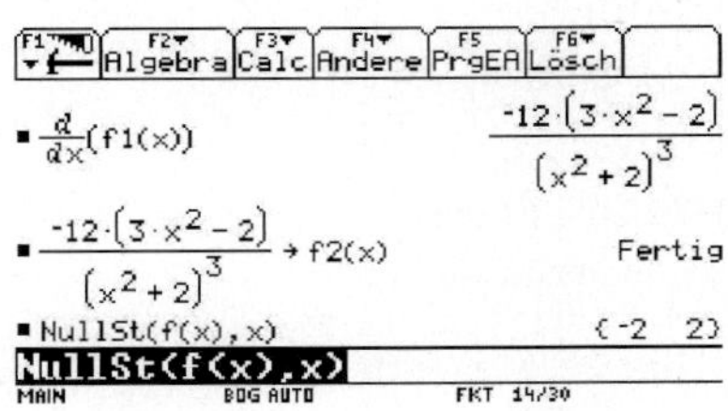

Fig. 6

S. 220 **5** c)

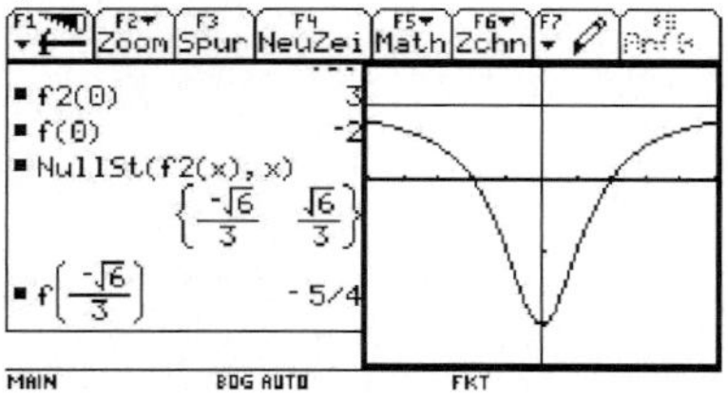

Fig. 1

d) $f(x) = \frac{3x^2 - 3x}{(x-2)^2}$; $D_f = \mathbb{R} \setminus \{2\}$; keine Symmetrie; Polstelle ohne VZW $x_0 = 2$;
Nullstellen $x_1 = 0$; $x_2 = 1$. Gleichungen der Asymptoten $x = 2$; $y = 3$.
Tiefpunkt $T\left(\frac{2}{3}\middle|-\frac{3}{8}\right)$.
Da der Graph von f″ die Nullstelle $x_3 \approx 0$ besitzt (Fig. 2 bis Fig. 5), liegt ein Wendepunkt vor: W(0|0).

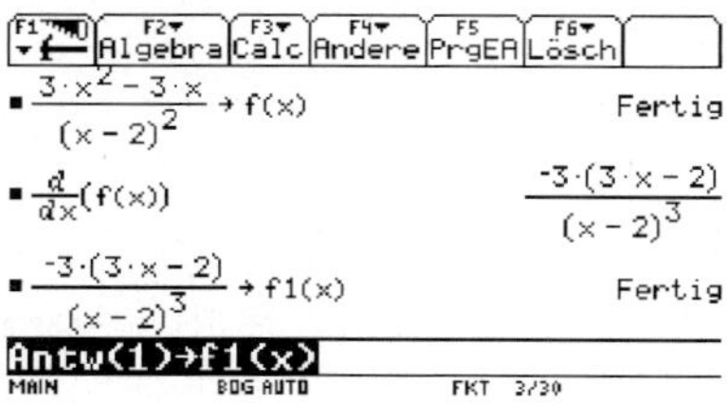

Fig. 2

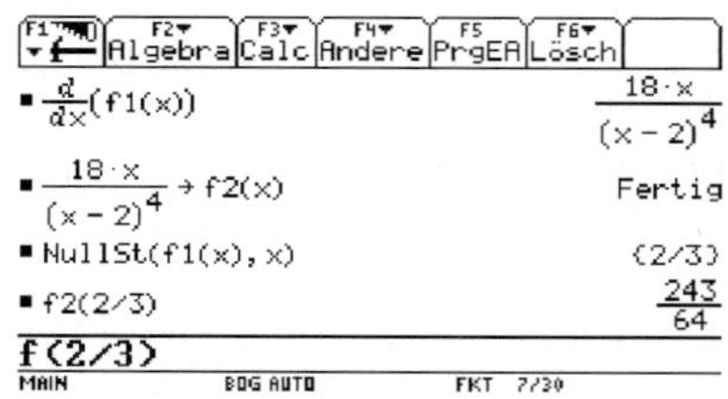

Fig. 3

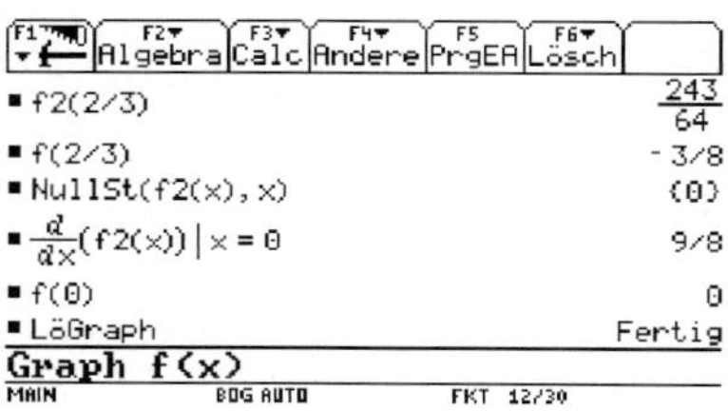

Fig. 4

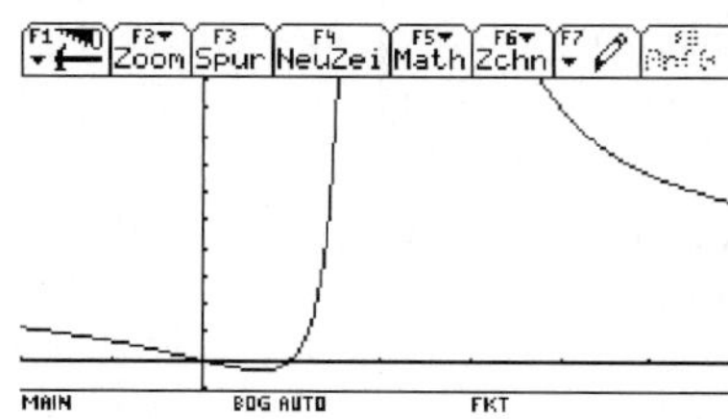

Fig. 5

6 a) $D = \mathbb{R} \setminus \{1\}$; keine Symmetrie;
Polstellen: $x_1 = 1$;
$f(x) = \frac{x^2}{x-1} = x + 1 + \frac{1}{x-1}$;
N(0|0);
Asymptoten: $x = 1$; $y = x + 1$;
$f'(x) = \frac{x(x-2)}{(x-1)^2}$; $f''(x) = \frac{2}{(x-1)^3}$;
H(0|0); T(2|4);
keine Wendestellen

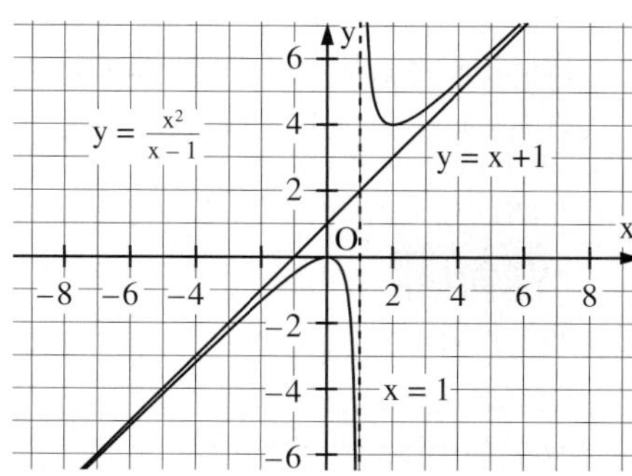

S. 220 **6** b) $D = \mathbb{R} \setminus \{-1; 1\}$; Punktsymmetrie zum Ursprung;
Polstellen: $x_1 = -1$; $x_2 = 1$; $N(0|0)$;
$f(x) = \frac{x^3}{x^2-1} = x + \frac{x}{x^2-1}$;
Asymptoten: $x = -1$; $x = 1$; $y = x$;
$f'(x) = \frac{x^2(x^2-3)}{(x^2-1)^2}$; $f''(x) = \frac{2x(x^2+3)}{(x^2-1)^3}$;
$H\left(-\sqrt{3}\,\middle|\,-\frac{3}{2}\sqrt{3}\right)$; $T\left(\sqrt{3}\,\middle|\,\frac{3}{2}\sqrt{3}\right)$; $W(0|0)$

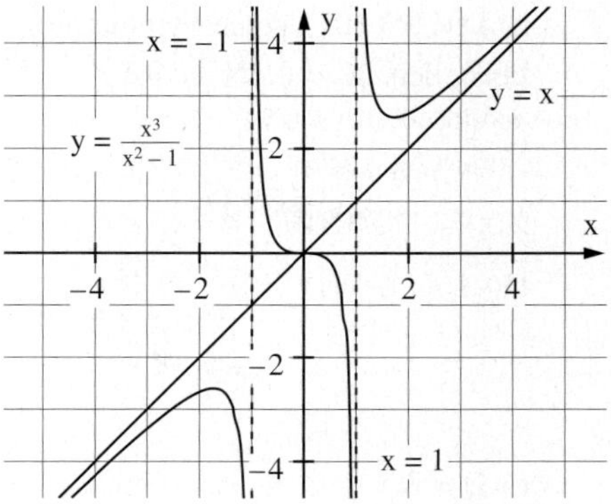

c) $D = \mathbb{R} \setminus \{2\}$; keine Symmetrie;
Polstellen: $x_1 = 2$;
$f(x) = \frac{(1-x)^2}{2-x} = -x + \frac{1}{2-x}$;
$N(1|0)$; $S\left(0\,\middle|\,\frac{1}{2}\right)$;
Asymptoten: $x = 2$; $y = -x$;
$f'(x) = \frac{(x-3)(-x+1)}{(2-x)^2}$; $f''(x) = \frac{2}{(2-x)^3}$;
$T(1|0)$; $H(3|-4)$;
keine Wendestellen

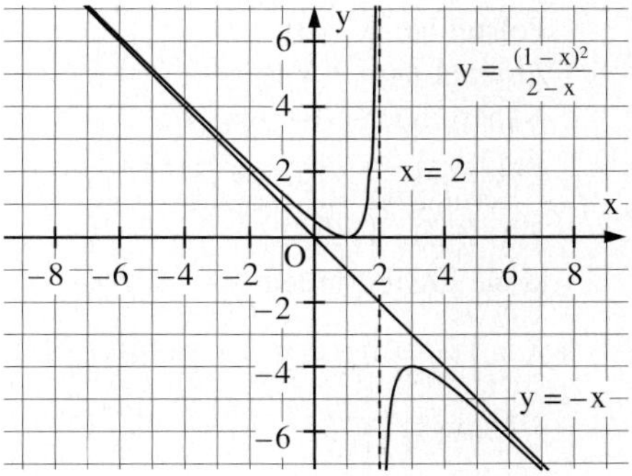

d) $D = \mathbb{R}$; Punktsymmetrie zum Ursprung; keine Polstellen; $N(0|0)$;
$f(x) = \frac{x^3}{x^2+6} = x - \frac{6x}{x^2+6}$;
Asymptoten: $y = x$;
$f'(x) = \frac{x^2(x^2+18)}{(x^2+6)^2}$; $f''(x) = \frac{-12x(x^2-18)}{(x^2+6)^3}$;
$W_1\left(-3\sqrt{2}\,\middle|\,-\frac{9}{4}\sqrt{2}\right)$; $W_2(0|0)$; $W_3\left(3\sqrt{2}\,\middle|\,\frac{9}{4}\sqrt{2}\right)$

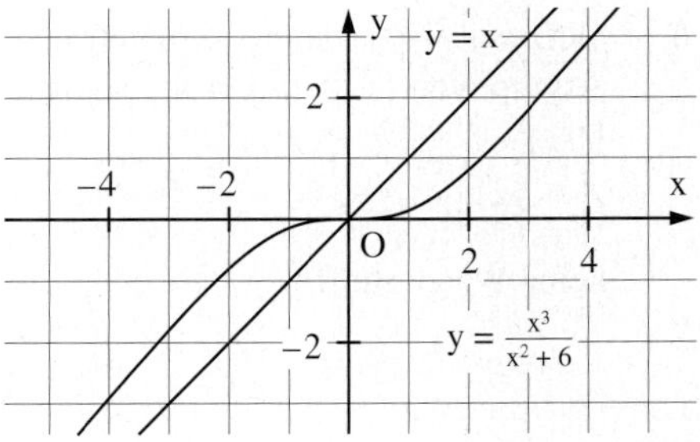

7 a) $D = \mathbb{R} \setminus \{0\}$; keine Symmetrie;
Polstellen: $x_1 = 0$; $N(1|0)$;
Asymptoten: $x = 0$;
Näherungskurve: $y = x^2$;
$f'(x) = \frac{2x^3+1}{x^2}$; $f''(x) = \frac{2(x^3-1)}{x^3}$;
$T\left(-\sqrt[3]{\frac{1}{2}}\,\middle|\,3 \cdot \sqrt[3]{\frac{1}{4}}\right)$; $W(1|0)$
$f'(x) > 0$ für $x > 0$; also ist f für $x > 0$ streng monoton steigend.

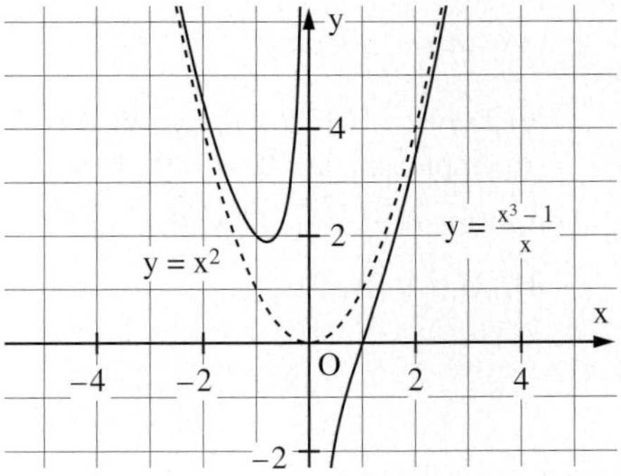

S. 220 **7** b) $D = \mathbb{R} \setminus \{0\}$; keine Symmetrie;
Polstellen: $x_1 = 0$; $N\left(\sqrt[3]{2}\,|\,0\right)$;
Asymptoten: $x = 0$;
Näherungskurve: $y = -\frac{1}{2}x^2$;
$f'(x) = \frac{-x^3-1}{x^2}$; $f''(x) = \frac{-x^3+2}{x^3}$;
$H\left(-1\,\middle|\,-\frac{3}{2}\right)$; $W\left(\sqrt[3]{2}\,|\,0\right)$

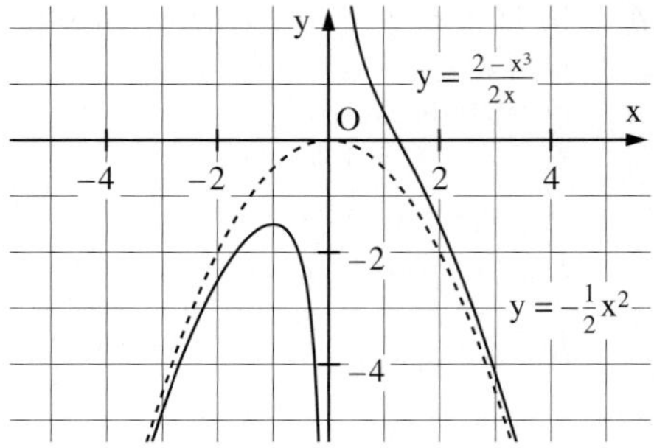

c) $D = \mathbb{R} \setminus \{0\}$; Achsensymmetrie zur y-Achse;
Polstellen: $x_1 = 0$;
Asymptoten: $x = 0$;
Näherungskurve: $y = \frac{1}{4}x^2$;
$f'(x) = \frac{x^4-16}{2x^3}$; $f''(x) = \frac{x^4+48}{2x^4}$;
$T_1(-2\,|\,2)$; $T_2(2\,|\,2)$;
keine Wendestellen

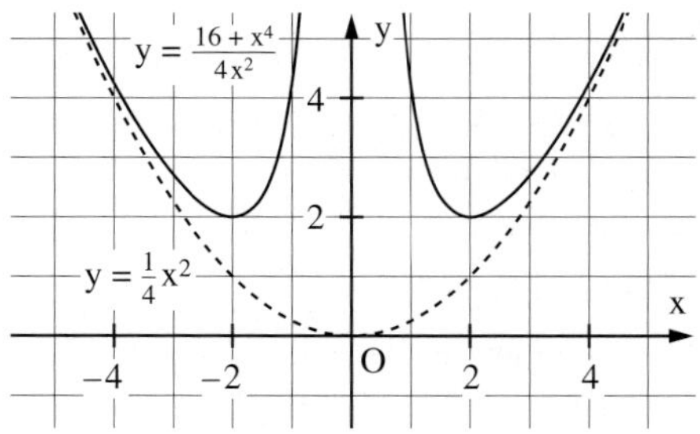

$A = \int_1^4 \frac{16+x^4}{4x^2}dx = \int_1^4 \left(\frac{4}{x^2} + \frac{1}{4}x^2\right)dx = \int_1^4 \left(4 \cdot x^{-2} + \frac{1}{4}x^2\right)dx = \left[-\frac{4}{x} + \frac{1}{12}x^3\right]_1^4 = \left(-\frac{4}{3} + \frac{9}{4}\right) - \left(-4 + \frac{1}{12}\right)$
$= \frac{33}{4}$.

8 a) $D = \mathbb{R} \setminus \{0\}$; keine Symmetrie;
Asymptoten: $x = 0$; $y = x$; $N_t(t\,|\,0)$;
$f_t'(x) = \frac{x^3+2t^3}{x^3}$; $f_t''(x) = \frac{-6t^3}{x^4}$;
$H_t\left(-\sqrt[3]{2} \cdot t\,\middle|\,-\frac{3}{2} \cdot \sqrt[3]{2} \cdot t\right)$;
keine Wendestellen

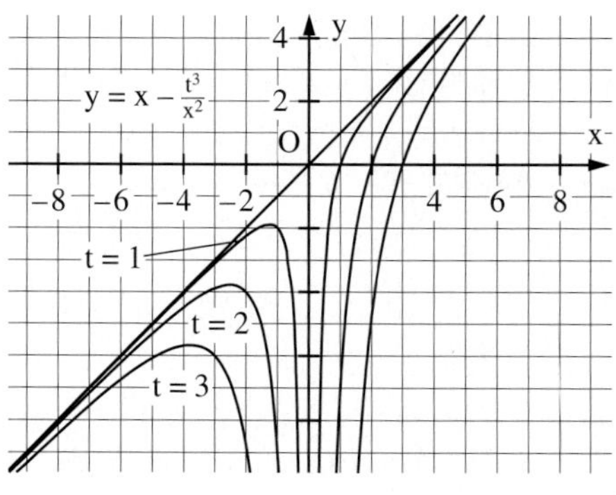

b) $D = \mathbb{R} \setminus \{0\}$; keine Symmetrie;
Asymptoten: $x = 0$; $y = 0$; $N_t(t\,|\,0)$;
$f_t'(x) = \frac{-10(x-2t)}{x^3}$; $f_t''(x) = \frac{20(x-3t)}{x^4}$;
$H_t\left(2t\,\middle|\,\frac{5}{2t}\right)$; $W_t\left(3t\,\middle|\,\frac{20}{9t}\right)$

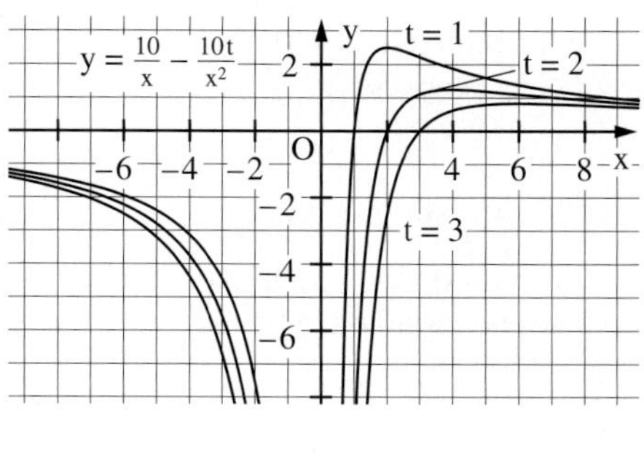

220 ***8*** c) $D = \mathbb{R}$; Symmetrie zum Ursprung;
Asymptoten: $y = 0$; $N(0|0)$;
$f_t'(x) = \frac{-6(x^2 - t^2)}{(x^2 + t^2)^2}$; $f_t''(x) = \frac{12x(x^2 - 3t^2)}{(x^2 + t^2)^3}$;
$T_t\left(-t \,\middle|\, -\frac{3}{t}\right)$; $H_t\left(t \,\middle|\, \frac{3}{t}\right)$;
$W_1\left(-\sqrt{3}\cdot t \,\middle|\, -\frac{3\sqrt{3}}{2t}\right)$; $W_2(0|0)$; $W_3\left(\sqrt{3}\cdot t \,\middle|\, \frac{3\sqrt{3}}{2t}\right)$

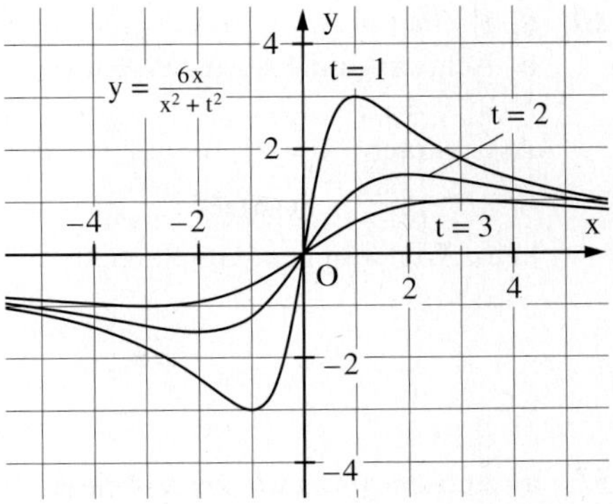

d) $D = \mathbb{R}$; Symmetrie zum Ursprung;
Asymptoten: $y = 0$; $N(0|0)$;
$f_t'(x) = \frac{-10(3x^2 - t)}{(x^2 + t)^3}$; $f_t''(x) = \frac{120x(x^2 - t)}{(x^2 + t)^4}$;
$T_t\left(-\sqrt{\frac{t}{3}} \,\middle|\, -\frac{45}{8\sqrt{3}}\cdot t^{-1,5}\right)$; $H_t\left(\sqrt{\frac{t}{3}} \,\middle|\, \frac{45}{8\sqrt{3}}\cdot t^{-1,5}\right)$
$W_1\left(-\sqrt{t} \,\middle|\, -\frac{5}{2}\cdot t^{-1,5}\right)$; $W_2(0|0)$; $W_3\left(\sqrt{t} \,\middle|\, \frac{5}{2}\cdot t^{-1,5}\right)$

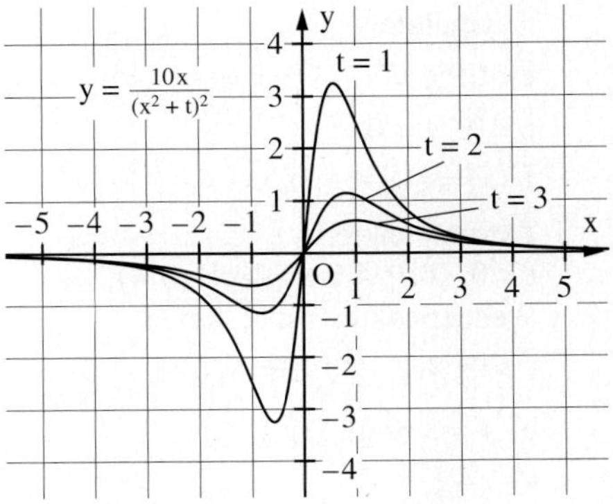

9 $f(x) = \frac{a + bx + x^2}{x^3}$; $a, b \in \mathbb{R}$.
$f(x) = a\cdot x^{-3} + b\cdot x^{-2} + x^{-1}$;
$f'(x) = -3a\cdot x^{-4} - 2b\cdot x^{-3} - x^{-2} = -\frac{3a + 2bx + x^2}{x^4}$;
$f''(x) = 12a\cdot x^{-5} + 6b\cdot x^{-4} + 2\cdot x^{-3} = \frac{12a + 6bx + 2x^2}{x^5}$.
Es muss gelten:
$f'(1) = 0$: $-3a - 2b - 1 = 0$ und
$f''(1) = 0$: $12a + 6b + 2 = 0$.
Daraus erhält man $a = \frac{1}{3}$ und $b = -1$.
Gesuchte Funktion: $f(x) = \frac{\frac{1}{3} - x + x^2}{x^3} = \frac{1 - 3x + 3x^2}{3x^3}$.

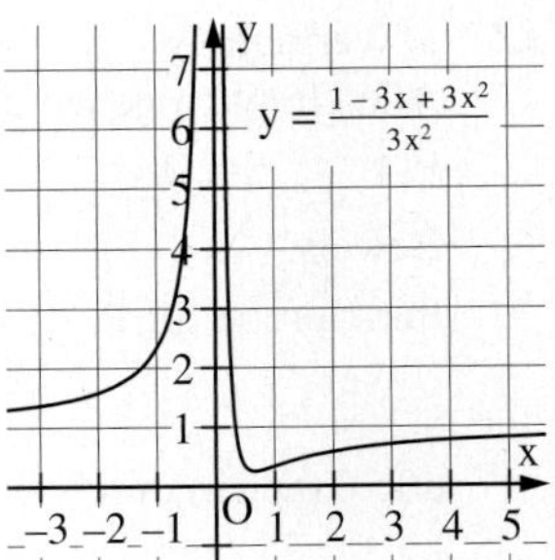

S. 220 **10** a) $N(0|0)$

b) Achsensymmetrie zur y-Achse;
$N(0|0) = H$;
Asymptoten: $x = -2$; $x = 2$; $y = t$;
$f_t'(x) = \frac{-8tx}{(x^2-4)^2}$; $f_t''(x) = \frac{24tx^2 + 32t}{(x^2-4)^3}$;
keine Wendestellen. Graph rechts

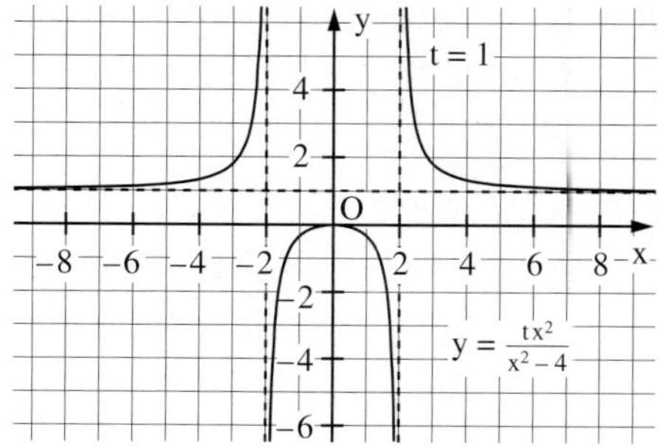

S. 221 **11** a) Achsensymmetrie zur y-Achse;
keine Nullstellen;
Asymptoten:
$t < 0$: $x = -\sqrt{-\frac{1}{t}}$; $x = +\sqrt{-\frac{1}{t}}$; $y = 0$
$t > 0$: $y = 0$
$f_t'(x) = \frac{-8tx}{(tx^2+1)^2}$; $f_t''(x) = \frac{8t(3tx^2-1)}{(tx^2+1)^3}$
Extrempunkte:
$t < 0$: $T(0|4)$; $t > 0$: $H(0|4)$;
Wendepunkte: $t < 0$: keine;
$t > 0$: $W_1\left(-\sqrt{\frac{1}{3t}}\,\middle|\,3\right)$; $W_2\left(+\sqrt{\frac{1}{3t}}\,\middle|\,3\right)$

b) $y = 3$ (vgl. Fig.)

c) $t = \frac{12}{81}$

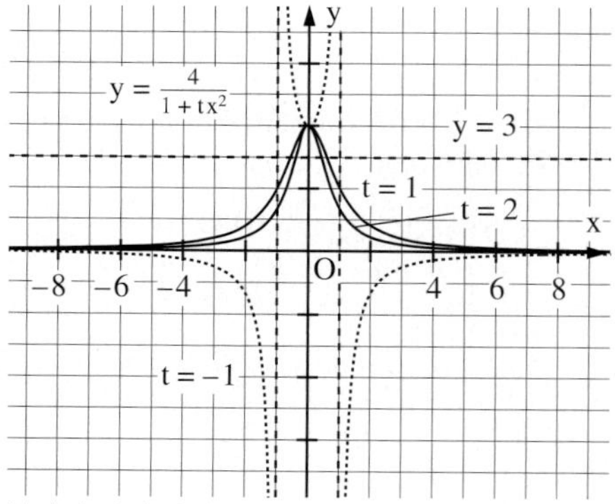

12 a) Vermutung:
Alle Graphen gehen durch den Punkt
$P\left(4\,\middle|\,\frac{1}{2}\right)$; $t \neq 0$.
Beweis:
Punktprobe für $P\left(4\,\middle|\,\frac{1}{2}\right)$ ergibt:
$\frac{1}{2} = \frac{4}{2t} - \frac{2}{t} + \frac{2}{4}$; $t \neq 0$. $\frac{1}{2} = \frac{1}{2}$; also gehen alle Graphen durch den Punkt $P\left(4\,\middle|\,\frac{1}{2}\right)$.

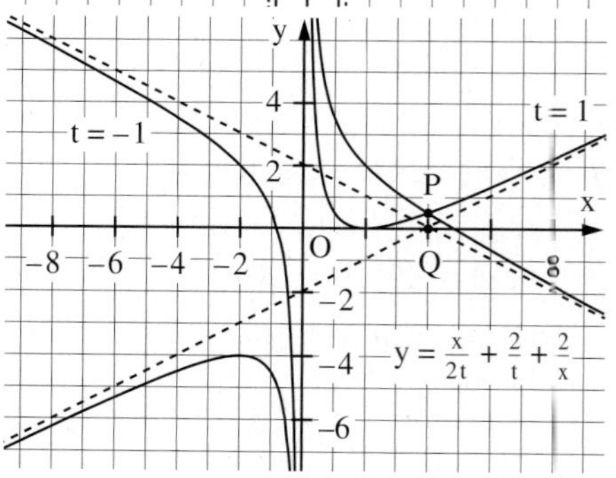

b) Vermutung:
Für $t > 0$ hat der Graph K_t einen Tiefpunkt. Beweis:
$f_t'(x) = \frac{1}{2t} - \frac{2}{x^2}$. $\frac{1}{2t} - \frac{2}{x^2} = 0$ ergibt
$x_1 = -2\sqrt{t}$; $x_2 = +2\sqrt{t}$; $f_t''(x) = \frac{4}{x^3}$;
$f_t''(x) > 0$.
$f_t(x_2) = \frac{2\sqrt{t}}{t} - \frac{2}{t}$; aus $\frac{\sqrt{t}}{t} - \frac{1}{t} = 0$ folgt $t = 1$.
Also hat K_1 einen Tiefpunkt auf der x-Achse.

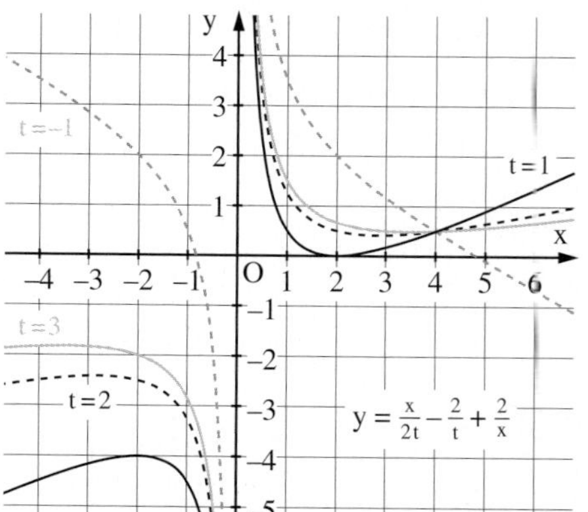

S. 221 **13** a) Die Graphen sind symmetrisch zur y-Achse, haben die x-Achse als Asymptote und bei $H\left(0\left|\frac{1}{t}\right.\right)$ einen Hochpunkt. Je kleiner der positive Parameter t ist, umso höher liegt der Hochpunkt und umso rascher nähert sich der Graph der x-Achse an. Bei größer werdendem t wird der Graph flacher.

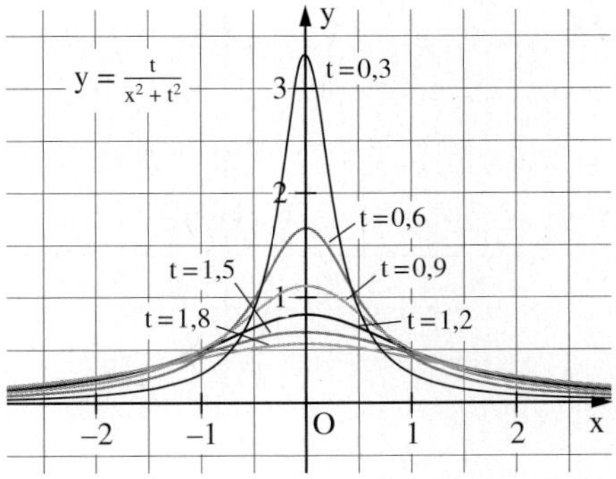

b) $f'(x) = -\frac{2t \cdot x}{(x^2 + t^2)^2}$; $f''(x) = -\frac{2t \cdot (3x^2 - t^2)}{(x^2 + t^2)^3}$

$f''(x) = 0$ ergibt $x_0 = -\frac{t}{\sqrt{3}}$ und $x_1 = \frac{t}{\sqrt{3}}$.

Da in x_0 und x_1 ein Vorzeichenwechsel von f″ erfolgt, sind $W_1\left(-\frac{t}{\sqrt{3}}\left|\frac{3}{4t}\right.\right)$ und $W_2\left(\frac{t}{\sqrt{3}}\left|\frac{3}{4t}\right.\right)$ Wendepunkte.

Ortslinie C_t der Wendepunkte: $x = \pm\frac{t}{\sqrt{3}}$; $y = \frac{3}{4t}$; also $y = \frac{\sqrt{3}}{4 \cdot x}$ für $x > 0$ und $y = -\frac{\sqrt{3}}{4 \cdot x}$ für $x < 0$.

c) Wegen der Symmetrie zur y-Achse berechnet man für verschiedene Werte von t das Integral über ein großes Intervall [0; a] und verdoppelt dieses. Je größer t, umso größer sollte a sein. Man erhält dann den Flächeninhalt $A(t) \approx 3{,}14$. Man kann nachweisen, dass der Inhalt π ist.

14 a) $D = \mathbb{R} \setminus \{0\}$; keine Symmetrie.
Polstellen: $x_1 = 0$
Zur Berechnung der Nullstellen:
$x^3 + 3x^2 - 4 = x^3 - x^2 + 4x^2 - 4$
$= x^2(x - 1) + 4(x + 1)(x - 1)$
$= (x - 1)(x + 2)^2$; $N_1(-2|0)$; $N_2(1|0)$
Asymptoten: $x = 0$; $y = x + 3$
$f'(x) = \frac{x^3 + 8}{x^3}$; $f''(x) = -\frac{24}{x^4}$
$H(-2|0)$; keine Wendepunkte
b) $A(z) = \int_1^z \frac{4}{x^2}\,dx = 4 - \frac{4}{z}$. $\lim_{z \to \infty} A(z) = 4$

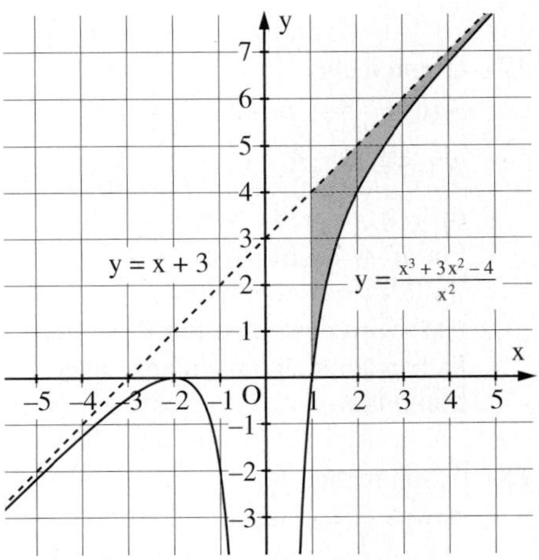

15 $f(x) = \frac{x^4 - 1}{x^2}$; Näherungskurve für große $|x|$: $y = x^2$.
Schnittstellen mit der x-Achse: $x_0 = -1$ und $x_1 = 1$.

$$A = \int_0^1 x^2\,dx + \int_1^k (x^2 - (x^2 - x^{-2}))\,dx = \left[\tfrac{1}{3}x^3\right]_0^1 + \left[-x^{-1}\right]_1^k = \tfrac{1}{3} + \left(-\tfrac{1}{k} + 1\right) = \tfrac{4}{3} - \tfrac{1}{k}.$$

Damit gilt $\lim_{k \to \infty}\left(\frac{4}{3} - \frac{1}{k}\right) = \frac{4}{3}$.

Graph siehe nächste Seite.

S. 221 **15**

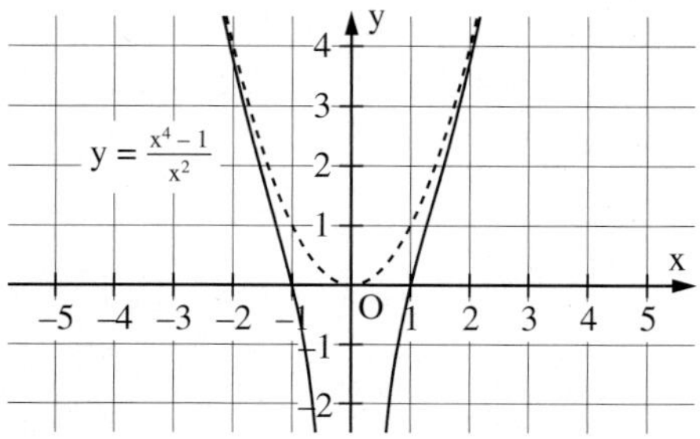

16 a) $D = \mathbb{R} \setminus \{0\}$; keine Symmetrie;
Polstellen: $x_1 = 0$; $N\left(\frac{1}{2}\middle|0\right)$;
Asymptoten: $x = 0$; $y = 0$
$f'(x) = -\frac{4(x-1)}{x^3}$; $f''(x) = \frac{4(2x-3)}{x^4}$;
$H(1|2)$; $W\left(\frac{3}{2}\middle|\frac{16}{9}\right)$

b) $A(z) = \int\limits_{\frac{1}{2}}^{z}\left(\frac{4}{x} - \frac{2}{x^2}\right)dx = \left[4 \cdot \ln|x| + \frac{2}{x}\right]_{\frac{1}{2}}^{z}$

$= 4 \cdot \ln|z| + \frac{2}{z} + 4 \cdot \ln(2) - 4.$

Für $z \to \infty$ gilt $A(z) \to \infty$.

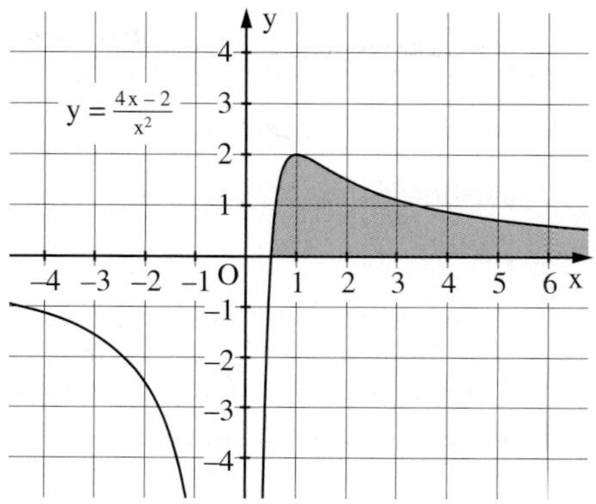

17 Graph rechts
$A(u) = \frac{u^2}{u-2}$; $u > 2$
$A'(u) = \frac{u(u-4)}{(u-2)^2}$; $A''(u) = \frac{8}{(u-2)^3}$
$(u_1 = 0)$; $u_2 = 4$. $A''(u_2) > 0$; $T(4|8)$
Für $u \to 2$ gilt $A(u) \to \infty$;
für $u \to \infty$ gilt $A(u) \to \infty$.
Also wird der Inhalt für $u = 4$ minimal.
Es handelt sich um ein absolutes Maximum.

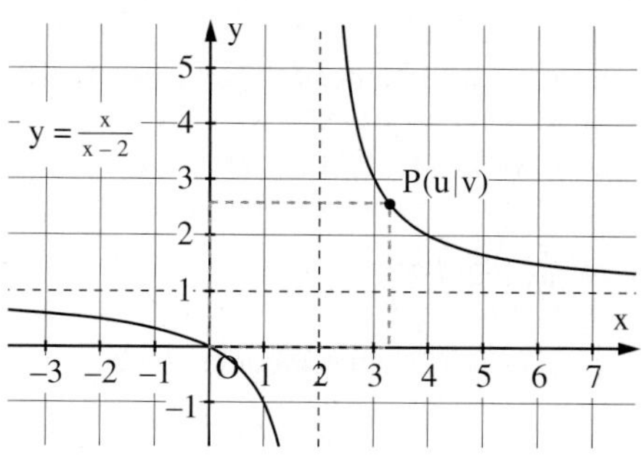

18 Graph rechts
$A(u) = \frac{4u}{u^2+2}$; $u > 0$
$A'(u) = \frac{-4(u^2-2)}{(u^2+2)^2}$; $A''(u) = \frac{8u(u^2-6)}{(u^2+2)^3}$
$(u_1 = -\sqrt{2})$; $u_2 = +\sqrt{2}$; $A''(u_2) < 0$;
$H(+\sqrt{2}|+\sqrt{2})$
Für $u \to 0$ gilt $A(u) \to 0$;
für $u \to \infty$ gilt $A(u) \to 0$.
Also wird der Inhalt des Dreiecks für $u = +\sqrt{2}$ maximal. Es handelt sich um ein absolutes Maximum.

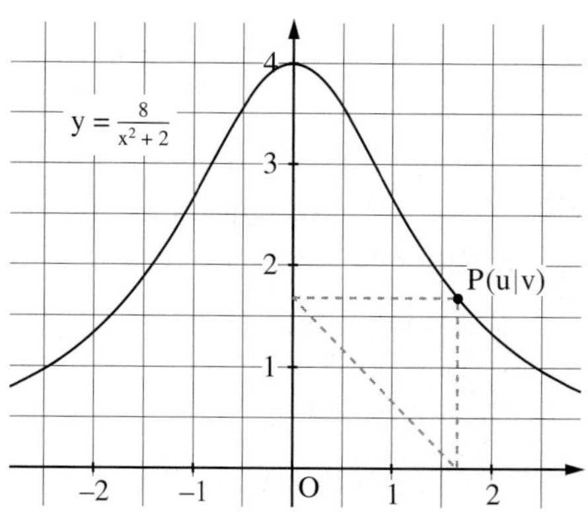

4 *Anwendungen gebrochenrationaler Funktionen*

S. 222 **1** $A = x \cdot y$; Nebenbedingung: $(x + 2)(y + 3) = 6000$.
$A(x) = x \cdot \left(\frac{6000}{x+2} - 3\right) = \frac{5994x - 3x^2}{x+2}$; $A'(x) = \frac{-3(x^2 + 4x - 3996)}{(x+2)^2}$; $A''(x) = \frac{-24\,000}{(x+2)^3}$;
$x^2 + 4x - 3996 = 0$ ergibt $x_{1/2} = -2 + 20\sqrt{10}$; $(x_1 \approx -65{,}2)$; $x_2 \approx 61{,}2$
$A''(x_2) < 0$; $A(x_2) \approx 5626{,}5$
Der maximale Flächeninhalt des Geheges beträgt ungefähr $5626{,}5\,\text{m}^2$.

2 $U = u\left(1 + \frac{\pi}{2}\right) + 2v$; $A = u \cdot v + \frac{\pi}{8} \cdot u^2$; $v = \frac{8}{u} - \frac{\pi}{8} \cdot u$;
$U(u) = \left(1 + \frac{\pi}{4}\right) \cdot u + \frac{16}{u}$; $U'(u) = 0$ gibt $u_1 = \frac{8}{\sqrt{4+\pi}}$; $v_1 = \frac{4}{\sqrt{4+\pi}} = \frac{1}{2}u_1$;
$u_{min} \approx 3\,\text{m}$; $v_{min} \approx 1{,}5\,\text{m}$. Aus $U'(u) = \left(1 + \frac{\pi}{4}\right) - \frac{16}{u^2}$ folgt mit VWK, dass ein Minimum vorliegt; auch $U''(u) = \frac{32}{u^3} > 0$; $U_{min} = 4 \cdot \sqrt{4+\pi} \approx 10{,}69$

S. 223 **3** a) $\frac{100a}{100^2 + b} = 25$; $\frac{600a}{600^2 + b} = 20$; dieses Gleichungssystem wird näherungsweise erfüllt durch $a \approx 13\,462$; $b \approx 43\,846$.
b) $f(x) = \frac{13\,462\,x}{x^2 + 43\,846}$; $x \geqq 0$
$f'(x) = \frac{-13\,462\,x^2 + 590\,254\,852}{(x^2 + 43\,846)^2}$
Die optimale Düngerzugabe beträgt also rund $209\,\frac{\text{kg}}{\text{ha}}$.

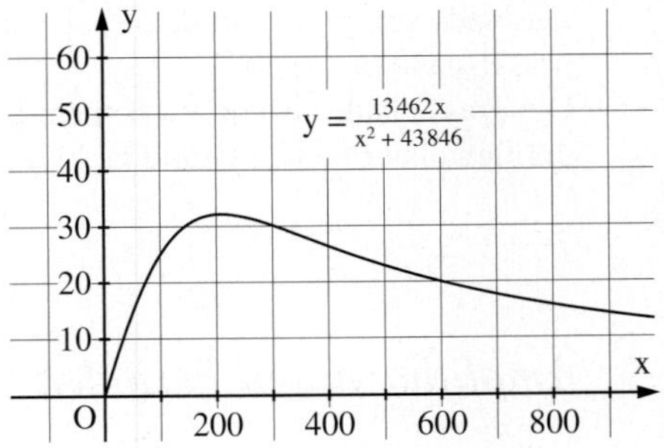

4 a) $v = \frac{c}{F+a} - b$
b) $v = \frac{370}{F+40} - 1{,}5$
Graph rechts
c) $v(50) = \frac{370}{50+40} - 1{,}5 \approx 2{,}6$ (in $\frac{\text{m}}{\text{s}}$)

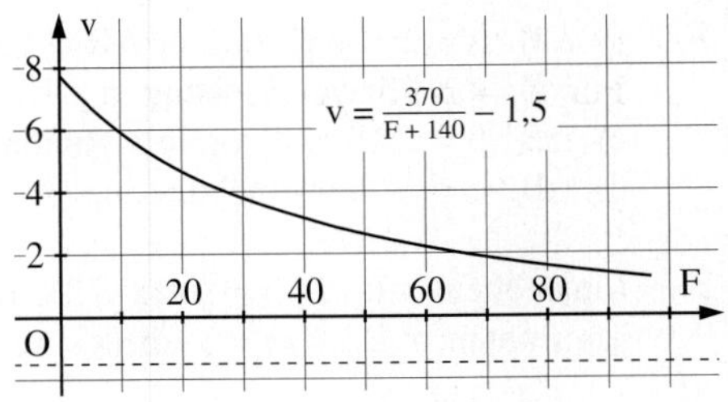

5 $E(25) = 4{,}92 \left(\frac{\text{J}}{\text{g} \cdot \text{km}}\right)$; $E'(v) = \frac{0{,}31\,v^2 - 471{,}75}{v^2}$; $E''(v) = \frac{943{,}5}{v^3}$. Bei einer Geschwindigkeit von ungefähr 39 km pro Stunde ist der Energieverbrauch dieses Vogels am geringsten.

6 a) Schwimmgeschwindigkeit relativ zum Land (in $\frac{\text{m}}{\text{s}}$): $x - 2$; Schwimmzeit (in s): $\frac{100}{x-2}$
Energieaufwand (in J): $E(x) = 100c \cdot \frac{x^k}{x-2}$; $E'(x) = 100c \cdot x^{k-1} \cdot \frac{(k-1)x - 2k}{(x-2)^2}$
Minimaler Energieaufwand bei $x_{min} = \frac{2k}{k-1}$
b) $x_{min} = \frac{2k}{k-1}$; $x'_{min}(k) = \frac{-2}{(k-1)^2} < 0$ für $k > 2$. x_{min} ist also streng monoton abnehmend; d.h. je größer k, desto kleiner ist die energiesparendste Geschwindigkeit.

S. 223 **7** Die Figur rechts zeigt den Graphen der Funktion und den Punkt H. Es ist die kürzeste Entfernung eines Punktes der Kurve von H zu ermitteln.
Entfernung von $H(1|1)$ zu einem beliebigen Kurvenpunkt $P(x|x - x^{-1})$:
$d(x) = \sqrt{(x-1)^2 + (x - x^{-1} - 1)^2}$.
$d(x)$ ist minimal, wenn $(d(x))^2$ minimal ist, d.h. es ist das Minimum von
$D(x) = (x-1)^2 + (x - 1 - x^{-1})^2$ zu bestimmen. Man zeichnet z.B. mit dem CAS den Graphen von D im positiven Definitionsbereich und ermittelt das Minimum der Funktion.
Der Punkt $P(1{,}4215|0{,}7180)$ des Graphen der Funktion $f(x) = x + x^{-1}$ liegt dem Punkt H am nächsten. Das Quadrat seines Abstands von H beträgt 0,2572. Damit ist der Abstand $d = 0{,}5071$.
Die Trasse läuft also in etwas mehr als 500 m Entfernung am Haus vorbei. Damit haben die Bewohner keinen Grund zu klagen.

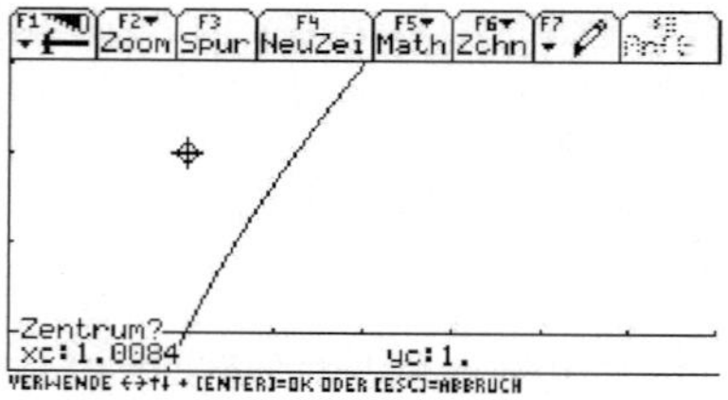

Fig. 1

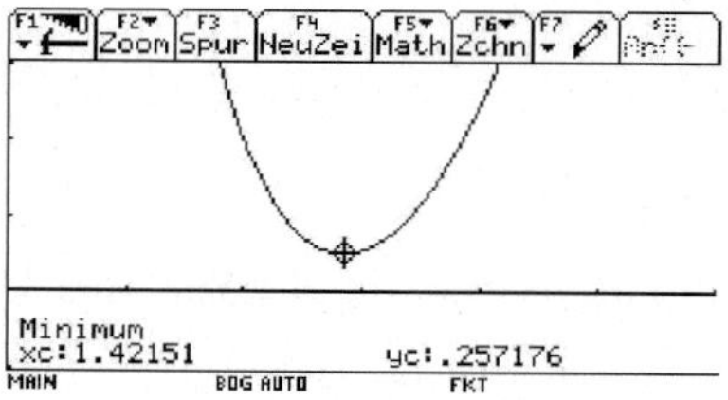

Fig. 2

5 *Amplituden und Perioden von Sinusfunktionen*

S. 224 **1** a) z.B. $a = 2$: Streckung in y-Richtung mit Faktor 2
b) z.B. $d = 2$: Verschiebung in y-Richtung um 2
c) z.B. $b = 2$: Streckung in x-Richtung mit Faktor $\frac{1}{2}$
d) z.B. $c = 2$: Verschiebung in x-Richtung um 2

2 Links oben: z.B. $f(x) = \sin(x-2)$; rechts oben: z.B. $f(x) = \sin(x) + 1$
links unten: z.B. $f(x) = 3 \cdot \sin(x)$; rechts unten: z.B. $f(x) = \sin(2x)$

S. 225 **3** a) $f(x) = 2 \cdot \sin(x)$; Streckung des Graphen der Sinusfunktion um den Faktor 2 in y-Richtung. $p = 2\pi$; $N_1(0|0)$; $N_2(\pi|0)$
b) $f(x) = \sin(x - \pi)$; Verschiebung des Graphen der Sinusfunktion um π in positive x-Richtung. $p = 2\pi$; $N_1(0|0)$; $N_2(\pi|0)$
c) $f(x) = -2 \cdot \sin(x) + 1$; Streckung des Graphen der Sinusfunktion um den Faktor 2 in y-Richtung mit anschließender Spiegelung an der x-Achse und Verschiebung um 1 in positive y-Richtung. $p = 2\pi$. Zwei Schnittpunkte mit der x-Achse.
d) $f(x) = \sin(1{,}5 \cdot x) - 3$; Stauchung des Graphen der Sinusfunktion um den Faktor $\frac{1}{1{,}5} = \frac{2}{3}$ in x-Richtung mit anschließender Verschiebung um 3 Einheiten in negativer y-Richtung. $p = \frac{2\pi}{1{,}5} = \frac{4\pi}{3}$; keine Schnittpunkte mit der x-Achse.

S. 225 **3** e) $f(x) = \sin(2 \cdot (x - 1))$; Stauchung des Graphen der Sinusfunktion um den Faktor 2 in x-Richtung mit anschließender Verschiebung in positiver x-Richtung um 1. $p = \pi$;
$N_1(1|0)$; $N_2\left(\frac{\pi}{2} + 1 \middle| 0\right) = N_2(2{,}571|0)$

f) $f(x) = 3 \cdot \sin(x + 3)$; Streckung des Graphen der Sinusfunktion um den Faktor 3 in y-Richtung mit anschließender Verschiebung um 3 in negativer x-Richtung. $p = 2\pi$;
$N_1(3|0)$; $N_2(\pi + 3|0) = N_2(6{,}142|0)$

g) $f(t) = \sin\left(\frac{\pi}{2} \cdot t\right) - 2$; Stauchung des Graphen der Sinusfunktion um den Faktor $\frac{2}{\pi}$ in x-Richtung mit anschießender Verschiebung in negativer y-Richtung um 2.
$p = \frac{2\pi}{\frac{\pi}{2}} = 4$; keine Schnittpunkte mit der x-Achse.

h) $f(t) = \frac{1}{2} \cdot \cos(2\pi \cdot t - \pi) = \frac{1}{2} \cdot \cos\left(2\pi \cdot \left(t - \frac{1}{2}\right)\right)$; Stauchung des Graphen der Kosinusfunktion um den Faktor $\frac{1}{2}$ in y-Richtung mit anschließender Stauchung um den Faktor $\frac{1}{2\pi}$ in x-Richtung mit anschließender Verschiebung in positiver x-Richtung um 0,5.
$p = \frac{2\pi}{2\pi} = 1$; $N_1\left(\frac{1}{4}\middle|0\right)$; $N_2\left(\frac{3}{4}\middle|0\right)$

a), b)

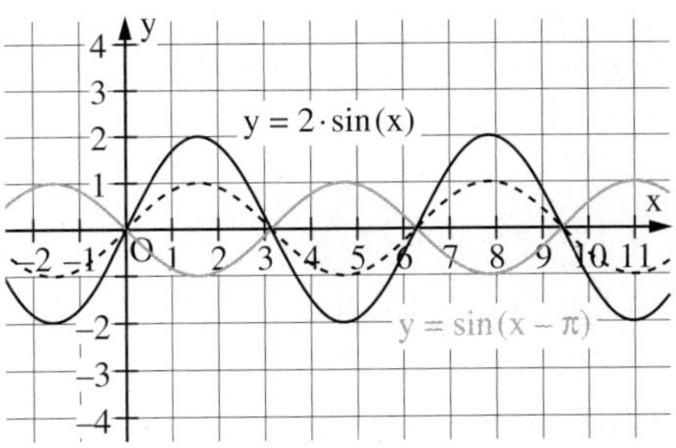

c), d)

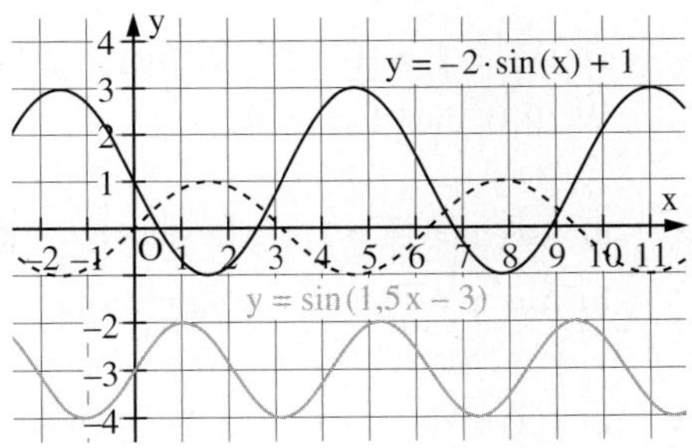

e), f)

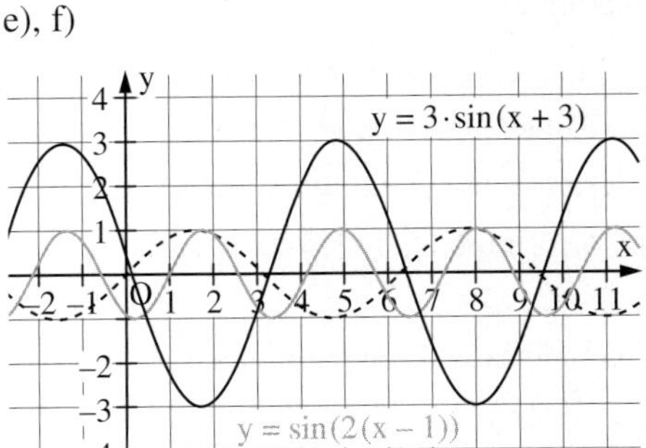

g), h)

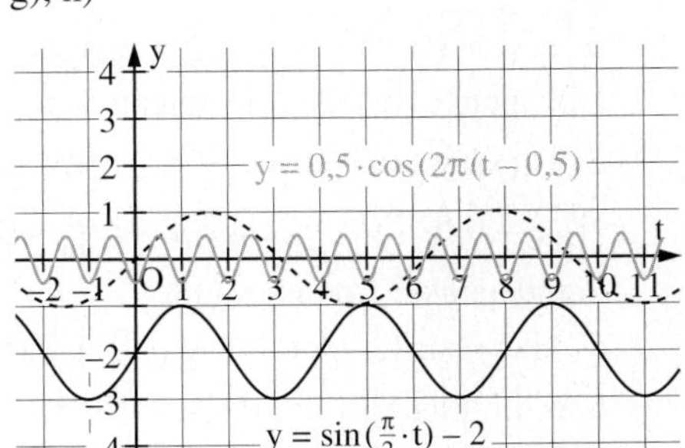

S. 225 **4** a) Amplitude $a = 1$; Periode $p = \pi$; $f(x) = \sin(2x)$
b) Amplitude $a = 1$; Periode $p = 6$; also $b = \frac{2\pi}{6} = \frac{\pi}{3}$; $f(x) = 2 \cdot \sin\left(\frac{\pi}{3} \cdot x\right)$
c) Amplitude $a = 1{,}5$; Periode $p = 4$; also $b = \frac{2\pi}{4} = \frac{\pi}{2}$; $f(x) = 1{,}5 \cdot \sin\left(\frac{\pi}{2} \cdot x\right)$
d) Amplitude $a = 1$; Periode $p = 2\pi$; $f(x) = \sin(x + 1) + 1$
e) Amplitude $a = 1$; Periode $p = 4$; also $b = \frac{2\pi}{4} = \frac{\pi}{2}$; $f(x) = \sin\left(\frac{\pi}{2} \cdot (x - 0{,}7)\right)$
f) Amplitude $a = 1$; Periode $p = 1$; also $b = \frac{2\pi}{1} = 2\pi$; $f(x) = \sin(2\pi \cdot x)$

6 *Funktionsuntersuchungen bei trigonometrischen Funktionen*

S. 226 **1** Der Graph der Funktion $f(x) = 3 \cdot \sin\left(\frac{1}{2}x\right)$ ist gegenüber dem von $s(x) = \sin(x)$ um den Faktor 3 in y-Richtung und um den Faktor 2 in x-Richtung gestreckt.
Periode $p = \frac{2\pi}{\frac{1}{2}} = 4\pi$. Damit gilt für das Periodenintervall $[0; 4\pi[$: Hochpunkt $H\left(2 \cdot \frac{\pi}{2} \middle| 3 \cdot 1\right) = H(\pi|3)$; Tiefpunkt $T\left(2 \cdot \frac{3\pi}{2} \middle| 3 \cdot (-1)\right) = T(3\pi|-3)$; Wendepunkte sind $W_1(0|0)$ und $W_2(2\pi|0)$.

S. 227 **2** a) Aus $p = \frac{2\pi}{b} = 1$ ergibt sich $b = 2\pi$; also $f(x) = 4 \cdot \sin(2\pi \cdot x)$.
b) Aus $p = \frac{2\pi}{b} = 100 \cdot \pi$ ergibt sich $b = \frac{1}{50}$; also $f(x) = 0{,}8 \cdot \sin\left(\frac{1}{50} \cdot x\right)$.

3 a) $f(x) = \sin(x - 1)$. $p = 2\pi$; gemeinsame Punkte mit der x-Achse $N_1(1|0)$; $N_2(1 + \pi|0)$; Hochpunkt $H\left(1 + \frac{\pi}{2} \middle| 1\right)$; Tiefpunkt $T\left(1 + \frac{3\pi}{2} \middle| -1\right)$; Wendepunkte sind N_1 und N_2.
b) $f(x) = 10 \cdot \sin(x)$. $p = 2\pi$; gemeinsame Punkte mit der x-Achse $N_1(0|0)$; $N_2(\pi|0)$; Hochpunkt $H\left(\frac{\pi}{2} \middle| 10\right)$; Tiefpunkt $T\left(\frac{3\pi}{2} \middle| -10\right)$; Wendepunkte sind N_1 und N_2.
c) $f(x) = \sin(5 \cdot x)$. $p = \frac{2\pi}{5} \approx 1{,}257$; gemeinsame Punkte mit der x-Achse $N_1(0|0)$; $N_2\left(\frac{\pi}{5} \approx 0{,}628 \middle| 0\right)$; Hochpunkt $H\left(\frac{\pi}{10} \approx 0{,}314 \middle| 1\right)$; Tiefpunkt $T\left(\frac{3\pi}{10} \approx 0{,}942 \middle| -1\right)$; Wendepunkte sind N_1 und N_2.
d) $f(x) = \sin(3 \cdot (x + 1))$. $p = \frac{2\pi}{3} \approx 2{,}094$; gemeinsame Punkte mit der x-Achse $N_1(1|0)$ bzw. im Intervall $[0; p[$: $N_1\left(-1 + \frac{\pi}{3} \approx 0{,}041 \middle| 0\right)$; $N_2\left(-1 + \frac{2\pi}{3} \approx 1{,}094 \middle| 0\right)$;
Hochpunkt $H\left(-1 + \frac{\pi}{6} \approx -0{,}476 \middle| 1\right)$ bzw. im Intervall $[0; p[$:
Hochpunkt $H\left(-1 + \frac{\pi}{6} + \frac{2\pi}{3} = -1 + \frac{5\pi}{6} \approx 1{,}618 \middle| 1\right)$; Tiefpunkt $T\left(-1 + \frac{\pi}{2} \approx 0{,}571 \middle| -1\right)$;
Wendepunkte sind N_1 und N_2.
e) $f(x) = 3 \cdot \sin(x + 3)$. $p = 2\pi$; gemeinsame Punkte mit der x-Achse $N_1(-3|0)$ bzw. in $[0; 2\pi[$: $N_1(-3 + \pi|0)$ und $N_2(-3 + 2\pi|0)$; Hochpunkt $H\left(-3 + \frac{\pi}{2} \middle| 3\right)$ bzw. in $[0; 2\pi[$: $H\left(-3 + \frac{\pi}{2} + 2\pi \middle| 3\right) = H\left(\frac{5\pi}{2} - 3 \middle| 3\right)$; Tiefpunkt $T\left(\frac{3\pi}{2} - 3 \middle| -3\right)$; Wendepunkte sind N_1 und N_2.

S. 227 **3** f) $f(t) = \sin(\pi t) - 2$. $p = 2$; keine gemeinsamen Punkte mit der x-Achse; Hochpunkt $H(0{,}5|-1)$; Tiefpunkt $T(1{,}5|-3)$; Wendepunkte sind $W_1(0|-2)$ und $W_2(1|-2)$.

g) $f(t) = \frac{1}{2}\cdot\cos(2\pi\cdot t)$. $p = 1$; gemeinsame Punkte mit der x-Achse $N_1(0{,}25|0)$ und $N_2(0{,}75|0)$; Hochpunkt $H(0|0{,}5)$; Tiefpunkt $T(0{,}5|-0{,}5)$.
Wendepunkte sind N_1 und N_2.

h) $f(t) = \cos\left(\frac{\pi}{2}t\right) + 1$. $p = 4$; gemeinsame Punkte mit der x-Achse $N(2|0)$; Hochpunkt $H(0|2)$; Tiefpunkt $T(2|0)$; Wendepunkte sind $W_1(1|1)$ und $W_2(3|1)$.

4 a) $f'(x) = \cos(x) - \sin(x)$; $F(x) = -\cos(x) + \sin(x)$

b) $f'(x) = 2\cdot\sin(2x)$; $F(x) = -\frac{1}{2}\cdot\sin(2x)$

c) $f'(x) = 2\pi\cdot\cos\left(\frac{\pi}{8}\cdot x\right)$; $F(x) = -\frac{128}{\pi}\cdot\cos\left(\frac{\pi}{8}\cdot x\right)$

d) $f'(x) = \frac{\pi}{2}\cdot\cos\left(\frac{\pi}{2}(x-2)\right)$; $F(x) = -\frac{2}{\pi}\cdot\cos\left(\frac{\pi}{2}\cdot(x-2)\right)$

5 a) Amplitude $a = 3$; Periode $p = 6$.
Graph rechts

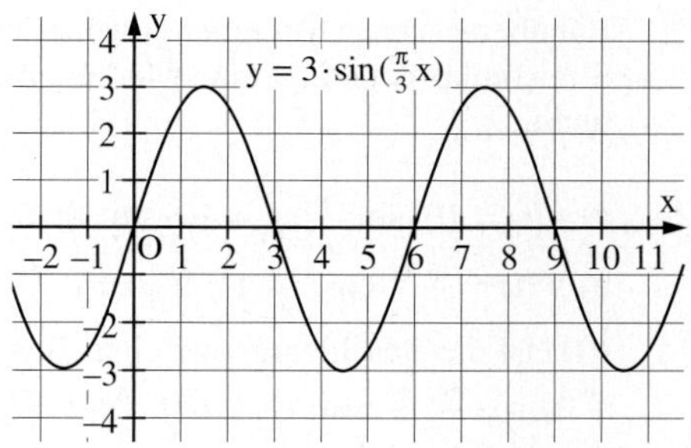

b) $H(1{,}5|3)$; $T(4{,}5|-3)$; $W_1(0|0)$; $W_2(3|0)$.

c) $A = \int_0^3 3\cdot\sin\left(\frac{\pi}{3}\cdot x\right)dx = \left[-\frac{9}{\pi}\cdot\cos\left(\frac{\pi}{3}\cdot x\right)\right]_0^3$
$= \frac{9}{\pi} - \left(-\frac{9}{\pi}\right) = \frac{18}{\pi}$

Oder: Die Fläche unter dem Graphen der normalen Sinusfunktion ist 2; daraus wird durch Streckung in y-Richtung um 3 und bei Stauchung in x-Richtung um $\frac{1}{\frac{\pi}{3}} = \frac{3}{\pi}$ der Wert $A^* = 2\cdot3\cdot\frac{3}{\pi} = \frac{18}{\pi}$.

6 a) Streckung in x-Richtung um $\frac{1}{4}$; keine Streckung in y-Richtung: $A = 2\cdot\frac{1}{4} = 0{,}5$

b) Streckung in y-Richtung um 5; Streckung in x-Richtung um $\frac{5}{4}$: $A = 2\cdot\frac{5}{4}\cdot5 = 12{,}5$

c) Streckung in y-Richtung um 0,5; Streckung in x-Richtung um $\frac{4}{3\pi}$; $A = 2\cdot\frac{1}{2}\cdot\frac{4}{3\pi} = \frac{4}{3\pi}$

d) Keine Streckung in y-Richtung; Streckung in x-Richtung um $\frac{1}{100}$:
$A = 2\cdot\frac{1}{100} = \frac{1}{50} = 0{,}02$

7 a) $f(x) = \sin(1{,}5\cdot x)$; $f'(x) = 1{,}5\cdot\cos(1{,}5\cdot x)$; damit $f'(0) = 1{,}5$. Gesuchte Gerade: g: $y = 1{,}5\cdot x$.

b) $p = \frac{2\pi}{1{,}5} = \frac{4\pi}{3}$; $A = \int_0^{\frac{\pi}{3}} \sin\left(\frac{3}{2}x\right)dx = \left[-\frac{2}{3}\cdot\cos\left(\frac{3}{2}x\right)\right]_0^{\frac{\pi}{3}} = 0 - \left(-\frac{2}{3}\right) = \frac{2}{3}$

S. 227 **8** a) f ist periodisch und nimmt Werte zwischen –10 und 10 an.
b) $f(6) = 0;\ 10 \cdot \sin[b(6 - c)] = 0$ gilt z.B. für $b \cdot (6 - c) = 0$ bzw. $c = 6$.
$f(0) = -10;\ 10 \cdot \sin[b(0 - 6)] = -10$ gilt z.B. für $b(-6) = -\frac{1}{2}\pi$ bzw. $b = \frac{1}{12}\pi$.
Der Ansatz $f(t) = 10 \cdot \sin\left[\frac{1}{12}\pi(t - 6)\right]$ wird durch weitere Punktproben bestätigt.

7 *Anwendungen und Funktionsanpassung bei trigonometrischen Funktionen*

S. 228 **1** a) Periode $p = 66$ Minuten
b) Der nebenstehende Graph zeigt einen möglichen Temperaturverlauf im Kühlschrank.

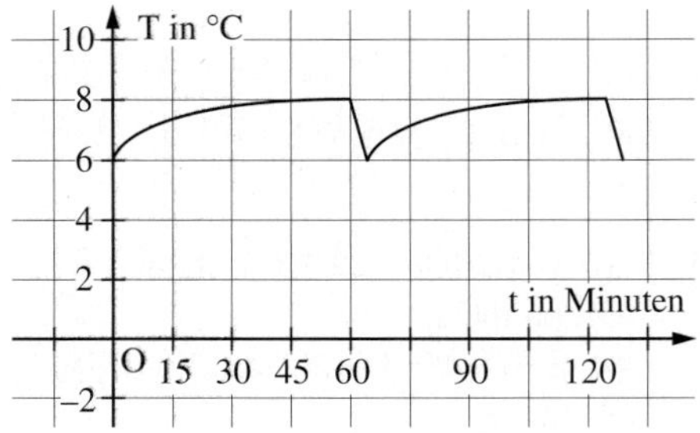

Randbemerkung: Mit einer gewöhnlichen Sinusfunktion gelingt eine Modellierung nicht.

S. 229 **2** a) $s(t) = 10 \cdot \sin\left(\frac{2\pi}{1,5} \cdot t\right) = 10 \cdot \sin\left(\frac{4\pi}{3} \cdot t\right)$
b) $s'(t) = \frac{40 \cdot \pi}{3} \cdot \cos\left(\frac{4\pi}{3} \cdot t\right);\ s''(t) = -\frac{160 \cdot \pi^2}{9} \cdot \sin\left(\frac{4\pi}{3} \cdot t\right);\ s'''(t) = -\frac{640 \cdot \pi^3}{27} \cdot \cos\left(\frac{4\pi}{3} \cdot t\right)$
$s''(t)$ ist die Beschleunigung einer Bewegung. Daher folgt aus
$s'''(t) = -\frac{160 \cdot \pi^2}{9} \cdot \sin\left(\frac{4\pi}{3} \cdot t\right) = 0$: $\frac{4\pi}{3} \cdot t = \frac{\pi}{2}$ und $\frac{4\pi}{3} \cdot t = \frac{3\pi}{2}$; also $t_1 = \frac{3}{8} = 0,375$ und $t_2 = \frac{9}{8} = 1,125$. Da $s(t_1) = -10$ und $s(t_2) = 10$ ist, ist in den Zeitpunkten, in denen die Auslenkung maximal ist, die Beschleunigung am größten. Die Beschleunigung beträgt nach 0,375 s etwa $-175\,\frac{cm}{s^2}$; nach 1,125 s etwa $175\,\frac{cm}{s^2}$.

3 a) Man erkennt, dass ein angenähert sinusförmiger Verlauf vorliegt (Fig. 1, S. 211).
Lösungsmöglichkeit 1:
Man kann nun wie in Beispiel 1 im Schülerbuch vorgehen: $a = \frac{221,6 - 37,4}{2} = 92,1$;
$y_0 = \frac{221,6 + 37,4}{2} = 129,5$: $p = 12 = \frac{2\pi}{b}$, also $b = \frac{\pi}{6}$.
Damit ist $s^*(t) = 92,1 \cdot \sin\left(\frac{\pi}{2} \cdot t\right) + 129,5$. Fig. 2 (S. 211) zeigt das Ergebnis.
Es ist noch eine geeignete Verschiebung durchzuführen. Da die Funktion s ihr Maximum bei $t = 3$ hat, ist noch eine Verschiebung um etwa 3 Einheit nach rechts vorzunehmen: $s(t) = 92,1 \cdot \sin\left(\frac{\pi}{6} \cdot (t - 3)\right) + 129,5$. Fig. 3 (S. 211) zeigt das Ergebnis.

S. 229 **3** a)

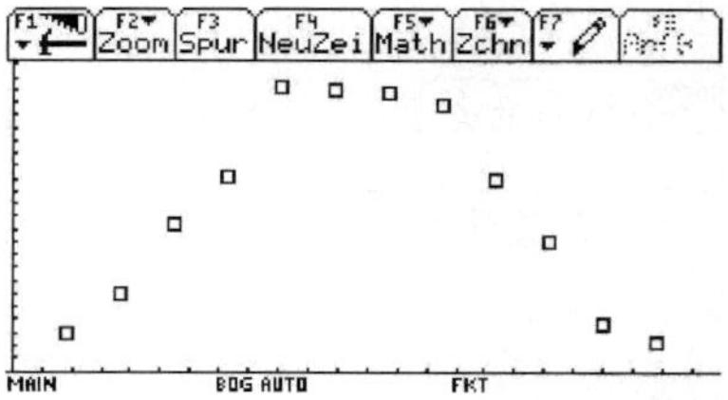

Fig. 1

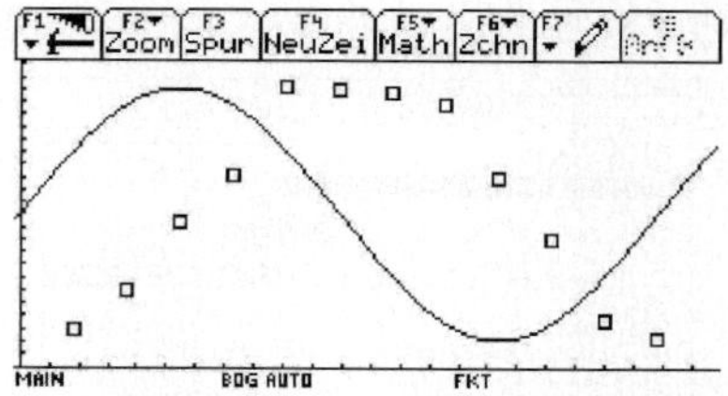

Fig. 2

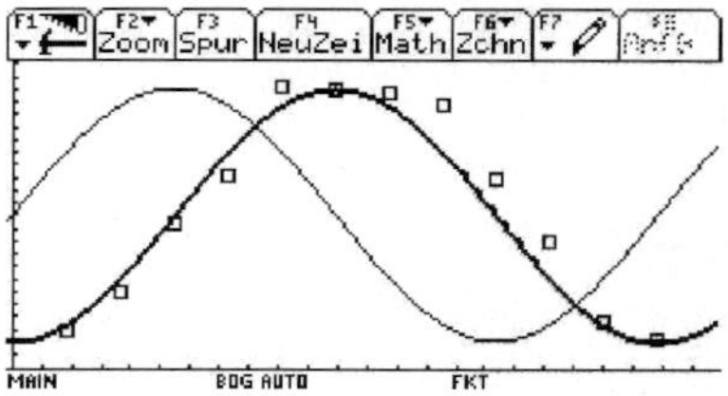

Fig. 3

Lösungsmöglichkeit 2:

Man nimmt mit dem CAS eine Funktionsanpassung vor (Fig. 4 bis Fig. 7). Die Funktionsanpassung mit dem CAS (dick in Fig. 7) ist die bessere Anpassung.

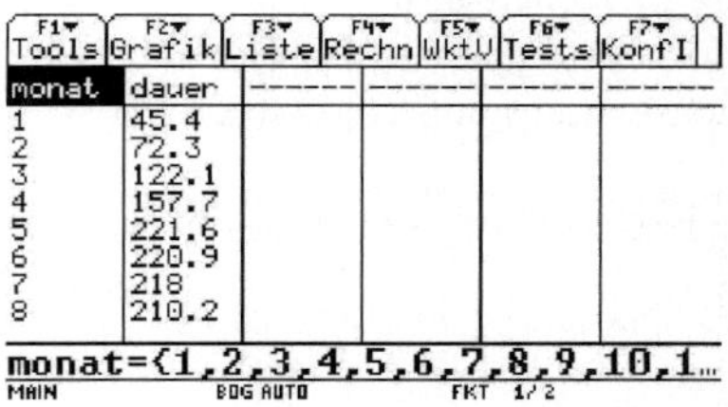

Fig. 4

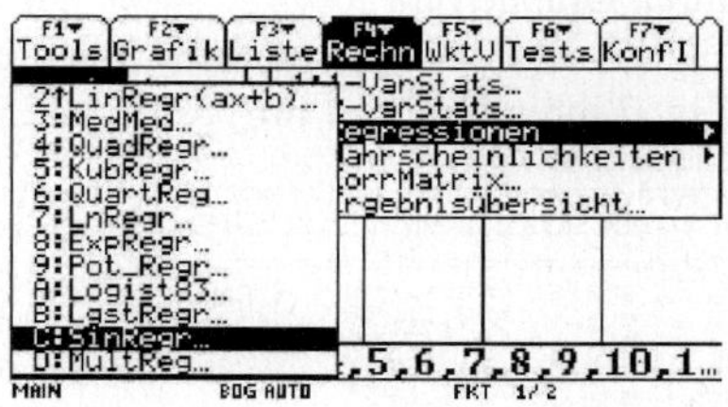

Fig. 5

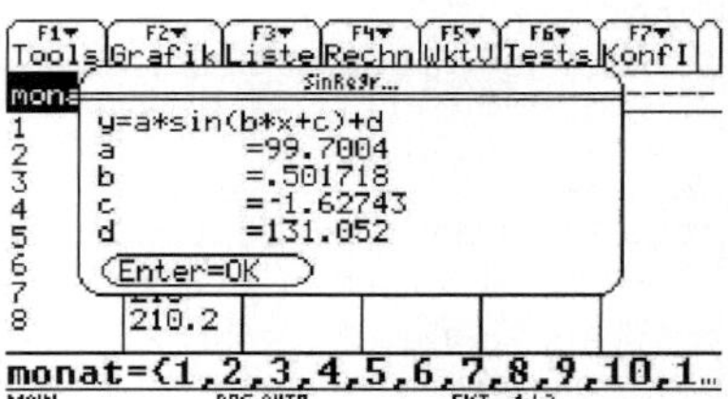

Fig. 6

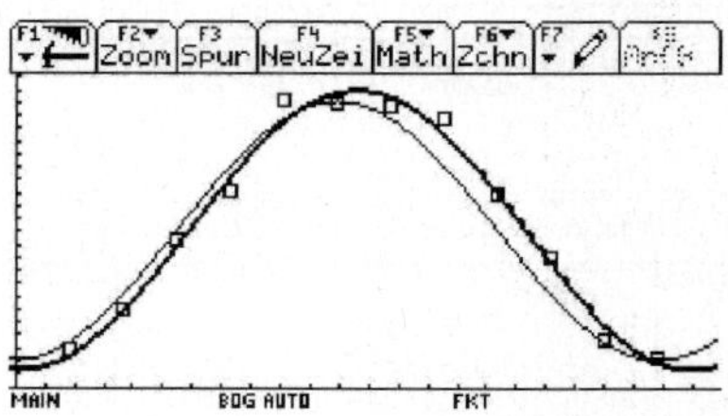

Fig. 7

S. 229 **3** b) Man addiert sämtliche Werte auf (Fig. 1; Fig. 2) oder man bildet das Integral (Fig. 2; Fig. 3)

Fig. 1

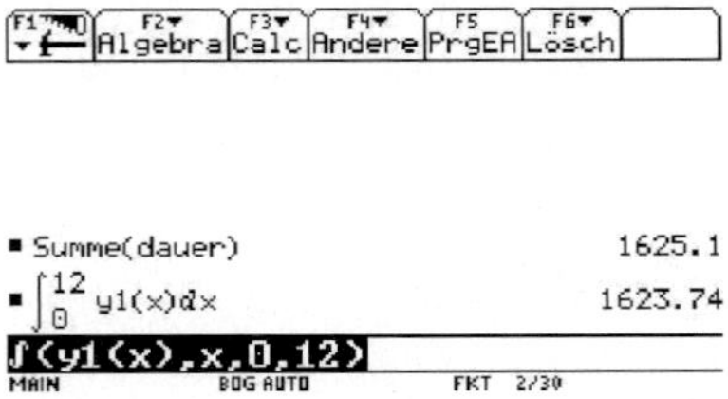

Fig. 2

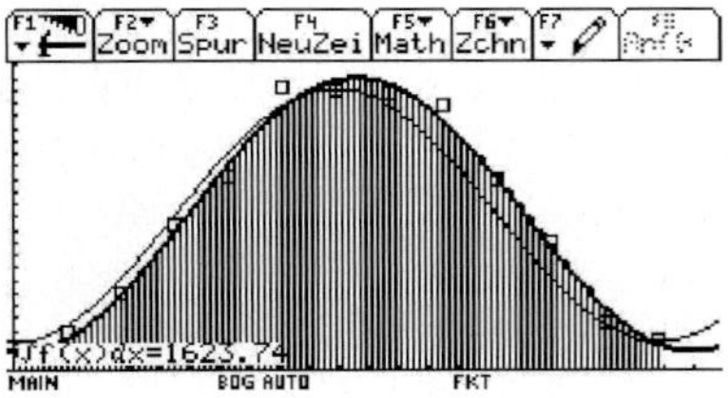

Fig. 3

S. 230 **4** a) Fig. 4 zeigt die Sinusfunktion, die die relative Luftfeuchtigkeit beschreibt, Fig. 5 ihren Graphen für $60 \leqq y \leqq 90$. Die Anpassung ist recht gut.
Fig. 6 zeigt die Sinusfunktion, die die mittlere Wassertemperatur der Havel beschreibt, Fig. 7 ihren Graphen für $-5 \leqq y \leqq 25$. Die Anpassung ist außerordentlich gut.

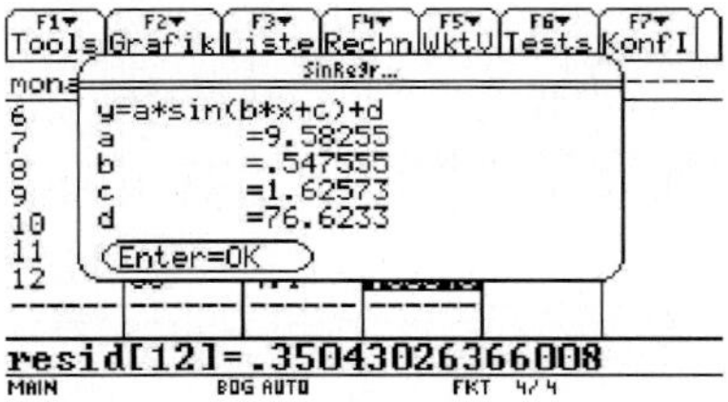

Fig. 4

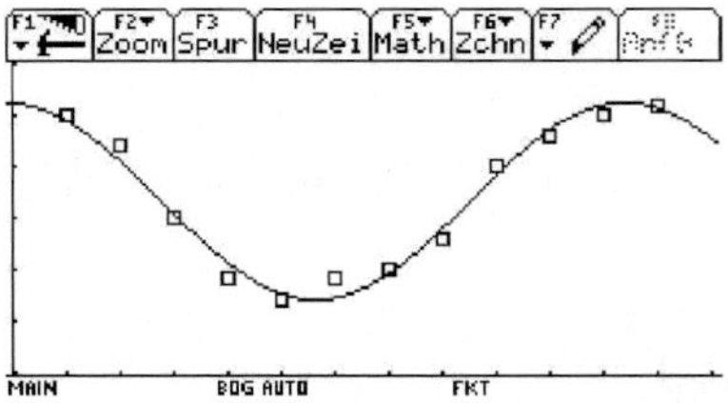

Fig. 5

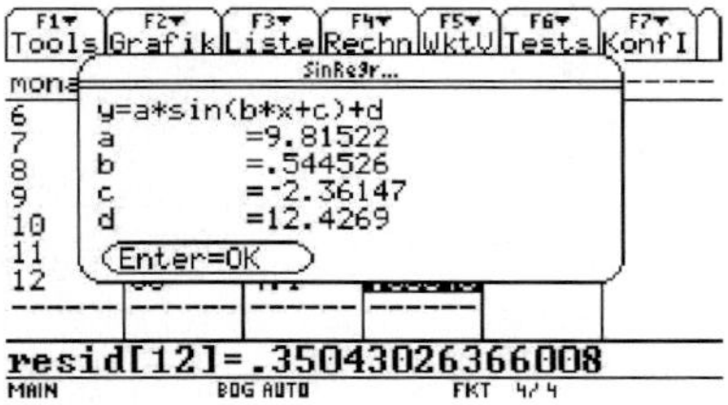

Fig. 6

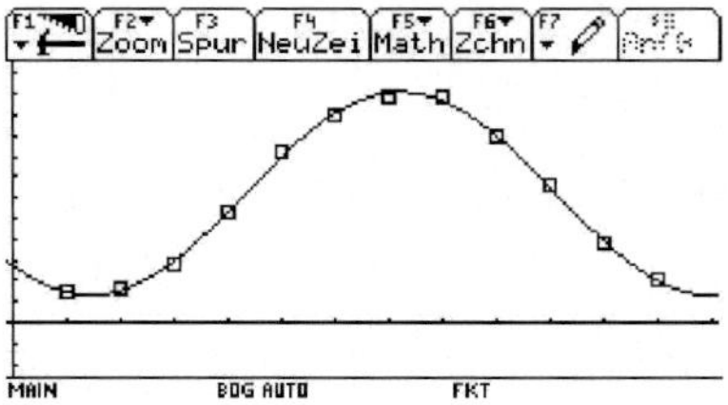

Fig. 7

S. 230 **4** a)

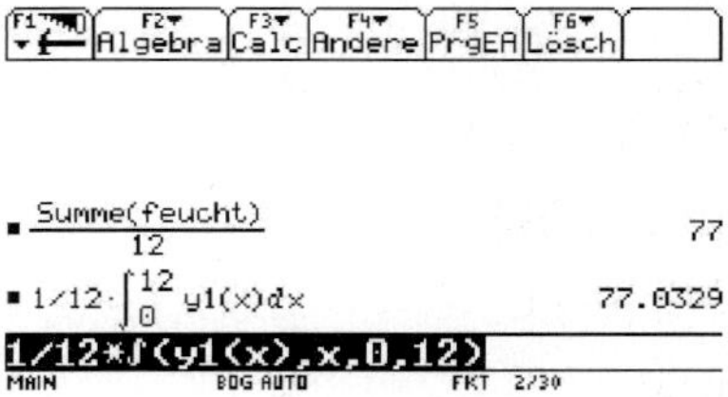

Fig. 1

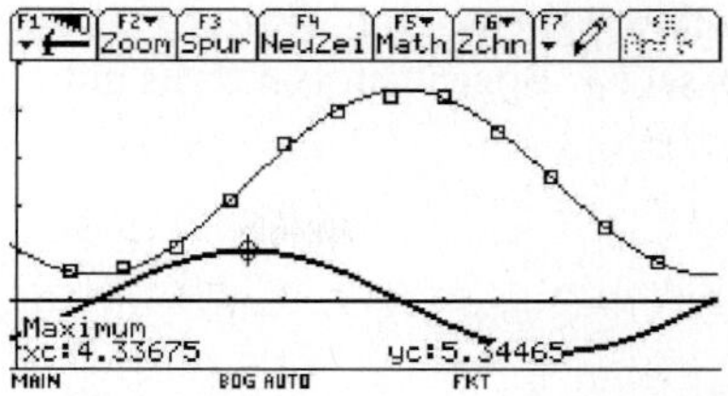

Fig. 2

b) Durchschnittliche Luftfeuchtigkeit:
Möglichkeit 1: Man bildet das arithmetische Mittel der Monatsmittelwerte (Fig. 1)
Möglichkeit 2: Man bildet das Integral über die in y1 stehende, die Feuchte beschreibende Sinusfunktion und teilt deren Wert durch 12 (Fig. 1). Die Werte stimmen hervorragend überein.

c) Die Temperaturzunahme der Havel ist dort am größten, wo die 2. Ableitung ein Maximum hat. Dieses Maximum kann z. B. grafisch bestimmt werden. Fig. 2 zeigt den Graphen der Ableitungsfunktion (fett) mit dem Maximum bei 4,33. Das bedeutet, dass etwa um den 10. Mai die Temperaturzunahme der Havel maximal ist mit ca. 5,3 °C pro Monat.

5 $f(t) = a \cdot \sin\left(\frac{\pi}{12} \cdot t + e\right) + d$; $f'(t) = a \cdot \frac{\pi}{12} \cdot \cos\left(\frac{\pi}{12} \cdot t + e\right)$

Aus der höchsten und der tiefsten Temperatur kann die Amplitude a berechnet werden: $a = \frac{30-16}{2} = 7$. Außerdem kann daraus d bestimmt werden durch $d = \frac{30+16}{2} = 23$. Damit bleibt nur noch e zu berechnen. Aus $f(14) = 30$ folgt: $7 \cdot \sin\left(\frac{\pi}{12} \cdot 14 + 2\right) + 23 = 30$, daraus $7 \cdot \sin\left(\frac{\pi}{12} \cdot 14 + e\right) = 1$, d.h. $\frac{\pi}{12} \cdot 14 + e = \frac{\pi}{2}$. Damit ist $e = -\frac{8}{12}\pi$. Gesuchte Funktion $f(t) = 7 \cdot \sin\left(\frac{\pi}{12} \cdot (t-8)\right) + 23$. Fig. 3 zeigt den Temperaturverlauf grafisch.

b) Man kann über den Wendepunkt das Maximum von f′ bestimmen. Die Temperaturzunahme war am größten um 8.00 Uhr (Fig. 4). Sie betrug dort etwa 1,8 °C pro Stunde (Fig. 5).

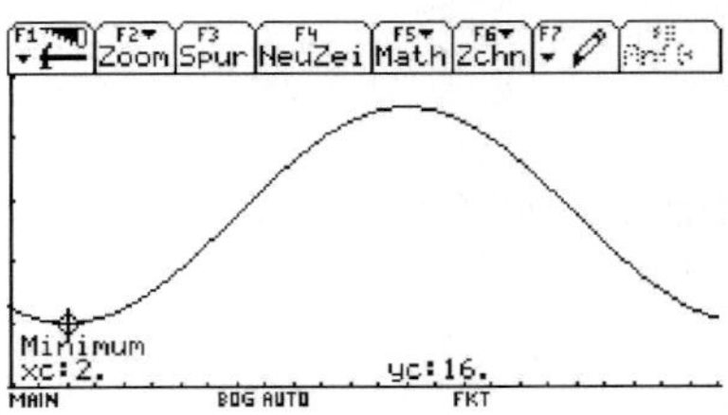

Fig. 3

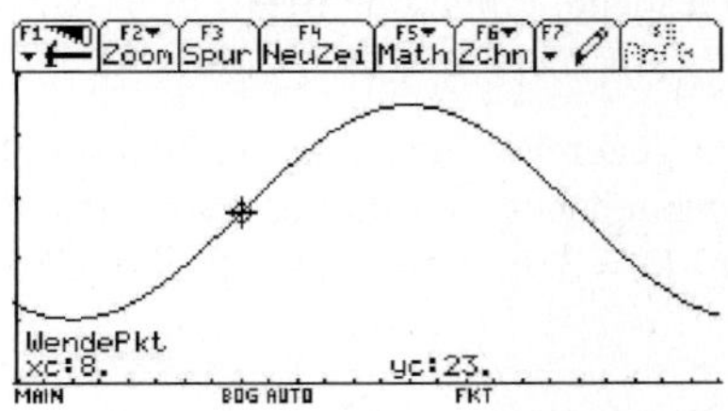

Fig. 4

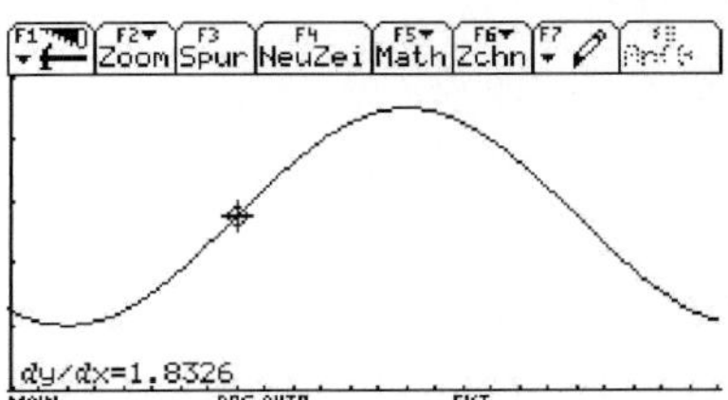

Fig. 5

S. 230 **6** α ist so zu wählen, dass die Querschnittsfläche (gleichschenkliges Dreieck und Rechteck) möglichst groß wird.
x sei das Bogenmaß von α. Es gilt:
$A(x) = 3 \cdot \sin\left(\frac{1}{2}x\right) \cdot 3 \cdot \cos\left(\frac{1}{2}x\right) + 3 \cdot 2\left(3 \cdot \sin\left(\frac{1}{2}x\right)\right)$
$= 9 \cdot \sin\left(\frac{1}{2}x\right) \cdot \cos\left(\frac{1}{2}x\right) + 18 \cdot \sin\left(\frac{1}{2}x\right);\ x \in [0; \pi]$
$A'(x) = \frac{9}{2} \cdot \cos^2\left(\frac{1}{2}x\right) - \frac{9}{2} \cdot \sin^2\left(\frac{1}{2}x\right) + 9 \cdot \cos\left(\frac{1}{2}x\right);\ x \in [0; \pi]$
$A''(x) = -9 \cdot \sin\left(\frac{1}{2}x\right)\cos\left(\frac{1}{2}x\right) - \frac{9}{2} \cdot \sin\left(\frac{1}{2}x\right);\ x \in [0; \pi]$
Einzige Nullstelle von A' ist $x_0 \approx 2{,}392$, hier liegt ein (globales) Maximum vor ($A''(x_0) < 0$). Das Fassungsvermögen der Rinne ist für $\alpha_0 \approx 137°$ maximal.

7 a) Der Parameter a bestimmt den Schnittpunkt des Graphen der Funktion d mit $d(t) = a \cdot e^{-kt}$ mit der y-Achse: $S(0|a)$. Je größer a, umso größer ist die anfängliche Amplitude. Die Dämpfung wird von k bestimmt: Je größer das positive k ist, umso rascher nehmen die Amplituden ab.
In $s(t) = a \cdot e^{-kt} \cdot \sin(\omega \cdot t)$ bestimmt ω die Zeitdauer der Schwingung: je größer ω, umso kürzer ist die Zeitdauer für eine volle Schwingung.
b) Im vorliegenden Fall ist $a = 5$, da der Graph von d mit $d(t) = a \cdot e^{-kt}$ durch $P(0|5)$ verläuft. Da der Graph von d mit $d(t) = a \cdot e^{-kt}$ durch $P(8|1)$ verläuft, ist $5 \cdot e^{k \cdot 8} = 1$; also $k = \frac{\ln(5)}{8} \approx 0{,}2$. Da zwei volle Schwingungen im Intervall $[0; 2\pi]$ erfolgen, ist $\omega = 2$. Damit gehört der dargestellte Graph zu $s(t) = 5 \cdot e^{-0{,}2 \cdot t} \cdot \sin(2 \cdot t)$.

8 $h(t) = e^{kt} \cdot \sin(bt) + d$. Wegen $h(0) = 1$ ist $d = 1$.
Die Periode ist $p = 0{,}5$. Damit ergibt sich aus $p = \frac{2\pi}{b}$: $b = 4\pi$.
Um die „Dämpfung" k zu bestimmen wählt man auf dem Graphen von $h(t) = e^{kt} \cdot \sin(4\pi t) + 1$ den Punkt $P(2{,}785|0{,}75)$ und erhält aus einer Punktprobe:
$0{,}75 = e^{k \cdot 2{,}875} \cdot \sin(4\pi \cdot 2{,}875) + 1$: $k \approx -0{,}482$; also etwa $k = -0{,}5$.
Gesuchte Funktion: $h(t) = e^{-0{,}5t} \cdot \sin(4\pi t) + 1$.

9 a) generelle Zunahme: Treibhauseffekt; jahreszeitliche Schwankung: in Pflanzen gebundenes CO_2 im Sommer, verstärkte Heizung im Winter (N-Halbkugel).
b) $k_0 = 316$; $k_1 = 0{,}654$; $k_2 = 0{,}0216$; $a = 2{,}5$; $b = 2\pi$

IX Ergänzungen zur Integralrechnung

1 Rauminhalte von Rotationskörpern

S. 234 **1** Die Körper sind rotationssymmetrisch.
Schneidet man die Körper senkrecht zur Symmetrieachse, so erhält man Kreise.

2 a) Der Kegel hat den Grundkreisradius $r = mh$ und die Höhe h. Also ist sein Volumen $V = \frac{1}{3}\pi r^2 h = \frac{1}{3}\pi (mh)^2 h = \frac{1}{3}\pi m^2 h^3$.

b) Es ist $V = \frac{1}{3}\pi m^2 h^3 = \left[\frac{1}{3}\pi m^2 x^3\right]_0^h = \int_0^h \pi m^2 x^2\,dx = \int_0^h \pi (mx)^2\,dx = \int_0^h q(x)\,dx$ mit $q(x) = \pi (mx)^2$. Damit ist $q(x)$ der Inhalt der kreisförmigen Querschnittsfläche des Kegels an der Stelle x.

S. 235 **3** a)

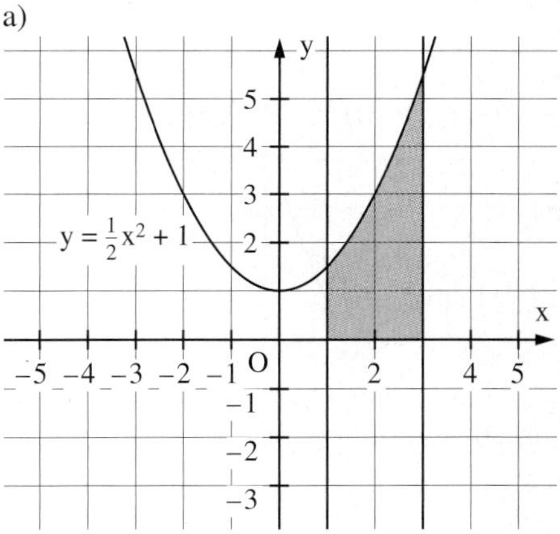

$V = \frac{683}{30}\pi \approx 71{,}5236$

b)

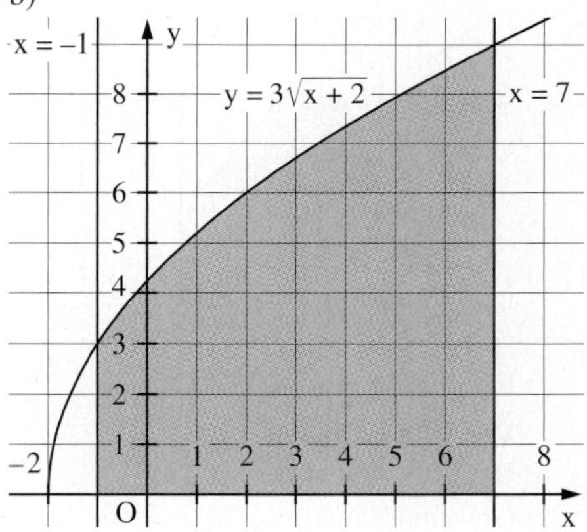

$V = 360\pi \approx 1130{,}9734$

c)

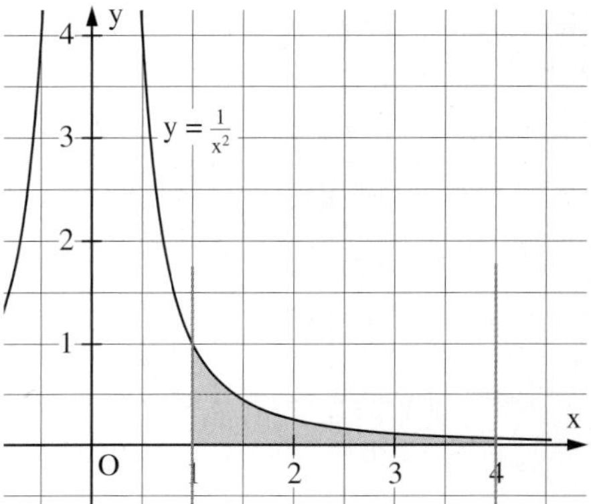

$V \approx 0{,}328\pi \approx 1{,}031$

d)

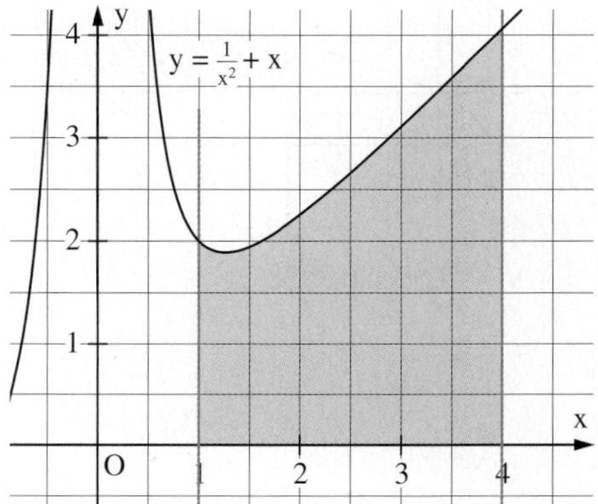

$V \approx 24{,}101\pi \approx 75{,}715$

S. 235 **4** a)

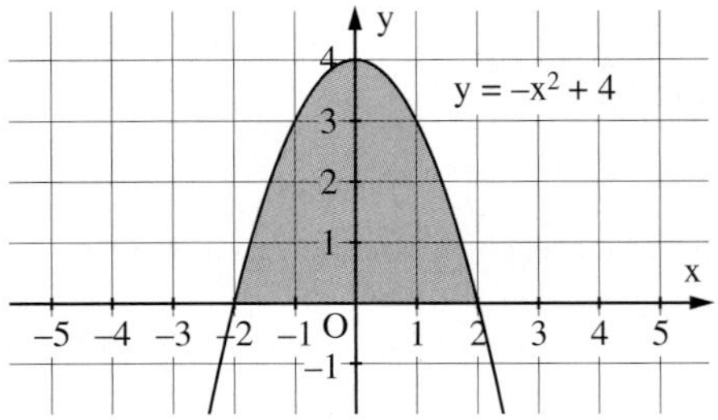

Integration von −2 bis 2 ergibt

$V = \frac{512}{15}\pi \approx 107{,}2330$

b)

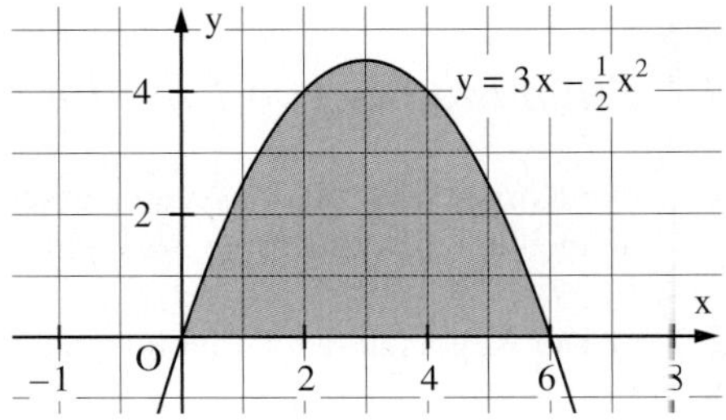

Integration von 0 bis 6 ergibt

$V = \frac{324}{5}\pi \approx 203{,}5752$

c)

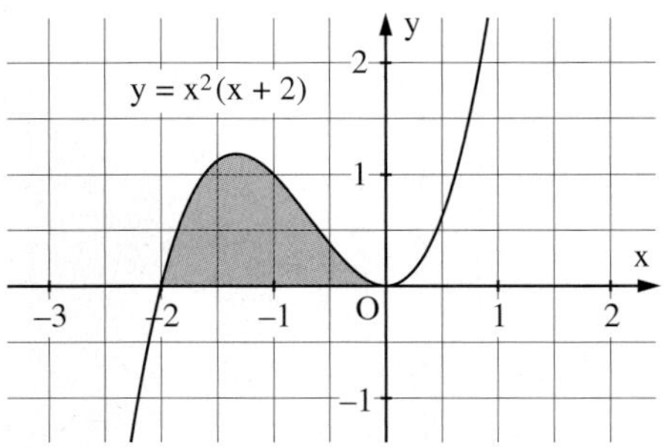

Integration von −2 bis 0 ergibt

$V = \frac{128}{105}\pi \approx 3{,}8298$

d)

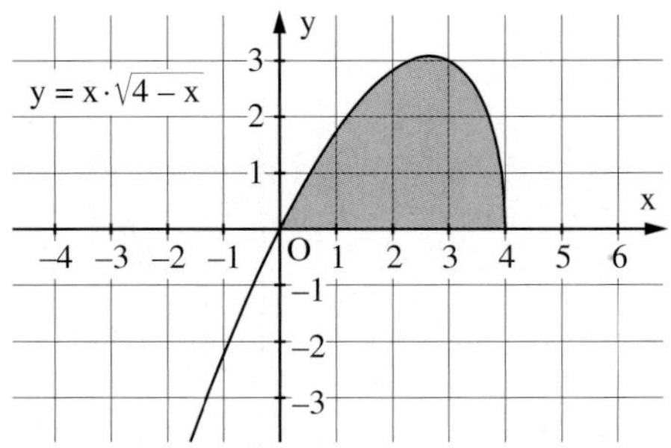

Integration von 0 bis 4 ergibt

$V = \frac{64}{3}\pi \approx 67{,}0206$

5 a)

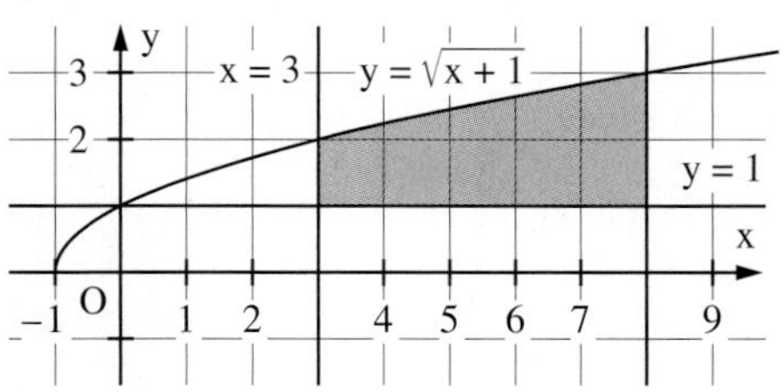

$V = \frac{55}{2}\pi \approx 86{,}3938$

b)

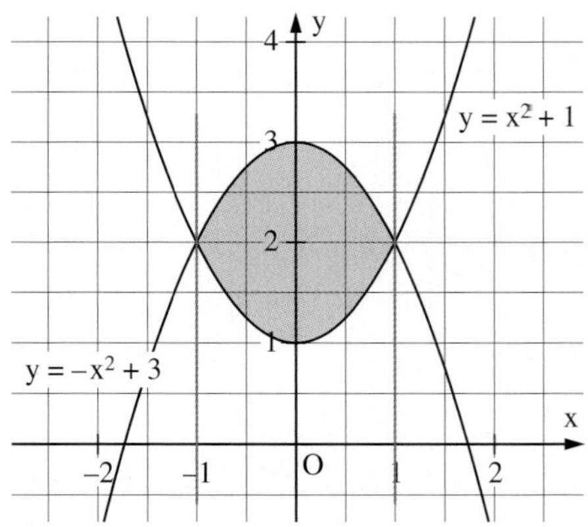

$V = 10\frac{2}{3}\pi \approx 33{,}510$

S. 235 **5** c)

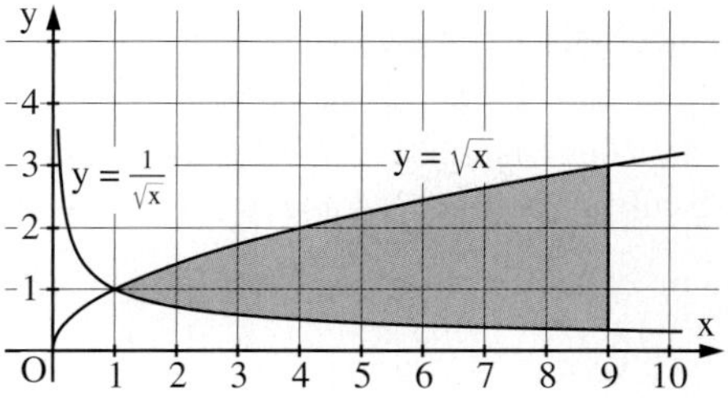

$V = (40 - \ln(9)) \cdot \pi \approx 118{,}7609$

6 a)

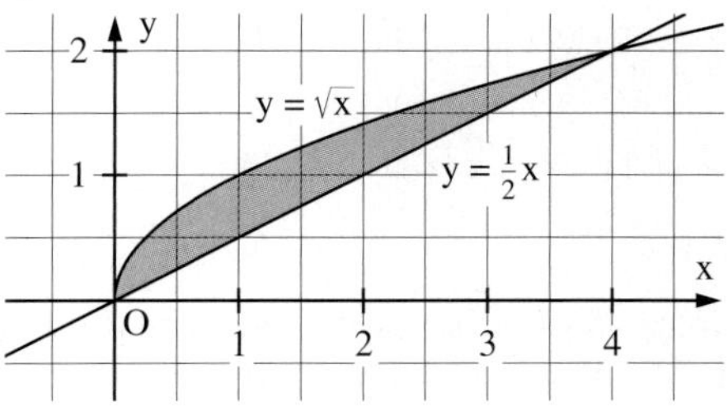

Integration von 0 bis 4 ergibt
$V = \frac{8}{3}\pi \approx 8{,}3776$

b)

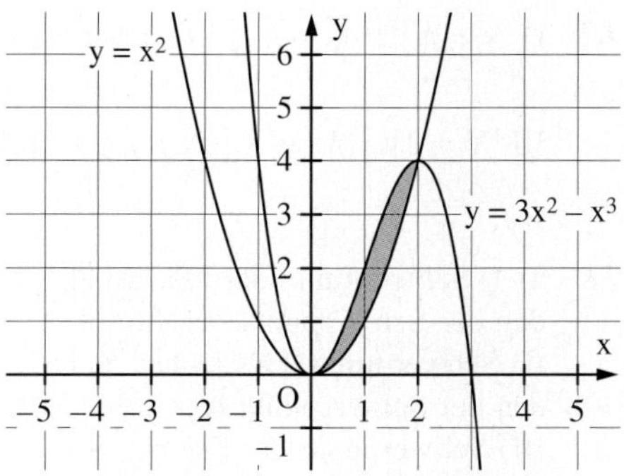

Integration von 0 bis 2 ergibt
$V = \frac{192}{35}\pi \approx 17{,}2339$

c)

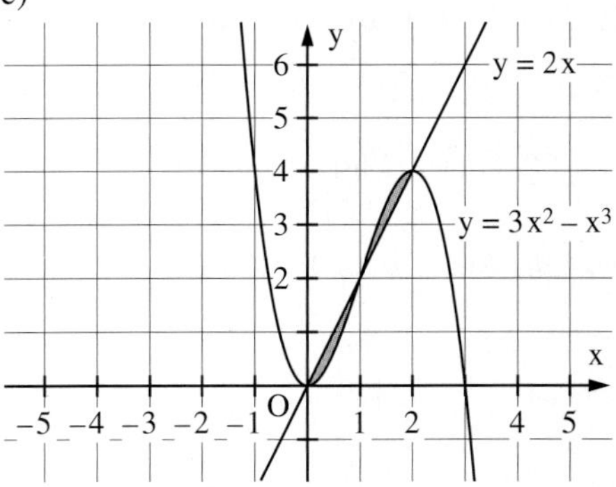

Integration von 0 bis 1 und von 1 bis 2 ergibt $V = 2\pi \approx 6{,}2832$.

7 a) $V = \pi \cdot \int_0^5 2^2\,dx = 20\pi$. Mit $V = \pi \cdot r^2 \cdot h$ gilt: $V = \pi \cdot 2^2 \cdot 5 = 20\pi$.

b) Rotiert der Graph von f mit $f(x) = r$ $(r \geqq 0)$ über dem Intervall $[0; h]$ um die x-Achse, so entsteht ein Zylinder mit Grundkreisradius r und Höhe h.

Für sein Volumen gilt: $V = \pi \int_0^h r^2\,dx = \pi\left[r^2 \cdot x\right]_0^h = \pi \cdot r^2 \cdot h$.

S. 236 **8** Aus $\pi\int_0^b (f(x))^2\,dx = \frac{1}{2}\pi b^2 = 30$ folgt $b = 2\sqrt{\frac{15}{\pi}} \approx 4{,}3702$.
Die Flüssigkeit steht in dem Gefäß bis zu einer Höhe von etwa 4,37.

9 a) Man wählt das Koordinatensystem so, dass der Ursprung im Mittelpunkt des Fasses und die Mittelachse des Fasses auf der x-Achse liegt. Bei der Längeneinheit 1 m erhält man f mit $f(x) = -\frac{5}{9}x^2 + 1$, und für V (in m^3) gilt $V = \pi\int_{-0,6}^{0,6} (f(x))^2\,dx = \frac{656}{625}\pi \approx 3{,}2974$.

b) $V_1 = \frac{243}{250}\pi \approx 3{,}0536$, prozentuale Abweichung 7,39 %

$V_2 = \frac{392}{375}\pi \approx 3{,}2840$, prozentuale Abweichung 0,41 %

10 I) $V = \pi\int_0^2 2^2\,dx - \pi\int_0^2 1^2\,dx = 6\pi \approx 18{,}85$

II) $V = \pi\int_0^2 3^2\,dx - \pi\int_0^2 2^2\,dx = 10\pi \approx 31{,}42$

III) $V = 2\pi\int_{-1}^0 (3x+3)^2\,dx = 6\pi \approx 18{,}85$

IV) $V = \pi\int_{-1}^1 (-2x^2+2)^2\,dx = \frac{64}{15}\pi \approx 13{,}40$

11 a) I) Schwerpunkt der Fläche: $S(1|1{,}5)$. Inhalt der Fläche: $A = 2$. Umfang des Kreises, den der Schwerpunkt beschreibt: $U = 2\pi\cdot 1{,}5$. $V = A\cdot U = 2\cdot 2\pi\cdot 1{,}5 = 6\pi \approx 18{,}85$.
II) Schwerpunkt der Fläche: $S(1|2{,}5)$. Inhalt der Fläche: $A = 2$. Umfang des Kreises, den der Schwerpunkt beschreibt: $U = 2\pi\cdot 2{,}5$. $V = A\cdot U = 2\cdot 2\pi\cdot 2{,}5 = 10\pi \approx 31{,}42$.
III) Schwerpunkt der Fläche: $S(0|1)$. Inhalt der Fläche: $A = 3$. Umfang des Kreises, den der Schwerpunkt beschreibt: $U = 2\pi\cdot 1$. $V = A\cdot U = 3\cdot 2\pi = 6\pi \approx 18{,}85$.
b) Volumen des Drehkörpers: $V = \frac{64}{15}\pi$ (siehe Aufgabe 10). Inhalt der Fläche:
$A = \int_{-1}^1 (-2x^2+2)\,dx = \frac{8}{3}$.
Aus $V = A\cdot U = A\cdot 2\pi r$ folgt $r = \frac{V}{A\cdot 2\pi} = \frac{4}{5} = 0{,}8$. Der Schwerpunkt ist $S(0|0{,}8)$.

12 a) Der Inhalt $q(x)$ der Querschnittsfläche an der Stelle x (in dm^2) ist $q(x) = 2\cdot\frac{1}{8}x^2 = \frac{1}{4}x^2$.
b) $V = \int_0^4 q(x)\,dx = \int_0^4 \frac{1}{4}x^2\,dx = 5\frac{1}{3}$

13 Man erhält: Kugel: $V = \pi\int_{-r}^r (f(x))^2\,dx = 2\pi\int_0^r (f(x))^2\,dx = 2\pi\left[r^2x - \frac{1}{3}x^3\right]_0^r = \frac{4\pi}{3}r^3$

Kugelabschnitt: $V = \pi\int_{r-a}^r (f(x))^2\,dx = \pi\left[r^2x - \frac{1}{3}x^3\right]_{r-a}^r = \frac{\pi}{3}a^2(3r-a)$.
Dann ist $V = \frac{\pi}{3}a^2(3r-a) = \frac{\pi}{6}a(6ar - 2a^2)$ und nach dem Satz des PYTHAGORAS gilt
$r^2 = r_1^2 + (r-a)^2$ und folglich $2ar = r_1^2 + a^2$. Dies ergibt dann
$V = \frac{\pi}{6}a(6ar - 2a^2) = \frac{\pi}{6}a(3\cdot(r_1^2 + a^2) - 2a^2) = \frac{\pi}{6}a\cdot(3r_1^2 + a^2)$.

2 Mittelwerte von Funktionen

S. 237 **1** Möglichkeit I:
Man addiert die gemessenen Temperaturen und dividiert die Summe durch die Anzahl der Messungen. Dies ergibt (in °C): $T_I = \frac{1}{6}(-3 - 2 + 1 + 5 + 2 - 1) = \frac{1}{3} \approx 0{,}33$.
Möglichkeit II:
Bei Möglichkeit I wird nicht berücksichtigt, dass die Zeitintervalle zwischen den Messungen verschieden groß sind. Man kann deshalb für die fehlenden Zeitpunkte von 3^{00} und 12^{00} den Mittelwert der benachbarten Temperaturen als Schätzwert wählen und dann wie bei Möglichkeit I vorgehen. Dies ergibt (in °C):
$T_{II} = \frac{1}{8}(-3 - 2{,}5 - 2 + 1 + 3 + 5 + 2 - 1) = \frac{5}{16} \approx 0{,}31$.
Bemerkung:
Selbstverständlich gibt es noch viele weitere Möglichkeiten. In der Meteorologie wird die mittlere Tagestemperatur so bestimmt: Man addiert die Temperaturen um 7^{00} und 14^{00} sowie die mit 2 multiplizierte Temperatur um 21^{00} und dividiert dann die Summe durch 4.

2 a) Möglichkeit I:
Man könnte die Temperaturen zu einigen Zeitpunkten ablesen und dann wie bei Aufgabe 1 vorgehen.
Möglichkeit II:
Man könnte Zeitintervalle wählen, in denen die Temperatur als konstant angesehen wird. Für jedes Intervall berechnet man das Produkt aus der Temperatur T_i und der Länge t_i des Zeitintervalls. Danach werden diese Produkte $T_i t_i$ addiert und diese Summe durch die gesamte Messzeit von 24 h dividiert.

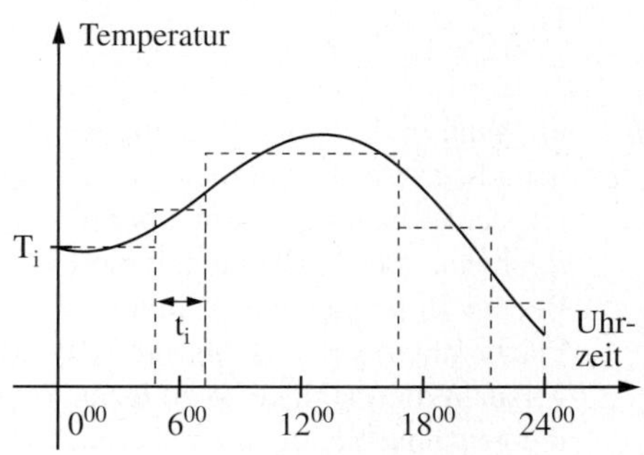

b) Bei Möglichkeit II von a) wird zuerst die Fläche unter dem Graphen über dem gesamten Zeitintervall bestimmt. Dies kann durch eine Integration ersetzt werden. Ist also [0; 24] das Zeitintervall (in h) und gibt die Funktion f den Verlauf der Temperatur während des Tages an, so erhält man eine mittlere Temperatur durch $\frac{1}{24}\int_0^{24} f(\tau)\,d\tau$.

S. 238 **3** a) $\overline{m} = \frac{1}{4}\int_0^4 (-x^2 + 4x)\,dx = 2\frac{2}{3}$

b) $\overline{m} = \frac{1}{2}\int_1^3 \left(1 - \left(\frac{2}{x}\right)^2\right)dx = -\frac{1}{3}$

Graphen siehe nächste Seite.

S. 238 **3** zu a):

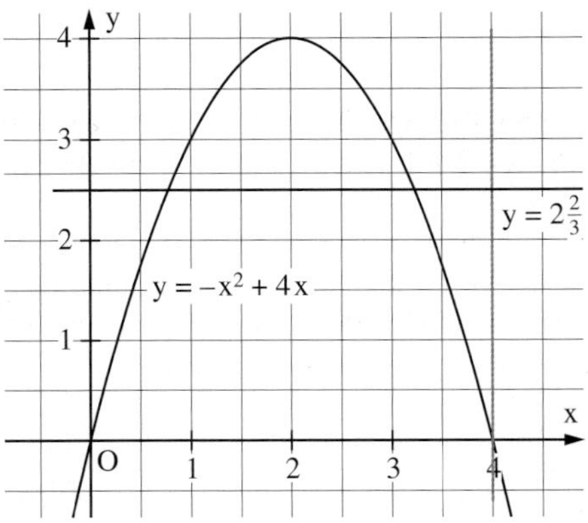

zu b):

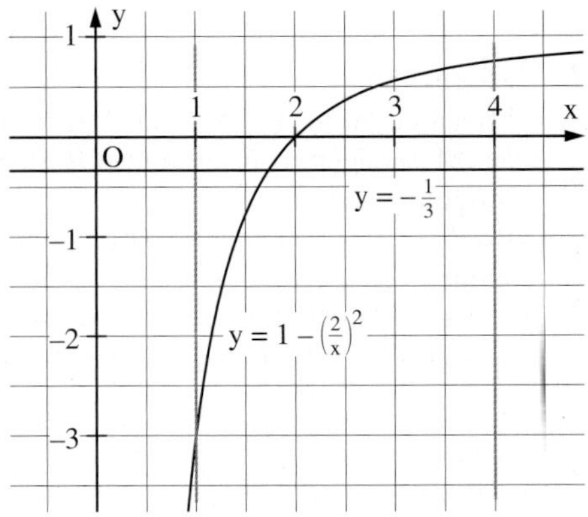

4 Individuelle Lösungen. Z. B. $f(x) = 1$; $g(x) = 0{,}5x + 1$; $h(x) = 0{,}75x^2$.

5 a) Da 2 der Mittelwert ist, gilt: $2 = \frac{1}{5}\int_1^6 f(x)\,dx$; also $\int_1^6 f(x)\,dx = 10$.

b) $\int_1^6 (f(x) - \overline{m})\,dx = \int_1^6 f(x)\,dx - \int_1^6 2\,dx = 10 - 10 = 0$

c) $A_2 = A_1 = 2{,}4$

6 a) Wenn $\overline{m}$ der gesuchte Mittelwert ist, dann begrenzt die Parallele zur x-Achse mit der Gleichung $y = \overline{m}$ über [0; 10] ein Rechteck. Der Flächeninhalt dieses Rechtecks ist gleich dem Inhalt der Fläche unter $y = v(t)$ über [0; 10]. Man versucht die Parallele so zu legen, dass die genannte Bedingung näherungsweise erfüllt ist.

b) $\overline{v} = \frac{1}{10}\int_0^{10} v(t)\,dt \approx 18{,}519$

c) Für die zwischen 0 s und 10 s gefahrene Strecke S gilt: $S = \int_0^{10} v(t)\,dt \approx 185{,}195\,\text{m}$.

(oder: $S = 10 \cdot \overline{m} \approx 185{,}19\,\text{m}$)

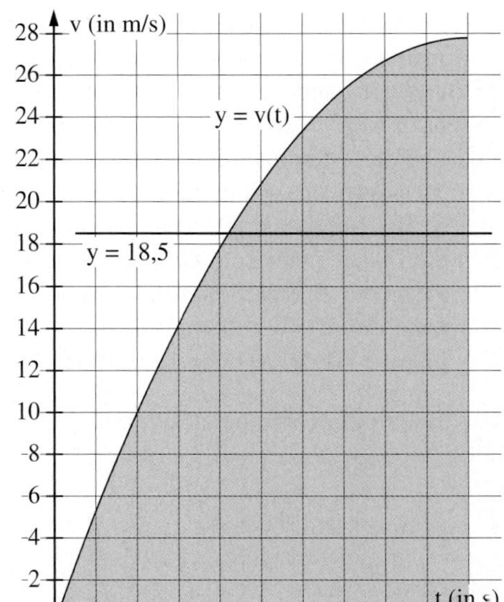

7 a) $\overline{v^2} = \frac{1}{3}(15^2 + 27^2 + 31^2) \approx 638$

b) $\overline{v}^2 = \left[\frac{1}{3}(15 + 27 + 31)\right]^2 \approx 592$.

Die beiden Mittelwerte sind im Allgemeinen nicht gleich.

3 *Numerische Integration, Trapezregeln*

S. 239 **1** a) $f(0) = 1;\ f(1) = 0{,}5;\ f(2) = 0{,}2$
Die Sehnentrapeze haben die Inhalte 0,75 und 0,35. Näherungswert $A_1 = 1{,}1$
b) Tangente: $y = -\frac{1}{2}x + 1$. Näherungswert $A_2 = 1$
(Genauer Wert: $A = \arctan(2) \approx 1{,}107$)

S. 240 **2** a) $S_6 = \frac{3}{12}\left(1 + 2\cdot\frac{1}{1{,}5} + 2\cdot\frac{1}{2} + 2\cdot\frac{1}{2{,}5} + 2\cdot\frac{1}{3} + 2\cdot\frac{1}{3{,}5} + \frac{1}{4}\right) \approx 1{,}4054$
$T_6 = \frac{2\cdot 3}{6}\left(\frac{1}{1{,}5} + \frac{1}{2{,}5} + \frac{1}{3{,}5}\right) \approx 1{,}3524$ (Genauer Wert $J = \ln(4) \approx 1{,}3863$)
b) $S_4 = \frac{2}{8}\left(1 + 2\cdot\sqrt{1{,}5} + 2\cdot\sqrt{2} + 2\cdot\sqrt{2{,}5} + 3\cdot\sqrt{3}\right) \approx 2{,}7931$
$T_4 = \frac{2\cdot 2}{4}\left(\sqrt{1{,}5} + \sqrt{2{,}5}\right) \approx 2{,}8059$ (Genauer Wert $J = \left[\frac{1}{1{,}5}(1 + x)^{1{,}5}\right]_0^2 \approx 2{,}7974$)
c) $S_8 = \frac{4}{16}(2^0 + 2\cdot 2^{0{,}5} + 2\cdot 2^1 + \ldots + 2\cdot 2^{3{,}5} + 2^4) \approx 21{,}8566$
$T_8 = \frac{2\cdot 4}{8}(2^{0{,}5} + 2^{1{,}5} + 2^{2{,}5} + 2^{3{,}5}) \approx 21{,}2132$
(Genauer Wert $J = \left[\frac{1}{\ln(2)}\cdot e^{x\cdot\ln(2)}\right]_0^4 \approx 21{,}6404$)
d) $S_4 = \frac{\frac{\pi}{2} - \frac{\pi}{4}}{2\cdot 4} = \left(\frac{1}{\sin\left(\frac{1}{4}\pi\right)} + \frac{2}{\sin\left(\frac{5}{16}\pi\right)} + \frac{2}{\sin\left(\frac{6}{16}\pi\right)} + \frac{2}{\sin\left(\frac{7}{16}\pi\right)} + \frac{1}{\sin\left(\frac{1}{2}\pi\right)}\right) \approx 0{,}8859$
$T_4 = \frac{2\cdot\left(\frac{\pi}{2} - \frac{\pi}{4}\right)}{4}\left(\frac{1}{\sin\left(\frac{5}{16}\pi\right)} + \frac{1}{\sin\left(\frac{7}{16}\pi\right)}\right) \approx 0{,}8727$
(Genauer Wert $J = \left[\ln\left(\tan\left(\frac{x}{2}\right)\right)\right]_{\frac{\pi}{4}}^{\frac{\pi}{2}} \approx 0{,}8814$)

3 a) Zu bestimmen ist $J = \int_0^4 x\sqrt{4 - x}\,dx$.
$S_8 = \frac{4-0}{16}\left(0 + 2\cdot 0{,}5\cdot\sqrt{3{,}5} + 2\cdot 1\cdot\sqrt{3} + \ldots + 2\cdot 3{,}5\cdot\sqrt{0{,}5} + 4\cdot\sqrt{0}\right) \approx 7{,}9683$
(Genauer Wert $J = 8\frac{8}{15} = 8{,}5\overline{3}$)
b) Zu bestimmen ist $J = \int_0^{\pi} (\sin(x))^2\,dx$.
$S_8 = 0{,}5\cdot\pi;\ T_8 = 0{,}5\cdot\pi$ (Genauer Wert $J = 0{,}5\cdot\pi \approx 1{,}5708$)

4 a) $\int_1^4 \frac{1}{x}\,dx = [\ln(x)]_1^4 = \ln(4) \approx 1{,}3863$
b) Obersumme $O_{20} \approx 1{,}4443$; Untersumme $U_{20} \approx 1{,}3318$
Sehnentrapezregel $S_{20} \approx 1{,}3880$; Tangententrapezregel $T_{20} \approx 1{,}3828$
Die Trapezregeln ergeben genauere Näherungswerte als Unter- und Obersumme.

S. 240 **5** Zu bestimmen ist $J = \int_0^2 \sqrt{1 + 4x^2}\,dx$. $S_{40} \approx 4{,}6472$

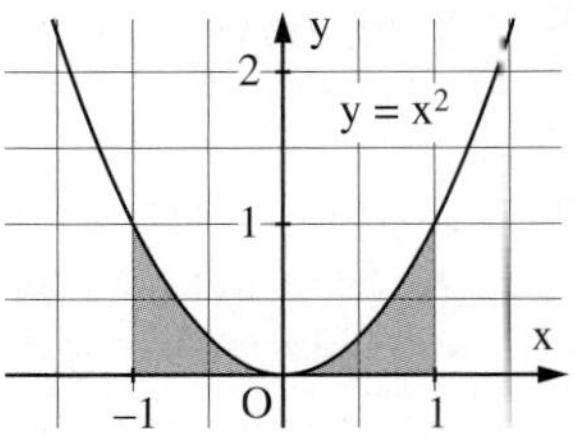

6 Z.B. für $J = \int_{-1}^{1} x^2\,dx$ gilt: $J = \frac{2}{3}$; $S_2 = 1$; $T_2 = 0$.

Also $T_2 < J < S_2$. Siehe Graph rechts.

7 a) Mit $S_2 = \frac{b-a}{4}(y_0 + 4y_1 + y_2)$ und $T_2 = \frac{2(b-a)}{2}\cdot(y_1)$
folgt $K_2 = \frac{1}{3}(2S_2 + T_2) = \frac{b-a}{6}(y_0 + 4y_1 + y_2)$.
b) Mit $S_2 = \frac{2}{4}\left(\frac{1}{2} + 2\cdot\frac{1}{5} + \frac{1}{10}\right)$ und $T_2 = \frac{2\cdot 2}{2}\cdot\left(\frac{1}{5}\right)$ folgt $K_2 = \frac{1}{3}(2S_2 + T_2) \approx 0{,}4667$.

4 *Uneigentliche Integrale*

S. 241 **1** Stapelt man $n > 0$ Rechtecke übereinander, so beträgt deren Flächeninhalt zusammen $T_n = 1 + \frac{1}{2} + \frac{1}{4} + \ldots + \left(\frac{1}{2}\right)^{n-1} = 2 - \left(\frac{1}{2}\right)^n$. Für $n \to \infty$ strebt $T_n \to 2$.
Man kann auch argumentieren, dass jedes neu zum Stapel hinzu kommende Rechteck die frei bleibende Fläche des Rechtecks mit den Seitenlängen 1 und 2 halbiert. Deshalb strebt der Inhalt T gegen 2.

S. 242 **2** a) Für $b > 1$ ist $A(b) = \int_1^b \frac{3}{x}\,dx = 3\cdot\ln(b)$. $A(b)$ hat für $b \to +\infty$ keinen Grenzwert.

Die nach rechts ins Unendliche reichende Fläche hat keinen endlichen Inhalt.

b) Für $a < -1$ ist $A(a) = \int_a^{-1} f(x)\,dx = 2 - \frac{2}{a^2}$. Für $a \to -\infty$ strebt $A(a) \to 2$.

Die nach links ins Unendliche reichende Fläche hat den Inhalt $A = 2$.

c) Für $a < 0$ ist $A(a) = \int_a^0 f(x)\,dx = 15e - 15e^{0{,}2a+1}$. Für $a \to -\infty$ strebt $A(a) \to 15e$.

Die nach links ins Unendliche reichende Fläche hat den Inhalt $A = 15e \approx 40{,}7742$.

S. 242 **3** a) Asymptote g: $y = \frac{1}{2}x$

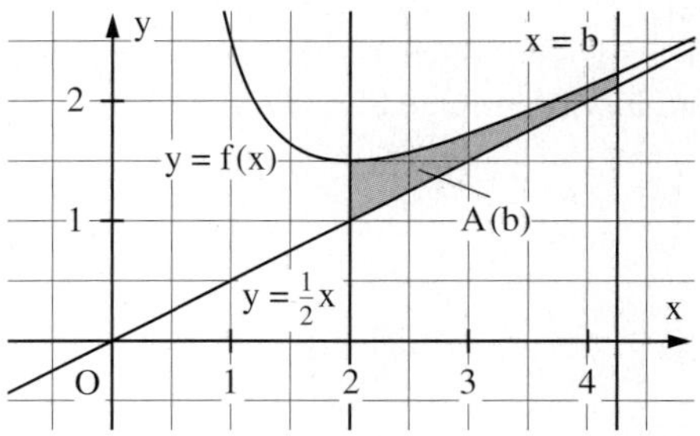

Für $b > 2$ hat die Fläche zwischen dem Graphen von f und der Geraden g über [2; b] den Inhalt $A(b) = \int_2^b \left(f(x) - \frac{1}{2}x\right)dx = 1 - \frac{2}{b}$. Für $b \to \infty$ strebt $A(b) \to 1$. Die nach rechts unbeschränkte Fläche hat den Inhalt $A = 1$.

b) Asymptote g: $y = -\frac{1}{3}x$

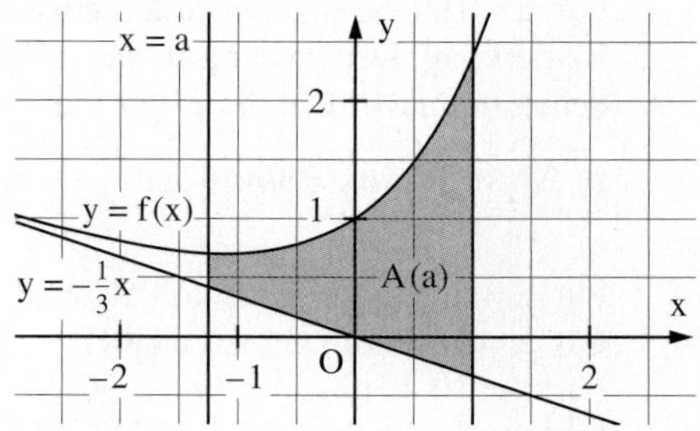

Für $a < 1$ hat die Fläche zwischen dem Graphen von f und der Geraden g über [a; 1] den Inhalt $A(a) = \int_a^1 \left(f(x) + \frac{1}{3}x\right)dx = e - e^a$. Für $a \to -\infty$ strebt $A(a) \to e$. Die nach links unbeschränkte Fläche hat den Inhalt $A = e$.

4 a) Für $0 < a < 1$ ist $A(a) = \int_a^1 \frac{1}{x}dx = -\ln(a)$. Für $a \to 0$ hat $A(a)$ keinen Grenzwert.
Die nach oben ins Unendliche reichende Fläche hat keinen endlichen Inhalt.
b) Für $0 < a < 1$ ist $A(a) = \int_a^1 f(x)\,dx = 8 - 8\sqrt{a}$. Für $a \to 0$ strebt $A(a) \to 8$.
Die nach oben ins Unendliche reichende Fläche hat den Inhalt $A = 8$.

5 Für die Schüttung S(t) der Quelle (in m³) zur Zeit t (in min) gilt
$S(t) = 4{,}0 \cdot e^{-kt}$ mit $k = \frac{\ln(2)}{9600} \approx 7{,}2203 \cdot 10^{-5}$.
a) Da $30\,d = 43\,200\,min$ ist, beträgt die in 30 Tagen gelieferte Wassermenge (in m³)
$W(30) = \int_0^{43\,200} S(t)\,dt = \frac{1200}{\ln(2)}\left(32 - \sqrt{2}\right) \approx 52\,951$.
In 30 Tagen werden etwa $5{,}3 \cdot 10^4\,m^3$ Wasser geliefert.
b) Die in der Zeit T (in min) gelieferte Wassermenge (in m³) ist
$W(T) = \int_0^T S(t)\,dt = \frac{4}{k}(1 - e^{-kT})$. Für $T \to +\infty$ gilt $W(T) \to \frac{4}{k} = \frac{38\,400}{\ln(2)} \approx 55\,399$.
Insgesamt liefert die Quelle etwa $5{,}5 \cdot 10^4\,m^3$ Wasser.

6 a) Es ist $\int_1^a e^{-x}dx = e^{-1} - e^{-a}$ und $\int_1^\infty e^{-x}dx = e^{-1}$.
Für $a = 2$ beträgt der Anteil etwa 63,21 %.
Für $a = 5$ beträgt der Anteil etwa 98,168 %.
Für $a = 10$ beträgt der Anteil etwa 99,987 66 %.
Für $a = 20$ beträgt der Anteil etwa 99,999 999 439 720 %.

S. 242 **6** Für a = 50 beträgt der Anteil etwa 99,999 999 999 999 999 999 947 57 %.
Für a = 100 beträgt der Anteil etwa 100 %.
Bemerkung: Der Prozentsatz bei a = 100 beträgt aus etwa 99,999 … %, wobei nach dem Komma 40-mal die Ziffer 9 und dann die Ziffernfolge 898 877 … auftritt.

b) Es ist $\int_1^a x^{-2}\,dx = 1 - \frac{1}{a}$ und $\int_1^\infty x^{-2}\,dx = 1$.

Für a = 2 beträgt der Anteil 50 %.
Für a = 5 beträgt der Anteil 80 %.
Für a = 10 beträgt der Anteil 90 %.
Für a = 20 beträgt der Anteil 95 %.
Für a = 50 beträgt der Anteil 98 %.
Für a = 100 beträgt der Anteil 99 %.

5 *Weitere Anwendungen der Integration*

S. 243 **1** Ist F auf dem Intervall $[s_1; s_2]$ veränderlich, erhält man einen Näherungswert für die verrichtete Arbeit W, indem man F als stückweise konstant annimmt.
Man erhält für die Zerlegungssumme W_n:
$W_n = F_1 \cdot h + F_2 \cdot h + F_3 \cdot h + \ldots + F_n \cdot h$.
$W = \lim\limits_{n \to \infty} W_n$ entspricht dem Inhalt der Fläche unter der F-Kurve.
Also $W = \int_{s_1}^{s_2} F(s)\,ds$.

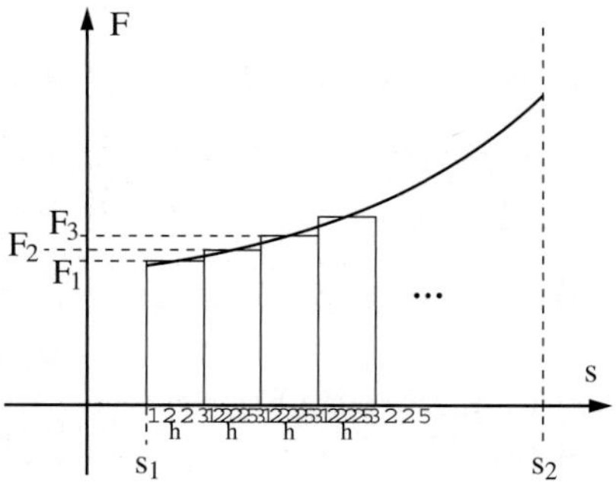

S. 244 **2** $T \approx 7{,}8\,s$

3 a) $s = \int_0^3 (20 - 9{,}81 \cdot t)\,dt$; $s \approx 15{,}9\,m$

b) $\int_0^4 (v_0 - 9{,}81 \cdot t)\,dt = 0$ ergibt $v_0 \approx 19{,}6\,\frac{m}{s}$.

$s(t) = \int_0^t (19{,}6 - 9{,}81 \cdot t)\,dt = 19{,}6 \cdot t - \frac{9{,}81}{2} \cdot t^2$

s(t) hat ein Maximum bei t = 2 s. Die maximale Höhe ist etwa 19,6 m.

S. 244 **4** a) $W = \int_0^{0,05} (D \cdot x)\,dx = 0,125\,\text{J}$ b) $W = \int_{0,1}^{0,15} (D \cdot x)\,dx = 0,625\,\text{J}$

5 a) Ausgaben $G = \int_0^5 (20 \cdot 1,05^t)\,dt = \int_0^5 (20 \cdot e^{0,049 \cdot t})\,dt \approx 113,3$

Es werden etwa 113 Milliarden Euro ausgegeben.

b) $\int_0^{10} (20 \cdot 1,05^t)\,dt \approx 258$. Es werden etwa 58 Milliarden Euro eingespart.

6 a) siehe unten Fig. 1

b) Die Sauerstoffproduktion pro m^2 an einem Tag entspricht dem Inhalt A der Fläche unter der s-Kurve. Näherungsweise ist A der Inhalt des skizzierten Rechtecks:

$A \approx 8 \cdot 500 = 4000$. Gesamtproduktion des Baumes $S = 4000 \frac{\text{ml}}{\text{m}^2} \cdot 550\,\text{m}^2 = 2200\,l$.

(Genauer Wert: $S = 3943\frac{1}{3} \frac{\text{ml}}{\text{m}^2} \cdot 550\,\text{m}^2 \approx 2169\,l$)

c) Der Graph (Fig. 2, mit einem CAS erzeugt) ist bei $x = 0$ am steilsten.

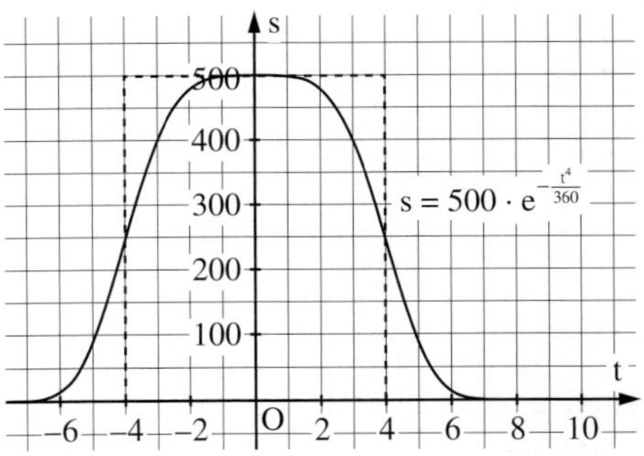

Fig. 1

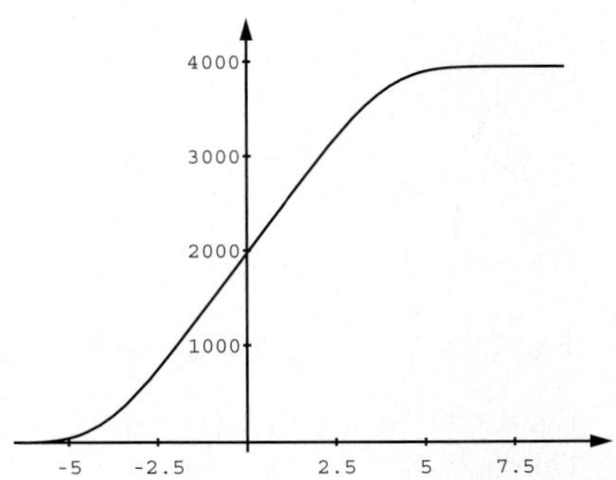

Fig. 2

7 a) Ist $W(h_2)$ die benötigte Arbeit (in J), so gilt:

$$W(h_2) = \int_{6,370 \cdot 10^6}^{4,22 \cdot 10^7} 6,67 \cdot 10^{-11} \cdot 10^3 \cdot 5,97 \cdot 10^{24} \frac{1}{s^2}\,ds \approx 5,3076 \cdot 10^{10}.$$

Die benötigte Arbeit beträgt etwa $5,31 \cdot 10^{10}\,\text{J}$.

b) Ist W(h) die benötigte Arbeit (in J), die benötigt wird, um den Satelliten auf die Höhe h (in m) zu heben, so gilt

$$W(h) = \int_{6,370 \cdot 10^6}^{h} 6,67 \cdot 10^{-11} \cdot 10^3 \cdot 5,97 \cdot 10^{24} \frac{1}{s^2}\,ds \approx 6,2512 \cdot 10^{10} - \frac{3,9820}{h} \cdot 10^{17}.$$ Für $h \to +\infty$

gilt etwa $W(h) \to 6,2512 \cdot 10^{10}$. Die benötigte Arbeit beträgt etwa $6,25 \cdot 10^{10}\,\text{J}$.

6 Integration von Produkten

S. 245 **1** a) Sofort bestimmt werden kann $\int_0^1 f'(x)\,dx = [f(x)]_0^1 = [x \cdot e^x]_0^1 = e$ und

$\int_0^1 e^x\,dx = [e^x]_0^1 = e - 1$.

b) Damit kann $\int_0^1 x \cdot e^x\,dx$ bestimmt werden, es ist nämlich

$\int_0^1 x \cdot e^x\,dx = \int_0^1 f'(x)\,dx - \int_0^1 e^x\,dx = e - (e - 1) = 1$.

S. 246 **2** a) $\frac{2}{e} \approx 0{,}7358$ (Stammfunktion F mit $F(x) = e^x \cdot (x - 1)$)

b) $\pi \approx 3{,}1416$ (Stammfunktion F mit $F(x) = \sin(x) - x \cdot \cos(x)$)

c) $-\frac{729}{14} \approx -52{,}0714$ (Stammfunktion F mit $F(x) = \frac{1}{14}(2x + 1)(x - 3)^6$)

d) $e \approx 2{,}7183$ (Stammfunktion F mit $F(x) = e^{2x+1} \cdot (2x - 1)$)

e) $\int_1^{e^2} 2 \cdot \ln(x)\,dx = 2 \cdot [x \cdot \ln(x) - x]_1^{e^2} = 2(e^2 + 1)$

f) $\frac{1}{4}(e^2 + 1) \approx 2{,}0973$ (Stammfunktion F mit $F(x) = \frac{1}{4}x^2(2 \cdot \ln(x) - 1)$)

3 Durch Produktintegration ist z. B. berechenbar:

$\int_{-1}^1 x \cdot e^x\,dx = [x \cdot e^x]_{-1}^1 - \int_{-1}^1 e^x\,dx$. Man setzt $v'(x) = e^x$. Dann ist $v(x) = e^x$.

Für u setzt man z. B. $u(x) = x$, damit $u'(x) = 1$.

Durch zwei hintereinander ausgeführte Produktintegrationen sind z. B. berechenbar $\int_{-1}^1 x^2 \cdot e^x\,dx$ und $\int_{-1}^1 \cos(x) \cdot e^x\,dx$. Außerdem sind berechenbar $\int_{-1}^1 e^x \cdot e^x\,dx = \int_{-1}^1 e^{2x}\,dx$ durch lineare Verkettung und $\int_{-1}^1 c \cdot e^x\,dx$ mit $c = \text{konstant}$.

4 a) $2(e^2 - 1) \approx 12{,}7781$ (Stammfunktion F mit $F(x) = e^x \cdot (x^2 - 2x + 2)$)

b) $4\pi \approx 12{,}5664$ (Stammfunktion F mit $F(x) = (x^2 - 2) \cdot \sin(x) + 2x \cdot \cos(x)$)

c) $\frac{15\,625}{168} \approx 93{,}0060$ (Stammfunktion F mit $F(x) = \frac{1}{168}(12x^2 + 10x + 5)(2x - 5)^5$)

d) $\pi^2 - 2\pi - 2 \approx 1{,}5864$ (Stammfunktion F mit $F(x) = (2 - x^2) \cdot \cos(x + 1) + 2x \cdot \sin(x + 1)$)

5 a) $\frac{\pi}{2} \approx 1{,}5708$ (Stammfunktion F mit $F(x) = \frac{1}{2}(x - \sin(x) \cdot \cos(x))$)

b) 1 (Stammfunktion F mit $F(x) = \frac{1}{2\pi}(\pi x + \sin(\pi x) \cdot \cos(\pi x))$)

c) $-\frac{1}{2}(e^{\pi} + 1) \approx -12{,}0703$ (Stammfunktion F mit $F(x) = \frac{1}{2} \cdot e^x \cdot (\sin(x) + \cos(x))$)

d) $\frac{\pi}{\pi^2 + 4}(1 - e^4) \approx -12{,}1405$ (Stammfunktion F mit $F(x) = \frac{e^{2x}}{\pi^2 + 4}(2 \cdot \sin(\pi x) - \pi \cdot \cos(\pi x))$)

S. 246 **6** Es ist

$\frac{1}{15-0}\cdot\int_0^{15} a(t)\,dt = \frac{8}{15}\cdot\int_0^{15} e^{-0,2t}\cdot\sin t\,dt$

$= \left[-\frac{4}{39}e^{-0,2t}(\sin t + 5\cdot\cos t)\right]_0^{15} \approx 0{,}5289.$

Damit ist der Mittelwert der Auslenkung in dem Zeitintervall $0\,s \leqq t \leqq 15\,s$ etwa 0,53 cm.

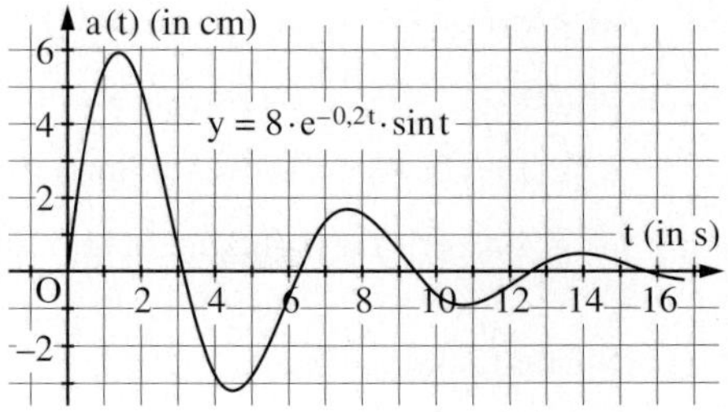

7 a) Inhalt der oberen Teilfläche $A_1 = \int_0^1 (1 - x\cdot e^{1-x})\,dx = 3 - e$

Inhalt der unteren Teilfläche $A_2 = \int_0^1 (x\cdot e^{1-x})\,dx = e - 2$

Verhältnis $A_1 : A_2 = \frac{3-e}{e-2} \approx 0{,}3922$

b) Wendepunkt $W\left(2\,\middle|\,\frac{2}{e}\right)$; Gleichung der Wendetangente $y = -\frac{1}{e}x + \frac{4}{e}$

Flächeninhalt $A = \int_0^2 \left(-\frac{1}{e}x + \frac{4}{e} - x\cdot e^{1-x}\right)dx = \frac{9}{e} - e \approx 0{,}5926$

8 Für $b > 0$ hat die Fläche zwischen K, der x-Achse und der Geraden mit der Gleichung $x = b$ den Inhalt $A(b) = \int_0^b f(x)\,dx = 4 - 4(b+1)\cdot e^{-b}$. Für $b \to \infty$ gilt $A(b) \to 4$, also ist $A = 4$.

Rotiert die Fläche mit dem Inhalt A(b) um die x-Achse, so hat der entstehende Rotationskörper das Volumen $V(b) = \pi\int_0^b (f(x))^2\,dx = 4\pi - 4\pi(2b^2 + 2b + 1)\cdot e^{-2b}$.

Für $b \to \infty$ gilt $V(b) \to 4\pi$, also ist $V = 4\pi \approx 12{,}5664$.

7 *Integration durch Substitution*

S. 247 **1** a) Die farbig unterlegten Terme sind angeordnet wie im Schülerbuch.

$f(x) = 3x^2\cdot 1$ $\quad f(x) = 3(2x+3)^2\cdot 2$ $\quad f(x) = 3(2x^4+1)^2\cdot 8x^3$

$f(x) = 3(x+1)^2\cdot 1$ $\quad f(x) = 3(x^2+1)^2\cdot 2x$ $\quad f(x) = 3(2e^{4x}+x)^2\cdot(8e^{4x}+1)$

b) Für □ ist stets $g'(x)$ zu wählen.

S. 248 **2** a) $\int_0^2 \frac{4x}{\sqrt{1+2x^2}}\,dx = \int_1^9 \frac{1}{\sqrt{z}}\,dz = 4$ $\qquad$ b) $\int_{-1}^1 \frac{-2x}{(4-3x^2)^2}\,dx = \int_1^1 \frac{1}{3z^2}\,dz = 0$

c) $\int_0^1 x^2 e^{x^3+1}\,dx = \int_1^2 \frac{1}{3}\cdot e^z\,dz = \frac{1}{3}(e^2 - e) \approx 1{,}5569$

d) $\int_0^1 x\cdot\sin(x^2)\,dx = \int_0^1 \frac{1}{2}\cdot\sin z\,dz = \frac{1}{2}(1 - \cos 1) \approx 0{,}2298$

S. 248 **3** a) $g(x) = 3x + 1$; $f(z) = \frac{1}{z^2}$; Stammfunktion: $F(x) = \frac{-1}{3x+1} = -(3x+1)^{-1}$

b) $g(x) = 4x - 5$; $f(z) = \frac{1}{z^4}$; Stammfunktion: $F(x) = -\frac{5}{12}(4x-5)^{-3}$

c) $g(x) = 5 + x^2$; $f(z) = \frac{1}{z}$; Stammfunktion: $F(x) = \frac{1}{2}\ln(5+x^2)$

d) $g(x) = x^4$; $f(z) = \ln(z)$; Stammfunktion: $F(x) = \frac{1}{4}\cdot(x^4\cdot\ln(x^4) - x^4)$

4

Stammfunktion F mit	Integral:
a) $F(x) = \frac{-10}{3(3x+1)}$	$\frac{1}{2}$
b) $F(x) = -\frac{3}{2}\sqrt{1-4x}$	3
c) $F(x) = 2\cdot\ln\lvert 2x+5\rvert$	$4\cdot\ln 3 - 2\cdot\ln 5 \approx 1{,}1756$
d) $F(x) = \frac{1}{2} - x + \left(x - \frac{1}{2}\right)\cdot\ln\left(\frac{2}{5}x - \frac{1}{5}\right)$	$\frac{7}{2}\cdot\ln 7 - 3\cdot\ln 5 - 3 \approx -1{,}0176$
e) $F(x) = \ln(1+x^2)$	$\ln 2 + \ln 5 \approx 2{,}3026$
f) $F(x) = \ln(2+e^x)$	$\ln(2+e^2) - \ln(2+e^{-1}) \approx 1{,}3775$
g) $F(x) = 4\cdot\ln\lvert\ln x\rvert$	$4\cdot\ln 2 \approx 2{,}7726$
h) $F(x) = \ln\lvert\sin(\pi x)\rvert$	$\ln 2 - \frac{1}{2}\cdot\ln 3 \approx 0{,}1438$

5 Für $r \in \mathbb{R}\setminus\{0\}$ und $s \in \mathbb{R}$ sind folgende Funktionen u möglich:

a) $u(x) = r(2x+1)$ b) $u(x) = rx$ c) $u(x) = r\sqrt{\frac{\pi}{x}}$ d) $u(x) = rx$

e) $u(x) = rx^3 + s$ f) $u(x) = rx^4 + s$ g) $u(x) = r(x^4 + x^2) + s$ h) $u(x) = r(x^3 + 3x) + s$

6 a) $\frac{1}{2}(\ln 2e)^2 \approx 1{,}4334$. Substitution $z = \ln x$ ergibt $\int_1^{2e} \frac{1}{x}\cdot\ln x\,dx = \int_0^{\ln(2e)} z\,dz$;

Produktintegration ergibt $\int_1^{2e} \frac{1}{x}\cdot\ln x\,dx = [\ln x\cdot\ln x]_1^{2e} - \int_1^{2e} \ln x\cdot\frac{1}{x}\,dx$.

b) 0. Substitution $z = \cos x$ ergibt $\int_{0,5\pi}^{1,5\pi} \sin x\cdot\cos x\,dx = \int_0^0 z\,dz$;

Produktintegration ergibt $\int_{0,5\pi}^{1,5\pi} \sin x\cdot\cos x\,dx = [\sin x\cdot\sin x]_{0,5\pi}^{1,5\pi} - \int_{0,5\pi}^{1,5\pi} \cos x\cdot\sin x\,dx$.

c) 0. Substitution $z = \sin x$ ergibt $\int_0^{\pi} \sin^2 x\cdot\cos x\,dx = \int_0^0 z^2\,dz$;

Produktintegration ergibt $\int_0^{\pi} \sin^2 x\cdot\cos x\,dx = [\sin^2 x\cdot\sin x]_0^{\pi} - \int_0^{\pi} 2\cdot\sin x\cdot\cos x\cdot\sin x\,dx$.

d) 0. Substitution $z = \cos x$ ergibt $\int_0^{\pi} \sin x\cdot\cos^3 x\,dx = -\int_1^{-1} z^3\,dz$;

Produktintegration ergibt $\int_0^{\pi} \sin x\cdot\cos^3 x\,dx = [-\cos x\cdot\cos^3 x] - \int_0^{\pi} 3\cos^3 x\cdot\sin x\,dx$.

S. 248 **7** a) $\int_0^\infty \frac{x^3}{(1+x^4)^2}dx = \frac{1}{4}$, da $\int_0^b \frac{x^3}{(1+x^4)^2}dx = \frac{b^4}{4(1+b^4)}$ gilt.

b) $\int_0^e \frac{\ln x}{x}dx$ existiert nicht, da $\int_a^e \frac{\ln x}{x}dx = \frac{1}{2}(1-(\ln a)^2)$ gilt.

c) $\int_\pi^\infty \frac{1}{x^2}\cdot \sin\frac{1}{x}dx = 1 - \cos\frac{1}{\pi}$, da $\int_\pi^b \frac{1}{x^2}\cdot \sin\frac{1}{x}dx = \cos\frac{1}{b} - \cos\frac{1}{\pi}$ gilt.

d) $\int_0^1 \frac{1-2x}{\sqrt{x-x^2}}dx = 0$, da $\int_a^b \frac{1-2x}{\sqrt{x-x^2}}dx = 2\left(\sqrt{b-b^2} - \sqrt{a-a^2}\right)$ gilt.

X Vektoren und Punkte im Raum

1 Lineare Gleichungssysteme

S. 252 **1** a) Einsetzen der Koordinaten in die Parabelgleichung liefert:

$$\begin{aligned} a + b + c &= 1 \\ 9a + 3b + c &= 5 \\ 36a + 6b + c &= 3{,}5 \end{aligned}$$

b) Lösungsmenge: $L = \{(-0{,}5; 4; -2{,}5)\}$

S. 254 **2** a) $(3; -1; 2)$ b) $\left(-\frac{7}{3}; \frac{3}{4}; -2\right)$ c) $\left(0; -4; \frac{7}{2}\right)$

3 a) $(1; 1; 1)$ b) $(0; 1; 2)$ c) $\left(-\frac{8}{7}; \frac{2}{7}; \frac{11}{7}\right)$

4 a) $(-5; -1; -1)$ b) $\left(\frac{3}{7}; -\frac{6}{7}; -\frac{23}{7}\right)$ c) $(2; 3; 3)$

5 Die Lösungsmengen hängen vom Parameter r ab. Für jedes $r \in \mathbb{R}$ gibt es eine eindeutige Lösung.

a) $L = \{(2r; r; 4r)\}$

b) $L = \left\{\left(2r + \frac{3}{2}; -r - 1; -2r - 2\right)\right\}$

c) $L = \left\{\left(2 - \frac{1}{4}r; -2 + \frac{3}{2}r; -2 + \frac{7}{4}r\right)\right\}$

6 Mit $z = 100a + 10b + c$ erhält man die Gleichungen $3a = a + b + c$; $a + c = b$ und $b + c = 8$. Daraus erhält man das Gleichungssystem

$$\begin{aligned} 2a - b - c &= 0 \\ a - b + c &= 0 \\ b + c &= 8 \end{aligned}$$

Daraus erhält man die Lösung $z = 462$.

2 Lösungsmengen linearer Gleichungssysteme

S. 255 **1** a) $L = \{(4 - r; -1 + r; r) \mid r \in \mathbb{R}\}$ (unendlich viele Lösungen)

b) $L = \{\ \}$

S. 256 **2** a) $L = \{\ \}$ b) $L = \left\{\left(1 - 3r; \frac{1}{2} + 2r; r\right) \mid r \in \mathbb{R}\right\}$

c) $L = \{(42; 11; 4)\}$ d) $L = \{(-2r; r; -2) \mid r \in \mathbb{R}\}$

3 a) $L = \{(r; 3 - 2r; r) \mid r \in \mathbb{R}\}$ b) $L = \{\ \}$

c) $L = \{(r; -2r; 0) \mid r \in \mathbb{R}\}$

S. 256 **4** a) $L = \{(2r; r)\}$

b) $L = \{(r; -r)\}$

c) $L = \left\{\left(1 + \frac{1}{2}r; 0\right)\right\}$

d) $L = \{(r; 0; 0)\}$

e) $L = \{(r + 1; r + 1; r - 1)\}$

f) $L = \left\{\left(-\frac{19}{14} - \frac{9}{28}r; -\frac{1}{7} + \frac{1}{14}r; \frac{5}{2} + \frac{3}{4}r\right)\right\}$

3 *Der Begriff des Vektors in der Geometrie*

S. 257 **1** a) Die Pfeile sind zueinander parallel, gleich lang und gleich gerichtet.
b) Die momentane Geschwindigkeit des Flugzeuges. Es muss nur einer der Pfeile gezeichnet werden.
c) Die momentane Flugrichtung (= Richtung der Geschwindigkeit). Um die „Größe" (= Betrag) der Geschwindigkeit anzugeben, fehlt die Beziehung zwischen der Pfeillänge und dem Betrag der Geschwindigkeit.

S. 258 **2** 12-mal 2 Pfeile, also 24 Pfeile   6 verschiedene Vektoren

3 Tetraeder: 12 Vektoren   Oktaeder: 14 Vektoren

4 Die Pfeile von $\vec{a}$ und $\vec{b}$ müssen zueinander senkrecht sein.
(Die Pfeile von $\vec{a}$ und $\vec{b}$ müssen zueinander senkrecht sein und die Pfeile von $\vec{b}$ müssen $\frac{1}{2}\sqrt{3}$-mal so lang wie die Pfeile von $\vec{a}$ sein.)

5 Da ein Vektor und sein Gegenvektor einen Punkt gleich weit und in entgegengesetzte Richtungen verschieben, bilden die Punkte A_1, A_2, A_3 und A_4 ein Viereck, in dem sich die Diagonalen halbieren. Dieses Viereck ist ein Parallelogramm.

6 Wählt man A so, dass A Diagonalenschnittpunkt wird, so gilt:
a) $\overrightarrow{AB} = -\overrightarrow{AD}$ und $\overrightarrow{AC} = -\overrightarrow{AE}$ und die Pfeile von $\overrightarrow{AB}$ und $\overrightarrow{AC}$ sind gleich lang.
b) $\overrightarrow{AB} = -\overrightarrow{AD}$ und $\overrightarrow{AC} = -\overrightarrow{AE}$ und die Pfeile von $\overrightarrow{AB}$ und $\overrightarrow{AC}$ sind zueinander senkrecht und gleich lang.
c) Die Pfeile von $\overrightarrow{AB}$ und $\overrightarrow{AD}$ haben entgegengesetzte Richtungen und $\overrightarrow{AC} = -\overrightarrow{AE}$ und die Pfeile von $\overrightarrow{AB}$ und $\overrightarrow{AC}$ sind zueinander senkrecht.
d) $\overrightarrow{AB} = -\overrightarrow{AD}$ und $\overrightarrow{AC} = -\overrightarrow{AE}$ und die Pfeile von $\overrightarrow{AB}$ und $\overrightarrow{AC}$ sind zueinander senkrecht.
e) Die Pfeile von $\overrightarrow{AB}$ und $\overrightarrow{AD}$ haben entgegengesetzte Richtungen und
die Pfeile von $\overrightarrow{AC}$ und $\overrightarrow{AE}$ haben entgegengesetzte Richtungen und
die Pfeile von $\overrightarrow{AB}$ und $\overrightarrow{AE}$ sind gleich lang und
die Pfeile von $\overrightarrow{AC}$ und $\overrightarrow{AD}$ sind gleich lang.

S. 258 **7** Die Pfeile des Vektors sind senkrecht zu den beiden Achsen; sie haben die Richtung „von der ersten zur zweiten Achse“ und ihre Länge ist doppelt so groß wie der Abstand der beiden Achsen.

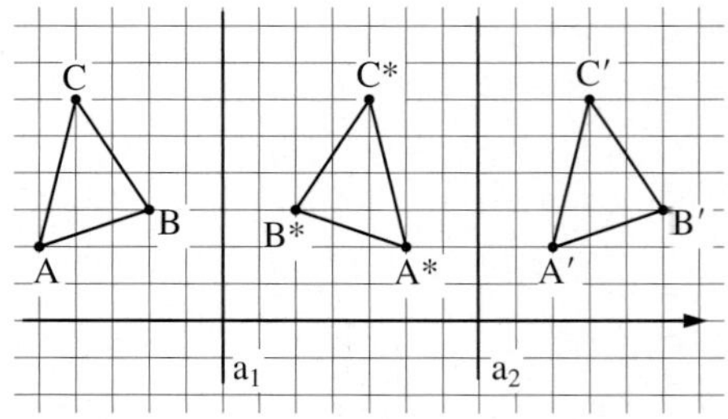

8 Der Flächeninhalt des Dreiecks AB_4C_4 (AB_nC_n) ist 256-mal (4^n-mal) so groß wie der Flächeninhalt des Dreiecks ABC.

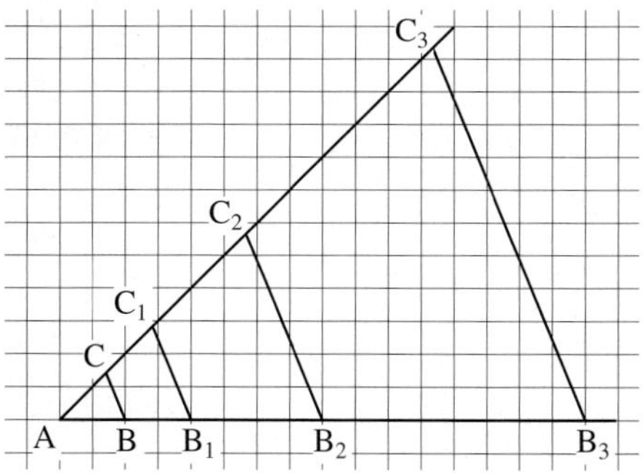

4 *Rechnen mit Vektoren*

S. 259 **1**

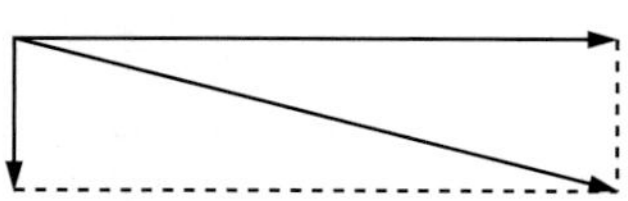

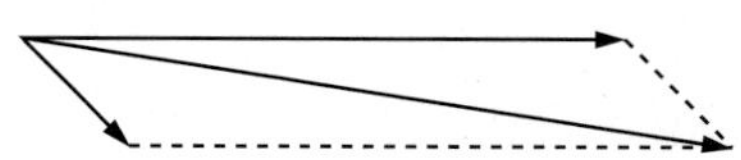

2 Der Vektor $2\vec{a}$ repräsentiert eine Geschwindigkeit von $120\,\frac{km}{h}$ in Richtung Nord-Westen.
Der Vektor $-\vec{a}$ repräsentiert eine Geschwindigkeit von $60\,\frac{km}{h}$ in Richtung Süd-Osten.

S. 261 **3**

a) $3\vec{a} + 2\vec{b}$ b) $-3\vec{x} - 3\vec{y}$ c) $-\vec{u} + \vec{v}$
d) $\vec{a} + \vec{b}$ e) $6\vec{a} + 12\vec{b}$ f) $-3\vec{a} + 3\vec{b}$
g) $9\vec{a} + 6\vec{b}$ h) $10\vec{a} - 2\vec{b}$ i) $2\vec{u} - 10\vec{v}$

S. 261 **4** a)

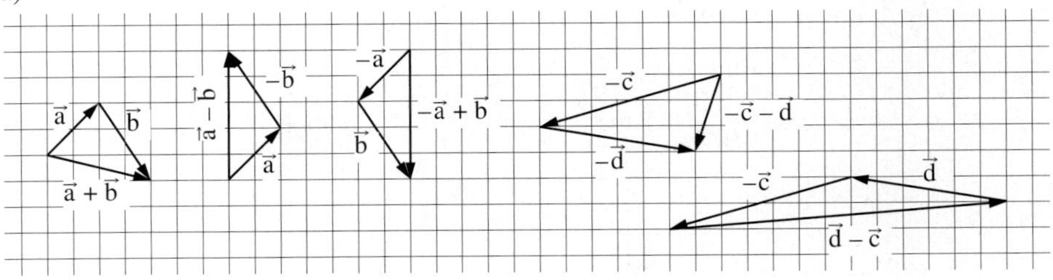

b)

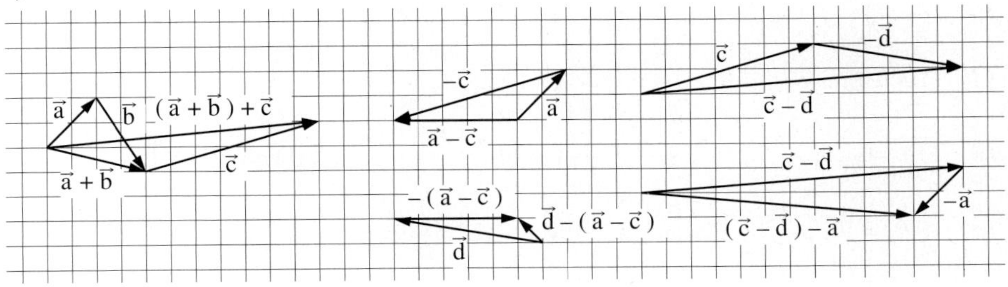

c)

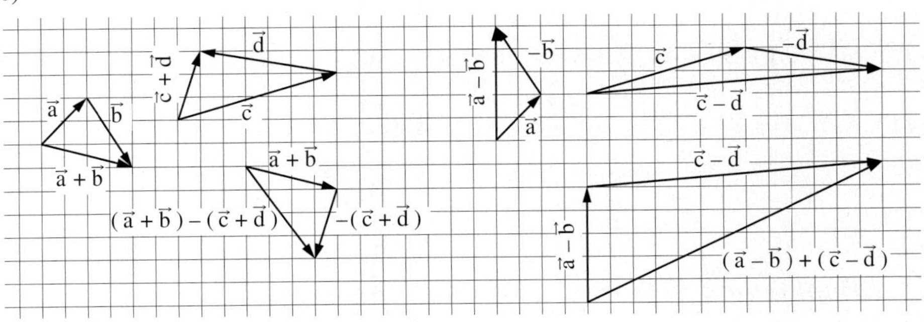

5 $\vec x = -\vec b - \vec a$; $\vec y = -\vec x + \vec c = -(-\vec b - \vec a) + \vec c = \vec a + \vec b + \vec c$; $\vec z = \vec b + \vec c$

6 $\overrightarrow{AG} = \vec b - \vec c$, $\overrightarrow{CE} = \vec b + \vec c$, $\overrightarrow{FH} = -\vec a - \vec c$, $\overrightarrow{BF} = \vec b + \vec c$, $\overrightarrow{DG} = \vec a + \vec b - \vec c$

7 $\overrightarrow{CS} = \overrightarrow{DA} - \overrightarrow{AB} + \overrightarrow{AS}$

S. 262 **8**

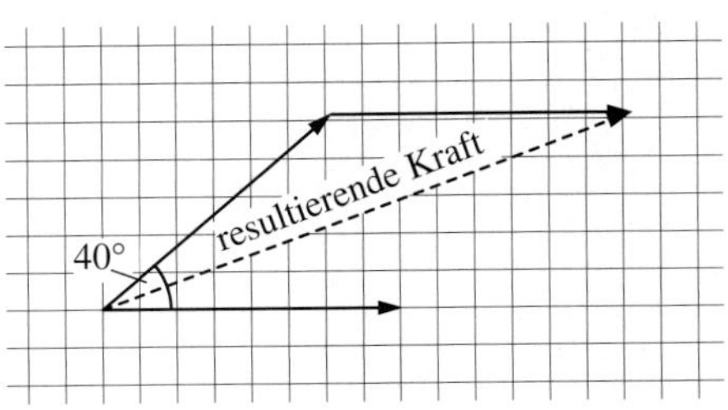

S. 262 **9**

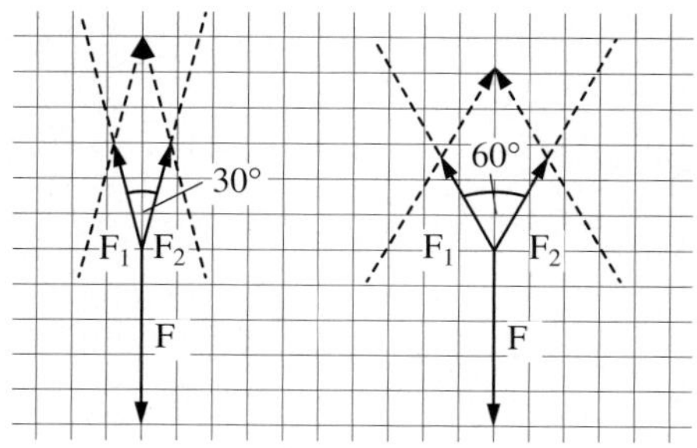

a) $\alpha = 30°$
b) $\alpha = 60°$

10 $\alpha = 90°$

11 $\overrightarrow{OM} = \vec{m} = \frac{1}{2}(\vec{a} + \vec{b})$

12 $\overrightarrow{MA} = -\frac{1}{2}\vec{a} - \frac{1}{2}\vec{b}$; $\overrightarrow{MB} = \frac{1}{2}\vec{a} - \frac{1}{2}\vec{b}$; $\overrightarrow{MC} = \frac{1}{2}\vec{a} + \frac{1}{2}\vec{b}$; $\overrightarrow{MD} = -\frac{1}{2}\vec{a} + \frac{1}{2}\vec{b}$

13 $\overrightarrow{AM_a} = \frac{1}{2}\vec{u} + \frac{1}{2}\vec{v}$; $\overrightarrow{BM_b} = -\vec{u} + \frac{1}{2}\vec{v}$; $\overrightarrow{CM_c} = \frac{1}{2}\vec{u} - \vec{v}$

14 $\overrightarrow{BC} = \vec{c} - \vec{b}$; $\overrightarrow{BD} = \vec{d} - \vec{b}$; $\overrightarrow{CD} = \vec{d} - \vec{c}$

15 $\overrightarrow{SD} = \overrightarrow{SA} - \overrightarrow{SB} + \overrightarrow{SC}$, $\overrightarrow{AB} = \overrightarrow{SB} - \overrightarrow{SA}$, $\overrightarrow{DA} = \overrightarrow{SB} - \overrightarrow{SC}$, $\overrightarrow{CD} = \overrightarrow{SA} - \overrightarrow{SB}$, $\overrightarrow{BC} = \overrightarrow{SC} - \overrightarrow{SB}$

16 $\overrightarrow{AM_1} = \frac{1}{2}\vec{a} + \frac{1}{2}\vec{c}$; $\overrightarrow{AM_2} = \vec{a} + \frac{1}{2}\vec{b} + \frac{1}{2}\vec{c}$; $\overrightarrow{AM_3} = \frac{1}{2}\vec{a} + \vec{b} + \frac{1}{2}\vec{c}$

5 *Punkte und Vektoren im Koordinatensystem*

S. 263 **1** a) z. B. verbale Beschreibung: „Von der Ecke A aus geht man . . . und erreicht so die Ecke B“ oder ein 3-dimensionales Koordinatensystem mit „beliebigem Ursprung und beliebiger Längeneinheit“ oder ein 3-dimensionales Koordinatensystem mit Ursprung in einer Würfelecke und Kantenlänge eines Würfels als Längeneinheit.
b) Die dritte Variante von a) erlaubt in relativ einfacher Weise die Koordinaten der Würfelecken anzugeben.

S. 266 **2**

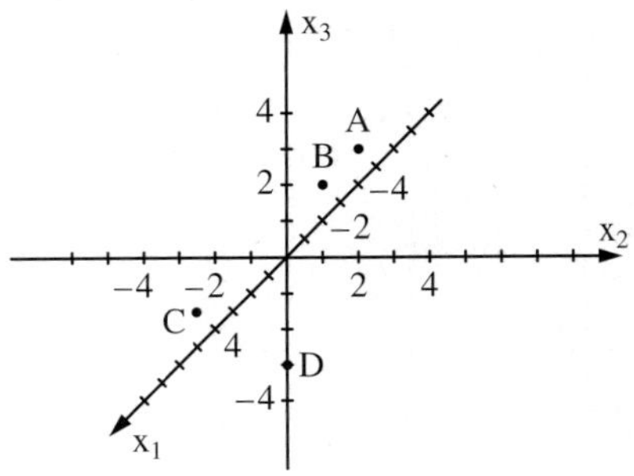

3 a) In der x_2x_3-Ebene (x_1x_3-Ebene; x_1x_2-Ebene) b) Auf der x_1-Achse

4 P(2|3|0), Q(4|4|0), R(0|3|1), S(0|−2|−1), T(2|0|2), U(3|0|−1)

5 a) Kantenmittelpunkte

x_1	x_2	x_3
0	0	0,5
0	0,5	0
0,5	0	0
0	1	0,5
1	0	0,5
0	0,5	1
1	0,5	0
0,5	0	1
0,5	1	0
1	1	0,5
1	0,5	1
0,5	1	1

b) Diagonalenmittelpunkte

x_1	x_2	x_3
0	0,5	0,5
0,5	0	0,5
0,5	0,5	0
1	0,5	0,5
0,5	1	0,5
0,5	0,5	1

6 a) $\overrightarrow{AB} = \begin{pmatrix} 2 \\ 4 \\ 0 \end{pmatrix}$, $\overrightarrow{BA} = \begin{pmatrix} -2 \\ -4 \\ 0 \end{pmatrix}$ b) $\overrightarrow{AB} = \begin{pmatrix} -1 \\ 1 \\ 3 \end{pmatrix}$, $\overrightarrow{BA} = \begin{pmatrix} 1 \\ -1 \\ -3 \end{pmatrix}$

c) $\overrightarrow{AB} = \begin{pmatrix} 3 \\ -4 \\ 1 \end{pmatrix}$, $\overrightarrow{BA} = \begin{pmatrix} -3 \\ 4 \\ -1 \end{pmatrix}$ d) $\overrightarrow{AB} = \begin{pmatrix} 1 \\ -3 \\ -2 \end{pmatrix}$, $\overrightarrow{BA} = \begin{pmatrix} -1 \\ 3 \\ 2 \end{pmatrix}$

e) $\overrightarrow{AB} = \begin{pmatrix} 6 \\ 6 \\ -1 \end{pmatrix}$, $\overrightarrow{BA} = \begin{pmatrix} -6 \\ -6 \\ 1 \end{pmatrix}$ f) $\overrightarrow{AB} = \begin{pmatrix} 1{,}5 \\ -4{,}3 \\ 5 \end{pmatrix}$, $\overrightarrow{BA} = \begin{pmatrix} -1{,}5 \\ 4{,}3 \\ -5 \end{pmatrix}$

S. 266 **7**

	$\overrightarrow{AB}$	$\overrightarrow{DC}$	$\overrightarrow{AD}$	$\overrightarrow{BC}$	Parallelogramm?
a)	$\begin{pmatrix}7\\3\\2\end{pmatrix}$	$\begin{pmatrix}7\\3\\2\end{pmatrix}$	$\begin{pmatrix}4\\1\\0\end{pmatrix}$	$\begin{pmatrix}4\\1\\0\end{pmatrix}$	ja
b)	$\begin{pmatrix}2\\4\\1\end{pmatrix}$	$\begin{pmatrix}2\\4\\1\end{pmatrix}$	$\begin{pmatrix}7\\3\\5\end{pmatrix}$	$\begin{pmatrix}7\\3\\5\end{pmatrix}$	ja
c)	$\begin{pmatrix}4\\7\\-6\end{pmatrix}$	$\begin{pmatrix}-7\\-1\\-7\end{pmatrix}$	$\begin{pmatrix}6\\2\\1\end{pmatrix}$	$\begin{pmatrix}-5\\-6\\0\end{pmatrix}$	nein

8 a) $D(18|-14|56)$ b) $D(-109|201|17)$

S. 267 **9** $\overrightarrow{FG} = \begin{pmatrix}0\\1\\0\end{pmatrix}$, $\overrightarrow{DB} = \begin{pmatrix}1\\0\\-1\end{pmatrix}$, $\overrightarrow{CA} = \begin{pmatrix}1\\-1\\0\end{pmatrix}$, $\overrightarrow{EB} = \begin{pmatrix}1\\1\\-1\end{pmatrix}$, $\overrightarrow{AD} = \begin{pmatrix}-1\\1\\1\end{pmatrix}$, $\overrightarrow{CF} = \begin{pmatrix}1\\-1\\1\end{pmatrix}$, $\overrightarrow{OG} = \begin{pmatrix}1\\1\\1\end{pmatrix}$

10 $M_1(2|4|-1)$, $M_2(2|6|0{,}5)$, $M_3(1|4|0{,}5)$, $M_4(2|2|0{,}5)$

$\overrightarrow{M_1M_2} = \begin{pmatrix}0\\2\\1{,}5\end{pmatrix}$, $\overrightarrow{M_2M_3} = \begin{pmatrix}-1\\-2\\0\end{pmatrix}$, $\overrightarrow{M_3M_4} = \begin{pmatrix}1\\-2\\0\end{pmatrix}$, $\overrightarrow{M_4M_1} = \begin{pmatrix}0\\2\\-1{,}5\end{pmatrix}$

11 a) $\begin{pmatrix}7\\-2\\1\end{pmatrix}$ b) $\begin{pmatrix}-2\\16\\-2\end{pmatrix}$ c) $\begin{pmatrix}-13\\11\\2\end{pmatrix}$ d) $\begin{pmatrix}-57\\63\\-30\end{pmatrix}$

12 a) $\vec{x} = \vec{a} + \vec{b} + \vec{c}$ b) $\vec{x} = 1{,}5\vec{a} + 0{,}5\vec{b} + \vec{c}$
c) $\vec{x} = \vec{b} + 2\vec{c}$ d) $\vec{x} = 4\vec{a} - \vec{b} - \vec{c}$

13 a) $|\overrightarrow{AB}| = |\overrightarrow{BC}| = \sqrt{65}$; $M(-3{,}5|-1{,}5)$; $F = 32{,}5$
b) $|\overrightarrow{AB}| = |\overrightarrow{AC}| = \sqrt{50}$; $M(4|7|0)$; $F = 15$
c) $|\overrightarrow{AC}| = |\overrightarrow{BC}| = 6$; $M(2|2|2)$; $F = 18$
d) $|\overrightarrow{AB}| = |\overrightarrow{AC}| = \sqrt{13}$; $M(4{,}5|-1{,}5|0)$; $F = \frac{1}{2}\sqrt{133}$

14 a) $s_a = 9$; $s_b = 3\sqrt{22}$; $s_c = 3\sqrt{3}$ b) $s_a = 9$; $s_b = 6\sqrt{11}$; $s_c = 15$

15 Es ist $\overrightarrow{OA'} = \overrightarrow{OB} + \overrightarrow{AB}$

a) $OA' = \begin{pmatrix}3\\8\\1\end{pmatrix} + \begin{pmatrix}-2\\2\\-5\end{pmatrix} = \begin{pmatrix}1\\10\\-4\end{pmatrix}$, also $A'(1|10|-4)$
b) $A'(2|-12|-2)$
c) $A'(-1|4|0)$

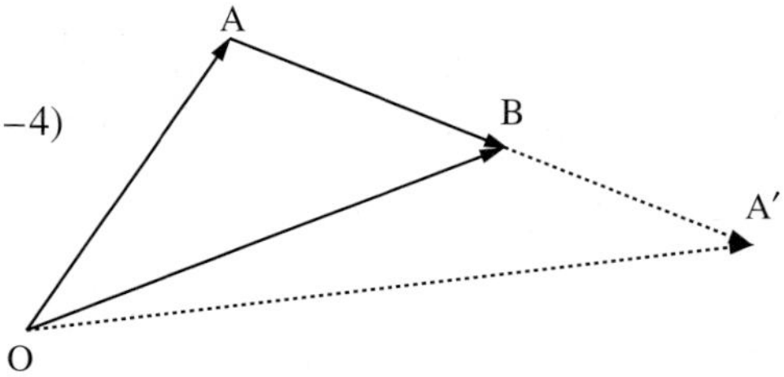

S. 267 **16** a) $|\overrightarrow{PQ}| = \sqrt{5 + (5 - p_3)^2} = 3;\ p_3 = 3$ oder $p_3 = 7$

b) $|\overrightarrow{PQ}| = \sqrt{20 + (3 - p_3)^2} = 6;\ p_3 = -1$ oder $p_3 = 7$

c) $|\overrightarrow{PQ}| = \sqrt{17 + (2 + p_3)^2} = 5;\ p_3 = -2\sqrt{2} - 2$ oder $p_3 = 2\sqrt{2} - 2$

17 a) Es ist $\overrightarrow{OA} = \begin{pmatrix} 1 \\ 2 \\ -2 \end{pmatrix}$. $\overrightarrow{OA}$ hat die Länge $a = \sqrt{1^2 + 2^2 + (-2)^2} = \sqrt{9} = 3$.

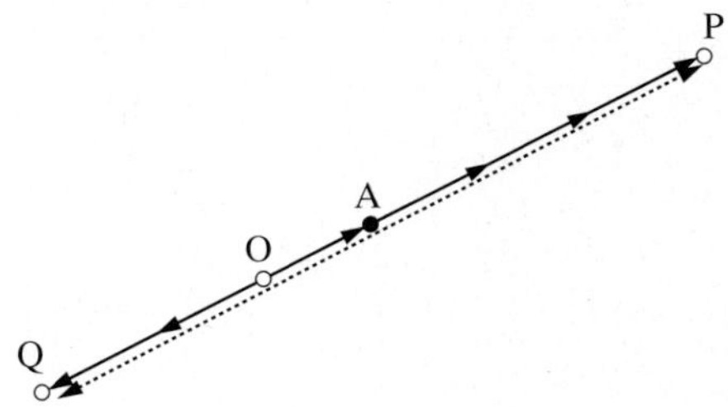

Dann ist $\overrightarrow{OA'} = \frac{1}{3}\begin{pmatrix} 1 \\ 2 \\ -2 \end{pmatrix} = \begin{pmatrix} \frac{1}{3} \\ \frac{2}{3} \\ -\frac{2}{3} \end{pmatrix}$ ein Vektor der Länge 1 mit gleicher Richtung wie $\overrightarrow{OA}$.
Damit gilt für die gesuchten Punkte:

$$\overrightarrow{OP} = \overrightarrow{OA} + 9 \cdot \overrightarrow{OA'} = \begin{pmatrix} 1 \\ 2 \\ -2 \end{pmatrix} + 9 \cdot \begin{pmatrix} \frac{1}{3} \\ \frac{2}{3} \\ -\frac{2}{3} \end{pmatrix} = \begin{pmatrix} 2 \\ 2 \\ -2 \end{pmatrix} + \begin{pmatrix} 3 \\ 6 \\ -6 \end{pmatrix} = \begin{pmatrix} 4 \\ 8 \\ -8 \end{pmatrix},$$

$$\overrightarrow{OQ} = \overrightarrow{OA} - 9 \cdot \overrightarrow{OA'} = \begin{pmatrix} 1 \\ 2 \\ -2 \end{pmatrix} - 9 \cdot \begin{pmatrix} \frac{1}{3} \\ \frac{2}{3} \\ -\frac{2}{3} \end{pmatrix} = \begin{pmatrix} 1 \\ 2 \\ -2 \end{pmatrix} - \begin{pmatrix} 3 \\ 6 \\ -6 \end{pmatrix} = \begin{pmatrix} -2 \\ -4 \\ 4 \end{pmatrix},$$

$P(4|8|-8)$; $Q(-2|-4|4)$.

b) $P\left(\frac{132}{13}\middle|\frac{33}{13}\middle|\frac{44}{13}\right)$; $Q\left(\frac{180}{13}\middle|\frac{45}{13}\middle|\frac{60}{13}\right)$

18 a) $\overrightarrow{OC} = \overrightarrow{OB} + 3 \cdot \frac{1}{9} \cdot \begin{pmatrix} 4 \\ 7 \\ -4 \end{pmatrix}$; $C\left(\frac{22}{3}\middle|\frac{19}{3}\middle|\frac{20}{3}\right)$

b) $\overrightarrow{OC} = \overrightarrow{OB} + 3 \cdot \frac{1}{18} \cdot \begin{pmatrix} 8 \\ 8 \\ 14 \end{pmatrix}$; $C\left(\frac{34}{3}\middle|\frac{19}{3}\middle|\frac{52}{3}\right)$

6 *Lineare Abhängigkeit und Unabhängigkeit von Vektoren*

S. 268 **1** a) ja; die Pfeile sind zueinander parallel
b) nein; die Pfeile besitzen verschiedene Richtungen
c) nein; ausprobieren oder mithilfe eines LGS begründen
d) nein; mithilfe eines LGS begründen

S. 270 **2** a) linear abhängig
b) linear unabhängig
c) linear unabhängig
d) linear unabhängig

3 a) linear unabhängig
b) linear abhängig
c) linear unabhängig
d) linear unabhängig

S. 270 **4** a) $a = \frac{25}{6}$ b) $a = 0$ c) $a = -\frac{1}{2}$ d) $a = 1$ oder $a = \frac{5}{3}$

5 a) Aus $\begin{pmatrix}1\\3\\4\end{pmatrix} = \begin{pmatrix}1\\0\\0\end{pmatrix} + 3\begin{pmatrix}0\\1\\0\end{pmatrix} + 4\begin{pmatrix}0\\0\\1\end{pmatrix}$ ergeben sich die Darstellungen:

$$\begin{pmatrix}1\\0\\0\end{pmatrix} = \begin{pmatrix}1\\3\\4\end{pmatrix} - 3\begin{pmatrix}0\\1\\0\end{pmatrix} - 4\begin{pmatrix}0\\0\\1\end{pmatrix};\ \begin{pmatrix}0\\1\\0\end{pmatrix} = \frac{1}{3}\begin{pmatrix}1\\3\\4\end{pmatrix} - \frac{1}{3}\begin{pmatrix}1\\0\\0\end{pmatrix} - \frac{4}{3}\begin{pmatrix}0\\0\\1\end{pmatrix};\ \begin{pmatrix}0\\0\\1\end{pmatrix} = \frac{1}{4}\begin{pmatrix}1\\3\\4\end{pmatrix} - \frac{1}{4}\begin{pmatrix}1\\0\\0\end{pmatrix} - \frac{3}{4}\begin{pmatrix}0\\1\\0\end{pmatrix}$$

b) Aus $\begin{pmatrix}1\\1\\1\end{pmatrix} = \frac{1}{2}\begin{pmatrix}1\\1\\0\end{pmatrix} + \frac{1}{2}\begin{pmatrix}0\\1\\1\end{pmatrix} + \frac{1}{2}\begin{pmatrix}1\\0\\1\end{pmatrix}$ ergeben sich die Darstellungen

$$\begin{pmatrix}1\\1\\0\end{pmatrix} = 2\begin{pmatrix}1\\1\\1\end{pmatrix} - \begin{pmatrix}0\\1\\1\end{pmatrix} - \begin{pmatrix}1\\0\\1\end{pmatrix};\ \begin{pmatrix}0\\1\\1\end{pmatrix} = 2\begin{pmatrix}1\\1\\1\end{pmatrix} - \begin{pmatrix}1\\1\\0\end{pmatrix} - \begin{pmatrix}1\\0\\1\end{pmatrix};\ \begin{pmatrix}1\\0\\1\end{pmatrix} = 2\begin{pmatrix}1\\1\\1\end{pmatrix} - \begin{pmatrix}1\\1\\0\end{pmatrix} - \begin{pmatrix}0\\1\\1\end{pmatrix}$$

c) Aus $\begin{pmatrix}5\\-1\\2\end{pmatrix} = 2\begin{pmatrix}1\\-1\\1\end{pmatrix} + \begin{pmatrix}2\\1\\-1\end{pmatrix} + \begin{pmatrix}1\\0\\1\end{pmatrix}$ ergeben sich die Darstellungen

$$\begin{pmatrix}1\\-1\\1\end{pmatrix} = \frac{1}{2}\begin{pmatrix}5\\-1\\2\end{pmatrix} - \frac{1}{2}\begin{pmatrix}2\\1\\-1\end{pmatrix} - \frac{1}{2}\begin{pmatrix}1\\0\\1\end{pmatrix};\ \begin{pmatrix}2\\1\\-1\end{pmatrix} = \begin{pmatrix}5\\-1\\2\end{pmatrix} - 2\begin{pmatrix}1\\-1\\1\end{pmatrix} - \begin{pmatrix}1\\0\\1\end{pmatrix};\ \begin{pmatrix}1\\0\\1\end{pmatrix} = \begin{pmatrix}5\\-1\\2\end{pmatrix} - 2\begin{pmatrix}1\\-1\\1\end{pmatrix} - \begin{pmatrix}2\\1\\-1\end{pmatrix}$$

6 a) ja b) nein

7 a) Da es von $\vec{e_1}$ keinen Pfeil gibt, der mit Pfeilen von $\vec{e_2}$ und $\vec{e_3}$ in einer gemeinsamen Ebene liegt, kann $\vec{e_1}$ nicht als Linearkombination von $\vec{e_2}$ und $\vec{e_3}$ dargestellt werden. Entsprechendes gilt für $\vec{e_2}$ und $\vec{e_3}$. Also sind diese Vektoren linear unabhängig.

b) $\overrightarrow{OP} = \vec{e_1} + \vec{e_2} + \vec{e_3}$; $\overrightarrow{E_1Q} = -\vec{e_1} + \vec{e_2} + \vec{e_3}$; $\overrightarrow{E_2R} = \vec{e_1} - \vec{e_2} + \vec{e_3}$; $\overrightarrow{E_3S} = \vec{e_1} + \vec{e_2} - \vec{e_3}$.

c) Aus $r\overrightarrow{OP} + s\overrightarrow{E_1Q} + t\overrightarrow{E_2R} = r(\vec{e_1} + \vec{e_2} + \vec{e_3}) + s(-\vec{e_1} + \vec{e_2} + \vec{e_3}) + t(\vec{e_1} - \vec{e_2} + \vec{e_3})$

$= (r - s + t)\vec{e_1} + (r + s - t)\vec{e_2} + (r + s + t)\vec{e_3} = \vec{o}$

folgt aufgrund der linearen Unabhängigkeit von $\vec{e_1}, \vec{e_2}, \vec{e_3}$:

$\begin{cases} r - s + t = 0 \\ r + s - t = 0 \\ r + s + t = 0 \end{cases}$. Dieses Gleichungssystem hat nur die Lösung $r = s = t = 0$.

Entsprechend ergibt sich die lineare Unabhängigkeit in den drei verbleibenden Fällen.

d) $\overrightarrow{OP} = r\overrightarrow{E_1Q} + s\overrightarrow{E_2R} + t\overrightarrow{E_3S}$

$\vec{e_1} + \vec{e_2} + \vec{e_3} = r(-\vec{e_1} + \vec{e_2} + \vec{e_3}) + s(\vec{e_1} - \vec{e_2} + \vec{e_3}) + t(\vec{e_1} + \vec{e_2} - \vec{e_3})$

$(1 + r - s - t)\vec{e_1} + (1 - r + s - t)\vec{e_2} + (1 - r - s + t)\vec{e_3} = \vec{o}$

$\begin{cases} -r + s + t = 1 \\ r - s + t = 1 \\ r + s - t = 1 \end{cases}$ liefert $r = s = t = 1$.

Aus $\overrightarrow{OP} = \overrightarrow{E_1Q} + \overrightarrow{E_2R} + \overrightarrow{E_3S}$ ergeben sich die übrigen Darstellungen.

S. 270 **8** a) $x \cdot \vec{r} + y \cdot \vec{s} + z \cdot \vec{t} = 0$

$x\left(\frac{1}{2}\overrightarrow{AB} + \frac{1}{2}\overrightarrow{BC} + \frac{1}{2}\overrightarrow{CG}\right) + y\left(\frac{1}{2}\overrightarrow{AD} + 2\overrightarrow{BF}\right) + z(2\overrightarrow{HF} - \overrightarrow{FG}) = \vec{o}$

$x\left(\frac{1}{2}\overrightarrow{AB} + \frac{1}{2}\overrightarrow{BC} + \frac{1}{2}\overrightarrow{CG}\right) + y\left(\frac{1}{2}\overrightarrow{BC} + 2\overrightarrow{CG}\right) + z(2(\overrightarrow{AB} - \overrightarrow{BC}) - \overrightarrow{BC}) = \vec{o}$

$\left(\frac{x}{2} + 2z\right)\overrightarrow{AB} + \left(\frac{x}{2} + \frac{y}{2} - 3z\right)\overrightarrow{BC} + \left(\frac{x}{2} + 2y\right)\overrightarrow{CG} = \vec{o}$

Da $\overrightarrow{AB}$, $\overrightarrow{BC}$, $\overrightarrow{CG}$ linear unabhängig sind, folgt: $\frac{x}{2} + 2z = 0$; $\frac{x}{2} + \frac{y}{2} - 3z = 0$; $\frac{x}{2} + 2y = 0$.

Hieraus folgt: $x = y = z = 0$; also sind die Vektoren $\vec{x}$, $\vec{y}$, $\vec{z}$ linear unabhängig.

b) Die Zeichnung verdeutlicht: Es gibt keine Pfeile von $\vec{r}$, $\vec{s}$ und $\vec{t}$, die in einer Ebene liegen.

7 *Vektorräume*

S. 271 **1** Die magischen Quadrate sind Elemente eines Vektorraumes; es gelten die entsprechenden Gesetze (s. Kasten).

S. 272 **2** a) Vektorraum b) Vektorraum

c) V ist kein Vektorraum, da z. B. aus $\begin{pmatrix}1\\1\\1\end{pmatrix} = \begin{pmatrix}1\\1^2\\1^3\end{pmatrix} \in V$ und $\begin{pmatrix}2\\4\\8\end{pmatrix} = \begin{pmatrix}2\\2^2\\2^3\end{pmatrix} \in V$

folgt $\begin{pmatrix}1\\1\\1\end{pmatrix} + \begin{pmatrix}2\\4\\8\end{pmatrix} = \begin{pmatrix}3\\5\\9\end{pmatrix} \neq \begin{pmatrix}3\\3^2\\3^3\end{pmatrix}$.

3 A ist ein Vektorraum.

B ist kein Vektorraum, da aus $\begin{pmatrix}0{,}5\\0{,}5\end{pmatrix} \in B$ und $\begin{pmatrix}0{,}3\\0{,}7\end{pmatrix} \in B$ folgt $\begin{pmatrix}0{,}5\\0{,}5\end{pmatrix} + \begin{pmatrix}0{,}3\\0{,}7\end{pmatrix} = \begin{pmatrix}0{,}8\\1{,}2\end{pmatrix}$.

Dieser Vektor liegt nicht in B, da $0{,}8 + 1{,}2 \neq 1$ ist.

C ist kein Vektorraum, da $\begin{pmatrix}0\\0\end{pmatrix} \notin C$ ist, denn $0 + 0 = 0$ ist nicht positiv.

S. 272 **4** Beweisidee zu den Punkten 1. bis 2.3 der Definition auf Seite 55 des Schülerbuches:
1. Entsprechend der Definition ergibt die Addition zweier reeller Folgen stets eine reelle Folge.
1.1 Die Folge, bei der alle Folgenglieder null sind (Nullfolge), ist das Nullelement.
1.2 Zur Folge mit den Folgengliedern a_i ist die Folge mit den Folgengliedern $-a_i$ das Gegenelement.
1.3 und 1.4 sind erfüllt, da gliederweise das Assoziativgesetz und das Kommutativgesetz bez. der reellen Zahlen angewendet werden kann.
2. Entsprechend der Definition ergibt die Multiplikation einer reellen Zahl mit einer Folge stets eine Folge.
2.1, 2.2 und 2.3 sind erfüllt, da gliederweise das entsprechende Distributivgesetz und das Assoziativgesetz bez. der reellen Zahlen angewendet werden kann bzw. für alle reellen Zahlen a_i gilt: $1 \cdot a_i = a_i$.

5 a) Beweisidee: $r \cdot \vec{o} = r(\vec{o} + \vec{o}) = r \cdot \vec{o} + r \cdot \vec{o}$.
Addiert man auf beiden Seiten der Gleichung $-(r \cdot \vec{o})$, so erhält man
$-(r \cdot \vec{o}) + r \cdot \vec{o} = -(r \cdot \vec{o}) + r \cdot \vec{o} + r \cdot \vec{o}$. Hieraus folgt $\vec{o} = r \cdot \vec{o}$.
b) Beweisidee: Es sei $r \cdot \vec{a} = \vec{o}$ und $r \neq 0$.
Multipliziert man beide Seiten der Gleichung mit $\frac{1}{r}$, so erhält man
$\frac{1}{r}(r \cdot \vec{a}) = \frac{1}{r} \cdot \vec{o}$, also gilt $\left(\frac{1}{r} \cdot r\right)\vec{a} = \vec{o}$ und somit $1 \cdot \vec{a} = \vec{o}$, das heißt $\vec{a} = \vec{o}$.
Es sei $r \cdot \vec{a} = \vec{o}$ und $\vec{a} \neq \vec{o}$.
Addiert man auf beiden Seiten der Gleichung $r \cdot \vec{a}$, so erhält man
$r \cdot \vec{a} + r \cdot \vec{a} = \vec{o} + r \cdot \vec{a}$. Hieraus folgt $2r \cdot \vec{a} = r \cdot \vec{a}$, also $2r = r$ und somit $r = 0$.
c) Beweisidee: $(-1) \cdot \vec{a} + \vec{a} = (-1) \cdot \vec{a} + 1 \cdot \vec{a} = (-1 + 1)\vec{a} = 0 \cdot \vec{a} = \vec{o}$, also gilt
$(-1) \cdot \vec{a} + \vec{a} = \vec{o}$. Addiert man auf beiden Seiten der Gleichung $-\vec{a}$, so erhält man
$(-1) \cdot \vec{a} + \vec{a} + (-\vec{a}) = \vec{o} + (-\vec{a})$. Hieraus folgt: $(-1) \cdot \vec{a} + \vec{o} = \vec{o} + (-\vec{a})$ und somit
$(-1) \cdot \vec{a} = -\vec{a}$.

6 Sind $\vec{u}$, $\vec{v}$ Lösungen der Gleichung $\vec{a} + \vec{x} = \vec{b}$, so gilt: $\vec{a} + \vec{u} = \vec{b}$ und $\vec{a} + \vec{v} = \vec{b}$.
Also ist $\vec{u} = \vec{b} + (-\vec{a})$ und $\vec{v} = \vec{b} + (-\vec{a})$.
Hieraus folgt wegen der Eindeutigkeit der Vektoraddition $\vec{u} = \vec{v}$.

8 *Basis und Dimension*

S. 273 **1** a) Bis auf evt. technische Probleme wäre es nicht von Nachteil, wenn ein anderer Winkel größer 0° und kleiner 180° gewählt werden würde; es könnten auch bei diesen anderen Winkeln alle Punkte des Blattes erreicht werden.
b) Man benötigt drei „Bewegungsrichtungen".

S. 275 **2** a) Ja b) Nein c) Nein d) Nein

3 a) Nein b) Ja c) Ja

S. 275 **4** Man muss a so wählen, dass die drei Vektoren linear unabhängig sind:
a) $a \neq \frac{3}{2}$ b) $a \neq -1$ und $a \neq 2$ c) $a \neq 10$

5

	a)	b)	c)	d)	e)
$\begin{pmatrix}1\\0\end{pmatrix}$	17	2	2	−12	0
$\begin{pmatrix}1\\-1\end{pmatrix}$	−7	−5	−1	7	0

6

r	s	t	
1	1	0	a
1	0	1	b
0	1	1	c
1	0	0	(a + b − c)/2
0	1	0	(a − b + c)/2
0	0	1	(−a + b + c)/2

	a)	b)	c)	d)	e)
$\begin{pmatrix}1\\1\\0\end{pmatrix}$	−1	$\frac{1}{2}$	2	$\frac{3}{2}$	0
$\begin{pmatrix}1\\0\\1\end{pmatrix}$	3	$\frac{1}{2}$	3	$-\frac{17}{2}$	0
$\begin{pmatrix}0\\1\\1\end{pmatrix}$	2	$-\frac{1}{2}$	4	$\frac{19}{2}$	0

S. 276 **7** a) keine Basis
b) $\overrightarrow{AG} = \overrightarrow{BC} - \overrightarrow{CD} + \overrightarrow{DH}$
c) $\overrightarrow{AG} = -\overrightarrow{HD} + \overrightarrow{EF} + \overrightarrow{BC}$
d) keine Basis

8 a) $\left(\begin{pmatrix}-3\\2\\4\end{pmatrix}\right)$ b) $\left(\begin{pmatrix}1\\-2\\1\end{pmatrix}\right)$ c) $\left(\begin{pmatrix}-3\\2\\1\\0\end{pmatrix}; \begin{pmatrix}-4\\3\\0\\1\end{pmatrix}\right)$

d) $\left(\begin{pmatrix}-1\\1\\0\\0\end{pmatrix}; \begin{pmatrix}-1\\0\\1\\0\end{pmatrix}; \begin{pmatrix}-4\\0\\0\\1\end{pmatrix}\right)$ e) $\left(\begin{pmatrix}-1\\0\\6\\0\\0\end{pmatrix}; \begin{pmatrix}0\\-1\\0\\3\\0\end{pmatrix}; \begin{pmatrix}-1\\0\\0\\0\\6\end{pmatrix}\right)$ f) $\left(\begin{pmatrix}0\\-1\\1\\0\\0\end{pmatrix}; \begin{pmatrix}-1\\0\\0\\1\\0\end{pmatrix}; \begin{pmatrix}0\\-1\\0\\0\\1\end{pmatrix}\right)$

S. 276 **8** g) $\left(\begin{pmatrix}0\\-1\\1\\0\\0\\0\end{pmatrix};\begin{pmatrix}-1\\0\\0\\1\\0\\0\end{pmatrix};\begin{pmatrix}0\\-1\\0\\0\\1\\0\end{pmatrix};\begin{pmatrix}-1\\0\\0\\0\\0\\1\end{pmatrix}\right)$ h) $\left(\begin{pmatrix}3\\-3\\1\\0\\0\end{pmatrix};\begin{pmatrix}2\\-1\\0\\0\\1\end{pmatrix}\right)$ i) $\left(\begin{pmatrix}0\\-4\\4\\3\\0\\0\end{pmatrix};\begin{pmatrix}-3\\0\\3\\0\\2\\0\end{pmatrix};\begin{pmatrix}-21\\-2\\23\\0\\0\\6\end{pmatrix}\right)$

9 Es gilt: $\vec{a} = \frac{3}{5}(7r-5)\vec{u} + \frac{1}{5}(7r-10)\vec{v} + \frac{1}{3}(9-7r)\vec{w} + r\vec{z}$ (*) mit $r \in \mathbb{R}$.
Die Vektoren $\vec{u}, \vec{v}, \vec{w}$ sind linear unabhängig; sie bilden somit eine Basis des $\mathbb{R}^3$.
Wählt man in (*) $r = 0$, so ergibt sich: $\vec{a} = -3\vec{u} - 2\vec{v} + 3\vec{w} + 0\vec{z}$.

10 a) mögliche Basis: $\begin{pmatrix}1\\0\end{pmatrix}$ Dimension: 1

b) mögliche Basis: $\begin{pmatrix}1\\0\\0\end{pmatrix}, \begin{pmatrix}0\\0\\1\end{pmatrix}$ Dimension: 2 c) mögliche Basis: $\begin{pmatrix}1\\0\\1\end{pmatrix}$ Dimension: 1

11 a) $\begin{pmatrix}1&0\\0&0\end{pmatrix}, \begin{pmatrix}0&1\\0&0\end{pmatrix}, \begin{pmatrix}0&0\\1&0\end{pmatrix}, \begin{pmatrix}0&0\\0&1\end{pmatrix}$ ist eine Basis.

$\begin{pmatrix}3&7\\1&9\end{pmatrix} = 3\cdot\begin{pmatrix}1&0\\0&0\end{pmatrix} + 7\cdot\begin{pmatrix}0&1\\0&0\end{pmatrix} + \begin{pmatrix}0&0\\1&0\end{pmatrix} + 9\cdot\begin{pmatrix}0&0\\0&1\end{pmatrix}$

b) $\begin{pmatrix}-1&1\\0&0\end{pmatrix}, \begin{pmatrix}-1&0\\1&0\end{pmatrix}, \begin{pmatrix}-1&0\\0&1\end{pmatrix}$ ist eine Basis. c) $\begin{pmatrix}1&0\\0&1\end{pmatrix}, \begin{pmatrix}0&1\\-1&0\end{pmatrix}$ ist eine Basis.

12 Das homogene LGS $\left\{\begin{aligned}2r_1 + r_2 &= 0\\ 2r_3 &= 0\\ r_1 + 2r_2 + r_3 &= 0\\ r_2 + 2r_3 &= 0\end{aligned}\right.$ hat nur die triviale Lösung $r_1 = r_2 = r_3 = 0$.

$\begin{pmatrix}9&4&5\\2&6&10\\7&8&3\end{pmatrix} = 5\begin{pmatrix}2&0&1\\0&1&2\\1&2&0\end{pmatrix} - \begin{pmatrix}1&0&2\\2&1&0\\0&2&1\end{pmatrix} + 2\begin{pmatrix}0&2&1\\2&1&0\\1&0&2\end{pmatrix}$

13 a) $x^4 + x^3 + x^2 + x + 1$; $x^3 + x^2 + x + 1$; $x^2 + x + 1$; $x + 1$; 1
b) Die Dimension ist $n + 1$.
Mögliche Begründungsideen:
1. Anzahl der maximalen Summanden eines solchen Polynoms ist $n + 1$.
2. Vergleich (Isomorphie) mit dem Vektorraum $\mathbb{R}^{n+1}$.

9 Vektorielle Darstellung von Geraden

S. 277 **1** a) Die Lage der unteren Stange und die Lage der oberen Stange
b) Entlang der oberen Stange
c) Die Antwort zu dieser Frage soll auf die vektorielle Geradengleichung führen.

S. 278 **2**

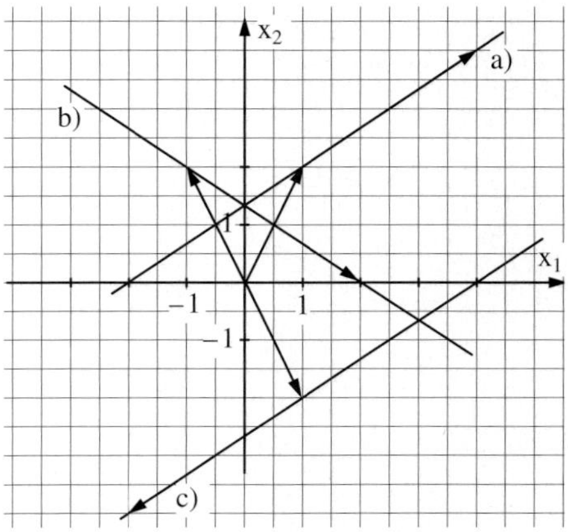

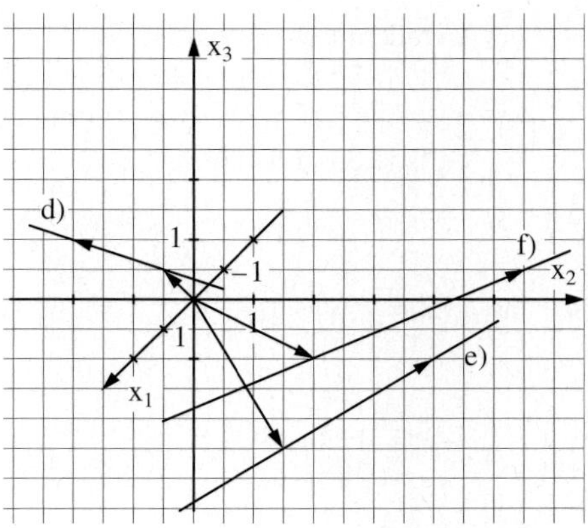

3 a) Gerade durch A und B: $\vec{x} = \begin{pmatrix}2\\7\end{pmatrix} + t\begin{pmatrix}1\\3\end{pmatrix}$ Gerade durch A und C: $\vec{x} = \begin{pmatrix}2\\7\end{pmatrix} + t\begin{pmatrix}2\\1\end{pmatrix}$

Gerade durch B und C: $\vec{x} = \begin{pmatrix}1\\4\end{pmatrix} + t\begin{pmatrix}-3\\1\end{pmatrix}$

b) Gerade durch A und B: $\vec{x} = \begin{pmatrix}0\\5\\-4\end{pmatrix} + t\begin{pmatrix}6\\-2\\5\end{pmatrix}$ Gerade durch A und C: $\vec{x} = \begin{pmatrix}0\\5\\-4\end{pmatrix} + t\begin{pmatrix}9\\-14\\4\end{pmatrix}$

Gerade durch B und C: $\vec{x} = \begin{pmatrix}6\\3\\1\end{pmatrix} + t\begin{pmatrix}2\\-12\\-1\end{pmatrix}$

c) Gerade durch A und B: $\vec{x} = \begin{pmatrix}8\\-1\\1\end{pmatrix} + t\begin{pmatrix}-4\\6\\-3\end{pmatrix}$ Gerade durch A und C: $\vec{x} = \begin{pmatrix}8\\-1\\1\end{pmatrix} + t\begin{pmatrix}7\\-2\\0\end{pmatrix}$

Gerade durch B und C: $\vec{x} = \begin{pmatrix}4\\5\\-2\end{pmatrix} + t\begin{pmatrix}3\\4\\-3\end{pmatrix}$

d) Gerade durch A und B: $\vec{x} = \begin{pmatrix}8\\7\\6\end{pmatrix} + t\begin{pmatrix}10\\12\\7\end{pmatrix}$ Gerade durch A und C: $\vec{x} = \begin{pmatrix}8\\7\\6\end{pmatrix} + t\begin{pmatrix}8\\11\\9\end{pmatrix}$

Gerade durch B und C: $\vec{x} = \begin{pmatrix}-2\\-5\\-1\end{pmatrix} + t\begin{pmatrix}2\\1\\-2\end{pmatrix}$

S. 278 **3** e) Gerade durch A und B: $\vec{x} = \begin{pmatrix} 1 \\ 2 \\ 4 \end{pmatrix} + t\begin{pmatrix} 1 \\ -7 \\ -4 \end{pmatrix}$ Gerade durch A und C: $\vec{x} = \begin{pmatrix} 1 \\ 2 \\ 4 \end{pmatrix} + t\begin{pmatrix} 2 \\ -1 \\ -3 \end{pmatrix}$

Gerade durch B und C: $\vec{x} = \begin{pmatrix} 2 \\ -5 \\ 0 \end{pmatrix} + t\begin{pmatrix} 1 \\ 6 \\ 1 \end{pmatrix}$

f) Gerade durch A und B: $\vec{x} = \begin{pmatrix} -3 \\ 3 \\ 4 \end{pmatrix} + t\begin{pmatrix} 6 \\ -1 \\ -2 \end{pmatrix}$ Gerade durch A und C: $\vec{x} = \begin{pmatrix} -3 \\ 3 \\ 4 \end{pmatrix} + t\begin{pmatrix} 9 \\ 1 \\ -8 \end{pmatrix}$

Gerade durch B und C: $\vec{x} = \begin{pmatrix} 3 \\ 2 \\ 2 \end{pmatrix} + t\begin{pmatrix} 3 \\ 2 \\ -6 \end{pmatrix}$

4 a) g: $\vec{x} = \begin{pmatrix} 7 \\ -3 \\ -5 \end{pmatrix} + t\begin{pmatrix} 5 \\ -3 \\ -8 \end{pmatrix}$; g: $\vec{x} = \begin{pmatrix} 2 \\ 0 \\ 3 \end{pmatrix} + t\begin{pmatrix} -5 \\ 3 \\ 8 \end{pmatrix}$

b) g: $\vec{x} = t\begin{pmatrix} -6 \\ 13 \\ 25 \end{pmatrix}$; g: $\vec{x} = t\begin{pmatrix} 6 \\ -13 \\ -25 \end{pmatrix}$

c) g: $\vec{x} = \begin{pmatrix} 12 \\ -19 \\ 9 \end{pmatrix} + t\begin{pmatrix} 5 \\ -16 \\ 11 \end{pmatrix}$; g: $\vec{x} = \begin{pmatrix} 7 \\ -3 \\ -2 \end{pmatrix} + t\begin{pmatrix} -5 \\ 16 \\ -11 \end{pmatrix}$

d) g: $\vec{x} = \begin{pmatrix} 0 \\ 7 \\ 0 \end{pmatrix} + t\begin{pmatrix} 1 \\ 1 \\ 1 \end{pmatrix}$; g: $\vec{x} = \begin{pmatrix} -7 \\ 0 \\ -7 \end{pmatrix} + t\begin{pmatrix} -1 \\ -1 \\ -1 \end{pmatrix}$

e) g: $\vec{x} = \begin{pmatrix} 2 \\ 0 \\ 1 \end{pmatrix} + t\begin{pmatrix} -1 \\ 9 \\ -4 \end{pmatrix}$; g: $\vec{x} = \begin{pmatrix} 1 \\ 9 \\ -3 \end{pmatrix} + t\begin{pmatrix} 1 \\ -9 \\ 4 \end{pmatrix}$

f) g: $\vec{x} = \begin{pmatrix} 7 \\ 3 \\ 5 \end{pmatrix} + t\begin{pmatrix} -16 \\ 3 \\ 6 \end{pmatrix}$; g: $\vec{x} = \begin{pmatrix} -9 \\ 6 \\ 11 \end{pmatrix} + t\begin{pmatrix} 16 \\ -3 \\ -6 \end{pmatrix}$

5 a) nein b) ja (t = 1) c) ja (t = –1) d) nein

S. 279 **6** a) Eine der Winkelhalbierenden zwischen der x_1-Achse und der x_3-Achse
b) Eine der Winkelhalbierenden zwischen der x_2-Achse und der x_3-Achse
c) Gerade, deren orthogonale Projektionen auf die Ebenen der Koordinatenachsen jeweils eine der entsprechenden Winkelhalbierenden ergibt.

7 A(0|0|0), B(1|0|0), C(1|1|0), D(0|1|0), E(0|0|1), F(1|0|1), G(1|1|1), H(0|1|1)

a) $\vec{x} = t\begin{pmatrix} 1 \\ 1 \\ 0 \end{pmatrix}$ b) $\vec{x} = \begin{pmatrix} 1 \\ 0 \\ 0 \end{pmatrix} + t\begin{pmatrix} -1 \\ 1 \\ 0 \end{pmatrix}$ c) $\vec{x} = \begin{pmatrix} 0 \\ 0 \\ 1 \end{pmatrix} + t\begin{pmatrix} 1 \\ 1 \\ 0 \end{pmatrix}$

d) $\vec{x} = \begin{pmatrix} 1 \\ 0 \\ 1 \end{pmatrix} + t\begin{pmatrix} -1 \\ 1 \\ 0 \end{pmatrix}$ e) $\vec{x} = t\begin{pmatrix} 1 \\ 1 \\ 1 \end{pmatrix}$ f) $\vec{x} = \begin{pmatrix} 1 \\ 0 \\ 0 \end{pmatrix} + t\begin{pmatrix} -1 \\ 1 \\ 1 \end{pmatrix}$

S. 279 **8** Z. B.: Koordinatenursprung „vordere rechte" Ecke; Gerade: $\vec{x} = t\begin{pmatrix}-4\\-6\\2\end{pmatrix}$

9 a) g: $\vec{x} = \begin{pmatrix}-4\\1\\0\end{pmatrix} + t\begin{pmatrix}3\\4\\0\end{pmatrix}$; h: $\vec{x} = \begin{pmatrix}-4\\1\\3\end{pmatrix} + t\begin{pmatrix}3\\2\\-3\end{pmatrix}$; i: $\vec{x} = \begin{pmatrix}-4\\5\\3\end{pmatrix} + t\begin{pmatrix}0\\4\\-3\end{pmatrix}$; j: $\vec{x} = \begin{pmatrix}-1\\1\\0\end{pmatrix} + t\begin{pmatrix}0\\4\\3\end{pmatrix}$

b) g: $\vec{x} = \begin{pmatrix}-2\\5\\3\end{pmatrix} + t\begin{pmatrix}2\\-2\\1\end{pmatrix}$; h: $\vec{x} = \begin{pmatrix}-2\\5\\3\end{pmatrix} + t\begin{pmatrix}-1\\1\\0\end{pmatrix}$; i: $\vec{x} = \begin{pmatrix}-6\\5\\3\end{pmatrix} + t\begin{pmatrix}2\\2\\-1\end{pmatrix}$; j: $\vec{x} = \begin{pmatrix}-6\\5\\3\end{pmatrix} + t\begin{pmatrix}2\\2\\-3\end{pmatrix}$

10 a) $\vec{x} = \begin{pmatrix}0\\1\end{pmatrix} + t\begin{pmatrix}1\\-2\end{pmatrix}$ b) $\vec{x} = \begin{pmatrix}3\\0\end{pmatrix} + t\begin{pmatrix}1\\1\end{pmatrix}$ c) $\vec{x} = \begin{pmatrix}0\\3\end{pmatrix} + t\begin{pmatrix}1\\0\end{pmatrix}$ d) $\vec{x} = \begin{pmatrix}1\\1\end{pmatrix} + t\begin{pmatrix}5\\-2\end{pmatrix}$

e) $\vec{x} = \begin{pmatrix}4\\1\end{pmatrix} + t\begin{pmatrix}3\\5\end{pmatrix}$ f) $\vec{x} = \begin{pmatrix}5\\0\end{pmatrix} + t\begin{pmatrix}0\\1\end{pmatrix}$ g) $\vec{x} = t\begin{pmatrix}1\\-1\end{pmatrix}$ h) $\vec{x} = t\begin{pmatrix}0\\1\end{pmatrix}$

i) $\begin{matrix}0\\-3\end{matrix}\ \vec{x} = \begin{pmatrix} \\ \end{pmatrix} +$

11 a) $\frac{1}{3}x_1 - x_2 = -\frac{5}{3}$ b) $5x_1 + x_2 = 15$ c) $\frac{9}{7}x_1 - x_2 = -\frac{8}{7}$

12 Die Steigung ergibt sich aus den Koordinaten des Richtungsvektors: 4 : 1 = 4.
Der x_2-Achsenabschnitt b ergibt sich aus: $\begin{pmatrix}3\\2\end{pmatrix} + t\begin{pmatrix}4\\1\end{pmatrix} = \begin{pmatrix}0\\b\end{pmatrix}$, also b = 1,25.

10 *Gegenseitige Lage von Geraden*

S. 280 **1** a) g und h sind identisch $\Rightarrow$ $\vec{a}, \vec{b}$ und $\vec{c}$ sind paarweise linear abhängig.
g und h sind zueinander parallel und verschieden $\Rightarrow$ $\vec{a}, \vec{b}$ sind linear abhängig und $\vec{a}, \vec{c}$ sowie $\vec{b}, \vec{c}$ sind jeweils linear unabhängig.
b) Nein, falls die Geraden in einer Ebene liegen. Ja, falls die Geraden nicht zueinander parallel sind und sie sich im Raum nicht schneiden (d. h. zueinander windschief sind).

S. 282 **2** a) $S\left(-\frac{1}{3}\middle|-\frac{2}{3}\right)$ b) $S(0|5)$

S. 283 **3** a) g, h parallel und verschieden b) g = h
c) g, h schneiden sich in $S(0|3)$ d) g = h
e) g, h schneiden sich in $S\left(\frac{3}{4}\middle|-\frac{1}{4}\right)$ f) g, h schneiden sich in $S\left(\frac{1}{8}\middle|\frac{3}{8}\right)$

4 a) r = 3, s = –2, $A(2|1)$; r = 4, t = 0, $B(5|-1)$; s = –1, t = 1, $C(3|4)$
b) r = –1, s = $\frac{1}{2}$, $A(2|-3|1)$; r = 3, t = –1, $B(-6|5|5)$; s = –1, t = 0, $C(5|3|-8)$

5 a) g und h sind parallel und verschieden. b) g und h sind windschief.
c) g und h schneiden sich in $S(2|1|3)$. d) g und h schneiden sich in $S(-5|-15|1)$.

S. 283 **6** a) h: $\vec{x} = \begin{pmatrix}1\\0\\0\end{pmatrix} + t\cdot\begin{pmatrix}-7\\3\\1\end{pmatrix}$; i: $\vec{x} = t\cdot\begin{pmatrix}7\\3\\1\end{pmatrix}$; j: $\vec{x} = \begin{pmatrix}0\\0\\1\end{pmatrix} + t\cdot\begin{pmatrix}-7\\3\\1\end{pmatrix}$

b) h: $\vec{x} = \begin{pmatrix}2\\2\\1\end{pmatrix} + t\cdot\begin{pmatrix}-1\\2\\0\end{pmatrix}$; i: $\vec{x} = t\cdot\begin{pmatrix}1\\2\\0\end{pmatrix}$; j: $\vec{x} = \begin{pmatrix}1\\0\\0\end{pmatrix} + t\cdot\begin{pmatrix}-1\\2\\0\end{pmatrix}$

c) h: $\vec{x} = \begin{pmatrix}2\\3\\6\end{pmatrix} + t\cdot\begin{pmatrix}-1\\0\\5\end{pmatrix}$; i: $\vec{x} = t\cdot\begin{pmatrix}1\\0\\5\end{pmatrix}$; j: $\vec{x} = \begin{pmatrix}0\\1\\0\end{pmatrix} + t\cdot\begin{pmatrix}-1\\0\\5\end{pmatrix}$

7 Die Seite $\overline{AC}$ ist parallel zur Geraden g, liegt aber nicht auf g.

8 a) Die Geraden g: $\vec{x} = \begin{pmatrix}2\\2\\0\end{pmatrix} + r\begin{pmatrix}-2\\2\\2\end{pmatrix}$ und h: $\vec{x} = \begin{pmatrix}0\\1\\2\end{pmatrix} + s\begin{pmatrix}1\\3\\-2\end{pmatrix}$ sind windschief.

b) Die Geraden g: $\vec{x} = \begin{pmatrix}0\\0\\2\end{pmatrix} + r\begin{pmatrix}1{,}5\\4\\-2\end{pmatrix}$ und h: $\vec{x} = \begin{pmatrix}3\\0\\0\end{pmatrix} + s\begin{pmatrix}-3\\4\\1\end{pmatrix}$ schneiden sich in $S\left(1\,\middle|\,\frac{8}{3}\,\middle|\,\frac{2}{3}\right)$.

9 Die Geraden g: $\vec{x} = \begin{pmatrix}4\\4\\1\end{pmatrix} + s\begin{pmatrix}-4\\4\\1\end{pmatrix}$ und h: $\vec{x} = \begin{pmatrix}2\\4\\2\end{pmatrix} + t\begin{pmatrix}0\\4\\-1\end{pmatrix}$ schneiden sich in $S(2|6|1{,}5)$.

S. 284 **10** a) Für $t = -1$ schneiden sich g_{-1} und h_{-1} in $S(-1|9|2)$ $(r = 2;\ s = -3)$.
Für $t \neq -1$ sind g_t und h_t windschief.

b) Beachten Sie: Für $t = -2$ sind g_{-2} und h_{-2} parallel.
Für $t = \frac{5}{2}$ schneiden sich $g_{\frac{5}{2}}$ und $h_{\frac{5}{2}}$ in $S\left(\frac{5}{3}\,\middle|\,\frac{20}{3}\,\middle|\,\frac{16}{3}\right)$ $\left(r = -\frac{4}{9};\ s = \frac{1}{3}\right)$.
Für $t \neq -2$ und $t \neq \frac{5}{2}$ sind g_t und h_t windschief.

11 b) g und h sind parallel und verschieden;
g und i sind windschief;
g und j sind windschief;
h; i; j schneiden sich in $S(-4|4|6)$.

12 a) Die Vektoren $\overrightarrow{OQ} - \overrightarrow{OR}$ und $\overrightarrow{OQ} + \overrightarrow{OR}$ sind linear unabhängig, weil $\overrightarrow{OQ}$ und $\overrightarrow{OR}$ linear unabhängig sein sollen. Die Gleichung

$$(\overrightarrow{OP} + \overrightarrow{OQ}) + r(\overrightarrow{OQ} - \overrightarrow{OR}) = s(\overrightarrow{OQ} + \overrightarrow{OR})$$

lässt sich umformen zu

$$\overrightarrow{OP} + (1 + r - s)\overrightarrow{OQ} + (-r - s)\overrightarrow{OR} = \vec{o}.$$

Diese Gleichung hat keine Lösung, da $\overrightarrow{OP}, \overrightarrow{OQ}, \overrightarrow{OR}$ linear unabhängig sein sollen.

S. 284 **12** b) Die Vektoren $\overrightarrow{OQ} - \overrightarrow{OR}$ und $\overrightarrow{OP} + \overrightarrow{OR}$ sind linear unabhängig, denn aus

$$u(\overrightarrow{OQ} - \overrightarrow{OR}) + v(\overrightarrow{OP} + \overrightarrow{OR}) = \vec{o}$$

folgt

$$v\,\overrightarrow{OP} + u\,\overrightarrow{OQ} + (-u + v)\,\overrightarrow{OR} = \vec{o},$$

also $u = v = 0$. Die Gleichung

$$(\overrightarrow{OP} + \overrightarrow{OQ}) + r(\overrightarrow{OQ} - \overrightarrow{OR}) = s(\overrightarrow{OP} + \overrightarrow{OR})$$

lässt sich umformen zu

$$(1 - s)\,\overrightarrow{OP} + (1 + r)\,\overrightarrow{OQ} + (-r - s)\,\overrightarrow{OR} = \vec{o}$$

mit den Lösungen $r = -1$, $s = 1$. Die Geraden g und h schneiden sich also im Punkt S mit $\overrightarrow{OS} = \overrightarrow{OP} + \overrightarrow{OR}$.

13 a) Figur rechts

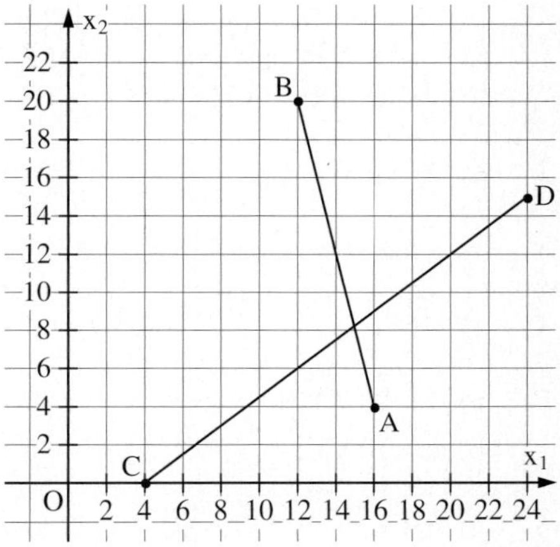

b) Es sei E der Ort der Fähre F_1 eine halbe Stunde nach Verlassen des Ortes A.

$$\overrightarrow{OE} = \overrightarrow{OA} + \frac{1}{2} \cdot \frac{\sqrt{272}}{\frac{2}{3}} \cdot \frac{1}{\sqrt{272}} \cdot \begin{pmatrix} -4 \\ 16 \end{pmatrix} = \begin{pmatrix} 13 \\ 16 \end{pmatrix};$$

E(13|16)

c) $\overrightarrow{OP} = \begin{pmatrix} 16 - 6t \\ 4 + 24t \end{pmatrix}$; $\overrightarrow{OQ} = \begin{pmatrix} 4 + 20t \\ 15t \end{pmatrix}$;

$$\overrightarrow{PQ} = \begin{pmatrix} -12 + 26t \\ -4 - 9t \end{pmatrix}$$

$$|\overrightarrow{PQ}| = \sqrt{(-12 + 26t)^2 + (-4 - 9t)^2};$$

$$d(t) = (26t - 12)^2 + (9t + 4)^2$$

Untersuchung auf Minimum ergibt

$$t = \frac{552}{1514} \approx 0{,}36.$$

Ungefähr 0,36 Stunden, d. h. 21,6 Minuten nach Abfahrt kommen sich die Fähren am nächsten; sie sind dann rund 7,7 km voneinander entfernt.

14 a) $|\overrightarrow{AC}| = \sqrt{165} \approx 12{,}85$

b) $\overrightarrow{OP} = \overrightarrow{OA} + t \cdot \frac{\sqrt{14}}{1} \cdot \frac{1}{\sqrt{14}} \cdot \begin{pmatrix} 2 \\ 3 \\ 1 \end{pmatrix} = \begin{pmatrix} 2 + 2t \\ 5 + 3t \\ t \end{pmatrix}$; $\overrightarrow{OQ} = \overrightarrow{OC} + t \cdot 90 \cdot \frac{1}{3} \cdot \begin{pmatrix} -1 \\ -2 \\ 2 \end{pmatrix} = \begin{pmatrix} 10 - 30t \\ 15 - 60t \\ 1 + 60t \end{pmatrix}$;

$$\overrightarrow{PQ} = \begin{pmatrix} 8 - 32t \\ 10 - 63t \\ 1 + 59t \end{pmatrix}; \quad |\overrightarrow{PQ}| = \sqrt{(8 - 32t)^2 + (10 - 63t)^2 + (1 + 59t)^2}$$

Untersuchung auf Minimum ergibt $t = \frac{1890}{16948} \approx 0{,}11$.

Ungefähr 6,7 Minuten nach dem Start kommen sich der Ballon und das Kleinflugzeug am nächsten; sie sind dann rund 9,27 km voneinander entfernt.

XI Geraden und Ebenen – Messungen

1 Skalarprodukt von Vektoren, Größe von Winkeln

S. 288 **1** a) Es ist $\cos(37{,}35°) = \frac{x}{3{,}5\,km}$; also $x = 3{,}5\,km \cdot \cos(37{,}35°) \approx 2{,}78231\,km$.
$\sin(37{,}35°) = \frac{h}{3{,}5\,km}$; also $h = 3{,}5\,km \cdot \sin(37{,}35°) \approx 2{,}12339\,km$.
Damit ist $|\vec{c}|^2 = (2{,}78231\,km)^2 + (4{,}8\,km - 2{,}12339\,km)^2 = 14{,}9055\,km^2$;
also $|\vec{c}| \approx 3{,}86\,km$

b) $\cos(\alpha) = \frac{x}{|\vec{a}|}$; also $x = |\vec{a}| \cdot \cos(\alpha)$. Da nach dem Satz des Pythagoras gilt:
$|\vec{c}|^2 = h^2 + (|\vec{b}| - x)^2$, ergibt sich $|\vec{c}|^2 = h^2 + |\vec{b}|^2 - 2|\vec{b}| \cdot x + x^2$ und wegen
$h^2 + x^2 = |\vec{a}|^2$: $|\vec{c}|^2 = |\vec{a}|^2 + |\vec{b}|^2 - 2|\vec{b}| \cdot x$. Da $x = |\vec{a}| \cdot \cos(\alpha)$ ist erhält man:
$|\vec{c}|^2 = |\vec{a}|^2 + |\vec{b}|^2 - 2|\vec{a}| \cdot |\vec{b}| \cdot \cos(\alpha)$.

S. 290 **2** a) -3 b) 3 c) -6 d) 8

3 Ist a die Seitenlänge, so ist $\overrightarrow{AB} \cdot \overrightarrow{AC} = \frac{1}{2}a^2$.

S. 291 **4** a) $\approx 65{,}6°$ b) $\approx 57{,}1°$ c) $90°$

5 a) $\alpha \approx 78{,}7°$; $\beta \approx 42{,}3°$; $\gamma \approx 59{,}0°$; $\overline{BC} = \sqrt{17}$; $\overline{AC} = 2\sqrt{2}$; $\overline{AB} = \sqrt{13}$
b) $\alpha \approx 109{,}7°$; $\beta \approx 29{,}7°$; $\gamma \approx 40{,}6°$; $\overline{BC} = 7\sqrt{5}$; $\overline{AC} = 2\sqrt{17}$; $\overline{AB} = 3\sqrt{13}$

6 a) $\overline{AB} = \overline{BC} = 2\sqrt{5}$; $\overline{AC} = 4\sqrt{2}$; $\alpha = \gamma \approx 50{,}8°$; $\beta \approx 78{,}5°$
b) $\overline{DE} = \overline{EF} = 2\sqrt{5}$; $\overline{DF} = 2\sqrt{2}$; $\delta = \zeta \approx 71{,}6°$; $\varepsilon \approx 36{,}9°$

7 $\overline{OP} = \sqrt{2^2 + 3^2 + 5^2} = \sqrt{38}$; $\overline{PQ} = \sqrt{3^2 + 2^2 + 1^2} = \sqrt{14}$; $\overline{QR} = \sqrt{(-4)^2 + (-1)^2 + 3^2} = \sqrt{26}$;
$\overline{RO} = \sqrt{(-1)^2 + (-4)^2 + (-9)^2} = 7\sqrt{2}$
$\sphericalangle(POR) \approx 14{,}8°$; $\sphericalangle(OPQ) \approx 137{,}5°$; $\sphericalangle(PQR) \approx 125{,}2°$; $\sphericalangle(ORQ) \approx 67{,}9°$

8 a) 6 b) 5 c) 1,5

9 a) $\vec{b}$; $\vec{c}$; $\vec{b} + \vec{c}$; $\vec{b} - \vec{c}$ b) Nur $\vec{c}$

10 a) Die Vektoren haben alle die gleiche Richtung oder die dazu entgegengesetzte Richtung.
b) Die Vektoren liegen alle in einer Ebene (wenn man sie als Ortsvektoren darstellt), die orthogonal zu $\vec{a}$ und damit auch zu $\vec{b}$ ist.

11 a) Z. B. $\begin{pmatrix} 6 \\ 3 \\ -4 \end{pmatrix}$ b) Z. B. $\begin{pmatrix} 7 \\ 1 \\ 17 \end{pmatrix}$ c) Z. B. $\begin{pmatrix} 5 \\ 5 \\ -3 \end{pmatrix}$

12 a) $r = 2$ b) $h = |\vec{a} - 2\vec{b}| = \sqrt{221} \approx 14{,}9$

S. 291 **13** a) $\vec{a} \cdot \vec{b} = |\vec{a}| \cdot |\vec{b}| \cdot \cos(\varphi) = |\vec{b}| \cdot |\vec{a}| \cdot \cos(\varphi) = \vec{b} \cdot \vec{a}$

b) Sind $\vec{a} = \begin{pmatrix} a_1 \\ a_2 \\ a_3 \end{pmatrix}$; $\vec{b} = \begin{pmatrix} b_1 \\ b_2 \\ b_3 \end{pmatrix}$; $\vec{c} = \begin{pmatrix} c_1 \\ c_2 \\ c_3 \end{pmatrix}$; so gilt

$$\begin{aligned}\vec{a} \cdot \vec{c} + \vec{b} \cdot \vec{c} &= a_1 c_1 + a_2 c_2 + a_3 c_3 + b_1 c_1 + b_2 c_2 + b_3 c_3 \\ &= (a_1 + b_1)c_1 + (a_2 + b_2)c_2 + (a_3 + b_3)c_3 = (\vec{a} + \vec{b}) \cdot \vec{c}\end{aligned}$$

14 z.B. $\vec{a} = \begin{pmatrix} 1 \\ 0 \\ 0 \end{pmatrix}$; $\vec{b} = \begin{pmatrix} 0 \\ 1 \\ 0 \end{pmatrix}$; $\vec{c} = \begin{pmatrix} 1 \\ 1 \\ 0 \end{pmatrix}$

15 a) $6\vec{a}^2 + 11\vec{a} \cdot \vec{b} - 35\vec{b}^2$
b) $\vec{e} \cdot \vec{f}$
c) $3\vec{u}^2 - 3\vec{u} \cdot \vec{v} - 4\vec{v}^2$
d) $9\vec{h}^2$

2 *Gleichungen der Ebene*

S. 292 **1** a) Man bildet das Skalarprodukt $\vec{n} \cdot \vec{x} = 0$, also $\begin{pmatrix} 2 \\ 1 \\ -3 \end{pmatrix} \cdot \begin{pmatrix} x_1 \\ x_2 \\ x_3 \end{pmatrix} = 0$. Damit sind alle Vektoren $\vec{x}$, die die Gleichung $2x_1 + x_2 - 3x_2 = 0$ erfüllen, orthogonal zu $\vec{n}$.
b) Alle Punkte X liegen damit in einer Ebene, die zum Ortsvektor $\vec{n}$ orthogonal sind.

S. 294 **2** a) $P(1|2|-6)$ liegt auf E: $2x_1 + 3x_2 + x_3 = 2$, da $2 \cdot 1 + 3 \cdot 2 - 6 = 2$ ist,
$Q(-2|0{,}5|-4)$ liegt auf E: $2x_1 + 3x_2 + x_3 = 2$, da $2 \cdot (-2) + 3 \cdot 0{,}5 - 4 \neq 2$ ist.
b) $P \notin E$; $Q \in E$
c) $P \in E$; $Q \notin E$

3 Gleichung der Ebene: $\left[\vec{x} - \begin{pmatrix} 2 \\ -5 \\ 7 \end{pmatrix}\right] \cdot \begin{pmatrix} 2 \\ 1 \\ -2 \end{pmatrix} = 0.$

a) Punktprobe für $A(2|7|1)$: $\left[\begin{pmatrix} 2 \\ 7 \\ 1 \end{pmatrix} - \begin{pmatrix} 2 \\ -5 \\ 7 \end{pmatrix}\right] \cdot \begin{pmatrix} 2 \\ 1 \\ -2 \end{pmatrix} = \begin{pmatrix} 0 \\ 12 \\ -6 \end{pmatrix} \cdot \begin{pmatrix} 2 \\ 1 \\ -2 \end{pmatrix} = 0 \cdot 2 + 12 \cdot 1 + (-6) \cdot (-2) =$ $24 \neq 0$; damit $A \notin E$.

b) $B \in E$
c) $C \in E$
d) $D \notin E$

4 a) $A \in E$; $B \notin E$; $C \in E$
b) (1) $p = 0$; (2) $p = \frac{32}{9}$; (3) $p = 5$; (4) $p = -\frac{25}{12}$

S. 294 **5** Mögliche Gleichungen

a) E: $\left[\vec{x} - \begin{pmatrix}5\\0\\0\end{pmatrix}\right] \cdot \begin{pmatrix}2\\3\\5\end{pmatrix} = 0$ b) E: $\left[\vec{x} - \begin{pmatrix}1\\0\\0\end{pmatrix}\right] \cdot \begin{pmatrix}1\\-1\\1\end{pmatrix} = 0$

c) E: $\left[\vec{x} - \begin{pmatrix}2\\3\\0\end{pmatrix}\right] \cdot \begin{pmatrix}4\\3\\0\end{pmatrix} = 0$ d) E: $\left[\vec{x} - \begin{pmatrix}0\\-1\\-3\end{pmatrix}\right] \cdot \begin{pmatrix}0\\4\\-5\end{pmatrix} = 0$

e) E: $\left[\vec{x} - \begin{pmatrix}100\\0\\0\end{pmatrix}\right] \cdot \begin{pmatrix}1\\1\\1\end{pmatrix} = 0$ f) E: $\left[\vec{x} - \begin{pmatrix}0\\-5\\0\end{pmatrix}\right] \cdot \begin{pmatrix}0\\1\\0\end{pmatrix} = 0$

6 $\overrightarrow{BA} = \begin{pmatrix}3\\1\\5\end{pmatrix}$ ist der Normalenvektor der Ebenen E_A und E_B.

a) E_A in Normalenform: $\left[\vec{x} - \begin{pmatrix}1\\4\\5\end{pmatrix}\right] \cdot \begin{pmatrix}3\\1\\5\end{pmatrix} = 0;$

E_A in Koordinatenform: $3x_1 + x_2 + 5x_3 = 32$

b) E_B in Normalenform: $\left[\vec{x} - \begin{pmatrix}-2\\3\\0\end{pmatrix}\right] \cdot \begin{pmatrix}3\\1\\5\end{pmatrix} = 0$

E_B in Koordinatenform: $3x_1 + x_2 + 5x_3 = -3$

7 Möglicher Ansatz für E: $a \cdot x_1 + b \cdot x_2 + c \cdot x_3 = d$ und Punktprobe:

a) $A(0|2|-1) \in E$: $a \cdot 0 + b \cdot 2 + c \cdot (-1) = d$
$B(6|-5|0) \in E$: $a \cdot 6 + b \cdot (-5) + c \cdot 0 = d$
$C(1|0|1) \in E$: $a \cdot 1 + b \cdot 0 + c \cdot 1 = d$

$a = \frac{12}{17}d$; $b = \frac{11}{17}d$; $c = \frac{5}{17}d$; setze $d = 17$,
also E: $12x_1 + 11x_2 + 5x_3 = 17$.

b) $7x_1 + 15x_2 + 9x_3 = 70$ c) $15x_1 + 6x_2 + 10x_3 = 30$ d) $12x_1 + 3x_2 - 4x_3 = 12$

8 Man stellt die Gleichung der Ebene E durch die Punkte A, B und C auf und untersucht mithilfe der Punktprobe, ob D auf E liegt.

a) Ein einfaches Vorgehen mit dem CAS zeigt Fig. 1. Man erhält damit $a = d$; $b = \frac{d}{2}$; $c = -\frac{d}{2}$.
Setzt man $d = 2$, so erhält man die Ebene ABC: $2x_1 + x_2 - x_3 = 2$.
Die Punktprobe für $D(2|2|2)$ ergibt $4 + 2 - 2 \neq 2$; damit liegen die 4 Punkte nicht in einer Ebene.

b) A, B, C, D liegen in einer Ebene.

c) A. B, C, D liegen in einer Ebene.

d) A, B, C, D liegen nicht in einer Ebene.

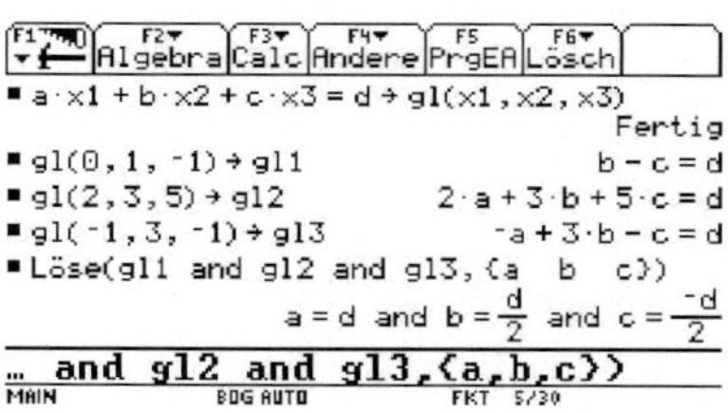

Fig. 1

S. 294 **9** a) $\vec{n} = t \cdot \begin{pmatrix} 3 \\ -1 \\ 5 \end{pmatrix}$ muss ein Ortsvektor $\vec{p} = \begin{pmatrix} p_1 \\ p_2 \\ p_3 \end{pmatrix}$ sein und die Gleichung

$3x_1 - x_2 + 5x_3 = 105$ erfüllen: $3 \cdot (3t) - (-t) + 5 \cdot (5t) = 105$, also $35t = 105$; $t = 3$.

Damit ist der gesuchte Normalenvektor $\vec{n} = \begin{pmatrix} 9 \\ -3 \\ 15 \end{pmatrix}$.

Ebenengleichung in Normalenform: $\left[\vec{x} - \begin{pmatrix} 9 \\ -3 \\ 15 \end{pmatrix}\right] \cdot \begin{pmatrix} 9 \\ -3 \\ 15 \end{pmatrix} = 0.$

b) $\vec{n} = \begin{pmatrix} 0{,}5 \\ -1{,}5 \\ -1 \end{pmatrix}$; $\left[\vec{x} - \begin{pmatrix} 0{,}5 \\ -1{,}5 \\ -1 \end{pmatrix}\right] \cdot \begin{pmatrix} 0{,}5 \\ -1{,}5 \\ -1 \end{pmatrix} = 0$

10 a) Z.B.: $\vec{x} = r\begin{pmatrix} 8 \\ 0 \\ 0 \end{pmatrix} + s\begin{pmatrix} 4 \\ 4 \\ 10 \end{pmatrix}$ oder $5x_2 - 2x_3 = 0$

b) P liegt auf der Höhe der Seitenfläche OAS, da $p_1 = 4$.
Mithilfe des Strahlensatzes erhält man p_2: $4 = 4 : 10$; also $p_2 = 1{,}6$.
Punktprobe (am besten mit der Koordinatengleichung): $5 \cdot 1{,}6 - 2 \cdot 4 = 0$

3 *Ebene in Parameterform – Lösungsmenge einer linearen Gleichung*

S. 295 **1** a) Es ist mit $x_1 = r$ und $x_2 = s$: $x_3 = 2r + s - 2$ oder anders geschrieben:

$\begin{pmatrix} x_1 \\ x_2 \\ x_3 \end{pmatrix} = \begin{pmatrix} r \\ s \\ 2r + s - 2 \end{pmatrix} = \begin{pmatrix} r \\ 0 \\ 2r \end{pmatrix} + \begin{pmatrix} 0 \\ s \\ s \end{pmatrix} + \begin{pmatrix} 0 \\ 0 \\ -2 \end{pmatrix}$, damit $\begin{pmatrix} x_1 \\ x_2 \\ x_3 \end{pmatrix} = \begin{pmatrix} 0 \\ 0 \\ -2 \end{pmatrix} + r \cdot \begin{pmatrix} 1 \\ 0 \\ 2 \end{pmatrix} + s \cdot \begin{pmatrix} 0 \\ 1 \\ 1 \end{pmatrix}$.

b) $P(0|0|-2) \in E$, da $2 \cdot 0 + 0 - (-2) = 2$ ist. Normalenvektor der Ebene E ist

$\vec{n} = \begin{pmatrix} 2 \\ 1 \\ -1 \end{pmatrix}$. Es gilt $\begin{pmatrix} 2 \\ 1 \\ -1 \end{pmatrix} \cdot \begin{pmatrix} 1 \\ 0 \\ 2 \end{pmatrix} = 2 - 2 = 0$ und $\begin{pmatrix} 2 \\ 1 \\ -1 \end{pmatrix} \cdot \begin{pmatrix} 0 \\ 1 \\ 1 \end{pmatrix} = 1 - 1 = 0$

S. 296 **2** a) Man bestimmt einen zu den Richtungsvektoren $\begin{pmatrix} 1 \\ 3 \\ 0 \end{pmatrix}$ und $\begin{pmatrix} -2 \\ 1 \\ 3 \end{pmatrix}$ orthogonalen Vektor aus den Gleichungen $\begin{pmatrix} 1 \\ 3 \\ 0 \end{pmatrix} \cdot \vec{n} = 0$ und $\begin{pmatrix} -2 \\ 1 \\ 3 \end{pmatrix} \cdot \vec{n} = 0$.

Fig. 1 zeigt die Lösungen, die mit $n_3 = 7$ den Normalenvektor $\vec{n} = \begin{pmatrix} 9 \\ -3 \\ 7 \end{pmatrix}$ ergeben.

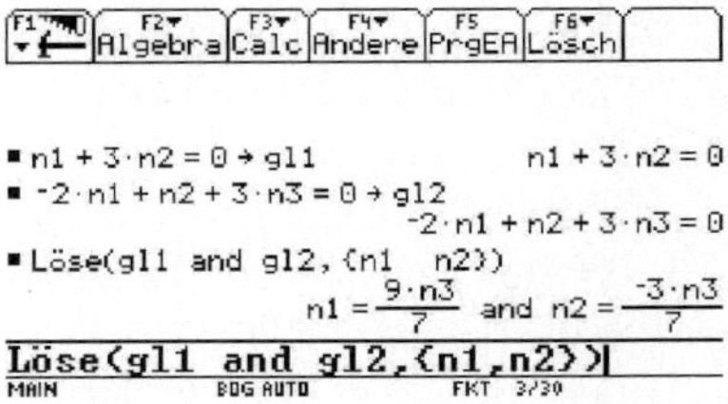

Fig. 1

S. 296 **2** Da P(2|1|2) ein Punkt der Ebene ist, hat E die Normalenform: $\left[\vec{x} - \begin{pmatrix} 2 \\ 1 \\ 2 \end{pmatrix}\right] \cdot \begin{pmatrix} 9 \\ -3 \\ 7 \end{pmatrix} = 0.$
Daraus folgt die Koordinatenform: $9x_1 - 3x_2 + 7x_3 = 29$.

b) E: $\left[\vec{x} - \begin{pmatrix} 6 \\ 9 \\ 1 \end{pmatrix}\right] \cdot \begin{pmatrix} 4 \\ -4 \\ 3 \end{pmatrix} = 0$; $4x_1 - 4x_2 + 3x_3 = -9$

c) E: $\vec{x} \cdot \begin{pmatrix} 3 \\ -8 \\ 1 \end{pmatrix} = 0$; $3x_1 - 8x_2 + x_3 = 0$

3 a) Es ist $\overrightarrow{AB} = \begin{pmatrix} -1 \\ -1 \\ 2 \end{pmatrix}$ und $\overrightarrow{AC} = \begin{pmatrix} 1 \\ -2 \\ -3 \end{pmatrix}$.

Vektorgleichung der Ebene: $\vec{x} = \begin{pmatrix} 2 \\ 0 \\ 3 \end{pmatrix} + t \cdot \begin{pmatrix} 1 \\ -1 \\ 2 \end{pmatrix} + s \cdot \begin{pmatrix} 1 \\ -2 \\ -3 \end{pmatrix}$.

Es ist $\overrightarrow{BA} = \begin{pmatrix} 1 \\ 1 \\ -2 \end{pmatrix}$ und $\overrightarrow{BC} = \begin{pmatrix} 2 \\ -1 \\ -5 \end{pmatrix}$. Vektorgleichung der Ebene: $\vec{x} = \begin{pmatrix} 3 \\ -2 \\ 0 \end{pmatrix} + t \cdot \begin{pmatrix} 1 \\ 1 \\ -2 \end{pmatrix} + s \cdot \begin{pmatrix} 2 \\ -1 \\ -5 \end{pmatrix}$.

Ein Normalenvektor der Ebene wird bestimmt aus $\begin{pmatrix} 1 \\ 1 \\ -2 \end{pmatrix} \cdot \vec{n} = 0$ und $\begin{pmatrix} 2 \\ -1 \\ -5 \end{pmatrix} \cdot \vec{n} = 0$: $\vec{n} = \begin{pmatrix} 7 \\ -1 \\ 3 \end{pmatrix}$.

Gleichung der Ebene in Normalenform: $\left[\vec{x} - \begin{pmatrix} 2 \\ 0 \\ 3 \end{pmatrix}\right] \cdot \begin{pmatrix} 7 \\ -1 \\ 3 \end{pmatrix} = 0$ und in Koordinatenform:
$7x_1 - x_2 + 3x_3 = 23$.

b) $\vec{x} = \begin{pmatrix} 2 \\ 5 \\ 7 \end{pmatrix} + r \begin{pmatrix} 5 \\ 0 \\ -5 \end{pmatrix} + s \begin{pmatrix} 1 \\ 3 \\ 4 \end{pmatrix}$; $\vec{x} = \begin{pmatrix} 1 \\ 2 \\ 3 \end{pmatrix} + r \begin{pmatrix} 1 \\ 0 \\ -1 \end{pmatrix} + s \begin{pmatrix} 6 \\ 3 \\ -1 \end{pmatrix}$

Normalenform mit $\vec{n} = \begin{pmatrix} 3 \\ -5 \\ 3 \end{pmatrix}$: $\left[\vec{x} - \begin{pmatrix} 1 \\ 2 \\ 3 \end{pmatrix}\right] \cdot \begin{pmatrix} 3 \\ -5 \\ 3 \end{pmatrix} = 0$
und in Koordinatenform: $3x_1 - 5x_2 + 3x_3 = 2$.

4 a) Die Geraden $\vec{x} = \begin{pmatrix} 1 \\ 1 \\ 2 \end{pmatrix} + t \begin{pmatrix} 2 \\ 3 \\ 1 \end{pmatrix}$ und $\vec{x} = \begin{pmatrix} 3 \\ 4 \\ 3 \end{pmatrix} + s \begin{pmatrix} 1 \\ 0 \\ 1 \end{pmatrix}$ schneiden sich S(3|4|3).

Damit ist E: $\vec{x} = \begin{pmatrix} 3 \\ 4 \\ 3 \end{pmatrix} + t \cdot \begin{pmatrix} 2 \\ 3 \\ 1 \end{pmatrix} + s \cdot \begin{pmatrix} 1 \\ 0 \\ 1 \end{pmatrix}$ eine Vektorgleichung der Ebene durch g_1 und g_2.

Normalengleichung: $\left[\vec{x} - \begin{pmatrix} 3 \\ 4 \\ 3 \end{pmatrix}\right] \cdot \begin{pmatrix} 3 \\ -1 \\ -3 \end{pmatrix} = 0$; Koordinatengleichung: $3x_1 - x_2 - 3x_3 = -4$.

Die Gerade g_1 liegt auf der Ebene, da
$3 \cdot (1 + 2t) - (1 + 3t) - 3 \cdot (2 + t) = 3 + 6t - 1 - 3t - 6 - 3t = -4$ ist;
die Gerade g_2 liegt auf der Ebene, da
$3 \cdot (3 + s) - 4 - 3 \cdot (3 + s) = 9 + 3s - 4 - 9 - 3s = -4$ ist.

S. 296 **4** b) Die Geraden $\vec{x} = \begin{pmatrix}3\\0\\7\end{pmatrix} + t\begin{pmatrix}2\\5\\1\end{pmatrix}$ und $\vec{x} = \begin{pmatrix}7\\10\\9\end{pmatrix} + s\begin{pmatrix}1\\0\\1\end{pmatrix}$ schneiden sich $S(7|10|9)$.

Damit ist E: $\vec{x} = \begin{pmatrix}3\\0\\7\end{pmatrix} + t\cdot\begin{pmatrix}2\\5\\1\end{pmatrix} + s\cdot\begin{pmatrix}1\\0\\1\end{pmatrix}$ eine Vektorgleichung der Ebene durch g_1 und g_2.

Normalengleichung: $\left[\vec{x} - \begin{pmatrix}3\\0\\7\end{pmatrix}\right]\cdot\begin{pmatrix}5\\-1\\-5\end{pmatrix} = 0$; Koordinatengleichung: $5x_1 - x_2 - 5x_3 = -20$.

Die Gerade g_1 liegt auf der Ebene, da
$5\cdot(3 + 2t) - 5t - 5\cdot(7 + t) = 15 + 10t - 5t - 35 - 5t = -20$ ist;
die Gerade g_2 liegt auf der Ebene, da
$5\cdot(7 + s) - 10 - 5\cdot(9 + s) = 35 + 5s - 10 - 45 - 5s = -20$ ist.

4 *Zeichnerische Darstellung von Ebenen*

S. 297 **1** a) Zwei Punkte legen eine Gerade fest; drei Punkte (die nicht auf einer Geraden liegen) eine Ebene.
b) $A(2{,}5|0|0)$; $B(0|3|0)$; $C(0|0|1{,}5)$
c) Man kann nichts entnehmen.

S. 298 **2** a)

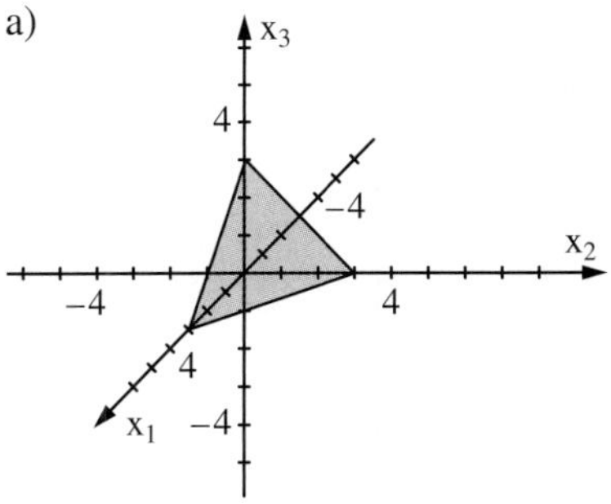

b)

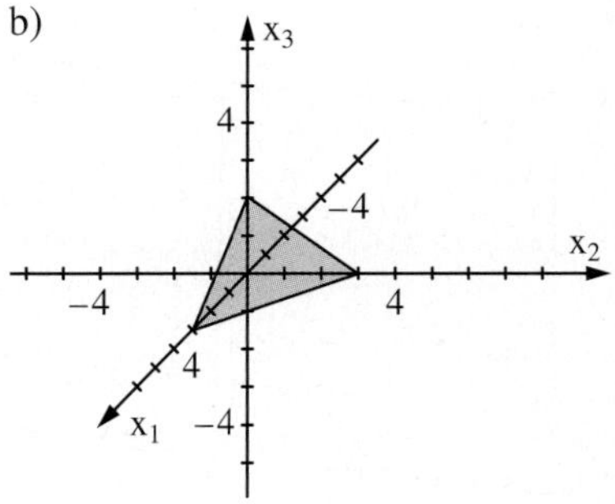

c)

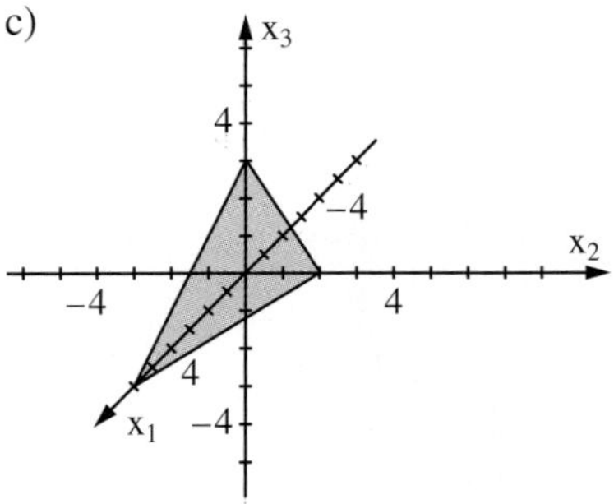

d)

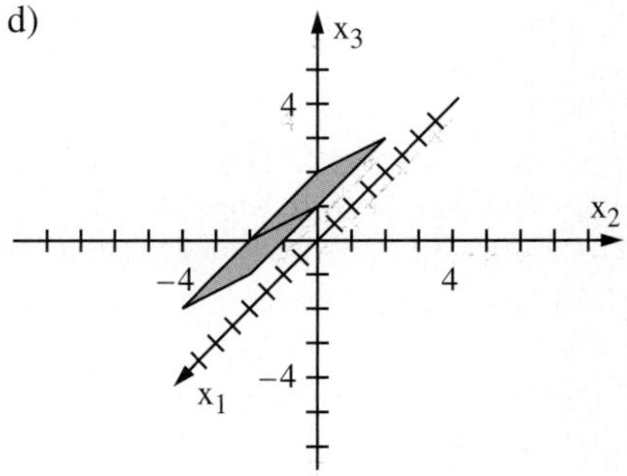

S. 298 **2** e)

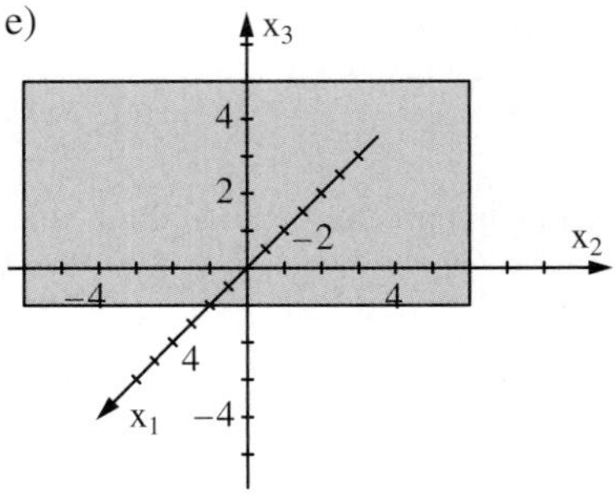

f)

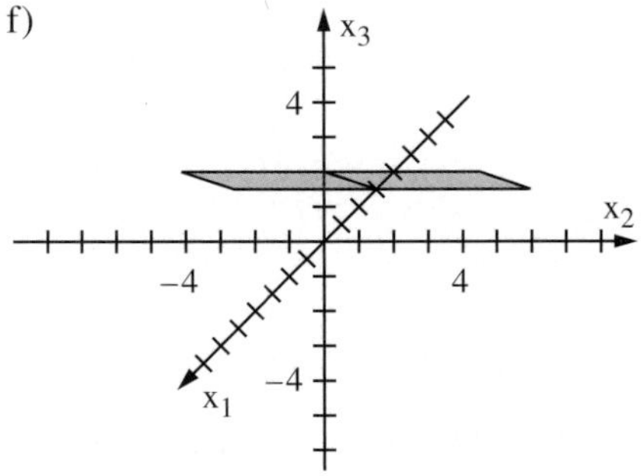

3 a) $x_1 = 0$ b) $x_2 = 0$

4 a) E ist die x_2x_3-Ebene b) E ist die x_1x_3-Ebene c) E ist die x_1x_2-Ebene
d) Die Ebene E ist parallel zur x_2x_3-Ebene, und der Punkt $P(5|0|0)$ liegt in E.
e) Die Ebene E ist parallel zur x_1x_3-Ebene, und der Punkt $P(0|-3|0)$ liegt in E.
f) Die Ebene E ist parallel zur x_1x_2-Ebene, und der Punkt $P(0|0|4)$ liegt in E.

5 a) $15x_1 + 6x_2 + 10x_3 = 30$ b) $12x_1 + 3x_2 - 4x_3 = 12$

6 a) $x_2 = 3$ b) $5x_1 + x_2 = 5$

7 a) Aus der Gleichung ist ersichtlich, dass die Ebene parallel zur x_3-Achse (x_2-Achse) ist.
b)

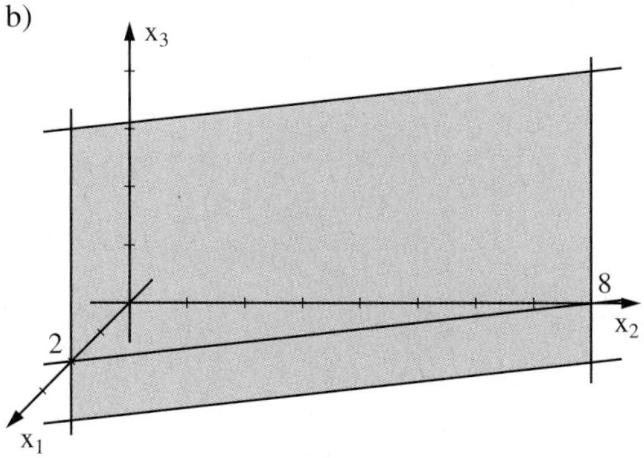

E_1: $4x_1 + x_2 = 8$

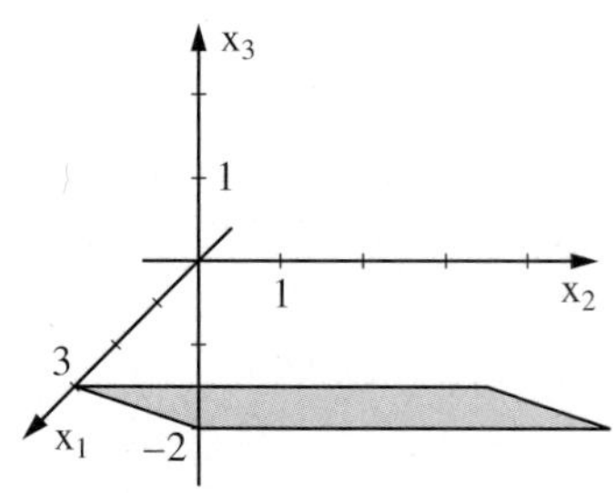

E_2: $2x_1 - 3x_3 = 6$

8 a) Aus $x_1 = x_2 = 0$ folgt $x_3 = 0$.
Aus $x_2 = x_3 = 0$ folgt $x_1 = 0$.
Aus $x_1 = x_3 = 0$ folgt $x_2 = 0$.
$\Rightarrow$ Alle Spurgeraden gehen durch $O(0|0|0)$.
b) s_{12}: $3x_1 + 4x_2 = 0$
s_{23}: $2x_2 + 3x_3 = 0$
s_{13}: $x_1 + 2x_3 = 0$

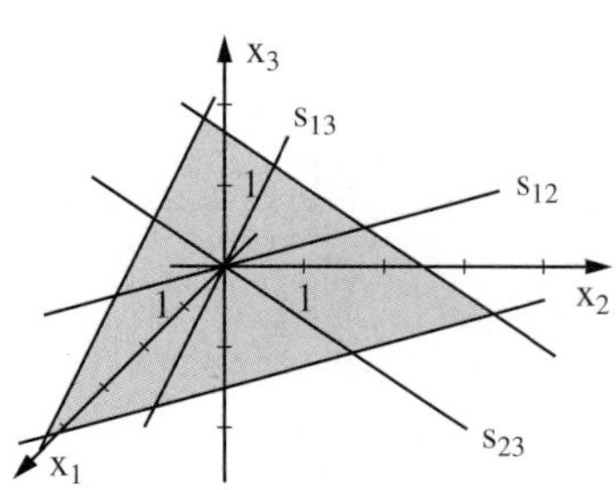

5 *Gegenseitige Lage von Geraden und Ebenen*

. 299 **1** a) $g: \vec{x} = \begin{pmatrix} -2 \\ 0 \\ 0 \end{pmatrix} + t \cdot \begin{pmatrix} 1 \\ 0 \\ 1 \end{pmatrix}$ b) $E: \vec{x} = \begin{pmatrix} 1 \\ 0 \\ 0 \end{pmatrix} + r \cdot \begin{pmatrix} 0 \\ 0 \\ 1 \end{pmatrix} + s \cdot \begin{pmatrix} 1 \\ 4 \\ 0 \end{pmatrix}$ c) $S(1|0|3)$

2 a) $D(3|4|-1)$ b) $D\left(\frac{47}{11}\middle|\frac{72}{11}\middle|\frac{31}{11}\right)$ c) $g \parallel E$ d) $D\left(\frac{32}{13}\middle|\frac{38}{13}\middle|\frac{34}{13}\right)$
e) $g \parallel E$ f) $g \subseteq E$ g) $g \subseteq E$ h) $g \parallel E$ i) $D\left(-\frac{1}{6}\middle|-\frac{14}{6}\middle|-\frac{63}{6}\right)$

. 300 **3** a) $D(-6|1|-10)$ b) $D\left(\frac{15}{4}\middle|\frac{33}{4}\middle|\frac{91}{4}\right)$ c) $D\left(\frac{32}{7}\middle|-\frac{10}{7}\middle|-\frac{3}{14}\right)$

4 a) $D_{12}(4|2|0)$, $D_{13}(6|0|-1)$, $D_{23}(0|6|2)$
b) D_{12} existiert nicht, $D_{13}\left(\frac{4}{3}\middle|0\middle|2\right)$, $D_{23}(0|-4|2)$
c) $D_{12}(0|-7|0)$, $D_{13}(7|0|7)$, $D_{23}(0|-7|0)$
d) D_{12} und D_{13} existieren nicht, $D_{23}(0|1|9)$

5 $E_1\left(-2\frac{2}{3}\middle|2\frac{2}{3}\middle|5\frac{1}{3}\right)$, $E_2\left(-5\frac{1}{3}\middle|5\frac{1}{3}\middle|2\frac{1}{3}\right)$

6 Fig. 2: Wenn g und E sich schneiden, dann liegt der Richtungsvektor von g nicht in E. Dann müssen $\vec{u}$, $\vec{v}$ und $\vec{w}$ linear unabhängig sein.
Fig. 3: Da g parallel zu E ist, aber nicht in E liegt, ist zwar der Richtungsvektor von g als Linearkombination der Spannvektoren darstellbar, aber die Differenz $\vec{p} - \vec{q}$ der Stützvektoren darf nicht in E liegen.
Fig. 4: Wenn g in E liegt, liegt auch die Differenz $\vec{p} - \vec{q}$ der Stützvektoren in E, also sind $\vec{p} - \vec{q}$; $\vec{v}$ und $\vec{w}$ linear abhängig.

7 a) $g: \vec{x} = \begin{pmatrix} 3 \\ 4 \\ 7 \end{pmatrix} + t \cdot \begin{pmatrix} -1 \\ 0 \\ 1 \end{pmatrix}$ b) $g: \vec{x} = t \cdot \begin{pmatrix} 1 \\ 0 \\ 1 \end{pmatrix}$ c) $g: \vec{x} = \begin{pmatrix} 3 \\ 4 \\ 7 \end{pmatrix} + t \cdot \begin{pmatrix} 1 \\ 0 \\ 1 \end{pmatrix}$

8 a) g schneidet E in $D(5|9|10)$ b) g liegt in E

. 301 **9** Haben der Richtungsvektor $\vec{u}$ der Geraden g und der Normalenvektor $\vec{n}$ einer Ebene E gleiche oder entgegengesetzte Richtungen, so ist $\vec{n}$ zugleich ein Richtungsvektor von g. Damit ist g wie $\vec{n}$ zur Ebene E orthogonal.

10 a) Nur $h \perp E$ b) keine c) Nur $g \perp E$
d) Nur $h \perp E$ e) keine f) keine

11 a) $\vec{x} = \begin{pmatrix} 2 \\ 3 \\ -1 \end{pmatrix} + r \cdot \begin{pmatrix} 5 \\ -1 \\ -3 \end{pmatrix}$ b) $\vec{x} = \begin{pmatrix} 2 \\ 3 \\ -1 \end{pmatrix} + r \cdot \begin{pmatrix} 1 \\ 2 \\ 6 \end{pmatrix}$ c) $\vec{x} = \begin{pmatrix} 2 \\ 3 \\ -1 \end{pmatrix} + r \cdot \begin{pmatrix} 0 \\ 4 \\ 5 \end{pmatrix}$

12 a) $h: \vec{x} = \begin{pmatrix} 10 \\ 10 \\ 15 \end{pmatrix} + r \cdot \begin{pmatrix} 1 \\ 1 \\ 1 \end{pmatrix}$
b) Der Höhenfußpunkt ist der Schnittpunkt von g und E: $F(1|1|6)$.

S. 301 **13** a) g: $\vec{x} = \begin{pmatrix} 4 \\ -1 \\ 3 \end{pmatrix} + t\begin{pmatrix} 3 \\ -2 \\ 1 \end{pmatrix}$ b) S(1|1|2) c) P′(−2|3|1)

6 Gegenseitige Lage von Ebenen, Orthogonalität

S. 302 **1** a) Keine oder unendlich viele gemeinsame Punkte. Genau ein gemeinsamer Punkt ist bei zwei Ebenen nicht möglich.
b) Jeder Punkt auf der Geraden durch A und B, z. B. P(3|3|−0,5); Q(9|6|7); R(−3|0|−8).

S. 303 **2** a) $\vec{x} = \begin{pmatrix} 0 \\ -7 \\ 0 \end{pmatrix} + t\begin{pmatrix} -1 \\ 13 \\ 7 \end{pmatrix}$ b) $\vec{x} = \begin{pmatrix} 3 \\ -4 \\ 0 \end{pmatrix} + t\begin{pmatrix} 1 \\ 1 \\ 1 \end{pmatrix}$ c) $\vec{x} = \begin{pmatrix} 8 \\ -7 \\ 0 \end{pmatrix} + t\begin{pmatrix} -5 \\ 4 \\ 1 \end{pmatrix}$

3 a) $\vec{x} = \frac{1}{5}\begin{pmatrix} 17 \\ 4 \\ 25 \end{pmatrix} + t\begin{pmatrix} 1 \\ -1 \\ 3 \end{pmatrix}$ b) $\vec{x} = \begin{pmatrix} -11 \\ 1 \\ 47 \end{pmatrix} + t\begin{pmatrix} -2 \\ -1 \\ 12 \end{pmatrix}$ c) $\vec{x} = \frac{1}{4}\begin{pmatrix} 30 \\ -5 \\ 20 \end{pmatrix} + t\begin{pmatrix} 26 \\ -15 \\ 12 \end{pmatrix}$

4 a) s_{12}: $\vec{x} = \begin{pmatrix} 0 \\ -20 \\ 0 \end{pmatrix} + t\begin{pmatrix} 3 \\ 2 \\ 0 \end{pmatrix}$; s_{13}: $\vec{x} = \begin{pmatrix} 30 \\ 0 \\ 0 \end{pmatrix} + t\begin{pmatrix} 5 \\ 0 \\ -2 \end{pmatrix}$; s_{23}: $\vec{x} = \begin{pmatrix} 0 \\ 0 \\ 12 \end{pmatrix} + t\begin{pmatrix} 0 \\ 5 \\ 3 \end{pmatrix}$

b) s_{12}: $\vec{x} = \begin{pmatrix} 12 \\ 0 \\ 0 \end{pmatrix} + t\begin{pmatrix} 1 \\ -1 \\ 0 \end{pmatrix}$; s_{13}: $\vec{x} = \begin{pmatrix} 12 \\ 0 \\ 0 \end{pmatrix} + t\begin{pmatrix} 1 \\ 0 \\ -1 \end{pmatrix}$; s_{23}: $\vec{x} = \begin{pmatrix} 0 \\ 0 \\ 12 \end{pmatrix} + t\begin{pmatrix} 0 \\ 1 \\ -1 \end{pmatrix}$

c) s_{12}: $\vec{x} = \begin{pmatrix} 2 \\ 0 \\ 0 \end{pmatrix} + t\begin{pmatrix} 5 \\ 4 \\ 0 \end{pmatrix}$; s_{13}: $\vec{x} = \begin{pmatrix} 2 \\ 0 \\ 0 \end{pmatrix} + t\begin{pmatrix} 1 \\ 0 \\ -4 \end{pmatrix}$; s_{23}: $\vec{x} = \begin{pmatrix} 0 \\ 0 \\ 8 \end{pmatrix} + t\begin{pmatrix} 0 \\ 1 \\ 5 \end{pmatrix}$

S. 304 **5** a) g: $\vec{x} = \begin{pmatrix} 2 \\ 4 \\ 3 \end{pmatrix} + t\begin{pmatrix} 2 \\ -1 \\ 0 \end{pmatrix}$ b) g: $\vec{x} = \begin{pmatrix} 3 \\ 5 \\ 7 \end{pmatrix} + t\begin{pmatrix} -1 \\ -2 \\ 2 \end{pmatrix}$

6 a) s_{12}: $\vec{x} = \begin{pmatrix} 4 \\ 5 \\ 0 \end{pmatrix} + t\begin{pmatrix} -1 \\ 2 \\ 0 \end{pmatrix}$; s_{13}: $\vec{x} = \begin{pmatrix} 9 \\ 0 \\ 5 \end{pmatrix} + t\begin{pmatrix} 1 \\ 0 \\ 2 \end{pmatrix}$; s_{23}: $\vec{x} = \begin{pmatrix} 0 \\ 9 \\ -4 \end{pmatrix} + t\begin{pmatrix} 0 \\ 1 \\ 1 \end{pmatrix}$

b) s_{12}: $\vec{x} = \begin{pmatrix} -24 \\ -8 \\ 0 \end{pmatrix} + t\begin{pmatrix} 4 \\ -1 \\ 0 \end{pmatrix}$; s_{13}: $\vec{x} = \begin{pmatrix} 8 \\ 0 \\ -8 \end{pmatrix} + t\begin{pmatrix} 8 \\ 0 \\ -1 \end{pmatrix}$; s_{23}: $\vec{x} = \begin{pmatrix} 0 \\ -2 \\ -6 \end{pmatrix} + t\begin{pmatrix} 0 \\ -2 \\ 1 \end{pmatrix}$

7 a) g: $\vec{x} = \frac{1}{2}\begin{pmatrix} 5 \\ 10 \\ 5 \end{pmatrix} + t\begin{pmatrix} -1 \\ 0 \\ 1 \end{pmatrix}$ b) g: $\vec{x} = \begin{pmatrix} 5 \\ -3 \\ 7 \end{pmatrix} + t\begin{pmatrix} -1 \\ -6 \\ 4 \end{pmatrix}$

. 304 **8** a) Nur $E_2 \parallel E_4$; sonst schneiden sich je zwei dieser Ebenen.
b) z.B. $2x_1 - x_2 + 3x_3 = 22$ $(3x_1 + 5x_2 + 3x_3 = 42)$

9 Die Normalenvektoren müssen linear unabhängig sein, d.h. der Normalenvektor von E_2 darf kein Vielfaches von $\begin{pmatrix} 2 \\ -1 \\ 3 \end{pmatrix}$ sein.

10 E: $\vec{x} = \vec{p} + r\vec{u} + s\vec{v}$

11 a) Jede lineare Gleichung mit den Variablen x_1, x_2, x_3 beschreibt eine Ebene. Auch wenn Koeffizienten gleich 0 sein sollten, erhält man eine Gleichung für eine Ebene, wenn auch in spezieller Lage, aber keine Geradengleichung.
b) Die Ebenen sind nicht zueinander parallel, da ihre Normalenvektoren verschiedene Richtung haben, d.h. linear unabhängig sind.

$$\vec{x} = \begin{pmatrix} -1 \\ 2 \\ 0 \end{pmatrix} + t\begin{pmatrix} -1 \\ 3 \\ 1 \end{pmatrix}$$

. 305 **12** Fig. 1: Wenn E und E* sich schneiden, muss mindestens ein Spannvektor von E* „außerhalb" von E liegen, d.h. $\vec{u}$, $\vec{v}$ und ein Richtungsvektor von E* müssen linear unabhängig sein.
Fig. 2: Sind E und E* zueinander parallel, so müssen die Stützvektoren von E* sich als Linearkombination der Stützvektoren von E darstellen lassen, d.h.
$\vec{u}, \vec{v}, \overrightarrow{u^*}$ und $\vec{u}, \vec{v}, \overrightarrow{v^*}$ müssen linear abhängig sein.
Sind darüber hinaus die Ebenen E und E* verschieden, so liegt die Differenz der Stützvektoren „außerhalb" der Ebenen, insbesondere nicht in E. Damit müssen $\vec{p} - \overrightarrow{p^*}, \vec{u}, \vec{v}$ linear unabhängig sein.
Fig. 3: Wie bei Fig. 2 müssen $\vec{u}, \vec{v}, \overrightarrow{u^*}$ und $\vec{u}, \vec{v}, \overrightarrow{v^*}$ linear abhängig sein. Da E und E* zusammenfallen, liegt $\vec{p} - \overrightarrow{p^*}$ in E, also müssen $\vec{p} - \overrightarrow{p^*}, \vec{u}, \vec{v}$ linear unabhängig sein.

13 a) E_1 ist parallel zu E_2 und von E_2 verschieden.
b) $E_1 = E_2$
c) E_1 schneidet E_2 in g: $\vec{x} = \begin{pmatrix} -4 \\ -3 \\ 5 \end{pmatrix} + t\begin{pmatrix} -8 \\ -1 \\ 4 \end{pmatrix}$.

14 Z.B.:

1. Fall: E_1: $\vec{x} = r\begin{pmatrix} 1 \\ 0 \\ 0 \end{pmatrix} + s\begin{pmatrix} 0 \\ 1 \\ 0 \end{pmatrix}$; E_2: $\vec{x} = \begin{pmatrix} 0 \\ 0 \\ 1 \end{pmatrix} + r\begin{pmatrix} 1 \\ 0 \\ 0 \end{pmatrix} + s\begin{pmatrix} 0 \\ 1 \\ 0 \end{pmatrix}$; E_3: $\vec{x} = \begin{pmatrix} 0 \\ 0 \\ 2 \end{pmatrix} + r\begin{pmatrix} 1 \\ 0 \\ 0 \end{pmatrix} + s\begin{pmatrix} 0 \\ 1 \\ 0 \end{pmatrix}$

2. Fall: E_1: $\vec{x} = r\begin{pmatrix} 1 \\ 0 \\ 0 \end{pmatrix} + s\begin{pmatrix} 0 \\ 1 \\ 0 \end{pmatrix}$; E_2: $\vec{x} = r\begin{pmatrix} 1 \\ 0 \\ 0 \end{pmatrix} + s\begin{pmatrix} 0 \\ 0 \\ 1 \end{pmatrix}$; E_3: $\vec{x} = \begin{pmatrix} 0 \\ 0 \\ 1 \end{pmatrix} + r\begin{pmatrix} 1 \\ 0 \\ 0 \end{pmatrix} + s\begin{pmatrix} 0 \\ 1 \\ 0 \end{pmatrix}$

3. Fall: E_1: $\vec{x} = r\begin{pmatrix} 1 \\ 0 \\ 0 \end{pmatrix} + s\begin{pmatrix} 0 \\ 1 \\ 0 \end{pmatrix}$; E_2: $\vec{x} = r\begin{pmatrix} 1 \\ 0 \\ 0 \end{pmatrix} + s\begin{pmatrix} 0 \\ 0 \\ 1 \end{pmatrix}$; E_3: $\vec{x} = \begin{pmatrix} 1 \\ 1 \\ 1 \end{pmatrix} + r\begin{pmatrix} 1 \\ 0 \\ 0 \end{pmatrix} + s\begin{pmatrix} 0 \\ 1 \\ -1 \end{pmatrix}$

S. 305 **14** 4. Fall: $E_1: \vec{x} = r\begin{pmatrix}1\\0\\0\end{pmatrix} + s\begin{pmatrix}0\\1\\0\end{pmatrix}$; $E_2: \vec{x} = r\begin{pmatrix}1\\0\\0\end{pmatrix} + s\begin{pmatrix}0\\0\\1\end{pmatrix}$; $E_3: \vec{x} = r\begin{pmatrix}0\\1\\0\end{pmatrix} + s\begin{pmatrix}0\\0\\1\end{pmatrix}$

5. Fall: $E_1: \vec{x} = r\begin{pmatrix}1\\0\\0\end{pmatrix} + s\begin{pmatrix}0\\1\\0\end{pmatrix}$; $E_2: \vec{x} = r\begin{pmatrix}1\\0\\0\end{pmatrix} + s\begin{pmatrix}0\\0\\1\end{pmatrix}$; $E_3: \vec{x} = r\begin{pmatrix}1\\0\\0\end{pmatrix} + s\begin{pmatrix}0\\1\\1\end{pmatrix}$

15 a) Es gibt genau einen gemeinsamen Punkt: $S(-3|2|-1)$.

b) Die gemeinsamen Punkte bilden eine Gerade $g: \vec{x} = \begin{pmatrix}-4\\-3\\0\end{pmatrix} + t\begin{pmatrix}0\\1\\3\end{pmatrix}$.

c) Es gibt genau einen gemeinsamen Punkt: $S(-2|1|7)$.

S. 306 **16** a) 3 Fälle sind möglich:
1. eine unendliche Menge; 2. eine einelementige Menge oder 3. die leere Menge.
b) Fall 1: Die Ebenen fallen zusammen oder haben genau eine gemeinsame Gerade.
Fall 2: Es gibt genau einen gemeinsamen Punkt.
Fall 3: Alle übrigen Lagen

17 a) ja b) nein c) ja

18 a) $a = -1$ b) $a = -5$ c) $a = 2$

19 Z. B.

a) $E: \left[\vec{x} - \begin{pmatrix}2\\-1\\7\end{pmatrix}\right] \cdot \begin{pmatrix}0\\-1\\2\end{pmatrix} = 0$ b) $E: \left[\vec{x} - \begin{pmatrix}1\\3\\4\end{pmatrix}\right] \cdot \begin{pmatrix}2\\8\\1\end{pmatrix} = 0$

20 z. B.

a) $-2x_2 + 4x_3 = 3$ b) $-2x_1 + 4x_3 = 3$ c) $s: \vec{x} = \begin{pmatrix}-1{,}5\\-1{,}5\\0\end{pmatrix} + t\begin{pmatrix}2\\2\\1\end{pmatrix}$

21 a) Man bestimmt zu den Normalenvektoren von E_1 und E_2 einen Normalenvektor $\vec{n}$:

$\vec{n}_1 \cdot \begin{pmatrix}2\\-1\\3\end{pmatrix} = 0$ und $\vec{n}_2 \cdot \begin{pmatrix}2\\1\\-1\end{pmatrix} = 0$ (oder das Kreuzprodukt $\vec{n}_1 \times \vec{n}_2$) und erhält $\vec{n} = \begin{pmatrix}-1\\4\\2\end{pmatrix}$ (Fig. 1).

Damit lautet die gesuchte Ebene F:

$\left[\vec{x} - \begin{pmatrix}3\\-1\\4\end{pmatrix}\right] \cdot \begin{pmatrix}-1\\4\\2\end{pmatrix} = 0$ oder $-x_1 + 4x_2 + 2x_3 = 1$.

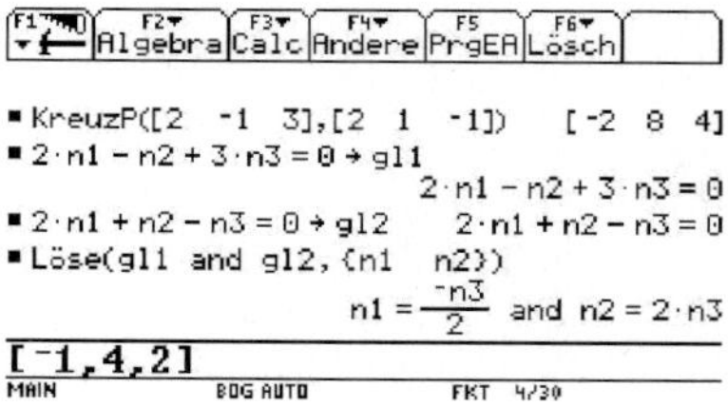

Fig. 1

S. 306 **21** b) Normalenvektor von E_1: $\vec{n}_1 = \begin{pmatrix} 1 \\ -7 \\ -10 \end{pmatrix}$;

Normalenvektor von E_2: $\vec{n}_2 = \begin{pmatrix} -7 \\ 49 \\ -6 \end{pmatrix}$;

Normalenvektor von $\vec{n}_1$ und $\vec{n}_2$:

$\vec{n} = \begin{pmatrix} 532 \\ 76 \\ 0 \end{pmatrix} = 76 \cdot \begin{pmatrix} 7 \\ 1 \\ 0 \end{pmatrix}$; F: $\left[\vec{x} - \begin{pmatrix} 3 \\ -1 \\ 4 \end{pmatrix}\right] \cdot \begin{pmatrix} 7 \\ 1 \\ 0 \end{pmatrix} = 0$ oder $7x_1 + x_2 = 20$.

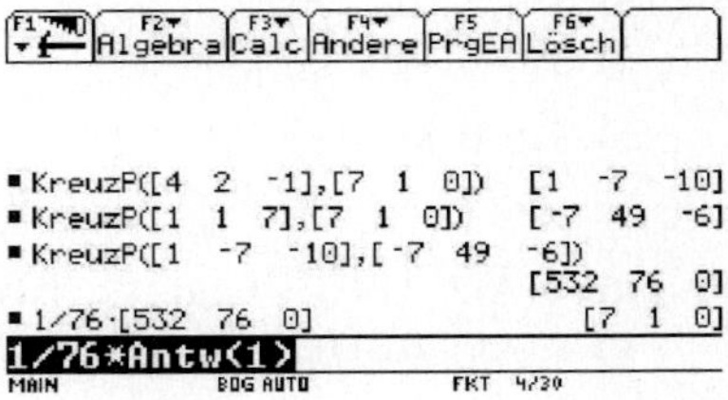

22 Als Vektor $\vec{u}$ kann man einen Normalenvektor der von $\begin{pmatrix} 1 \\ -5 \\ 9 \end{pmatrix}$ und $\begin{pmatrix} 3 \\ 0 \\ 2 \end{pmatrix}$ aufgespannten Ebene wählen, sofern dieser, wie in diesem Fall, kein Vielfaches von $\begin{pmatrix} 2 \\ 3 \\ 1 \end{pmatrix}$ ist: $\vec{u} = \begin{pmatrix} -2 \\ 5 \\ 3 \end{pmatrix}$.

23 Z.B. $\begin{pmatrix} h \\ 0 \\ a \end{pmatrix}$ und $\begin{pmatrix} h \\ a \\ 0 \end{pmatrix}$

Solche Zahlen ($\neq 0$) gibt es nicht, denn

$\begin{pmatrix} h \\ 0 \\ a \end{pmatrix} \cdot \begin{pmatrix} h \\ a \\ 0 \end{pmatrix} = h^2 \neq 0$.

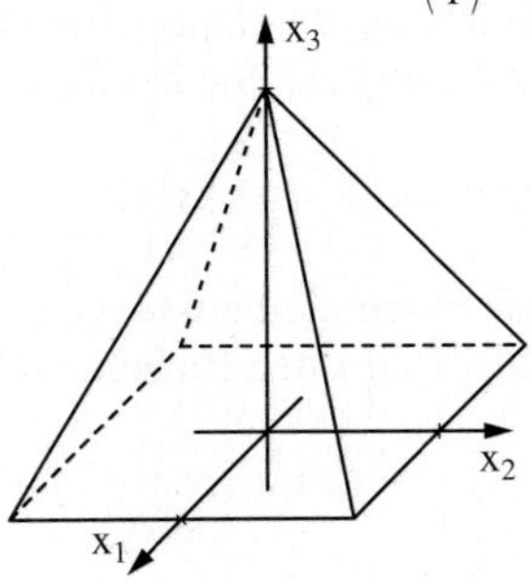

7 *Schnittwinkel*

S. 307 **1** $\alpha \approx 70{,}5°$

2 a) $\alpha = 90° - \sphericalangle GAE$ b) $\alpha \approx 35{,}3°$

3 a) — b) $\vec{n}_{Grundfläche} = \begin{pmatrix} 0 \\ 0 \\ 1 \end{pmatrix}$; $\vec{n}_{Ebene} = \begin{pmatrix} -1 \\ -1 \\ 1 \end{pmatrix}$; $\varphi \approx 54{,}7°$. Die Winkel sind gleich.

S. 309 **4** a) S(3|1|6); 17,5° b) S(10|8|15); 30,2° c) S(5|16|10); 59,7° d) S(4|5|6); 65,2°

5 a) 78,7° b) 40,6° c) 29,9° d) 18,4°

6 a) 106,3° b) 73,7° c) 75,6° d) 67,4° e) 53,1° f) 44,3°

S. 310 **7** a) 46,8° b) 90° c) 0°

S. 310 **8** a) S(4|3|−1); 56,1° b) S(4|12|−13); 10,2°
c) S(0|6|−6); 28,1° d) S(3|−6|−1); 90°
e) S(6|0|8); 24,5° f) $S\left(-\frac{1}{2}\middle|-\frac{7}{8}\middle|\frac{5}{8}\right)$; 29,8°

9 a) $\sphericalangle(\overline{AD}, ABC) \approx 60{,}8°$; $\sphericalangle(\overline{BD}, ABC) \approx 44{,}1°$; $\sphericalangle(\overline{CD}, ABC) \approx 76{,}0°$
b) $\sphericalangle(\overline{AC}, ABD) \approx 43{,}3°$; $\sphericalangle(\overline{BC}, ABD) \approx 25{,}7°$; $\sphericalangle(\overline{CD}, ABD) \approx 28{,}1°$

10 $\cos(\alpha) = \frac{1}{3}\sqrt{3}$, also $\alpha \approx 54{,}7°$

11 a) g liegt in E. b) g ist parallel zu E, liegt aber nicht in E.
c) 16,6°, g ist nicht parallel zu E. d) 7,2°, g ist nicht parallel zu E.

12 Nein, eine Ebene und eine dazu orthogonale Gerade haben einen gemeinsamen Punkt, den Durchstoßpunkt.

13 a) Die Gleichung der Hangebene ist $x_2 + 2x_3 = 0$ (Fig. 1). Sie hat damit den Normalenvektor $\vec{n} = \begin{pmatrix} 0 \\ 1 \\ 2 \end{pmatrix}$.
Die Gerade durch die Punkte A(3|−4|2) und H(0|0|5) hat den Richtungsvektor $\vec{u} = \begin{pmatrix} -3 \\ 4 \\ 3 \end{pmatrix}$.
Damit ist $\sin(\alpha) = \frac{|\vec{n} \cdot \vec{u}|}{|\vec{n}| \cdot |\vec{u}|} = \frac{10}{\sqrt{5} \cdot \sqrt{34}} = \frac{10}{\sqrt{170}} = \frac{\sqrt{170}}{17}$;
also $\alpha \approx 50{,}1°$.
b) Seil in B: 41,8°.

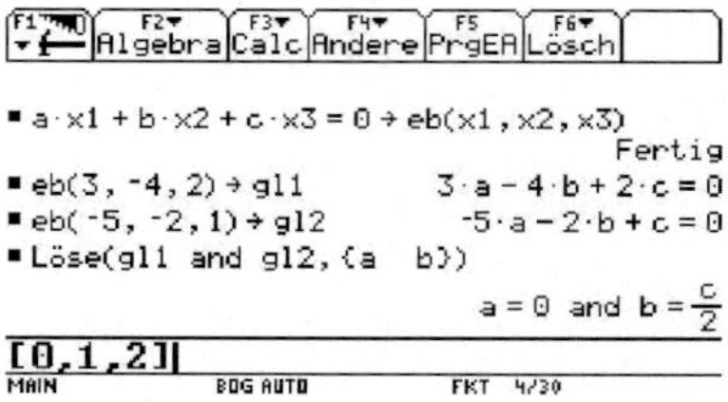

Fig. 1

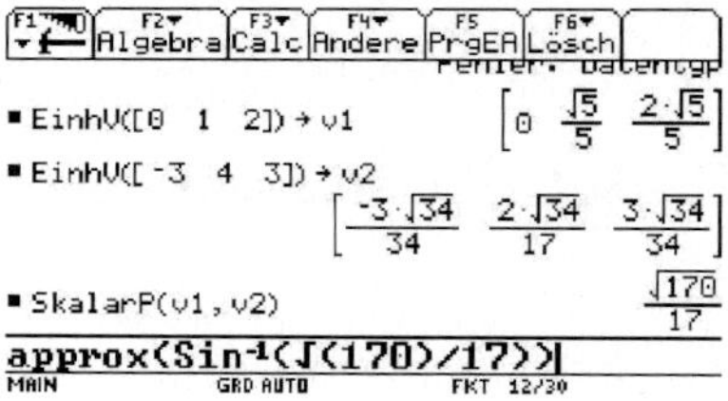

Fig. 2

S. 311 **14** a) 14,7° b) 55,5° c) 70,8°

15 a) $\vec{n_1} = \begin{pmatrix} 6 \\ -7 \\ 2 \end{pmatrix}$; $\vec{n_2} = \begin{pmatrix} 2 \\ 4 \\ -5 \end{pmatrix}$; 65,7° b) $\vec{n_1} = \begin{pmatrix} 1 \\ -5 \\ 4 \end{pmatrix}$; $\vec{n_2} = \begin{pmatrix} -1 \\ 1 \\ 1 \end{pmatrix}$; 79,7°

16 $\sphericalangle(ABC, ABD) \approx 76{,}0°$; $\sphericalangle(ABC, ACD) \approx 80{,}0°$; $\sphericalangle(ABC, BCD) \approx 77{,}4°$
$\sphericalangle(ABD, ACD) \approx 50{,}7°$; $\sphericalangle(ABD, BCD) \approx 37{,}5°$; $\sphericalangle(ACD, BCD) \approx 70{,}0°$

17 a) $\alpha_1 \approx 24{,}1°$; $\alpha_2 \approx 79{,}5°$; $\alpha_3 \approx 68{,}6°$; $\beta_1 \approx 21{,}4°$; $\beta_2 \approx 10{,}5°$; $\beta_3 \approx 65{,}9°$
b) $\alpha_1 \approx 68{,}2°$; $\alpha_2 \approx 56{,}1°$; $\alpha_3 \approx 42{,}0°$; $\beta_1 \approx 48{,}0°$; $\beta_2 \approx 33{,}9°$; $\beta_3 \approx 21{,}8°$
c) $\alpha_1 = 90°$; $\alpha_2 \approx 79{,}5°$; $\alpha_3 \approx 68{,}2°$; $\beta_1 \approx 21{,}8°$; $\beta_2 \approx 68{,}2°$; $\beta_3 = 0°$

S. 311 **18** Die Ebene E: $a_1 x_1 + a_2 x_2 + a_3 x_3 = b$ soll durch $O(0|0)$ gehen; damit $b = 0$.

Normalenvektor von E ist $\vec{n} = \begin{pmatrix} a_1 \\ a_2 \\ a_3 \end{pmatrix}$. Normalenvektor der $x_1 x_2$-Ebene ist $\vec{n}_3 = \begin{pmatrix} 0 \\ 0 \\ 1 \end{pmatrix}$;

Normalenvektor der $x_2 x_3$-Ebene ist $\vec{n}_1 = \begin{pmatrix} 1 \\ 0 \\ 0 \end{pmatrix}$;

Normalenvektor der $x_1 x_3$-Ebene ist $\vec{n}_2 = \begin{pmatrix} 0 \\ 1 \\ 0 \end{pmatrix}$.

Da alle Winkel gleich sein sollen, muss gelten: $\cos(\alpha) = \frac{|\vec{n} \cdot \vec{n}_3|}{|\vec{n}| \cdot |\vec{n}_3|} = \frac{|\vec{n} \cdot \vec{n}_1|}{|\vec{n}| \cdot |\vec{n}_1|} = \frac{|\vec{n} \cdot \vec{n}_2|}{|\vec{n}| \cdot |\vec{n}_2|}$,

d. h. $\frac{a_3}{1 \cdot \sqrt{a_1^2 + a_2^2 + a_3^2}} = \frac{a_1}{1 \cdot \sqrt{a_1^2 + a_2^2 + a_3^2}} = \frac{a_2}{1 \cdot \sqrt{a_1^2 + a_2^2 + a_3^2}}$. Damit ist $a_1 = a_2 = a_3$.

Eine Gleichung der Ebene ist also $x_1 + x_2 + x_3 = 0$.

Damit ist der gesuchte Winkel $\cos(\alpha) = \frac{1}{\sqrt{3}}$ und $\alpha \approx 54{,}7°$.

19 Nein, in der Formel von Satz 3 treten nur Beträge auf.

20 a) Aus Symmetriegründen (Drehsymmetrie) sind die Kanten des Oktaeders alle gleich lang.
b) 109,5°; 70,5°

21 a) Aus Symmetriegründen (Drehsymmetrie) sind die Kanten des Kuboktaeders alle gleich lang.
b) (1) 125,3° (2) 109,5°

8 *Abstand eines Punktes von einer Ebene – Hesse'sche Normalenform*

S. 312 **1** a) Man berechnet die Gleichung der Geraden g senkrecht zu E durch den Punkt S und bringt sie mit der Ebene E zum Schnitt. Der Schnittpunkt sei T. Der Betrag des Vektors $\overrightarrow{TS}$ ist dann die Höhe der Pyramide.
Rechnung:

g: $\vec{x} = \begin{pmatrix} 3 \\ 2 \\ 1 \end{pmatrix} + t \cdot \begin{pmatrix} 1 \\ 2 \\ 2 \end{pmatrix}$ in E: $x_1 + 2x_2 + 2x_3 = -3$ eingesetzt:

$(3 + t) + 2(2 + 2t) + 281 + 2t) = -3$ oder $9t + 9 = -3$.

S. 312 **1** Damit ist $t = -\frac{4}{3}$. Damit ist $T\left(\frac{5}{3}\middle|-\frac{2}{3}\middle|-\frac{5}{3}\right)$.

Damit ist mit $S(3|2|1)$ der Vektor $\overrightarrow{TS} = \begin{pmatrix} \frac{4}{3} \\ \frac{8}{3} \\ \frac{8}{3} \end{pmatrix}$ und es gilt $\left|\overrightarrow{TS}\right| = 4$.

b) Es ist $V = \frac{1}{3} \cdot G \cdot h = \frac{1}{3} \cdot 2^2 \cdot 4 = \frac{16}{3}$.

S. 314 **2** a) Hesse'sche Normalenform:

$\frac{2x_1 - 10x_2 + 11x_3}{\sqrt{2^2 + 10^2 + 11^2}} = 0$ oder $\frac{2x_1 - 10x_2 + 11x_3}{15} = 0$.

$d(A; E) = \left|\frac{2 \cdot 1 - 10 \cdot 1 + 11 \cdot (-2)}{15}\right| = 2;$

$d(B; E) = \left|\frac{2 \cdot 5 - 10 \cdot 1 + 11 \cdot 0}{15}\right| = 0;$

$d(C; E) = \left|\frac{2 \cdot 1 - 10 \cdot 3 + 11 \cdot 3}{15}\right| = \frac{1}{3}$.

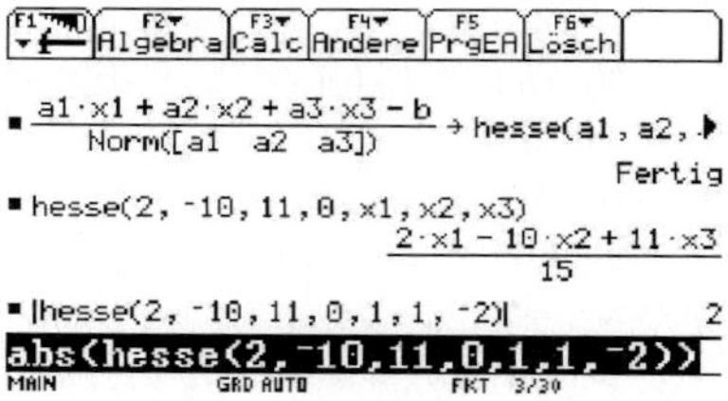

Fig. 1

Fig. 1 zeigt ein mögliches Vorgehen mit dem CAS:
Der allgemeine Term in Hesse'scher Normalenform $\frac{a_1x_1 + a_2x_2 + a_3x_3 - b}{\sqrt{a_1^2 + a_2^2 + a_3^2}}$ wird in $hesse(a_1, a_2, a_3, b, x_1, x_2, x_3)$ abgespeichert.

Gibt man dann konkret die Koeffizienten a_1, a_2, a_3 und b ein, so erhält man den Term der Hesse'schen Normalenform. Bildet man dann den Betrag über $hesse(a_1, a_2, a_3, b, x_1, x_2, x_3)$, wobei man für x_1, x_2, x_3 noch die Koordinaten des Punktes einsetzt, so erhält man den gesuchten Abstand.

b) $\frac{6x_1 + 17x_2 - 6x_3 - 19}{19} = 0$; $d(A; E) = 2$; $d(B; E) = 5$; $d(C; E) = 1$.

c) $\frac{2x_1 - x_2 + 2x_3 + 1}{3} = 0$; $d(A; E) = 3$; $d(B; E) = 4$; $d(C; E) = \frac{16}{3}$.

d) $\frac{2x_1 - 2x_2 + x_3 - 8}{3} = 0$; $d(A; E) = 0$; $d(B; E) = 10$; $d(C; E) = \frac{4}{3}$.

3 a) Ebenengleichung: $3x_1 + 4x_3 = 22$; $d_A = 5{,}8$; $d_B = 21{,}2$; $d_C = 11{,}4$
b) Ebenengleichung: $2x_1 - 2x_2 + x_3 = 4$; $d_A = \frac{8}{3}$; $d_B = 7$; $d_C = 2$

4 a) Es ist $\overline{AB} = \overline{BC} = \overline{CD} = \overline{DA} = 10$ und $\overrightarrow{AB} \cdot \overrightarrow{AD} = \begin{pmatrix} 0 \\ 8 \\ 6 \end{pmatrix} \cdot \begin{pmatrix} -10 \\ 0 \\ 0 \end{pmatrix} = 0$.

b) $(h = 20)$ $V = \frac{1}{3} \cdot 100 \cdot 20 = \frac{2000}{3}$

5 a) 3 b) $\frac{3}{7}\begin{pmatrix} 2 \\ 6 \\ 3 \end{pmatrix}$ bzw. $\begin{pmatrix} \frac{6}{7} \\ \frac{18}{7} \\ \frac{9}{7} \end{pmatrix}$ c) Bildpunkt $O'\left(\frac{12}{7}\middle|\frac{36}{7}\middle|\frac{18}{7}\right)$

6 a) (Ebenengleichung: $x_2 + 6x_3 = 48$) Ja, denn $d \approx 1{,}64\,m > 1{,}50\,m$. b) $\frac{5}{3}\,m$

S. 314 **7** a) g: $\vec{x} = \begin{pmatrix} 3 \\ -2 \\ 2 \end{pmatrix} + t \cdot \begin{pmatrix} 10 \\ 2 \\ -11 \end{pmatrix}$

b) Hesse'sche Normalenform von E: $\frac{10x_1 + 2x_2 - 11x_3 - 4}{15} = 0$.

Bedingung: $\left|\frac{10(3+10t) + 2(-2+2t) - 11(2-11t) - 4}{15}\right| = 3$,

d.h. $\left|\frac{225t}{15}\right| = 3$ oder $15 \cdot |t| = 3$; also $t = \pm\frac{1}{5}$.

Damit ergibt sich $S_1\left(5 \left| -\frac{8}{5} \right| -\frac{1}{5}\right)$ und $S_2\left(1 \left| -\frac{12}{5} \right| \frac{21}{5}\right)$

8 a) Fußpunkt $F(0|-3|1)$

b) $B(2|-7|5)$. Bei der Bestimmung des Fußpunktes wurde die Gleichung der zu E orthogonalen Geraden g durch A bestimmt: $\vec{x} = \begin{pmatrix} -2 \\ 1 \\ -3 \end{pmatrix} + t \cdot \begin{pmatrix} 1 \\ -2 \\ 2 \end{pmatrix}$.

Für $t = 2$ ergab sich der Ortsvektor von F, mit $t = 4$ erhält man den Ortsvektor von B.

9 *Abstand eines Punktes von einer Geraden*

S. 315 **1** ca. 5,2 m

2 Es gibt beliebig viele solche Geraden; sie liegen in der Ebene, die R enthält und orthogonal zu g ist.

S. 316 **3** a) 7 b) 11 c) 15 d) 17

4 a) 27 b) 45 c) $\frac{21}{2}\sqrt{17}$ d) $\frac{1}{2}$

5 Grundfläche: $\overline{AB} = c = 18$, $h_c = 9$, $A = 81$ Pyramide: $h = 9$; $V = 243$

6 a) 7 b) 21

7 Die Gerade k hat die gleiche Richtung wie g und h. Man muss sich nur überlegen, welchen Vektor man als Stützvektor verwendet.

a) k: $\vec{x} = \begin{pmatrix} 1 \\ 3 \\ 4 \end{pmatrix} + t\begin{pmatrix} -4 \\ 3 \\ -2 \end{pmatrix}$ b) k: $\vec{x} = \begin{pmatrix} 0 \\ 3 \\ 5 \end{pmatrix} + t\begin{pmatrix} -1 \\ 1 \\ 2 \end{pmatrix}$

8 a) $F(-7|3|6)$; ($\overline{AF} = 13$; $\overline{RF} = 10$); $A = 65$ b) $V = \frac{1300}{3}\pi \approx 1361$

S. 316 **9** Minimaler Abstand; $d \approx 0{,}57\,\text{km}$
Es gibt die Möglichkeit, diese Aufgabe auch mithilfe der Analysis zu lösen:
$P(1 + 2t \mid 1 + 3t \mid t)$ ist ein beliebiger Punkt der Geraden.

Vektor: $\overrightarrow{SP} = \begin{pmatrix} 2t \\ -1 + 3t \\ t - 0{,}08 \end{pmatrix}$; $|\overrightarrow{SP}| = \sqrt{4t^2 + (-1 + 3t)^2 + (t - 0{,}08)^2}$.

$|\overrightarrow{SP}|$ ist also eine Funktion von t. Ihr Minimum ist zu bestimmen. Dazu kann man z. B. das Minimum von $|\overrightarrow{SP}|^2$ bestimmen. Dies ist ohne Hilfsmittel möglich.
Fig. 1 und Fig. 2 zeigen die Bestimmung mit dem CAS. Minimaler Abstand ist 0,573 km.

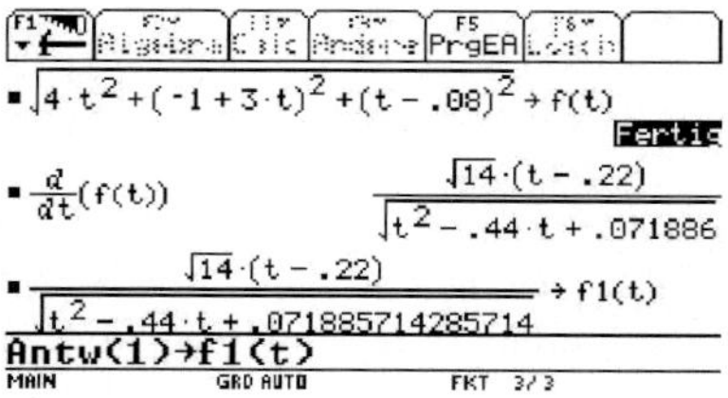

Fig. 1

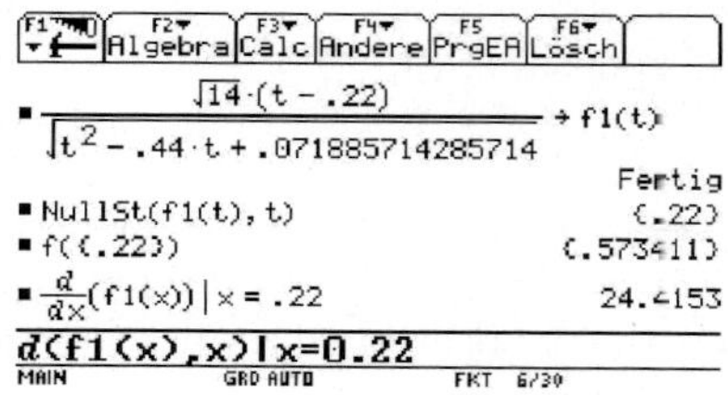

Fig. 2

10 *Abstand windschiefer Geraden*

S. 317 **1** Die Strecke muss orthogonal zur Straße und zum Gleis liegen.

2 a) g und h liegen windschief zueinander. $\overline{GH}$ ist zu beiden Geraden orthogonal.
$\overline{GH} = 5$
b) Die Abstände sind jeweils 5.

S. 318 **3** a) 11 b) 17 c) $\sqrt{10}$ d) 9

4 a) Da die Geraden parallel zur x_1x_2-Ebene liegen, reicht es, die Differenz der x_3-Koordinaten der Stützpunkte zu bilden.
b) 20 (4)

5 a) 9
b) (Gleichung der Ebene durch die Punkte B, C und D: $10x_1 - 5x_2 + 19x_3 = 0$) $3\sqrt{6}$
c) $\frac{3}{2}\sqrt{6}$

S. 318 **6** $\frac{1}{6}\sqrt{6}\,a$

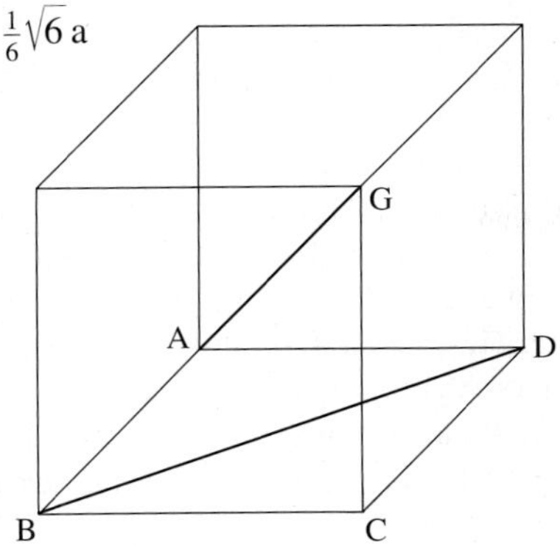

7 Flugbahnen: $\vec{x} = t \cdot \begin{pmatrix} 3 \\ 12 \\ 4 \end{pmatrix}$ (Fliege); $\vec{x} = \begin{pmatrix} 0 \\ 10 \\ 5 \end{pmatrix} + t \begin{pmatrix} 0 \\ -8 \\ 0 \end{pmatrix}$ (Wespe)

Abstand der Flugbahnen: 3
(Quadrat des Abstandes Fliege–Wespe als Funktion der Zeit:
$f(t) = 425t^2 - 440t + 125$)
Minimaler Abstand Fliege–Wespe: $\approx 3{,}33$

XII Kreise und Kugeln

1 Gleichungen von Kreis und Kugel

S. 322 **1** a) Der Mittelpunkt des gesuchten Kreises ist der Schnittpunkt der Mittelsenkrechten der Strecken AB, AC und BC. Der Radius hat die Länge von 5 Kästchenlängen.
b) Je drei Punkte legen eine Ebene fest. Zu je drei dieser Punkte bestimmt man den Mittelpunkt des Umkreises und den Umkreis. Damit kann man eine Gerade bestimmen, die durch den Mittelpunkt des Kreises und senkrecht zur Ebene der drei gewählten Punkte verläuft. Man erhält auf diese Weise 4 Geraden, die sich im Mittelpunkt der Kugel schneiden.

Kreise

S. 323 **2** a) $(x_1 + 2)^2 + (x_2 + 4)^2 = 9$, $M(-2|-4)$, $r = 3$
b) $x_1^2 + x_2^2 = -1$, keine Kreisgleichung
c) $(x_1 - 1)^2 + x_2^2 = -3$, keine Kreisgleichung
d) $(x_1 + 3)^2 + (x_2 - 2)^2 = 16$, $M(-5|2)$, $r = 4$

3 a) k_1: $(x_1 + 3)^2 + (x_2 - 2)^2 = 25$, $M(-3|2)$, $r = 5$
k_2: $(x_1 + 3)^2 + (x_2 - 9)^2 = 4$, $M(-3|9)$, $r = 2$
$\overline{M_1M_2} = 7 = r_1 + r_2$ Kreise berühren sich.
b) k_1: $(x_1 - 3)^2 + (x_2 + 4)^2 = 25$, $M(3|-4)$, $r = 5$
k_2: $(x_1 - 2)^2 + (x_2 + 3)^2 = 4$, $M(2|-3)$, $r = 2$
$\overline{M_1M_2} = \sqrt{2} < r_1 - r_2$ k_2 liegt innerhalb von k_1.
c) k_1: $(x_1 + 1)^2 + x_2^2 = 20$, $M_1(-1|0)$, $r_1 = 2\sqrt{5}$
k_2: $(x_1 - 3)^2 + (x_2 - 4)^2 = 4$, $M_2(3|4)$, $r_2 = 2$
$\overline{M_1M_2} = \sqrt{32} < r_1 + r_2$, Kreise schneiden sich.

4 a) $(x_1 - 3{,}5)^2 + (x_2 - 3{,}5)^2 = 24{,}5$ b) $(x_1 + 2)^2 + (x_2 + 2)^2 = 50$
c) $(x_1 + 2)^2 + (x_2 + 2)^2 = 65$

5 a) Es gibt zwei solcher Kreise: $(x_1 + r)^2 + (x_2 - r)^2 = r^2$
k_1: $(x_1 - 1)^2 + (x_2 - 1)^2 = 1$ und k_2: $(x_1 - 5)^2 + (x_2 - 5)^2 = 25$
b) $(x_1 + 1)^2 + (x^2 - 2)^2 = 4$

S. 324 **6** Ansatz: $x_1^2 + x_2^2 = r^2$. g in Hesse'scher Normalenform: $\frac{7x_1 + 24x_2 - 100}{25} = 0$.
Abstand $M(0|0)$ von g ist der Radius r. $r = 4$. Kreisgleichung: $x_1^2 + x_2^2 = 16$.
Ist $M(15|5)$, so ist $r = \left|\frac{7 \cdot 15 + 24 \cdot 5 - 100}{25}\right| = \frac{125}{25} = 5$.
Kreisgleichung: $(x_1 - 15)^2 + (x_2 - 5)^2 = 25$

S. 324 **7** a) I. Lösung mithilfe der Mittelsenkrechten:

$M_{AB}\left(\frac{5}{2}\middle|-\frac{3}{2}\right)$; Normalenvektor zu $\overrightarrow{AB} = \begin{pmatrix}1\\-7\end{pmatrix}$ ist $\vec{n} = \begin{pmatrix}7\\1\end{pmatrix}$.

Gleichung von m_{AB}: $\vec{x} = \begin{pmatrix}\frac{5}{2}\\-\frac{3}{2}\end{pmatrix} + t\cdot\begin{pmatrix}7\\1\end{pmatrix}$.

$M_{BC}(1|-6)$; Normalenvektor zu $\overrightarrow{BC} = \begin{pmatrix}-4\\-2\end{pmatrix}$ ist $\vec{n} = \begin{pmatrix}1\\-2\end{pmatrix}$.

Gleichung von m_{BC}: $\vec{x} = \begin{pmatrix}1\\-6\end{pmatrix} + t\cdot\begin{pmatrix}1\\-2\end{pmatrix}$.

Schnittpunkt $\begin{pmatrix}\frac{5}{2}\\-\frac{3}{2}\end{pmatrix} + t\cdot\begin{pmatrix}7\\1\end{pmatrix} = \begin{pmatrix}1\\-6\end{pmatrix} + s\cdot\begin{pmatrix}1\\-2\end{pmatrix}$, also $\begin{matrix}7t - s = -\frac{3}{2}\\ t - 2s = -\frac{9}{2}\end{matrix}$, damit $t = -\frac{1}{2}$; $s = -2$.

Damit ist $M(-1|-2)$; $r = \overline{MA} = \sqrt{3^2 + 4^2} = 5$.

II. Lösung durch Einsetzen:

Ansatz Kreis: $x_1^2 + x_2^2 + a\cdot x_1 + b\cdot x_2 + c = 0$

$A(2|2)$: $2a + 2b + c = -8$

$B(3|-5)$: $3a - 5b + c = -34$

$C(-1|-7)$: $-a - 7b + c = -50$

Daraus ergibt sich $a = 2$; $b = 4$, $c = -20$.

$x_1^2 + x_2^2 + 2\cdot x_1 + 4\cdot x_2 - 20 = 0$. Daraus folgt: $(x_1 + 1)^2 + (x_2 + 2)^2 - 1^2 - 2^2 - 20 = 0$, also $(x_1 + 1)^2 + (x_2 + 2)^2 = 25$. Damit ist $M(-1|-2)$ und $r = 5$.

b) $M(-3|-5)$, $r = 10$.

Kugeln

8 a) A liegt auf K, B liegt im Inneren von K, C liegt außerhalb von K

b) A und B liegen außerhalb von K, C innerhalb von K

c) A, B und C liegen auf K

9 a) $(x_1 + 2)^2 + (x_2 - 4)^2 + (x_3 + 3)^2 = 25$, $M(-2|4|-3)$, $r = 5$

b) $(x_1 - 1)^2 + x_2^2 + (x_3 + 5)^2 = -5$, keine Kugelgleichung

c) $(x_1 + 5)^2 + (x_2 + 10)^2 + (x_3 + 8)^2 = -11$, keine Kugelgleichung

d) $(x_1 + 3)^2 + (x_2 + 7)^2 + (x_3 + 11)^2 = 0$, keine Kugelgleichung

10 K: $(x_1 - 2)^2 + (x_2 + 3)^2 + (x_3 - 1)^2 = 50$

a) Für $c = 1$ liegt der Punkt auf der Kugel, für $c \neq 1$ liegt P außerhalb der Kugel

b) Für jeden Wert $c \in \mathbb{R}$ liegt der Punkt P außerhalb von K.

c) Für $c = -5$ oder $c = 9$ liegt der Punkt P auf K,
für $-5 < c < 9$ liegt P innerhalb von K,
für $c < -5$ oder $c > 9$ liegt P außerhalb von K.

d) Für $c = 1 - \sqrt{37}$ oder $c = 1 + \sqrt{37}$ liegt der Punkt P auf K,
für $1 - \sqrt{37} < c < 1 + \sqrt{37}$ liegt P innerhalb von K,
für $c < 1 - \sqrt{37}$ oder $c > 1 + \sqrt{37}$ liegt P außerhalb von K.

11 Die Länge des Radius der gesuchten Kugel entspricht dem Abstand des Punktes M von der Ebene E. a) $r = 3$ b) $r = 4$ c) $r = 8$ d) $r = 0$, Punkt M liegt in E.

S. 324 **12** a) Gerade durch die Punkte A und B: $g\colon \vec{x} = \begin{pmatrix} -8 \\ 5 \\ 7 \end{pmatrix} + t\begin{pmatrix} -4 \\ 3 \\ 3 \end{pmatrix}$

Kugelgleichung K: $\left[\vec{x} - \begin{pmatrix} -8-4t \\ 5+3t \\ 7+3t \end{pmatrix}\right]^2 = r^2$

b) $K_1\colon \left[\vec{x} - \begin{pmatrix} 4 \\ -4 \\ -2 \end{pmatrix}\right]^2 = 36,\ K_2\colon \left[\vec{x} - \begin{pmatrix} -4 \\ 2 \\ 4 \end{pmatrix}\right]^2 = 36$

c) Abstand der Mittelpunkte beträgt: $|\overline{M_1M_2}| = \sqrt{136} \approx 11{,}66 < 12 = 2r$

13 $K_1\colon (x_1+1)^2 + (x_2+2)^2 + x_3^2 = 16,\ M(-1|-2|0),\ B\left(\frac{5}{3}\middle|-\frac{2}{3}\middle|\frac{8}{3}\right)$

$K_2\colon (x_1-3)^2 + (x_2-6)^2 + (x_3-4)^2 = 16,\ M(3|6|4),\ B\left(\frac{1}{3}\middle|-\frac{14}{3}\middle|\frac{4}{3}\right)$

2 *Kreise und Geraden*

S. 325 **1** a) z. B. $x_2 = \frac{1}{2}x_1$ b) z. B. $x_2 = 0$ c) z. B. $x_2 = 2x_1$

S. 327 **2** a) Gerade ist Sekante. Schnittpunkte sind $S_1(-2|2)$ und $S_2(-6|6)$.
b) Gerade ist Passante.
c) Gerade ist Tangente. Berührpunkt ist $B(-1|-1)$.
d) Gerade ist Sekante. Schnittpunkte sind $S_1(-1|1)$ und $S_2(0|2)$.

3 $k\colon (x_1-4)^2 + (x_2-4)^2 = 25,\ t\colon -3x_1 + 4x_2 = 29$

4 a) $b_2 = 4,\ \left[\vec{x} - \begin{pmatrix} -2 \\ 0 \end{pmatrix}\right] \cdot \begin{pmatrix} 4 \\ -3 \end{pmatrix} = 0,\ \vec{x} = \begin{pmatrix} -2 \\ 0 \end{pmatrix} + t\begin{pmatrix} 3 \\ 4 \end{pmatrix}$

b) $b_2 = -8,\ \left[\vec{x} - \begin{pmatrix} -8 \\ 8 \end{pmatrix}\right] \cdot \begin{pmatrix} 4 \\ -3 \end{pmatrix} = 0,\ \vec{x} = \begin{pmatrix} -8 \\ 8 \end{pmatrix} + t\begin{pmatrix} 3 \\ 4 \end{pmatrix}$

c) $b_2 = 9{,}8,\ \left[\vec{x} - \begin{pmatrix} 1{,}6 \\ 9{,}8 \end{pmatrix}\right] \cdot \begin{pmatrix} 3 \\ 4 \end{pmatrix} = 0,\ \vec{x} = \begin{pmatrix} 1{,}6 \\ 9{,}8 \end{pmatrix} + t\begin{pmatrix} -4 \\ 3 \end{pmatrix}$

d) $b_2 = -8,\ \left[\vec{x} - \begin{pmatrix} -8 \\ -10 \end{pmatrix}\right] \cdot \begin{pmatrix} 21 \\ -20 \end{pmatrix} = 0,\ \vec{x} = \begin{pmatrix} -8 \\ -10 \end{pmatrix} + t\begin{pmatrix} 20 \\ 21 \end{pmatrix}$

S. 327 **5** Die Gerade g muss vom Mittelpunkt M(0|0) des Kreises den Abstand $\sqrt{5}$ haben.
g in Hesse'scher Normalenform:
$\frac{a x_1 - x_2 + 5}{\sqrt{a^2 + 1}} = 0.$
Abstand $d(M; g) = \frac{5}{\sqrt{a^2 + 1}}$.
Bedingung: $\frac{5}{\sqrt{a^2 + 1}} = \sqrt{5}$, also $a^2 + 1 = 5$.
Damit ist $a = -2$ oder $a = 2$.
Die Geraden g_1: $-2x_1 - x_2 = -5$ und g_2: $2x_1 - x_2 = -5$ berühren den Kreis.
Eine Kontrolle über eine Zeichnung ist sinnvoll.

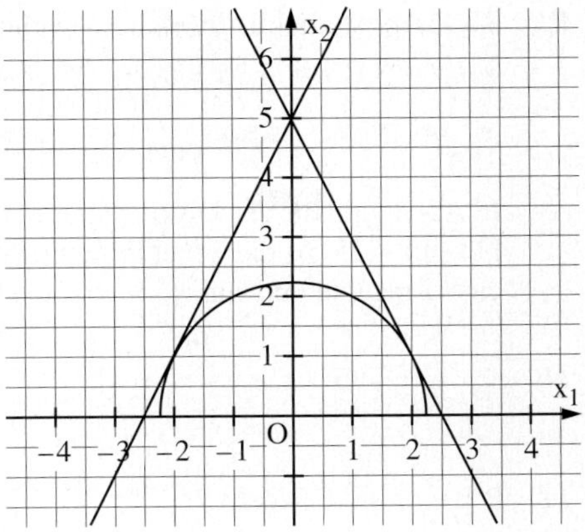

S. 328 **6** a) $B_1(3|4)$, $B_2(-3|-4)$, t_1: $3x_1 + 4x_2 = 25$, t_2: $-3x_1 + 4x_2 = 25$
b) $B_1(0|0)$, $B_2(4|2)$, t_1: $2x_1 + x_2 = 0$, t_2: $2x_1 + x_2 = 10$
c) $B_1(8|4)$, $B_2(-2|8)$, t_1: $5x_1 + 6x_2 = 64$, t_2: $5x_1 + 6x_2 = -58$
d) $B_1(-6|3)$, $B_2(-2|-7)$, t_1: $-2x_1 + 5x_2 = 27$, t_2: $2x_1 - 5x_2 = 31$

7 a) $A(-8|6)$; $B(6|8)$;
Tangente in A an k: $-8x_1 + 6x_2 = 100$; Tangente in B an k: $6x_1 + 8x_2 = 100$.
Schnittpunkt: $S(-2|4)$
b) k: $(x_1 + 1)^2 + (x_2 + 3)^2 = 25$; $A(2|1)$; $B(-5|-6)$;
Tangente in A an k: $3x_1 + 4x_2 = 10$; Tangente in B an k: $4x_1 + 3x_2 = -38$.
Schnittpunkt: $S(-26|22)$.

8 a) $B_1(1|2)$, $B_2(-2|-1)$

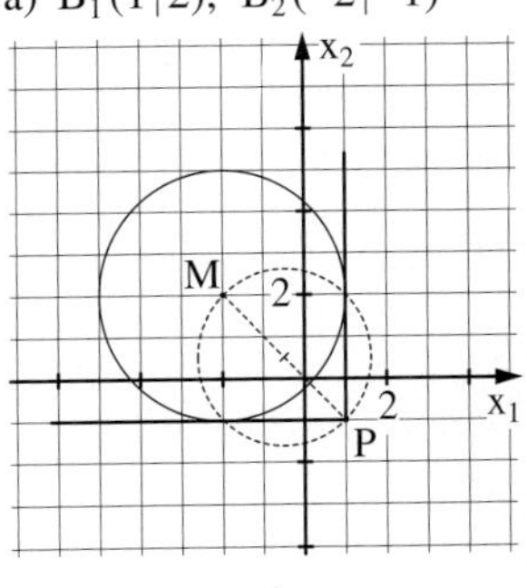

$x_1 - x_2 = -1$

b) $B_1(1|4)$, $B_2\left(-\frac{11}{5}\middle|\frac{12}{5}\right)$

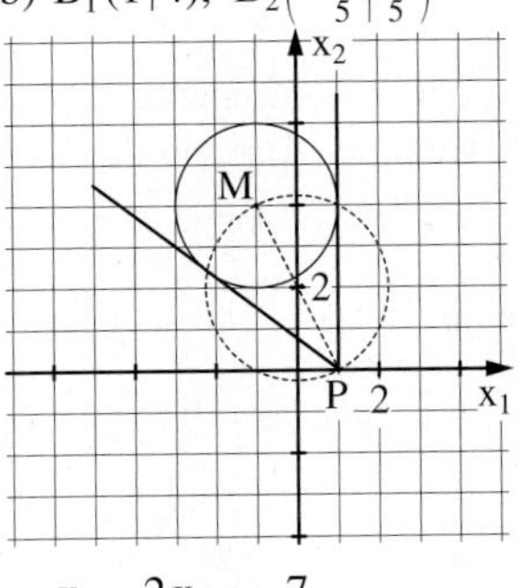

$x_1 - 2x_2 = -7$

c) $B_1(1|1)$, $B_2\left(\frac{13}{5}\middle|\frac{21}{5}\right)$

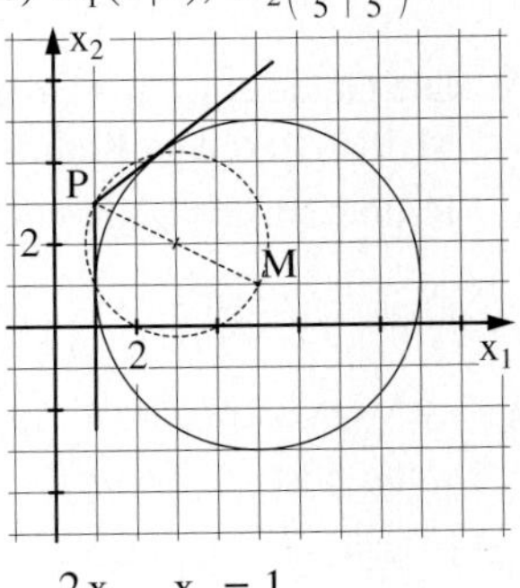

$2x_1 - x_2 = 1$

S. 328 **9** Zu lösen ist die quadratische Gleichung:

$\frac{25}{9}x_2^2 - \frac{8c}{9}x_2 + \frac{c^2}{9} - 25 = 0 \Leftrightarrow 25x_2^2 - 8cx_2 + c^2 - 225 = 0.$

$x_2 = \frac{8c + \sqrt{-36c^2 + 22500}}{50}$ oder $x_2 = \frac{8c - \sqrt{-36c^2 + 22500}}{50}$

In Abhängigkeit der Diskriminante $-36c^2 + 22500$ erhält man:
Für $|c| < 25$ ist die zugehörige Gerade eine Sekante, für $c = 25$ oder $c = -25$ jeweils eine Tangente und für $|c| > 25$ eine Passante.

10 $r = \frac{7}{\sqrt{5}} = \frac{7}{5}\sqrt{5}$ k: $x_1^2 + x_2^2 = \frac{49}{5}$

11 $P \in g$, also $P(-4|6)$.

Der Vektor $\overrightarrow{PM} = \begin{pmatrix} m_1 + 4 \\ m_2 - 6 \end{pmatrix}$ muss auf dem Richtungsvektor der Geraden, nämlich $\begin{pmatrix} 4 \\ 3 \end{pmatrix}$

senkrecht stehen, d.h. $4 \cdot (m_1 + 4) + 3 \cdot (m_2 - 6) = 0$ oder $4m_1 + 3m_2 - 2 = 0$.
$P(-4|6)$ muss auf dem Kreis $(x_1 - m_1)^2 + (x_2 - m_2)^2 = 25$ liegen:
$(-4 - m_1)^2 + (6 - m_2)^2 = 25$.
Aus beiden Gleichungen erhält man $M_1(-1|2)$ und $M_2(-7|10)$
k_1: $(x_1 + 1)^2 + (x_2 - 2)^2 = 25$ und k_2: $(x_1 + 7)^2 + (x_2 - 10)^2 = 25$.

12 a) $B_1(1|8)$, $B_2(-9|-2)$ b) $\overline{B_1B_2} = 10\sqrt{2}$ c) $5\sqrt{2}$

13 a) $B_1(6|6)$, t_1: $4x_1 + 3x_2 = 42$ $B_2(5|-1)$, t_2: $3x_1 - 4x_2 = 19$
b) $B_1(14|-2)$, t_1: $4x_1 + 3x_2 = 50$ $B_2(13|-9)$, t_2: $3x_1 - 4x_2 = 75$
c) $B_1(2|4)$, t_1: $x_1 = 2$ $B_2(-6|0)$, t_2: $-3x_1 - 4x_2 = 18$

14 a) $S_1(14|1)$, $\alpha \approx 26{,}6°$ $S_2(-10|1)$, $\alpha = 90°$
b) $S_1(1|0)$, $\alpha \approx 36{,}9°$ $S_2(-5|8)$, $\alpha = 90°$

15 Die Gerade g: $-mx_1 + x_2 - c = 0$ ist Tangente an den Kreis mit dem Mittelpunkt $M(0|0)$ und dem Radius r, wenn der Abstand der Geraden zum Ursprung gleich dem Radius ist. Also gilt: $\frac{|c|}{\sqrt{m^2 + 1}} = r \Leftrightarrow c^2 = r^2(1 + m^2)$.

a) ja b) nein c) ja d) nein

S. 329 **16** a) Nach Aufgabe 15 gilt: g: $x_2 = mx_1 + c$ ist Tangente an den Kreis k mit Radius r, wenn gilt: $r^2(1 + m^2) = c^2$.

b) g: $\vec{x} \cdot \vec{n} = p$, also $\begin{pmatrix} x_1 \\ x_2 \end{pmatrix}\begin{pmatrix} n_1 \\ n_2 \end{pmatrix} = p$; $x_1n_1 + x_2n_2 = p$; $x_2 = \frac{p}{n_2} - \frac{x_1n_1}{n_2}$,
also $c = \frac{p}{n_2}$, $m = -\frac{n_1}{n_2}$.

$r^2\left(1 + \left(\frac{n_1}{n_2}\right)^2\right) = \frac{p^2}{n_2^2} \Leftrightarrow r^2\left(\frac{n_2^2 + n_1^2}{n_2^2}\right) = \frac{p^2}{n_2^2} \Leftrightarrow r^2 \cdot (n_2^2 + n_1^2) = p^2 \Leftrightarrow r^2 \cdot \vec{n}^2 = p^2$

17 $P(-5|5)$

S. 329 **18** k_1: $(x_1 - 1)^2 + x_2^2 = 5$
k_2: $(x_1 + 4)^2 + (x_2 - 5)^2 = 20$
k_3: $(x_1 + 4)^2 + (x_2 + 15)^2 = 180$
k_4: $(x_1 - 11)^2 + x_2^2 = 45$

19 P(–8|3)

20 a) Die Gleichung der Polaren ist g: $(\vec{x} - \vec{m})(\vec{p} - \vec{m}) = r^2$, die Gleichung der Geraden durch die Punkte P und M ist g_1: $\vec{x} = \vec{m} + t\cdot(\vec{p} - \vec{m})$. Der Richtungsvektor von g_1 ist zugleich Normalenvektor von g, d.h. die beiden Geraden sind orthogonal.
b) In Fig. 3 auf Seite 327 des Schülerbuches ist $\overline{MB_1} = \overline{MB_2} = r$. Die Dreiecke MPB_1 und MPB_2 stimmen in zwei Seiten und dem rechten Winkel bei B_1 bzw. B_2 überein. Damit sind die Dreiecke kongruent mit derselben Höhe $h = \overline{B_1M^*} = \overline{B_2M^*}$. ($M^*$ ist der Mittelpunkt der Sehne $\overline{B_1B_2}$.)

21 a) Die HESSE'sche Normalenform der Polarengleichung ist $\vec{x}\cdot\frac{\vec{p}}{|\vec{p}|} = \frac{r^2}{|\vec{p}|}$. Damit ist der Abstand der Polaren vom Ursprung $d = \frac{r^2}{|\vec{p}|}$. Daraus ergibt sich die Behauptung.
b) (1) Passante (2) Sekante (3) Tangente

22 a) g: $\vec{x}\cdot\begin{pmatrix}1\\7\end{pmatrix} = 25$ b) g′: $\vec{x}\cdot\begin{pmatrix}1\\7\end{pmatrix} = 50$

c) $P\left(\frac{1}{2}\middle|\frac{7}{2}\right)$, $\begin{pmatrix}\frac{1}{2}\\\frac{7}{2}\end{pmatrix}\cdot\begin{pmatrix}1\\7\end{pmatrix} = \frac{1}{2} + \frac{49}{2} = 25$, $P \in g$

d) P′ liegt auf der Geraden durch P und M: $\vec{x} = t\cdot\begin{pmatrix}1\\7\end{pmatrix}$ und auf g.

23 Die Gleichung des Thaleskreises ist k_1: $\vec{x}^2 - \vec{x}\cdot(\vec{m} + \vec{p}) + \vec{m}\cdot\vec{p} = 0$.
a) t_1: $3x_1 + 4x_2 = 25$; t_2: $4x_1 - 3x_2 = 25$ b) t_1: $x_2 = 3$; t_2: $4x_1 + 3x_2 = -23$

3 *Kugeln und Ebenen*

S. 330 **1** a) Die Grundflächen entsprechen Kreisflächen.
b) Das dritte und vierte Geschoss hatten die größten Grundflächen. Nimmt man als Durchmesser der Kugel die Höhe des gesamten Gebäudes und als Geschosshöhe 3 m an, so waren die Grundflächen ca. $\pi\cdot 12^2 \approx 452\,m^2$ groß.
c) Das zweite und fünfte sowie das dritte und vierte Geschoss hatten die gleiche Grundfläche.

S. 332 **2** Es wird der Abstand d des Mittelpunktes M von der Ebene E bestimmt und mit dem Radius der Kugel verglichen.

a) $d = \frac{5}{\sqrt{3}} = \frac{5}{3}\sqrt{3}$, $r = 5$, $d < r$, E schneidet K. b) $d = 7$, $r = 7$, $d = r$, E berührt K.

c) $d = \frac{27}{\sqrt{29}}$, $r = 5$, $d > r$, E und K haben keine gemeinsamen Punkte.

d) $d = \frac{21}{\sqrt{29}}$, $r = \sqrt{29}$, $d < r$, E schneidet K.

3 a) $M'(2|-1|5)$, $r' = 4$ b) $M'(4{,}5|5|5)$, $r' = \sqrt{2{,}75} \approx 1{,}66$

4 a) $b_3 = 3$, E: $x_1 - 2x_2 + 2x_3 = 7$ b) $b_3 = -4$; E: $2x_1 + x_2 - 2x_3 = 22$

5 Es wird der Abstand vom Ursprung O zur Ebene E bestimmt.
Für den Ortsvektor des Berührpunktes B gilt: $\vec{b} = r \cdot \vec{n_0}$.

	keine gemeinsamen Punkte	E schneidet K	E berührt K
a)	$r < 1$	$r > 1$	$r = 1$, $B\left(\frac{3}{13}\middle|\frac{12}{13}\middle|\frac{4}{13}\right)$
b)	$r < 2$	$r > 2$	$r = 2$, $B\left(\frac{4}{7}\middle|\frac{6}{7}\middle|-\frac{12}{7}\right)$

6 a) E_1: $-2x_1 - 2x_2 + x_3 = 8$, E_2: $x_1 + 2x_2 + 2x_3 = 42$;

Schnittgerade: $g: \vec{x} = \begin{pmatrix} 0 \\ \frac{13}{3} \\ \frac{50}{3} \end{pmatrix} + t\begin{pmatrix} 6 \\ -5 \\ 2 \end{pmatrix}$, $\begin{pmatrix} 6 \\ -5 \\ 2 \end{pmatrix} \cdot \begin{pmatrix} 9 \\ 12 \\ 3 \end{pmatrix} = 0$

b) E_1: $5x_2 - 12x_3 = 25$, E_2: $12x_1 + 5x_3 = 97$;

Schnittgerade: $g: \vec{x} = \begin{pmatrix} 0 \\ \frac{1289}{25} \\ \frac{97}{5} \end{pmatrix} + t\begin{pmatrix} -25 \\ 144 \\ 60 \end{pmatrix}$, $\begin{pmatrix} -25 \\ 144 \\ 60 \end{pmatrix} \cdot \begin{pmatrix} 12 \\ -5 \\ 17 \end{pmatrix} = 0$

S. 333 **7** a) E_1: $3x_1 - 6x_2 + 2x_3 = 98$, $B_1(6|-12|4)$ E_2: $3x_1 - 6x_2 + 2x_3 = -98$, $B_2(-6|-12|4)$

b) E_1: $7x_1 - 4x_2 - 4x_3 = 31$, $B_1(9|3|5)$ E_2: $7x_1 - 4x_2 - 4x_3 = -131$, $B_2(-5|11|13)$

c) E_1: $7x_1 - 4x_2 - 4x_3 = 165$, $B_1(11|-8|-14)$;
E_2: $7x_1 - 4x_2 - 4x_3 = -159$, $B_2(-17|8|2)$

8 $\vec{m_1} = 3 \cdot \vec{b_0} = 3 \cdot \frac{1}{6}\begin{pmatrix} -4 \\ 2 \\ 4 \end{pmatrix} = \begin{pmatrix} -2 \\ 1 \\ 2 \end{pmatrix}$, $M_1(-2|1|2)$, K: $\left[\vec{x} - \begin{pmatrix} -2 \\ 1 \\ 2 \end{pmatrix}\right]^2 = 9$

$\vec{m_2} = 3 \cdot \vec{b_0} = 9 \cdot \frac{1}{6}\begin{pmatrix} -4 \\ 2 \\ 4 \end{pmatrix} = \begin{pmatrix} -6 \\ 3 \\ 6 \end{pmatrix}$, $M_2(-6|3|6)$, K: $\left[\vec{x} - \begin{pmatrix} -6 \\ 3 \\ 6 \end{pmatrix}\right]^2 = 9$

9 E: $10x_1 + 4x_2 = 63$

10 a) $M'(2|-1|5)$, $r' = 4$ b) $M'(1|1|0)$, $r' = 24$

c) $M'\left(4\frac{59}{63}\middle|3\frac{2}{63}\middle|-\frac{59}{63}\right)$, $r' = \frac{\sqrt{33\,890}}{21} \approx 8{,}766$ d) $M'(1|6|0)$, $r' = 2\sqrt{3}$

S. 333 **11** $M\left(\frac{4}{3}\middle|0\middle|0\right)$

S. 334 **12** a) Die Vektoren $\vec{a}$, $\vec{b}$, $\vec{c}$ sind paarweise orthogonal.
$(x_1 - 2)^2 + (x_2 + 1{,}5)^2 + (x_3 - 1{,}5)^2 = \frac{17}{2}$
b) Die möglichen Mittelpunkte bilden ein Rechteck mit dem Mittelpunkt $M(2|-1{,}5|1{,}5)$ und den Kantenlängen $\sqrt{5}$ und $3 - \sqrt{5}$. Die Ortsvektoren der möglichen Mittelpunkte werden beschrieben durch:
$\vec{x} = \overrightarrow{OM} + r\vec{b} + s\vec{c}$ mit $-\frac{1}{4} \leqq r \leqq \frac{1}{4}$ und $-\frac{1}{2} + \frac{1}{6}\sqrt{5} \leqq s \leqq \frac{1}{2} - \frac{1}{6}\sqrt{5}$
c) Die Mittelpunkte der Schnittkreise sind die Mittelpunkte der Seitenflächen des Quaders: $M_1(2|-1{,}5|0)$ und $M_2(2|-1{,}5|3)$ mit $r' = \frac{1}{2}\sqrt{91}$
$M_3(1|0{,}5|1{,}5)$ und $M_4(3|-3{,}5|1{,}5)$ mit $r' = 2\sqrt{5}$
$M_5(1|-2|1{,}5)$ und $M_6(3|-1|1{,}5)$ mit $r' = \frac{1}{2}\sqrt{95}$

13 a) Die Länge des Vektors $\overrightarrow{PM}$ ist der gesuchte Radius: $r = 5$.
$$K: \left[\vec{x} - \begin{pmatrix} 3 \\ 1 \\ 2 \end{pmatrix}\right]^2 = 25$$
$\overrightarrow{PM}$ ist ein Normalenvektor und P ein Punkt der Tangentialebene: $4x_1 + 3x_3 = 43$
b) HESSE'sche Normalenform von E_c: $\frac{1}{7}\vec{x} \cdot \begin{pmatrix} 2 \\ 3 \\ 6 \end{pmatrix} - c = 0$. Für die parallele Ebene durch den Kugelmittelpunkt gilt: E_M: $\frac{1}{7}\vec{x} \cdot \begin{pmatrix} 2 \\ 3 \\ 6 \end{pmatrix} - 3 = 0$.
Aus Abstandsbetrachtungen der beiden Ebenen folgt:
Für $c = -2$ und $c = 8$ ergeben sich Tangentialebenen, für $-2 \leqq c \leqq 8$ schneidet E_c die Kugel K, für $c < -2$ oder $c > 8$ gibt es keine gemeinsamen Punkte.
c) Einsetzen in die Kugelgleichung ergibt: $100 > 25$. Punkt B ist einer der Schnittpunkte der Geraden g durch A und M mit der Kugel K. g: $\vec{x} = \begin{pmatrix} 3 \\ 1 \\ 2 \end{pmatrix} + t\begin{pmatrix} 0 \\ 3 \\ 4 \end{pmatrix}$. In die Kugelgleichung eingesetzt ergibt sich: $\left[\begin{pmatrix} 3 \\ 1+3t \\ 2+4t \end{pmatrix} - \begin{pmatrix} 3 \\ 1 \\ 2 \end{pmatrix}\right]^2 = 25 \Leftrightarrow 25t^2 = 25 \Leftrightarrow t = \pm 1$.
Da der gesuchte Punkt B zwischen den Punkten M und A liegen muss, ist $t = 1$, damit folgt $B(3|4|6)$.

14 a) E: $4x_1 - x_2 + 8x_3 = 41$, $M'(2|-1|4)$, $r' = 12$
b) Es muss nur der Mittelpunkt an der Ebene E gespiegelt werden. Für den Ortsvektor des Mittelpunktes M* gilt: $\overrightarrow{m^*} = \vec{m} + 2\overrightarrow{MM'}$. Damit folgt:
$$\overrightarrow{m^*} = \begin{pmatrix} 6 \\ -2 \\ 12 \end{pmatrix} + 2\left[\begin{pmatrix} 2 \\ -1 \\ 4 \end{pmatrix} - \begin{pmatrix} 6 \\ -2 \\ 12 \end{pmatrix}\right] = \begin{pmatrix} -2 \\ 0 \\ -4 \end{pmatrix},\ M^*(-2|0|-4)$$
c) Die gesuchten Kugelmittelpunkte liegen auf der Geraden durch M und M'. Ein Richtungsvektor dieser Geraden ist z. B. $\vec{a} = \begin{pmatrix} -4 \\ 1 \\ -8 \end{pmatrix}$.

S. 334 **14** Den Abstand der Mittelpunkte M_1 und M_2 bestimmt man mithilfe des Satzes des Pythagoras: d = 5. Für die Ortsvektoren der gesuchten Mittelpunkte gilt:
$\vec{m_1} = \vec{m} + 5 \cdot \frac{\vec{a}}{|\vec{a}|}$ bzw. $\vec{m_2} = \vec{m} - 5 \cdot \frac{\vec{a}}{|\vec{a}|}$. $M_1\left(4\frac{2}{9}\middle|-1\frac{5}{9}\middle|8\frac{4}{9}\right)$, $M_2\left(-\frac{2}{9}\middle|-\frac{4}{9}\middle|-\frac{4}{9}\right)$

15 Man bestimmt den Abstand der Geraden durch die Punkte P und Q vom Mittelpunkt der Kugel. Ist dieser größer als der Radius, so haben Gerade und Kugel keine gemeinsamen Punkte. Sind $\vec{p}$, $\vec{q}$, $\vec{m}$ die Ortsvektoren der Punkte P, Q, M und $\vec{b}$ der Ortsvektor des Berührpunktes der Tangentialebene, so gilt:
$(\vec{p} - \vec{m}) \cdot (\vec{b} - \vec{m}) = r^2$ (P liegt in der Tangentialebene)
$(\vec{q} - \vec{m}) \cdot (\vec{b} - \vec{m}) = r^2$ (Q liegt in der Tangentialebene)
$(\vec{b} - \vec{m})^2 = r^2$ (B liegt auf der Kugel)

a) $B_1(3|4|1)$, $B_2(3|0|1)$ $\quad E_1$: $\vec{x} = \begin{pmatrix}5\\2\\1\end{pmatrix} + r\begin{pmatrix}1\\0\\-2\end{pmatrix} + s\begin{pmatrix}-1\\1\\0\end{pmatrix}$, E_2: $\vec{x} = \begin{pmatrix}5\\2\\1\end{pmatrix} + r\begin{pmatrix}1\\0\\-2\end{pmatrix} + s\begin{pmatrix}1\\1\\0\end{pmatrix}$

b) $B_1(2|4|7)$, $B_2\left(\frac{10}{9}\middle|\frac{52}{9}\middle|\frac{79}{9}\right)$ $\quad E_1$: $\vec{x} = \begin{pmatrix}2\\6\\7\end{pmatrix} + r\begin{pmatrix}0\\-1\\1\end{pmatrix} + s\begin{pmatrix}0\\1\\0\end{pmatrix}$, E_2: $\vec{x} = \begin{pmatrix}2\\6\\7\end{pmatrix} + r\begin{pmatrix}0\\-1\\1\end{pmatrix} + s\begin{pmatrix}-4\\-1\\8\end{pmatrix}$

16 $M\left(0\middle|0\middle|\frac{3}{2}\right)$

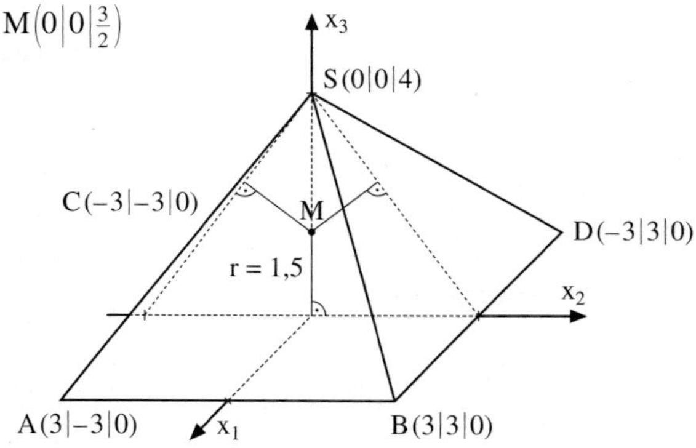

4 *Kugeln und Geraden – Polarebenen*

S. 335 **1** Die Begrenzungslinie ist ein Kreis (Breitenkreis).
Nein, dazu müssten die Randstrahlen des Lichtkegels parallel zueinander verlaufen und deren Abstand müsste dem Durchmesser der Kugel entsprechen.

2
- Alle Geraden liegen in der Tangentialebene im Punkt P.
- Die Geraden bilden einen doppelten Kreiskegel mit der Spitze P.

S. 337 **3** a) $S_1\left(\frac{18}{7}\middle|\frac{79}{7}\middle|\frac{48}{7}\right)$, $S_2(4|7|4)$ b) $B(6|8|7)$
c) $S_1(10|4|9)$, $S_2(6|8|-7)$ d) Keine gemeinsamen Punkte.

S. 337 **4** a) $B(7|1|1)$, $r = 7$ b) $B(-9|2|-3)$, $r = 15$
c) $B(7|0|5)$, $r = 9$ d) $B(0|-1|2)$, $r = 11$

5 Der Ansatz $(\vec{x} - \vec{m})^2 = r^2$ liefert $(t-2)^2 + (tc)^2 = 2 \Leftrightarrow \left(t - \frac{2}{1+c^2}\right)^2 = \frac{2-2c^2}{(1+c^2)^2}$

Kein Schnittpunkt: $2 - 2c^2 < 0 \Leftrightarrow c < -1$ oder $c > 1$
Schnittpunkte: $2 - 2c^2 > 0 \Leftrightarrow -1 < c < 1$
Berührpunkt: $2 - 2c^2 = 0 \Leftrightarrow c = 1$ oder $c = -1$
$B_1(1|0|1)$ für $c = 1$, $B_2(1|0|-1)$ für $c = -1$.

S. 338 **6** $P(9|3|6)$

7 E: $3x_1 - 7x_2 + 6x_3 = 6$

8 a) $M'(6|2|4)$, $r' = 5$ b) $M'(6|4|0)$, $r' = 3$ c) $M'(7|-7|1)$, $r' = 10$ d) $M'(2|4|1)$, $r' = 6$

9 a) $P(3|4|6)$ b) $P(3|-2|1)$

10 a) $P(-1|-3|-4)$ b) $P\left(-\frac{1}{3}\middle|-\frac{10}{3}\middle|-\frac{13}{3}\right)$

11 a) E: $-2x_1 + x_2 + x_3 = 15$, $M'\left(-\frac{11}{3}\middle|\frac{16}{3}\middle|\frac{7}{3}\right)$, $r' = \frac{4}{3}\sqrt{3}$, $\alpha \approx 113°$

b) E: $x_1 + x_2 + x_3 = 3$, $M'\left(\frac{3}{2}\middle|-\frac{1}{2}\middle|1\right)$, $r' = \sqrt{\frac{15}{2}}$, $\alpha \approx 48{,}2°$

12 a) $r_1 = \frac{2}{\sqrt{6}} = \frac{1}{3}\sqrt{6}$, $r_2 = \frac{18}{\sqrt{11}} = \frac{18}{11}\sqrt{11}$
b) Für alle $t \in \mathbb{R}$ erfüllt $(1 + 4t; 1 - 3t; -1 + 5t)$ die Gleichungen von E_1 und E_2.
Der Radius der Kugel ist $r = \sqrt{34}$.
c) Es gibt vier solche Geraden. Sie sind parallel zur Geraden g und gehen durch die Punkte $P_1\left(\frac{9}{5} + 3\sqrt{6} - \sqrt{11}\middle|\frac{2}{5} - \sqrt{6} + 2\sqrt{11}\middle|0\right)$, $P_2\left(\frac{9}{5} - 3\sqrt{6} - \sqrt{11}\middle|\frac{2}{5} + \sqrt{6} + 2\sqrt{11}\middle|0\right)$,
$P_3\left(\frac{9}{5} + 3\sqrt{6} + \sqrt{11}\middle|\frac{2}{5} - \sqrt{6} - 2\sqrt{11}\middle|0\right)$, $P_4\left(\frac{9}{5} - 3\sqrt{6} + \sqrt{11}\middle|\frac{2}{5} + \sqrt{6} - 2\sqrt{11}\middle|0\right)$.

13 a) E: $\vec{x} = \begin{pmatrix} 5 \\ 2 \\ -7 \end{pmatrix} + r\begin{pmatrix} 4 \\ -1 \\ 1 \end{pmatrix} + s\begin{pmatrix} -2 \\ 6 \\ 5 \end{pmatrix}$, E: $x_1 + 2x_2 - 2x_3 = 23$

b) Ist r_1 der Radius von K_1, dann hat der Mittelpunkt M_1 den Ortsvektor $\begin{pmatrix} 5 \\ 2 \\ -7 \end{pmatrix} \pm \frac{r_1}{3}\begin{pmatrix} 1 \\ 2 \\ -2 \end{pmatrix}$.

Die zu g orthogonale Ebene durch M_1 hat die Gleichung $4x_1 - x_2 + x_3 = 11$. Sie schneidet g in $G\left(\frac{7}{3}\middle|\frac{14}{3}\middle|\frac{19}{3}\right)$. Aus der Forderung $\overline{M_1G} = r$ ergibt sich die Gleichung

$1728 \pm 144r = 0$. Da $r > 0$, muss in dieser Gleichung und damit in der Darstellung des Ortsvektors von M_1 das Minuszeichen gelten. Es ergibt sich $r = 12$ und damit $M_1(1|-6|1)$.

S. 338 **13** c) $S_1(-3|6|5)$, T_1: $2x_1 - 2x_2 - x_3 = -23$; $S_2(5|4|7)$, T_2: $2x_1 + x_2 + 2x_3 = 28$
Die Tangentialebenen T_1 und T_2 sind zueinander orthogonal.
d) E_1: $4x_1 - x_2 + x_3 = -19$, E_2: $4x_1 - x_2 + x_3 = 29$

XIII Geometrische Abbildungen und Matrizen

1 Geometrische Abbildungen und Abbildungsgleichungen

S. 342 **1** a) $T'(5|8)$ b) $X'(x_1|2x_2)$
c) Die Punkte der x_1-Achse sind alle Punkte, die auf sich selbst abgebildet werden.

S. 344 **2** a) $A'(-5|12)$; $B'(0|18)$; $C'(2|13)$
b) $A'(3|5)$; $B'(-2|11)$; $C'(-4|6)$
c) $A'(3|-5)$; $B'(-2|-11)$; $C'(-4|-6)$
d) $A'\left(-\sqrt{2}\,|-4\cdot\sqrt{2}\right)$; $B'\left(-\frac{13}{2}\sqrt{2}\,|-\frac{9}{2}\sqrt{2}\right)$; $C'\left(-5\cdot\sqrt{2}\,|-\sqrt{2}\right)$
e) $A'(-15|25)$; $B'(10|55)$; $C'(20|30)$
f) $A'(5|-3)$; $B'(11|2)$; $C'(6|4)$

3 a)

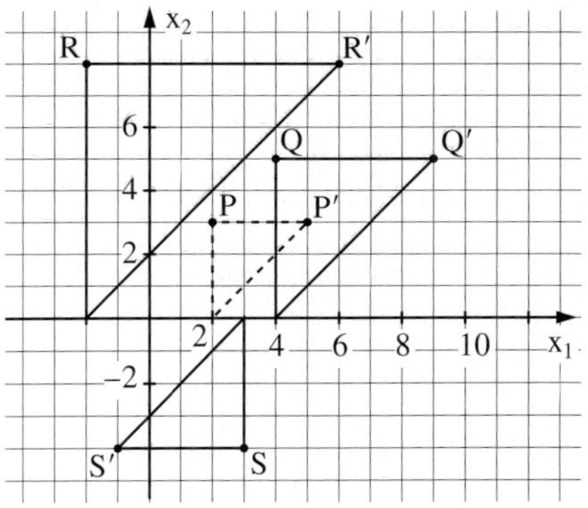

b) $\begin{cases} x_1' = x_1 + x_2 \\ x_2' = \ x_2 \end{cases}$;

$Q'(9|5)$; $R'(6|8)$; $S'(-1|-4)$

4 $\begin{cases} x_1' = x_1 \\ x_2' = x_1 + x_2 \end{cases}$

5 a)

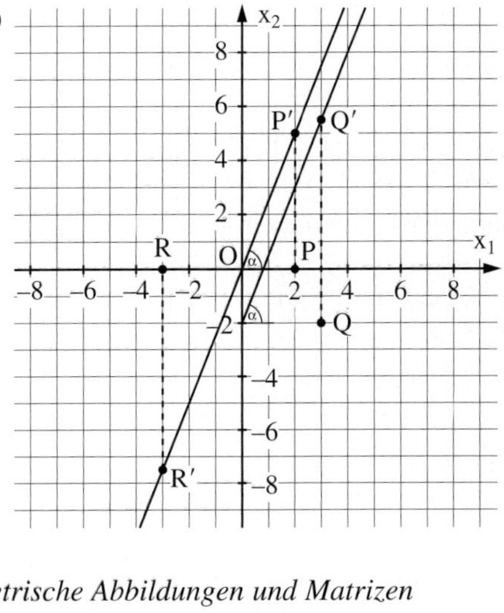

b) $\begin{cases} x_1' = x_1 \\ x_2' = 2{,}5\,x_1 + x_2 \end{cases}$;

$Q'(3|5{,}5)$; $R'(-3|-7{,}5)$

S. 344 **6** a) Durch Einsetzen in die Abbildungsgleichungen ergibt sich, dass die x_1-Achse Fixpunktachse ist.

Für $P(p_1|p_2)$ gilt $P'(p_1 + r p_2|p_2)$. Für $\alpha = \sphericalangle P'AP$ gilt $\tan(\alpha) = \frac{p_1 + r p_2 - p_1}{p_2} = r$.

b) Für P auf der Geraden AB gilt: $\vec{p} = \vec{a} + \lambda(\vec{b} - \vec{a}) = \begin{pmatrix} a_1 + \lambda(b_1 - a_1) \\ \lambda b_2 \end{pmatrix}$.

Also gilt für P': $\vec{p'} = \begin{pmatrix} a_1 + \lambda(b_1 - a_1) + r\lambda b_2 \\ \lambda b_2 \end{pmatrix} = \begin{pmatrix} a_1 \\ 0 \end{pmatrix} + \lambda\begin{pmatrix} b_1 + r b_1 - a_1 \\ b_2 \end{pmatrix} = \vec{a} + \lambda(\vec{b'} - \vec{a})$.

7 O(0|0) ist der einzige Fixpunkt bei allen drei Abbildungen.

a) Untersuchung der Abbildung auf Fixgeraden:

Für den Bildpunkt X' eines Punktes X auf einer Geraden $g: \vec{x} = \vec{p} + t\vec{u}$ mit $\vec{x} = \begin{pmatrix} p_1 \\ p_2 \end{pmatrix} + t\begin{pmatrix} u_1 \\ u_2 \end{pmatrix}$ gilt $\vec{x'} = \begin{pmatrix} p_2 + t u_2 \\ p_1 + t u_1 + p_2 + t u_2 \end{pmatrix} = \begin{pmatrix} p_2 \\ p_1 + p_2 \end{pmatrix} + t\begin{pmatrix} u_2 \\ u_1 + u_2 \end{pmatrix}$. Also ist $\begin{pmatrix} u_2 \\ u_1 + u_2 \end{pmatrix}$ Richtungsvektor von g'. Wenn g Fixgerade sein soll, müssen die Richtungsvektoren von g und g' parallel sein. Es muss also gelten: $\begin{pmatrix} u_1 \\ u_2 \end{pmatrix} = \lambda\begin{pmatrix} u_2 \\ u_1 + u_2 \end{pmatrix}$. Man erhält das Gleichungssystem $\begin{cases} u_1 = \lambda u_2 \\ u_2 = \lambda u_1 + \lambda u_2 \end{cases}$. Einsetzen der ersten Gleichung in die zweite ergibt $u_2 = \lambda^2 u_2 + \lambda u_2$. Für $u_2 \neq 0$ (aus $u_2 = 0$ würde auch $u_1 = 0$ folgen) erhält man die Bedingung $1 = \lambda^2 + \lambda$ und das heißt $\lambda = \frac{-1 + \sqrt{5}}{2}$ oder $\lambda = \frac{-1 - \sqrt{5}}{2}$. Man findet so die Fixgeraden $g_1: \vec{x} = t\begin{pmatrix} \frac{-1 + \sqrt{5}}{2} \\ 1 \end{pmatrix}$ und $g_2: \vec{x} = t\begin{pmatrix} \frac{-1 - \sqrt{5}}{2} \\ 1 \end{pmatrix}$. Weitere Fixgeraden müssten zu g_1 oder g_2 parallel sein.

Eine zu g_1 parallele Fixgerade müsste g_2 in einem Fixpunkt schneiden. Das ist aber nicht möglich, weil O(0|0) der einzige Fixpunkt der Abbildung ist.

b) Die Fixgeraden der Abbildung:

$g_1: \vec{x} = t\begin{pmatrix} -1 + \sqrt{2} \\ 1 \end{pmatrix}$ und $g_2: \vec{x} = t\begin{pmatrix} -1 - \sqrt{2} \\ 1 \end{pmatrix}$.

c) Die Fixgeraden der Abbildung: $g_1: \vec{x} = t \cdot \begin{pmatrix} 2 \\ 3 \end{pmatrix}$ und $g_2: \vec{x} = t \cdot \begin{pmatrix} -2 \\ 3 \end{pmatrix}$.

8 a) Die Menge der Bildpunkte besteht aus allen Punkten $X(x_1|x_2)$ mit $0 < x_1 \leqq 1$.

b) Für eine Gerade $g: \vec{x} = \begin{pmatrix} p_1 \\ 0 \end{pmatrix} + t\begin{pmatrix} 0 \\ 1 \end{pmatrix}$ gilt $g': \vec{x'} = \begin{pmatrix} \frac{1}{1 + p_1^2} \\ 0 \end{pmatrix} + t\begin{pmatrix} 0 \\ 1 \end{pmatrix}$.

c) Wenn eine zur x_2-Achse parallele Fixpunktgerade existieren soll, so muss es einen Punkt $P(p_1|0)$ geben mit $P = P'$, also $p_1 = \frac{1}{1 + p_1^2}$ bzw. $p_1 + p_1^3 = 1$. Da jede Gleichung dritten Grades mindestens eine Lösung hat, gibt es mindestens eine Fixpunktgerade parallel zur x_2-Achse.

d) Das Bild einer zur x_1-Achse parallelen Gerade besteht aus allen Punkten dieser Gerade, für deren 1. Koordinate x_1 gilt: $0 < x_1 \leqq 1$.

S. 344 **8** e) Für einen Punkt P(p|p) auf der Winkelhalbierenden gilt: $P'\left(\frac{1}{1+p^2}\middle|p\right)$. Setzt man für p nacheinander ganzzahlige Werte von –5 bis 5 ein, so erhält man die Punkte
$P_{-5}\left(\frac{1}{26}\middle|-5\right)$; $P_{-4}\left(\frac{1}{17}\middle|-4\right)$; $P_{-3}\left(\frac{1}{10}\middle|-3\right)$;
$P_{-2}\left(\frac{1}{5}\middle|-2\right)$; $P_{-1}\left(\frac{1}{2}\middle|-1\right)$; $P_0(1|0)$; $P_1\left(\frac{1}{2}\middle|1\right)$;
$P_2\left(\frac{1}{5}\middle|2\right)$; $P_3\left(\frac{1}{10}\middle|3\right)$; $P_4\left(\frac{1}{17}\middle|4\right)$; $P_5\left(\frac{1}{26}\middle|5\right)$.
Eintragen ins Koordinatenkreuz liefert den nebenstehenden Graph.

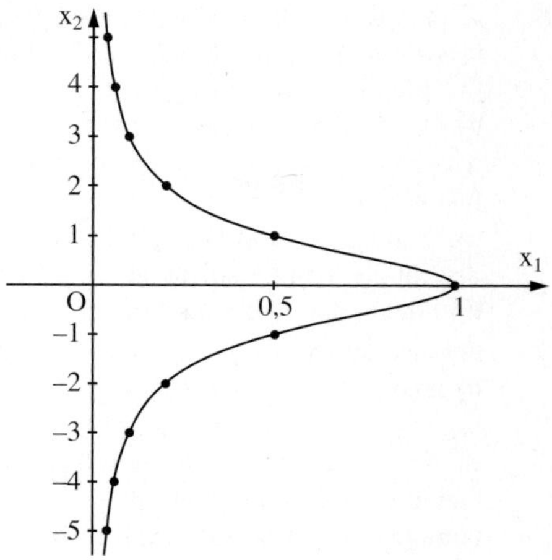

2 *Affine Abbildungen*

S. 345 **1** a) Drehung um Z um 45°.
b) Drehung um Z um –45° oder Drehung um Z um 315°.
c) Das Bild der Geraden AB ist die Gerade A′B′.
d) Der Mittelpunkt der Strecke $\overline{AB}$ wird auf den der Strecke $\overline{A'B'}$ abgebildet.
e) Bilder zweier paralleler Geraden können sich nicht schneiden, weil parallele Geraden durch eine Drehung auf parallele Geraden abgebildet werden.

S. 347 **2** a)–d): Parallelogramm e) Trapez f) Viereck g) Dreieck

3 Z. B.: Die Diagonalen müssten sich auch im Bilddreieck schneiden.

4 a)

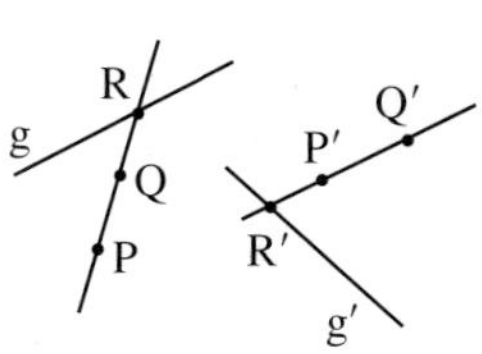

b)

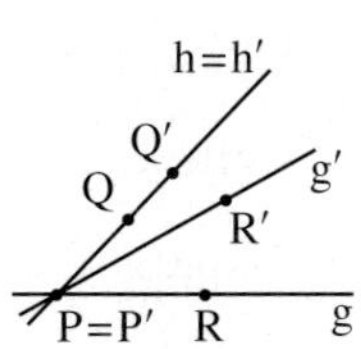

c)

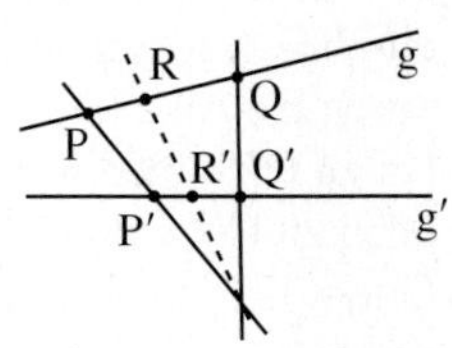

5 a) Eine affine Abbildung ist geraden- und teilverhältnistreu. Daher wird eine Seitenhalbierende auf eine Seitenhalbierende abgebildet. Also wird auch der Schwerpunkt als Schnittpunkt der Seitenhalbierenden auf den Schwerpunkt des Bilddreiecks abgebildet.
b) Betrachtet man das Dreieck OE_1E_2 mit O(0|0), $E_1(1|0)$ und $E_2(0|1)$ und sein Bild bei einer Scherung mit der x_1-Achse als Achse und dem Scherungswinkel 45°, so ist der Mittelpunkt der Strecke $\overline{E_1E_2}$ sowohl Umkreismittelpunkt des Ausgangsdreiecks als auch des Bilddreiecks. Dieser Punkt liegt nicht auf der Scherungsachse und ist daher kein Fixpunkt.

S. 347 **6** a) A ist Fixpunkt. Damit wird die Gerade durch A und P auf die Gerade durch A und P′ abgebildet.
b) Das Bild ist dieselbe Gerade, da der Schnittpunkt mit der x_1-Achse fest bleibt.
c) Q′ liegt auf dem Bild der Geraden durch A und P sowie auf einer Parallelen durch Q zur Geraden durch P und P′.
d) analog c) (vgl. Fig. 1).

7 a) A ist Fixpunkt. Damit wird die Gerade durch A und P auf die Gerade durch A und P′ abgebildet.
b) Die Gerade g = PP′ ist parallel zur x_1-Achse, wird also auf eine Parallele zur x_1-Achse durch P′, also auf sich selbst abgebildet.
c) Q liegt auf der Geraden AP, also liegt Q′ auf der Geraden AP′. Da die Abbildung teilverhältnistreu ist, muss Q′ auf einer Parallelen zur x_1-Achse durch Q liegen.
d) Konstruktion von R′ analog zur Konstruktion von Q′. SP schneidet die x_1-Achse in einem Fixpunkt T. S′ muss auf einer Parallelen zur x_1-Achse durch S und auf der Geraden TP′ liegen (vgl. Fig. 2).

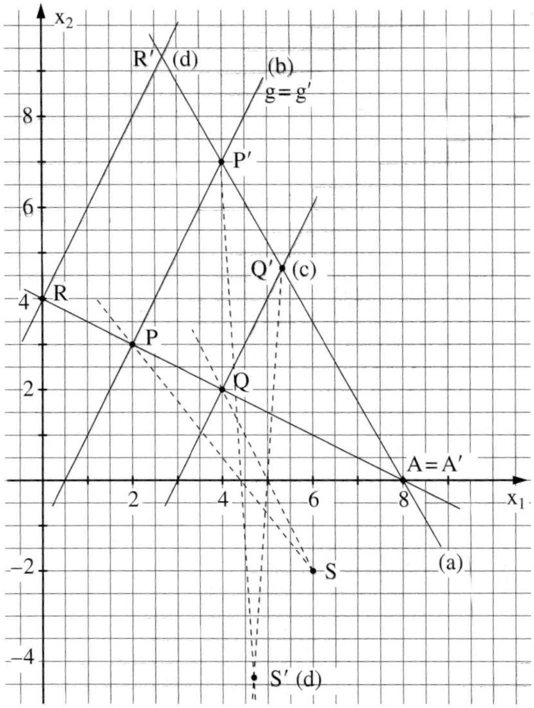

Fig. 1

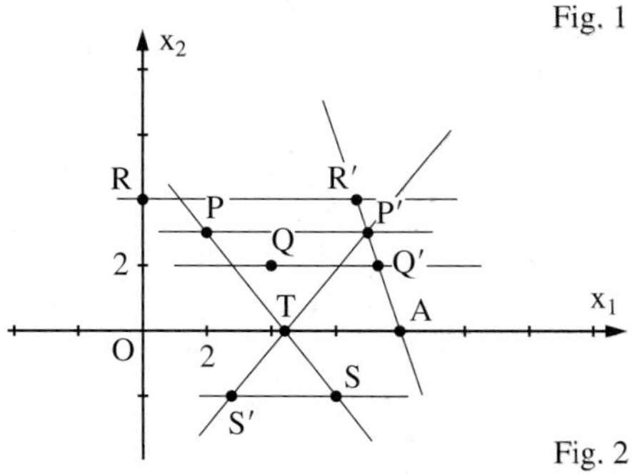

Fig. 2

8 a) P liegt auf einer Parallelen zu OE_1 durch E_2 und auf einer Parallelen zu OE_2 durch E_1. Also liegt P′ auf einer Parallelen zu $O'E_1'$ durch E_2' und auf einer Parallelen zu $O'E_2'$ durch E_1'.
Q teilt $\overline{E_2P}$ im Verhältnis 1 : 1; also teilt Q′ die Strecke $\overline{E_2'P'}$ ebenfalls im Verhältnis 1 : 1.
R teilt $\overline{OP}$ im Verhältnis 3 : 2; also teilt R′ die Strecke $\overline{O'P'}$ ebenfalls im Verhältnis 3 : 2.
b) Das Bild der Geraden OQ ist die Gerade O′Q′ und das Bild der Geraden E_2P ist die Gerade $E_2'P'$.
c) S = Q; also S′ = Q′.
d) T_1 teilt $\overline{OQ}$ im Verhältnis 3 : 1, während T_2 die Strecke $\overline{OQ}$ im Verhältnis 4 : 1 teilt. Da eine affine Abbildung teilverhältnistreu ist, lassen sich damit auch die Punkte T_1' und T_2' konstruieren.
Die Konstruktionen zu a) bis d) zeigt Fig. 1, die Konstruktion zu e) zeigt Fig. 2 auf der nächsten Seite.

S. 347 **8** zu a) – d):

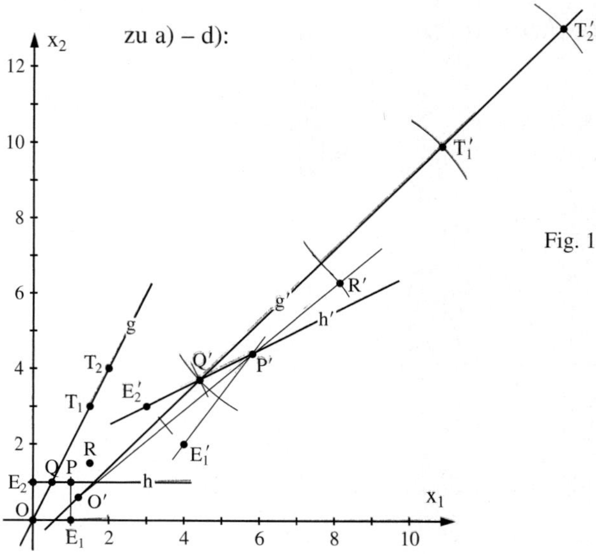

Fig. 1

e) Konstruktion von X′: Die Gerade XQ ist parallel zu OP, daher ist X′Q′ parallel zu O′P′. Die Gerade XT_2 ist parallel zu OE_2, daher ist $X'T_2'$ parallel zu $O'E_2'$. X′ ist also der Schnittpunkt der Parallelen zu O′P′ durch Q′ mit der Parallelen zu $O'E_2'$ durch T_2'.
Konstruktion von Y′: Die Gerade YR ist parallel zu OE_2, daher ist Y′R′ parallel zu $O'E_2'$. Die Gerade YQ ist parallel zu OR, daher ist Y′Q′ parallel zu O′R′. Y′ ist also der Schnittpunkt der Parallelen zu $O'E_2'$ durch R′ mit der Parallelen zu O′R′ durch Q′.

zu e):

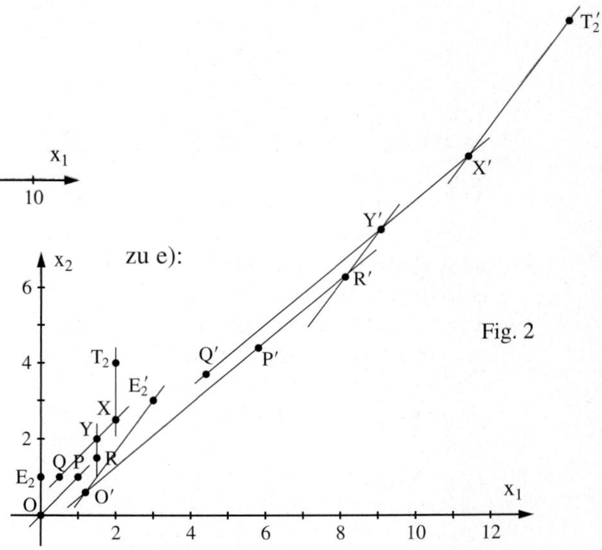

Fig. 2

9 S′ liegt auf der Geraden R′P′.
Wegen der Umkehrbarkeit und der Geradentreue einer affinen Abbildung müsste auch S auf RP liegen, was nicht der Fall ist (vgl. Fig. 3).

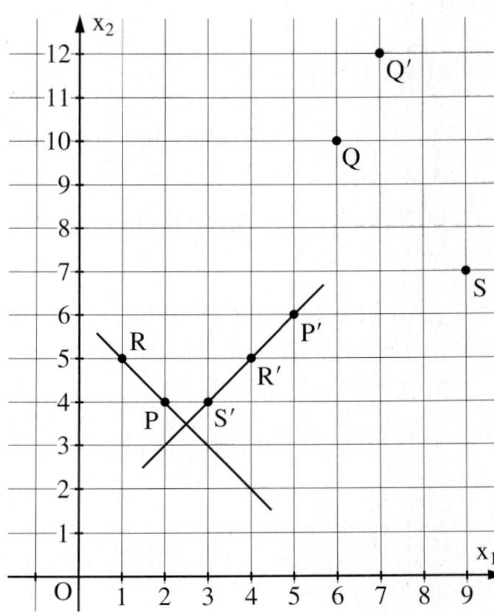

Fig. 3

3 Darstellung affiner Abbildungen mithilfe von Matrizen

S. 348 **1** a) A′(5|0) b) B′(7|2) c) C′(29|3)

S. 350 **2** a)

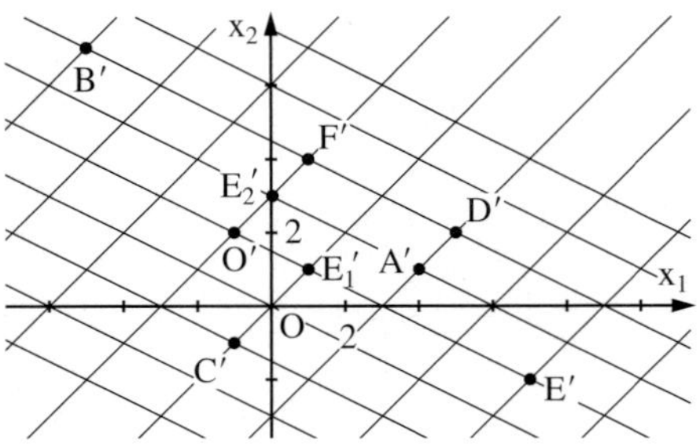

b) A′(4|1); B′(−5|7); C′(−2|−2); D′(5|2); E′(5|−1); F′(1|4)

$\alpha: \overrightarrow{x'} = \begin{pmatrix} 2 & 1 \\ -1 & 1 \end{pmatrix} \cdot \vec{x} + \begin{pmatrix} -1 \\ 2 \end{pmatrix}$

3 a) A′(35|63); B′(32|44); C′(52|97) b) A′(31|−9); B′(−3|7); C′(−31|23)
c) A′(4|0); B′(10|0); C′(12|3)

4 a) $g': \overrightarrow{x'} = \begin{pmatrix} 4 \\ 1 \end{pmatrix} + t\begin{pmatrix} -1 \\ 19 \end{pmatrix}$ b) $g': \overrightarrow{x'} = \begin{pmatrix} 8 \\ 6 \end{pmatrix} + t\begin{pmatrix} 3 \\ 1 \end{pmatrix}$

c) $g': \overrightarrow{x'} = \begin{pmatrix} 13 \\ 56 \end{pmatrix} + t\begin{pmatrix} -7 \\ 11 \end{pmatrix}$ d) $g': \overrightarrow{x'} = \begin{pmatrix} 1 \\ 12 \end{pmatrix} + t\begin{pmatrix} -7 \\ 29 \end{pmatrix}$

e) $g': \overrightarrow{x'} = \begin{pmatrix} 8 \\ -4 \end{pmatrix} + t\begin{pmatrix} -15 \\ 0 \end{pmatrix}$

S. 351 **5** a) $g': \overrightarrow{x'} = \begin{pmatrix} 1 \\ -2 \end{pmatrix} + t\begin{pmatrix} 1 \\ 3 \end{pmatrix}$ b) $g': \overrightarrow{x'} = \begin{pmatrix} 1 \\ -2 \end{pmatrix} + t\begin{pmatrix} -2 \\ 4 \end{pmatrix}$

c) $g': \overrightarrow{x'} = \begin{pmatrix} 1 \\ -2 \end{pmatrix} + t\begin{pmatrix} -1 \\ 7 \end{pmatrix}$ d) $g': \overrightarrow{x'} = \begin{pmatrix} 1 \\ 8 \end{pmatrix} + t\begin{pmatrix} 1 \\ 13 \end{pmatrix}$

6 $\alpha: \overrightarrow{x'} = \begin{pmatrix} 2 & 1 \\ 1 & 2 \end{pmatrix} \cdot \vec{x} + \begin{pmatrix} 2 \\ 1 \end{pmatrix}$;
P′(5|4); Q′(3,2|3,1); R′(6,5|5,5)

7 a) $\alpha: \overrightarrow{x'} = \begin{pmatrix} \frac{16}{9} & \frac{1}{9} \\ -\frac{7}{9} & \frac{8}{9} \end{pmatrix} \cdot \vec{x}$

b) $A'\left(\frac{16}{9} \middle| -\frac{7}{9}\right)$; $B'\left(\frac{80}{9} \middle| -\frac{35}{9}\right)$;
$C'\left(\frac{28}{3} \middle| -\frac{1}{3}\right)$; $D'\left(\frac{20}{9} \middle| \frac{25}{9}\right)$

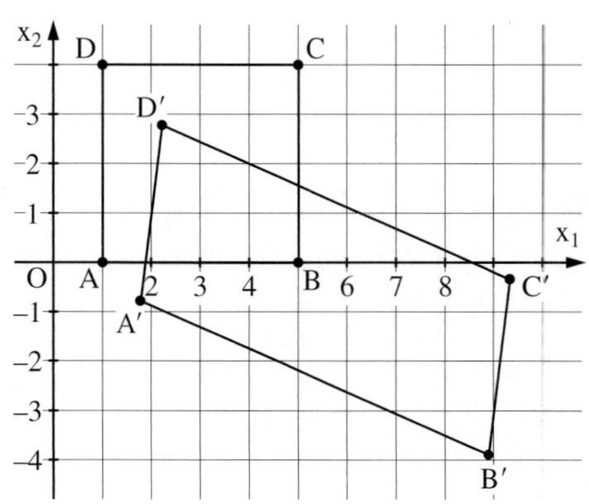

8 $\alpha: \overrightarrow{x'} = \begin{pmatrix} 1 & \frac{3}{4} \\ 0 & \frac{1}{4} \end{pmatrix} \cdot \vec{x}$

S. 351 **9** a) $\alpha\colon \overrightarrow{x'} = \begin{pmatrix} \frac{3}{2} & -\frac{1}{2} \\ \frac{1}{2} & \frac{1}{2} \end{pmatrix} \cdot \vec{x}$ b) $\alpha\colon \overrightarrow{x'} = \begin{pmatrix} \frac{3}{2} & \frac{1}{2} \\ -\frac{1}{2} & \frac{1}{2} \end{pmatrix} \cdot \vec{x} + \begin{pmatrix} -1 \\ 1 \end{pmatrix}$ c) $\alpha\colon \overrightarrow{x'} = \begin{pmatrix} \frac{1}{3} & \frac{4}{3} \\ -\frac{1}{3} & \frac{5}{3} \end{pmatrix} \cdot \vec{x}$

10 a) $\alpha\colon \overrightarrow{x'} = \begin{pmatrix} 2 & -1 \\ -1 & 1 \end{pmatrix} \cdot \vec{x}$; $B'(10|-5)$; $C'(-5|5)$; s.u. Fig. 1.

b) $\alpha\colon \overrightarrow{x'} = \begin{pmatrix} 1 & 0 \\ -1 & 2 \end{pmatrix} \cdot \vec{x}$; $B'(5|-5)$; $C'(0|10)$; s.u. Fig. 2.

c) $\alpha\colon \overrightarrow{x'} = \begin{pmatrix} 1 & 2 \\ 0 & 1 \end{pmatrix} \cdot \vec{x}$; $B'(5|0) = B$; $C'(10|5)$; s.u. Fig. 3.

d) $\alpha\colon \overrightarrow{x'} = \frac{1}{3}\begin{pmatrix} 5 & -1 \\ -2 & 4 \end{pmatrix} \cdot \vec{x}$; $B'\left(\frac{25}{3}\middle|-\frac{10}{3}\right)$; $C'\left(-\frac{5}{3}\middle|\frac{20}{3}\right)$; s.u. Fig. 4.

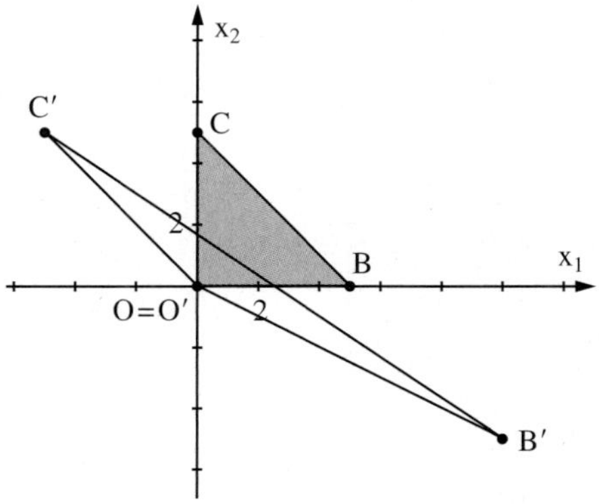

Fig. 1

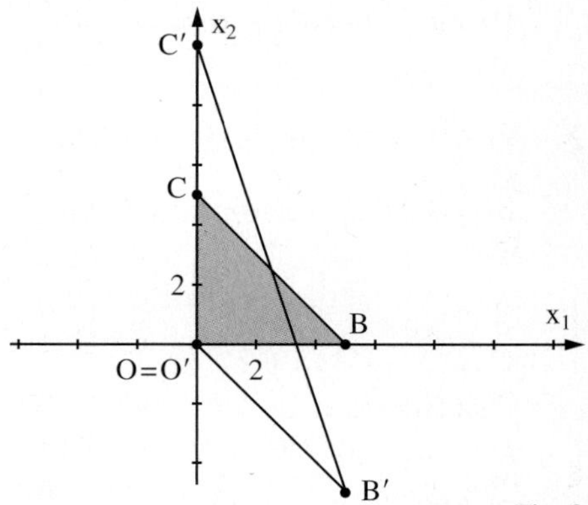

Fig. 2

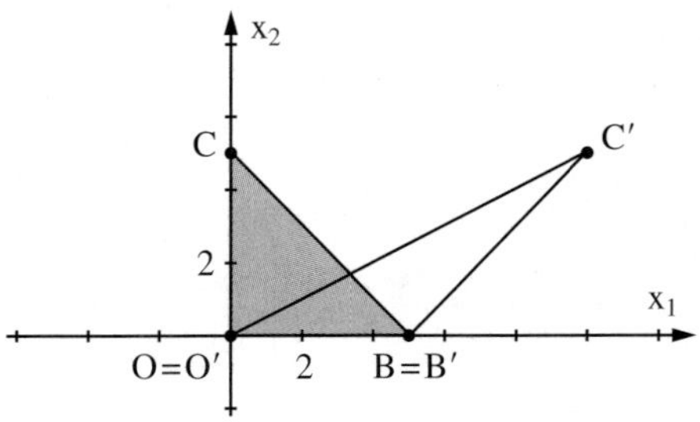

Fig. 3

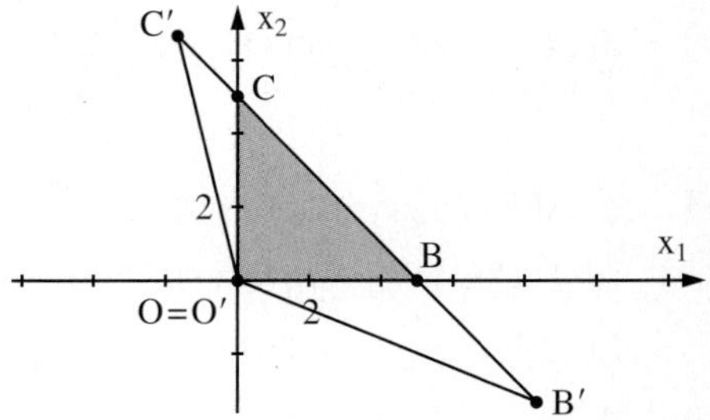

Fig. 4

11 a) Die Punkte auf der Geraden $g'\colon \vec{x} = t\begin{pmatrix} -2 \\ 1 \end{pmatrix}$ werden auf den Ursprung abgebildet.

b) Gegeben sind zwei Punkte $P(p_1|p_2)$ und $Q(q_1|q_2)$ mit $P \neq Q$
und $\begin{pmatrix} a & b \\ c & d \end{pmatrix} \cdot \vec{p} = \begin{pmatrix} a & b \\ c & d \end{pmatrix} \cdot \vec{q}$. Für den Punkt R mit $\vec{r} = \vec{p} - \vec{q}$ gilt dann
$\overrightarrow{r'} = \begin{pmatrix} a & b \\ c & d \end{pmatrix} \cdot (\vec{p} - \vec{q}) = \begin{pmatrix} a & b \\ c & d \end{pmatrix} \cdot \vec{p} - \begin{pmatrix} a & b \\ c & d \end{pmatrix} \cdot \vec{q} = \begin{pmatrix} 0 \\ 0 \end{pmatrix}$.

c) Die Abbildung ist für $a \neq \frac{3}{2}$ eine affine Abbildung, da in diesen Fällen nur der Ursprung auf den Ursprung abgebildet wird.

4 Matrixdarstellungen spezieller Kongruenz- und Ähnlichkeitsabbildungen

S. 352 **1** a) Es gilt: $E_1'(\cos(45°)|\sin(45°))$ und $E_2'(-\sin(45°)|\cos(45°))$.

b) Drehung um 45°: $\alpha\colon \overrightarrow{x'} = \begin{pmatrix} \frac{1}{2}\sqrt{2} & -\frac{1}{2}\sqrt{2} \\ \frac{1}{2}\sqrt{2} & \frac{1}{2}\sqrt{2} \end{pmatrix} \cdot \vec{x}$

Drehung um 135°: $\alpha\colon \overrightarrow{x'} = \begin{pmatrix} -\frac{1}{2}\sqrt{2} & -\frac{1}{2}\sqrt{2} \\ \frac{1}{2}\sqrt{2} & -\frac{1}{2}\sqrt{2} \end{pmatrix} \cdot \vec{x}$

Drehung um 60°: $\alpha\colon \overrightarrow{x'} = \begin{pmatrix} \frac{1}{2} & -\frac{1}{2}\sqrt{3} \\ \frac{1}{2}\sqrt{3} & \frac{1}{2} \end{pmatrix} \cdot \vec{x}$

S. 353 **2** a) $A'(-5|12)$; $B'(0|18)$; $C'(2|13)$

b) Abbildungsvorschrift: $\alpha\colon \overrightarrow{x'} = \begin{pmatrix} \frac{1}{2}\sqrt{3} & -\frac{1}{2} \\ \frac{1}{2} & \frac{1}{2}\sqrt{3} \end{pmatrix} \cdot \vec{x}$

$A'\left(-\frac{3\sqrt{3}+5}{2}\middle|\frac{5\sqrt{3}-3}{2}\right)$; $B'\left(\frac{2\sqrt{3}-11}{2}\middle|\frac{11\sqrt{3}+2}{2}\right)$;
$C'\left(2\sqrt{3}-3\middle|3\sqrt{3}+2\right)$
(Näherungswerte: $A'(-5{,}098|2{,}830)$; $B'(-3{,}768|10{,}526)$; $C'(0{,}464|7{,}196)$)

c) Abbildungsvorschrift: $\alpha\colon \overrightarrow{x'} = \begin{pmatrix} -0{,}8 & -0{,}6 \\ -0{,}6 & 0{,}8 \end{pmatrix} \cdot \vec{x}$
$A'(-0{,}6|5{,}8)$; $B'(-8{,}2|7{,}6)$; $C'(-6{,}8|2{,}4)$

d) $A'(1{,}5|-2{,}5)$; $B'(-1|-5{,}5)$; $C'(-2|-3)$
Zeichnung rechts.

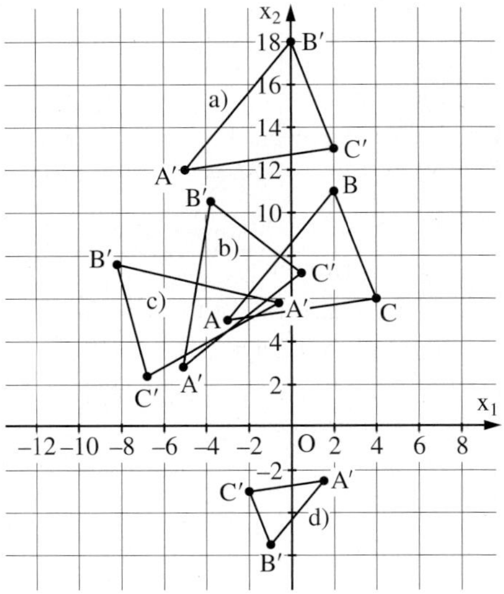

3 a) Abbildungsvorschrift: $\alpha\colon \overrightarrow{x'} = \begin{pmatrix} 1 & 0 \\ 0 & -1 \end{pmatrix} \cdot \vec{x}$
$A'(1|-2)$; $B'(5|-3)$; $C'(3|-5)$

b) Abbildungsvorschrift: $\alpha\colon \overrightarrow{x'} = \begin{pmatrix} -1 & 0 \\ 0 & 1 \end{pmatrix} \cdot \vec{x}$
$A'(-1|2)$; $B'(-5|3)$; $C'(-3|5)$

c) Abbildungsvorschrift: $\alpha\colon \overrightarrow{x'} = \begin{pmatrix} 0 & -1 \\ -1 & 0 \end{pmatrix} \cdot \vec{x}$
$A'(-2|-1)$; $B'(-3|-5)$; $C'(-5|-3)$

d) Abbildungsvorschrift: $\alpha\colon \overrightarrow{x'} = \begin{pmatrix} -0{,}8 & 0{,}6 \\ 0{,}6 & 0{,}8 \end{pmatrix} \cdot \vec{x}$
$A'(0{,}4|2{,}2)$; $B'(-2{,}2|5{,}4)$; $C'(0{,}6|5{,}8)$
Zeichnung rechts.

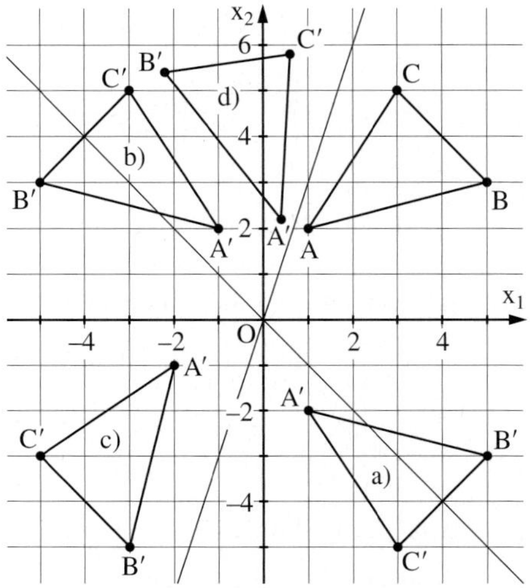

S. 353 **4** a) Es handelt sich um eine Drehung, wenn sich ein Winkel α bestimmen lässt, für den gilt: $\cos(\alpha) = \frac{12}{13}$ und $\sin(\alpha) = \frac{5}{13}$.
Dies ist aber wegen $\left(\frac{12}{13}\right)^2 + \left(\frac{5}{13}\right)^2 = 1$ möglich. Es ergibt sich $\alpha \approx 22{,}6°$.
Die Figur zeigt, dass für P(5|0) gilt: $\sphericalangle POP' \approx 22°$.

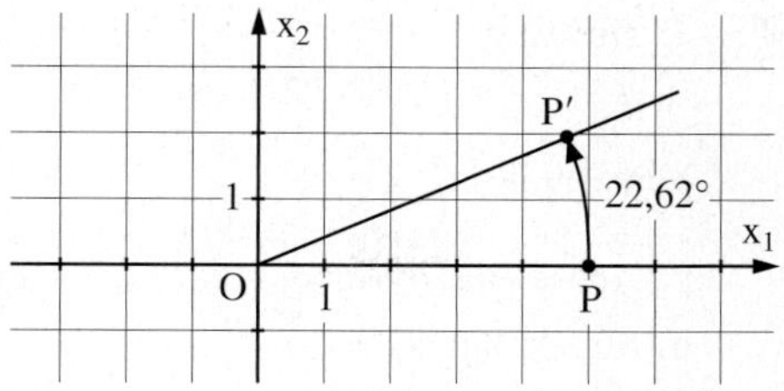

b) Aus der Bedingung $a^2 + b^2 = 1$ folgt unmittelbar, dass es einen Winkel α gibt, für den gilt: $\cos(\alpha) = a$ und $-\sin(\alpha) = b$. Es handelt sich also um eine Drehung um den Winkel α. Die Umkehrung ist offensichtlich, weil für alle Winkel α gilt: $\cos^2(\alpha) + \sin^2(\alpha) = 1$.

5 a) Es handelt sich um eine Spiegelung an einer Ursprungsgeraden, wenn es einen Winkel α gibt mit $\cos(\alpha) = -\frac{12}{13}$ und $\sin(\alpha) = -\frac{5}{13}$. Dies ist der Fall für $\alpha \approx 202{,}62°$. Für den Winkel φ, den die Spiegelungsachse mit der x_1-Achse einschließt, gilt dann $\varphi = \frac{\alpha}{2} \approx 101{,}31°$ und $\tan(\varphi) = -5$. Die Spiegelachse ist daher die Gerade $x_2 = -5x_1$. Die Figur zeigt die Überprüfung am Beispiel von P(5|0).

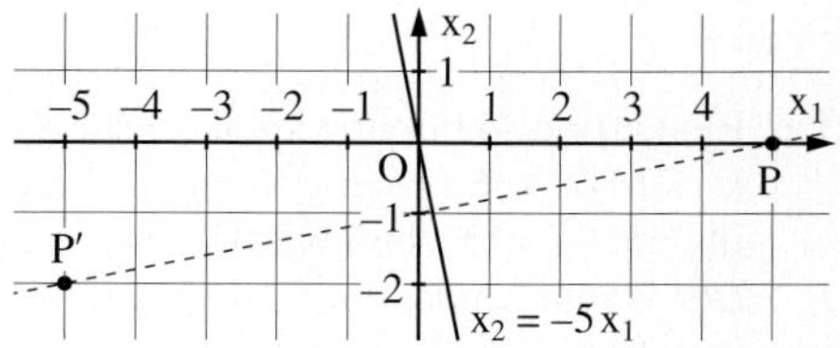

b) analog zu 4b)

5 *Verketten von affinen Abbildungen, Multiplikation von Matrizen*

S. 354 **1** a) Spiegelung σ_g an der Geraden g: σ_g: $\overrightarrow{x'} = \begin{pmatrix} \frac{5}{13} & \frac{12}{13} \\ \frac{12}{13} & -\frac{5}{13} \end{pmatrix} \cdot \vec{x}$

Spiegelung σ_h an der Geraden h: σ_h: $\overrightarrow{x'} = \begin{pmatrix} -\frac{5}{13} & -\frac{12}{13} \\ -\frac{12}{13} & \frac{5}{13} \end{pmatrix} \cdot \vec{x}$

Hintereinanderausführen der Abbildungen liefert die Behauptung.

b) Betrachtet werden etwa die Spiegelungen σ_0 an der x_2-Achse und die Spiegelung σ_{-1} an der zur x_2-Achse parallelen Geraden durch (–1|0).

σ_0: $\overrightarrow{x'} = \begin{pmatrix} -1 & 0 \\ 0 & 1 \end{pmatrix} \cdot \vec{x}$; σ_{-1}: $\overrightarrow{x'} = \begin{pmatrix} -1 & 0 \\ 0 & 1 \end{pmatrix} \cdot \vec{x} + \begin{pmatrix} -2 \\ 0 \end{pmatrix}$

S. 355 **2** a) $A \cdot B = \begin{pmatrix} -16 & 29 \\ 22 & 22 \end{pmatrix}$; $B \cdot A = \begin{pmatrix} 3 & 37 \\ 27 & 3 \end{pmatrix}$ b) $A \cdot B = \begin{pmatrix} 6 & -4 \\ -\frac{1}{2} & 13 \end{pmatrix}$; $B \cdot A = \begin{pmatrix} 9 & -4 \\ -\frac{7}{2} & 10 \end{pmatrix}$

3 a) $\overrightarrow{x'} = \begin{pmatrix} -3 & -1 \\ -4 & 0 \end{pmatrix} \cdot \vec{x}$ und $\overrightarrow{x'} = \begin{pmatrix} 0 & -4 \\ -1 & -3 \end{pmatrix} \cdot \vec{x}$ b) $\overrightarrow{x'} = \begin{pmatrix} 0 & -1 \\ 4 & -1 \end{pmatrix} \cdot \vec{x}$ und $\overrightarrow{x'} = \begin{pmatrix} 0 & 2 \\ -2 & -1 \end{pmatrix} \cdot \vec{x}$

S. 355 **4** a) Drehung: $\overrightarrow{x'} = \begin{pmatrix} \frac{1}{2}\sqrt{2} & -\frac{1}{2}\sqrt{2} \\ \frac{1}{2}\sqrt{2} & \frac{1}{2\sqrt{2}} \end{pmatrix} \cdot \vec{x}$; Spiegelung: $x' = \begin{pmatrix} 0 & -1 \\ -1 & 0 \end{pmatrix} \cdot \vec{x}$

Verkettung: $\overrightarrow{x''} = \begin{pmatrix} -\frac{1}{2}\sqrt{2} & -\frac{1}{2}\sqrt{2} \\ -\frac{1}{2}\sqrt{2} & \frac{1}{2}\sqrt{2} \end{pmatrix} \cdot \vec{x}$; Spiegelung an einer Ursprungsgeraden, die mit der x_1-Achse einen Winkel von 112,5° einschließt.

b) Streckung: $\overrightarrow{x'} = \begin{pmatrix} 2 & 0 \\ 0 & 2 \end{pmatrix} \cdot \vec{x}$; Spiegelung: $\overrightarrow{x'} = \begin{pmatrix} -1 & 0 \\ 0 & 1 \end{pmatrix} \cdot \vec{x}$; Verkettung:

$\overrightarrow{x''} = \begin{pmatrix} -2 & 0 \\ 0 & 2 \end{pmatrix} \cdot \vec{x}$; etwa: „Aus jeder Figur entsteht ein vergrößertes Spiegelbild."

c) Spiegelung: $\overrightarrow{x'} = \begin{pmatrix} 1 & 0 \\ 0 & -1 \end{pmatrix} \cdot \vec{x}$; Scherung: $\overrightarrow{x'} = \begin{pmatrix} 1 & 1 \\ 0 & 1 \end{pmatrix} \cdot \vec{x}$; Verkettung:

$\overrightarrow{x''} = \begin{pmatrix} 1 & -1 \\ 0 & -1 \end{pmatrix} \cdot \vec{x}$; etwa: „Aus jeder Figur entsteht ein gespiegeltes Bild einer Scherung."

5 Eine affine Abbildung kann beschrieben werden durch eine Gleichung der Form $\overrightarrow{x'} = M \cdot \vec{x} + \vec{c}$. Dabei gibt $\vec{c}$ den Verschiebungsteil an, der z. B. in Fig. 1 (Schülerbuch) im Fall $A = O$ den Punkt A auf den Punkt A′ abbildet.
Der verbleibende, durch die Matrix M beschriebene Teil stellt eine affine Abbildung mit dem Fixpunkt O dar.

6 *Umkehrabbildungen – Determinanten von Abbildungen*

S. 356 **1** a) α: $\overrightarrow{x'} = \begin{pmatrix} 4 & 2 \\ 1 & 5 \end{pmatrix} \cdot \vec{x}$ b) β: $\overrightarrow{x'} = \begin{pmatrix} \frac{5}{18} & -\frac{1}{9} \\ -\frac{1}{18} & \frac{2}{9} \end{pmatrix} \cdot \vec{x}$ c) $\alpha \circ \beta = id$; $\beta \circ \alpha = id$

S. 358 **2** a) $A^{-1} = \begin{pmatrix} 1 & -1 \\ 0 & 1 \end{pmatrix}$ b) $A^{-1} = \begin{pmatrix} 0{,}5 & 0 \\ -0{,}3 & 0{,}2 \end{pmatrix}$ c) $A^{-1} = \frac{1}{24}\begin{pmatrix} -1 & 5 \\ 5 & -1 \end{pmatrix}$ d) $A^{-1} = \frac{1}{65}\begin{pmatrix} 7 & -3 \\ -4 & 11 \end{pmatrix}$

3 a) α^{-1}: $\overrightarrow{x'} = \begin{pmatrix} 0{,}4 & -0{,}6 \\ 0{,}2 & 0{,}2 \end{pmatrix} \cdot \vec{x}$ b) α^{-1}: $\overrightarrow{x'} = \begin{pmatrix} 2 & -1 \\ 1 & 3 \end{pmatrix} \cdot \vec{x}$ c) α^{-1}: $\overrightarrow{x'} = \begin{pmatrix} -\frac{1}{3} & 1 \\ \frac{1}{3} & 0 \end{pmatrix} \cdot \vec{x}$

4 a) α^{-1}: $\overrightarrow{x'} = \begin{pmatrix} 2 & -0{,}5 \\ -3 & 1 \end{pmatrix} \cdot \vec{x} + \begin{pmatrix} 3 \\ -5 \end{pmatrix}$ b) α^{-1}: $\overrightarrow{x'} = \begin{pmatrix} 4 & -1 \\ 1 & 0 \end{pmatrix} \cdot \vec{x} + \begin{pmatrix} 8 \\ 1 \end{pmatrix}$ c) α^{-1}: $\overrightarrow{x'} = \begin{pmatrix} \frac{1}{3} & -1 \\ -\frac{1}{9} & \frac{4}{3} \end{pmatrix} \cdot \vec{x} + \begin{pmatrix} -\frac{2}{3} \\ \frac{2}{9} \end{pmatrix}$

S. 359 **5** a) α^{-1}: $\overrightarrow{x'} = \begin{pmatrix} 0{,}6 & -0{,}2 \\ -0{,}2 & 0{,}4 \end{pmatrix} \cdot \vec{x}$ b) β^{-1}: $\overrightarrow{x'} = \begin{pmatrix} 0{,}8 & 0{,}1 \\ -0{,}2 & 0{,}1 \end{pmatrix} \cdot \vec{x}$

c) $(\alpha \circ \beta)^{-1}$: $\overrightarrow{x'} = \begin{pmatrix} 0{,}46 & -0{,}12 \\ -0{,}14 & 0{,}08 \end{pmatrix} \cdot \vec{x}$ d) $(\beta \circ \alpha)^{-1}$: $\overrightarrow{x'} = \begin{pmatrix} 0{,}52 & 0{,}04 \\ -0{,}24 & 0{,}02 \end{pmatrix} \cdot \vec{x}$

e) $\alpha^{-1} \circ \beta^{-1}$: $\overrightarrow{x'} = \begin{pmatrix} 0{,}52 & 0{,}04 \\ -0{,}24 & 0{,}02 \end{pmatrix} \cdot \vec{x}$ (vgl. d)) f) $\beta^{-1} \circ \alpha^{-1}$: $\overrightarrow{x'} = \begin{pmatrix} 0{,}46 & -0{,}12 \\ -0{,}14 & 0{,}08 \end{pmatrix} \cdot \vec{x}$ (vgl. c))

S. 359 **6** Die affinen Abbildungen bilden mit der Verkettung ∘ als Verknüpfung eine Gruppe. Aus dem Assoziativgesetz folgt:
$(\alpha \circ \beta) \circ (\beta^{-1} \circ \alpha^{-1}) = \alpha \circ (\beta \circ \beta^{-1}) \circ \alpha^{-1} = (\alpha \circ \mathrm{id}) \circ \alpha^{-1} = \alpha \circ \alpha^{-1} = \mathrm{id}.$
Also ist $\beta^{-1} \circ \alpha^{-1}$ das (eindeutig bestimmte) inverse Element zu $\alpha \circ \beta$.

7 a) $g'\colon 13x_1 + 24x_2 = 41;\ h\colon \vec{x} = \begin{pmatrix} -5 \\ -2 \end{pmatrix} + t\begin{pmatrix} 21 \\ 8 \end{pmatrix}$

b) $g'\colon \vec{x} = \begin{pmatrix} 10 \\ -4 \end{pmatrix} + t\begin{pmatrix} -16 \\ 9 \end{pmatrix};\ h\colon 5x_1 - 13x_2 + 4 = 0$

8 a) α bildet $O(0|0)$ auf $O'(0|0)$, $F(1|-1)$ auf $F'(1|-1)$ und $A(0|2)$ auf $A'(3|-1)$ ab.
Damit erhält man die Matrixdarstellung $\alpha\colon \vec{x'} = \frac{1}{2}\begin{pmatrix} 5 & 3 \\ -3 & -1 \end{pmatrix} \cdot \vec{x}$.

b) Die Umkehrabbildung einer Scherung mit Scherwinkel φ an der Achse a ist eine Scherung an derselben Achse mit Winkel $-\varphi$ (vgl. Fig. 1).

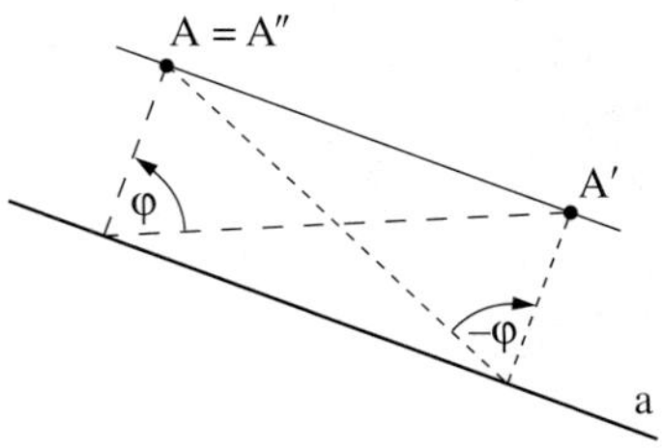

Fig. 1

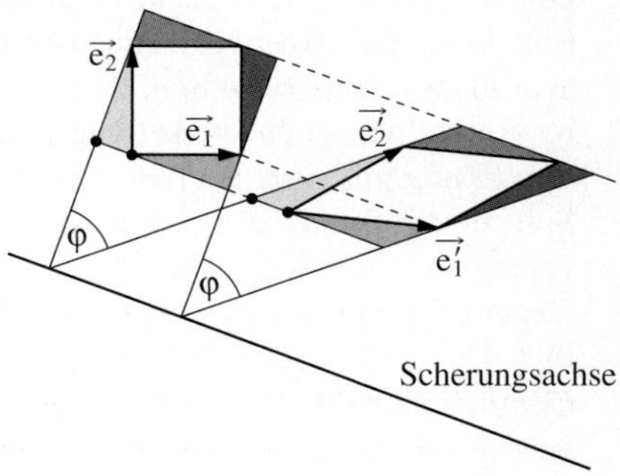

Fig. 2

c) Dass eine Scherung flächeninhaltstreu ist und somit das Einheitsquadrat auf ein Parallelogramm vom Inhalt 1 abbildet, ist in Fig. 2 veranschaulicht. Da eine Scherung auch orientierungstreu ist, hat die Determinante jeder Scherung den Wert 1.

9 a) $\gamma\colon \vec{x'} = \begin{pmatrix} -4 & -26 \\ 1{,}5 & 8{,}5 \end{pmatrix} \cdot \vec{x}\ \left(\alpha^{-1}\colon \vec{x'} = \begin{pmatrix} 2 & -3 \\ -0{,}5 & 1 \end{pmatrix} \cdot \vec{x},\ \gamma = \alpha^{-1} \circ \beta\right)$

b) $\gamma\colon \vec{x'} = \begin{pmatrix} 1{,}7 & 5{,}2 \\ -0{,}3 & -0{,}8 \end{pmatrix} \cdot \vec{x}\ \left(\beta^{-1}\colon \vec{x'} = \begin{pmatrix} 0{,}8 & 0{,}1 \\ -0{,}2 & 0{,}1 \end{pmatrix} \cdot \vec{x},\ \gamma = \beta^{-1} \circ \alpha\right)$

c) $\gamma\colon \vec{x'} = \begin{pmatrix} 2{,}5 & -4 \\ 0 & 2 \end{pmatrix} \cdot \vec{x}\ (\gamma = \beta \circ \alpha^{-1})$

d) $\gamma\colon \vec{x'} = \begin{pmatrix} 0{,}4 & 0{,}8 \\ 0 & 0{,}5 \end{pmatrix} \cdot \vec{x}\ (\gamma = \alpha \circ \beta^{-1})$

e) $\gamma\colon \vec{x'} = \begin{pmatrix} 5 & -14 \\ -1{,}25 & 4 \end{pmatrix} \cdot \vec{x}\ (\gamma = \alpha^{-1} \circ \beta \circ \alpha^{-1})$

f) $\gamma\colon \vec{x'} = \begin{pmatrix} 2 & -3 \\ -0{,}5 & 1 \end{pmatrix} \cdot \vec{x}\ (\gamma = \alpha^{-1})$

g) $\gamma\colon \vec{x'} = \begin{pmatrix} 0{,}8 & 0{,}1 \\ -0{,}2 & 0{,}1 \end{pmatrix} \cdot \vec{x}\ (\gamma = \beta^{-1})$

h) $\gamma\colon \vec{x'} = \begin{pmatrix} 0{,}8 & 4{,}6 \\ 0{,}4 & 2{,}8 \end{pmatrix} \cdot \vec{x}\ (\gamma = \alpha \circ \alpha \circ \beta^{-1})$

S. 359 **10** Für die Matrizen $A = \begin{pmatrix} a_1 & a_2 \\ b_1 & b_2 \end{pmatrix}$ und $C = \begin{pmatrix} c_1 & d_1 \\ c_2 & d_2 \end{pmatrix}$ gilt:

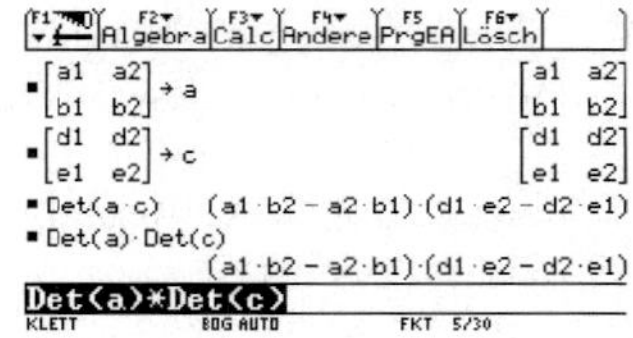

$$\begin{pmatrix} a_1 & a_2 \\ b_1 & b_2 \end{pmatrix} \cdot \begin{pmatrix} c_1 & d_1 \\ c_2 & d_2 \end{pmatrix} = \begin{pmatrix} a_1 c_1 + a_2 c_2 & a_1 d_1 + a_2 d_2 \\ b_1 c_1 + b_2 c_2 & b_1 d_1 + b_2 d_2 \end{pmatrix},$$

$$\begin{vmatrix} a_1 & a_2 \\ b_1 & b_2 \end{vmatrix} \cdot \begin{vmatrix} c_1 & d_1 \\ c_2 & d_2 \end{vmatrix} = (a_1 b_2 - b_1 a_2) \cdot (c_1 d_2 - c_2 d_1) \text{ und}$$

$$\begin{aligned} \begin{vmatrix} a_1 c_1 + a_2 c_2 & a_1 d_1 + a_2 d_2 \\ b_1 c_1 + b_2 c_2 & b_1 d_1 + b_2 d_2 \end{vmatrix} &= (a_1 c_1 + a_2 c_2)(b_1 d_1 + b_2 d_2) - (b_1 c_1 + b_2 c_2)(a_1 d_1 + a_2 d_2) \\ &= a_1 c_1 b_2 d_2 + a_2 c_2 b_1 d_1 - b_1 c_1 a_2 d_2 - b_2 c_2 a_1 d_1 \\ &= a_1 b_2 (c_1 d_2 - c_2 d_1) - b_1 a_2 (c_1 d_2 - c_2 d_1) \\ &= (a_1 b_2 - b_1 a_2)(c_1 d_2 - c_2 d_1). \end{aligned}$$

Also gilt $\det(A \cdot C) = \det A \cdot \det C$.

11 a) Eine Drehung ist eine flächeninhalts- und orientierungstreue affine Abbildung. Eine Spiegelung ist flächeninhaltstreu, aber nicht orientierungstreu.
b) $\gamma = \alpha^{-1} \circ \beta$ ist die Verkettung einer Spiegelung mit einer Drehung mit einer Spiegelung, dies ist aber i. a. keine Spiegelung.
Gegenbeispiel siehe Zeichnung rechts.
c) $\gamma = \alpha^{-1} \circ \beta$ ist die Verkettung einer Drehung, dies ist aber i. Allg. keine Spiegelung. Als Gegenbeispiel durchlaufe man die Abbildung aus b) rückwärts.

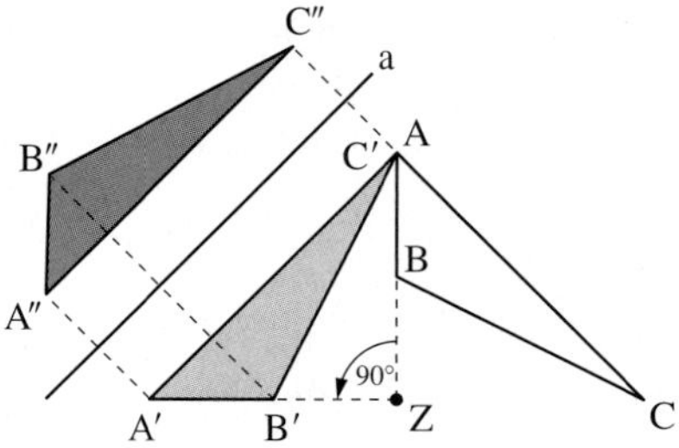

12 a) 9 b) 4,5 c) 3,5

13 $\overrightarrow{A'B'} = \begin{pmatrix} 2 \\ 14 \end{pmatrix}$; $\overrightarrow{A'D'} = \begin{pmatrix} -3 \\ 4 \end{pmatrix}$; $F = \begin{vmatrix} 2 & -3 \\ 14 & 4 \end{vmatrix} = 50$

7 *Eigenwerte und Eigenvektoren*

S. 360 **1** Einzige Fixgerade durch O ist die Achse $x_2 = 0$.

S. 362 **2**

	a)	b)	c)	d)
Eigenwerte	$-2; -5$	-3	$\sqrt{2} - 1; -\sqrt{2} - 1$	$-\frac{1}{2} - \frac{1}{2}\sqrt{5}; -\frac{1}{2} + \frac{1}{2}\sqrt{5}$
Eigenvektoren	$\begin{pmatrix} 1 \\ 1 \end{pmatrix}; \begin{pmatrix} -1 \\ 2 \end{pmatrix}$	$\begin{pmatrix} 1 \\ -1 \end{pmatrix}$	$\begin{pmatrix} 1 \\ \sqrt{2} \end{pmatrix}; \begin{pmatrix} -1 \\ \sqrt{2} \end{pmatrix}$	$\begin{pmatrix} 2 \\ 1 - \sqrt{5} \end{pmatrix}; \begin{pmatrix} 2 \\ 1 + \sqrt{5} \end{pmatrix}$

S. 362 **3** a) Die Geraden mit den Richtungsvektoren $\begin{pmatrix} 0 \\ 1 \end{pmatrix}$ oder $\begin{pmatrix} 0 \\ 2 \end{pmatrix}$.
b) keine Lösung.
c) Die Geraden mit den Richtungsvektoren $\begin{pmatrix} 2 \\ -3 \end{pmatrix}$ oder $\begin{pmatrix} 1 \\ 1 \end{pmatrix}$.
d) keine Lösung.

4 a) Die Matrix $A = \begin{pmatrix} 1 & -4 \\ 4 & -7 \end{pmatrix}$ hat nur den Eigenwert $\lambda = -3$ mit Eigenvektor $\begin{pmatrix} 1 \\ 1 \end{pmatrix}$. Also ist die Gerade $g\colon \vec{x} = t \cdot \begin{pmatrix} 1 \\ 1 \end{pmatrix}$ Fixgerade. Weitere Fixgeraden gibt es nicht (vgl. Beispiel 1 im Lehrtext).
b) Da $P(1|1)$ auf $P'(-3|-3)$ abgebildet wird, ist g keine Fixpunktgerade.

5 a) $g_1\colon \vec{x} = t\begin{pmatrix} 1 \\ -1 \end{pmatrix}$; $g_2\colon \vec{x} = t\begin{pmatrix} 1 \\ -3 \end{pmatrix}$
b) $g_1\colon \vec{x} = t\begin{pmatrix} 2 \\ \sqrt{5} - 3 \end{pmatrix}$; $g_2\colon \vec{x} = t\begin{pmatrix} 2 \\ -\sqrt{5} - 3 \end{pmatrix}$
c) $g_1\colon \vec{x} = t\begin{pmatrix} 1 \\ \sqrt{2} - 1 \end{pmatrix}$; $g_2\colon \vec{x} = t\begin{pmatrix} 1 \\ -\sqrt{2} - 1 \end{pmatrix}$

6 a) $\alpha\colon \overrightarrow{x'} = \begin{pmatrix} 1 & 0 \\ 0 & -1 \end{pmatrix} \cdot \vec{x}$; $\lambda_1 = 1$, $\lambda_2 = -1$
Eigenvektoren zu $\lambda_1 = 1$: $t\begin{pmatrix} 1 \\ 0 \end{pmatrix}$, $t \in \mathbb{R}$; Eigenvektoren zu $\lambda_1 = -1$: $s\begin{pmatrix} 0 \\ 1 \end{pmatrix}$, $s \in \mathbb{R}$
b) $\beta\colon \overrightarrow{x'} = \begin{pmatrix} 0 & 1 \\ 1 & 0 \end{pmatrix} \cdot \vec{x}$; $\lambda_1 = 1$, $\lambda_2 = -1$
Eigenvektoren zu $\lambda_1 = 1$: $t\begin{pmatrix} 1 \\ 1 \end{pmatrix}$, $t \in \mathbb{R}$; Eigenvektoren zu $\lambda_2 = -1$: $s\begin{pmatrix} 1 \\ -1 \end{pmatrix}$, $s \in \mathbb{R}$
c) $\gamma\colon \overrightarrow{x'} = \begin{pmatrix} 0 & -1 \\ 1 & 0 \end{pmatrix} \cdot \vec{x}$; keine Eigenwerte, keine Eigenvektoren
d) $\delta\colon \overrightarrow{x'} = \begin{pmatrix} 2 & 0 \\ 0 & 2 \end{pmatrix} \cdot \vec{x}$. Einziger Eigenwert ist 2, alle Vektoren $\neq \vec{o}$ der Ebene sind Eigenvektoren.
e) $\eta\colon \overrightarrow{x'} = \begin{pmatrix} 1 & \frac{4}{3} \\ 0 & 1 \end{pmatrix} \cdot \vec{x}$. $\lambda = 1$ ist einziger Eigenwert mit $t\begin{pmatrix} 1 \\ 0 \end{pmatrix}$, $t \in \mathbb{R}$, als Eigenvektoren.

7 a) $\begin{pmatrix} 1 & 0 \\ 0 & 2 \end{pmatrix}$ b) $\begin{pmatrix} 2 & 0 \\ 0 & 2 \end{pmatrix}$ c) $\begin{pmatrix} 2 & 1 \\ 0 & 2 \end{pmatrix}$ d) $\begin{pmatrix} 1 & 1 \\ -1 & 1 \end{pmatrix}$

8 a) Eigenwerte sind -2 und 3, zughörige Eigenvektoren sind $\begin{pmatrix} 1 \\ -1 \end{pmatrix}$ und $\begin{pmatrix} 1 \\ 2 \end{pmatrix}$.
b) $\overrightarrow{x'} = \begin{pmatrix} a_1 & b_1 \\ a_2 & b_2 \end{pmatrix} \cdot \vec{x}$. Mithilfe der Angaben für P und Q ergibt sich das LGS:

$a_1 - b_1 = -2$
$a_2 - b_2 = 2$
$a_1 + 2b_1 = 3$
$a_2 + 2b_2 = 6$

mit der Lösung $A = \begin{pmatrix} -\frac{1}{3} & \frac{5}{3} \\ \frac{10}{3} & \frac{4}{3} \end{pmatrix}$.

S. 362 **9** a) Für $t > \frac{2}{9}$ kein Eigenwert, für $t = \frac{2}{9}$ genau ein Eigenwert: $\lambda = \frac{1}{3}$, für $t < \frac{2}{9}$ genau 2 Eigenwerte: $\lambda_{1/2} = \frac{1}{3} \pm \sqrt{\frac{4}{9} - 2t}$.

b) Für $t = -\frac{2}{3}$ hat α_t die beiden Eigenwerte $\lambda_1 = \frac{5}{3}$ und $\lambda_2 = -1$.

c) Eine Spiegelung hat die Eigenwerte 1 und –1. Für $t < \frac{2}{9}$ hat die Abbildung α_t die beiden Eigenwerte $\lambda_{1/2} = \frac{1}{3} \pm \sqrt{\frac{4}{9} - 2t}$. Wäre α_t eine Spiegelung, so müsste $\lambda_1 = 1$ und $\lambda_2 = -1$ gelten, also $\frac{1}{3} + \sqrt{\frac{4}{9} - 2t} = 1$ und $\frac{1}{3} - \sqrt{\frac{4}{9} - 2t} = -1$. Diese beiden Bedingungen sind aber nicht gleichzeitig erfüllbar. Es gibt also keinen Wert t, für den α_t eine Spiegelung ist.

10 a) Sei λ ein Eigenwert von $\alpha: \overrightarrow{x'} = A \cdot \vec{x}$. Dann gilt:

$$\begin{aligned} A \cdot \vec{x} &= \lambda \vec{x} \\ A^{-1} \cdot (A \cdot \vec{x}) &= A^{-1} (\lambda \vec{x}) \\ \vec{x} &= \lambda A^{-1} \cdot \vec{x} \\ A^{-1} \cdot \vec{x} &= \frac{1}{\lambda} \cdot \vec{x} \end{aligned}$$

$\frac{1}{\lambda}$ ist also Eigenwert von α^{-1}.

b) Ist $\vec{v}$ ein Eigenvektor von $\alpha: \overrightarrow{x'} = A \cdot \vec{x}$ zum Eigenwert λ und zugleich ein Eigenvektor von $\beta: \overrightarrow{x'} = B \cdot \vec{x}$ zum Eigenwert μ, so gilt

$(A \cdot B) \cdot \vec{v} = A \cdot (B \cdot \vec{v}) = A \cdot (\mu \cdot \vec{v}) = \mu A \cdot \vec{v} = \mu \lambda \vec{v}$ und

$(B \cdot A) \cdot \vec{v} = B \cdot (A \cdot \vec{v}) = B \cdot (\lambda \vec{v}) = \lambda B \cdot \vec{v} = \lambda \mu \vec{v}$.

Also ist $\vec{v}$ sowohl ein Eigenvektor von $A \cdot B$ als auch von $B \cdot A$ zum Eigenwert $\lambda \cdot \mu$.

8 *Parallelprojektionen*

S. 363 **1** $O'(0|1|0)$; $X'\left(0\left|\frac{5}{3}\right|-\frac{4}{3}\right)$; $Y'(0|3|0)$; $Z'(0|1|2)$

Projektionsmatrix $P = \begin{pmatrix} 0 & 0 & 0 \\ \frac{1}{3} & 1 & 0 \\ -\frac{2}{3} & 0 & 1 \end{pmatrix}$

S. 365 **2** a) Projektionsmatrix $P = \begin{pmatrix} 0 & 0 & 0 \\ -1 & 1 & 0 \\ -1 & 0 & 1 \end{pmatrix}$

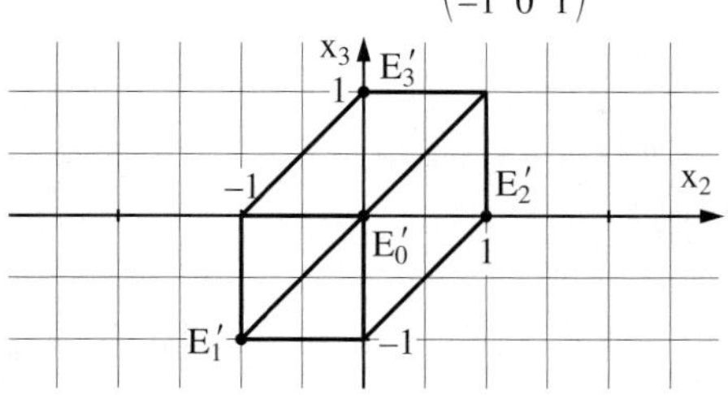

b) Projektionsmatrix $P = \begin{pmatrix} 1 & -1 & 0 \\ 0 & 0 & 0 \\ 0 & 1 & 1 \end{pmatrix}$

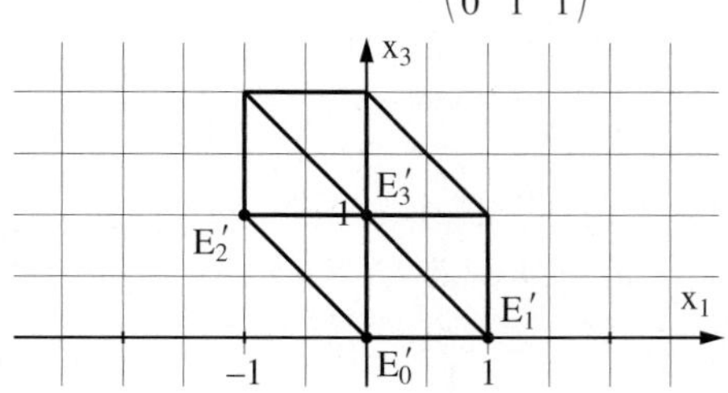

S. 365 **3** a) $O' = O$; $P'(0|0|0)$; $R'(0|-4|0)$; $S'(0|-2|6{,}5)$; $T'(0|0|5)$
b) $O' = O$; $P'(-4|0|0)$; $R'(0|-4|0)$; $S'(-8{,}5|-8{,}5|0)$; $T'(-9|-5|0)$

zu a):

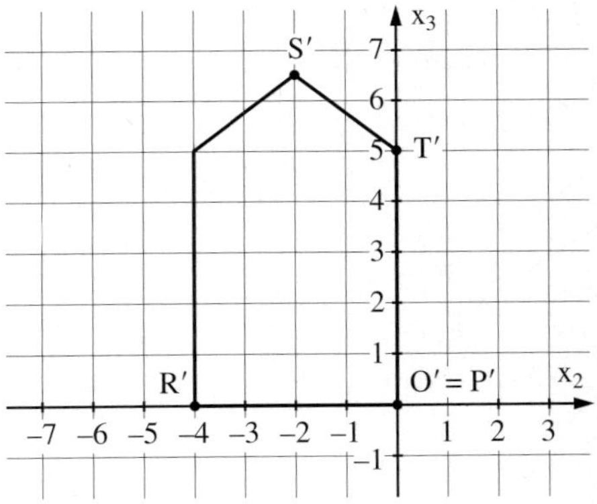

zu b):

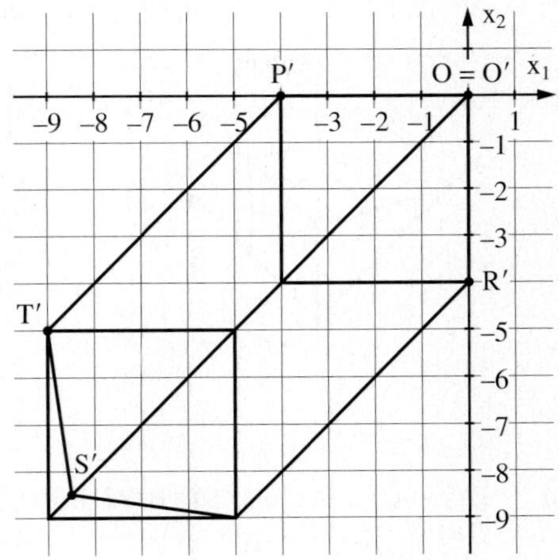

S. 366 **4** a) Abbildung unten
b) Ist $E_1(1|0|0)$, $E_2(0|1|0)$, $E_3(0|0|1)$, so haben die Bilder der Strecken $\overline{OE_1}$, $\overline{OE_2}$, $\overline{OE_3}$ jeweils die Länge 1, so dass man Entfernungen in Richtung der Koordinatenachsen maßstabsgetreu entnehmen kann.
c) Wählt man z. B. $A(1|0|0)$, $B(1|2|0)$, $C(0|2|0)$, $E(1|0|1)$, $F(0|0|1)$, so erhält man für die Bildpunkte „gerundet“: $A'(1|0|0)$, $B'(1|2|0)$, $C'(0|2|0)$, $E'(0{,}29|-0{,}707|0)$, $F'(-0{,}707|0{,}707|0)$.

zu a):

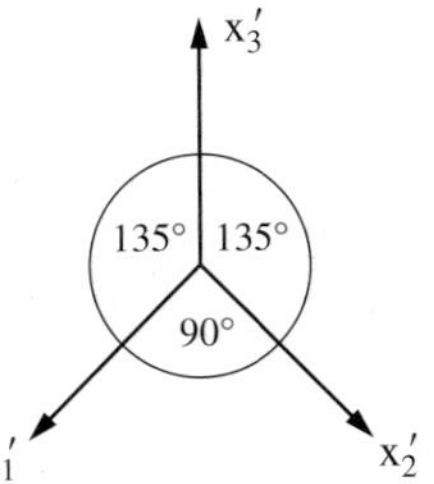

zu c):

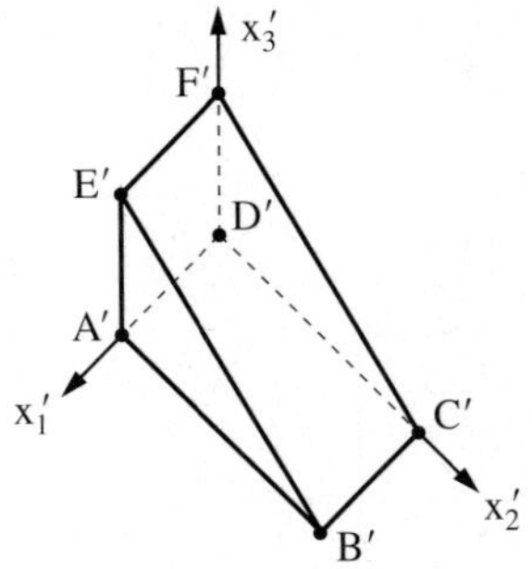

5 Matrixdarstellungen:

a) $\begin{pmatrix} \frac{1}{2}\sqrt{2} & -\frac{1}{2}\sqrt{2} & 0 \\ \frac{1}{2}\sqrt{2} & \frac{1}{2}\sqrt{2} & 1 \end{pmatrix}$;

$A'(0{,}707|0{,}707)$; $B'(-0{,}707|2{,}121)$; $C'(-1{,}414|1{,}414)$; $E'(0{,}707|1{,}707)$; $F'(0|1)$

b) $\begin{pmatrix} \frac{1}{2}\cos(221{,}4°) & \cos(-7{,}2°) & 0 \\ \frac{1}{2}\sin(221{,}4°) & \sin(-7{,}2°) & 1 \end{pmatrix} \approx \begin{pmatrix} -0{,}375 & 0{,}992 & 0 \\ -0{,}331 & -0{,}125 & 1 \end{pmatrix}$;

$A'(-0{,}375|-0{,}330)$; $B'(1{,}609|-0{,}581)$; $C'(1{,}984|-0{,}251)$; $E'(-0{,}375|0{,}669)$; $F'(0|1)$

S. 366 **5** c) $\begin{pmatrix} \frac{1}{2}\cos(240°) & \cos(-30°) & 0 \\ \frac{1}{2}\sin(240°) & \sin(-30°) & 1 \end{pmatrix} = \begin{pmatrix} -\frac{1}{4} & -\frac{\sqrt{3}}{2} & 0 \\ -\frac{\sqrt{3}}{4} & -\frac{1}{2} & 1 \end{pmatrix}$;

A′(−0,25 | −0,433); B′(1,482 | −1,433); C′(1,732 | −1); E′(−0,25 | 0,567); F′(0 | 1)

zu a):

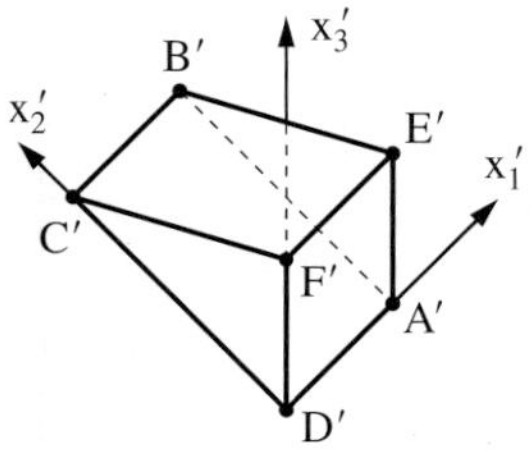

zu b):

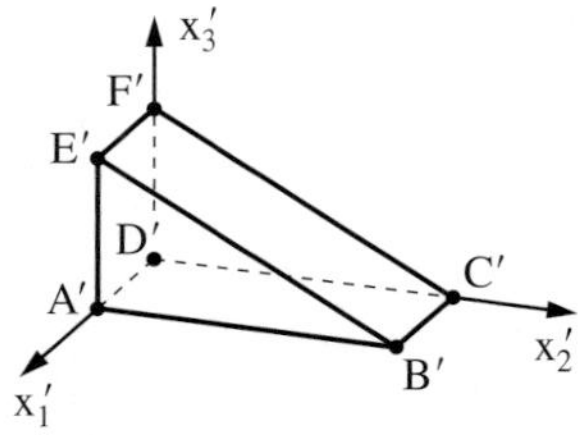

zu c):

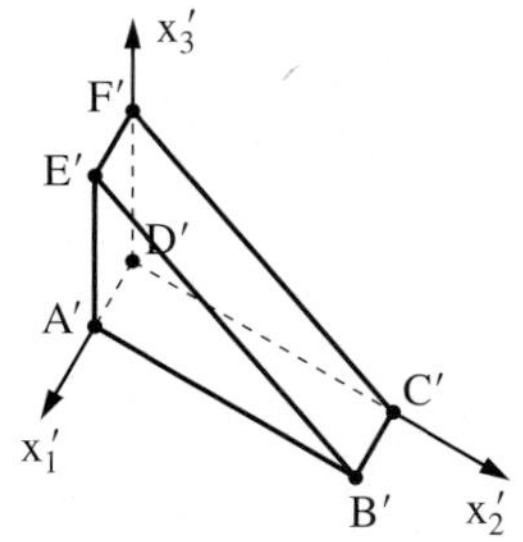

6 Eckpunkte: A(13 | 0 | 0); B(13 | 6 | 0); C(0 | 6 | 0); D(0 | 0 | 0); E(13 | 0 | 8); F(13 | 6 | 8); G(0 | 6 | 8); H(0 | 0 | 8); I(10 | 3 | 12); K(3 | 3 | 12)

a) A′(0 | −6,5 | −5,2); B′(0 | −0,5 | −5,2); C′(0 | 6 | 0); D′(0 | 0 | 0); E′(0 | −6,5 | 2,8); F′(0 | −0,5 | 2,8); G′(0 | 6 | 8); H′(0 | 0 | 8); I′(0 | −2 | 8); K′(0 | 1,5 | 10,8); siehe unten Fig. 1

b) zu Fig. 3: A′(9,19 | 9,19); B′(4,95 | 13,44); C′(−4,24 | 4,24); D′(0 | 0); E′(9,19 | 17,19); F′(4,95 | 21,44); G′(−4,24 | 12,24); H′(0 | 8); I′(4,95 | 21,19); K′(0 | 16,24); siehe unten Fig. 2

zu Fig. 4: A′(−4,88 | −4,30); B′(1,08 | −5,05); C′(5,95 | −0,75); D′(0 | 0); E′(−4,88 | 3,70); F′(1,08 | 2,95); G′(5,95 | 7,25); H′(0 | 8); I′(−0,77 | 8,32); K′(1,85 | 10,63); siehe nächste Seite Fig. 1

zu Fig. 5: A′(−3,25 | −5,63); B′(1,95 | −8,63); C′(5,20 | −3); D′(0 | 0); E′(−3,25 | 2,37); F′(1,95 | −0,63); G′(5,20 | 5); H′(0 | 8); I′(0,10 | 6,17); K′(1,85 | 9,20); siehe nächste Seite Fig. 2

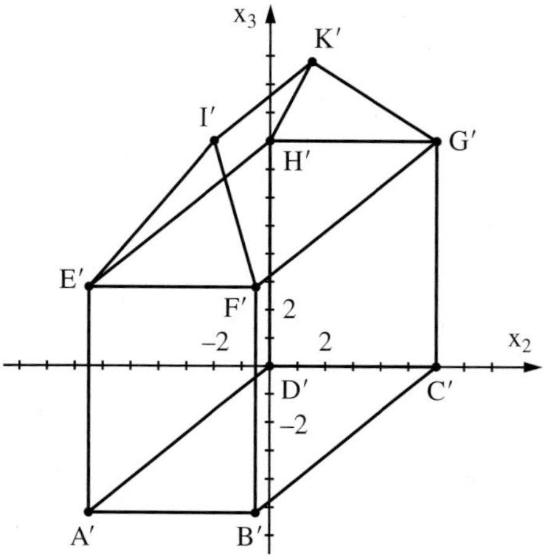

Fig. 1

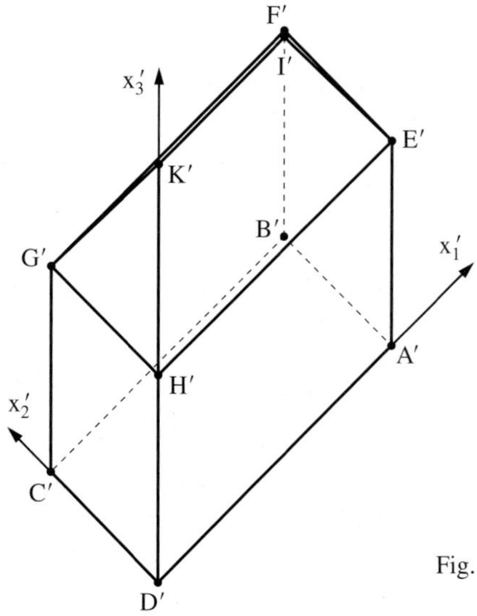

Fig. 2

S. 366 **6**

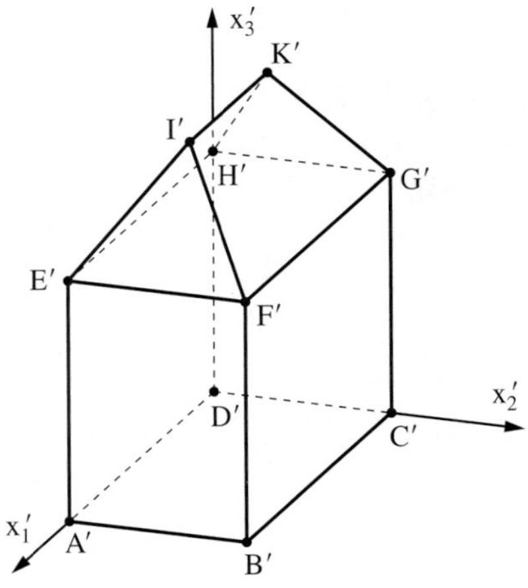

Fig. 1

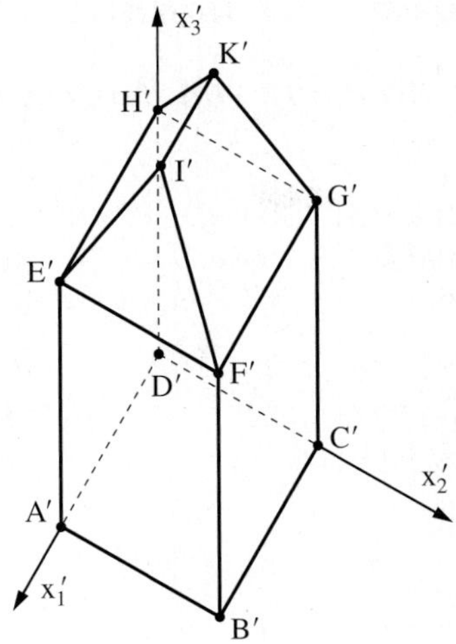

Fig. 2

7 a) Schnittpunkte:
mit der x_1-Achse: $S_1(2|0|0)$; mit der x_2-Achse: $S_2(0|2|0)$; mit der x_3-Achse: $S_3(0|0|4)$

b) Projektion auf die x_2x_3-Ebene:

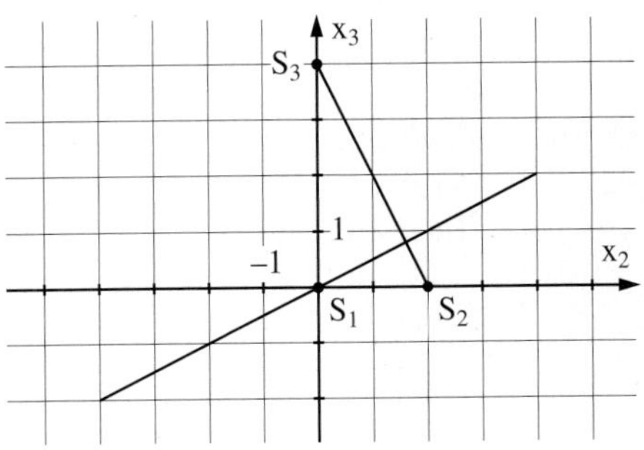

c) Projektion auf die x_1x_2-Ebene:

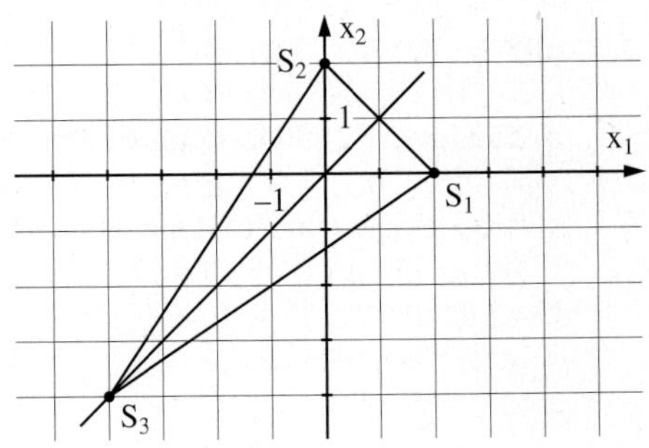

d) g_1 sei die Gerade durch S_1 und S_2; g_2 sei die Gerade durch S_2 und S_3; g_3 sei die Gerade durch S_1 und S_3.

$$g_1': \overrightarrow{x'} = \begin{pmatrix} \frac{10}{9} \\ -\frac{8}{9} \\ -\frac{4}{9} \end{pmatrix} + t\begin{pmatrix} -2 \\ 2 \\ 0 \end{pmatrix};\quad g_2': \overrightarrow{x'} = \begin{pmatrix} -\frac{8}{9} \\ \frac{10}{9} \\ -\frac{4}{9} \end{pmatrix} + t\begin{pmatrix} 0 \\ -2 \\ 4 \end{pmatrix};\quad g_3': \overrightarrow{x'} = \begin{pmatrix} \frac{10}{9} \\ -\frac{8}{9} \\ -\frac{4}{9} \end{pmatrix} + t\begin{pmatrix} -2 \\ 0 \\ 4 \end{pmatrix}$$

e) Für $E_1(1|0|0)$, $E_2(0|1|0)$, $E_3(0|0|1)$ gilt: $E_1'\left(\frac{5}{9}\middle|-\frac{4}{9}\middle|-\frac{2}{9}\right)$, $E_2'\left(-\frac{4}{5}\middle|\frac{5}{9}\middle|-\frac{2}{9}\right)$, $E_3'\left(-\frac{2}{9}\middle|-\frac{2}{9}\middle|\frac{8}{9}\right)$.
$\overline{OE_1'} = \overline{OE_2'} = \frac{\sqrt{5}}{3}$; $\overline{OE_3'} = \frac{2\sqrt{2}}{3}$.

f) $\overline{OE_1'}$ und $\overline{OE_3'}$ sowie $\overline{OE_3'}$ und $\overline{OE_2'}$ schließen jeweils einen Winkel von etwa 108,43° ein; $\overline{OE_1'}$ und $\overline{OE_2'}$ schließen einen Winkel von etwa 143,13° ein.

g) $\begin{pmatrix} \frac{\sqrt{5}}{3} & \frac{\sqrt{5}}{3}\cos(-143{,}18°) & \frac{2\sqrt{2}}{3}\cos(108{,}43°) \\ 0 & \frac{\sqrt{5}}{3}\sin(-143{,}18°) & \frac{2\sqrt{2}}{3}\sin(108{,}43°) \end{pmatrix}$

XIV Prozesse und Matrizen

1 Beschreibung von Prozessen durch Matrizen

S. 370 ***1*** R_1: $100 \cdot 0{,}5\,t + 200 \cdot 0{,}2\,t = 90\,t$;
R_2: $100 \cdot 0{,}3\,t + 200 \cdot 0{,}2\,t = 70\,t$;
R_3: $100 \cdot 0{,}2\,t + 200 \cdot 0{,}4\,t = 100\,t$

S. 372 ***2*** a) $\begin{pmatrix}10\\43\\26\end{pmatrix}$ b) $\begin{pmatrix}17\\18\\12\end{pmatrix}$ c) $\begin{pmatrix}19\\20\\21\\22\end{pmatrix}$ d) $\begin{pmatrix}14\\37\\29\\19\end{pmatrix}$ e) $\begin{pmatrix}42\\34\\41\end{pmatrix}$ f) $\begin{pmatrix}13\\20\\19\\19\end{pmatrix}$

3 a) $\begin{pmatrix}y_1\\y_2\end{pmatrix} = \begin{pmatrix}30 & 40 & 50\\5 & 8 & 10\end{pmatrix} \cdot \begin{pmatrix}x_1\\x_2\\x_3\end{pmatrix}$ b) 610 m Kabel und 112 Endgeräte

S. 373 ***4*** a) 320 Stück R_1, 170 Stück R_2, 400 Stück R_3, 200 Stück R_4
b) 420 Stück R_1, 205 Stück R_2, 420 Stück R_3, 440 Stück R_4

5 a) $A = \begin{pmatrix}92 & 92 & 105 & 145\\403 & 466 & 520 & 730\\30 & 32 & 50 & 55\end{pmatrix}$

b) Gehäuse: 32 850 €, Komponenten: 159 100 €, Montage: 12 350 €

6 a) Übergangsmatrix (die Kundenanteile von A-tel, B-tel, C-tel sind x_1, x_2, x_3):

$U = \begin{pmatrix}0{,}6 & 0{,}1 & 0{,}1\\0{,}3 & 0{,}8 & 0{,}2\\0{,}1 & 0{,}1 & 0{,}7\end{pmatrix}$

b) $U \cdot U \cdot \begin{pmatrix}\frac{1}{3}\\\frac{1}{3}\\\frac{1}{3}\end{pmatrix} = \begin{pmatrix}\frac{7}{30}\\\frac{73}{150}\\\frac{7}{25}\end{pmatrix}$; nach zwei Jahren ergibt sich gerundet:
A-tel 23,3 %, B-tel 48,7 %, C-tel 28 % ;
nach fünf Jahren: 20,4 %; 53,9 %; 25,7 %.

c) Nach 7 Jahren hat B-tel etwa 54,7 % Anteil.

7 a) Prozessdiagramm:

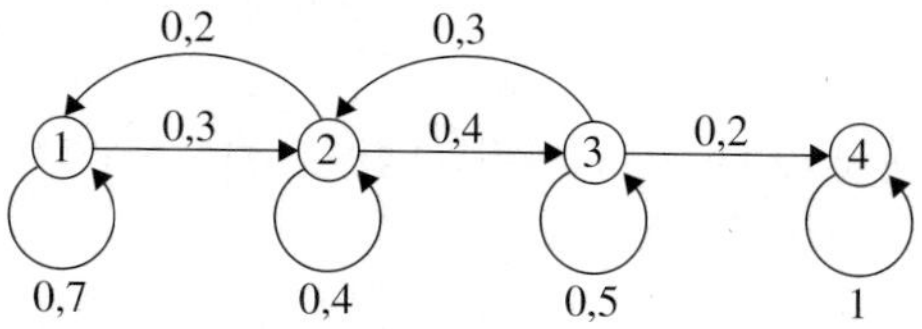

b) Startvektor: $\begin{pmatrix}1\\0\\0\\0\end{pmatrix}$

Verteilung nach drei bzw. sechs Spielrunden: $\begin{pmatrix}0{,}167\\0{,}441\\0{,}336\\0{,}056\end{pmatrix}$ bzw. $\begin{pmatrix}0{,}129\\0{,}381\\0{,}373\\0{,}117\end{pmatrix}$ (gerundet)

S. 373 **8** a) Übergangsmatrix (die Anzahl der Formen S, G und B sind x_1, x_2, x_3):

$$U = \begin{pmatrix} \frac{999}{1000} & 0 & 10000 \\ \frac{1}{1000} & 0 & 0 \\ 0 & \frac{1}{5} & 0 \end{pmatrix}$$

b) Nach einer Woche: $U \cdot \begin{pmatrix} 10000 \\ 10 \\ 5 \end{pmatrix} = \begin{pmatrix} 59990 \\ 10 \\ 2 \end{pmatrix}$. Nach 2 Wochen: $U \cdot \begin{pmatrix} 59990 \\ 10 \\ 2 \end{pmatrix} = \begin{pmatrix} \frac{7993001}{100} \\ \frac{5999}{100} \\ 2 \end{pmatrix}$.

Nach zwei Wochen gibt es etwa 79 990 Sporen, etwa 60 gerade befallene Fliegen und 2 Fliegen mit Sporenbläschen.
Nach vier Wochen gibt es etwa 220 000 Sporen, 100 gerade befallene Fliegen und 16 Fliegen mit Sporenbläschen.
c) Nach 13 Wochen beträgt die Zahl der gerade befallenen Fliegen etwa 14 400.

2 *Zweistufige Prozesse und Multiplikation von Matrizen*

S. 374 **1** a) E_1: $10\,T_1$; $5\,T_2$; $17\,T_3$
E_2: $12\,T_1$; $6\,T_2$; $22\,T_3$
E_3: $8\,T_1$; $4\,T_2$; $15\,T_3$

b) $1920\,T_1$; $960\,T_2$; $3400\,T_3$

S. 375 **2** a) $\begin{pmatrix} 4 & 5 & 8 \\ 6 & 9 & 13 \\ 0 & 5 & 10 \end{pmatrix}$ b) $\begin{pmatrix} 7 & 19 \\ 9 & 16 \end{pmatrix}$ c) $\begin{pmatrix} 9 & 3 & 5 \\ 14 & 10 & 6 \\ 7 & 9 & 5 \end{pmatrix}$

3 a) 1. Stufe: $A = \begin{pmatrix} 0{,}2 & 0{,}7 & 0{,}8 & 0{,}3 \\ 0{,}3 & 0{,}2 & 0{,}1 & 0{,}4 \\ 0{,}5 & 0{,}1 & 0{,}1 & 0{,}3 \end{pmatrix}$; 2. Stufe: $B = \begin{pmatrix} 0{,}7 & 0 \\ 0{,}2 & 0{,}2 \\ 0{,}1 & 0{,}6 \\ 0 & 0{,}2 \end{pmatrix}$

Gesamtbedarf: $A \cdot B = \begin{pmatrix} 0{,}36 & 0{,}68 \\ 0{,}26 & 0{,}18 \\ 0{,}38 & 0{,}14 \end{pmatrix}$

b) 890 kg G_1, 1260 kg G_2, 9920 kg G_3

4 a) Vom 1. zum 2. und vom 2. zum 3. Einkauf: $A = B = \begin{pmatrix} 0{,}6 & 0{,}3 & 0{,}1 \\ 0{,}2 & 0{,}5 & 0{,}2 \\ 0{,}2 & 0{,}2 & 0{,}7 \end{pmatrix}$

Vom 1. zum 3. Einkauf: $C = A \cdot A = \begin{pmatrix} 0{,}44 & 0{,}35 & 0{,}19 \\ 0{,}26 & 0{,}35 & 0{,}26 \\ 0{,}30 & 0{,}30 & 0{,}55 \end{pmatrix}$

5 Die Kundenanteile betragen 0,44 für O, 0,28 für P und 0,44 für G.
Wegen $500 \cdot (0{,}44 + 0{,}28 + 0{,}44) = 580$ sind es 580 Kunden.
(Der Aufgabentext ist im Schülerbuch in der ersten Auflage unvollständig dargestellt.)

3 *Austauschprozesse und Gleichgewichtsverteilungen*

S. 376 **1** Für die Besucherzahl x_S von STARPLUS und x_T von TOPDANCE ergibt sich:

LGS:

$$\begin{aligned} x_S + x_T &= 360 \\ 0{,}5\,x_S + 0{,}4\,x_T &= x_S \\ 0{,}5\,x_S + 0{,}6\,x_T &= x_T \end{aligned}$$

LGS in üblicher Form:

$$\begin{aligned} x_S + x_T &= 360 \\ -0{,}5\,x_S + 0{,}4\,x_T &= 0 \\ 0{,}5\,x_S - 0{,}4\,x_T &= 0 \end{aligned}$$

Lösung und Antwort: TOPDANCE muss 200 und STARPLUS muss 160 Besucher haben.

S. 378 **2** a) LGS:

$$\begin{aligned} -0{,}7\,x_1 + 0{,}4\,x_2 + 0{,}5\,x_3 &= 0 \\ 0{,}5\,x_1 - 0{,}7\,x_2 + 0{,}3\,x_3 &= 0 \\ 0{,}2\,x_1 + 0{,}3\,x_2 - 0{,}8\,x_3 &= 0 \end{aligned}$$

Lösungsvektoren:

$$\begin{pmatrix} x_1 \\ x_2 \\ x_3 \end{pmatrix} = t\begin{pmatrix} 47 \\ 46 \\ 29 \end{pmatrix} \text{ mit } t \in \mathbb{R}.$$

Für $t = \frac{1}{22}$ ergibt sich $\begin{pmatrix} \frac{47}{122} \\ \frac{23}{61} \\ \frac{29}{122} \end{pmatrix}$.

b) LGS:

$$\begin{aligned} -0{,}3\,x_1 + 0{,}3\,x_2 + 0{,}2\,x_3 &= 0 \\ 0{,}2\,x_1 - 0{,}4\,x_2 + 0{,}3\,x_3 &= 0 \\ 0{,}1\,x_1 + 0{,}1\,x_2 - 0{,}5\,x_3 &= 0 \end{aligned}$$

Lösungsvektoren:

$$\begin{pmatrix} x_1 \\ x_2 \\ x_3 \end{pmatrix} = t\begin{pmatrix} 17 \\ 13 \\ 6 \end{pmatrix} \text{ mit } t \in \mathbb{R}.$$

Für $t = \frac{1}{36}$ ergibt sich $\begin{pmatrix} \frac{17}{36} \\ \frac{13}{36} \\ \frac{1}{6} \end{pmatrix}$.

3 a) Übergangsmatrix nach einmaligem Wechsel: $U = \begin{pmatrix} 0{,}7 & 0{,}4 \\ 0{,}3 & 0{,}6 \end{pmatrix}$

b) Besucherzahlen: 59 in A, 51 in B bzw. nach fünfmaligem Wechsel: 63 in A, 47 in B.

c) LGS:

$$\begin{aligned} -0{,}3\,x_1 + 0{,}4\,x_2 &= 0 \\ 0{,}3\,x_1 - 0{,}4\,x_2 &= 0 \end{aligned}$$

Lösungsvektoren:

$$\begin{pmatrix} x_1 \\ x_2 \end{pmatrix} = t\begin{pmatrix} 4 \\ 3 \end{pmatrix} \text{ mit } t \in \mathbb{R}.$$

Für $t = 50$ ergibt sich: 200 Besucher für A und 150 für B.

4 a) Übergangsmatrix: $A = \begin{pmatrix} 0 & 0{,}3 & 0{,}5 \\ 0{,}6 & 0 & 0{,}5 \\ 0{,}4 & 0{,}7 & 0 \end{pmatrix}$

LGS:

$$\begin{aligned} -x_1 + 0{,}3\,x_2 + 0{,}5\,x_3 &= 0 \\ 0{,}6\,x_1 - x_2 + 0{,}5\,x_3 &= 0 \\ 0{,}4\,x_1 + 0{,}7\,x_2 - x_3 &= 0 \end{aligned}$$

Lösungsvektoren:

$$\begin{pmatrix} x_1 \\ x_2 \\ x_3 \end{pmatrix} = t\begin{pmatrix} 65 \\ 80 \\ 82 \end{pmatrix} \text{ mit } t \in \mathbb{R}.$$

Für $t = 227$ ergibt sich (gerundet):

28,6 % für ADent, 35,2 % für BDent, 36,1 % für CDent.

S. 378 **4** b) $A^{10} \cdot \begin{pmatrix} \frac{1}{3} \\ \frac{1}{3} \\ \frac{1}{3} \end{pmatrix} \approx \begin{pmatrix} 28{,}6\,\% \\ 35{,}2\,\% \\ 36{,}1\,\% \end{pmatrix}$, d. h., es wird nahezu die Gleichgewichtsverteilung erreicht.

$A^{10} \cdot \begin{pmatrix} 1 \\ 0 \\ 0 \end{pmatrix} \approx \begin{pmatrix} 28{,}5\,\% \\ 35{,}3\,\% \\ 36{,}2\,\% \end{pmatrix}$, auch hier wird fast die Gleichgewichtsverteilung erreicht.

5 Übergangsmatrix:

$$A = \begin{pmatrix} \frac{4}{5} & 0 & 0 & \frac{3}{10} \\ \frac{1}{5} & \frac{7}{10} & 0 & 0 \\ 0 & \frac{3}{10} & \frac{3}{5} & 0 \\ 0 & 0 & \frac{2}{5} & \frac{7}{10} \end{pmatrix}$$

Gleichgewichtsverteilung:

$g_1 = \frac{6}{17}$

$g_2 = \frac{4}{17}$

$g_3 = \frac{3}{17}$

$g_4 = \frac{4}{17}$

6 Übergangsmatrix:

$$A = \begin{pmatrix} 0{,}8 & 0{,}2 & 0{,}3 \\ 0{,}1 & 0{,}7 & 0{,}1 \\ 0{,}1 & 0{,}1 & 0{,}6 \end{pmatrix}$$

Gleichgewichtsverteilung:

$g_A = \frac{11}{20}$

$g_B = \frac{1}{4}$

$g_C = \frac{1}{5}$

A kann mit 55 %, B mit 25 % und C mit 20 % rechnen.

7 a) Übergangsmatrix (mit den Anteilen x_1, x_2, x_3, x_4 für TP, XP, YP, ZP):

$$A = \begin{pmatrix} 0{,}5 & 0{,}2 & 0 & 0{,}3 \\ 0{,}2 & 0{,}2 & 0{,}1 & 0 \\ 0 & 0{,}5 & 0{,}4 & 0{,}4 \\ 0{,}3 & 0{,}1 & 0{,}5 & 0{,}3 \end{pmatrix}$$

b) TP: 25 %, XP: 12,5 %, YP: 32,5 %, ZP: 30 % nach einmal wechseln;
nach viermal wechseln: 24,4 %; 10,0 %; 31,3 %; 34,3 %

c) LGS:

$$\begin{aligned} -0{,}5\,x_1 + 0{,}2\,x_2 \phantom{{}+0{,}1\,x_3} + 0{,}3\,x_4 &= 0 \\ 0{,}2\,x_1 - 0{,}8\,x_2 + 0{,}1\,x_3 &= 0 \\ 0{,}5\,x_2 - 0{,}6\,x_3 + 0{,}4\,x_4 &= 0 \\ 0{,}3\,x_1 + 0{,}1\,x_2 + 0{,}5\,x_3 - 0{,}7\,x_4 &= 0 \end{aligned}$$

Lösungsvektoren:

$$\begin{pmatrix} x_1 \\ x_2 \\ x_3 \\ x_4 \end{pmatrix} = t \begin{pmatrix} 137 \\ 56 \\ 174 \\ 191 \end{pmatrix} \text{ mit } t \in \mathbb{R}.$$

Für $t = \frac{1}{558}$ ergibt sich (gerundet):

24,6 % für TP, 10,0 % für XP, 31,2 % für YP, 34,2 % für ZP.

d) Die Grenzmatrix hat angenähert die Spalten 0,246; 0,100; 0,312; 0,342.
Das sind gerade die Werte aus c) für die Gleichgewichtsverteilung.

S. 378 **8** a) $B^2 = \begin{pmatrix} 0{,}76 & 0{,}72 & 0{,}64 \\ 0{,}24 & 0{,}28 & 0{,}32 \\ 0 & 0 & 0{,}04 \end{pmatrix}$, $B^4 = \begin{pmatrix} 0{,}7504 & 0{,}7488 & 0{,}7424 \\ 0{,}2496 & 0{,}2512 & 0{,}2560 \\ 0 & 0 & 0{,}0016 \end{pmatrix}$,

$$B^8 = \begin{pmatrix} 0{,}750\,000\,64 & 0{,}749\,998\,08 & 0{,}749\,977\,60 \\ 0{,}249\,999\,36 & 0{,}250\,001\,92 & 0{,}250\,019\,84 \\ 0 & 0 & 0{,}000\,002\,56 \end{pmatrix},$$

$$B^{16} = \begin{pmatrix} 0{,}750\,000\,000\,0 & 0{,}750\,000\,000\,0 & 0{,}749\,999\,999\,9 \\ 0{,}250\,000\,000\,0 & 0{,}250\,000\,000\,0 & 0{,}250\,000\,000\,1 \\ 0 & 0 & 0 \end{pmatrix}$$

Vermutete Grenzmatrix: $G = \begin{pmatrix} \frac{3}{4} & \frac{3}{4} & \frac{3}{4} \\ \frac{1}{4} & \frac{1}{4} & \frac{1}{4} \\ 0 & 0 & 0 \end{pmatrix}$

b) Für $\vec{x} = \begin{pmatrix} \frac{3}{4} \\ \frac{1}{4} \\ 0 \end{pmatrix}$ gilt $B\vec{x} = \vec{x}$, also ist $\vec{x}$ eine Gleichgewichtsverteilung.

4 *Stochastische Matrizen*

S. 379 **1** $\frac{5}{6} \cdot \frac{1}{6} = \frac{5}{36}$

S. 382 **2** a) $q_R = 0{,}4$ und $q_S = 0{,}6$

b) Mit q_1, q_2 für R und S ergibt sich $P = \begin{pmatrix} 0{,}4 & 0{,}3 \\ 0{,}6 & 0{,}7 \end{pmatrix}$.

Hier ist a) fortzusetzen, d. h. die Startverteilung ist $\begin{pmatrix} 0{,}4 \\ 0{,}6 \end{pmatrix}$ (Montag!).

Dienstag: $\begin{pmatrix} q_R \\ q_S \end{pmatrix} = P \cdot \begin{pmatrix} 0{,}4 \\ 0{,}6 \end{pmatrix} = \begin{pmatrix} 0{,}34 \\ 0{,}66 \end{pmatrix}$, Mittwoch: $\begin{pmatrix} q_R \\ q_S \end{pmatrix} = P \cdot \begin{pmatrix} 0{,}34 \\ 0{,}66 \end{pmatrix} = \begin{pmatrix} 0{,}334 \\ 0{,}666 \end{pmatrix}$,

Donnerstag: $\begin{pmatrix} q_R \\ q_S \end{pmatrix} = P \cdot \begin{pmatrix} 0{,}334 \\ 0{,}666 \end{pmatrix} = \begin{pmatrix} 0{,}3334 \\ 0{,}6666 \end{pmatrix}$, Freitag: $\begin{pmatrix} q_R \\ q_S \end{pmatrix} = P \cdot \begin{pmatrix} 0{,}3334 \\ 0{,}6666 \end{pmatrix} = \begin{pmatrix} 0{,}33334 \\ 0{,}66666 \end{pmatrix}$.

3 a) $P = \begin{pmatrix} 0{,}3 & 0{,}2 & 0{,}2 \\ 0{,}4 & 0{,}6 & 0{,}4 \\ 0{,}3 & 0{,}2 & 0{,}4 \end{pmatrix}$; $\begin{pmatrix} q_1 \\ q_2 \\ q_3 \end{pmatrix} = P \cdot \begin{pmatrix} 0{,}5 \\ 0{,}5 \\ 0 \end{pmatrix} = \begin{pmatrix} 0{,}25 \\ 0{,}50 \\ 0{,}25 \end{pmatrix}$.

b) Lösung in Vektorschreibweise:

$\vec{g} = \begin{pmatrix} \frac{2}{9} \\ \frac{1}{2} \\ \frac{5}{18} \end{pmatrix}$

S. 382 **4** a) $P = \begin{pmatrix} 0{,}7 & 0{,}5 \\ 0{,}3 & 0{,}5 \end{pmatrix}$;

nach 1 Minute: $\vec{q} = P \cdot \begin{pmatrix} 1 \\ 0 \end{pmatrix} = \begin{pmatrix} 0{,}7 \\ 0{,}3 \end{pmatrix}$, nach 2 Minuten: $\vec{q} = P \cdot \begin{pmatrix} 0{,}7 \\ 0{,}3 \end{pmatrix} = \begin{pmatrix} 0{,}64 \\ 0{,}36 \end{pmatrix}$,

nach 3 Minuten: $\vec{q} = P \cdot \begin{pmatrix} 0{,}64 \\ 0{,}36 \end{pmatrix} = \begin{pmatrix} 0{,}628 \\ 0{,}372 \end{pmatrix}$.

b) Gleichgewichtsverteilung: $\vec{g} = \begin{pmatrix} \frac{5}{8} \\ \frac{3}{8} \end{pmatrix}$.

c) $\frac{5}{8} \cdot 1\,000\,000 = 625\,000$ in (1) und $\frac{3}{8} \cdot 1\,000\,000 = 375\,000$ in (2)

5 a) $P = \begin{pmatrix} 0{,}8 & 0 & 0 \\ 0{,}1 & 0{,}9 & 0 \\ 0{,}1 & 0{,}1 & 1 \end{pmatrix}$; nach 1 Drehung: $\vec{q} = P \cdot \begin{pmatrix} 1 \\ 0 \\ 0 \end{pmatrix} = \begin{pmatrix} 0{,}8 \\ 0{,}1 \\ 0{,}1 \end{pmatrix}$,

nach 2 Drehungen: $\vec{q} = P \cdot \begin{pmatrix} 0{,}8 \\ 0{,}1 \\ 0{,}1 \end{pmatrix} = \begin{pmatrix} 0{,}64 \\ 0{,}17 \\ 0{,}19 \end{pmatrix}$.

b) $P^2 = \begin{pmatrix} 0{,}64 & 0 & 0 \\ 0{,}17 & 0{,}81 & 0 \\ 0{,}19 & 0{,}19 & 1 \end{pmatrix}$; $P^4 = \begin{pmatrix} 0{,}4096 & 0 & 0 \\ 0{,}2465 & 0{,}6561 & 0 \\ 0{,}3439 & 0{,}3439 & 1 \end{pmatrix}$; $P^8 = \begin{pmatrix} 0{,}167\,772\,16 & 0 & 0 \\ 0{,}262\,695\,05 & 0{,}430\,487\,21 & 0 \\ 0{,}569\,532\,79 & 0{,}569\,532\,79 & 1 \end{pmatrix}$;

$P^{16} = \begin{pmatrix} 0{,}028\,147\,497\,7 & 0 & 0 \\ 0{,}157\,154\,521\,2 & 0{,}185\,302\,018\,9 & 0 \\ 0{,}814\,697\,982\,1 & 0{,}814\,697\,981\,1 & 1 \end{pmatrix}$; $P^{32} = \begin{pmatrix} 0{,}000\,792\,281\,6 & 0 & 0 \\ 0{,}033\,544\,556\,6 & 0{,}034\,336\,838\,2 & 0 \\ 0{,}965\,663\,161\,8 & 0{,}965\,663\,161\,8 & 1 \end{pmatrix}$

Vermutung: $G = \begin{pmatrix} 0 & 0 & 0 \\ 0 & 0 & 0 \\ 1 & 1 & 1 \end{pmatrix}$

c) $\begin{pmatrix} q_1 \\ q_2 \\ q_3 \end{pmatrix} = G \cdot \begin{pmatrix} 1 \\ 0 \\ 0 \end{pmatrix} = \begin{pmatrix} 0 \\ 0 \\ 1 \end{pmatrix}$ (Deutung: Spielt man lange genug, so kommt man ins Ziel.)

6 a) $\vec{q} = P \cdot \left(P \cdot \begin{pmatrix} 1 \\ 0 \\ 0 \\ 0 \end{pmatrix}\right) = \begin{pmatrix} 0{,}30 \\ 0{,}22 \\ 0{,}22 \\ 0{,}26 \end{pmatrix}$.

b) Lösung in Vektorschreibweise: $\vec{g} = \frac{1}{18} \begin{pmatrix} 5 \\ 4 \\ 4 \\ 5 \end{pmatrix}$

XV Von der Pfadregel zur Binominalverteilung

1 Beschreibung von Zufallsexperimenten

S. 386 ***1*** a) Wettmöglichkeiten sind zum Beispiel:
Man tippt auf den Sieger.
Man tippt die ersten drei Pferde mit Reihenfolge des Einlaufs.
Man tippt die ersten drei Pferde ohne Reihenfolge des Einlaufs.
Man tippt auf den Einlauf aller fünf Pferde.
Man tippt darauf, dass ein bestimmtes Pferd unter den ersten dreien ist.
etc.
b) Es sollte herausgehoben werden, dass es Wettmöglichkeiten gibt, bei denen es nur darauf ankommt, dass ein bestimmtes Pferd unter den Siegern ist.
c) Beispiel: Es wurde gewettet, dass die Pferde mit den Nummern 2, 5, 3 unabhängig von der Reihenfolge die Ersten sind.

S. 387 ***2*** a) $A = \{2; 3; 5; 7\}$; $B = \{0; 5\}$; $C = \{1; 3; 5; 7; 9\}$; $D = \{9\}$; $E = \{1; 4; 9\}$
b) Für die Zufallsgröße X gilt: $X: \{1; 2; 3; 4; 5; 6; 7; 8; 9\} \rightarrow \{1; 2; 3; 4\}$
$X(1) = 1$; $X(2) = 2$; $X(3) = 2$; $X(4) = 3$; $X(5) = 2$; $X(6) = 4$; $X(7) = 2$; $X(8) =) 4$; $X(9) = 3$

3 a) Fasst man die Wahl der Straßenbahnen als Zufallsexperiment auf, so kann man die möglichen Ergebnisse als Zahlenpaare schreiben. Die Komponenten der Paare entsprechen den Nummern der Linien.
Für die Ergebnismenge S gilt: $S = \{(1; 7); (1; 10); (1; 11); (2; 7); (2; 10); (2; 11)\}$.
b) Für die Zufallsgröße X gilt:
X: S → {„Fahrzeit über 15 Minuten“; „Fahrzeit höchstens 15 Minuten“} mit
$X(\{(1; 7)\}) = X(\{(1; 10)\}) = X(\{(1; 11)\}) = X(\{(2; 10)\}) = X(\{(2; 11)\})$ = „Fahrzeit höchstens 15 Minuten“.
$X(\{(2; 7)\})$ = „Fahrzeit über 15 Minuten“

4 Das Geburtsjahr von GAUSS ist 1777, das von EULER 1707 und das von PASCAL 1623. Ordnet man die Angaben der Geburtsjahre in der Reihenfolge GAUSS, EULER, PASCAL an, so gilt für die gesuchte Zufallsgröße X:
$X(\{(1623; 1777; 1707)\}) = X(\{(1707; 1623; 1777)\}) = 0$
$X(\{(1777; 1623; 1707)\}) = X(\{(1707; 1777; 1623)\}) = X(\{(1623; 1707; 1777)\}) = 1$
$X(\{(1777; 1707; 1623)\}) = 3$

5 Gibt man die Reihenfolge der aufgedeckten Buchstaben in der Form „ABC“ an, gilt:
a) $X(\{BAC; CAB\}) = 1$
b) $X(\{ABC; ACB\}) = 2$
c) $X(\{BCA; CBA\}) = -3$
d) $X(\{ABC; ACB; CAB; BCA; CBA\})$

6 $X(\{wwwwz; wwwzz; wwzzz; wzzzz; zwwww; zzwww; zzzww; zzzzw\}) = 2$

7 Individuelle Lösung

S. 387 ***8*** a) S_1 hat $2^3 = 8$ Teilmengen, S_2 hat $2^2 = 4$ Teilmengen, S_3 hat $2^1 = 2$ Teilmengen und S_4 hat $2^0 = 1$ Teilmenge.
b) Eine Menge mit n Elementen hat 2^n Teilmengen.

2 *Relative Häufigkeiten und Wahrscheinlichkeiten*

S. 388 ***1*** Unter den 32 Karten sind 8 Herz-Karten sowie 12 so genannte „Bilder" (Bube, Dame, König). Man wird deshalb unter der Annahme, dass jede Karte mit der gleichen „Wahrscheinlichkeit" gezogen wird, eher wetten, dass ein Bube oder eine Dame oder ein König gezogen wird.

S. 389 ***2*** a)

P(a)	P(b)	P(c)	P(d)
$\frac{7}{25}$	$\frac{4}{25}$	$\frac{6}{25}$	$\frac{8}{25}$

b) $P(b) + P(c) = \frac{4}{25} + \frac{6}{25} = \frac{2}{5}$

c) $P(\text{„nicht a“}) = 1 - P(a) = 1 - \frac{7}{25} = \frac{18}{25}$

3 Individuelle Lösung

4 Wenn alle Ergebnisse gleich wahrscheinlich sind, so ergeben sich die „zu erwartenden" relativen Häufigkeiten der möglichen Ereignisse aus den Quotienten aller möglichen Ergebnisse und der Anzahl der Ergebnisse, die zu dem jeweiligen Ergebnis gehören. Dies lässt sich etwa am Beispiel „Würfeln" leicht erläutern.

5 Die Ergebnismenge hat 36 Elemente. Durch Abzählen der jeweils günstigen Ergebnisse erhält man:
$P(\text{„1. Augenzahl größer als 2. Augenzahl“}) = \frac{15}{36}$
$P(\text{„Produkt beiden Augenzahlen größer 9“}) = \frac{19}{36}$

6 Schreibt man die möglichen Ergebnisse des Würfelns unter Berücksichtigung der Reihenfolge (!) auf, so stellt man fest, dass die Augensumme 9 auf 25 Arten erwürfelt werden kann und die Augensumme 10 auf 27 Arten.
Da es unter Berücksichtigung der Reihenfolge 216 mögliche Ergebnisse gibt, gilt:
$P(\text{„Augensumme 9“}) = \frac{25}{216}$ und $P(\text{„Augensumme 10“}) = \frac{27}{216}$.
Der Fürst rechnete
$9 = 1 + 2 + 6 = 1 + 3 + 5 = 1 + 4 + 4 = 2 + 2 + 5 = 2 + 3 + 4 = 3 + 3 + 3$
$10 = 1 + 3 + 6 = 1 + 4 + 5 = 2 + 2 + 6 = 2 + 3 + 5 = 2 + 4 + 4 = 3 + 3 + 4$
und berücksichtigte nicht die möglichen „Permutationen" der Summanden.

3 *Mehrstufige Zufallsexperimente – Pfadregel*

S. 390 **1** Die gesuchte Wahrscheinlichkeit beträgt $\frac{1}{36}$.

2 Die gesuchte Wahrscheinlichkeit beträgt $\frac{1}{6}$.

S. 391 **3** a) Die gesuchte Wahrscheinlichkeit beträgt $\frac{1}{5}$.
b) Die gesuchte Wahrscheinlichkeit beträgt $\frac{18}{125}$.

4 Die gesuchte Wahrscheinlichkeit beträgt $\frac{1}{5} \cdot \frac{1}{4} \cdot 3 = \frac{3}{20}$.

5 a) Die Wahrscheinlichkeit, dass nur der dritte Kontrollierte ein Schmuggler ist, beträgt $\frac{25}{30} \cdot \frac{24}{29} \cdot \frac{5}{28} \approx 0{,}12$.
b) Die Wahrscheinlichkeit, dass zwei der Kontrollierten Schmuggler sind, beträgt $\frac{5}{30} \cdot \frac{4}{29} \cdot \frac{25}{28} \cdot 3 \approx 0{,}06$.

S. 392 **6** Die Wahrscheinlichkeit, dass die Tontaube nicht getroffen wird, beträgt $0{,}45 \cdot 0{,}3 \cdot 0{,}15 = 0{,}020\,25 \approx 0{,}02$.

7 a) Die Wahrscheinlichkeit, dass das Teil fehlerfrei ist, beträgt $0{,}98^2 \cdot 0{,}96 \cdot 0{,}97^2 \approx 0{,}87$.
b) Die Wahrscheinlichkeit, dass das Teil nach dem dritten Schritt fehlerhaft ist, beträgt $1 - 0{,}98^2 \cdot 0{,}96 \approx 0{,}08$.

8 a) Die gesuchte Wahrscheinlichkeit beträgt $0{,}2^n$.
b) Die gesuchte Wahrscheinlichkeit beträgt $1 - 0{,}2^n$.

9 a) Die gesuchte Wahrscheinlichkeit beträgt $\frac{1}{37}$.
b) Die gesuchte Wahrscheinlichkeit beträgt $\frac{1}{37}$.
c) Die gesuchte Wahrscheinlichkeit beträgt $\frac{36^2}{37^3}$.

10 a) Die gesuchte Wahrscheinlichkeit beträgt $\left(\frac{1}{3}\right)^3 = \frac{1}{27}$.
b) Die gesuchte Wahrscheinlichkeit beträgt $\frac{1}{3} \cdot \frac{1}{2} = \frac{1}{6}$.

11 Die Wahrscheinlichkeit T – u – S zu ziehen beträgt für den ersten Kasten $\frac{1}{3} \cdot \frac{1}{2} = \frac{1}{6}$ und für den zweiten Kasten $\frac{2}{6} \cdot \frac{2}{5} \cdot \frac{2}{4} = \frac{1}{15}$. Man sollte den ersten Kasten wählen.

12 a) Die Wahrscheinlichkeit, dass Dienstag ein regenfreier Tag ist, beträgt $\frac{5}{6} \cdot \frac{5}{6} + \frac{1}{6} \cdot \frac{1}{3} = \frac{27}{36} = \frac{3}{4}$.
b) Die Wahrscheinlichkeit, dass Mittwoch ein Regentag ist, beträgt $\left(\frac{5}{6}\right)^2 \cdot \frac{1}{6} + \frac{5}{6} \cdot \frac{1}{6} \cdot \frac{2}{3} + \left(\frac{1}{6}\right)^2 \cdot \frac{1}{3} + \frac{1}{6} \cdot \left(\frac{2}{3}\right)^2 = \frac{7}{24}$.

4 *Vierfeldertafel*

S. 393 **1** a) $\frac{170}{360} = 47{,}2\,\%$
b) $\frac{200}{360} = 55{,}6\,\%$
c) $\frac{95}{360} = 26{,}4\,\%$

	positiv	negativ	Summe
Mädchen	95	75	170
Jungen	105	85	190
Summe	200	160	360

S. 394 **2** a) Lösungen in der Tabelle „fett“
b) 18
c) 46

	Kurs A	Kurs B	gesamt
mag gern Mathematik	**18**	18	36
mag nicht gern Mathematik	12	**10**	**22**
gesamt	**30**	28	**58**

3 Mit den in der Tabelle von Aufgabe 2 ergänzten Zahlen ergibt sich
$P(\overline{E}) = \frac{30}{58}$, $P(E \cup F) = \frac{46}{58}$, $P(E \cap F) = \frac{18}{58}$.

4 a) Es werden 10 000 Fahrgäste zu Grunde gelegt. Damit erhält man die Tabelle
b) $P(\overline{M} \cap \overline{S}) = 0{,}445$
c) $P(M \cup \overline{S}) = 0{,}55 + 0{,}445 = 0{,}995$

	männlich (M)	weiblich	gesamt
Schwarzfahrer (S)	150	50	200
mit Fahrschein	5 350	4 450	9 800
gesamt	5 500	4 500	10 000

5 Man geht z. B. aus von 10 000 Grenzkontrollen und erhält aus den Textangaben zunächst die „fetten“ Werte und dann die restlichen Werte der Tabelle. Daraus ergibt sich:

	Rauschgiftschmuggler	kein Rauschgiftschmuggler	gesamt
Hund bellt	**98**	**297**	395
Hund bellt nicht	2	9 603	9 605
gesamt	**100**	**9 900**	**10 000**

a) Die Wahrscheinlichkeit, dass der Hund bellt, beträgt 3,95 %. Die Wahrscheinlichkeit ist ziemlich klein, weil es nur wenige Rauschgiftschmuggler gibt und weil der Hund bei Nichtschmugglern nur selten bellt.
b) Bei 98 von 100 Schmugglern bellt der Hund, aber bei 297 von 9900 Nichtschmugglern bellt er auch. Er bellt also insgesamt 395 Grenzgänger an, von denen aber nur 98 Schmuggler sind. Also beträgt die gesuchte Wahrscheinlichkeit $\frac{98}{395} = 24{,}8\,\%$. Das ist enttäuschend wenig und kommt daher, weil fast nur Nichtschmuggler die Grenze überqueren, bei denen der Hund aber relativ häufig doch bellt.
c) Der Hund bellt nicht bei 2 von 100 Schmugglern und bei 9 603 von 9 900 Nichtschmugglern, also insgesamt bei 9 605 Grenzgängern. Der Hund bellt also mit Wahrscheinlichkeit $\frac{9603}{9605} = 99{,}98\,\%$ nicht, wenn kein Schmuggler die Grenze übertritt.

S. 394 **5** Wenn der Hund nicht bellt, kann der Zollbeamte also praktisch sicher sein, dass tatsächlich kein Schmuggler die Grenze übertritt.
d) individuelle Lösungen.

5 *Urnenmodelle – Bestimmen von Anzahlen*

S. 395 **1** a) Weil jede Ziffer ein Ergebnis eines Spiels an der entsprechenden Stelle auf dem Tippschein bezeichnet.
b) Annahme: Bei jedem Spiel beträgt die Wahrscheinlichkeit für 0, 1, 2 jeweils $\frac{1}{3}$.
Dann ist die Wahrscheinlichkeit $\left(\frac{1}{3}\right)^{13} = \frac{1}{3^{13}} = \frac{1}{1\,594\,320}$
c) $2^{13} = 8192$

S. 397 **2** a) individuelle Lösungen
b) $3^4 = 81$ Tipps sind möglich.

c) Klasse	I	II	III	IV	V
Möglichkeiten	1	8	24	32	16
d) Wahrscheinlichkeit	$\frac{1}{81}$	$\frac{8}{81}$	$\frac{24}{81}$	$\frac{32}{81}$	$\frac{16}{81}$

e) Jeder müsste etwa $\frac{81}{\text{Schülerzahl}}$ Tipps abgeben (etwa 3).

S. 398 **3** a) $6^5 = 7776$
b) „keine 6" ergibt sich in $5^5 = 3125$ Fällen.
Also ist die Wahrscheinlichkeit für mindestens eine 6: $\frac{7776 - 3125}{7776} = \frac{4651}{7776} \approx 59{,}8\,\%$.
Alternativ mit Baumdiagramm: $1 - \left(\frac{5}{6}\right)^5 = \frac{4651}{7776}$.

4 a) $5^4 = 625$ b) $5 \cdot 4 \cdot 3 \cdot 2 = 120$

5 $12 \cdot 11 \cdot 10 = 1320$

6 I: $\frac{1}{15 \cdot 14 \cdot 13} = \frac{1}{2730}$ II: $\frac{3!}{15 \cdot 14 \cdot 13} = \frac{1}{455}$

7 a) $5! = 120$ b) $\frac{1}{5}$ c) $\frac{1}{5 \cdot 4} = \frac{1}{20}$

8 a) $6 \cdot 5 \cdot 4 \cdot 3 = 360$ b) $\frac{4}{6}$ c) $\frac{1}{\binom{6}{4}} = \frac{1}{15}$

9 a) $\frac{1}{\binom{45}{6}} = \frac{1}{8\,145\,060}$ b) $\binom{5}{2} = 10$ c) $\binom{1000}{2} = 499\,500$

S. 398 **10** a) $\frac{6}{49}\cdot\frac{5}{48}\cdot\frac{4}{47}\cdot\frac{3}{46}\cdot\frac{43}{45}\cdot\frac{42}{44}=\frac{43}{665\,896}$

b) rrrrff, rrrfrf, rrfrrf, rfrrrf, frrrrf
rrrffr, rrfrfr, rfrrfr, frrrfr,
rrffrr, rfrfrr, frrfrr,
rffrrr, frfrrr,
ffrrrr
Es gibt $\binom{6}{4}=15$ Möglichkeiten, die 4r und 2f auf 6 Stellen zu verteilen.

c) Jede Kombination aus b) hat dieselbe Wahrscheinlichkeit wie bei a). Wahrscheinlichkeit für 4 Richtige also $15\cdot\frac{43}{665\,896}\approx 0{,}097\,\%$.
Alternative: Man tippt vier von sechs Richtigen, das geht auf $\binom{6}{4}$ Möglichkeiten, und zwei von 43 Falschen, das geht auf $\binom{43}{2}$ Möglichkeiten. Daher gibt es $\binom{6}{4}\cdot\binom{43}{2}$ Möglichkeiten, vier Richtige zu tippen. Da es insgesamt $\binom{49}{6}$ Möglichkeiten gibt, ist die Wahrscheinlichkeit für 4 Richtige $\frac{\binom{6}{4}\cdot\binom{43}{2}}{\binom{49}{6}}=\frac{645}{66\,896}$ (s. o.)

d) $\binom{6}{2}\cdot\frac{6}{49}\cdot\frac{5}{48}\cdot\frac{43}{47}\cdot\frac{42}{46}\cdot\frac{41}{45}\cdot\frac{40}{44}=\frac{44\,075}{332\,948}\approx 13{,}2\,\%$; alternativ $\frac{\binom{6}{2}\cdot\binom{43}{3}}{\binom{49}{6}}$.

11 $(a+b)^2 = 1\,a^2 + 2\,ab + 1\,b^2$
$(a+b)^3 = 1\,a^3 + 3\,a^2b + 3\,ab^2 + 1\,b^3$
$(a+b)^4 = 1\,a^4 + 4\,a^3b + 6\,a^2b^2 + 4\,ab^3 + 1\,b^4$
Die Koeffizienten sind die Binominalkoeffizienten.
$(a+b)^5 = 1\,a^5 + 5\,a^4b + 10\,a^3b^2 + 10\,a^2b^3 + 5\,ab^4 + 1\,b^5$

Randspalte: Das Gesetz für das Pascaldreieck:
Man addiert zwei benachbarte Zahlen, um die darunterstehende Zahl zu erhalten

Formel: $\binom{n}{k}+\binom{n}{k-1}=\binom{n+1}{k}$

6 *BERNOULLI-Ketten, Binomialverteilungen*

S. 399 **1** Unterstellt man, dass die Trefferwahrscheinlichkeit 0,5 ist, so erhält man:
a) Wahrscheinlichkeit alle Flaggen richtig einzuordnen: $0{,}5^4 = 0{,}0625$
b) Wahrscheinlichkeit genau zwei Flaggen richtig einzuordnen: $6\cdot 0{,}5^2\cdot 0{,}5^2 = 0{,}375$
c) Wahrscheinlichkeit genau drei Flaggen falsch einzuordnen: $4\cdot 0{,}5\cdot 0{,}5^3 = 0{,}25$
d) Wahrscheinlichkeit alle Flaggen falsch einzuordnen: $0{,}5^4 = 0{,}0625$.

S. 401 **2** a) BERNOULLI-Kette der Länge 10; Trefferwahrscheinlichkeit 0,5
b) BERNOULLI-Kette der Länge 10; Trefferwahrscheinlichkeit i. A. ungleich 0,5.
c) Streng genommen handelt es sich nicht um eine BERNOULLI-Kette. Näherungsweise kann das Experiment jedoch als BERNOULLI-Kette der Länge 5 aufgefasst werden. In diesem Fall geht man davon aus, dass es sich um eine große Grundgesamtheit handelt und die Wahrscheinlichkeit, dass eine Birne die Mindestbrenndauer erfüllt, bei Birnen gleich ist.
d) BERNOULLI-Kette der Länge 8, wenn man unterstellt, dass die Wahrscheinlichkeit für Blutgruppe A bei allen Personen gleich ist.
e) BERNOULLI-Kette der Länge 10; Trefferwahrscheinlichkeit 0,5. Das Experiment kann wie Aufgabe a) aufgefasst bzw. interpretiert werden.
f) Keine BERNOULLI-Kette, da die Wahrscheinlichkeit für „Kopf" bei den Münzen als verschieden angesehen werden kann.

3 a) $n = 4;\ p = \frac{1}{6}$ b) $n = 48;\ p = \frac{1}{4}$ c) $n = 10;\ p = 0{,}05$ d) $n = 10;\ p = 0{,}025$

4 a) 0,2461 b) 0,0547 c) 0,1719

5 Mit der Wahrscheinlichkeit 0,1176 werden alle sechs Patienten geheilt.

6 $n = 15;\ p = 0{,}02;\ P(X > 2) = 0{,}003$

S. 402 **7** $n = 6;\ p = 0{,}125;\ P(X > 0) = 1 - P(X = 0) = 1 - 0{,}4488 = 0{,}5512$

8 a) $n = 10;\ p = \frac{1}{3};\ P(X = 5) = 0{,}1366$ b) $n = 10;\ p = \frac{1}{3};\ P(X > 5) = 0{,}0766$

9 a) X: Anzahl der Ablenkungen nach rechts.
Eine Kugel fällt ins Fach Nr. i, wenn sie i-mal nach rechts und (4 – i)-mal nach links abgelenkt wird.
$P(X = 0) = \binom{4}{0} \cdot \left(\frac{1}{2}\right)^0 \cdot \left(\frac{1}{2}\right)^4 = 0{,}0625;\ P(X = 1) = \binom{4}{1} \cdot \left(\frac{1}{2}\right)^1 \cdot \left(\frac{1}{2}\right)^3 = 0{,}25;$
$P(X = 2) = 0{,}375;\ P(X = 3) = 0{,}25;\ P(X = 4) = 0{,}0625$
b) Das GALTON-Brett kann zur Veranschaulichung eines BERNOULLI-Experiments herangezogen werden: Das Auftreffen einer Kugel auf einen Nagel stellt ein BERNOULLI-Experiment mit den Ergebnissen „Ablenkung nach rechts"; „Ablenkung nach links" dar. Ist das Brett ideal, so beträgt die Wahrscheinlichkeit für beide Ablenkungen jeweils 0,5. (Es gibt auch „schiefe" Bretter, mit denen jede Wahrscheinlichkeit simuliert werden kann.)
Das Durchlaufen einer Kugel durch ein n-reihiges GALTON-Brett kann als n-malige Durchführung eines BERNOULLI-Experiments, also als eine BERNOULLI-Kette der Länge n angesehen werden. Entspricht „Treffer" z. B. einer Ablenkung nach rechts, so fällt die Kugel in Fach Nr. i, falls sie i-mal nach rechts und (n – i)-mal nach links abgelenkt wurde.

S. 402 **10** a)

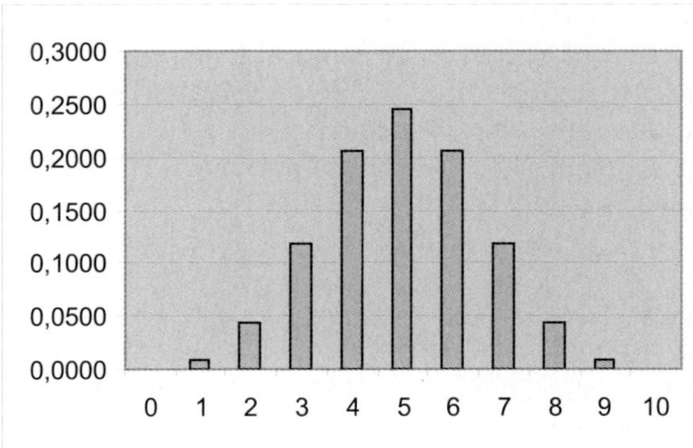
0,3000
0,2500
0,2000
0,1500
0,1000
0,0500
0,0000
0 1 2 3 4 5 6 7 8 9 10

b)

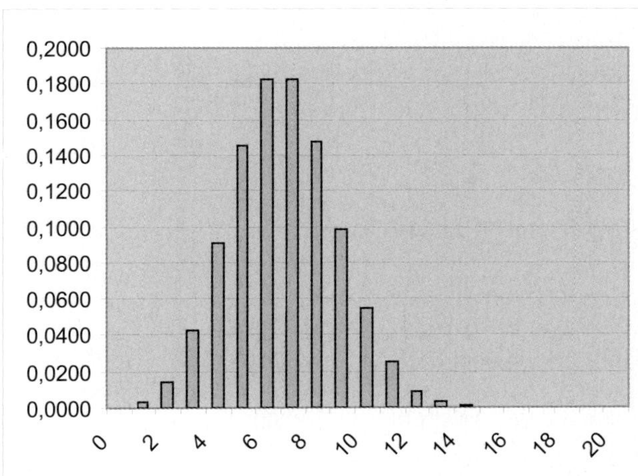
0,2000
0,1800
0,1600
0,1400
0,1200
0,1000
0,0800
0,0600
0,0400
0,0200
0,0000
0 2 4 6 8 10 12 14 16 18 20

c)

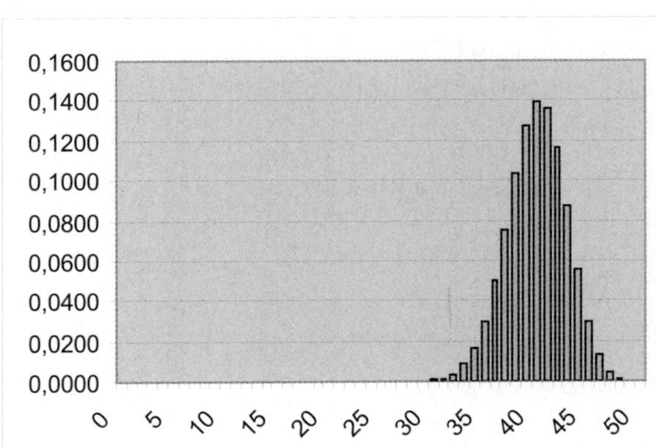
0,1600
0,1400
0,1200
0,1000
0,0800
0,0600
0,0400
0,0200
0,0000
0 5 10 15 20 25 30 35 40 45 50

S. 402 **11** a) 0,0625 b) 0,0158 c) 0,0625 d) 0,0058 e) 0,0313 f) 0,0154

12 Gibt X die Anzahl der angebrochenen Eier an, so gilt mit $n = 12;\ p = \frac{1}{12}$:
a) $P(X = 0) = 0{,}3520 \approx 35\,\%$
b) $P(X \geqq 2) = 0{,}2640 \approx 26\,\%$
c) Gibt Y die Anzahl der Schachteln mit ausschließlich unversehrten Eiern an, so gilt:
$n = 10;\ p = \left(\frac{11}{12}\right)^{12} \approx 0{,}352;\ P(Y = 2) = 0{,}1733 \approx 17\,\%$

13 X: Anzahl der Treffer
$P(X \geqq 2) = 1 - [P(X = 0) + P(X = 1)] = 1 - \left[\left(\frac{1}{2}\right)^n + n \cdot \left(\frac{1}{2}\right)^1 \cdot \left(\frac{1}{2}\right)^{n-1}\right] = 1 - \frac{n+1}{2^n}$

n	2	3	4	5	6	7	8	9	… *)
$P(X \geqq 2)$	0,25	0,5	0,69	0,81	0,89	0,94	0,97	0,98	…

Der Tabelle entnimmt man: Für die Mindestlänge n gilt: $n \geqq 7$.
*) Die Folge $a_n = \left(\frac{n+1}{2^n}\right)$ ist streng monoton abnehmend:
$\frac{a_{n+1}}{a_n} = \frac{(n+2)\,2^n}{(n+1)\,2^{n+1}} = \frac{1}{2} + \frac{1}{2(n+1)} < \frac{1}{2} + \frac{1}{2} = 1.$

7 *Hilfsmittel bei Binomialverteilungen*

S. 405 **1** a) 0,3487 b) 0,0001 c) 0,0138 d) 0,1472 e) 0,0013
f) 0,1746 g) 0,2669 h) 0,0211 i) 0,8601 j) 0,0988

2 a) 0,9527 b) 0,3487 c) 0,1671 d) 0,0004 e) 0,0643
f) 0,9536 g) 0,0127 h) 0,0210 i) 0,5563 j) 0,2197

3 a) 0,1244 b) 0,1256 c) 0,2500 d) 0,7500 e) 0,1797
f) 0,1275 g) 0,7044 h) 0,8565 i) 0,8215 j) 0,4700

4 a) 0,0607 b) 0,5836 c) 0,1398 d) 0,0006 e) 0,9393
f) 0,1861 g) 0,5255 h) 0,8127 i) 0,4139 j) 0,2890

5 a) 0,1136 b) 0,0210 c) 0,8367 d) 0,0165 e) 0,4509
f) 0,9995 g) 0,0000 h) 0,5491 i) 0,0000 j) 0,0085

S. 405 **6**

a)

n 4	p 0,2
k	P(X = k)
0	0,4096
1	0,4096
2	0,1536
3	0,0256
4	0,0016

b)

n 5	p 0,4
k	P(X = k)
0	0,0778
1	0,2592
2	0,3456
3	0,2304
4	0,0768
5	0,0102

c)

n 8	p 0,3
k	P(X = k)
0	0,0576
1	0,1977
2	0,2965
3	0,2541
4	0,1361
5	0,0467
6	0,0100
7	0,0012
8	0,0001

d)

n 10	p 0,5
k	P(X = k)
0	0,0010
1	0,0098
2	0,0439
3	0,1172
4	0,2051
5	0,2461
6	0,2051
7	0,1172
8	0,0439
9	0,0098
10	0,0010

e)

n 12	p 0,7
k	P(X = k)
0	0,0000
1	0,0000
2	0,0002
3	0,0015
4	0,0078
5	0,0291
6	0,0792
7	0,1585
8	0,2311
9	0,2397
10	0,1678
11	0,0712
12	0,0138

Anmerkung: Wird kein CAS oder eine Tabellenkalkulation verwendet, können die Werte bei d) aus der Tabelle S. 434 entnommen werden, sonst ist die Bernoulli-Formel zu verwenden.

7 $n = 100$; $p = \frac{1}{6}$

a) $P(X \leqq 15) = 0{,}3877$ b) $P(X > 25) = 0{,}0119$ c) $P(15 \leqq X \leqq 25) = 0{,}7007$

d) $P(X \leqq 15) + P(X \geqq 25) = 0{,}4094$

8 a) $0{,}4^3 \cdot 0{,}6^7 = 0{,}0018$ b) $0{,}4^2 \cdot 0{,}6^8 = 0{,}0027$ c) $n = 10$; $p = 0{,}4$; $P(X \leqq 3) = 0{,}3823$

9 $n = 15$; $p = 0{,}2$

a) $P(X = 1) = 0{,}1319$ b) $P(X \geqq 1) = 1 - P(X = 0) = 1 - 0{,}352 = 0{,}9648$

c) $P(X \leqq 2) = 0{,}3980$ d) $P(X > 3) = 1 - P(X \leqq 2) - P(X = 3) = 0{,}3519$

S. 405 **10** Der Prüfplan ist besser, bei dem der Händler die kleinere Irrtumswahrscheinlichkeit eingeht, d. h., die Wahrscheinlichkeit die Sendung abzulehnen, obwohl höchstens 5 % Ausschuss insgesamt vorhanden ist.
Sei X: Anzahl der Ausschussstücke.
Prüfplan I: X ist $B_{10;0,05}$-verteilt. $P(X \geqq 1) = 0{,}4013$
Prüfplan II: X ist $B_{20;0,05}$-verteilt. $P(X \geqq 2) = 0{,}2642$
Der Prüfplan II ist vorzuziehen.

S. 406 **11** a) X: Anzahl der bestellten Fischgerichte. X ist $B_{100;\frac{1}{3}}$-verteilt.
$P(X > 33) = 0{,}4812$
Mit fast 50 % Wahrscheinlichkeit müssen weitere Fischgerichte zubereitet werden.
b) Gesucht ist k mit $P(X \leqq k) \geqq 0{,}9$. Die Tabelle ergibt $k \geqq 39$; es müssen mindestens 39 Fischgerichte zubereitet werden.

12 Sei X: Anzahl der intakten Generatoren.
Vorschlag I: $P_I(X \geqq 1) = 1 - p^2$.
Vorschlag II: $P_{II}(X \geqq 2) = 1 - 4p^3 + 3p^4$.
$P_{II}(X \geqq 2) - P_I(X \geqq 1) = p^2(p-1)(3p-1)$
Wegen $0 < p < 1$ ist der zweite Faktor negativ und daher
$P_{II}(X \geqq 2) > P_I(X \geqq 1)$ für $3p - 1 < 0$ bzw. $p < \frac{1}{3}$;
$P_{II}(X \geqq 2) = P_I(X \geqq 1)$ für $3p - 1 = 0$ bzw. $p = \frac{1}{3}$;
$P_{II}(X \geqq 2) < P_I(X \geqq 1)$ für $3p - 1 > 0$ bzw. $p > \frac{1}{3}$.
Die Wahrscheinlichkeit, welcher Vorschlag eine größere Zuverlässigkeit besitzt, hängt von p ab.

13 a) $0{,}6 \cdot 10^{-11}$ b) $0{,}4 \cdot 10^{-18}$ c) $0{,}3 \cdot 10^{-3}$ d) 0,013 e) $0{,}1 \cdot 10^{-9}$

14 a) 1 b) $0{,}2 \cdot 10^{-26}$ c) 0,0698 d) 0,9595 e) 0,9612

15 a) $0{,}9 \cdot 10^{-4}$ b) 0,9949 c) 0,0067 d) $0{,}9 \cdot 10^{-7}$ e) 0,9999
f) 0,0007 g) 0,0117 h) 0,5103

S. 406 **16** a) und b)

k	0	1	2	3	4	5	6	7
B(n,p)(k)	4,37894E-13	3,7221E-11	1,47643E-09	3,62546E-08	6,16328E-07	7,68356E-06	7,2567E-05	0,0005287
F(n;p)(k)	4,37894E-13	3,76589E-11	1,51409E-09	3,77687E-08	6,54097E-07	8,33766E-06	8,09046E-05	0,00060961

k	8	9	10	11	12	13	14	15
B(n,p)(k)	0,002995979	0,0132045	0,044895301	0,115639411	0,218429998	0,285639229	0,231231756	0,08735422
F(n;p)(k)	0,003605586	0,016810086	0,061705387	0,177344798	0,395774796	0,681414024	0,912645781	1

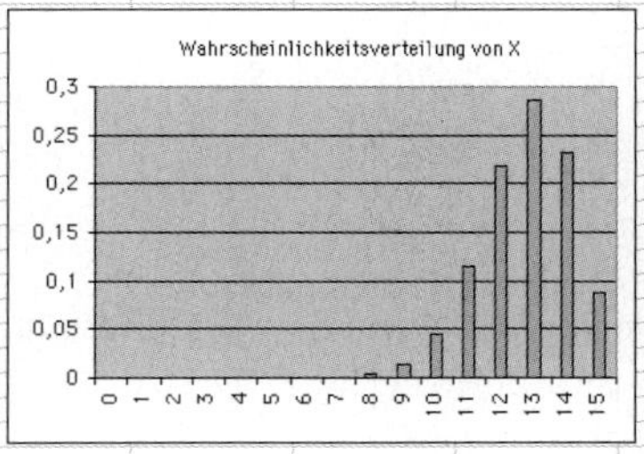

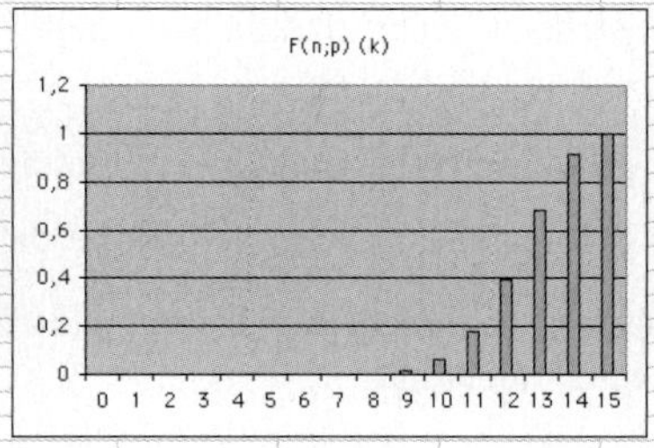

17 Die gesuchte Wahrscheinlichkeit beträgt 0,9983.

18 Die gesuchte Wahrscheinlichkeit beträgt 0,6772.

19 p = 0,3

XVI Weiterführung der Stochastik – Testen

1 Bedingte Wahrscheinlichkeiten

S. 410 **1** a) Die gesuchte Wahrscheinlichkeit beträgt $\frac{1}{3}$.

b) Die gesuchte Wahrscheinlichkeit beträgt $\frac{2}{3}$.

S. 411 **2** a) Die gesuchte Wahrscheinlichkeit beträgt $\frac{1}{8}$.

b) Die gesuchte Wahrscheinlichkeit beträgt $\frac{7}{8}$.

Hinweis: Die Wahrscheinlichkeiten ändern sich nicht, wenn man die Information „Karte ist schwarz“ nicht hat.

3 a) $P(A) = \frac{1}{2}$; $P(B) = \frac{1}{8}$; $P(A \cap B) = \frac{1}{8}$; $P_A(B) = \frac{1}{8} : \frac{1}{2} = \frac{1}{4}$; $P_B(A) = 1$

b) $P(A) = \frac{1}{2}$; $P(B) = \frac{3}{8}$; $P(A \cap B) = \frac{1}{8}$; $P_A(B) = \frac{1}{8} : \frac{1}{2} = \frac{1}{4}$; $P_B(A) = \frac{1}{8} : \frac{3}{8} = \frac{1}{3}$

4 $P(A) = P(B) = 0{,}5$; $P(A \cap B) = 0{,}3$; $P_A(B) = 0{,}6$; A, B sind abhängig.

5 a) Die gesuchte Wahrscheinlichkeit beträgt 0,2.
b) Die gesuchte Wahrscheinlichkeit beträgt 0,125.

6 Unmittelbar einsichtig ist: Die Ereignisse A und B sind abhängig. Die Ereignisse B und C sind abhängig. $P(A) = \frac{1}{2}$; $P(C) = \frac{5}{6}$; $P(A \cap C) = \frac{1}{3}$; $P_A(C) = \frac{2}{3}$; also sind die Ereignisse A und C abhängig.

7 a) A, B sind abhängig; gäbe es die Null nicht, wären A, B unabhängig.
b) A, B sind abhängig; gäbe es die Null nicht, wären A, B unabhängig.
c) A, B sind abhängig.

8 Unabhängig sind: A, B; A, C; C, D.

9 Man könnte z. B. zwei Urnen nehmen. In der ersten Urne sind die Zahlen 2, 4, 6 (bzw. 3, 6), in der zweiten Urne die Zahlen 1, 3, 5 (bzw. 1, 2, 4, 5). Das zusammengesetzte Experiment besteht aus der zufälligen Wahl der Urne und dann dem Ziehen eines Zettels aus dieser Urne.

10 a) Voraussetzung: $P(B) = P_A(B)$. Begründung:

$P(B) = P(A) \cdot P_A(B) + P(\overline{A}) \cdot P_{\overline{A}}(B)$ (z. B. Pfadregel)

$\Leftrightarrow P(B) = P(A) \cdot P(B) + P(\overline{A}) \cdot P_{\overline{A}}(B)$

$\Leftrightarrow P(B)[1 - P(A)] = P(\overline{A}) \cdot P_{\overline{A}}(B)$

$\Leftrightarrow P(B) \cdot P(\overline{A}) = P(\overline{A}) \cdot P_{\overline{A}}(B)$

$\Leftrightarrow P(B) = P_{\overline{A}}(B)$

S. 411 **10** b) Voraussetzung: $P(B) = P_A(B)$ und $A \cap B = B \cap A$. Begründung:
$P(A \cap B) = P(A) \cdot P_A(B)$ und $P(B \cap A) = P(B) \cdot P_B(A)$
$\Rightarrow P(A) \cdot P_A(B) = P(B) \cdot P_B(A)$
$\Rightarrow P(A) \cdot P(B) = P(B) \cdot P_B(A) \Rightarrow P(A) = P_B(A)$

2 *Satz von Bayes*

S. 412 **1** Die Wahrscheinlichkeit hierfür beträgt 0,5.

S. 414 **2** Als totale Wahrscheinlichkeit dafür, dass ein defekter Schalter geliefert wird, ergibt sich $1 - 0{,}95 = 0{,}05$. Die Wahrscheinlichkeit, dass A einen defekten Schalter montiert, beträgt $0{,}4 \cdot 0{,}1 = 0{,}04$. Damit erhält man für die gesuchte Wahrscheinlichkeit $\frac{0{,}04}{0{,}05} = 0{,}8$.

3 Die totale Wahrscheinlichkeit dafür, dass er pünktlich zu Hause ankommt, beträgt $\frac{3}{5}$.
Die Wahrscheinlichkeit, bei Benutzung der Bahn pünktlich anzukommen, beträgt $0{,}8 \cdot \frac{2}{3} = \frac{8}{15}$. Damit erhält man für die gesuchte Wahrscheinlichkeit $\frac{8}{15} : \frac{3}{5} = \frac{8}{9}$.

S. 415 **4** Man erhält für die gesuchte Wahrscheinlichkeit $0{,}00005 \cdot \frac{0{,}8}{0{,}00001} = 0{,}4$.

5 Wahrscheinlichkeit zum Indiz „Test nicht bestanden“:
Über „Abschluss erreicht“: $0{,}65 \cdot 0{,}02 = 0{,}013$
Über „Abschluss nicht erreicht“: $0{,}35 \cdot 0{,}85 = 0{,}2975$
Summe: 0,3105
A posteriori Wahrscheinlichkeit: „Abschluss nicht erreicht“: $0{,}2975 : 0{,}3105 = 0{,}9581$
Die Wahrscheinlichkeit, dass ein Schüler mit negativem Testergebnis das Schulziel nicht erreicht, beträgt etwa 95,8 %.

6 a) Wahrscheinlichkeit zum Indiz „2 – 3 – 2“:
Würfel: $\frac{1}{2} \cdot \left(\frac{1}{6}\right)^3 = \frac{1}{432}$; Münze: $\frac{1}{2} \cdot \frac{1}{2} \cdot \frac{1}{4} \cdot \frac{1}{8} \cdot \frac{1}{4} = \frac{1}{256}$; Summe: $\frac{43}{6912}$
A posteriori Wahrscheinlichkeiten:
Würfel: $\frac{1}{432} : \frac{43}{6912} = 0{,}372$; Münze: $\frac{1}{256} : \frac{43}{6912} = 0{,}6279$
b) Wahrscheinlichkeit zum Indiz „3 – 4 – 6“:
Würfel: $\frac{1}{2} \cdot \left(\frac{1}{6}\right)^3 = \frac{1}{432} \approx 0{,}002315$; Münze: $\frac{1}{2} \cdot \frac{1}{8} \cdot \frac{1}{16} \cdot \frac{1}{64} = \frac{1}{16384} \approx 0{,}0000610$;
Summe: 0,002 376
A posteriori Wahrscheinlichkeiten:
Würfel: $\frac{1}{432} : 0{,}002376 \approx 0{,}974$; Münze: $\frac{1}{16384} : 0{,}002376 = 0{,}0256$

S. 415 **6** c) Wahrscheinlichkeit zum Indiz „6 – 6 – 6“:

Würfel: $\frac{1}{2} \cdot \left(\frac{1}{6}\right)^3 = \frac{1}{432} \approx 0{,}002\,315$; Münze: $\frac{1}{2} \cdot \frac{1}{64} \cdot \frac{1}{64} \cdot \frac{1}{64} = \frac{1}{524\,288} \approx 0{,}000\,001\,9$;

Summe: 0,002 317

A posteriori Wahrscheinlichkeiten:

Würfel: $\frac{0{,}002\,315}{0{,}002\,317} \approx 0{,}9991$; Münze: $\frac{0{,}000\,001\,9}{0{,}002\,317} \approx 0{,}000\,82$

7 Wahrscheinlichkeit zum Indiz „Diagnose positiv“:

Über „Säugling hat die Krankheit“: $0{,}000\,09 \cdot 0{,}9999 = 8{,}9991 \cdot 10^{-5}$

Über „Säugling hat die Krankheit nicht“: $0{,}999\,991 \cdot 0{,}001 = 9{,}9991 \cdot 10^{-4}$

Summe: $1{,}089\,901 \cdot 10^{-3}$

Die Wahrscheinlichkeit, dass ein als krank diagnostizierter Säugling diese Stoffwechselkrankheit hat, beträgt somit $8{,}9991 \cdot 10^{-5} : 1{,}089\,901 \cdot 10^{-3} = 0{,}0825 \approx 8{,}3\,\%$.

8 Wahrscheinlichkeit zum Indiz goldenes Schmuckstück“:

Schrank 1: $\frac{1}{2} \cdot 1 = \frac{1}{2}$; Schrank 2: $\frac{1}{2} \cdot \frac{1}{2} = \frac{1}{4}$; Schrank 3: $\frac{1}{2} \cdot 0 = 0$; Summe: $\frac{3}{4}$

A posteriori Wahrscheinlichkeiten:

Schrank 1: $\frac{1}{2} : \frac{3}{4} = \frac{2}{3}$; Schrank 2: $\frac{1}{4} : \frac{3}{4} = \frac{1}{3}$; Schrank 3: $0 : \frac{3}{4} = 0$

9 a) Wahrscheinlichkeit zum Indiz „Diagnose positiv“:

Über „Person hat die Krankheit“: $0{,}98 \cdot p$

Über „Person hat die Krankheit nicht“: $0{,}05 \cdot (1 - p)$

Summe: $0{,}98 \cdot p + 0{,}05\,p \cdot (1 - p) = 0{,}93 \cdot p + 0{,}05$

Eine als krank diagnostizierte Person hat mit einer Wahrscheinlichkeit von

$\frac{0{,}98 \cdot p}{0{,}93 \cdot p + 0{,}05} = \frac{98 \cdot p}{93 \cdot p + 5}$ diese Krankheit.

b) Für $p = 0{,}005$ beträgt die Wahrscheinlichkeit 0,0897.

Für $p = 0{,}01$ beträgt die Wahrscheinlichkeit 0,1653.

Für $p = 0{,}05$ beträgt die Wahrscheinlichkeit 0,5078.

Für $p = 0{,}1$ beträgt die Wahrscheinlichkeit 0,6835.

10 a)

Zug	Indiz	Beutel A	Beutel B	Beutel C
1	weiß	32,6 %	32,6 %	34,8 %
2	weiß	31,9 %	31,9 %	36,3 %
3	rot	31,7 %	10,6 %	57,7 %
4	schwarz	60,0 %	40,0 %	0 %
5	rot	81,8 %	18,2 %	0 %

S. 415 **10** b) Umgekehrte Reihenfolge:

Zug	Indiz	Beutel A	Beutel B	Beutel C
1	rot	34,1 %	11,4 %	54,5 %
2	schwarz	60,0 %	40,0 %	0 %
3	rot	81,8 %	18,2 %	0 %
4	weiß	81,8 %	18,2 %	0 %
5	weiß	81,8 %	18,2 %	0 %

c)

Zug	Indiz	Beutel A	Beutel B	Beutel C
1	weiß	32,61 %	32,61 %	34,78 %
2	weiß	34,09 %	34,09 %	31,82 %
3	rot	31,25 %	10,42 %	58,33 %
4	schwarz	60 %	40 %	0 %
5	rot	100 %	0 %	0 %

Umgekehrte Reihenfolge:

Zug	Indiz	Beutel A	Beutel B	Beutel C
1	rot	34,09 %	11,36 %	54,55 %
2	schwarz	60 %	40 %	0 %
3	rot	100 %	0 %	0 %
4	weiß	100 %	0 %	0 %
5	weiß	100 %	0 %	0 %

3 *Der Erwartungswert einer Zufallsgröße*

S. 416 **1** Alle Autoren der Bücher sind in der Auswahlliste. Geht man davon aus, dass jemand rät, so tippt er bei jedem Buch mit der Wahrscheinlichkeit 0,5 richtig. Also gilt: Wenn alle Kandidaten raten, dann werden „im Mittel“ bei 2,5 Büchern die richtigen Antworten gegeben und somit kann man sagen:
a) Jemand kennt sich wahrscheinlich in der Literatur (zumindest etwas) aus, wenn er dreimal oder öfter „ja“ gesagt hat.
b) Jemand kennt sich wahrscheinlich in der Literatur nicht aus, wenn er zweimal oder weniger „ja“ gesagt hat.

S. 417 **2** Gibt X die Trefferzahl in einer Dreierserie an, so gilt $E(X) = 1{,}8$.

3 Gibt X den Gewinn des Spielers in Prozent des Einsatzes an, so gilt in allen Fällen $E(X) = -\frac{1}{37} \approx -0{,}027$, das heißt, ein Spieler verliert langfristig 2,7 % seines Einsatzes.

4 Es sind 5 falsche Entscheidungen zu erwarten.

5 Die Wahrscheinlichkeit, dass genau zwei weiße unter den fünf Kugeln sind, beträgt $\frac{5}{12}$.
Gib X den Gewinn des Spielers an, so gilt: $E(X) = 1{,}25$ Euro.
Das Spiel „lohnt“ sich also für den Spieler.

S. 417 **6** Gibt X die angezeigte Zahl an und ist jede Zahl gleich wahrscheinlich, so gilt $E(X) = 4{,}5$. Man kann dennoch aus dem Testergebnis nicht schließen, dass alle Zahlen mit gleicher Wahrscheinlichkeit auftreten.

7 $E(X) = 4;\ 8;\ 12;\ 20;\ 40;$ $E(x)$ und n sind proportional.

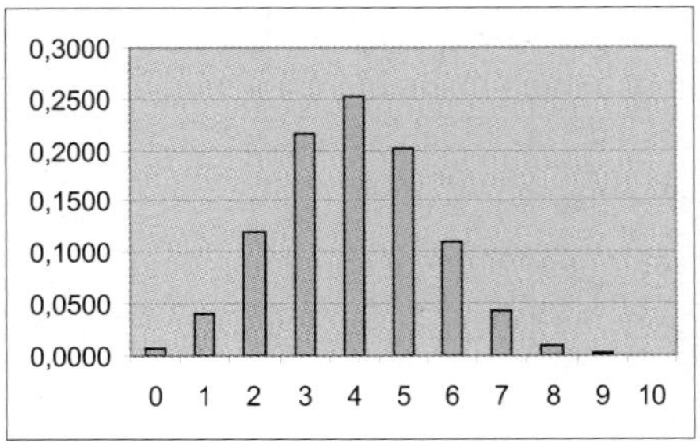

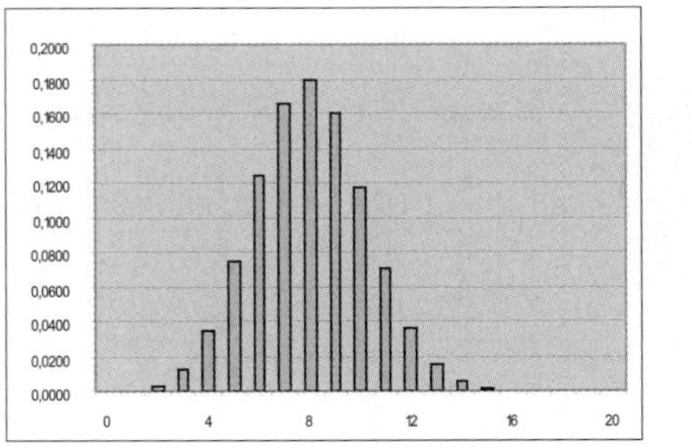

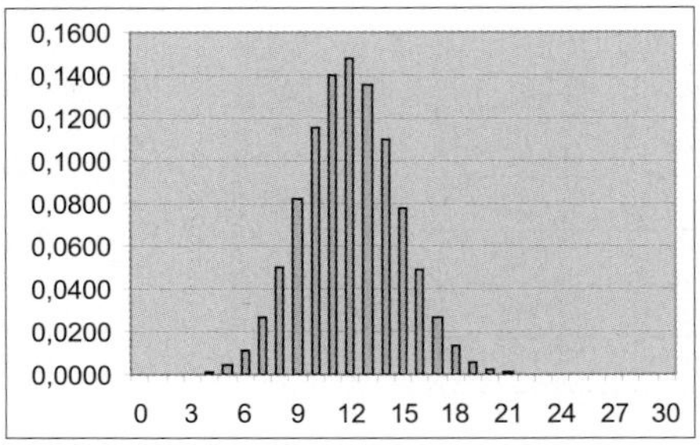

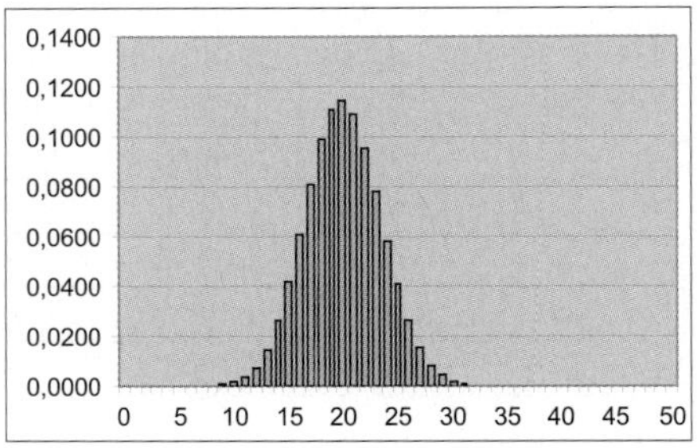

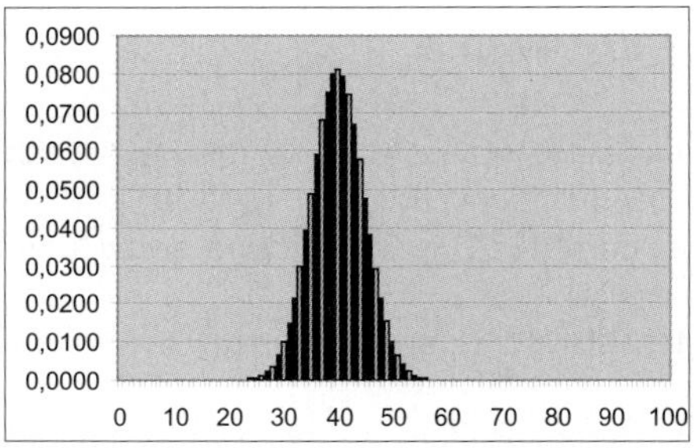

8 a) $E(x) = 0 \cdot q^3 + 1 \cdot 3 \cdot p q^2 + 2 \cdot 3 p^2 q + 3 \cdot p^3 = 3 p q^2 + 6 p^2 q + 3 p^3$
$= 3 p (1 - p)^2 + 6 p^2 (1 - p) + 3 p^3 = 3 p - 6 p^2 + 3 p^3 + 6 p^2 - 6 p^3 + 3 p_3 = 3 p$

b)

k	0	1	2	3	4
$P(X = k)$	q^4	$4 p q^3$	$6 p^2 q^2$	$4 p^3 q$	p^4

$E(x) = 0 \cdot q^4 + 1 \cdot 4 p q^3 + 2 \cdot 6 p^2 q^2 + 3 \cdot 4 p^3 q + 4 p^4$
$= 4 p (1 - p)^3 + 12 p^2 (1 - p)^2 + 12 p^3 (1 - p) + 4 p^4$
$= 4 p (1 - 3 p + 3 p^2 - p^3) + 12 p^2 (1 - 2 p + p^2) + 12 p^3 - 12 p^4 + 4 p^4$
$= 4 p - 12 p^2 + 12 p^3 - 4 p^4 + 12 p^2 - 24 p^3 + 12 p^4 + 12 p^3 - 8 p^4 = 4 p$

4 *Varianz und Standardabweichung – Sigmaregeln*

S. 418 ***1*** a) Die zu erwartende durchschnittliche Augenzahl ist bei beiden Würfeln 3,5.
b) Die Tabellen lassen vermuten, dass die Ergebnisse von Würfel II „stärker streuen" als die von Würfel I.

S. 419 ***2*** Erwartungswert: 7; Varianz: 2,42

3 X beschreibt die Einnahme des Vereins pro Spiel.
a) Variante I: $E(X) = 5 \cdot \frac{5}{8} - 7 \cdot \frac{3}{8} = \frac{1}{2}$; Variante II: $E(X) = 2 \cdot \frac{5}{8} - 2 \cdot \frac{3}{8} = \frac{1}{2}$

b) Variante I: $V(X) = \left(5 - \frac{1}{2}\right)^2 \cdot \frac{5}{8} + \left(-7 - \frac{1}{2}\right)^2 \cdot \frac{3}{8} = 33\frac{3}{4}$; $\sqrt{V(X)} \approx 5{,}8$

Variante II: $V(X) = \left(2 - \frac{1}{2}\right)^2 \cdot \frac{5}{8} + \left(-2 - \frac{1}{2}\right)^2 \cdot \frac{3}{8} = 3\frac{3}{4}$; $\sqrt{V(X)} \approx 1{,}9$

c) Bei beiden Varianten ist der zu erwartende Gewinn des Vereins pro Spiel gleich groß. Bei Variante I sind jedoch die „Gewinnschwankungen" größer.

S. 420 ***4***

n	a) 100	b) 400	c) 1600
σ	3,73	7,45	14,91
1σ-Intervall	[13; 20]	[60; 74]	[252; 281]
2σ-Intervall	[10; 24]	[52; 81]	[237; 296]
3σ-Intervall	[6; 27]	[45; 89]	[222; 311]

5 a) Erwartungswert: 4,125
b) Standardabweichung: $0{,}780\,624\,749 \approx 0{,}78$

6 X gibt den Gewinn des Spielers A pro Spiel an.
$E(X) = -1{,}5$ (Euro). B ist langfristig im Vorteil.
$\sqrt{V(X)} \approx 5{,}37$

7 X gibt die Anzahl der aufgeklärten Betrugsdelikte pro 100 Fälle an.
$\mu = 82$; $\sigma \approx 3{,}84$
$P(78 \leqq X \leqq 86) \approx 0{,}68$; $P(74 \leqq X \leqq 90) \approx 0{,}95$; $P(70 \leqq X \leqq 94) \approx 0{,}99$

8 Die Teilaufgaben a) bis c) können mithilfe der σ-Regeln gelöst werden. d) und e) erhält man durch Probieren mit dem Rechner oder aus der Tabelle auf S. 438.

$\mu = 100 \cdot \frac{1}{3} \approx 33{,}3$; $\sigma = \sqrt{100 \cdot \frac{1}{3} \cdot \frac{2}{3}} \approx 4{,}7$

a) $P(29 \leqq X \leqq 38) \approx 68\,\%$
b) $P(24 \leqq X \leqq 43) \approx 95\,\%$
c) $P(19 \leqq X \leqq 47) \approx 99\,\%$
d) $P(33 \leqq X \leqq 36) \approx 30\,\%$
e) $P(31 \leqq X \leqq 38) \approx 60\,\%$

S. 420 **9** a)

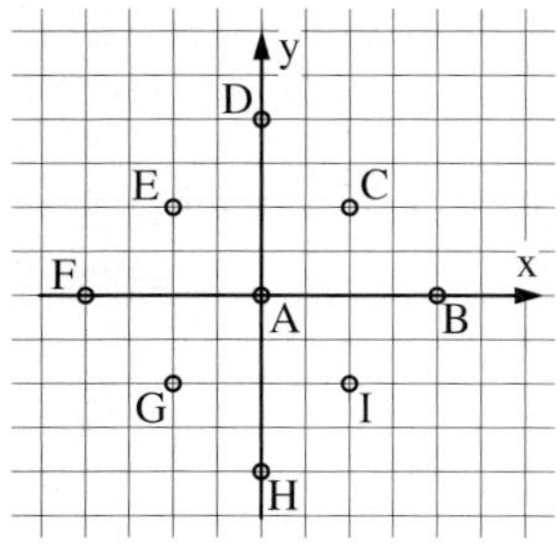

A(0|0)
B(2|0)
C(1|1)
D(0|2)
E(−1|1)
F(−2|0)
G(−1|−1)
H(0|−2)
I(1|−1)

b)

x_i	0	$\sqrt{2}$	2
$P(X = x_i)$	$\frac{1}{4}$	$\frac{1}{2}$	$\frac{1}{4}$

c)

y_i	1	$\sqrt{5}$	3
$P(Y = y_i)$	$\frac{9}{16}$	$\frac{3}{8}$	$\frac{1}{16}$

10 a) $\mu = 20$ bzw. $\mu = 80$; $\sigma \approx 3{,}46$ bzw. $\sigma = 4$

n	50	100
p	0,4	0,8
$P(\mu - \sigma \leqq X \leqq \mu + \sigma)$	0,688	0,740
$P(\mu - 2\sigma \leqq X \leqq \mu + 2\sigma)$	0,941	0,967
$P(\mu - 3\sigma \leqq X \leqq \mu + 3\sigma)$	0,998	0,998

b)

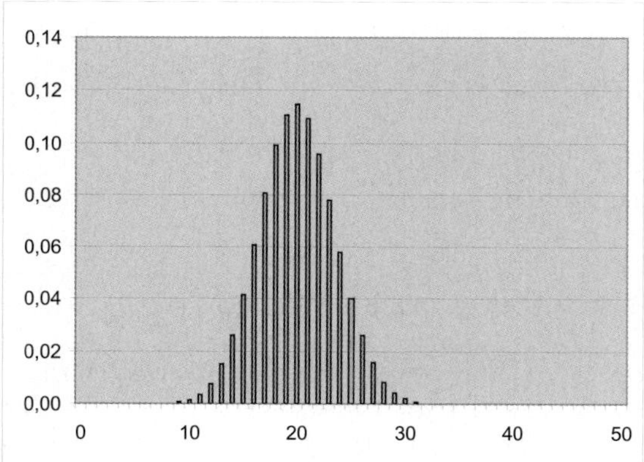

S. 420 **10** b)

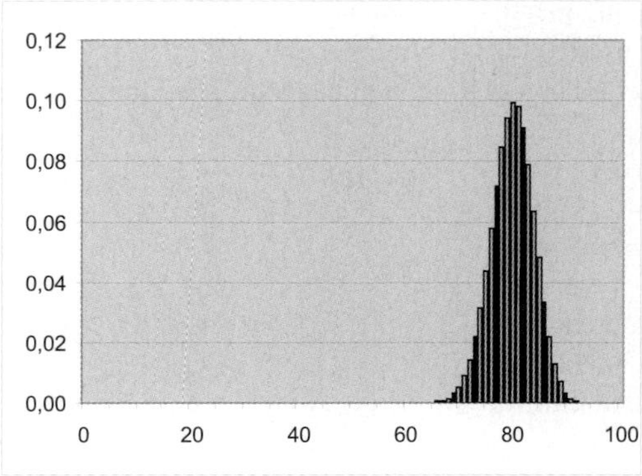

c) $P(\mu - \sigma \leqq X \leqq \mu + \sigma) \approx 0{,}68$; $P(\mu - 2\sigma \leqq X \leqq \mu + 2\sigma) \approx 0{,}955$;
$P(\mu - 3\sigma \leqq X \leqq \mu + 3\sigma) \approx 0{,}997$
Die Näherungen durch die Sigmaregeln sind brauchbar, nur bei n = 100 und p = 0,8 ist die Abweichung bei der 1σ-Regel relativ groß.
d) Für alle n und p mit $\sqrt{np(1-p)} > 3$; wegen der σ-Regeln.

5 *Testen der Hypothese* $p = p_0$

S. 422 **2** a) [18,07; 31,92] b) [15,88; 34,12] c) [24,09; 42,57]
d) [57,43; 75,91] e) [3,96; 16,04] f) [169,05; 190,95]

3 a) Annahmebereich: [24,09; 42,57]
b) Da 25 im Annahmebereich liegt, wird man die Hypothese beibehalten.

4 Als Annahmebereich erhält man [37,1; 62,9]. Da 64 nicht in diesem Bereich liegt, kann man annehmen, dass die Farben nicht gleich häufig sind.

5 a) Bei einem Signifikanzniveau von 5 % ergibt sich für den Annahmebereich: [7,07; 19,43]. Bei einem Signifikanzniveau von 1 % ergibt sich für den Annahmebereich: [5,11; 21,38]. In beiden Fällen liegt 8 im Annahmebereich; man wird die Werbeaussage als gültig ansehen.
b) Bei einem Signifikanzniveau von 5 % ergibt sich für den Annahmebereich: [112,96; 152,04]. Bei einem Signifikanzniveau von 1 % ergibt sich für den Annahmebereich: [106,78; 158,22]. In beiden Fällen liegt 80 nicht im Annahmebereich; man wird die Werbeaussage als nicht richtig ansehen.

S. 423 **6** $c = 2{,}836 \approx 3$; Signifikanzniveau ≈ 0,3 %

S. 423 **7** Testen der Anzahl der roten Linsen: $p = 0{,}4$; Annahmebereich: [26,5; 44,70]
Testen der Anzahl der weißen Linsen: $p = 0{,}6$; Annahmebereich: [44,3; 62,5]
Bei beiden Überprüfungen schließt man auf eine ungenügende Mischung.

8 Man macht folgenden Ansatz:
$10 \geqq n \cdot 0{,}36 - 1{,}96\sqrt{n \cdot 0{,}36 \cdot 0{,}64} \ \wedge\ 10 \leqq n \cdot 0{,}36 + 1{,}96\sqrt{n \cdot 0{,}36 \cdot 0{,}64}$.
Dies kann man zusammenfassen zu:
$|10 - n \cdot p| \geqq 1{,}96\sqrt{n \cdot 0{,}36 \cdot 0{,}64}$.
Man erhält die quadratische Ungleichung $0{,}1296\,n^2 - 8{,}085\,104\,n + 100 > 0$ mit den Lösungen $n \geqq 45{,}383 \ \wedge\ n \leqq 17{,}002$.
Da das Ereignis mindestens 10-mal eintritt, gilt für die Anzahl n der Versuche:
$n \geqq 46 \ \vee\ 10 \leqq n \leqq 17$.

9 a) $p = 0{,}1$
b) Als Annahmebereich erhält man [0,82; 9,18]. Da 1 in diesem Bereich liegt, wird man die Hypothese, dass der Automat richtig eingestellt ist, nicht verwerfen.

10 Mit $p = 0{,}5$ und $n = 50$ erhält man für den Annahmebereich [18,03; 31,96].
In den Fällen, in denen eine der beiden Sorten auf höchstens 17 Feldern einen Mehrertrag erbrachte, lässt sich auf eine unterschiedliche Ertragstärke schließen.

11 Als Annahmebereich erhält man [51,48; 91,94]. Da 58 in diesem Bereich liegt, wird man die Hypothese, dass die Wahrscheinlichkeit für einen Sonntag als Geburtstag $p = \frac{1}{7}$ ist, nicht verwerfen.

S. 424 **12** a) Mit $p = 0{,}5$ und $n = 50$ erhält man für den Annahmebereich [18,03; 31,96].
Da 31 im Annahmebereich liegt, wird man weiter davon ausgehen, dass das Tier beide Gangenden gleich häufig wählt.
b) In diesem Fall erhält man [37,10; 62,90] als Annahmebereich.

13 Hypothese: „Der Pilz ist giftig."
Fehler 1. Art: Die Hypothese ist richtig, wird aber trotzdem abgelehnt. D. h., der in Wirklichkeit giftige Pilz wird als nicht giftig angenommen.
Fehler 2. Art: Die Hypothese ist falsch, wird aber trotzdem nicht abgelehnt. D. h., der in Wirklichkeit ungiftige Pilz wird als giftig angenommen.
Der Pilzsammler sollte den Fehler 1. Art möglichst vermeiden.

14 Hypothese: „Die Medikamente A und B sind gleich gut."
Fehler 1. Art: Die Hypothese ist richtig, die Ärztin handelt aber nicht danach.
Fehler 2. Art: Die Hypothese ist falsch, die Ärztin handelt aber trotzdem danach.
Hypothese: „Das Medikament A ist besser als Medikament B."
Fehler 1. Art: Die Hypothese ist richtig, die Ärztin nimmt jedoch an, dass A genauso gut ist wie B oder sogar B besser als A ist.
Fehler 2. Art: Die Hypothese ist falsch, die Ärztin hält dennoch A für besser und verschreibt A häufiger als B.

S. 424 **15** a) Mit $p = 0{,}4$; $n = 100$ erhält man als Annahmebereich [31,97; 48,03]. Damit ist der Ablehnungsbereich [0; 31] und [49; 100].
b) $P(31 \leqq X \leqq 49) = F_{100;0,5}(49) - F_{100;0,5}(31) = 0{,}4602 - 0{,}001 = 0{,}4601 \approx 46\,\%$

16 a) Man erhält als Annahmebereich [15,88; 34,12]. Die Hypothese $p_0 = 0{,}5$, d. h., beide Seiten treten gleich häufig auf, kann beibehalten werden. Damit kann man die Hypothese, dass der Toast immer auf die „Butterseite" fällt, verwerfen.
b) Man erhält ≈ 2,26. Dies entspricht ca. 97,6 %.
c) Für a): $P(15 \leqq X \leqq 35) = F_{50;0,5}(35) - F_{50;0,5}(15) = 0{,}9987 - 0{,}0033 = 0{,}9954 \approx 99{,}5\,\%$

6 *Die GAUSS'sche Glockenfunktion*

S. 425 **1** Man sieht, dass sich glockenförmige Graphen ergeben, die mit wachsendem n flacher und breiter werden und nach rechts wandern.

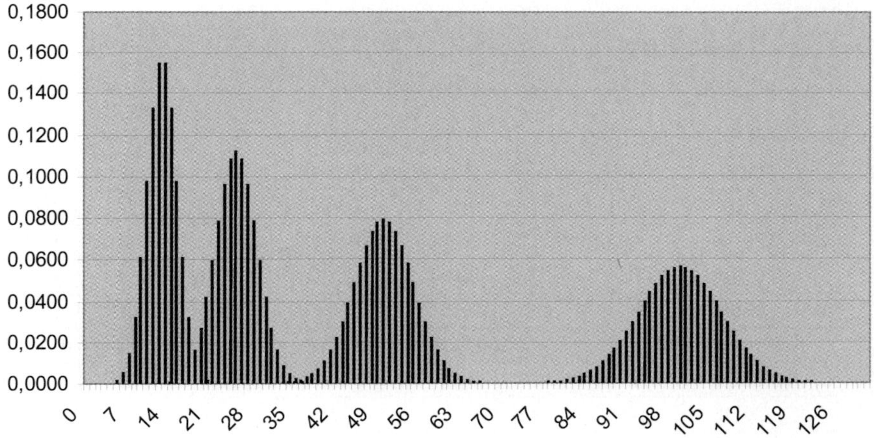

S. 426 **2** a) Nötig sind: Eine Verschiebung um den Erwartungwert $\mu = 8$, dann eine Streckung in Richtung der y-Achse mit Faktor $\frac{1}{\sigma} = 0{,}456$ und dann noch eine Streckung in Richtung der x-Achse mit Faktor $\sigma = 2{,}19$.

b) $B_{20;0,4}(k) \approx 0{,}456 \cdot \varphi\left(\frac{k-8}{2{,}19}\right)$

c) Bei Excel werden die Näherungswerte durch einen Streckenzug verbunden, so dass die Gaußkurve näherungsweise sichtbar wird.

S. 426 **2** c)

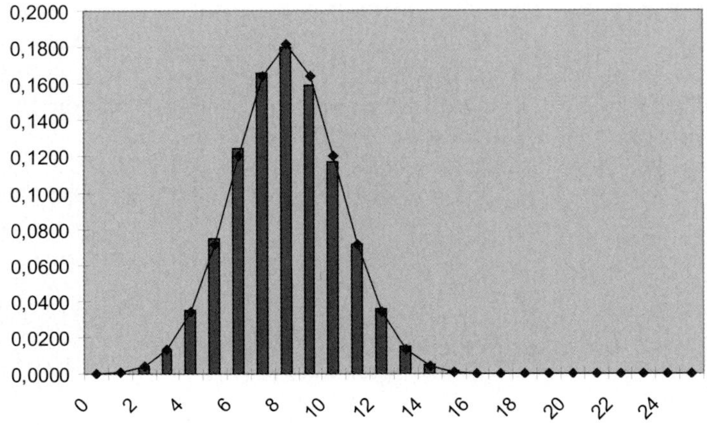

3 a)

n	p	μ	σ
10	0,7	7	1,449

k	P(X = k)	Näherung
0	0,0000	0,0000
1	0,0001	0,0001
2	0,0014	0,0007
3	0,0090	0,0061
4	0,0368	0,0323
5	0,1029	0,1062
6	0,2001	0,2170
7	0,2668	0,2753
8	0,2335	0,2170
9	0,1211	0,1062
10	0,0282	0,0323

b)

n	p	μ	σ
20	0,7	14	2,049

k	P(X = k)	Näherung
10	0,0308	0,0290
11	0,0654	0,0667
12	0,1144	0,1209
13	0,1643	0,1728
14	0,1916	0,1947
15	0,1789	0,1728
16	0,1304	0,1209
17	0,0716	0,0667
18	0,0278	0,0290
19	0,0068	0,0099
20	0,0008	0,0027

c)

n	p	μ	σ
40	0,7	28	2,898

k	P(X = k)	Näherung
24	0,0518	0,0531
25	0,0774	0,0806
26	0,1042	0,1085
27	0,1261	0,1297
28	0,1366	0,1376
29	0,1319	0,1297
30	0,1128	0,1085
31	0,0849	0,0806
32	0,0557	0,0531
33	0,0315	0,0311
34	0,0151	0,0161

S. 426 **3** d)

n	p	μ	σ
80	0,7	56	4,099

k	P(X = k)	Näherung
51	0,0451	0,0463
52	0,0587	0,0605
53	0,0723	0,0745
54	0,0844	0,0864
55	0,0931	0,0945
56	0,0970	0,0973
57	0,0953	0,0945
58	0,0881	0,0864
59	0,0767	0,0745
60	0,0626	0,0605
61	0,0479	0,0463

e)

n	p	μ	σ
40	0,1	4	1,897

k	P(X = k)	Näherung
0	0,0148	0,0228
1	0,0657	0,0602
2	0,1423	0,1206
3	0,2003	0,1830
4	0,2059	0,2103
5	0,1647	0,1830
6	0,1068	0,1206
7	0,0576	0,0602
8	0,0264	0,0228
9	0,0104	0,0065
10	0,0036	0,0014

f)

n	p	μ	σ
40	0,25	10	2,739

k	P(X = k)	Näherung
5	0,0272	0,0275
6	0,0530	0,0501
7	0,0857	0,0799
8	0,1179	0,1116
9	0,1397	0,1363
10	0,1444	0,1457
11	0,1312	0,1363
12	0,1057	0,1116
13	0,0759	0,0799
14	0,0488	0,0501
15	0,0282	0,0275

g)

n	p	μ	σ
40	0,4	16	3,098

k	P(X = k)	Näherung
11	0,0357	0,0350
12	0,0576	0,0560
13	0,0827	0,0806
14	0,1063	0,1045
15	0,1228	0,1222
16	0,1279	0,1288
17	0,1204	0,1222
18	0,1026	0,1045
19	0,0792	0,0806
20	0,0554	0,0560
21	0,0352	0,0350

h)

n	p	μ	σ
40	0,75	30	2,739

k	P(X = k)	Näherung
25	0,0282	0,0275
26	0,0488	0,0501
27	0,0759	0,0799
28	0,1057	0,1116
29	0,1312	0,1363
30	0,1444	0,1457
31	0,1397	0,1363
32	0,1179	0,1116
33	0,0857	0,0799
34	0,0530	0,0501
35	0,0272	0,0275

4 a) $P(X = 90) = 0{,}1319$, Näherung 0,1330
b) $P(X > 95) = 0{,}0237$, Näherung 0,0325
c) $P(87 \leqq X \leqq 93) = 0{,}7590$, Näherung 0,7588
d) $P(X \geqq 90) = 0{,}5832$, Näherung 0,5663

S. 426 **5** a) $P(X = 6) = 0{,}1916$, Näherung 0,1947
b) $P(X = 15) = 0{,}1223$, Näherung 0,1231
c) $P(X = 30) = 0{,}0868$, Näherung 0,0871
d) $P(X = 60) = 0{,}0615$, Näherung 0,0616

6 a) Der Graph der GAUSSfunktion $\varphi_{\mu;\sigma}$
→ hat keine Nullstellen
→ ist symmetrisch zur Geraden $x = \mu$,
→ hat eine Maximalstelle bei $x = \mu \left(\text{Hochpunkt}\left(\mu \,\middle|\, \frac{1}{\sigma\sqrt{2\pi}}\right)\right)$
→ besitzt je eine Wendestelle bei $x = \mu + \sigma$ bzw. $x = \mu - \sigma$ $\left(\text{y-Wert } \frac{1}{\sigma\sqrt{2\pi e}}\right)$
→ schließt mit der x-Achse eine nach beiden Seiten ins Unendliche reichende Fläche mit dem Wert 1 ein,
→ hat die x-Achse als Asymptote für $x \to \pm\infty$

b)

u	1	2	5	10	100
$\int_{-u}^{u} \varphi(x)\,dx$	0,6827	0,9545	1	1	1

Es fällt auf:
→ schon für $u > 2$ ergibt das Integral praktisch 1
→ für $u = 1$ und $u = 2$ (und $u = 3$) ergeben sich die Werte für die σ-Intervalle.
Die letzte Eigenschaft hängt damit zusammen, dass bei der (Normal-)GAUSSfunktion gerade $\mu = 0$ und $\sigma = 1$ ist.

7 *Die Normalverteilung – Modell und Wirklichkeit*

S. 427 **1** Bei der letzten Zeile handelt es sich um Wahrscheinlichkeiten. Die Wahrscheinlichkeiten gegenüberliegender Quaderseiten gleichen einander. Die zugehörigen relativen Häufigkeiten sind meist nur näherungsweise gleich.

S. 429 **2** a) 0,5000 b) 0,5000 c) 0,6827 d) 0,4772 e) 0,1587 f) 0,0000

3 a) 0,4801 b) 0,5199 c) 0,7063 d) 0,4998 e) 0,1711 f) 0,0242

4 0,022 750

5 a) Wahrscheinlichkeiten
Jungen: $P(X \leqq 47{,}5) = 9{,}69\,\%$; $P(X \geqq 87{,}5) = 7{,}75\,\%$
Mädchen: $P(X \leqq 47{,}5) = 16{,}46\,\%$; $P(X \geqq 87{,}5) = 1{,}14\,\%$

S. 429 **5** b) Relative Häufigkeiten
Auf der Rechtsachse sind die Klassenmitten notiert. Man addiert die relativen Häufigkeiten aller Säulen bis zur Klassenmitte 45 bzw. ab Klassenmitte 90.
Jungen: $0{,}3\,\% + 1{,}1\,\% + 3{,}7\,\% = 5{,}1\,\%$; also $h(X \leqq 47{,}5) = 5{,}1\,\%$
$3{,}1\,\% + 2{,}5\,\% + 1{,}4\,\% + 0{,}7\,\% + 0{,}8\,\% + 0{,}7\,\% + 0{,}2\,\% + 0{,}1\,\% = 9{,}5\,\%$;
also $h(X \leqq 87{,}5) = 9{,}5\,\%$
Mädchen: $1{,}3\,\% + 3{,}7\,\% = 5\,\%$; also $h(X \leqq 47{,}5) = 4{,}97\,\%$
$1{,}8\,\% + 0{,}9\,\% + 0{,}7\,\% + 0{,}4\,\% + 0{,}2\,\% + 0{,}1\,\% + 0{,}2\,\% + 0{,}2\,\% + 0{,}1\,\% = 4{,}6\,\%$
also $h(X \leqq 87{,}5) = 4{,}6\,\%$
c) Das Gewicht liegt bei beiden Geschlechtern
– „viel häufiger“ über 87,5 kg
– „viel seltener“ unter 47,5 kg
als bei Vorliegen einer Normalverteilung zu erwarten wäre.
Tatsächlich ist das Körpergewicht nicht normalverteilt, da die Gewichtsverteilung nicht achsensymmetrisch ist.

6 a) 0,9545 (2σ-Intervall)
b) Wenn (bei gleichem μ) σ wächst, wird diese Wahrscheinlichkeit kleiner.
c) Wenn sich (bei gleichem σ) μ ändert, wird die Wahrscheinlichkeit kleiner.

7 Es gilt $P(85 \leqq X \leqq 115) \approx 68{,}3\,\%$ (nach der Sigmaregel); $P(115 \leqq X) \approx 15{,}9\,\%$; $P(130 \leqq X) \approx 2{,}3\,\%$. Die Zeitungsangaben stimmen.

8

	linke	rechte Intervallgrenze
a)	6,99	9,41
b)	5,89	10,51
c)	5,24	11,16
d)	4,67	11,73
e)	3,56	12,83

S. 430 **9** a) Bei normalverteilten Merkmalen hat die Wahrscheinlichkeit, dass man einen „Sollwert“, hier 200 ml, erhält, den Wert 0.
b) Mittelwert der Abweichungen vom Sollwert: 1,96 ml; Standardabweichung 3,65 ml
c) $P(X > 6\,\text{ml}) = 13{,}4\,\%$; $P(X < -6\,\text{ml}) = 1{,}4\,\%$

10 a) Es gilt $P(X \leqq 2500) = 93\,\%$; $\Phi\left(\frac{2500-\mu}{\sigma}\right) = 93\,\%$; $\Phi(1{,}48) = 93\,\%$.
Also $\frac{2500-611}{\sigma} = 1{,}48$. Hieraus ergibt sich $\sigma = 1276$.
b) $P(X \leqq 100) = \Phi\left(\frac{100-611}{\sigma}\right) = 34\,\%$ Zeitung: 9 %
$P(100 < X \leqq 500) = \Phi\left(\frac{500-611}{\sigma}\right) - \Phi\left(\frac{100-611}{\sigma}\right) = 12\,\%$ Zeitung: 37 %
$P(500 < X \leqq 2500) = \Phi\left(\frac{2500-611}{\sigma}\right) - \Phi\left(\frac{500-611}{\sigma}\right) = 47\,\%$ Zeitung: 47 %
c) Die Übereinstimmung mit den Angaben des Zeitungsartikels sind schlecht. Man kann also nicht davon ausgehen, dass die Beträge auf den Konten junger Bankkunden normalverteilt sind.

S. 430 ***11*** Holger sollte sich bewusst sein, dass die Mittelwerte und Standardabweichungen nur stichprobenabhängige Schätzwerte für den Erwartungswert und die Standardabweichung der zu Grunde liegenden Wahrscheinlichkeitsverteilung sind. Oft ist die Annahme einer Normalverteilung gerechtfertigt, aber eben nicht immer.

12 Mit Wahrscheinlichkeiten „modelliert" man die Wirklichkeit. Sie drücken Erwartungen über relative Häufigkeiten in zukünftigen Stichproben oder Zufallsversuchen aus. Wenn der Intelligenzquotient in einer Population normalverteilt ist mit dem Erwartungswert $\mu = 100$ und der Standardabweichung 15, dann erwartet man, dass bei einer repräsentativen Stichprobe etwa 68 % aller Versuchsteilnehmer einen Intelligenzquotienten zwischen 85 und 115 haben werden. Der Mittelwert der Versuchsergebnisse wird bei 100 liegen. Häufig beschreiben angenommene Wahrscheinlichkeiten die Wirklichkeit nur sehr unzureichend (man vergleiche etwa Aufgabe 12).

13 a) Da $B_{n,p}(k) \approx \varphi_{\mu,\sigma}(k)$, ergibt sich (vgl. S. 382):

$$P(k_1 \leqq X \leqq k_2) = B_{n,p}(k_1) + \ldots + B_{n,p}(k_2)$$

$$\approx \int_{k_1 - 0,5}^{k_1 + 0,5} \varphi_{\mu,\sigma}(x)\,dx + \ldots + \int_{k_2 - 0,5}^{k_2 + 0,5} \varphi_{\mu,\sigma}(x)\,dx$$

$$= \int_{k_1 - 0,5}^{k_2 + 0,5} \varphi_{\mu,\sigma}(x)\,dx$$

$$= \phi\left(\frac{k_2 + 0,5 - \mu}{\sigma}\right) - \phi\left(\frac{k_1 - 0,5 - \mu}{\sigma}\right)$$

b)

$p = 0,1$	$n = 40$	$b = 400$	$n = 4000$
μ	4	40	400
σ	1,90	6	18,97
$[k_1; k_2] = [\mu - \sigma; \mu + \sigma]$ ganzzahlig	[3; 5]	[34; 46]	[382; 418]
$P(k_1 \leqq X \leqq k_2)$	0,5709	0,7218	0,6705
Näherung	0,5702	0,7213	0,6706

c) Lösung 15g)

$P(35 \leqq X \leqq 40) \approx \phi\left(\frac{40,5 - \mu}{\sigma}\right) - \phi\left(\frac{34,5 - \mu}{\sigma}\right) = 0,0082$, exakt: 0,0117

wobei $\mu = 47,31$; $\sigma = 2,84$

15h)

$P(37 < X \leqq 47) \approx \phi\left(\frac{47,5 - \mu}{\sigma}\right) - \phi\left(\frac{37,5 - \mu}{\sigma}\right) = 0,5264$, exakt: 0,5103

wobei μ, σ wie oben

Da $\sigma < 3$ ist, liefert die Näherung relativ schlechte Werte (vgl. Schülerbuch S. 426).